MATHEMATIK · BAND I

Lehr- und Übungsbuch

MATHEMATIK

BAND I

VERLAG HARRI DEUTSCH · THUN UND FRANKFURT/MAIN

ARITHMETIK, ALGEBRA

UND

ELEMENTARE FUNKTIONENLEHRE

16., verbesserte Auflage
Mit 123 Bildern, 1279 Aufgaben mit Lösungen,
213 Wiederholungsaufgaben ohne Lösungen und einer
Formelsammlung

VERLAG HARRI DEUTSCH · THUN UND FRANKFURT/MAIN

AUTORENGEMEINSCHAFT

Federführung:

Dr. FRITZ BEWERT

Dr. WILLY BENNEWITZ

Autoren:

Dr.-Ing. HANS KREUL
(Logik und Mengenlehre)

Dr. WILLY BENNEWITZ
(Arithmetik)

FRITZ WARNECKE †
(Algebra und elementare Funktionenlehre)

GÜNTHER DROSS
(Aufgaben zu den linearen Gleichungen mit einer und mehreren Unbekannten sowie zu den quadratischen Gleichungen mit einer Unbekannten)

ISBN 3 87144 401 4
Redaktionsschluß: 15. 5. 1978
© VEB Fachbuchverlag Leipzig 1979 · Lizenzausgabe für den Verlag Harri Deutsch · Thun
Printed in GDR · Satz und Druck: Fachbuchdruck Naumburg

Vorwort

In den meisten Berufen werden mathematische Grundkenntnisse vorausgesetzt. Zu diesen Grundkenntnissen gehören die Arithmetik (das Rechnen mit bestimmten und allgemeinen Zahlen) und die Algebra (die Lehre von den Gleichungen). Beide Stoffgebiete werden vorzugsweise in dem vorliegenden Lehrbuch behandelt; weitere Grundkenntnisse werden im Band II (Geometrie) vermittelt. Um eine vielseitige Verwendbarkeit des Buches für die Erfordernisse aller Fachrichtungen zu ermöglichen, mußte im großen eine *systematische* Anordnung des Lehrstoffs vorgenommen werden, ohne daß bei der Behandlung der einzelnen Stoffgebiete die methodischen Gesichtspunkte vernachlässigt wurden. Es ist also nicht vorgesehen und auch gar nicht möglich, daß die Behandlung des Lehrstoffs etwa in der Reihenfolge erfolgt, wie er im Lehrbuch angeordnet werden mußte. Im Unterricht laufen im allgemeinen Arithmetik, Algebra und Geometrie parallel. Die Verfasser haben versucht, durch die vorliegende Stoffanordnung eine Möglichkeit zu schaffen, das Buch im Rahmen der recht verschiedenen Lehrpläne aller Fachrichtungen zu verwenden.
Das Studium der Mathematik führt nicht nur zu mathematischen Kenntnissen, sondern es erzieht gleichzeitig zum logischen Denken, zum richtigen und schnellen Erkennen gegebener technischer Möglichkeiten und zur sachlich-schöpferischen Einstellung in der beruflichen Tätigkeit. Kenntnisse, Fähigkeiten und Fertigkeiten ergeben sich aber nicht mühelos. Hier gilt mit besonderer Berechtigung das Sprichwort: „Übung macht den Meister", denn die Mathematik erschöpft sich durchaus nicht im Einsetzen von gegebenen Zahlenwerten in bekannte Formeln. Vielmehr kommt es darauf an, technische Probleme und Vorgänge erst einmal rechnerisch durch eine Gleichung zu erfassen.
Nur mechanisch eingeprägte mathematische Kenntnisse genügen nicht; *das Kennen* muß sich *zum Können* entwickeln. Das ist aber nur durch sinnvolles Erfassen des Gelernten und durch beharrliches, zielstrebiges Anwenden möglich. Es ist darum notwendig, die in diesem Buch gegebenen Beispiele sorgfältig durchzuarbeiten, und zwar so oft, bis *jeder Schritt* des Rechenweges erfaßt ist und auch *der ganze Gedankengang* überblickt wird. Die reichlich bemessenen Übungsaufgaben geben jedem Studierenden über das Pflichtstudium hinaus die Möglichkeit, sich Sicherheit in der Anwendung seiner mathematischen Kenntnisse zu erwerben.
Von der 16. Auflage an ist der Abschnitt Logik und Mengenlehre vorangestellt worden. Außerdem sind die Formelzeichen nach DIN 1304 berichtigt und die Einheiten auf SI nach DIN 1301 umgestellt worden.

Autoren und Verlag

Inhaltsverzeichnis

1.	Logik und Mengenlehre	13
1.1.	Die Rolle der Sprache in der Mathematik	13
1.1.1.	Allgemeine Bemerkungen	13
1.1.2.	Aussagen und Aussageformen	13
1.1.3.	Verknüpfung von Aussagen	15
1.1.3.1.	Einführendes Beispiel	15
1.1.3.2.	Die Negation	16
1.1.3.3.	Die Konjunktion	16
1.1.3.4.	Die Disjunktion bzw. Alternative	18
1.1.3.5.	Die Implikation	21
1.1.3.6.	Die Äquivalenz	23
	Aufgaben 1 bis 4	26
1.2.	Grundbegriffe der Mengenlehre	26
1.2.1.	Der Begriff der Menge	26
1.2.2.	Die Angabe von Mengen	28
1.2.3.	Mengenrelationen	30
1.2.3.1.	Teilmenge	30
1.2.3.2.	Gleichheit zweier Mengen	31
1.2.4.	Mengenoperationen	32
1.2.4.1.	Vereinigung von Mengen	32
1.2.4.2.	Durchschnitt von Mengen	34
1.2.4.3.	Differenz zweier Mengen	35
	Aufgaben 5 bis 16	37

Arithmetik

2.	Allgemeine Zahlen	41
2.1.	Notwendigkeit und Vorteile	41
2.2.	Einfache Rechenoperationen mit allgemeinen Zahlen	42
	Aufgaben 1 bis 7	43
2.3.	Addition und Subtraktion mit allgemeinen Zahlen, Grundgesetze	44
	Aufgabe 8	46
2.4.	Bedeutung der Klammern, Auflösen von Klammern in Verbindung mit Addition und Subtraktion	46
2.4.1.	Einführen von Klammern	46
2.4.2.	Auflösen von Klammern	48
	Aufgaben 9 bis 14	49
2.5.	Einführung der negativen Zahlen, Addieren und Subtrahieren von Zahlen mit positiven und negativen Vorzeichen	50
	Aufgaben 15 bis 20	54

	Inhaltsverzeichnis	
2.6.	Multiplikation mit allgemeinen Zahlen, Auflösen von Klammern, binomische Formeln	55
2.6.1.	Multiplikation mit positiven und negativen Zahlen	55
	Aufgabe 21	57
2.6.2.	Multiplikation einer algebraischen Summe mit einer Zahl	57
	Aufgaben 22 bis 23	58
2.6.3.	Multiplikation zweier Klammerausdrücke (Binome)	59
2.6.4.	Die ersten drei binomischen Formeln	60
	Aufgaben 24 bis 34	61
2.7.	Division mit allgemeinen Zahlen, Faktorenzerlegung, Partialdivision, Bruchrechnung	62
2.7.1.	Division durch eine ganze Zahl	62
	Aufgaben 35 bis 37	64
	Aufgaben 38 bis 42	65
2.7.2.	Division durch eine Summe	65
	Aufgaben 43 bis 45	68
2.7.3.	Rechnen mit Brüchen	69
	Aufgaben 46 bis 55	74
3.	Potenzen und Wurzeln	77
3.1.	Potenzen mit ganzen Exponenten, Rechengesetze, Potenzen von Binomen (Pascalsches Dreieck)	77
3.1.1.	Begriff der Potenz; erste Erweiterung des Potenzbegriffes (a^1)	77
3.1.2.	Addieren und Subtrahieren von Potenzen	78
3.1.3.	Multiplizieren von Potenzen	78
	Aufgaben 56 bis 60	79
	Aufgabe 61	80
3.1.4.	Dividieren von Potenzen	81
	Aufgaben 62 bis 68	82
	Aufgaben 69 bis 72	84
3.1.5.	Potenzieren von Potenzen	85
	Aufgaben 73 bis 75	85
3.1.6.	Zweite und dritte Erweiterung des Potenzbegriffes (a^{-n} und a^0)	86
	Aufgaben 76 bis 85	89
3.1.7.	Potenzen von Binomen	91
	Aufgabe 86	92
3.1.8.	Die Potenz- und Exponentialfunktion und ihre Kurven	93
3.2.	Wurzeln, rationale und irrationale Zahlen, Einführung gebrochener Exponenten, Rechengesetze	97
3.2.1.	Rationale Zahlen	97
3.2.2.	Der Wurzelbegriff	99
3.2.3.	Irrationale Zahlen	102
3.2.4.	Quadratwurzelziehen	103
	Aufgaben 87 bis 88	107

3.2.5.	Die Wurzel als Potenz mit gebrochenem Exponenten; vierte Erweiterung des Potenzbegriffes $a^{\frac{m}{n}}$	107
	Aufgaben 89 bis 90	109
3.2.6.	Rechengesetze für Wurzeln	109
	Aufgaben 91 bis 99	112
	Aufgaben 100 bis 104	117
	Aufgaben 105 bis 107	120
	Aufgabe 108	122
	Aufgaben 109 bis 114	126
3.2.7.	Die Wurzelfunktion und ihre Kurven	127
4.	Komplexe Zahlen	129
4.1.	Grundbegriffe	129
	Aufgaben 115 bis 116	132
4.2.	Darstellung in der Gaußschen Zahlenebene	133
4.3.	Goniometrische Darstellung komplexer Zahlen	134
	Aufgaben 117 bis 118	138
4.4.	Grundrechenarten mit komplexen Zahlen	138
	Aufgaben 119 bis 123	141
	Aufgaben 124 bis 128	145
4.5.	Lehrsatz von Moivre	145
	Aufgaben 129 bis 130	147
	Aufgabe 131	150
4.6.	Die Exponentialform der komplexen Zahl	150
4.6.1.	Die Eulersche Gleichung und die Exponentialform	150
4.6.2.	Übergang von einer Form der komplexen Zahl in eine andere	153
	Aufgaben 132 bis 135	155
4.6.3.	Bedeutung der Exponentialform in der Elektrotechnik	155
5.	Logarithmen	158
5.1.	Begriff des Logarithmus	158
	Aufgaben 136 bis 137	162
5.2.	Praktisches Rechnen mit Logarithmen	162
5.2.1.	Logarithmengesetze	162
	Aufgaben 138 bis 141	166
5.2.2.	Die logarithmische Rechentafel	167
	Aufgabe 142	168
	Aufgaben 143 bis 144	170
	Aufgaben 145 bis 146	172
5.2.3.	Beispiele zum logarithmischen Rechnen (Rechenschemas)	172
	Aufgaben 147 bis 155	181
5.3.	Natürliche Logarithmen	182
	Aufgaben 156 bis 159	186
5.4.	Logarithmische Skalen	186

5.4.1.	Der Rechenstab	187
	Aufgaben 160 bis 161	191
	Aufgaben 162 bis 164	194
	Aufgabe 165	196
	Aufgabe 166	197
	Aufgabe 167	197
	Aufgaben 168 bis 171	199
5.4.2.	Darstellung von Funktionen auf logarithmischem Papier	200
	Aufgabe 172	202
	Aufgabe 173	204
5.4.3.	Beispiel eines einfachen Nomogramms	205
5.5.	Bemerkungen zum Taschenrechner	208
6.	Arithmetische und geometrische Folgen und Reihen	209
6.1.	Die arithmetische Folge und Reihe	209
	Aufgaben 174 bis 182	214
6.2.	Die geometrische Folge und Reihe	215
	Aufgaben 183 bis 187	219
	Aufgaben 188 bis 191	222
6.3.	Anwendungen der geometrischen Folge und Reihe	222
	Aufgaben 192 bis 195	226
	Aufgaben 196 bis 201	231
6.4.	Verzinsung in momentanen Zeiträumen und die Zahl e	232
7.	Der binomische Lehrsatz und die binomische Reihe	235
7.1.	Der binomische Lehrsatz	235
	Aufgaben 202 bis 208	239
7.2.	Die binomische Reihe	239
	Aufgaben 209 bis 212	243
7.3.	Die Zahl e und der binomische Satz	244
	Aufgabe 213	244
8.	Fehlerrechnung	245
8.1.	Von kleinen Größen	245
8.2.	Berechnung von Fehlern und Fehlereinflüssen	246
	Aufgaben 214 bis 220	254

Algebra und elementare Funktionenlehre

9.	Die verschiedenen Arten der Gleichung	255
9.1.	Begriff der Gleichung	255
9.2.	Einteilung der Gleichungen	255
9.3.	Zusammenhang zwischen Bestimmungsgleichungen und identischen Gleichungen	256

10.	Funktion und graphische Darstellung	257
10.1.	Methode der graphischen Darstellung	257
10.2.	Veränderliche Größen und Funktionen	259
10.3.	Empirische und analytische Funktionen	260
10.4.	Definitionsbereich einer Funktion	261
10.5.	Koordinatensysteme	262
10.6.	Graphische Darstellung einer durch eine Gleichung gegebenen Funktion	264
10.7.	Das Symbol $y(x)$	269
10.8.	Parameterdarstellung einer Funktion	270
10.9.	Anpassung des Achsenkreuzes an besondere Funktionen	272
10.10.	Funktionen von mehreren Veränderlichen	273
10.11.	Kritische Betrachtung des Funktionsbegriffes	274
	Aufgaben 221 bis 238	274
10.12.	Die lineare Funktion	276
	Aufgaben 239 bis 248	281
11.	Gleichungen 1. Grades mit einer Unbekannten	282
11.1.	Begriff der Bestimmungsgleichung 1. Grades; Begriff der Lösung; allgemeine Form	282
11.2.	Vorbereitende Sätze zur Lösung von Gleichungen 1. Grades mit einer Unbekannten	282
11.3.	Numerische Lösung von Gleichungen 1. Grades mit einer Unbekannten	284
11.4.	Graphische Lösung von Gleichungen 1. Grades mit einer Unbekannten	292
11.5.	Diskussion der Gleichung 1. Grades mit einer Unbekannten	292
11.6.	Das Umstellen von Formeln	293
11.7.	Eingekleidete Gleichungen 1. Grades mit einer Unbekannten	293
	Aufgaben 249 bis 609	301
12.	Proportionen	320
12.1.	Das Verhältnis zweier Größen	320
12.2.	Die Verhältnisgleichung oder Proportion; Begriff, Bezeichnungen, Bedeutung	320
12.3.	Rechengesetze für Proportionen	321
12.4.	Proportionen als Bestimmungsgleichungen; die vierte Proportionale	327
12.5.	Stetige Proportionen; die mittlere Proportionale	328
12.6.	Fortlaufende Proportionen	329
12.7.	Direkte Proportionalität	330
12.8.	Umgekehrte Proportionalität	332
12.9.	Behandlung angewandter Aufgaben	333
	Aufgaben 610 bis 635	335
13.	Gleichungen 1. Grades mit mehreren Unbekannten	339
13.1.	Gleichungen 1. Grades mit zwei Unbekannten	339
13.1.1.	Begriff der Gleichung 1. Grades mit zwei Unbekannten	339

13.1.2.	Begriff der Lösung; Zahl der Lösungen	339
13.1.3.	Vorbereitende Sätze zur Lösung	340
13.1.4.	Numerische Lösungsverfahren	341
13.1.5.	Das graphische Lösungsverfahren	344
13.1.6.	Diskussion des Systems von zwei Gleichungen 1. Grades mit zwei Unbekannten	345
13.1.7.	Schwierigere Gleichungen 1. Grades mit zwei Unbekannten	346
13.2.	Gleichungen 1. Grades mit drei und mehr Unbekannten	347
13.2.1.	Allgemeine Definition und Sätze	347
13.2.2.	Lösungsverfahren	348
	Aufgaben 636 bis 794	349
14.	Quadratische Funktion und quadratische Gleichung	361
14.1.	Die quadratische Funktion; Begriff; Funktionstypen	361
14.2.	Nullstellen einer quadratischen Funktion	363
	Aufgaben 795 bis 800	364
14.3.	Quadratische Gleichungen mit einer Unbekannten; Begriff; allgemeine Form und Normalform	365
14.4.	Numerische Lösung der quadratischen Gleichung	365
14.5.	Formelmäßige Lösung der Normalform	369
14.6.	Imaginäre und komplexe Lösungen der quadratischen Gleichung	370
14.7.	Lösung der allgemeinen gemischtquadratischen Gleichung	372
14.8.	Graphische Lösung der quadratischen Gleichung	373
14.9.	Diskussion der quadratischen Gleichung mit einer Unbekannten	373
14.10.	Zusammenhang zwischen den Koeffizienten und Lösungen der Gleichung; Wurzelsatz von Vieta	374
14.11.	Produktform der quadratischen Gleichung	377
14.12.	Gleichungen höheren Grades, die sich auf quadratische Gleichungen zurückführen lassen	378
	Aufgaben 801 bis 982	380
14.13.	Quadratische Gleichungen mit zwei Unbekannten	387
	Aufgaben 983 bis 1018	391
15.	Wurzelgleichungen; Exponentialgleichungen; logarithmische Gleichungen	393
15.1.	Wurzelgleichungen	393
15.1.1.	Wurzelgleichungen mit einer Unbekannten	393
15.1.2.	Wurzelgleichungen mit zwei Unbekannten	397
	Aufgaben 1019 bis 1141	399
15.2.	Exponentialgleichungen	403
	Aufgaben 1142 bis 1192	406
15.3.	Logarithmische Gleichungen	407
	Aufgaben 1193 bis 1203	409
16.	Fortsetzung der Funktionenlehre	410
16.1.	Entwickelte und unentwickelte Funktionen	410
	Aufgaben 1204 bis 1211	411

16.2.	Monotone Funktionen	411
16.3.	Die Umkehrfunktion	412
	Aufgaben 1212 bis 1213	416
16.4.	Einteilung der Funktionen	416
16.5.	Die ganze rationale Funktion	418
16.6.	Numerische Berechnung von Funktionswerten einer ganzen rationalen Funktion (Hornersches Schema)	418
	Aufgaben 1214 bis 1221	420
16.7.	Graphische Ermittlung von Funktionswerten einer ganzen rationalen Funktion	421
	Aufgaben 1222 bis 1223	424
16.8.	Das Interpolationsproblem; Verfahren von Newton	424
	Aufgaben 1224 bis 1228	426
17.	Algebraische Gleichungen höheren Grades mit einer Unbekannten	428
17.1.	Algebraische Gleichungen 3. Grades (Kubische Gleichungen)	428
17.2.	Algebraische Gleichungen n-ten Grades	434
	Aufgaben 1229 bis 1253	444
18.	Allgemeine (nicht algebraische) Gleichungen mit einer Unbekannten	445
	Aufgaben 1254 bis 1261	448
19.	Determinanten	449
19.1.	Zweireihige Determinanten (Determinanten 2. Grades)	449
19.1.1.	Definition der zweireihigen Determinante; Lösung eines Systems von zwei Gleichungen 1. Grades mit zwei Unbekannten	449
19.1.2.	Diskussion eines Systems von zwei Gleichungen 1. Grades mit zwei Unbekannten	451
19.2.	Dreireihige Determinanten (Determinanten 3. Grades)	454
19.2.1.	Definition der dreireihigen Determinante	454
19.2.2.	Entwicklung einer Determinante nach den Elementen einer Reihe; Unterdeterminanten	455
19.2.3.	Lösung eines Systems von drei Gleichungen 1. Grades mit drei Unbekannten	457
19.2.4.	Diskussion eines Systems von drei Gleichungen 1. Grades mit drei Unbekannten	458
19.2.5.	Determinantengesetze	462
19.3.	n-reihige Determinanten (Determinanten n-ten Grades)	466
	Aufgaben 1262 bis 1263	468
	Wiederholungsaufgaben 1 bis 213 (ohne Lösungen)	469
	Das griechische Alphabet	480
	Mathematische Zeichen nach DIN 1302	481
	Lösungen	487
	Sachwortverzeichnis	531
	Beilage: Formelsammlung	

1. Logik und Mengenlehre

1.1. Die Rolle der Sprache in der Mathematik

1.1.1. Allgemeine Bemerkungen

Von den verschiedenartigen Funktionen, die die Sprache für den Menschen ausübt, seien hier nur zwei besonders hervorgehoben:

Sie ist – gleichgültig, ob in Form des gesprochenen oder in Form des geschriebenen Wortes – ein *Kommunikationsmittel*, das dem Menschen die Möglichkeit gibt, mit seinem Mitmenschen in Verbindung zu treten, ihm von bestimmten Erscheinungen oder Dingen seines Lebenskreises Mitteilung zu machen usw.

Sie ist aber auch das *„materielle Gewand des Gedankens"*[1], d. h., durch die Sprache wird der Mensch in die Lage versetzt, seine ureigensten Gedankengänge in die materielle Wirklichkeit zu übersetzen.

Bei einer idealen Sprache müßte jedes verwendete Zeichen, jede Zeichenreihe, jedes Wort eine ganz bestimmte, genau festgelegte Bedeutung haben, wenn verhindert werden soll, daß bei der Benutzung dieser Sprache Mißverständnisse auftreten können. Daß dem aber nicht so ist, läßt sich an zahllosen Beispielen aus der Umgangssprache belegen. So ruft das Wort „Leiter" bei verschiedenen Menschen die unterschiedlichsten Assoziationen hervor. Der Handwerker wird sofort an ein Gerät denken, das es ihm ermöglicht, in die Höhe zu steigen; der Elektriker wird an Stoffe denken, die die Elektrizität besonders gut oder vielleicht auch extrem schlecht weiterleiten; ein verantwortlicher Mitarbeiter eines Betriebes wird an seinen Vorgesetzten denken.

Für die Nutzung einer Sprache in einer Wissenschaft muß gewährleistet sein, daß derartige Mehrdeutigkeiten oder gar Mißverständnisse möglichst weitgehend ausgeschaltet werden. Dies ist aber nur dadurch möglich, daß die für bestimmte Sachverhalte verwendeten Worte oder Redewendungen eindeutig festgelegt werden und daß sich jeder, der diese Worte oder Redewendungen benutzt, fest an die einmal getroffenen Vereinbarungen hält und keine individuellen Deutungen zuläßt. Aus diesem Grunde sollen im folgenden einige Formulierungen angeführt und erläutert werden, die für den Mathematiker eine ganz bestimmte Bedeutung haben.

1.1.2. Aussagen und Aussageformen

Unter einer **Aussage** versteht man die gedankliche Widerspiegelung eines Sachverhaltes der objektiven Realität.

Diese gedankliche Widerspiegelung von Sachverhalten der objektiven Realität kann in den verschiedensten Formen erfolgen. Aussagen können in Form von gesprochenen oder geschriebenen Sätzen, in Form von mathematischen oder technischen Formeln oder in anderer Gestalt auftreten.

---

[1] *Georg Klaus:* Die Macht des Wortes

Charakteristisch für Aussagen ist, daß sie einen bestimmten *Wahrheitswert* haben. Spiegelt eine Aussage die Wirklichkeit richtig wider, so wird sie *wahr* genannt, andernfalls *falsch*.

> Eine Aussage ist entweder wahr, oder sie ist falsch.

BEISPIELE

1. „Die Rose ist weiß" ist eine Aussage.
„Die weiße Rose" ist keine Aussage.
„$A = \frac{1}{2} \cdot g \cdot h$ ist der Flächeninhalt eines Dreiecks mit der Grundlinie g und der Höhe h" ist eine Aussage.
„125 ist eine Quadratzahl" ist eine Aussage.
„Die Stadt Berlin" ist keine Aussage.
„Berlin ist eine Stadt" ist eine Aussage.

2. Die Aussage „125 ist eine Quadratzahl" hat den Wahrheitswert falsch.
Die Aussage „Berlin ist eine Stadt" hat den Wahrheitswert wahr.
Die Aussage „$25 > 36$" ist falsch.
Die Aussage „Die Mathematik ist eine schöne Wissenschaft" ist wahr.

> Eine **Aussageform** ist dadurch charakterisiert, daß in ihr mindestens eine **Variable** vorkommt, über die noch nicht verfügt worden ist.

So stellt z. B. die Gleichung

$$x^2 - 6x + 8 = 0$$

eine Aussageform dar. Dabei ist x die in dieser Aussageform auftretende Variable. Belegt man diese Variable mit dem Wert $x = 1$, so geht die gegebene Aussageform über in eine Aussage.

$$1 - 6 + 8 = 0.$$

Der Wahrheitswert dieser Aussage ist „falsch". - Belegt man dagegen die Variable x mit dem Wert $x = 2$, so geht die Aussageform über in die wahre Aussage

$$4 - 12 + 8 = 0.$$

Es gibt noch einen weiteren Wert, für den die Aussageform in eine wahre Aussage übergeht, nämlich $x = 4$ (bitte nachprüfen!). Jede andere zahlenmäßige Belegung der Variablen x führt bei der angeführten Aussageform zu einer falschen Aussage. Aus diesem ersten Beispiel kann man folgendes erkennen:

> Eine Aussageform ist von vornherein weder wahr noch falsch. Belegt man jedoch in ihr alle auftretenden Variablen mit bestimmten Konstanten, so entsteht aus der Aussageform eine Aussage, die entweder wahr oder falsch ist.

BEISPIELE

3. „X ist der Dichter des Trauerspiels ‚Egmont'."
Dieser Satz ist eine Aussageform. Ersetzt man X durch Goethe, so entsteht daraus

eine wahre Aussage. Würde man X durch Schiller oder durch Beethoven oder durch die Zahl 13 ersetzen, so entstünden lauter falsche Aussagen.
4. $(a + b)^2 = a^2 + 2ab + b^2$ ist eine Aussageform, die für jede beliebige Belegung der beiden Variablen durch Zahlen eine wahre Aussage liefert. (Vgl. 3.1.7.)
5. Die Aussageform $2 \mid n$ wird durch $n = 12$ zu einer wahren, dagegen durch $n = 15$ zu einer falschen Aussage gemacht.
6. Mit $u = 3$ und $v = 15$ wird aus der Aussageform $u < v$ eine wahre Aussage. Dagegen liefert die Belegung $u = 17$ und $v = 12$ aus der gleichen Aussageform eine falsche Aussage.

1.1.3. Verknüpfung von Aussagen

1.1.3.1. Einführendes Beispiel

Wenn man gewisse Aussagen näher untersucht, so kann man feststellen, daß sie aus zwei oder mehreren einfacheren Aussagen zusammengesetzt sind. Dabei treten immer wieder ganz bestimmte Bindewörter bzw. Wortverbindungen zur Verknüpfung dieser einfacheren Aussagen zu einer komplizierteren Aussage auf. Verspricht beispielsweise ein Vater auf einer Wanderung seinem Sprößling, um ihn aufzumuntern: „Bei der nächsten Rast kaufe ich dir eine Bockwurst und eine Portion Schlagsahne", so ist diese Aussage zusammengesetzt aus den beiden einfacheren Aussagen: „Ich kaufe dir eine Bockwurst" und „Ich kaufe dir eine Portion Schlagsahne". Die Verknüpfung dieser beiden Aussagen geschieht hier durch das Wörtchen **„und"**. Der Sprößling wird dieser Verknüpfung der beiden Aussagen sicher nur dann den Wahrheitswert „wahr" beimessen, wenn beide Teilaussagen den Wahrheitswert „wahr" haben, d. h., wenn er sowohl eine Bockwurst als auch eine Portion Schlagsahne erhält. (Inwieweit sich diese Kombination auf seinen Verdauungsapparat auswirken wird, soll hier nicht zur Debatte stehen.) Würde der Vater dem Sohne nur eine Bockwurst bzw. nur eine Portion Sahne kaufen wollen, weil er sich in der Zwischenzeit der eventuellen Folgen seines Versprechens bewußt geworden ist, so darf der Sohn mit Recht am Wahrheitswert der Aussage seines Vaters zweifeln.
Hätte der Vater dagegen die gleichen Grundaussagen durch das Wörtchen **„oder"** miteinander verbunden, indem er versprach: „Bei der nächsten Rast kaufe ich dir eine Bockwurst oder eine Portion Schlagsahne", so wäre diese Aussage schon dann wahr, wenn der Sohn nur eine Bockwurst bekäme. Sie wäre aber auch dann wahr, wenn der Vater stattdessen eine Portion Schlagsahne kaufen würde. Und schließlich würde diese Aussage selbst dann den Wahrheitswert „wahr" zugebilligt bekommen, wenn der Vater sowohl die Bockwurst als auch die Portion Schlagsahne spendieren würde.
Der Wahrheitswert einer Verknüpfung von zwei Aussagen fällt also ganz verschieden aus, wenn man die beiden Aussagen durch das Wörtchen „und" bzw. durch das Wörtchen „oder" miteinander zu einer neuen Aussage verbindet.

1.1.3.2. Die Negation

Sofern es sich im folgenden um allgemeingültige Betrachtungen handelt, sollen zur Abkürzung der Schreibweise für Aussagen die Symbole $p, q, r, \ldots$ verwendet werden.

Fügt man in eine Aussage p an geeigneter Stelle das Wort nicht oder eine diesem Wort entsprechende Umschreibung ein, so erhält man eine neue Aussage, die wir mit dem Symbol $\bar{p}$ kennzeichnen wollen und die die **„Negation"** der Aussage p heißt.
Ist beispielsweise p die Aussage:

„Das Wetter ist schön",

so lautet die Negation $\bar{p}$ von p:

„Das Wetter ist nicht schön".

Welchen Wahrheitswert hat nun die Aussage $\bar{p}$, wenn man den Wahrheitswert der Aussage p kennt?
Es ist ohne weiteres einzusehen, daß die Aussage $\bar{p}$ den Wahrheitswert falsch besitzt, wenn p wahr ist, und umgekehrt, daß $\bar{p}$ wahr sein muß, wenn p falsch ist.
Diese Erkenntnis läßt sich in übersichtlicher Weise in einer sogenannten *Wahrheitswertetabelle* zusammenstellen, wobei für wahr die Abkürzung w und für falsch die Abkürzung f verwendet werden soll:

p	$\bar{p}$
w	f
f	w

| Die Negation $\bar{p}$ einer Aussage p hat stets den entgegengesetzten Wahrheitswert der Aussage p.

Negiert man eine Negation erneut, so erhält man den gleichen Wahrheitswerteverlauf wie bei der ursprünglichen Aussage.

p	$\bar{p}$	$\bar{\bar{p}}$
w	f	w
f	w	f

Statt „Er hat nicht unrecht" zu formulieren, kann man also ohne weiteres auch wesentlich besser verständlich sagen: „Er hat recht".

1.1.3.3. Die Konjunktion

Zwei Aussagen p und q können durch das Bindewort **„und"** zu einer neuen Aussage r verknüpft werden:

$$r = p \text{ und } q.$$

Für das Wort „und" verwendet man dabei häufig das Zeichen $\wedge$, so daß die Aussagenverbindung „$r = p$ und q" auch in der Form

$$r = p \wedge q$$

geschrieben werden kann.

1.1.3. Verknüpfung von Aussagen

Wann ist es nun sinnvoll, einer Aussagenverbindung $r = p \wedge q$ den Wahrheitswert „wahr" zuzuordnen? Es soll dazu ein einfaches Beispiel betrachtet werden.
Die Aussage

r: „Die Zahl 18 ist eine gerade Zahl und ist durch 3 teilbar"

setzt sich zusammen aus den beiden Aussagen

p: „Die Zahl 18 ist eine gerade Zahl" und
q: „Die Zahl 18 ist durch 3 teilbar".

Zweifellos muß die Gesamtaussage r als wahr anerkannt werden, denn die beiden Teilaussagen p und q sind beide wahr. Würde man im obigen Beispiel jeweils nur die Zahl 18 durch die Zahl 17 ersetzen, so daß

r: „Die Zahl 17 ist eine gerade Zahl und ist durch 3 teilbar",
p: „Die Zahl 17 ist eine gerade Zahl" und
q: „Die Zahl 17 ist durch 3 teilbar"

lauten, so sind alle drei Aussagen falsch.
Für den Fall, daß man für 18 die Zahl 16 einsetzt (der Leser bilde selbst die drei entstehenden Aussagen r, p und q!), wird die Aussage p wahr, jedoch die Aussage q falsch. Die Aussagenverbindung r müßte auch in diesem Falle als falsch bezeichnet werden.
Schließlich sei noch der Fall betrachtet, daß man an Stelle der 18 die Zahl 15 einsetzt. (Auch hier bilde der Leser die drei entstehenden Aussagen selbst!) – Jetzt ist zwar die Aussage q wahr, jedoch p falsch. Die Aussagenverbindung

r: „Die Zahl 15 ist eine gerade Zahl und ist durch 3 teilbar"

ist ebenfalls falsch.
Verallgemeinernd läßt sich sagen:

> Eine durch „und" gebildete Aussagenverbindung $p \wedge q$ hat genau dann den Wahrheitswert „wahr", wenn *sowohl* die Aussage p *als auch* die Aussage q wahr ist. Ist auch nur eine davon falsch, so ist auch die Aussagenverbindung $p \wedge q$ falsch.

In der Logik wird eine durch „und" gebildete Verknüpfung zweier (oder auch mehrerer) Aussagen eine *Konjunktion* genannt.
Die Wahrheitswertetabelle für die Konjunktion hat damit folgendes Aussehen:

p	q	$p \wedge p$
w	w	w
w	f	f
f	w	f
f	f	f

BEISPIEL

Die Regel für die Teilbarkeit einer Zahl z durch 6 läßt sich mit Hilfe der kennengelernten Symbolik kurz wie folgt formulieren:

$6 \mid z$, wenn $2 \mid z \wedge 3 \mid z$.

Es ist ohne weiteres möglich, eine Konjunktion auch aus mehr als zwei Einzelaussagen zu bilden. Wie man sich leicht überzeugen kann, ist eine solche Konjunktion aus mehr als zwei Einzelaussagen nur dann wahr, wenn *alle* an der Bildung der Konjunktion beteiligten Einzelaussagen wahr sind.

1.1.3.4. Die Disjunktion bzw. Alternative

Sehr häufig werden zwei Aussagen p und q mit Hilfe des Wortes „**oder**" zu einer neuen Aussage verknüpft:

$$r = p \text{ oder } q.$$

Verwendet man für „oder" das Zeichen $\vee$, so läßt sich die Aussagenverbindung $r = p$ oder q auch in der Form

$$r = p \vee q$$

schreiben.
In welchem Sinne das Wort „oder" verwendet werden soll, möge das folgende Beispiel zeigen. Die Aussage

r: „Ich fahre morgen nach Hamburg oder nach München"

setzt sich zusammen aus den beiden Aussagen

p: „Ich fahre morgen nach Hamburg" und
q: „Ich fahre morgen nach München", wobei

$$r = p \vee q.$$

Wenn ich nun morgen nach Hamburg fahre (p ist wahr), aber nicht nach München (q ist falsch), so wird man die Aussagenverbindung r dennoch als wahr bezeichnen müssen. Genauso verhält es sich, wenn ich morgen zwar nicht nach Hamburg (p ist falsch), jedoch nach München (q ist wahr) fahre. Auch in diesem Falle wird man r als wahr anerkennen. Fahre ich schließlich am morgigen Tage sowohl nach Hamburg (p ist wahr) als auch nach München (q ist wahr), so liegt kein Grund vor, die Aussagenverbindung $r = q \vee p$ als falsch bezeichnen zu müssen. Die Aussage r ist also auch in diesem Falle wahr. Wenn ich allerdings morgen weder nach Hamburg (p ist falsch) noch nach München (q ist falsch) fahre, dann ist auch die Aussage r falsch.
Dies läßt sich verallgemeinern zu dem Satz:

> Eine durch „oder" gebildete Aussagenverbindung $p \vee q$ hat dann den Wahrheitswert „wahr", wenn wenigstens eine der Aussagen p bzw. q wahr ist. (Es können auch beide wahr sein.) – Sind jedoch beide Aussagen p und q falsch, so ist auch die Aussagenverbindung $p \vee q$ falsch.

In der Logik wird eine durch „oder" gebildete Verknüpfung zweier (oder auch mehrerer) Aussagen eine *Disjunktion*[1] genannt.

---

[1] In der Literatur findet man an Stelle von „Disjunktion" häufig auch die Bezeichnung „Alternative"

1.1.3. Verknüpfung von Aussagen

Die Wahrheitswertetabelle für die Disjunktion hat damit folgendes Aussehen:

p	q	$p \vee q$
w	w	w
w	f	w
f	w	w
f	f	f

Auch an einer Disjunktion können mehr als zwei Einzelaussagen beteiligt sein. Hier gilt die Regel: Sind an der Bildung einer Disjunktion mehr als zwei Einzelaussagen beteiligt, so ist die Disjunktion stets wahr, wenn mindestens eine der Einzelaussagen wahr ist. Die Disjunktion hat nur dann den Wahrheitswert falsch, wenn alle Einzelaussagen falsch sind.

Der Unterschied zwischen „und" und „oder" soll noch an einem weiteren Beispiel erläutert werden.

Verspricht ein Vater seinem Kinde, mit ihm spazieren zu gehen, „wenn Sonntag ist *oder* wenn die Sonne scheint", so dürfte es diesem Vater wahrscheinlich schwerfallen, sein Versprechen einzuhalten. Er müßte nämlich u. a. auch an jedem Sonntag spazieren gehen, selbst wenn es draußen stürmen oder schneien sollte. Hätte der Vater dagegen vorsichtiger formuliert: „wenn Sonntag ist *und* wenn die Sonne scheint", so wird die Anzahl der im Laufe eines Jahres durchgeführten Spaziergänge maximal 52 betragen, aber es wird wohl kaum vorkommen, daß an allen Sonntagen eines Jahres sonniges Wetter ist.

Schließlich sei noch vermerkt, daß das Wörtchen „oder" im deutschen Sprachgebrauch in zwei verschiedenen Versionen verwendet wird. Das „oder", das wir in der Logik durch das Zeichen $\vee$ kennzeichnen, ist das sogenannte

„einschließende oder",

das wir wie folgt definiert haben:

Die Aussagenverbindung $p \vee q$ ist dann wahr, wenn

p wahr und q falsch oder wenn
p falsch und q wahr oder wenn
p wahr und q wahr

ist. – Sie ist nur dann falsch, wenn sowohl p als auch q falsch ist.

In diesem Sinne ist in dem Satz: „Ich sehe mir ‚Effi Briest' im Theater oder im Fernsehen an" das einschließende „oder" verwendet, denn derjenige, der diesen Satz formuliert, läßt (bewußt oder unbewußt) offen, ob er sich ‚Effi Briest'

   a) im Theater und nicht im Fernsehen,
   b) im Fernsehen und nicht im Theater oder
   c) sowohl im Theater als auch im Fernsehen

ansehen will.

Wenn durch den obigen Satz die unter c) angegebene Möglichkeit ausgeschlossen werden soll, sollte man eindeutiger formulieren: „Ich sehe mir ‚Effi Briest' *entweder* im Theater *oder* im Fernsehen an". Diese Aussagenverbindung

„entweder p oder q"

bezeichnet man als das

   „ausschließende oder".

Sie ist nur dann wahr, wenn entweder

   p wahr und q falsch, oder wenn
   p falsch und q wahr

ist. Sie ist falsch, wenn entweder p und q beide wahr oder wenn p und q beide falsch sind. – Leider wird diese Trennung zwischen dem „einschließenden oder" und dem „ausschließenden oder" in der Umgangssprache nicht immer konsequent durchgeführt, was zur Folge hat, daß Mißverständnisse auftreten können.

Aus diesem Grunde sei an dieser Stelle noch einmal darauf hingewiesen, daß man nicht nur in der Mathematik, sondern auch im täglichen Leben immer wieder mit Aussagenverbindungen konfrontiert wird. Allerdings wird dabei leider sehr häufig gegen die exakten Definitionen der Aussagenverbindungen verstoßen. Man denke dabei nur an Verbotstafeln wie

   „Rauchen und Umgang mit offenem Licht ist verboten!"

oder

   „Der Verzehr von Bockwurst und Speiseeis im Straßenbahnwagen ist verboten!"

Gemeint ist im zweiten Beispiel wohl, daß man es nicht gern sieht, wenn jemand mit einer fetttriefenden Bockwurst oder mit einem Eis am Stiel die dichtgefüllte Straßenbahn besteigen will.

Man sollte sich also auch außerhalb der Mathematik stets um eine exakte und unmißverständliche Ausdrucksweise bemühen.

Zur Festigung der bisher behandelten logischen Funktionen Negation, Konjunktion und Disjunktion seien noch einige zusammengesetzte Ausdrücke als Beispiele behandelt.

BEISPIELE

1. x sei eine beliebige Aussage. Was kann über die Aussagenverbindung $x \vee \bar{x}$ ausgesagt werden?
   Lösung: Um etwas über die Verbindung $x \vee \bar{x}$ aussagen zu können, stellen wir – ausgehend von x – eine Wahrheitswertetabelle auf, die zunächst die möglichen Wahrheitswerte von $\bar{x}$ und daran anschließend die sich daraus ergebenden Wahrheitswerte von $x \vee \bar{x}$ enthält. Es ergibt sich

x	$\bar{x}$	$x \vee \bar{x}$
w	f	w
f	w	w

   Die Aussagenverbindung $x \vee \bar{x}$ ist demnach stets wahr, unabhängig davon, welchen Wahrheitswert die ursprüngliche Aussage x hat.

2. x und y seien zwei beliebige Aussagen. Es ist nachzuweisen, daß die beiden Aussagenverbindungen $\overline{x \vee y}$ und $\bar{x} \wedge \bar{y}$ einander gleichwertig sind.

1.1.3. Verknüpfung von Aussagen

Lösung: In ähnlicher Weise wie im Beispiel 1 stellen wir eine Tabelle der Wahrheitswerte auf, indem wir ausgehend von den vier verschiedenen Kombinationsmöglichkeiten der Wahrheitswerte von x und y zunächst $x \vee y$ bilden und danach die zugehörige Negation $\overline{x \vee y}$ untersuchen. – Entsprechend bilden wir danach $\bar{x}$, dann $\bar{y}$ und daraus schließlich $\bar{x} \wedge \bar{y}$. Es muß sich herausstellen, daß die Wahrheitswertetabellen für $\overline{x \vee y}$ sowie für $\bar{x} \wedge \bar{y}$ miteinander übereinstimmen. In diesem Falle sind dann die beiden Aussagenverbindungen einander gleichwertig.

x	y	$x \vee y$	$\overline{x \vee y}$	$\bar{x}$	$\bar{y}$	$\bar{x} \wedge \bar{y}$
w	w	w	f	f	f	f
w	f	w	f	f	w	f
f	w	w	f	w	f	f
f	f	f	w	w	w	w
①	②	③	④	⑤	⑥	⑦

Die Wahrheitswerte von $\overline{x \vee y}$ (Spalte ④) und von $\bar{x} \wedge \bar{y}$ (Spalte ⑦) stimmen überein. Damit ist die Gleichwertigkeit der beiden Aussagenverbindungen nachgewiesen.
Für die logischen Funktionen Negation, Konjunktion und Disjunktion gibt es ähnliche Vorrangregeln wie für die Grundrechenarten in der Arithmetik:

> Die Negation ist der Konjunktion und diese wiederum der Disjunktion übergeordnet.

So ist z. B. in der zusammengesetzten Aussage $x \vee y \wedge z$ zunächst die Konjunktion $y \wedge z$ zu bilden und dieses Ergebnis danach disjunktiv mit x zu verbinden.
Will man von dieser „Vorrangregel" abweichen, so verwendet man Klammern, ähnlich wie in der Arithmetik. So ist im Ausdruck $(x \vee y) \wedge z$ als erstes die Disjunktion $x \vee y$ zu bilden und das daraus entstehende Ergebnis konjunktiv mit z zu verbinden.

1.1.3.5. Die Implikation

Es ist ein Wesensmerkmal der Mathematik, daß in ihr immer wieder aus bestimmten Voraussetzungen ganz bestimmte Schlußfolgerungen gezogen werden. Dies geschieht sehr häufig mit Hilfe der Wortverbindungen
„wenn..., so..." oder „wenn..., dann..."
oder „aus... folgt...".
Alle diese Redewendungen werden in einem festen Sinne benutzt:
„*Wenn* die genannte Voraussetzung erfüllt ist, *so* trifft auch die angegebene Schlußfolgerung zu."
Bezeichnet man die Voraussetzung in einer derartigen Aussagenverbindung mit p und die Schlußfolgerung mit q, so kann man mit Hilfe des Symbols $\Rightarrow$ die Aussagenverbindung „wenn p, so q" auch kurz in der Form
$$p \Rightarrow q$$
(gelesen: „aus p folgt q" oder „wenn p, so q" oder „wenn p, dann q")
schreiben. Man nennt eine solche Aussagenverbindung auch eine *Implikation*.

Die Bedeutung einer Verbindung „wenn ..., so ..." soll an folgendem Beispiel erläutert werden: Bekanntlich gilt

Wenn die Zahl 90 durch 10 teilbar ist, so ist sie auch durch 5 teilbar.

Die Bedingung lautet hier

p: „90 ist durch 10 teilbar" und die Folgerung
q: „90 ist durch 5 teilbar".

Wenn nun eine Zahl z tatsächlich durch 10 teilbar ist (p wahr), so ist sie auf alle Fälle auch durch 5 teilbar (q wahr), und damit ist dann auch die gesamte Aussagenverbindung $p \Rightarrow q$ wahr. Es gibt jedoch auch Fälle, in denen die Voraussetzung p nicht erfüllt zu sein braucht, in denen aber dennoch die Schlußfolgerung zutrifft. So ist z. B. die Zahl $z = 25$ nicht durch 10 teilbar, jedoch durch 5 läßt sie sich teilen. Lediglich der Fall, daß bei erfüllter Voraussetzung die Schlußfolgerung *nicht* eintrifft, ist *nicht möglich*.

> Die Aussagenverbindung $p \Rightarrow q$ gibt eine Bedingung p an, bei deren Erfüllung die Folgerung q unter allen Umständen zutrifft. Sie läßt jedoch noch völlig offen, daß es auch noch andere Fälle geben kann, in denen die Folgerung q zutrifft, ohne daß die in der Verbindung angeführte Bedingung p erfüllt sein muß.

Oder anders ausgedrückt:

> Die Implikation hat nur dann den Wahrheitswert „falsch", wenn bei wahrer Voraussetzung eine falsche Schlußfolgerung eintritt.

Damit ergibt sich für die Implikation folgende Wahrheitswertetafel:

p	q	$p \Rightarrow q$
w	w	w
w	f	f
f	w	w
f	f	w

BEISPIELE

1. Das eingangs erwähnte Beispiel „Wenn eine Zahl z durch 10 teilbar ist, so ist sie auch durch 5 teilbar" läßt sich auch in der Kurzform

    $$10 \mid z \Rightarrow 5 \mid z$$

    schreiben.

2. $x = 5 \Rightarrow x^2 = 25$.
   Hier ist $x = 5$ nicht die einzige Möglichkeit dafür, daß $x^2 = 25$ wird, denn auch $x = -5$ liefert $x^2 = 25$.

3. Auch die Aussagenverbindung „Wenn du Fieber hast, so gehörst du ins Bett!" fällt unter die in diesem Abschnitt betrachtete Kategorie. Sie läßt doch auch ohne weiteres zu, daß man sich auch ohne Fieber zu haben ins Bett legen kann.

1.1.3.6. Die Äquivalenz

Es gibt nun auch zahlreiche Fälle, in denen sich aus einer Voraussetzung p eine ganz bestimmte Schlußfolgerung q ergibt, wobei aber diese Schlußfolgerung q einzig und allein nur dann auftritt, wenn die genannte Bedingung p erfüllt ist.
Hierzu gehört z. B. die Regel für die Teilbarkeit einer Zahl z durch 2, die man wie folgt formulieren könnte:

Wenn eine Zahl z gerade ist, so ist sie durch 2 teilbar.

Da diejenigen Zahlen, die den Teiler 2 haben, gerade Zahlen genannt werden, muß also jede gerade Zahl durch 2 teilbar sein. Bei der erfüllten Voraussetzung

p: „z ist eine gerade Zahl"

ist also auf alle Fälle die genannte Schlußfolgerung

q: „z ist durch 2 teilbar"

richtig.
Wenn wir aber nach Gegenbeispielen suchen, also nach Zahlen, die durch 2 teilbar sind, ohne daß die angegebene Bedingung „z ist eine gerade Zahl" erfüllt ist, so wird dieses Suchen vergeblich sein.
Durch die Voraussetzung

p: „z ist eine gerade Zahl"

werden demnach *genau dieselben* Zahlen erfaßt wie durch die Aussage

q: „z ist durch 2 teilbar".

Die beiden Aussagen p und q sind also in diesem Falle völlig gleichwertig; man sagt, sie seien *äquivalent*, und man schreibt daher eine derartige Aussagenverbindung in der Form

$$p \Leftrightarrow q.$$

Während bei der Aussagenverbindung $p \Rightarrow q$ die Schlußfolgerung nur in der Richtung gezogen werden darf, in die die Pfeilspitze zeigt, deutet der Doppelpfeil bei der Aussagenverbindung $p \Leftrightarrow q$ an, daß hier Voraussetzung und Schlußfolgerung miteinander vertauscht werden dürfen.
Das Ausgangsbeispiel dieses Abschnittes kann also in der hier eingeführten Kurzschreibweise wie folgt geschrieben werden:

$$z \text{ gerade} \Leftrightarrow 2 \mid z.$$

■ Die Äquivalenz $p \Leftrightarrow q$ ist eine Aussagenverbindung, die genau dann wahr ist, wenn die Bedingung p und die Folgerung q denselben Wahrheitswert haben.

Die Wahrheitswertetabelle für die Äquivalenz lautet demnach

p	q	$p \Leftrightarrow q$
w	w	w
w	f	f
f	w	f
f	f	w

Als Sprechweisen für die Aussagenverbindung $p \Leftrightarrow q$ verwendet man

„genau wenn p, so q" oder
„dann und nur dann, wenn p, so q," oder
„aus p folgt q und umgekehrt".

BEISPIEL

Die beiden Aussagen

p: „Ein Viereck ist ein Quadrat"

und

q: „Das Viereck hat vier rechte Innenwinkel"

lassen sich nur durch

$$p \Rightarrow q$$

zu einer Aussagenverbindung zusammenfassen. Denn wenn ein Viereck ein Quadrat ist, dann hat es auf alle Fälle vier rechte Innenwinkel. Umgekehrt darf man aber aus der Tatsache, daß ein Viereck vier rechte Innenwinkel hat, nicht ohne weiteres schließen, daß es sich um ein Quadrat handeln muß, denn jedes Rechteck, bei dem die aufeinander senkrecht stehenden Seiten verschieden lang sind, hat vier rechte Winkel, ist aber kein Quadrat.
Durch die Aussage q werden also im gewählten Beispiel **viel mehr** Vierecke erfaßt als durch die Aussage p.
Geht man dagegen aus von den beiden Aussagen

p: „Ein Viereck ist ein Quadrat"

und

q: „Ein Viereck hat vier rechte Innenwinkel **und** vier gleiche Seiten",

so lassen sich diese beiden Aussagen durch

$$p \Leftrightarrow q$$

zusammenfassen. Denn wenn ein Viereck ein Quadrat ist, dann hat es auf alle Fälle vier rechte Innenwinkel und vier gleiche Seiten. Hat aber umgekehrt ein Viereck vier rechte Innenwinkel und vier gleich lange Seiten, so ist es auch ein Quadrat.
In diesem zweiten Falle werden also durch die Aussage p genau dieselben Vierecke erfaßt wie durch die Aussage q. Die Aussagen p und q sind demnach äquivalent.
Die *Äquivalenz* von Aussagen ist eine der wichtigsten Aussagenverbindungen in der Mathematik. Sie erlaubt es, komplizierte mathematische Aufgabenstellungen auf äquivalente einfachere Probleme zurückzuführen, diese einfacheren Probleme dann zu lösen und aus der Lösung der einfacheren Aufgabe auf die Lösung der ursprünglichen komplizierten Aufgabenstellung zurückzuschließen.
Abschließend sei noch darauf aufmerksam gemacht, daß viele mathematische Sätze die hier angeführten Aussagenverbindungen nicht allein in dieser reinen Form enthalten, sondern daß in ihnen auch Kombinationen von Aussagenverbindungen auf-

treten. Als Beispiel hierfür sei die Regel für die Teilbarkeit einer Zahl z durch 6 angeführt:

Die Zahl 324 ist genau dann durch 6 teilbar, wenn sie durch 2 und durch 3 teilbar ist.

Dieser Satz enthält drei Einzelaussagen:

$p: 6 \mid 324$, $q: 2 \mid 324$ und $r: 3 \mid 324$.

Die Gesamtaussage lautet: Die Aussage p tritt *genau dann* auf, wenn q *und* r erfüllt sind. Sie läßt sich damit wie folgt in kurzer Form schreiben:

$$(q \wedge r) \Leftrightarrow p.$$

In ähnlicher Weise lassen sich die drei Aussagen

$p: 5 \mid 590$,
q: „Die letzte Ziffer der Zahl 590 ist eine 5" und
r: „Die letzte Ziffer der Zahl 590 ist eine 0"

zusammenfassen zu

$$(q \vee r) \Leftrightarrow p.$$

Es wird dem Leser empfohlen, die bisher kennengelernten Regeln und Sätze daraufhin zu untersuchen, welche logischen Aussagenverbindungen in ihnen enthalten sind.

Bei all den letzten Betrachtungen haben wir vorausgesetzt, daß eine Aussage entweder wahr oder falsch ist. Eine dritte Möglichkeit für den Wahrheitswert einer Aussage haben wir ausgeschlossen, was den realen Verhältnissen ja auch ohne weiteres entspricht. Die hier durchgeführten Betrachtungen bilden daher einen Teil der sogenannten *zweiwertigen Logik*.

Nun ist offensichtlich, daß zwischen der zweiwertigen Logik und dem Dualzahlsystem sehr enge Beziehungen bestehen müssen. Die zweiwertige Logik hat zwei verschiedene Wahrheitswerte:

wahr   und   falsch,

das Dualzahlsystem hat zwei verschiedene Ziffern:

O   und   L.

Es ist in der modernen Rechentechnik üblich,

dem Wahrheitswert „wahr" die Dualzahl „L" und
dem Wahrheitswert „falsch" die Dualzahl „O"

zuzuordnen. Auf diese Weise wird es möglich, Probleme der Logik in das Gebiet der Dualzahlen zu übertragen. Und da die elektronischen Rechenautomaten mit Dualzahlen arbeiten, ist es nunmehr möglich, von derartigen Rechenautomaten auch logische Entscheidungen selbständig fällen zu lassen.

Wer mehr über diese Problematik erfahren möchte, sei auf die einschlägige Literatur verwiesen.

AUFGABEN

1. Es ist zu untersuchen, welche Aussagenverbindungen aus den im folgenden angegebenen Einzelaussagen gebildet werden können:

   a) $p: x = y$ $\quad\quad q: x^2 = y^2$
   b) $p: 9 \mid u$ $\quad\quad q: 3 \mid u$
   c) p: „Die Sonne scheint" $\quad q$: „Es ist hell"
   d) p: „Ich kaufe ein Auto" $\quad q$: „Ich gewinne in der Lotterie"
   e) $p: 5x = 600$ $\quad q: x = 120$
   f) $p: a = c$ $\quad q: b = d$ $\quad r: a + b = c + d$
   g) $p: a = c$ $\quad q: b = c$ $\quad r: a = b$
   h) p: Die Leistungen in Mathematik sind ungenügend.
      q: Die Leistungen in Physik sind ungenügend.
      r: Die Versetzung ist gefährdet.
   i) $p: a = 2$ $\quad q: b = 8$ $\quad r: a \cdot b = 16$
   k) $p: a = 0$ $\quad q: b = 0$ $\quad r: a \cdot b = 0$

2. Begründen Sie, daß für die Konjunktion und für die Disjunktion das Kommutativgesetz gilt:

   $$x \wedge y = y \wedge x \quad\quad x \vee y = y \vee x.$$

3. Beweisen Sie durch Aufstellung der Wahrheitswertetabellen, daß die folgenden Aussagenverbindungen einander gleichwertig sind:

   a) $\quad\quad x \wedge y \vee x \wedge z \quad$ und $\quad x \wedge (y \vee z)$
   b) $\quad\quad (x \vee y) \wedge (x \vee z) \quad$ und $\quad x \vee y \wedge z$.

4. Weisen Sie nach, daß Implikation und Äquivalenz durch die folgenden Kombinationen von Negationen, Konjunktionen und Disjunktionen ersetzt werden können:

   a) $\quad\quad x \Rightarrow y$ kann ersetzt werden durch $\bar{x} \vee y$
   b) $\quad\quad x \Leftrightarrow y$ kann ersetzt werden durch $x \wedge y \vee \bar{x} \wedge \bar{y}$

1.2. Grundbegriffe der Mengenlehre

1.2.1. Der Begriff der Menge

Bei wissenschaftlichen Untersuchungen betrachtet man sehr häufig mehrere voneinander wohl zu unterscheidende Objekte unter einem einheitlichen Gesichtswinkel, während man alle anderen Objekte, die sich in die gewählte Betrachtungsweise nicht einordnen lassen, von vornherein außer acht läßt. Man trifft also eine Auswahl aus einer Vielzahl von Dingen, um die Untersuchungen an dieser Auswahl zielgerichteter vornehmen zu können.

Auch für die Mathematik ist diese Art des Herangehens an theoretische Fragestellungen sehr von Nutzen. Hier bezeichnet man die Gesamtheit aller derjenigen Objekte, die man für die jeweilige Fragestellung zu einem neuen Ganzen zusammenfaßt, als eine **Menge**.

1.2.1. Der Begriff der Menge

> Unter einer **Menge** versteht man eine Zusammenfassung von einzelnen wohlunterschiedenen Objekten zu einer Gesamtheit.
> Die einzelnen Objekte, aus denen sich die Menge zusammensetzt, werden **Elemente** der Menge genannt.

Als Variable für Mengen sollen künftig große lateinische Buchstaben verwendet werden, während die Elemente einer Menge durch kleine lateinische Buchstaben gekennzeichnet werden.

BEISPIELE

1. Die Gesamtheit aller auf der Erde lebenden Menschen bildet eine Menge in dem oben angeführten Sinne, denn man kann von jedem auf der Erde existierenden Lebewesen feststellen, ob es ein Mensch ist (und damit zur Menge hinzugehört, also ein Element dieser Menge ist) oder nicht.
2. Innerhalb der Menge aller Menschen gibt es natürlich wiederum sehr viele kleinere Mengen. So bilden beispielsweise die Autoren dieses Buches ebenfalls eine Menge. Die Herren *Dr. Bennewitz*, *Dross*, *Dr. Kreul* und *Warnecke* sind die Elemente der in diesem Beispiel betrachteten Menge. Dagegen gehört ein sicher existierender Herr Schmidt nicht zu dieser Menge.
3. Die Gesamtheit aller natürlichen Zahlen bildet ebenfalls eine Menge, die wir mit N bezeichnen wollen. Aus dieser Menge seien wahllos die Elemente 27, 1265, 3000000 herausgegriffen. Dagegen gehört die Zahl 3,14159 nicht zur Menge N.
4. Die in der Umgangssprache verwendete Formulierung: „Eine Menge Wasser" hat nichts mit dem hier angeführten Mengenbegriff zu tun, denn bei der „Menge Wasser" kann man die einzelnen Elemente, die diese „Menge" bilden, nicht voneinander unterscheiden und von anderen Elementen, die nicht zur „Menge" gehören sollen, abgrenzen.
5. Dagegen ist durch den Satz: „In der gestrigen Versammlung war eine Menge Leute anwesend" der Begriff Menge ohne weiteres in Einklang mit der oben angegebenen Erklärung zu bringen, denn es läßt sich doch ohne weiteres von jedem einzelnen Menschen entscheiden, ob er an der gestrigen Versammlung teilgenommen hat oder nicht, d. h., ob er zur Menge gehört oder nicht. Jeder Teilnehmer an der Versammlung ist dann ein Element der in diesem Beispiel genannten Menge; alle Leute, die nicht an der Versammlung teilgenommen haben, gehören nicht zu den Elementen der Menge.

Ist M eine Menge und x ein Element, das dieser Menge angehört, so schreibt man

$$x \in M \qquad \text{(gelesen: } x \text{ ist Element von } M\text{)}$$

oder

$$M \ni x \qquad \text{(gelesen: die Menge } M \text{ enthält das Element } x\text{)}.$$

Gehört dagegen ein Element y der Menge M nicht an, so schreibt man

bzw.

$$y \notin M \qquad \text{(gelesen: } y \text{ ist nicht Element von } M\text{)}$$

$$M \not\ni y \qquad \text{(gelesen: } M \text{ enthält das Element } y \text{ nicht).}$$

BEISPIELE

6. Bezeichnet man die im Beispiel 2 angegebene Menge der Autoren dieses Buches mit A, so gilt

   Dr. Bennewitz $\in A$, Dross $\in A$, Dr. Kreul $\in A$, Warnecke $\in A$, jedoch Schmidt $\notin A$.

7. Beispiel 3 läßt sich mit der eingeführten Symbolik kürzer schreiben:

   $27 \in N$, $1265 \in N$, $3\,000\,000 \in N$, $3{,}14159 \notin N$.

8. Bezeichnet man die Menge aller Quadratzahlen mit Q, so gilt u. a.

   $1 \in Q$, $144 \in Q$, $23 \notin Q$, $4096 \in Q$ usw.

1.2.2. Die Angabe von Mengen

Wir werden künftig sehr viele verschiedene Mengen betrachten müssen. Dazu ist es aber erforderlich, daß der Autor in die Lage versetzt wird, seinem Leser mitzuteilen, von welcher speziellen Menge er im einzelnen Falle gerade spricht, damit auch der Leser entscheiden kann, welche Objekte Elemente der Menge sind und welche Objekte der Menge nicht angehören.

Dies kann wie in den ersten beiden Beispielen dadurch geschehen, daß man die Menge möglichst eindeutig durch einen Satz oder – falls erforderlich – durch eine Folge von Sätzen *beschreibt*.

Hat eine Menge nur wenige Elemente, so kann man diese Elemente natürlich auch einzeln anführen. Man setzt dazu die einzelnen Elemente hintereinander in eine geschweifte Klammer. So wird z. B. durch

$$M = \{1; 2; 3\}$$

eine Menge M definiert, deren Elemente die drei natürlichen Zahlen 1, 2 und 3 sind. Für diese Menge gilt also u. a.

$1 \in M$, $2 \in M$, $3 \in M$, $4 \notin M$, $27 \notin M$ usw.

Dieses Verfahren zur Angabe einer Menge ist jedoch nicht mehr verwendbar, wenn die Menge sehr viele oder gar unendlich viele Elemente hat. In einzelnen Fällen wird man dann durch die Angabe einiger aufeinanderfolgender Elemente der Menge die Gesetzmäßigkeiten erkennen können, die der jeweiligen Mengenbildung zugrunde liegen. So wird man beispielsweise in

$$Q_1 = \{1; 4; 9; 16; 25; \ldots; 10000\}$$

die Menge aller Quadratzahlen von 1 bis einschließlich 10000 erkennen, während

$$Q_2 = \{1; 4; 9; 16; 25; \ldots\}$$

die Menge *aller* Quadratzahlen erfaßt. Während $4096 \in Q_1$ und $4096 \in Q_2$, gilt $1\,000\,000 \in Q_2$, jedoch $1\,000\,000 \notin Q_1$.

Eine weitere Möglichkeit, Mengen anzugeben, besteht darin, daß man einen Grundbereich nennt, dem die Elemente der Menge angehören sollen, und daß man eine

1.2.2. Die Angabe von Mengen

Aussageform hinzufügt, auf Grund deren die Elemente der Menge aus dem angegebenen Grundbereich auszuwählen sind.
So wird z. B. durch

$$x \in M \Leftrightarrow x \in N \wedge 3 \mid x\,^1$$

eine Menge M angegeben, deren Elemente x die Eigenschaft haben, daß sie natürliche Zahlen sind ($x \in N$) und daß sie gleichzeitig durch 3 teilbar sind ($3 \mid x$). Die Menge M besteht also aus sämtlichen durch 3 teilbaren natürlichen Zahlen und könnte auch in der Form

$$M = \{3; 6; 9; 12; 15; \ldots\}$$

angegeben werden.
In ähnlicher Weise ließe sich auch die Menge $M = \{1; 2; 3\}$ in der Form

$$x \in M \Leftrightarrow x \in N \wedge 0 < x < 4$$

schreiben.
Schließlich findet man oft auch noch eine weitere Schreibweise, in der in einer geschweiften Klammer die die Menge kennzeichnende gemeinsame Eigenschaft der Elemente aufgeschrieben ist. Dies geschieht in folgender Form:

$$M = \{x \mid x \in N \wedge 0 < x < 4\}$$

gelesen: „M ist die Menge aller x mit der Eigenschaft, daß

$x \in N$ und $0 < x < 4$ ist" oder kürzer

„M ist die Menge aller x mit $x \in N$ und $0 < x < 4$".

Es ist offensichtlich, daß es sich in diesem Falle wiederum um die bereits bekannte Menge $M = \{1; 2; 3\}$ handelt.
Als weiteres Beispiel dieser Art der Mengenbeschreibung sei die Menge

$$M = \{x \mid x^2 = 6{,}25\}$$

genannt. Diese Menge besteht aus denjenigen Elementen x, für die $x^2 = 6{,}25$ gilt. Sie hat demnach zwei Elemente, nämlich $x_1 = 2{,}5$ sowie $x_2 = -2{,}5$.
Betrachtet man dagegen die Menge

$$M_1 = \{x \mid x \in N \wedge x^2 = 6{,}25\},$$

so stellt man fest, daß diese Menge M_1 überhaupt kein Element hat, denn es gibt keine natürliche Zahl x, deren Quadrat gleich 6,25 ist. In einem solchen Falle spricht man von einer *leeren Menge*.

BEISPIELE

1. Die Menge G aller geraden Zahlen läßt sich in folgenden verschiedenen Schreibweisen angeben:

    a) G ist die Menge aller geraden Zahlen
    b) $G = \{2; 4; 6; 8; \ldots\}$
    c) $x \in G \Leftrightarrow x \in N \wedge 2 \mid x$
    d) $G = \{x \mid x \in N \wedge 2 \mid x\}$.

---

[1] Unter N soll künftig stets die Menge der natürlichen Zahlen verstanden werden

Anmerkung: In der letzten Schreibweise ist die Bedeutung der beiden Zeichen | zu beachten. Im ersten Falle hat das Zeichen | die Bedeutung „mit der Eigenschaft" und im zweiten Falle die Bedeutung „ist Teiler von".

2. Die durch $L = \{x \mid 3x + 6 = 0\}$ gegebene Menge hat das einzige Element $x = -2$. Dagegen hat die durch $L_1 = \{x \mid x \in N \wedge 3x + 6 = 0\}$ gegebene Menge überhaupt kein Element. L_1 ist eine „leere Menge".
3. Durch $Q = \{y \mid x \in N \wedge y = x^2\}$ wird die Menge aller Quadratzahlen definiert. Sie kann auch in der Form $Q = \{1; 4; 9; 16; \ldots\}$ geschrieben werden.
4. Die Menge $S = \{x \mid x \in N \wedge x \neq 5\}$ enthält alle natürlichen Zahlen mit Ausnahme der Zahl $x = 5$.
5. Die Menge $T = \{x \mid x \in N \wedge x \leq 5\}$ enthält genau die gleichen Elemente wie die Menge $T_1 = \{0; 1; 2; 3; 4; 5\}$.

Bei den bisherigen Beispielen traten bereits Fälle auf, in denen die Elemente einer Menge durch eine bestimmte Bildungsvorschrift gegeben wurden, wobei es sich jedoch bei der näheren Untersuchung herausstellte, daß es gar kein Element geben kann, das allen Bedingungen dieser Bildungsvorschrift genügt. Wir bezeichneten eine solche Menge als eine leere Menge.

Eine leere Menge hat kein Element.
Als Symbol für eine leere Menge verwendet man das Zeichen ∅.

Als weiteres Beispiel für eine leere Menge sei die Menge

$$F = \{x \mid x + 5 = x\}$$

genannt. Da es keine Zahl gibt, für die $x + 5 = x$ ist, hat die Menge F kein Element. Es gilt demnach

$$F = \emptyset.$$

Auch die Menge der auf der Venus lebenden Menschen ist – dem derzeitigen Stande der Wissenschaft entsprechend – eine leere Menge.

1.2.3. Mengenrelationen

1.2.3.1. Teilmenge

Betrachtet man die beiden Mengen

$$M_1 = \{2; 4; 6; 8; 10; 12; 14; 16\}$$

und

$$M_2 = \{2; 4; 8; 16\},$$

so erkennt man, daß jedes Element der Menge M_2 auch in der Menge M_1 enthalten ist, daß es aber andererseits in M_1 auch Elemente gibt, die in M_2 nicht auftreten. Man bezeichnet in diesem Falle M_2 als eine *echte Teilmenge* von M_1.

Eine Menge M_2 wird genau dann Teilmenge einer Menge M_1 genannt, wenn jedes Element von M_2 auch Element von M_1 ist.

1.2.3. Mengenrelationen

Man schreibt dafür
$$M_2 \subset M_1$$
und liest dies

„M_2 ist Teilmenge von M_1" oder „M_2 ist enthalten in M_1".

Umgekehrt kann man natürlich auch schreiben
$$M_1 \supset M_2,$$
was dann in der Form

„M_1 ist **Obermenge** von M_2" oder „M_1 umfaßt M_2"

gelesen wird.

> M_2 wird genau dann **echte Teilmenge** von M_1 genannt, wenn jedes Element von M_2 auch in M_1 enthalten ist und wenn darüber hinaus M_1 mindestens noch ein weiteres Element enthält, das nicht auch in M_2 auftritt.

BEISPIELE

1. Q sei die Menge der Quadratzahlen und V die Menge der vierten Potenzen aller natürlichen Zahlen. Dann ist $V \subset Q$, und zwar ist in diesem Falle V eine echte Teilmenge von Q.
2. Die Menge aller Quadrate ist eine echte Teilmenge der Menge aller Rechtecke.

1.2.3.2. Gleichheit zweier Mengen

Z sei die Menge aller durch 2 teilbaren Zahlen und G die Menge aller geraden Zahlen. Dann gilt offensichtlich
$$Z \subset G,$$
denn jede durch 2 teilbare Zahl ist in der Menge der geraden Zahlen enthalten. Umgekehrt gilt aber auch
$$G \subset Z,$$
da jede gerade Zahl auch in der Menge der durch 2 teilbaren Zahlen enthalten ist. Das bedeutet aber, daß die beiden Mengen Z und G genau die gleichen Elemente enthalten müssen.

Es liegt auf der Hand, daß man die beiden Mengen G und Z als gleich bezeichnen kann:
$$G = Z.$$

> Zwei Mengen M_1 und M_2 heißen genau dann gleich, wenn beide Mengen genau die gleichen Elemente haben.

In Kurzform läßt sich dieser Satz auch wie folgt schreiben:

$$\boxed{M_1 = M_2 \Leftrightarrow M_1 \subset M_2 \wedge M_2 \subset M_1} \qquad (1)$$

BEISPIELE

1. $A = \{e; m; i; l\} \qquad B = \{l; e; i; m\}$

   A und B enthalten genau die gleichen Elemente. Also gilt $A = B$.

2. M sei die Menge aller natürlichen Zahlen, die mit einer 5 oder mit einer 0 enden. P sei gegeben durch
$$n \in P \Leftrightarrow n \in N \wedge 5 \mid n \,.$$
Auch hier gilt $M = P$, wie der Leser leicht selbst nachprüfen kann.

3. Es sei $R = \{x \mid x + x = x\}$. Ferner sei $S = \{x \mid x + 5 = x\}$. Die Menge R hat nur das eine endliche Element $x = 0$, d. h., es gilt
$$R = \{0\} \,.$$
Die zweite Menge wurde bereits in 1.2.2. als Beispiel für eine leere Menge genannt. Es gilt also
$$S = \emptyset \,.$$
Daraus folgt aber, daß
$$R \neq S$$
ist.

Anmerkung: Die Menge $R = \{0\}$ hat ein Element, und zwar die Zahl Null. Hingegen hat die Menge $S = \emptyset$ überhaupt kein Element. Folglich können R und S keinesfalls gleich sein.

1.2.4. Mengenoperationen

Viele Gesetzmäßigkeiten der Mengenlehre lassen sich einfacher erfassen, wenn man versucht, sich eine Menge auf irgendeine Weise zu *veranschaulichen*, bzw. wenn man sich unter einer Menge immer eine ganz bestimmte konkrete Menge vorstellt, z. B. die Menge N der natürlichen Zahlen. Sehr oft benutzt man als Veranschaulichung einer Menge M die Menge aller derjenigen Punkte, die die von einer beliebigen Kurve K umschlossene Fläche bilden (Bild 1). So werden beispielsweise durch Bild 2a

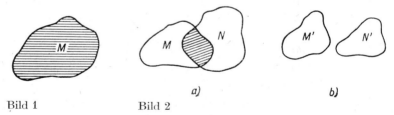

Bild 1 Bild 2 a) b)

zwei Mengen M und N veranschaulicht, bei denen gewisse Elemente sowohl in M als auch in N auftreten. Es handelt sich dabei um diejenigen Elemente, die durch die Punkte der in Bild 2a schraffiert gezeichneten Fläche dargestellt werden. Dagegen erkennt man sofort, daß die beiden Mengen M' und N' in Bild 2b keine gemeinsamen Elemente haben.

1.2.4.1. Vereinigung von Mengen

Gegeben seien zwei Mengen M_1 und M_2. Dann kann man sämtliche Elemente dieser beiden Mengen zu einer neuen Menge zusammenfassen, die wir als **Vereinigungsmenge** der beiden Mengen M_1 und M_2 bezeichnen wollen. Für die Vereinigungsmenge M der

1.2.4. Mengenoperationen

beiden Mengen M_1 und M_2 führen wir ein neues Symbol ein:

$$M = M_1 \cup M_2 \qquad \text{(gelesen: } M \text{ gleich } M_1 \text{ vereinigt mit } M_2\text{)}.$$

In Bild 3a ist eine solche Vereinigung zweier Mengen veranschaulicht. Die Vereinigungsmenge $M_1 \cup M_2$ enthält genau diejenigen Elemente, die M_1 oder M_2 angehören. Entsprechend gehören zur Menge $M_1' \cup M_2'$ alle Punkte der beiden in Bild 3b schraffiert gezeichneten Teilgebiete.

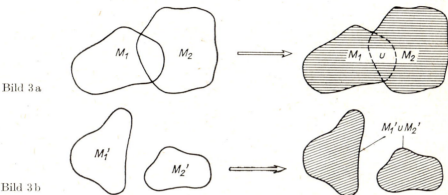

Bild 3a

Bild 3b

Wir kommen damit zu folgender Definition der **Vereinigung M zweier Mengen M_1 und M_2**:

> Zur Vereinigung M zweier Mengen M_1 und M_2 gehören genau diejenigen Elemente, die in wenigstens einer der beiden gegebenen Mengen M_1 oder M_2 liegen.

Oder

$$\boxed{x \in M_1 \cup M_2 \Leftrightarrow x \in M_1 \vee x \in M_2} \,. \tag{1}$$

Man beachte die Ähnlichkeit der beiden in der Kurzschreibweise (1) auftretenden Zeichen $\cup$ („vereinigt mit") und $\vee$ („oder")!

BEISPIELE

1. $A = \{l; e; i; m\}, \quad B = \{t; o; p; f\} \Rightarrow A \cup B = \{l; e; i; m; t; o; p; f\}$
2. Es sei G die Menge aller geraden Zahlen und U die Menge aller ungeraden Zahlen. Dann ist $G \cup U = N$.
3. $P = \{1; 2; 3; 4; 5\}, \quad Q = \{3; 4; 5; 6; 7; 8\} \Rightarrow P \cup Q = \{1; 2; 3; 4; 5; 6; 7; 8\}$
4. Die Menge E bestehe aus dem Vater (V) und der Mutter (M) einer Familie:
   $$E = \{V; M\}.$$
   Die Menge K bestehe aus dem Sohn (S) und der Tochter (T) derselben Familie:
   $$K = \{S; T\}.$$
   Dann kann man für die Menge aller Familienmitglieder F schreiben:
   $$F = E \cup K = \{V; M; S; T\}.$$
5. Es ist leicht einzusehen, daß $M \cup \emptyset = M$ gilt.

1.2.4.2. Durchschnitt von Mengen

Gegeben seien wiederum zwei Mengen M_1 und M_2. Dann läßt sich aus den Elementen dieser beiden Mengen eine neue Menge M bilden, indem man nur diejenigen Elemente als zu M gehörig betrachtet, die *sowohl* in M_1 *als auch* in M_2 liegen. Diese neue Menge M wollen wir als den **Durchschnitt** der beiden Mengen M_1 und M_2 bezeichnen und dafür das Symbol

$$M = M_1 \cap M_2 \qquad \text{(gelesen: } M \text{ gleich } M_1 \text{ geschnitten mit } M_2)$$

einführen.

In Bild 4 ist der Durchschnitt zweier Mengen M_1 und M_2 dargestellt. Zur Durchschnittsmenge $M = M_1 \cap M_2$ gehören genau diejenigen Elemente, die beiden Mengen

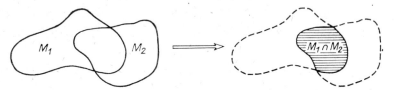

Bild 4

M_1 und M_2 *zugleich* angehören. – Für die in Bild 5 dargestellten Mengen M_1' und M_2' gilt dagegen

$$M_1' \cap M_2' = \emptyset \; ,$$

denn es gibt kein Element, das sowohl M_1' als auch M_2' angehört. Wir kommen damit zu folgender Definition des **Durchschnitts M zweier Mengen M_1 und M_2:**

> Zum Durchschnitt M zweier Mengen M_1 und M_2 gehören genau diejenigen Elemente, die sowohl in M_1 als auch in M_2 liegen.

Bild 5

Oder

$$\boxed{x \in M_1 \cap M_2 \Leftrightarrow x \in M_1 \wedge x \in M_2} \; . \tag{2}$$

Man beachte auch hier wiederum, daß sich die beiden Zeichen $\cap$ („geschnitten mit") und $\wedge$ („und") entsprechen.

BEISPIELE

1. $A = \{l; e; i; m\}$, $B = \{t; o; p; f\} \Rightarrow A \cap B = \emptyset$, denn A und B haben keine gemeinsamen Elemente.
2. Aus dem gleichen Grund gilt für die beiden Mengen G und U aus 1.2.4.1., Beispiel 2:
$$G \cap U = \emptyset \; .$$
3. Dagegen gilt für die beiden Mengen P und Q aus Beispiel 3, 1.2.4.1.:
$$P \cap Q = \{3; 4; 5\} \; ,$$
denn diese drei Elemente treten sowohl in P als auch in Q auf.

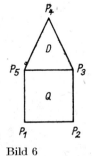

Bild 6

4. In Bild 6 ist ein Fünfeck $P_1P_2P_3P_4P_5$ dargestellt, das aus einem Quadrat $P_1P_2P_3P_5$ und einem aufgesetzten Dreieck $P_3P_4P_5$ besteht. Bezeichnet man mit Q die Menge aller Punkte des Quadrates einschließlich der Punkte der Begrenzungsgeraden und mit D die Menge aller Punkte des Dreiecks, ebenfalls einschließlich der Punkte der Begrenzungsgeraden, so ist $Q \cap D$ die Menge der Punkte der Geraden P_5P_3. – Bezeichnet man dagegen mit Q' die Menge der „inneren Punkte" des Quadrates (das sind alle Punkte des Quadrates mit Ausnahme der Punkte der Begrenzungslinien) und mit D' die Menge der „inneren Punkte" des Dreiecks, so gilt $Q' \cap D' = \emptyset$.

5. Es sei
$$x \in M_1 \Leftrightarrow x \in N \wedge 3 \mid x$$
und
$$x \in M_2 \Leftrightarrow x \in N \wedge 4 \mid x \, .$$

Durch M_1 sind also diejenigen Zahlen erfaßt, die durch 3 teilbar sind: $M_1 = \{0; 3; 6; 9; 12; 15; \ldots\}$, während M_2 die Menge aller durch 4 teilbaren Zahlen enthält: $M_2 = \{0; 4; 8; 12; 16; 20; \ldots\}$.
Durch $M_1 \cup M_2$ werden dann alle diejenigen Zahlen erfaßt, die sich durch 3 oder durch 4 teilen lassen:
$$M_1 \cup M_2 = \{0; 3; 4; 6; 8; 9; 12; 15; 16; 18; 20; \ldots\} \, ,$$
während der Durchschnitt $M_1 \cap M_2$ genau diejenigen Zahlen enthält, die sowohl durch 3 als auch durch 4 teilbar sind, d. h. alle durch 12 teilbaren Zahlen:
$$M_1 \cap M_2 = \{0; 12; 24; 36; \ldots\}$$
In der Darstellungsweise, in der die Aufgabe gestellt wurde, könnte man das Ergebnis also wie folgt formulieren:
$$x \in M_1 \cup M_2 \Leftrightarrow x \in N \wedge (3 \mid x \vee 4 \mid x)$$
und
$$x \in M_1 \cap M_2 \Leftrightarrow x \in N \wedge (3 \mid x \wedge 4 \mid x)$$
bzw. im letzten Falle kürzer
$$x \in M_1 \cap M_2 \Leftrightarrow x \in N \wedge 12 \mid x \, .$$

6. $M \cap \emptyset = \emptyset$.

Im Beispiel 1 und 2 sowie im zweiten Teil des Beispiels 4 dieses Abschnittes wurden Mengen vorgeführt, die keine gemeinsamen Elemente haben. Solche Mengen nennt man **elementfremde** oder **disjunkte Mengen**.

▌ Für zwei disjunkte Mengen gilt stets $M_1 \cap M_2 = \emptyset$.

1.2.4.3. Differenz zweier Mengen

Es seien erneut zwei beliebige Mengen M_1 und M_2 gegeben. Dann läßt sich aus diesen beiden Mengen auch eine neue Menge M dadurch bilden, daß man von der Menge M_1 alle diejenigen Elemente wegnimmt, die auch in M_2 enthalten sind. Die so entstehende Restmenge M wird **Differenz** der beiden Mengen M_1 und M_2 genannt, und man schreibt dafür

$$M = M_1 \setminus M_2 \qquad \text{(gelesen: } M \text{ gleich Differenz von } M_1 \text{ und } M_2\text{).}$$

In Bild 7 ist die Differenzmenge $M_1 \setminus M_2$ zweier Mengen M_1 und M_2 dargestellt. Es ist offensichtlich, daß die Differenzmenge $M_1 \setminus M_2$ zweier disjunkter Mengen (Bild 8) wieder die erste Menge M_1 ergibt.

Die **Differenzmenge** M zweier Mengen M_1 und M_2 läßt sich damit wie folgt definieren:

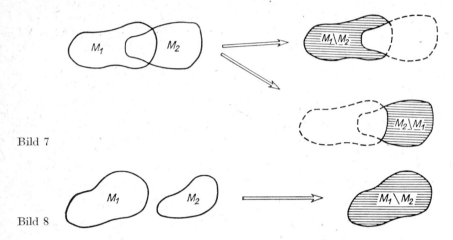

Bild 7

Bild 8

Zur Differenzmenge M zweier Mengen M_1 und M_2 gehören genau diejenigen Elemente von M_1, die nicht gleichzeitig auch in M_2 enthalten sind.

Oder

$$x \in M_1 \setminus M_2 \Leftrightarrow x \in M_1 \wedge x \notin M_2 \quad . \tag{3}$$

Man mache sich an Hand einiger Punktmengen klar, daß für die Vereinigung und für den Durchschnitt zweier Mengen M_1 und M_2 stets gilt

$$M_1 \cup M_2 = M_2 \cup M_1 \text{ bzw. } M_1 \cap M_2 = M_2 \cap M_1 ,$$

daß jedoch für die Differenzmengen im allgemeinen

$$M_1 \setminus M_2 \neq M_2 \setminus M_1$$

ist.

BEISPIELE

1. $A = \{0; 1; 2; 3; 4; 5\}$, $B = \{4; 5; 6; 7; 8\} \Rightarrow A \setminus B = \{0; 1; 2; 3\}$
   dagegen $B \setminus A = \{6; 7; 8\}$.

2. Bezeichnen wir mit N wie üblich die Menge aller natürlichen Zahlen, mit G die Menge aller geraden Zahlen und mit U die Menge aller ungeraden Zahlen, so gilt
   $$N \setminus G = U, \quad N \setminus U = G, \quad G \setminus N = \emptyset, \quad U \setminus N = \emptyset .$$

3. $M_1 = \{x \mid x \in N \wedge 3 \mid x\}$, $M_2 = \{x \mid x \in N \wedge 4 \mid x\}$.
   (Vgl. Beispiel 5 aus 1.2.4.2.)

1.2.4. Mengenoperationen

Dann ist $M_1 \setminus M_2$ die Menge derjenigen Zahlen, die durch 3, aber nicht gleichzeitig durch 4 teilbar sind:

$$M_1 \setminus M_2 = \{3; 6; 9; 15; 18; 21; 27; 30; 33; 39; \ldots\},$$

dagegen ist $M_2 \setminus M_1$ die Menge aller durch 4 teilbaren Zahlen, die jedoch nicht gleichzeitig durch 3 teilbar sind:

$$M_2 \setminus M_1 = \{4; 8; 16; 20; 28; 32; 40; 44; 52; \ldots\}.$$

4. Es seien Q, D, Q' und D' die durch Aufgabe 4 aus 1.2.4.2. definierten Punktmengen. Dann ist $Q \setminus D$ die Menge aller Punkte des Quadrates mit Ausnahme der Punkte, die die obere Begrenzungsgerade P_3P_5 bilden;

$Q \setminus D'$ die Menge aller Punkte des Quadrates einschließlich der Punkte der vier Begrenzungsgeraden;

$D \setminus Q$ die Menge aller Punkte des Dreiecks mit Ausnahme der unteren Begrenzungsgeraden P_3P_5;

$D \setminus Q'$ die Menge aller Punkte des Dreiecks einschließlich der Punkte der drei Begrenzungsgeraden.

5. $M \setminus \emptyset = M$.

Übersicht über die wichtigsten Mengenrelationen und -operationen

Bezeichnung	Teilmenge	Gleichheit zweier Mengen	Vereinigungsmenge	Durchschnittsmenge	Differenzmenge
Symbolik	$A \subset B$	$A = B$	$A \cup B$	$A \cap B$	$A \setminus B$
Definition	$x \in A \Rightarrow$ $x \in B$	$x \in A \Leftrightarrow$ $x \in B$	$x \in A \cup B \Leftrightarrow$ $x \in A \vee x \in B$	$x \in A \cap B \Leftrightarrow$ $x \in A \wedge x \in B$	$x \in A \setminus B \Leftrightarrow$ $x \in A \wedge x \notin B$
Erfaßt werden alle Elemente, die ...			...*entweder* in A *oder* in B *oder* in beiden Mengen liegen.	...*sowohl* in A *als auch* in B liegen.	...*zwar* in A *aber nicht* in B liegen.

AUFGABEN

5. Wie heißen die Elemente der nachfolgend angegebenen Mengen?
   a) $x \in M \Leftrightarrow x \in N \wedge 2 < x \leq 7$
   b) $z \in Z \Leftrightarrow z = 2^n \wedge n \in N \setminus \{0\}$
   c) $b \in B \Leftrightarrow b = \dfrac{1}{n} \wedge n \in \{1; 2; 3; \ldots; 10\}$
   d) $x \in M \Leftrightarrow x \in N \wedge 4 \mid x \wedge 5 \mid x$
   e) $x \in M \Leftrightarrow x \in N \wedge 4 \mid x \vee 5 \mid x$
   f) $K = \{y \mid y = x^3 \wedge x \in N\}$

g) $A = \{m \mid m = 3n + 2 \land n \in N\}$

h) $R = \left\{k \mid k = \dfrac{r+1}{r+2} \land r \in N\right\}$

i) $L = \{x \mid x < 5 \land x > 6\}$

k) $L_1 = \{x \mid x > 5 \land x < 6\}$

6. Es ist zu untersuchen, ob zwischen den in den einzelnen Aufgaben genannten Mengen die Relationen$\subset$ oder $=$ bestehen.

a) $A = \{0; 1; 2\}$, $B = \{0; 1; 2; 3; 4\}$

b) $M_1 = \{s; a; h; n; e\}$, $M_2 = \{h; a; n; s; e\}$

c) $Q =$ Menge aller Quadrate, $R =$ Menge aller Vierecke mit vier rechten Winkeln

d) $S = \{1; 3; 5\}$, $T = \{2; 4; 6\}$

e) $G = \{x \mid 2x \land x \in N\}$, $H = \{x \mid x \in N \land 2 \mid x \}$

f) $x \in A \Leftrightarrow x \in N \land 7 \mid x$
   $x \in B \Leftrightarrow x \in N \land 5 \mid x$

g) $T =$ Menge der Tage des Jahres 1978 $S =$ Menge der Sonntage des Jahres 1978.

h) $N =$ Menge der natürlichen Zahlen, $P =$ Menge der Primzahlen.

i) $A = \{x \in N \land 5 \leq x \leq 6\}$, $B = \{5; 6\}$

k) $C = \{x \mid x \in N \land 5 < x < 6\}$, $D = \emptyset$

l) $E = \{x \mid x \in N \land 5 \leq x < 6\}$, $F = \{6\}$

m) $G =$ Menge der in einem Hause lebenden Familien
   $H =$ Menge der in demselben Hause lebenden Menschen

n) $A =$ Menge aller Dreiecke
   $B =$ Menge aller gleichseitigen Dreiecke
   $C =$ Menge aller gleichschenkligen Dreiecke

7. Gegeben seien die beiden Mengen

$P = \{1; 2; 3; \ldots; 10\}$ und $Q = \{5; 6; 7; \ldots; 15\}$

Bestimmen Sie die Elemente der Mengen

a) $P \cup Q$ b) $P \cap Q$ c) $P \setminus Q$ d) $Q \setminus P$.

8. Durch zwei konzentrische Kreise mit den beiden Radien r_1 und r_2 seien die beiden Punktmengen K_1 und K_2 bestimmt (Bild 9). Welche Punktmengen werden dargestellt durch

a) $K_1 \cup K_2$ b) $K_1 \cap K_2$ c) $K_1 \setminus K_2$ d) $K_2 \setminus K_1$,

wenn vorausgesetzt wird, daß $r_1 > r_2$ ist.

9. Wie lauten die Antworten a) bis d) in Aufgabe 8, wenn $r_1 = r_2$ ist?

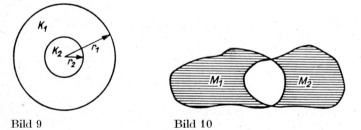

Bild 9   Bild 10

1.2.4. Mengenoperationen

10. Bestimmen Sie
    a) $A \cup A$ b) $A \cap A$ c) $A \setminus A$ d) $A \cup \emptyset$
    e) $A \cap \emptyset$ f) $A \setminus \emptyset$ g) $\emptyset \setminus A$.

11. Wie läßt sich die in Bild 10 schraffierte Fläche mit Hilfe von Mengenoperationen aus M_1 und M_2 zusammensetzen?

12. Es sei $A \subset B$. Wie lassen sich unter dieser Voraussetzung
    a) $A \cup B$ b) $A \cap B$ c) $A \setminus B$ d) $B \setminus A$
    vereinfachen?

13. Welche Schlußfolgerungen lassen sich ziehen, wenn
    a) $M_1 \cup M_2 = M_2$ b) $M_1 \cap M_2 = M_1$ c) $M_1 \setminus M_2 = M_1$
    d) $M_1 \setminus M_2 = \emptyset$ e) $M_1 \cap M_2 = \emptyset$ f) $M_1 \cup M_2 = \emptyset$
    gilt?

14. g_1 und g_2 seien die Punktmengen, die durch zwei sich schneidende Geraden in einer Ebene bestimmt werden. Welche geometrische Bedeutung hat dann $g_1 \cap g_2$?

15. Durch E_1 und E_2 seien die Punkte von zwei nicht parallelen Ebenen im Raume gegeben. Welche geometrische Bedeutung hat $E_1 \cap E_2$?
    Was ergibt sich für $E_1 \cap E_2$, wenn die beiden Ebenen parallel zueinander liegen?

16. An Hand zweier Punktmengen für die Mengen A und B sind die beiden Ausdrücke
    a) $A \cap (A \cup B)$ und b) $A \cup (A \cap B)$
    so weit wie möglich zu vereinfachen.

ARITHMETIK

2. Allgemeine Zahlen

2.1. Notwendigkeit und Vorteile

Arithmetik[1] nennt man die Lehre von den Zahlen; sie wird oft auch als „Rechenkunst" bezeichnet. Ihr Gebiet umfaßt

    das Rechnen mit bestimmten Zahlen und
    das Rechnen mit allgemeinen Zahlen.

Beim Rechnen mit bestimmten Zahlen, das hier als Aufgabengebiet der Grundschule vorausgesetzt werden muß, treten reine Zahlen (unbenannte Zahlen) wie auch benannte Zahlen auf.

Wir erinnern an eine Formel aus der einfachen Zinsrechnung

$$z = \frac{g \cdot p \cdot t}{100 \cdot 360}$$

Diese Formel bedeutet eine Rechenvorschrift und sagt aus, wie man die Zinsen z aus dem gegebenen Grundwert g, dem Prozentsatz p und der Anzahl der Tage t zu berechnen hat.

Bei Verzicht auf die Buchstabenschreibweise würde die Rechenvorschrift nur mit Verwendung von Sätzen erfolgen können, also eine umständliche und wenig einprägsame Form erhalten.

Die angeführte Formel aus der Zinsrechnung ist eine Gleichung. Sie läßt sich umformen, je nachdem ob der Grundwert, der Prozentsatz oder die Anzahl der Tage gesucht ist. Der Aufbau der Algebra[2] (d. i. die Lehre von den Gleichungen) wäre ohne Einführung von Buchstaben gar nicht denkbar.

Die Formel $V = a \cdot b \cdot c$ für das Volumen eines Quaders gibt in klarer Form die Antwort auf die Frage: „Wie finde ich das Volumen eines Quaders, wenn die Kanten gegeben sind?"

Mit Hilfe der Buchstaben lassen sich schließlich die mathematischen Lehrsätze – in Worten oft unübersichtlich und langatmig – in knappe und einprägsame Form bringen. So lautet z. B. der Satz des PYTHAGORAS in mathematischer Schriftsprache: $a^2 + b^2 = c^2$. Man kann sagen: Durch Einführung der Buchstaben wurde die Schaffung einer eigenen mathematischen Schriftsprache ermöglicht. Wer sie versteht, kann sich in Formeltafeln und -sammlungen schnell – wie in einem Lexikon – über

---

[1] arithmos (griech.) Zahl
[2] arabisches Wort

wichtige rechnerische Fragen orientieren, sei es auf dem Gebiet der Geometrie, der Physik, der Elektrotechnik oder des Maschinenbaues.

Eine allgemein gültige Regel, wie sie der Satz des PYTHAGORAS darstellt, kann nicht in Zahlen, sondern nur durch Buchstaben ausgedrückt werden. Wegen der Allgemeingültigkeit solcher Buchstabendarstellungen bezeichnet man diese „Zahlen" als *allgemeine Zahlen*.

Man verwendet die lateinischen Kleinbuchstaben, in Formeln auch die Großbuchstaben, und zwar bevorzugt man für gegebene Größen die Buchstaben am Anfang des Alphabets, für gesuchte Größen meist x, y oder z.

Bei der Behandlung einer Aufgabe ist zu beachten, daß einem bestimmten Buchstaben immer ein und dieselbe Zahl zugedacht ist. Will man z. B. zum Ausdruck bringen, daß $3 \cdot 4 = 4 \cdot 3$ ist, so schreibt man allgemein $a \cdot b = b \cdot a$.

Die Buchstaben können ganze sowie gebrochene Zahlen bedeuten (z. B. $a = 36$ oder $b = 7{,}8$), vor allem auch benannte Zahlen (z. B. $a = 5$ m oder $b = 8{,}5$ min).

Der Ausdruck 1,2 m stellt eine Länge dar, wobei 1,2 den Zahlenwert und der Buchstabe m die Maßeinheit bedeutet, mit der die Länge gemessen wird. 1,2 m ist dabei als ein Produkt zu betrachten und wird in der Technik als eine „Größe" bezeichnet. Es gilt allgemein:

$$\text{Größe} = \text{Zahlenwert mal Maßeinheit}$$

z. B. Masse $m = 36$ mal kg $= 36$ kg

2.2. Einfache Rechenoperationen mit allgemeinen Zahlen

Will man zum Ausdruck bringen, daß unter einem Buchstaben eine ganze Zahl zu verstehen ist, so wählt man meist den Buchstaben n. Bedeutet n eine Zahl der Folge

$$1, 2, 3, 4, 5, 6, \ldots \text{ (natürliche Zahlenfolge),}$$

dann ist die folgende Zahl $n + 1$ und die vorhergehende mit $n - 1$ zu bezeichnen. Beide sind entweder gerade oder ungerade (Probe!). Das Doppelte einer ganzen Zahl, also der Ausdruck $2n$, ist immer eine gerade Zahl. Demzufolge muß $3n$, wenn n alle ganzen Zahlen durchläuft, die Zahlen der Dreierfolge und $4n$ die Zahlen der Viererfolge usw. bedeuten.

Vermindert man eine gerade Zahl $2n$ um 1, so erhält man $2n - 1$, das ist immer eine ungerade Zahl.

Vermehrt man eine gerade Zahl $2n$ um 1, so erhält man $2n + 1$, das ist ebenfalls eine ungerade Zahl. Für $n = 5$ wird $2n - 1 = 9$ und $2n + 1 = 11$.

Jede natürliche Zahl – ausgenommen die 1 – kann als ein ganzzahliges Vielfaches einer anderen dargestellt werden. Jedoch kann eine Gruppe von Zahlen, die sogenannten *Primzahlen*, nur als Vielfaches von 1 betrachtet werden. Die ersten 6 Primzahlen lauten: 2, 3, 5, 7, 11, 13, ...

BEISPIELE

1. Ist a irgendeine Zahl, dann ist

   $a + 5$ die um 5 vermehrte Zahl a,
   $a - 3$ die um 3 verminderte Zahl a,

2.2. Einfache Rechenoperationen mit allgemeinen Zahlen

$10a$ das Zehnfache der Zahl a,

$\dfrac{a}{4}$ oder $\dfrac{1}{4}a$ der 4. Teil der Zahl a,

$\dfrac{3}{4}a$ ist $\dfrac{3}{4}$ dieser Zahl a, und

$0{,}08\,a$ bedeutet soviel wie 8% von der Zahl a.

2. In *einer* Aufgabe bedeuten die verwendeten Buchstaben immer den gleichen Zahlenwert. Es sei $a = 2$, $b = 3$, $c = 5$.
Dann gilt $a + b = 2 + 3$, $c - b = 5 - 3$, $a \cdot b = 2 \cdot 3$, $a : b = 2 : 3$.
Für $2 + 3 = 5$ gilt entsprechend $a + b = c$ und $5 \cdot \dfrac{2}{3} = c \cdot \dfrac{a}{b}$.
Man unterscheide von dem letzten Ausdruck die gemischte Zahl $5\dfrac{2}{3}$, die eine Summe darstellt und in Buchstaben mit dem Pluszeichen geschrieben werden muß, also $c + \dfrac{a}{b}$.

3. Sind a und b zwei allgemeine Zahlen, dann ist $a + b$ die Summe, $a - b$ die Differenz, $a \cdot b$ (oder ab) das Produkt, $\dfrac{a}{b}$ (oder $a : b$) der aus diesen Zahlen gebildete Quotient.

Teilt man die Summe von zwei oder mehr Größen durch die Anzahl dieser Größen, so erhält man den sogenannten Mittelwert (das arithmetische Mittel), z. B. $\dfrac{a+b}{2}$, $\dfrac{a+b+c}{3}$ usw.

AUFGABEN

1. Unter welcher Bedingung ist $5n$, $7n + 1$, $4n - 1$ eine gerade (ungerade) Zahl?

2. a) Welche Zahl ist um 2, 5, 11 größer (kleiner) als a?
   b) Welche Zahl ist um 2, 5, 11 größer (kleiner) als $a - 1$?
   c) Zähle von $n - 3$ bis $n + 4$!

3. Wie schreibt man
   a) das Doppelte, das $3\frac{1}{2}$fache, die Hälfte von x,
   b) das n-fache, den n-ten Teil, das um a vermehrte 3fache von y?

4. Es sei $a = 7$, $b = 3$, $c = 5$.
   Schreibe in Buchstaben: $7 + 3 - 5$, $3 \cdot 5 - 7$, $7 \cdot 5 + 3$, $3 \cdot \dfrac{5}{7}$, $\dfrac{3}{5} : 7$
   $(7 - 3) : 5$, $(5 - 3) \cdot 7$, $(5 + 3) \cdot (7 - 3)$,
   die gemischten Zahlen $5\dfrac{3}{7}$, $7\dfrac{3}{5}$, $3\dfrac{5}{7}$!

5. a) Bilde den Mittelwert m von den Zahlen a, b, c, d!
   b) Berechne m für $a = 2{,}5$, $b = 2{,}6$, $c = 2{,}52$, $d = 2{,}58$!

6. Berechne den Wert folgender Buchstabenausdrücke für $r = 12$, $s = 8$, $t = 20$;

a) $r + s + t$
$r - s + t$
$t - r - s$
$2r + 3s$
$5t + 2s - r$

b) $r \cdot s \cdot t$
$s \cdot (t + r)$
$r \cdot (t - s)$
$(r - 2) \cdot (s + 2)$
$(30 - t) \cdot (r + 7)$

c) $t : s$
$5r : 2t$
$(r + t) : s$
$(r + s) : (r - s)$
$r + s : t$

7. a) Setze in dem Ausdruck $y = 2x - 1$ für x nacheinander die Zahlen 1, 2, 3, ..., 10, und stelle die Werte in einer Wertetafel zusammen!

x	1	2	3	...	10
y					

b) Ebenso für $y = 45 - 3x$, $y = \dfrac{x}{2} + 3$, $y = \dfrac{24}{x}$

2.3. Addition und Subtraktion mit allgemeinen Zahlen, Grundgesetze

Addition und Subtraktion sind die Rechnungsarten der 1. Stufe.
Addieren heißt „Zusammenzählen" oder „Hinzufügen".

Das einfachste Addieren ist das Zählen:

$$1 + 1 = 2, \quad 2 + 1 = 3, \quad 3 + 1 = 4 \text{ usw.}$$

Das bedeutet ein Vorwärtsschreiten (nach rechts) auf dem Zahlenstrahl (Bild 11), und zwar immer nur um eine Einheit. Die Aufgabe $4 + 2 = 6$ bedeutet dann ein Vorwärtsschreiten um 2 Einheiten. Der Wortlaut für diese Aufgabe kann lauten:

„Zähle 4 und 2 zusammen!" oder
„Summiere 4 und 2!" oder
„Addiere 2 zu 4!"

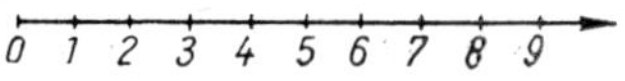

Bild 11

Die Glieder 4 und 2 heißen *Summanden*, das Ergebnis 6 heißt *Summenwert*; in der Arithmetik werden Ausdrücke wie $(4 + 3)$ oder $(a + b)$ als Summe bezeichnet.

Die Klammer soll hier die Zusammenfassung der zwei Summanden zu einer Größe – eben der Summe – zum Ausdruck bringen.

Das Rechenzeichen der Addition ist das Pluszeichen $(+)$; es wird „plus" gelesen.

Eine Summe kann auch mehr als 2 Glieder (Summanden) umfassen:

$$3 + 5 + 7 = 15 \quad \text{oder} \quad a + b + c = d$$

2.3. Addition und Subtraktion mit allgemeinen Zahlen, Grundgesetze

Für die Addition gilt das *kommutative*[1] *Gesetz*. Es besagt:

    mmanden sind vertauschbar: $a + b = b + a$.

Die *Subtraktion* ist die Umkehrung der Addition: Subtrahieren heißt „Abziehen" oder „Wegnehmen", es bedeutet auf dem Zahlenstrahl ein Rückwärtsgehen.
Bei der Subtraktion gelten folgende Bezeichnungen:

$$48 \; - \; 12 \; = \; 36$$
Minuend minus *Subtrahend* gleich *Differenz*

Die allgemeine Form der Subtraktionsaufgabe ist $a - b = c$. Hierin wird $a - b$ selbst als Differenz bezeichnet, und c ist der Wert der Differenz.

▌ Das kommutative Gesetz gilt nicht für die Subtraktion.

BEISPIELE

$7 - 3$ ist nicht dasselbe wie $3 - 7$
Man schreibt allgemein: $a - b \neq b - a$ (gelesen: $a - b$ ungleich $b - a$).

Im Gegensatz zur Addition, bei der die Summanden a und b vertauschbar sind, haben daher die Glieder a und b bei der Subtraktion verschiedene Bezeichnungen.

Summen und Differenzen von bestimmten Zahlen lassen sich ausrechnen,

    z. B. $12 + 8 = 20, \; 12 - 8 = 4$.

Beim Rechnen mit benannten Zahlen lassen sich die Maßzahlen nur gleichbenannter Größen zu einer Zahl zusammenfassen, z. B. 6 m + 7 m = 13 m.

Gegebenenfalls ist auch bei Auftreten verschiedener Einheiten nach Umformung derselben ein Zusammenfassen möglich.

    z. B.   0,8 km + 120 m = 800 m + 120 m = 920 m.

Entsprechend gilt für das Rechnen mit allgemeinen Zahlen:

▌ Nur Summen (Differenzen) von *gleichartigen* allgemeinen Zahlen lassen sich vereinfachen.

Hierbei werden die Vorzahlen (*Koeffizienten*) addiert bzw. subtrahiert.

BEISPIELE

1. $4a + 6a = 10a$ und $12z - 7z = 5z$.
2. Man schreibt $a + a = 2a$ (dagegen 1 km + 1 km = 2 km).
3. $0 + a = a$ bedeutet auf dem Zahlenstrahl ein Vorwärtsschreiten von 0 um a.
4. $a + 0$ und $a - 0$ bedeutet weder ein Vorwärtsschreiten noch ein Rückwärtsschreiten.
5. $a - a = 0 + a - a = 0$ bedeutet auf dem Zahlenstrahl ein Vorwärtsschreiten von 0 um a und ein darauffolgendes Rückwärtsschreiten um a.

---

[1] (lat.) vertauschbar; kommutatives Gesetz = Vertauschungsgesetz

In der Buchstabenrechnung werden zusammengesetzte Ausdrücke, in denen Summanden und Subtrahenden nebeneinander vorkommen, als *algebraische Summen* bezeichnet.

Auch in algebraischen Summen werden zur Vereinfachung die gleichartigen Glieder zusammengefaßt:

$$3a - 2b + a + 4b + 5 = 3a + a + 4b - 2b + 5 = 4a + 2b + 5$$

Hierbei ist die Reihenfolge des Addierens und Subtrahierens, wie das Beispiel zeigt, beliebig. Es gilt

$$a + b - c = a - c + b = b - c + a$$

AUFGABEN

8. Vereinfache folgende algebraische Summen:
   a) $6a + 8b + 10c - 4a + 2b - 5c$
   b) $12x - y + 3z - 7x + 5y - z$
   c) $5r + s - 2t - r + 6s + t$
   d) $2,8u + 1,4v - 0,8w + 0,6u - 1,2v + w$

2.4. Bedeutung der Klammern, Auflösen von Klammern in Verbindung mit Addition und Subtraktion

2.4.1. Einführen von Klammern

Bei Aufgaben mit bestimmten Zahlen, die einen mehrgliedrigen Ausdruck darstellen, ist es vorteilhaft, die Reihenfolge der Glieder zu ändern, um das Rechnen zu erleichtern (Rechenvorteile).
Beim Lösen der Aufgabe $312 + 4 + 38 + 96$ bildet man z. B. die Summen $312 + 38$ und $4 + 96$, danach addiert man die beiden Summenwerte. Um das ohne Worte zum Ausdruck zu bringen, bedarf es eines besonderen mathematischen Zeichens, der *Klammer*.

Man schreibt $(312 + 38) + (4 + 96) = 350 + 100 = 450$.
Hierbei gilt als Rechenregel:

▌ Der Wert der Klammer ist zuerst auszurechnen.

Auch beim Addieren allgemeiner Zahlen erfüllt die Klammer den gleichen Zweck. Für die Addition gilt das *assoziative*[1] Gesetz

▌ Summanden können in beliebiger Reihenfolge zu Teilsummen verbunden werden:
$(a + b) + c = a + (b + c)$.

---
[1] Assoziation = Verbindung; assoziatives Gesetz = Verbindungsgesetz

2.4.1. Einführen von Klammern

BEISPIELE

1. $3a + 4b + 6a + 7b = (3a + 6a) + (4b + 7b) = 9a + 11b$
2. $5u + 2v + 3w + 2u + 3v + 4w = (5u + 2u) + (2v + 3v) + (3w + 4w) =$
$= 7u + 5v + 7w$

Mit Hilfe der Klammer können mehrgliedrige Ausdrücke in eine Summe von Teilsummen verwandelt werden. Sind auch Subtrahenden vorhanden, so treten in den Klammern Differenzen auf.

BEISPIELE

1. mit bestimmten Zahlen

$$286 + 144 - 36 - 24$$

Man rechnet: $(286 - 36) + (144 - 24) = 250 + 120 = 370$

2. mit allgemeinen Zahlen

$$24a + 12b + 38a - 8b - 17a + 23b$$

Man rechnet: $(38a - 17a + 24a) + (23b - 8b + 12b) = 45a + 27b$

Ein mehrgliedriger Ausdruck kann durch Anwendung der Klammer auch zu einer Differenz umgeformt werden. Zum Beispiel faßt man in der Aufgabe $246 - 20 - 6$ die beiden letzten Glieder zusammen und rechnet

$$246 - (20 + 6) = 246 - 26 = 220$$

BEISPIEL (mit allgemeinen Zahlen)

$40a - 12a + 10a - 8a = (40a + 10a) - (12a + 8a) = 50a - 20a = 30a$

Das Beispiel besagt: In einem mehrgliedrigen Ausdruck, in dem mehrere Subtrahenden vorkommen, kann man diese zunächst addieren und die so erhaltene Summe dann subtrahieren.

Schließlich sei noch eine 4. Möglichkeit für die Anwendung der Klammer angeführt.

Die Aufgabe $362 - 167 + 17$ rechnet man nicht $(362 - 167) + 17$, sondern faßt die letzten 2 Glieder zusammen. Hierbei ist der Subtrahend 167 um 17 zu vermindern, d. h., man subtrahiert 150, was unter Verwendung der Klammer ohne weiteres ausgedrückt werden kann:

$$362 - 167 + 17 = 362 - (167 - 17) = 362 - 150 = 212$$

BEISPIEL (mit allgemeinen Zahlen)

$26{,}3a - 12{,}9a + 1{,}8a = 26{,}3a - (12{,}9a - 1{,}8a) = 26{,}3a - 11{,}1a = 15{,}2a$

2. Allgemeine Zahlen

Zusammenstellung der 4 Fälle für Klammersetzen:

1. Fall: $a + b + c = a + (b + c)$ ⎫ Vorzeichen ändern sich nicht! ⎫
2. Fall: $a + b - c = a + (b - c)$ ⎭
3. Fall: $a - b - c = a - (b + c)$ Subtrahend c wird Summand!   (1)
4. Fall: $a - b + c = a - (b - c)$ Summand c wird Subtrahend! ⎭

BEISPIEL

$5a - 3c + 6b - 8a + 6c - 9b + 7a - 4c + 8b + 9c - 7b - 3a =$
$= (5a + 7a) - (8a + 3a) + (6b + 8b) - (9b + 7b) + (6c + 9c) - (3c + 4c) =$
$= \quad 12a \quad - \quad 11a \quad + \quad 14b \quad - \quad 16b \quad + \quad 15c \quad - \quad 7c =$
$= \quad (12a \quad - \quad 11a) \quad - \quad (16b \quad - \quad 14b) \quad + \quad (15c \quad - \quad 7c) =$
$= \qquad\quad a \qquad\quad - \qquad\quad 2b \qquad\quad + \qquad\quad 8c$

2.4.2. Auflösen von Klammern

Das Auflösen von Klammern ist die Umkehrung vom Klammernsetzen. Die Umkehrungen der oben gegebenen 4 Fälle lauten dann:

1. Fall $a + (b + c) = a + b + c$

■ Man addiert eine Summe, indem man die Summanden einzeln addiert.

2. Fall $a + (b - c) = a + b - c$

■ Man addiert eine Differenz, indem man den Minuenden addiert und den Subtrahenden subtrahiert.

3. Fall $a - (b + c) = a - b - c$

■ Man subtrahiert eine Summe, indem man die Summanden einzeln subtrahiert.

4. Fall $a - (b - c) = a - b + c$

■ Man subtrahiert eine Differenz, indem man den Minuenden subtrahiert und den Subtrahenden addiert.

Beachte: Steht vor der Klammer ein + (Pluszeichen), so kann die Klammer ohne weiteres weggelassen werden. Steht vor der Klammer ein — (Minuszeichen), dann wird beim Lösen (Weglassen) der Klammer ein Summand zum Subtrahenden und ein Subtrahend zum Summanden.
Diese Rechenregeln gelten auch für drei- und mehrgliedrige Klammerausdrücke.

BEISPIELE

1. $(5r + 2s) + (6r + 7s)$ $\quad = 5r + 2s + 6r + 7s \quad = 11r + 9s$
2. $(10a + 8b) + (5a - 3b)$ $\quad = 10a + 8b + 5a - 3b \quad = 15a + 5b$
3. $(24x + 18y) - (16x + 9y)$ $\quad = 24x + 18y - 16x - 9y \quad = 8x + 9y$
4. $(60a - 20b) - (20a - 40b)$ $\quad = 60a - 20b - 20a + 40b = 40a + 20b$

2.4.2. Auflösen von Klammern

Bei Auftreten von *Doppelklammern* (runde und eckige) löst man zweckmäßig zunächst die *innere* Klammer.

BEISPIEL

$20\,m - [(4m + 2n) + (6m - n)] = 20m - [4m + 2n + 6m - n] =$
$= 20m - [10m + n] = 20m - 10m - n = 10m - n$

Die eckige Klammer kann selbst wieder in einer weiteren Klammer auftreten. Als äußerste Klammer verwendet man dann die „geschweifte" Klammer. Die Klammern werden auch in diesen Fällen von innen nach außen aufgelöst.

BEISPIEL

$45a - \{50a - [10a - (3b + 4c) + (6b - 5c)]\} =$
$= 45a - \{50a - [10a - 3b - 4c + 6b - 5c]\} =$
$= 45a - \{50a - [10a + 3b - 9c]\} = 45a - \{50a - 10a - 3b + 9c\} =$
$= 45a - \{40a - 3b + 9c\} = 45a - 40a + 3b - 9c = 5a + 3b - 9c$

AUFGABEN

9. Setze in den folgenden Ausdrücken $a = 7$, $b = 5$, $c = 4$, $d = 8$ und berechne:

    a) $10a - 5b + 3c - d$ b) $10a - (5b + 3c - d)$
    c) $(10a - 5b) + (3c - d)$ d) $10a - (5b + 3c) - d$

10. Fasse die Summanden in eine Klammer und die Subtrahenden in eine Klammer zusammen:

    a) $6a - 8b - 5c + 3d$ b) $10u - 12v + 8w - 2r - 4d$

11. Löse die Klammern und berechne:

    a) $(12a + 7b) + (9a + 3b)$ b) $(18f + 6g) + (8f - 4g)$
    c) $(10p - 2t) + (2p + 4t)$ d) $(a + b) + (a - b)$
    e) $(h - 10) + (20 - h)$ f) $(3x + 5y) - (x + 2y)$
    g) $(16p + 2q) - (5p - 7q)$ h) $(28r - 14s) - (16r - 4s)$

12. Berechne:

    a) $(a + 1) - (a - 1) + (2a + 2)$
    b) $(6u + 5v - 2w) - (3u + 4v - 5w)$
    c) $(45r - 11s) + (6r + 15t) - (2t - 20s)$
    d) $(a + b - c) + (a - b + c) - (a - b - c)$
    e) $(15m + 24) - (12 - 6m) - (3m - 8)$
    f) $56x + (424y - 305) - (356y - 42x - 220) + 100$

13. Berechne die Ausdrücke:

   a) $A - B + C - D$ \hspace{2em} b) $A + B - C - D$

   für $A = 6a + 12b$, $B = 3a - 4b$, $C = 4a - 5$, $D = 2 - b$

14. Löse die Klammern und berechne:

   a) $(2x + 12) - [3x + (10 - 5x) + 8]$
   b) $[(12p - 5q) - (7r + 3s)] - (7p - 4s)$
   c) $100 - [(b + 20) - (40 - b)]$
   d) $(7a - 2b) - [(3a - c) - (2b - 3c)]$
   e) $[3a - (4b + 2x)] - [(3x + 3b) - (4x - 2a + b)]$
   f) $[6,45a - (0,8x - 3,7)] - [(3,25a - 7,3x) + 4,2] - 6,5x$
   g) $86a - \{10a + 13b - [(5a - 3b) - (3a + 2b)]\}$

2.5. Einführung der negativen Zahlen, Addieren und Subtrahieren von Zahlen mit positiven und negativen Vorzeichen

Man kann die Subtraktionsaufgabe $a - b = c$ auf dem Zahlenstrahl durch ein Rückwärtslaufen nach links lösen. Dies wird ohne weiteres gelingen, wenn $b < a$ (gelesen „b kleiner als a") ist, und auch für den Fall $b = a$, denn $a - a = 0$.
Wie ist aber die Subtraktionsaufgabe für den Fall $b > a$ (gelesen „b größer als a") zu lösen?
Will man die Aufgabe $5 - 6$ am Zahlenstrahl veranschaulichen, so ist man gezwungen, denselben über 0 hinaus nach links zu verlängern, und zwar für die gestellte Aufgabe um einen Schritt. Allgemein ergibt sich die Notwendigkeit, daß ein zweiter Zahlenstrahl an 0 angesetzt werden muß, der in entgegengesetzter Richtung – also nach links – weist und mit dem ersten eine Gerade, die sogenannte *Zahlengerade*, bildet (Bild 12).

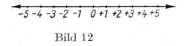

Bild 12

Die einzelnen Punkte, die den „Einerschritten" entsprechen, werden wieder vom Nullpunkt aus gezählt, müssen aber von den Punkten des rechtsgerichteten Strahles unterschieden werden. Daher erhalten die links von 0 stehenden Zahlen ein Minuszeichen und heißen *negative* Zahlen. Das Zeichen deutet an, daß sie sich alle durch Subtraktion – also durch Rückwärtsschreiten – ergeben können.
Im Gegensatz hierzu werden die Zahlen, die durch Punkte des rechtsgerichteten Strahles veranschaulicht werden, *positive* Zahlen genannt. Die Zeichen + und − haben also von nun an eine zweifache Bedeutung. Bei der Addition und Subtraktion treten diese Zeichen als *Rechenzeichen* auf, beim Unterscheiden von positiven und negativen Zahlen bedeuten sie *Vorzeichen* und geben an, ob der Zahlenwert rechts oder links von 0 auf der Zahlengeraden zu finden ist. Jede Zahl wird also durch das Vorzeichen auf Null bezogen; daher werden die positiven und die negativen Zahlen zuweilen mit dem gemeinsamen Namen bezogene Zahlen oder relative Zahlen bezeichnet.

2.5. Einführung der negativen Zahlen, Addieren und Subtrahieren

Schreibt man $a > 0$, dann ist a eine positive Zahl.
Schreibt man $a < 0$, dann ist a eine negative Zahl.

Um zum Ausdruck zu bringen, daß es sich um Zahlen mit Vorzeichen handelt, setzt man sie in runde Klammern und schreibt $(+a)$, $(-a)$. Diese Schreibweise deutet an, daß das Vorzeichen eng mit der Zahl verbunden ist; außerdem kann dadurch deutlich zwischen Rechenzeichen und Vorzeichen unterschieden werden.
Soll das Vorzeichen einer Zahl nicht mit in Betracht gezogen werden, so schließt man die betreffende Zahl in zwei senkrechte Striche ein. Es gilt dann $|-a| = a$ und $|+a| = a$; dieser Betrag a ist immer positiv und heißt der *Absolutbetrag* von $-a$ bzw. $+a$. Hiernach gelten folgende Beziehungen:

$$|-a| = |+a|, \qquad |-a| - |+a| = 0, \qquad |+a| + |-a| = 2a$$
$$|-3| + |+6| = 9, \qquad |+8| - |-5| = 3, \qquad |-8| - |+5| = 3$$

Die Größe einer Zahl hängt nicht nur vom Absolutbetrag ab, sondern auch vom Vorzeichen:

$$+3 < +4, \qquad -1 < +1, \qquad -3 < +2, \qquad -3 < -2$$
aber
$$|+3| < |+4|, \qquad |-1| = |+1|, \qquad |-3| > |+2|, \qquad |-3| > |-2|$$

Jede Zahl auf der Zahlengeraden ist kleiner als jede rechts von ihr stehende und größer als jede links von ihr stehende Zahl. *Entgegengesetzte* Zahlen sind Zahlen mit entgegengesetzten Vorzeichen, aber gleichen Absolutbeträgen, z. B. $(+a)$ und $(-a)$. Der Absolutbetrag einer Zahl a auf der Zahlengeraden kann gedeutet werden als die Entfernung dieser Zahl von 0, also ohne Berücksichtigung der Richtung, in welcher die Zahl a von 0 aus zu finden ist.
Ein anschauliches Bild für die Zahlen mit Vorzeichen bietet das Thermometer, dessen **Skale** nichts anderes als eine vertikal gerichtete Zahlengerade darstellt.
Weitere Beispiele für Plus- und Minusgrößen sind:
Guthaben – Schulden, Gewinn – Verlust, nördliche und südliche Breite, östliche und westliche Länge.

Addition von Zahlen mit Vorzeichen

Wenn Guthaben (Positives) zu Guthaben (Positivem) kommt, wird das Ergebnis etwas Positives sein. Kommen Schulden (Negatives) zu Schulden (Negativem), dann ergibt sich bestimmt ein Minuswert. Guthaben plus Schulden können jedoch – je nachdem, welcher Zahlenwert überwiegt – entweder Guthaben, also etwas Positives, oder Schulden, also etwas Negatives, ergeben. Bei gleichen Beträgen heben sich Guthaben und Schulden auf, und das Ergebnis ist gleich Null. Hieraus folgt:
Entgegengesetzte Zahlen ergeben addiert Null: $(+a) + (-a) = 0$. Gemäß dieser Betrachtung lassen sich 4 Fälle unterscheiden:

pos. Zahl + pos. Zahl	$(+8) + (+6) = +14$	Guthaben addieren
neg. Zahl + neg. Zahl	$(-8) + (-6) = -14$	Schulden addieren
pos. Zahl + neg. Zahl	$(+8) + (-6) = +2$	Guthaben überwiegt
neg. Zahl + pos. Zahl	$(-8) + (+6) = -2$	Schulden überwiegen

Beachte: In den letzten zwei Fällen ist eine Subtraktion statt einer Addition auszuführen!

2. Allgemeine Zahlen

Die 4 Fälle mit allgemeinen Zahlen dargestellt:

$$\left.\begin{array}{ll}\text{I} & (+a) + (+b) = +a + b = +(a+b) \\ \text{II} & (-a) + (-b) = -a - b = -(a+b) \\ \text{III} & (+a) + (-b) = +a - b = +(a-b), \text{ wenn } a > b \\ \text{IV} & (-a) + (+b) = -a + b = -(a-b), \text{ wenn } a > b \end{array}\right\} \quad (2)$$

In Worten:

> Zahlen mit gleichen Vorzeichen (I und II) werden addiert, indem man ihre Absolutbeträge addiert und der Summe das gemeinsame Vorzeichen gibt.
> Zahlen mit ungleichen Vorzeichen (III und IV) werden addiert, indem man den kleineren Absolutbetrag von dem größeren subtrahiert und der Differenz das Vorzeichen der absolut größeren Zahl gibt.

Hinweis: Man kann, wie aus den Formeln (2) zu ersehen ist, bei einer positiven Zahl Vorzeichen und Klammer weglassen, also $(+a) = a$.

BEISPIELE

1. $(+120m) + (+86m) + (-57m) + (-88m) + (-76m) =$
   $= (+206m) + (-221m) = -(221m - 206m) = -15m$

2. Bei der folgenden Schreibweise sind keine Klammern nötig:

$$\begin{array}{c|c} +32{,}8 & + \\ +12{,}4 & + \\ \hline +45{,}2 & \end{array} \qquad \begin{array}{c|c} -148{,}3 & + \\ -\ \ 56{,}5 & + \\ \hline -204{,}8 & \end{array} \qquad \begin{array}{c|c} +38{,}56 \text{ ha} & + \\ -15{,}20 \text{ ha} & + \\ \hline +23{,}36 \text{ ha} & \end{array} \qquad \begin{array}{c|c} -156{,}50 \text{ ha} & + \\ +\ \ 78{,}70 \text{ ha} & + \\ \hline -\ \ 77{,}80 \text{ ha} & \end{array}$$

Subtraktion von Zahlen mit Vorzeichen

Die Subtraktion ist die der Addition entgegengesetzte Rechenart.

Es galt:	dann muß auch gelten:
$(+8) + (+6) = +14$	$(+14) - (+6) = +8$
$(-8) + (-6) = -14$	$(-14) - (-6) = -8$
$(+8) + (-6) = +\ 2$	$(+\ 2) - (-6) = +8$
$(-8) + (+6) = -\ 2$	$(-\ 2) - (+6) = -8$

Diese 4 Subtraktionsaufgaben können nun durch die folgenden 4 Additionsaufgaben ersetzt werden, die die gleichen Ergebnisse haben:

$(+14) + (-6) = +8$
$(-14) + (+6) = -8$
$(+\ 2) + (+6) = +8$
$(-\ 2) + (-6) = -8$

2.5. Einführung der negativen Zahlen, Addieren und Subtrahieren

Ein Vergleich zeigt, daß sich hierbei der Subtrahend $(+6)$ in den Summanden (-6) und der Subtrahend (-6) in den Summanden $(+6)$ verwandelt hat. Es gilt somit der Satz:

▌ Eine Zahl wird subtrahiert, indem man sie mit entgegengesetztem Vorzeichen addiert.

$$\left.\begin{array}{ll} \text{I} & (+a)-(+b)=(+a)+(-b)=+a-b \\ \text{II} & (-a)-(-b)=(-a)+(+b)=-a+b \\ \text{III} & (+a)-(-b)=(+a)+(+b)=+a+b \\ \text{IV} & (-a)-(+b)=(-a)+(-b)=-a-b \end{array}\right\} \quad (3)$$

Hieraus folgt, daß man jede Differenz als Summe schreiben kann, z. B. $5-3=(+5)+(-3)$ oder auch $5+(-3)$.

Es folgt weiter, daß Zahlenausdrücke, deren Glieder durch das Additions- oder das Subtraktionszeichen (durch $+$ oder $-$) verbunden sind, mit Recht als eine „algebraische Summe" bezeichnet werden können. Zum Beispiel ergibt

$$(+9)+(-4)-(+6)-(-12)$$

dasselbe wie $(+9)+(-4)+(-6)+(+12)$

Verallgemeinerung: Ist die algebraische Summe

$$(+a)+(-b)-(+c)-(-d)+(+e)$$

gegeben, so bringt man erst die Subtraktionszeichen weg

$$(+a)+(-b)+(-c)+(+d)+(+e)$$

und erhält dann durch Addition $\quad a-b-c+d+e$.
Hieraus erkennt man als Regel:

▌ Sind Vorzeichen und Rechenzeichen gleich, so wird der Absolutbetrag addiert. Sind Vorzeichen und Rechenzeichen ungleich, so wird der Absolutbetrag subtrahiert.

Merke:
$$\left.\begin{array}{l} +(+a)=+a \\ +(-a)=-a \\ -(+a)=-a \\ -(-a)=+a \end{array}\right\} \quad (4)$$

BEISPIELE

1. $(+8u)+(-6v)-(+9u)-(-13v)+(+4u)=$
   $=8u-6v-9u+13v+4u=3u+7v$

2. (Schreibweise ohne Klammern)

a) $+12a$ $\|$ $+$	b) $-12a$ $\|$ $+$	c) $+12a$ $\|$ $+$	d) $-12a$ $\|$ $+$
$+7a$ $\|$ $-$	$-7a$ $\|$ $-$	$-7a$ $\|$ $-$	$+7a$ $\|$ $-$
$5a$	$-5a$	$19a$	$-19a$

2. Allgemeine Zahlen

3. Die Aufgaben des Beispiels 2 sind zunächst mit Klammern und dann als Summen zu schreiben.

   Lösung: a) $12a - (+7a) = 12a + (-7a)$
   b) $(-12a) - (-7a) = (-12a) + 7a$
   c) $12a - (-7a) = 12a + 7a$
   d) $(-12a) - (+7a) = (-12a) + (-7a)$

4.
$$\begin{array}{r|l} 3a-2b & + \\ 3b & + \\ \hline 3a+b & \end{array} \quad \begin{array}{r|l} 8a-4b & + \\ 5b & - \\ \hline 8a-9b & \end{array} \quad \begin{array}{r|l} 6a+3b & + \\ a-2b & - \\ \hline 5a+5b & \end{array} \quad \begin{array}{r|l} 4a-5b & + \\ -5a+6b & + \\ \hline -a+b & \end{array}$$

AUFGABEN

15. Berechne:

    a) $(+8) - (-6)$ b) $(+13) + (-9)$ c) $(+21) - (+30)$
    d) $(-96) - (+28)$ e) $(-104) + (+200)$ f) $(-53) - (-28)$

16. Berechne den Unterschied (Absolutwert) folgender Temperaturen (hier ist immer die niedere Temperatur von der höheren zu subtrahieren!):

    a) $+18\,°C$ und $+32\,°C$ b) $-43\,°C$ und $-81\,°C$ c) $+18\,°C$ und $-32\,°C$
    d) $-43\,°C$ und $+81\,°C$

17. Berechne für $x = -8$ und $y = -5$ die folgenden Ausdrücke:

    a) $x + y$ b) $x - y$ c) $|x| + |y|$
    d) $|x| - |y|$ e) $|x - y|$ f) $|y - x|$

18. Berechne:

    a) $(-12) - (+14) - (-9) - (+16) - (-8) - (+11)$
    b) $(+18z) - (-5z) - (-39z) - (+12z) - (+3z)$
    c) $(+36u) - (-12v) + (+24v) - (+14u) + (-48v)$

19. Die in der zweiten Zeile stehenden Zahlen sind einmal zu addieren und einmal zu subtrahieren:

    a) $\begin{array}{r|l} +24 & + \\ +16 & \pm \end{array}$ b) $\begin{array}{r|l} -24 & + \\ -16 & \pm \end{array}$ c) $\begin{array}{r|l} +24 & + \\ -16 & \pm \end{array}$ d) $\begin{array}{r|l} -24 & + \\ +16 & \pm \end{array}$

    e) $\begin{array}{r|l} +18 & + \\ +23 & \pm \end{array}$ f) $\begin{array}{r|l} -18 & + \\ -23 & \pm \end{array}$ g) $\begin{array}{r|l} +18 & + \\ -23 & \pm \end{array}$ h) $\begin{array}{r|l} -18 & + \\ +23 & \pm \end{array}$

20. Addiere und subtrahiere die zweite Zeile:

a) $28x - 14y + 9z$ $+$
$36x - 15y - 12z$ $\pm$

b) $9a - 8b + 7c - 3d$ $+$
$5a - 6b - 3c + 2d$ $\pm$

c) $4x - 3y + 9u - 8v$ $+$
$5x + 4y - 3u - 8v$ $\pm$

d) $m - 3n + p - 7$ $+$
$m - 4n - p + 8$ $\pm$

2.6. Multiplikation mit allgemeinen Zahlen, Auflösen von Klammern, binomische Formeln

2.6.1. Multiplikation mit positiven und negativen Zahlen

Die Addition gleicher Summanden führt zu einer Multiplikation. Zum Beispiel gibt die Additionsaufgabe $3,5 + 3,5 + 3,5 = 10,5$ das gleiche Ergebnis wie die Multiplikationsaufgabe

$$3,5 \quad \cdot \quad 3 \quad = \quad 10,5$$
Faktor mal *Faktor* gleich *Produkt*

Faktoren sind – wie die Summanden bei der Addition – vertauschbar (*kommutatives Gesetz der Multiplikation*).

Es ist also $4 \cdot 3 = 3 \cdot 4$ oder allgemein $a \cdot b = b \cdot a$.

Weiter gilt für ein Produkt mit drei oder mehr Faktoren das *assoziative* Gesetz der Multiplikation:

| Faktoren können in beliebiger Reihenfolge zu Teilprodukten verbunden werden.

Es gilt also $(2 \cdot 3) \cdot 5 = 2 \cdot (3 \cdot 5) = 3 \cdot (2 \cdot 5)$
oder allgemein: $(a \cdot b) \cdot c = a \cdot (b \cdot c) = b \cdot (a \cdot c)$

(Die Klammer besagt, daß zuerst das eingeschlossene Produkt zu berechnen ist.)

Merke besonders: $a \cdot 0 = 0 \cdot a = 0$

| Ein Produkt hat den Wert Null, wenn ein Faktor Null ist.
| Folgerung: Soll ein Produkt Null werden, dann muß mindestens ein Faktor Null sein.

Bei der Multiplikation mit allgemeinen Zahlen sind einige Sonderheiten in der Schreibweise zu beachten:

$a \cdot b = ab$ (gesprochen: „a mal b gleich a, b")
$4a \cdot 5b = 4 \cdot 5 \cdot a \cdot b = 20ab$
$5z \cdot 3y \cdot 2x = 5 \cdot 3 \cdot 2 \cdot z \cdot y \cdot x = 30xyz$ (lexikographisch geordnet!)

2. Allgemeine Zahlen

Beim Multiplizieren von allgemeinen Zahlen mit Vorzeichen sind 4 Fälle zu unterscheiden:

allgemein: $(+a) \cdot (+b)$ speziell: $(+3) \cdot (+4)$
$\quad\quad\quad (-a) \cdot (+b)$ $(-3) \cdot (+4)$
$\quad\quad\quad (+a) \cdot (-b)$ $(+3) \cdot (-4)$
$\quad\quad\quad (-a) \cdot (-b)$ $(-3) \cdot (-4)$

Hiervon bieten die ersten drei Fälle keine Schwierigkeiten, wenn man die Multiplikation als Addition gleicher Summanden erklärt und das Vertauschungsgesetz heranzieht. Da man außerdem a für $(+a)$ setzen kann, gilt:

$$(+3) \cdot (+4) = 3 + 3 + 3 + 3 = 12 = +(3 \cdot 4)$$
$$(-3) \cdot (+4) = (-3) + (-3) + (-3) + (-3) = -12 = -(3 \cdot 4)$$
$$(+3) \cdot (-4) = (-4) \cdot (+3) = (-4) + (-4) + (-4) =$$
$$= -12 = -(3 \cdot 4)$$

Für den 4. Fall hat man eine Festsetzung getroffen, und zwar so, daß die bisher abgeleiteten Rechengesetze ihre Gültigkeit behalten. Nach dieser Festsetzung gilt:

$$(-3) \cdot (-4) = +12$$
allgemein $\quad (-a) \cdot (-b) = +ab$

Aus der Zusammenstellung der 4 Fälle

$$\left.\begin{array}{l}(+a) \cdot (+b) = +ab \\ (-a) \cdot (-b) = +ab \\ (+a) \cdot (-b) = -ab \\ (-a) \cdot (+b) = -ab\end{array}\right\} \quad\quad\quad (5)$$

ergibt sich als

Vorzeichenregel:

> Zwei Faktoren mit gleichen Vorzeichen ergeben ein positives, mit ungleichen Vorzeichen ein negatives Produkt.

Es ist vorteilhaft, immer zuerst das Vorzeichen für das Ergebnis einer Multiplikation zu bestimmen. Sind 2, 4, 6, ... negative Faktoren vorhanden, dann ist das Ergebnis positiv, im anderen Falle negativ.

BEISPIELE

1. $(+3u) \cdot (-4v) \cdot (-w) = 12uvw$
2. $(-1) \cdot (-ab) = +ab$ Multiplikation mit (-1) ändert nur das Vorzeichen!
3. $(-6t) \cdot (+8z) + (+2t) \cdot (-9z) = -66tz$ (zuerst Produkte berechnen)
4. $(+12a) \cdot (-6b) - (-9a) \cdot (+10b) = +18ab$ (zuerst Produkte berechnen, s. 2.6.2., Rechenregel)

2.6.2. Multiplikation einer algebraischen Summe mit einer Zahl

Sind Faktoren gleich, dann schreibt man

$a \cdot a = a^2$ (gelesen „a-Quadrat" oder „a hoch 2")
$a \cdot a \cdot a = a^3$ (gelesen „a hoch 3")
$a^2, a^3, \ldots, a^n$ sind *Potenzen*, *a ist die Basis* oder *Grundzahl*, n ist der *Exponent* oder die *Hochzahl*[1].

AUFGABEN

21. a) $(+6t) \cdot (-8s) \cdot (-2w)$ b) $4 \cdot (-0{,}5x) \cdot (+2y)$
    c) $(+3a) \cdot (-3b) \cdot (+3c)$ d) $7c \cdot (-5c) + 5d \cdot (-7d)$
    e) $8m \cdot (-2n) - 5n \cdot (-4m)$ f) $(-x^2) \cdot 2a + 4ax \cdot (-x)$

2.6.2. Multiplikation einer algebraischen Summe mit einer Zahl

Bei der Multiplikation von Summen und Differenzen mit einer Zahl ist ein Unterschied zwischen dem Rechnen mit bestimmten Zahlen und allgemeinen Zahlen zu beachten. Die zwei Aufgaben $12 + 4 \cdot 8$ und $(12 + 4) \cdot 8$ führen zu verschiedenen Ergebnissen.

Man rechnet: $12 + 4 \cdot 8 = 12 + 32 = 44$
und $(12 + 4) \cdot 8 = 16 \cdot 8 = 128$

Rechenregel:

> Die Rechenart höherer Stufe (Multiplikation, Division) geht immer der der niederen Stufe (Addition, Subtraktion) vor. Ist eine Klammer vorhanden, so ist zuerst die Klammer auszurechnen.

Bei großen Zahlen ist oft ein anderer Weg vorteilhaft; man führt die Klammer ein und rechnet z. B.

$107 \cdot 6 = (100 + 7) \cdot 6 = 100 \cdot 6 + 7 \cdot 6 = 600 + 42 = 642$
$98 \cdot 4 = (100 - 2) \cdot 4 = 100 \cdot 4 - 2 \cdot 4 = 400 - 8 = 392$

Dieses Rechenverfahren ist anwendbar beim Rechnen mit allgemeinen Zahlen. Es muß gelten

$$a(b \pm c) = ab \pm ac \qquad (6)$$

> Eine algebraische Summe wird mit einer Zahl multipliziert, indem man jedes Glied der Summe mit dieser Zahl multipliziert und die erhaltenen Teilprodukte addiert.

BEISPIELE

1. $x - 4 \cdot (5a - x) = x - 20a + 4x = 5x - 20a$
2. $3 \cdot (a - b) - (a + b - 1) \cdot 2a =$
   $= 3a - 3b - 2a^2 - 2ab + 2a = 5a - 2a^2 - 2ab - 3b$

---
[1] Vgl. auch 3.1.1.

2. Allgemeine Zahlen

Durch das Ausmultiplizieren einer Klammer erhält man aus einem Produkt eine Summe. Umgekehrt kann eine Summe in ein Produkt verwandelt werden, wenn es möglich ist, einen gemeinsamen Faktor auszuklammern. Dabei wird die Klammer, die beim Ausmultiplizieren verschwindet, wieder eingeführt.

$$\xrightarrow{\text{Ausklammern}} ab + ac - ad = a(b + c - d) \xleftarrow{\text{Ausmultiplizieren}} \qquad (7)$$

Das Ausklammern (Klammernsetzen) ist die Umkehrung zum Ausmultiplizieren (Klammernauflösen).

BEISPIELE (Ausklammern):

1. $8uv - 10uw + 14uz = 2u \cdot (4v - 5w + 7z)$
2. $a^2 - 9b^2 - 18b = a^2 - 9b \cdot (b + 2)$ (gemeinsamer Faktor ist negativ!)
3. $2q^2 + 8pq - 8q = 2q \cdot (q + 4p - 4) = 2q[q + 4 \cdot (p - 1)]$
4. $a^2 + 2a + ab + 2b = (a^2 + 2a) + (ab + 2b) = a(a + 2) + b(a + 2) =$
$$= (a + 2) \cdot (a + b)$$

Hinweis: Verschiedene Schreibweisen sind möglich; man schreibt z. B.
$$2a \cdot (a + b) \quad \text{oder} \quad 2a(a + b) \quad \text{oder} \quad (a + b) \cdot 2a$$

AUFGABEN

22. a) $4 \cdot (14p - 15q)$ b) $x \cdot (x^2 + 9x)$ c) $(4a - 7b) \cdot 3ab$
    d) $60u - 3(15u + 8)$ e) $14 \cdot (3s + 4t) - 8 \cdot (5s - 3t)$
    f) $(3x + 2y - 1) \cdot 5a$ g) $3[40x - 2 \cdot (5x + 8) + 10 \cdot (2 - x)]$
    h) $[a \cdot (a^2 + a - 1) - a^2 \cdot (a + 1)] \cdot 5$

23. Klammere die gemeinsamen Faktoren aus und prüfe die Ergebnisse durch Ausmultiplizieren nach:
    a) $2\pi r^2 + 2\pi rh$ b) $72x^3 + 48x^2 - 96x$
    c) $57a^2 - 21ab - 42ac$ d) $x^2 - 3x + xy - 3y$

    (Anleitung: Je 2 Glieder zusammenfassen)

2.6.3. Multiplikation zweier Klammerausdrücke (Binome[1])

Ersetzt man in $(a + b) \cdot f = af + bf$ den Faktor f auf beiden Seiten durch eine Summe $f = c + d$, so erhält man links das Produkt zweier Binome und rechts einen viergliedrigen Ausdruck:

$$(a + b) \cdot (c + d) = a(c + d) + b(c + d) = ac + ad + bc + bd$$

> Zwei Summen werden miteinander multipliziert, indem man jedes Glied der ersten Summe mit jedem Glied der zweiten Summe multipliziert und die erhaltenen Teilprodukte addiert.

Rechenkontrolle durch Bogen: $\quad (a + b)(c + d) \quad$ (4 Teilprodukte)

Die Anzahl der durch die Multiplikation erhaltenen Glieder ist leicht aus der Aufgabe zu bestimmen:

$\quad (a + b)(c + d + e) \quad$ ergibt $2 \cdot 3$ Teilprodukte
$\quad (a + b + c)(d + e + f) \quad$ „ $\quad 3 \cdot 3 \quad$ „
$\quad (a + b)(c + d) \cdot e \quad$ „ $\quad 2 \cdot 2 \quad$ „
$\quad (a + b)(c + d)(e + f) \quad$ „ $\quad 2 \cdot 2 \cdot 2 \quad$ „

BEISPIELE

1. $(a + b)(c - d) = ac - ad + bc - bd \quad$ 2 Teilprodukte sind negativ
2. $(a - b)(c + d) = ac + ad - bc - bd \quad$ 2 Teilprodukte sind negativ
3. $(a - b)(c - d) = ac - ad - bc + bd \quad$ 2 Teilprodukte sind negativ
4. Lösen von Doppelklammern:
   $3a[(a + 2)(a - 1) - (a - 2)(a + 1)] =$
   $= 3a[a^2 + a - 2 - (a^2 - a - 2)] = \quad$ Runde Klammern setzen!
   $= 3a(a^2 + a - 2 - a^2 + a + 2) = 3a \cdot 2a = 6a^2$
5. Man berechne auf einfachste Weise: $449 \cdot 902$
   Lösung: $449 \cdot 902 = (450 - 1)(900 + 2) = 450 \cdot 900 + 450 \cdot 2 - 900 - 2 =$
   $= 405000 - 2 = \underline{404998}$
6. Um wieviel wird die Fläche eines Rechtecks größer, wenn man die Seite $a = 693$ m um 5 m und die Seite $b = 147$ m um 7 m verlängert?

   Lösung: Der Flächenzuwachs ist gegeben durch (ohne Benennung)
   $\quad (693 + 5)(147 + 7) - 693 \cdot 147 = 693 \cdot 7 + 5 \cdot 147 + 5 \cdot 7 =$
   $\quad = 4851 + 735 + 35 = 5621$

   Der Flächenzuwachs beträgt $\quad \underline{5621 \text{ m}^2}$.

---

[1] Binom = zweigliedriger Ausdruck von der Form $a + b$. bi (lat.) doppelt; nomos (griech.) Gesetz, Gefüge, Glied

2.6.4. Die ersten drei binomischen Formeln

Das Quadrat einer Summe ist gegeben durch $(a + b)^2$.

Der Ausdruck wird gelesen: „$a + b$, in Klammern, hoch 2".

Wir rechnen: $(a + b)^2 = (a + b)(a + b) = a^2 + ab + ab + b^2$

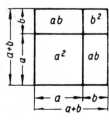

1. binomische Formel: $\boxed{(a+b)^2 = a^2 + 2ab + b^2}$ \hfill (8)

Das mittlere Glied ($2ab$) wird das „doppelte Produkt" genannt. Geometrisch veranschaulicht, stellt $(a + b)^2$ eine Quadratfläche mit der Seite $(a + b)$ dar, $a^2 + 2ab + b^2$ dagegen die Summen zweier Quadrate und zweier gleicher Rechtecke (Bild 13).

Bild 13

$(a - b)^2$ ist das Quadrat einer Differenz. Ausführlich geschrieben erhält man $(a - b)^2 = (a - b)(a - b) = a^2 - ab - ab + b^2$.

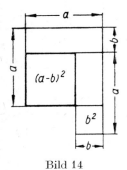

2. binomische Formel: $\boxed{(a-b)^2 = a^2 - 2ab + b^2}$ \hfill (9)

Will man diese Formel geometrisch veranschaulichen, so muß man – wie Bild 14 zeigt – an das größere Quadrat (a^2) zunächst ein kleineres Quadrat (b^2) ansetzen, um darauf die 2 gleichen Rechtecke ($2ab$) „abschneiden" zu können.

Man kann die 1. und 2. binomische Formel zusammenfassen:
$$(a \pm b)^2 = a^2 \pm 2ab + b^2$$

Bild 14

Diese Formel läßt sich vorteilhaft verwenden, um zweistellige Zahlen rasch im Kopf zu quadrieren.

BEISPIELE

1. $43^2 = (40 + 3)^2 = 40^2 + 2 \cdot 40 \cdot 3 + 3^2 = 1600 + 240 + 9 = 1849$
2. $37^2 = (40 - 3)^2 = 1600 - 240 + 9 = 1369$
3. $A = (19{,}8 \text{ cm})^2 = (20 \text{ cm} - 0{,}2 \text{ cm})^2 = 400 \text{ cm}^2 - 8 \text{ cm}^2 + 0{,}04 \text{ cm}^2$
   $A = 392{,}04 \text{ cm}^2; A \approx 392 \text{ cm}^2$

Der angenäherte Wert ergibt sich, wenn man $b^2 = (0{,}02)^2$ nicht berücksichtigt. Ist b sehr viel kleiner als a (geschrieben $b \ll a$), so gilt für überschlägliches Rechnen allgemein:
$$(a \pm b)^2 \approx a^2 \pm 2ab$$

Multipliziert man die Summe $(a + b)$ mit der Differenz $(a - b)$ zweier Zahlen, dann erhält man:
$$(a + b)(a - b) = a^2 - ab + ab - b^2$$

2.6.4. Die ersten drei binomischen Formeln

3. binomische Formel: $\boxed{(a+b)(a-b) = a^2 - b^2}$ \hfill (10)

In Bild 15 ist diese Formel geometrisch veranschaulicht. Die beiden stark umrandeten Flächen sind gleich groß. Durch Schnittlinien sind sie in gleiche Trapeze zerlegt. Das Rechteck hat die Seiten $(a+b)$ und $(a-b)$, die, miteinander multipliziert,

$$A = (a+b)(a-b) = a^2 - b^2$$

ergeben.

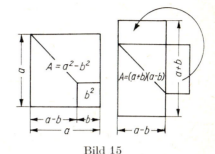

Bild 15

BEISPIEL

Berechne möglichst einfach das Produkt $65 \cdot 55$!

Lösung: $65 \cdot 55 = (60+5)(60-5) = 60^2 - 5^2 = 3600 - 25 = \underline{3575}$

Stehen in der Klammer drei oder mehr Glieder, dann ergibt die Ausrechnung des Quadrates eine entsprechend vielgliedrige Summe:

$$(a+b+c)^2 = a^2 + b^2 + c^2 + 2ab + 2ac + 2bc$$

AUFGABEN

24. a) $(m+3)(n-4)$ \hfill b) $(x-5)(y+3)$
   c) $(x-6)(x-1)$ \hfill d) $(3a+b)(c+8)$
   e) $(u-3v)(2w+4z)$ \hfill f) $(7s-10t)(-2s-3t)$
   g) $(9p-2q+r)(2p+5q)$ \hfill h) $(4c-5d+2)(8c-2d+4)$
   i) $(0,2x-0,8y)(5x^2+3y^2)$ \hfill k) $(7p+9q-3r)(4p-7q+3r)$

25. a) $(4a+b)^2$ \hfill b) $(3c-d)^2$
   c) $(5x+2y)^2$ \hfill d) $(8u-5)^2$
   e) $(m-1)^2$ \hfill f) $(-9+z)^2$
   g) $(-0,2a-0,3)^2$ \hfill h) $(3x^2-2)^2$
   i) $(2a-3)(2a+3)$ \hfill k) $(4u-2p)(4u+2p)$
   l) $(0,1v+0,4y)(0,1v-0,4y)$ \hfill m) $(r^2+s^2)(r^2-s^2)$
   n) $(xy-2)(xy+2)$ \hfill o) $(1+a^2)(1-a^2)$

26. a) $(a+b)^2 - (a^2+b^2)$ \hfill b) $(a-b)^2 - (a^2-b^2)$
   c) $(a+b)^2 - (a-b)^2$ \hfill d) $(x+y)^2 + (x-y)^2$
   e) $(3a+2)^2 - (5a-3)^2$ \hfill f) $(7u-5v)^2 - (3v-2u)^2$
   g) $(2x-5y)(2x+5y)(4x^2+25y^2)$ \hfill h) $(a+b)(a-b)(b-a)$

27. Berechne mit Hilfe der binomischen Formeln:

   a) 51^2 b) 73^2 c) 105^2 d) 98^2 e) 997^2 f) $48 \cdot 52$

28. Bringe folgende Ausdrücke auf Produktform:

   a) $x^2 + 2x + 1$ b) $16u^2 - 40uv + 25v^2$ c) $4x^2 + 12x + 9$
   d) $64a^2 - 25b^2$ e) $9r^2 - 1$ f) $2x^2 - 32$
   g) $16a^4 - 81b^4$

29. Berechne mit Hilfe der 3. binomischen Formel:

   a) $8^2 - 2^2$ b) $55^2 - 54^2$ c) $1{,}6^2 - 0{,}6^2$ d) $n^2 - (n-1)^2$

30. Ergänze folgende Ausdrücke zu vollständigen Quadraten:

   a) $x^2 + 8x$ b) $x^2 - 10x$ c) $4x^2 + 8x$ d) $9x^2 - 27x$
   e) $0{,}16a^2 + 0{,}4a$ f) $4a^2 - 24ab$ g) $25u^2 + 49v^2$

31. Um wieviel wird die Fläche eines Rechtecks größer, wenn man seine Seite $a = 26$ m um 30 cm und seine Seite $b = 18$ m um 20 cm vergrößert?

32. Ein Rechteck und ein Quadrat haben den gleichen Umfang. Die große Rechteckseite ist 3 cm länger als die Quadratseite. Um wieviel ist das Rechteck kleiner als das Quadrat?

33. Die Fläche eines Quadrats wurde aus seiner Seite $a \approx 12$ cm berechnet. Genaue Messung ergab aber $a = 11{,}9$ cm. Um wieviel mm² wurde die Fläche zu groß angegeben?

34. Berechne $1{,}0075^2$ überschläglich!

2.7. Division mit allgemeinen Zahlen, Faktorenzerlegung, Partialdivision, Bruchrechnung

2.7.1. Division durch eine ganze Zahl

Die Division ist die Umkehrung der Multiplikation und steht mit ihr auf gleicher Stufe.

$$\underset{\text{Dividend}}{a} \quad : \quad \underset{\text{durch \quad Divisor}}{b} \quad = \quad \underset{= \text{Quotient}}{c}$$

Bei der Multiplikation sind die Faktoren gegeben, und das Produkt ist gesucht. Bei der Division sind das Produkt und ein Faktor gegeben, und der andere Faktor wird gesucht.

Ist $\quad a \cdot b = c,\quad$ dann ist $\quad c : b = a \quad$ und $\quad c : a = b$
$\quad\quad 4 \cdot 3 = 12 \quad\quad\quad\quad\quad 12 : 3 = 4 \quad\quad\quad 12 : 4 = 3$

Die Multiplikation kann als Probe auf eine ausgeführte Division benützt werden. Ist $a : b = c$, dann gilt auch $a = b \cdot c$.

2.7.1. Division durch eine ganze Zahl

Hieraus folgt weiter $(a \cdot b) : b = a$ und $(a : b) \cdot b = a$, d. h., Multiplikation und Division heben einander auf.

▮ Multiplikation und Division sind entgegengesetzte Rechenarten.

Das Dividieren von Zahlen mit Vorzeichen läßt sich aus den Vorzeichenregeln für die Multiplikation leicht verständlich machen.

$(+ 30) : (+ 5) = + 6$ denn $(+ 6) \cdot (+ 5) = + 30$
$(- 30) : (- 5) = + 6 \qquad (+ 6) \cdot (- 5) = - 30$
$(- 30) : (+ 5) = - 6 \qquad (- 6) \cdot (+ 5) = - 30$
$(+ 30) : (- 5) = - 6 \qquad (- 6) \cdot (- 5) = + 30$

Allgemein gilt:

$$\left.\begin{array}{l}(+ a) : (+ b) = + a : b \\ (- a) : (- b) = + a : b \\ (- a) : (+ b) = - a : b \\ (+ a) : (- b) = - a : b\end{array}\right\} \qquad (11)$$

▮ Der Quotient ist positiv, wenn Dividend und Divisor gleiche Vorzeichen haben, negativ bei ungleichen Vorzeichen.

BEISPIELE

1. $(- 24a) : (- 4a) = + 6 \qquad$ Probe: $(+ 6) \cdot (- 4a) = - 24a$
2. $(- 81x^3) : (+ 3x) = - 27x^2 \qquad$ Probe: $(-27x^2) \cdot (+ 3x) = - 81\,x^3$
3. $(+ pq) : (- 0{,}1\,q) = - 10p \qquad$ Probe: $(- 10p) \cdot (- 0{,}1\,q) = + pq$

Sonderfälle

Sind Dividend und Divisor entgegengesetzte Zahlen, dann ist der Quotient $- 1$; denn $(+ a) : (- a) = - 1$ und $(- a) : (+ a) = - 1$.
Wird eine Zahl durch $(- 1)$ geteilt, dann ändert sich nur das Vorzeichen; denn $(+ a) : (- 1) = - a$ und $(- a) : (- 1) = + a$.
(Dasselbe gilt, wenn man eine Zahl mit $(- 1)$ multipliziert.)
Ist der Dividend 0, dann gilt

$$0 : a = 0, \quad \text{denn} \quad 0 \cdot a = 0.$$

Dagegen ist $a : 0$ nicht ausführbar; denn es gibt kein Ergebnis, das mit 0 multipliziert a ergibt.
Die Aufgabe $0 : 0$ hat kein bestimmtes Ergebnis, denn *jede Zahl* gibt mit 0 multipliziert 0. (Näheres hierüber in der höheren Mathematik.)

▮ Durch Null darf nicht dividiert werden!

AUFGABEN

35. a) $(-64):(+4)$ b) $(+48):(-6)$ c) $(-2{,}8):(-0{,}7)$

    d) $(+72a):(-8)$ e) $(-72a):(8a)$ f) $(+24x):(-4y)$

    g) $(-18uv):9u$ h) $36z^2:(-4z)$ i) $(-9{,}6a^2b):(-6ab)$

    k) $(-27x^2y^2z):3xy$ l) $8a^2b^2:(-2a)$ m) $(-8{,}4xyz^2):(-12xz)$

36. (Schreibweise mit Bruchstrich)

    a) $\dfrac{-76a}{4a}$ b) $\dfrac{76a}{-4a}$ c) $\dfrac{-76a}{-4a}$ d) $\dfrac{3{,}2\,x^2y}{-8xy}$

    e) $\dfrac{-48\,pq^2r}{6pq} + \dfrac{+54\,pqr^2}{-6pr} - \dfrac{15\,pq^2r^2}{-3pqr}$

37. (Beachte: Höhere Rechenart geht der niederen vor!)

    a) $4a \cdot (-2c) + (-6abc):2b - 24abc:(-4b)$

    b) $36x^2y^2:[(-3x)\cdot(-4y)] - 48x^2y:(-12x)$

Division von Klammerausdrücken durch eine ganze Zahl

Beim Rechnen mit bestimmten Zahlen betrachtet man den Dividenden als Summe und rechnet

$$436:4 = 400:4 + 36:4 = 100 + 9 = 109,$$

d. h., man dividiert die Glieder der Summe $(400 + 36)$ nacheinander durch den gegebenen Divisor.

Entsprechend gilt für das Rechnen mit allgemeinen Zahlen:

$$(a+b):m = a:m + b:m$$

▮ Man dividiert eine algebraische Summe durch eine Zahl, indem man jedes Glied durch diese Zahl dividiert und die erhaltenen Quotienten addiert.

BEISPIELE

1. $(54a + 36b):9 = 54a:9 + 36b:9 = 6a + 4b$
2. $(5x - 15y):(-5) = (5x):(-5) + (-15y):(-5) = -x + 3y$
3. $(8mn + 4m^2 - 12mp):(-4m) = -2n - m + 3p$

Probe: $(-2n - m + 3p)(-4m) = 8mn + 4m^2 - 12mp$

Bei der Schreibweise mit Bruchstrich fallen die Klammern weg:

$\dfrac{8mn + 4m^2 - 12mp}{-4m}$ (Man vergesse nicht, beim Übergang in die erste Schreibweise die Klammern zu setzen!)

AUFGABEN

38. $(13a - 13b) : 13$
39. $(18x + 27y) : 9$
40. $(12px - 18qx) : 6x$
41. $(24qr - 21qs + 9q) : (-3q)$
42. $(100ab - 75ac + 15bc) : 25abc$

2.7.2. Division durch eine Summe

Division durch Faktorenzerlegung

Ist eine algebraische Summe durch eine algebraische Summe zu teilen, so geht die Division auf, wenn der Divisor ein Faktor des Dividenden ist. Um das zu erkennen, muß man die Dividenden durch Ausklammern eines gemeinsamen Faktors, durch Anwendung von Formeln oder durch weitergehende Überlegungen in ein Produkt verwandeln. Man bezeichnet das als *Faktorenzerlegung*. Dabei unterscheidet man:

a) Sämtliche Summanden der zu zerlegenden Summe enthalten einen gemeinsamen Faktor.

BEISPIELE

1. $15abx - 9b^2y + 12bz = 3b(5ax - 3by + 4z)$
2. $-mx + nx - x = x(-m + n - 1)$; oder auch $= -x(m - n + 1)$
3. $(a + b)x - (a + b)y = (a + b)(x - y)$

b) Durch Zusammenfassen geeigneter Summanden läßt sich das Ausklammern gemeinsamer Faktoren mehrfach nacheinander wiederholen.

BEISPIELE

1. $ac - ad + bc - bd$

    Aus den ersten beiden Summanden läßt sich der Faktor a ausklammern, aus den beiden letzten Summanden der Faktor b:

    $ac - ad + bc - bd = a(c - d) + b(c - d)$

    Nun läßt sich der Faktor $(c - d)$ ausklammern.

    $ac - ad + bc - bd = (a + b)(c - d)$

2. $pq - qr - p + r = q(p - r) - (p - r) = (p - r)(q - 1)$
3. $ax - bx + cx + ay - by + cy = (a - b + c)x + (a - b + c)y =$
   $= (a - b + c)(x + y)$.

c) Die Zerlegung ist mit Hilfe der drei binomischen Formeln möglich.

BEISPIELE

1. $16a^2 + 24ab + 9b^2 = (4a + 3b)^2$
2. $49p^2 - 14p + 1 = (7p - 1)^2$

3. $64u^2 - 25v^2 = (8u + 5v)(8u - 5v)$
4. $x^2 + 2xy + y^2 - z^2 = (x + y)^2 - z^2 = (x + y + z)(x + y - z)$

d) Eine Summe von der Form $x^2 + px + q$ läßt sich stets in ein Produkt $(x + a)(x + b)$ zerlegen. Darin sind a und b zwei Zahlen, die folgende Bedingungen erfüllen:

$a + b = p;\ a \cdot b = q$.

Es gilt nämlich: $(x + a)(x + b) = x^2 + (a + b)x + ab$; setzt man hier $a + b = p;\ a \cdot b = q$, so erhält man die zu zerlegende Summe $x^2 + px + q$.

Dieses Verfahren eignet sich immer dann zur Faktorenzerlegung, wenn a und b ganzzahlig sind.

BEISPIELE

1. $x^2 + 6x + 8 = (x + 2)(x + 4)$
2. $x^2 - 5x + 6 = (x - 2)(x - 3)$
3. $x^2 + 2x - 24 = (x + 6)(x - 4)$
4. $x^2 - x - 12 = (x - 4)(x + 3)$

Die Faktorenzerlegung verwendet man mit Vorteil bei der Division einer algebraischen Summe durch eine algebraische Summe. Hierbei muß man bestrebt sein, den Divisor als Faktor bei der Zerlegung zu erhalten. Aus den binomischen Formeln erhält man die folgenden Beziehungen, die als Vorbilder für ähnliche Divisionsaufgaben dienen können:

$$(a^2 - b^2) : (a - b) = a + b$$
$$(a^2 - b^2) : (a + b) = a - b$$
$$(a^2 + 2ab + b^2) : (a + b) = a + b$$
$$(a^2 - 2ab + b^2) : (a - b) = a - b$$

oder $(a^2 - 2ab + b^2) : (b - a) = b - a$

Beachte: Aus $a - b = (-1)(b - a)$ folgt $(a - b) : (b - a) = -1$

BEISPIELE

1. $(x^2 - y^2) : (y - x) = (x + y)(x - y) : (y - x) = (x + y)(-1)(y - x) : (y - x)$
$= -x - y$

oder $\dfrac{(x + y)(x - y)}{y - x} = \dfrac{-1(x + y)(y - x)}{y - x} = -x - y$

2. $(16a^2 - 24ab + 9b^2) : (4a - 3b) = (4a - 3b)^2 : (4a - 3b) = 4a - 3b$
3. $(2uv + 2uw - 3v - 3w) : (v + w) = [v(2u - 3) + w(2u - 3)] : (v + w) =$
$= (v + w)(2u - 3) : (v + w) = 2u - 3$
4. $(a^2 + ab - 2b^2) : (a - b) = (a^2 - b^2 + ab - b^2) : (a - b) =$
$= [(a + b)(a - b) + b(a - b)] : (a - b) = a + b + b = a + 2b$

2.7.2. Division durch eine Summe

Partialdivision

Ist die Faktorenzerlegung umständlich (bei schwierigen Aufgaben) oder der Divisor nicht im Dividenden als Faktor enthalten, dann muß man die Division schrittweise durchführen. Dieses Verfahren wird als *Partialdivision* bezeichnet. Man verfährt entsprechend wie bei der schriftlichen Division mit bestimmten Zahlen.

Die Aufgabe 294 : 21 kann man auf folgende Art lösen:

$$\begin{array}{r} (200 + 90 + 4) : (20 + 1) = 10 + 4 = 14 \\ -\,(200 + 10) \\ \hline 0 \quad\ 80 + 4 \\ -\,(80 + 4) \\ \hline 0 \end{array}$$

In gleicher Weise rechnet man mit allgemeinen Zahlen.[1]

BEISPIELE

1. $\begin{array}{l}(6a^2 + 8ab - 15ac - 20bc) : (3a + 4b) = 2a - 5c \\ -\,(6a^2 + 8ab) \\ \hline 0 \quad\ -15ac - 20bc \\ -\,(-15ac - 20bc) \qquad\qquad \text{(Probe!)} \\ \hline 0 \end{array}$

2. $\begin{array}{l}(x^3 - 4x^2 + 5x - 2) : (x - 2) = x^2 - 2x + 1 \\ -\,(x^3 - 2x^2) \\ \hline 0 - 2x^2 + 5x \\ -\,(-2x^2 + 4x) \\ \hline 0 \ +\ x - 2 \\ -\,(+\ x - 2) \qquad\qquad \text{(Probe!)} \\ \hline 0 \end{array}$

Als Rechenvorschrift ist bei Aufgaben dieser Art zu beachten, daß die Glieder im Dividenden und Divisor nach gleichem Grundsatz geordnet sind, so im letzten Beispiel nach fallenden Potenzen von x.

Man dividiert immer das erste Glied des Dividenden durch das erste Glied des Divisors $x^3 : x = x^2$, multipliziert den Quotienten x^2 mit dem Divisor $(x - 2)$ und subtrahiert das Produkt $(x^3 - 2x^2)$ vom Dividenden; mit dem verbleibenden Rest verfährt man entsprechend.

Die Division kann – wie in den vorstehenden Beispielen – aufgehen, oder es bleibt ein Rest, wie im nächsten Beispiel.

---

[1] Vgl. auch 3.1.4.

BEISPIEL

$$(2a^3 + 3a^2x^2 - 2ax - x^3) : (a^2 - x) = 2a + 3x^2 \text{ Rest } 2x^3$$
$$\underline{-(2a^3 \qquad\qquad -2ax)} \qquad \text{oder} = 2a + 3x^2 + \frac{2x^2}{a^2-x}$$
$$0 \;+ 3a^2x^2 + 0 \;-\; x^3$$
$$\underline{-(3a^2x^2 \qquad - 3x^3)}$$
$$0 \qquad\qquad + 2x^3$$

AUFGABEN

43. Zerlege in Faktoren:

a) $20ax - 35bx - 40x^2$

b) $63xy - 84y^2 + 98yz$

c) $10n^2 + 21xy - 14nx - 15ny$

d) $40x^2 - 2p + 5x - 16px$

e) $91x^2 - 112mx + 65nx - 80mn$

f) $90x^2 - 25ax - 288bx + 80ab$

g) $px + qx + rx - py - qy - ry$

h) $2ax - 5ay + a - 2bx + 5bx - b$

i) $a^2 - 6a + 9$

k) $x^2 + 4x + 4$

l) $x^3 + 2x^2 + x$

m) $36x^2 - 25y^2$

n) $x^2 - 26xy + 169y^2 - 4z^2$

o) $\frac{1}{4}a^2 - \frac{1}{3}ab + \frac{1}{9}b^2 - \frac{1}{16}c^2$

p) $x^2 + 12x + 35$

q) $x^2 + x - 20$

r) $x^2 - 5x - 24$

s) $a^2 - 7ab + 12b^2$

t) $a^2 - 7ab + 10b^2$

u) $x^2 + (a-b)x - ab$

v) $x^2 - (n-3)x - 3n$

w) $a^2 - 3ab - 10b^2$

x) $a^2 + 2ab - 15b^2$

y) $x^4 + x^3 + x + 1$

z) $x^3 - 11x^2y + 24xy^2$

44. Löse durch vorherige Faktorenzerlegung:

a) $(9ab^2 - 6a^2b) : 3ab$

b) $(1{,}5uv - 2ux + 3{,}5u^2) : 0{,}5u$

c) $(8a + 4b) : (2a + b)$

d) $(3a^2 - 27) : (a - 3)$

e) $(16x^2 - 4y^2) : (2x + y)$

f) $(u^2 + uv + 0{,}25v^2) : (u + 0{,}5v)$

g) $(3ax - 6ay - 15bx + 30by) : (x - 2y)$

45. Löse durch Partialdivision:

a) $(a^3 - 1) : (a - 1)$

b) $(a^3 - 6a^2 + 11a - 12) : (a - 4)$

c) $(x^3 + x^2y + xy^2 + y^3) : (x^2 + y^2)$

d) $(6x^2 - 2xy - 20y^2) : (3x + 5y)$

e) $(6x^2 + 5xy - 6y^2) : (3x - 2y)$

f) $(z^2 - z - 12) : (z + 3)$

g) $(a^2 - 1{,}5a - 1) : (2a + 1)$

h) $(12a^2 + ab + 16a - 6b^2 + 12b) : (3a - 2b + 4)$

i) $(8x^2 + 10xy + 2xz - 3y^2 + 10yz - 3z^2) : (2x + 3y - z)$

k) $(6a^2 - ab - 14b^2) : (3a + 4b)$

2.7.3. Rechnen mit Brüchen

Die Divisionsaufgabe $a : b$ kann man auch in Bruchform schreiben: $\frac{a}{b}$. Dabei ist $\frac{a}{b}$ ein echter Bruch, wenn der absolute Wert des Zählers a kleiner ist als der absolute Wert des Nenners b, d. h., wenn $|a| < |b|$ oder $\left|\frac{a}{b}\right| < 1$. Zum Beispiel ist $\frac{3}{-4}$ ein echter Bruch und $\frac{-6}{5}$ ein unechter Bruch. Der Bereich der echten Brüche liegt zwischen -1 und $+1$ auf der Zahlengeraden. Hierfür schreibt man auch $-1 < x < +1$, wonach x nur ein echter Bruch sein kann.

Beim *Erweitern* bleibt der Wert des Bruches erhalten, nur die Form ändert sich:

$$\frac{a}{b} = \frac{2a}{2b} = \frac{na}{nb} = \frac{ac}{bc}$$

Dasselbe gilt für das *Kürzen* eines Bruches:

$$\frac{ma}{mb} = \frac{a}{b}$$

BEISPIELE

1. Kürzen von Brüchen

   a) $\frac{a^2bc^2d}{ab^2c} = \frac{acd}{b}$ b) $\frac{24\,a\,(b-c)}{6(b-c)} = 4a$

2. Zähler und Nenner müssen erst auf Produktform gebracht werden:

   a) $\frac{6ax - 4bx}{4ax + 2bx} = \frac{2x(3a - 2b)}{2x(2a + b)} = \frac{3a - 2b}{2a + b}$

   b) $\frac{u^2 - 2u + 1}{u^2 - 1} = \frac{(u-1)^2}{(u+1)(u-1)} = \frac{u-1}{u+1}$

3. Die Brüche $\frac{a+b}{a \cdot b}$, $\frac{a^2 + b^2}{a^2 - b^2}$, $\frac{4a + 9b}{2a + 3b}$ lassen sich nicht kürzen.

4. Erweitere $\frac{a+b}{a-b}$ mit $a+b$!

   Lösung: $\frac{(a+b)(a+b)}{(a-b)(a+b)} = \frac{(a+b)^2}{a^2 - b^2}$

5. Erweitere $\frac{0{,}125\,xy - 0{,}5\,x}{x - 0{,}5y}$ mit $8x$!

   Lösung: $\frac{(0{,}125\,xy - 0{,}5\,x) \cdot 8x}{(x - 0{,}5\,y) \cdot 8x} = \frac{x^2y - 4x^2}{8x^2 - 4xy}$

6. Die Brüche $\frac{a}{b}$, $\frac{a}{c}$, $\frac{b}{ac}$, $\frac{c}{ab}$ sollen auf den Nenner abc gebracht werden.

   Lösung: $\frac{a}{b} = \frac{a^2c}{abc}$ (erweitert mit ac), $\frac{a}{c} = \frac{a^2b}{abc}$ (erweitert mit ab),

   $\frac{b}{ac} = \frac{b^2}{abc}$ (erweitert mit b), $\frac{c}{ab} = \frac{c^2}{abc}$ (erweitert mit c).

2. Allgemeine Zahlen

Die *Erweiterungszahl* findet man, indem man den verlangten Nenner durch den gegebenen Nenner teilt. (Im letzten Beispiel $abc : ab = c$.)

7. Womit wurde erweitert?

$$\frac{x+3}{x-2} = \frac{3x^2 + 15x + 18}{3(x^2-4)}$$

Lösung:

Es wurde mit $3 \cdot (x+2)$ erweitert, denn:

$$\frac{3 \cdot (x+2) \cdot (x+3)}{3 \cdot (x+2) \cdot (x-2)} = \frac{3 \cdot (x^2+5x+6)}{3 \cdot (x^2-4)} = \frac{3x^2+15x+18}{3 \cdot (x^2-4)}$$

Addition und Subtraktion von Brüchen

Bei *gleichnamigen* Brüchen werden die Zähler addiert (subtrahiert), und die erhaltene algebraische Summe wird durch den gemeinsamen Nenner dividiert.

BEISPIELE

1. $\dfrac{4a}{m} + \dfrac{2b}{m} - \dfrac{3c}{m} = \dfrac{4a + 2b - 3c}{m}$

2. $\dfrac{8a + 10b}{a^2 - b^2} - \dfrac{2a + 4b}{a^2 - b^2}$

Beim Subtrahieren der Zähler ist eine Klammer zu setzen.

$$\frac{8a+10b-(2a+4b)}{a^2-b^2} = \frac{8a+10b-2a-4b}{a^2-b^2} = \frac{6a+6b}{a^2-b^2} = \frac{6(a+b)}{a^2-b^2} = \frac{6}{a-b}$$

Ungleichnamige Brüche müssen vor der Addition (Subtraktion) erst gleichnamig gemacht werden. Man verfährt entsprechend wie beim Rechnen mit bestimmten Zahlen.

BEISPIELE

1. $\dfrac{1}{2a} + \dfrac{1}{3a} - \dfrac{1}{6a^2}$. Der Hauptnenner ist $6a^2$

   Die Erweiterungszahlen sind $\dfrac{6a^2}{2a} = 3a$ und $\dfrac{6a^2}{3a} = 2a$

   Der 1. Bruch erweitert $\dfrac{1 \cdot 3a}{2a \cdot 3a} = \dfrac{3a}{6a^2}$

   Der 2. Bruch erweitert $\dfrac{1 \cdot 2a}{3a \cdot 2a} = \dfrac{3a}{6a^2}$

   Der 3. Bruch $\qquad\qquad -\dfrac{1}{6a^2}$

   Zähler addiert und durch den Hauptnenner geteilt:

   $$\frac{3a + 2a - 1}{6a^2} = \frac{5a - 1}{6a^2}$$

2. $\dfrac{1}{a} + \dfrac{2}{b} - \dfrac{3}{c}$ Der Hauptnenner ist das Produkt abc

2.7.3. Rechnen mit Brüchen

Die Erweiterungszahlen sind:

$\dfrac{abc}{a} = bc$

$\dfrac{abc}{b} = ac$

$\dfrac{abc}{c} = ab$

	abc	← Hauptnenner
$\dfrac{1}{a}$	bc	← Zähler
$\dfrac{2}{b}$	$2ac$	← Zähler
$-\dfrac{3}{c}$	$-3ab$	← Zähler
	$\dfrac{bc + 2ac - 3ab}{abc}$	

3. $\dfrac{1}{4a} + \dfrac{2b + a}{6b^2} - \dfrac{3a + b}{9ab}$

Der Hauptnenner ist das kleinste gemeinsame Vielfache der gegebenen Nenner. Man zerlegt die einzelnen Nenner in Potenzen von Primfaktoren und bildet das Produkt aus den höchsten Potenzen:

$4a = 2 \cdot 2 \cdot a \qquad\qquad = 2^2 \cdot a$
$6b^2 = 2 \cdot 3 \cdot b \cdot b \qquad = 2 \cdot 3 \cdot b^2$
$9ab = 3 \cdot 3 \cdot a \cdot b \qquad = 3^2 \cdot a \cdot b$

Das Produkt aus den höchsten Potenzen ist $2^2 \cdot 3^2 \cdot a \cdot b^2 = 36ab^2$

Die Erweiterungszahlen sind:

$\dfrac{36\,ab^2}{4a} = 9b^2$

$\dfrac{36\,ab^2}{6b^2} = 6a$

$\dfrac{36\,ab^2}{9ab} = 4b$

	$36\,ab^2$	
$\dfrac{1}{4a}$	$9b^2$	
$\dfrac{2b+a}{6b^2}$	$(2b+a) \cdot 6a = 12\,ab + 6a^2$	
$-\dfrac{3a+b}{9ab}$	$-(3a+b) \cdot 4b = -12\,ab - 4b^2$	

addiert: $\dfrac{9b^2 + 12\,ab + 6a^2 - 12\,ab - 4b^2}{36\,ab^2} = \dfrac{6a^2 + 5b^2}{36\,ab^2}$

4. (Bruch und ganze Zahl)

a) $\dfrac{x}{y} + 1 = \dfrac{x}{y} + \dfrac{y}{y} = \dfrac{x + y}{y}$ \qquad b) $\dfrac{x^2}{y^2} - 1 = \dfrac{x^2 - y^2}{y^2} = \dfrac{(x+y)(x-y)}{y^2}$

c) $\dfrac{2m}{m+n} - 2 = \dfrac{3m - 2(m+n)}{m+n} = \dfrac{3m - 2m - 2n}{m+n} = \dfrac{m - 2n}{m+n}$

Multiplikation mit Brüchen

Rechenregeln:

$$\dfrac{a}{b} \cdot m = \dfrac{a \cdot m}{b} \qquad\qquad \dfrac{a}{b} \cdot \dfrac{c}{d} = \dfrac{a \cdot c}{b \cdot d} \tag{12}$$

BEISPIELE

1. (Multiplikation eines Bruches mit einer Zahl oder Summe)

   a) $\dfrac{2ab^2}{21\,x^2y} \cdot 14\,xy = \dfrac{2ab^2 \cdot 14\,xy}{21\,x^2y} = \dfrac{4ab^2}{3x}$

   b) $\left(\dfrac{1}{x} - \dfrac{1}{y}\right)(x+y) = \dfrac{x}{x} + \dfrac{y}{x} - \dfrac{x}{y} - \dfrac{y}{y} = \dfrac{y}{x} - \dfrac{x}{y}$

2. (Multiplikation eines Bruches mit einem Bruch)

   a) $\dfrac{2a^2c}{3b^2} \cdot \dfrac{3b}{4ac} = \dfrac{a}{2b}$ (gekürzt)

   b) $\dfrac{2x-3}{x+y} \cdot \dfrac{x-4}{x-y} = \dfrac{(2x-3)(x-4)}{(x+y)(x-y)} = \dfrac{2x^2 - 11x + 12}{x^2 - y^2}$

   c) $\left(\dfrac{u}{v} - \dfrac{v}{u}\right)^2 = \dfrac{u^2}{v^2} - 2 + \dfrac{v^2}{u^2}$

3. (Multiplikation von Brüchen mit Vorzeichen)

   a) $\left(-\dfrac{a}{b}\right) \cdot \left(-\dfrac{b}{ac}\right) \cdot \left(-\dfrac{ac^2}{b}\right) = -\dfrac{a \cdot b \cdot ac^2}{b \cdot ac \cdot b} = -\dfrac{ac}{b}$

   b) $\dfrac{12\,uv}{-35\,w} \cdot \dfrac{-15\,uw^2}{8x} \cdot \left(-\dfrac{49\,x^2}{9u}\right) = -\dfrac{12\,uv \cdot 15uw^2 \cdot 49\,x^2}{35\,w \cdot 8x \cdot 9u} = -\dfrac{7uvwx}{2}$

Bei Brüchen mit negativem Vorzeichen kann man das Vorzeichen vor dem Bruch leicht beseitigen; denn es ist $-\dfrac{a}{b} = (-1)\dfrac{a}{b} = \dfrac{-a}{b}$. Eine 3. Schreibweise erhält man durch Erweitern mit -1, z. B. $\dfrac{-a\,(-1)}{b\,(-1)} = \dfrac{a}{-b}$.

Merke: $\quad -\dfrac{a}{b} = \dfrac{-a}{b} = \dfrac{a}{-b}$

4. (Verschiedene Schreibweisen bei negativen Vorzeichen)

   a) $-\dfrac{a+b}{a-b} = \dfrac{-a-b}{a-b} = \dfrac{a+b}{b-a}$ \quad b) $-\dfrac{x-1}{x+1} = \dfrac{1-x}{x+1}$

   c) $\dfrac{1}{x-2} - \dfrac{1}{2-x} = \dfrac{1}{x-2} + \dfrac{1}{x-2} = \dfrac{2}{x-2}$

Division von Brüchen

Rechenregeln:

$$\left.\begin{aligned}\dfrac{a}{b} : c &= \dfrac{a}{b \cdot c} \\ a : \dfrac{b}{c} &= a \cdot \dfrac{c}{b} = \dfrac{a \cdot c}{b} \\ \dfrac{a}{b} : \dfrac{c}{d} &= \dfrac{a}{b} \cdot \dfrac{d}{c} = \dfrac{a \cdot d}{b \cdot c}\end{aligned}\right\} \qquad (13)$$

2.7.3. Rechnen mit Brüchen

BEISPIELE

1. (Bruch durch ganze Zahl)

   a) $\dfrac{24a^2}{7b} : 6a = \dfrac{24a^2}{7b \cdot 6a} = \dfrac{4a}{7b}$ \qquad b) $\dfrac{-a}{4} : (-z) = \dfrac{a}{4z}$

   c) $\dfrac{u-v}{x} : (-r) = \dfrac{u-v}{-rx} = \dfrac{v-u}{rx}$ (mit -1 erweitern!)

   d) $\left(\dfrac{y}{x} - \dfrac{x}{y}\right) : (x+y) = \dfrac{y^2 - x^2}{xy} : (x+y) = \dfrac{y^2 - x^2}{xy(x+y)} = \dfrac{y-x}{xy}$

2. (Ganze Zahl durch Bruch)

   a) $x : \dfrac{2a}{b} = \dfrac{bx}{2a}$ \qquad b) $36r : \dfrac{12p}{5r} = \dfrac{36r \cdot 5r}{12p} = \dfrac{15r^2}{p}$

   c) $18uv : \dfrac{1}{v} = 18uv^2$ \qquad d) $25rs : \left(-\dfrac{5r}{2s}\right) = -\dfrac{25rs \cdot 2s}{5r} = -10s^2$

   e) $(b-a) : \dfrac{3}{a+b} = \dfrac{(b-a)(a+b)}{3} = \dfrac{b^2 - a^2}{3}$

3. (Bruch durch Bruch)

   a) $\dfrac{5ab}{6} : \dfrac{8ax}{9} = \dfrac{5 \cdot 9 \cdot ab}{6 \cdot 8 \cdot ax} = \dfrac{15b}{16x}$ \qquad b) $\dfrac{8ab}{15cd} : \dfrac{4a}{5c} = \dfrac{8ab \cdot 5c}{15cd \cdot 4a} = \dfrac{2b}{3d}$

   c) $\dfrac{u+v}{7p} : \dfrac{6u+6v}{14p^2q} = \dfrac{(u+v) \cdot 14p^2q}{7p \cdot 6(u+v)} = \dfrac{pq}{3}$

Berechnung von Doppelbrüchen

Einfache Doppelbrüche haben die Form $\dfrac{\frac{a}{b}}{\frac{c}{d}}$. Man kann sie leicht umformen:

$$\frac{a}{b} : \frac{c}{d} = \frac{ad}{bc}$$

Steht im Zähler und Nenner eines Doppelbruches eine Summe oder Differenz zweier Brüche, dann sind 2 Lösungswege möglich.

BEISPIELE

1. (Zähler und Nenner des Doppelbruches zuerst berechnen!)

$$\dfrac{\dfrac{1}{x-y} - \dfrac{1}{x+y}}{\dfrac{1}{x} + \dfrac{1}{y}} = \dfrac{\dfrac{x+y-(x-y)}{(x-y)(x+y)}}{\dfrac{y+x}{xy}} = \dfrac{2y}{(x-y)(x+y)} \cdot \dfrac{xy}{x+y} =$$

$$= \dfrac{2xy^2}{(x+y)^2(x-y)}$$

2. (Doppelbruch mit dem Hauptnenner erweitern)

a) mit bestimmten Zahlen:

$$\dfrac{\dfrac{3}{4}+\dfrac{5}{6}}{\dfrac{1}{2}-\dfrac{2}{3}} \text{ (erweitern mit 12)} \dfrac{\dfrac{3\cdot 12}{4}+\dfrac{5\cdot 12}{6}}{\dfrac{1\cdot 12}{2}-\dfrac{2\cdot 12}{3}} = \dfrac{9+10}{6-8} = \dfrac{19}{-2} = -9{,}5$$

b) mit allgemeinen Zahlen:

$$\dfrac{\dfrac{1}{a}-\dfrac{1}{b}}{\dfrac{1}{a}+\dfrac{1}{b}} \text{ (erweitern mit } ab\text{)} = \dfrac{b-a}{b+a}$$

Beachte: Jedes Glied des Zählers und des Nenners muß mit ab multipliziert werden. Nachfolgendes Kürzen liefert das Ergebnis.

c) $\dfrac{\dfrac{2}{m}-\dfrac{4}{n}}{1+\dfrac{2}{m}\cdot\dfrac{4}{n}}$, durch Erweitern mit $m\,n$ erhält man sofort als Ergebnis:

$$\dfrac{2n-4m}{mn+8}$$

Solche Doppelbrüche erscheinen vor allem beim Einsetzen von gebrochenen Zahlenwerten in Formeln.

Für $m = 3$ und $n = 5$ lautet das letzte Beispiel:

$\dfrac{\dfrac{2}{3}-\dfrac{4}{5}}{1+\dfrac{2}{3}\cdot\dfrac{4}{5}}$, durch Erweitern mit 15 erhält man

$$\dfrac{2\cdot 5-4\cdot 3}{15+8} = -\dfrac{2}{23}$$

AUFGABEN

46. Kürze folgende Brüche:

a) $\dfrac{64a^2b}{16ab^2}$ b) $\dfrac{75ax^2}{250ax}$ c) $\dfrac{6x-12}{7x-14}$ d) $\dfrac{3ax^2-2a^2x}{2ax^2-3a^2x}$

e) $\dfrac{3a-6b}{8b-4a}$ f) $\dfrac{a^2x-ax^2}{x^2-a^2}$ g) $\dfrac{mx+m-x-1}{m^2-1}$

h) $\dfrac{2ax-a+10x-5}{a-2ax-10x+5}$

47. Bringe folgende Brüche auf den Nenner $ab\,(a^2-b^2)$:

a) $\dfrac{c}{a+b}$ b) $\dfrac{a}{b\,(a-b)}$ c) $\dfrac{b}{a^2+ab}$ d) $\dfrac{a-b}{a^2b-ab^2}$

2.7.3. Rechnen mit Brüchen

48. Vereinige folgende gleichnamige Brüche:

a) $\dfrac{x+y}{2a} - \dfrac{x-y}{2a}$ b) $\dfrac{u+3v}{2v} - \dfrac{u-v}{2v}$ c) $\dfrac{x^2}{x-y} - \dfrac{y^2}{x-y}$

d) $\dfrac{4r^2-3r}{4m} - \dfrac{2+5r-8r^2}{4m} - \dfrac{-4r-6}{4m}$

49. Vereinige folgende ungleichnamige Brüche:

a) $\dfrac{1}{a} + \dfrac{1}{b}$ b) $\dfrac{1}{a} + \dfrac{1}{b} - \dfrac{1}{c}$ c) $\dfrac{1}{a+b} + \dfrac{1}{a-b}$ d) $\dfrac{x^2}{y} - y$

e) $\dfrac{u^2}{x^2} + \dfrac{u}{x} - u$ f) $\dfrac{3a}{x} + \dfrac{5a}{6x} + \dfrac{a}{3x}$ g) $\dfrac{x}{m} + \dfrac{y}{n} + r + \dfrac{1}{mn}$

h) $\dfrac{1}{x-y} - \dfrac{1}{x+y}$ i) $\dfrac{r+1}{r-1} - 1$ k) $\dfrac{m}{m+n} + \dfrac{2mn}{m^2-n^2} - \dfrac{n}{m-n}$

l) $\dfrac{1}{x} + \dfrac{x+1}{x^2-x} - \dfrac{x-1}{x^2+x} - \dfrac{4}{x^2-1}$

m) $\dfrac{3a-4b}{4ab-2b^2} + \dfrac{8a-3b}{8a^2-4ab}$ n) $\dfrac{2x-3}{3x-3} - \dfrac{3x-1}{4x+4} - \dfrac{x+2}{x^2-1}$

o) $\dfrac{1}{a-1} - \dfrac{4}{1-a} - \dfrac{8}{1+a} + \dfrac{3a+7}{a^2-1}$ p) $\dfrac{2}{(a-1)^3} + \dfrac{1}{(a-1)^2} - \dfrac{2}{1-a} - \dfrac{1}{a}$

q) $\dfrac{2a-3b+4}{6} - \dfrac{3a-4b+9}{8} + \dfrac{a-1}{12}$

r) $\dfrac{4x-5y+8}{18} + \dfrac{7x+3y-5}{30} + \dfrac{2x-5y-3}{45}$

s) $\dfrac{3(2a-3b)}{8} - \dfrac{2(3a-5b)}{3} + \dfrac{5(a-b)}{6}$

t) $\dfrac{3u-5v}{15\,uv} - \dfrac{u}{12\,uw} \cdot \dfrac{7w}{} - \dfrac{5v-4w}{20\,vw} + \dfrac{3}{4u} + \dfrac{3}{5v} + \dfrac{4}{3w}$

u) $\dfrac{5a-2x}{10\,ax} - \dfrac{3b-4x}{12\,bx} + \dfrac{4a^2-5b}{20\,a^2b} - \dfrac{a^2-x}{4a^2x} - \dfrac{a-b}{5ab} + \dfrac{2}{3b}$

v) $\dfrac{a(3b-2c)}{6bc} - \dfrac{b(4a-5c)}{10\,ac} + \dfrac{8a^2+3b^2}{6ab} - \dfrac{5a-4b}{10\,c}$

50. (Multiplikation mit Brüchen)

a) $5x \cdot \dfrac{2}{15}$ b) $\dfrac{3a}{4} \cdot (-2a)$ c) $\dfrac{2a}{3bc} \cdot 6b^2$ d) $(m-n)\left(\dfrac{1}{m} - \dfrac{1}{n}\right)$

e) $\left(\dfrac{a}{4b} - \dfrac{4b}{a}\right) \cdot 4ab$ f) $(x^2-y^2)\left(\dfrac{x}{y} + \dfrac{y}{x}\right)$ g) $(8ab-b^2)\dfrac{2ab-b^2}{8a-b}$

h) $\dfrac{5a}{6b} \cdot \dfrac{3b}{10a}$ i) $\dfrac{8ax^2}{9b} \cdot \dfrac{3b^2}{4x}$ k) $\dfrac{72\,uv^2}{11\,rs} \cdot \dfrac{121\,r^2s}{8uv}$ l) $\dfrac{ax}{x+y} \cdot \dfrac{by}{x-y}$

m) $\dfrac{p}{x^2-16} \cdot \dfrac{x+4}{p(x-4)}$ n) $\dfrac{2u+v}{u-v} \cdot \dfrac{u^2-v^2}{4u+2v}$ o) $\left(\dfrac{a}{b}+\dfrac{b}{a}\right)^2$

p) $\left(\dfrac{4x}{3a}-\dfrac{3y}{5b}\right)\left(\dfrac{4x}{3a}+\dfrac{3y}{5b}\right)$ q) $\left(\dfrac{1}{x}+\dfrac{1}{y}+\dfrac{1}{z}\right)^2$

51. (Division durch eine ganze Zahl)

a) $\dfrac{98\,x^2}{15\,ab}:49\,x$ b) $\dfrac{15\,mn}{2r}:(-3mn^2)$ c) $\left(\dfrac{8a}{5c}-\dfrac{6b}{7d}\right):(-2ab)$

d) $\left(\dfrac{24u}{5x}-\dfrac{18\,v}{7x}+12\right):12\,uv$ e) $\left(\dfrac{a}{5}-\dfrac{5}{a}\right):(a+5)$

52. (Division durch einen Bruch)

a) $27\,m:\dfrac{3}{4}\,m$ b) $32\,z^2:\dfrac{8z}{9x}$ c) $(pq-2qr):\dfrac{2q}{pr}$

d) $\dfrac{8x}{9}:\dfrac{4x^2}{27}$ e) $\dfrac{36\,mn^2}{5x}:\dfrac{9\,m^2n}{10\,x}$ f) $\dfrac{8bc^2}{3a}:\dfrac{6b^2c}{a^2}$

g) $\dfrac{p^2-q^2}{2a^2b^2}:\dfrac{p-q}{10\,ab}$ h) $\dfrac{1-x^2}{15\,m}:\dfrac{0,5+0,5\,x}{3m}$

i) $\left(\dfrac{x^2}{y}+\dfrac{y^2}{x}\right):\left(\dfrac{1}{x}+\dfrac{1}{y}\right)$ k) $\left(\dfrac{x}{y^2}-\dfrac{y}{x^2}\right):\left(\dfrac{1}{x}-\dfrac{1}{y}\right)$

l) $\left(1-\dfrac{b^2}{a^2}\right):\left(\dfrac{a-b}{2a}\right)$

53. Vereinfache folgende Doppelbrüche:

a) $\dfrac{\dfrac{3}{a}-\dfrac{5}{b}}{\dfrac{5}{a}-\dfrac{3}{b}}$ b) $\dfrac{\dfrac{a+1}{a-1}-1}{1+\dfrac{a+1}{a-1}}$ c) $\dfrac{\dfrac{1}{x-y}+\dfrac{1}{x+y}}{\dfrac{1}{x-y}-\dfrac{1}{x+y}}$

d) $\dfrac{\dfrac{1}{a^2}-\dfrac{2}{ab}+\dfrac{1}{b^2}}{\dfrac{1}{a^2}-\dfrac{1}{b^2}}$

54. Welchen Wert hat $\dfrac{m-n}{1+mn}$ für $m=\dfrac{2}{3}$ und $n=-\dfrac{4}{5}$?

55. Welchen Wert hat $\dfrac{x}{1+x^2}$ für $x=\dfrac{a}{b}$?

3. Potenzen und Wurzeln

3.1. Potenzen mit ganzen Exponenten, Rechengesetze, Potenzen von Binomen (Pascalsches Dreieck)

3.1.1. Begriff der Potenz; erste Erweiterung des Potenzbegriffes (a^1)

Potenzieren heißt, eine Zahl wiederholt als Faktor setzen. Man schreibt z. B.

$$3 \cdot 3 \cdot 3 \cdot 3 = 3^4 = 81$$

oder allgemein $\quad a \cdot a \cdot a \ldots \ldots (n \text{ Faktoren}) = a^n = b$

a Basis (oder Grundzahl)
n Exponent (oder Hochzahl)
b Potenzwert

Die Potenz a^n ist hiernach als Abkürzung für ein Produkt von n gleichen Faktoren aufzufassen.

Setzen wir noch fest, daß

$a^1 = a,\quad$ (Erste Erweiterung des Potenzbegriffes)

dann ist die Potenz für *positive ganzzahlige Exponenten* allgemein erklärt.

Die Basis kann einen positiven oder einen negativen Wert haben und auch Null sein. Hiernach ergeben sich folgende besondere Fälle:

$0^n = 0 \qquad (n \neq 0)$
$1^n = 1$

Exponent eine gerade Zahl: $\qquad (-a)^{2n} = (+a)^{2n} = +a^{2n}$
Zahlenbeispiel: $\qquad (-3)^4 = (+3)^4 = +3^4 = 81$
Exponent eine ungerade Zahl: $\qquad (-a)^{2n-1} = -(+a)^{2n-1} = -a^{2n-1}$
Zahlenbeispiel: $\qquad (-2)^3 = -(+2)^3 = -2^3 = -8$

Exponent und Basis sind im allgemeinen nicht vertauschbar:

$2^3 \neq 3^2$; denn $2 \cdot 2 \cdot 2 \neq 3 \cdot 3$
(Ausnahme: $4^2 = 2^4$)

Der Wert b einer Potenz kann kleiner sein als die Basis a. Die Abhängigkeit des Potenzwertes von der Basis a bei positiven ganzzahligen Exponenten zeigt die folgende Gruppe von Beispielen:

$4^3 = 4 \cdot 4 \cdot 4 = 64 \quad b > a \quad | \quad (-4)^3 = -64 \qquad b < a$
$1^3 = 1 \cdot 1 \cdot 1 = 1 \quad b = a \quad | \quad (-1)^3 = -1 \qquad b = a$
$\left(\dfrac{1}{4}\right)^3 = \dfrac{1}{4} \cdot \dfrac{1}{4} \cdot \dfrac{1}{4} = \dfrac{1}{64} \quad b < a \quad | \quad \left(-\dfrac{1}{4}\right)^3 = -\dfrac{1}{64} \quad b > a$

(Man führe eine entsprechende Zusammenstellung für den geraden Exponenten $n = 2$ durch!)

3.1.2. Addieren und Subtrahieren von Potenzen

Die Potenzen a^3 und a^2 haben gleiche Basis, aber verschiedene Exponenten. Die Potenzen a^3 und b^3 haben gleiche Exponenten, aber verschiedene Basen.
In beiden Fällen läßt sich weder Addition noch Subtraktion durchführen.
Allgemeine Ausdrücke wie $a^n \pm a^m$ oder $a^n \pm b^n$ lassen sich nur vereinfachen, wenn für die Buchstaben bestimmte Zahlenwerte gegeben sind, z. B.

$$3^2 + 3^4 = 9 + 81 = 90$$
$$4^3 - 2^3 = 64 - 8 = 56$$

Dagegen sind folgende allgemeine Zahlen addierbar (subtrahierbar)

$$8a^3 + 7a^3 - 2a^3 = 13a^3$$

▌ Nur Potenzen mit gleichen Basen und gleichen Exponenten lassen sich addieren und subtrahieren.

Algebraische Summen kann man daher vereinfachen, indem man gleichartige Potenzen zusammenfaßt.

BEISPIELE

1. $6x^2 + 8y^2 - 4z^2 - x^2 + 2y^2 - z^2 = 5x^2 + 10y^2 - 5z^2$
2. $2a^3 - 4a^2 + 6a - a^3 + 3a^2 - 8a = a^3 - a^2 - 2a$
3. $s^2 - \dfrac{1}{4} s^2 = \dfrac{3}{4} s^2$
4. $pa^n + qa^n - ra^n = a^n (p + q - r)$
5. $a^2 - b^2 = (a + b)(a - b)$ (nur Zerlegung in Faktoren möglich)
6. $(-a)^3 + 4a^3 - 2a^3 = -a^3 + 4a^3 - 2a^3 = a^3$

3.1.3. Multiplizieren von Potenzen

Multiplizieren von Potenzen mit gleichen Basen

$$a^3 \cdot a^2 = (a \cdot a \cdot a)(a \cdot a) = a^5$$

Der Exponent im Ergebnis ist gleich der Summe der Exponenten der Aufgabe. Die Multiplikation wird hier auf die einfachere Rechenart der Addition zurückgeführt; denn es gilt allgemein:

$$\boxed{a^n \cdot a^m = a^{n+m}} \tag{14}$$

▌ Potenzen mit gleichen Basen werden multipliziert, indem man die Basis mit der Summe der Exponenten potenziert.

3.1.3. Multiplizieren von Potenzen

BEISPIELE

1. $5a^6 \cdot 7a^3 \cdot 3a^2 = 105a^{11}$
2. $x^2y \cdot xy^3 = x^3y^4$
3. $(-a)^4 \cdot a^3 = a^4 a^3 = a^7$
4. $(-a)^3 a^4 = -a^3 a^4 = -a^7$
5. $z^{n+1} z^{2n-2} z^2 = z^{3n+1}$
6. $(a+b)^{n-3} (a+b)^{5-n} = (a+b)^2$

Die Formel (14) kann man auch von rechts nach links lesen und schreiben:

$$a^{n+m} = a^n \cdot a^m,$$

d. h., eine Potenz kann in Faktoren aufgespalten werden.

BEISPIELE

1. $0{,}3 \cdot 10^7 = 0{,}3 \cdot 10 \cdot 10^6 = 3 \cdot 10^6 = 3$ Millionen
2. $x^{2n+1} = x^n \cdot x^n \cdot x$
3. $a^5 + a^4 - a^3 = a^3(a^2 + a - 1)$

AUFGABEN

56. Vereinfache die folgenden Produkte:

    a) $x^n \cdot x$
    b) $a^{n-1} \cdot a^2$
    c) $b^n \cdot b^n$
    d) $p^3 \cdot p^{n-4}$
    e) $q^5 \cdot q^{2-x}$
    f) $z^{n-1} \cdot z^{n+1}$
    g) $x^{n-b} \cdot x^{m+b}$
    h) $c^{x-5} \cdot c^{2+x}$
    i) $y^{n-3} \cdot y^{7-n}$

57. a) $2a^2 \cdot 3b^3 \cdot 4c^4$
    b) $5x^3 \cdot 2x^4 \cdot x$
    c) $3a^4 \cdot 6b^2 \cdot 2a^3$
    d) $a^3b^2 \cdot a^2b^4$
    e) $x^3y^4 \cdot x^{n-3} \cdot y^{n-5}$
    f) $a^{m-n+1} \cdot a^{m+n-8}$
    g) $(-x)^3 \cdot (-x)^4$
    h) $(-a)^6 \cdot (-a)^5 a^2$
    i) $(-b)^{2n} \cdot b^n$

58. Unterscheide:

    a) $q \cdot q^{n-1}$
    b) $q \cdot q^n - 1$
    c) $q(q^n - 1)$
    d) $q^n(q-1)$

59. Berechne durch Ausmultiplizieren:

    a) $(x^3 - x^2 + x - 1)(x - 1)$
    b) $(a^4 + a^2b^2 + b^4)(a^2 + b^2)$
    c) $(x^3 - y^3)(x^2 - y^2)$
    d) $(x^2 + y^2)(x^2 - y^2)$

60. Zerlege folgende Ausdrücke in Faktoren:

    a) $x^8 + x^6 - x^4$
    b) $a^3b^6 - a^4b^3 + a^5b^2$
    c) $(a^2 - b^2) + (a - b)^2$

Multiplizieren von Potenzen mit gleichen Exponenten

Schreibt man	$4^2 \cdot 5^2$	$a^3 \cdot b^3$
ausführlich	$4 \cdot 4 \cdot 5 \cdot 5$	$a \cdot a \cdot a \cdot b \cdot b \cdot b$
und faßt anders zusammen	$(4 \cdot 5)(4 \cdot 5)$	$(ab)(ab)(ab)$
dann ergibt sich	$(4 \cdot 5)^2$	$(ab)^3$

Hiernach gilt allgemein

$$a^n \cdot b^n = (ab)^n \qquad (15)$$

Potenzen mit gleichen Exponenten werden multipliziert, indem man das Produkt der Basen mit dem gemeinsamen Exponenten potenziert.

BEISPIELE

1. $2^4 \cdot 5^4 = (2 \cdot 5)^4 = 10^4 = 10000$
2. $(-2a)^3 (-0{,}5b)^3 = (2 \cdot 0{,}5 \cdot ab)^3 = (ab)^3$
3. $0{,}2^5 \cdot 5^5 \cdot 3^5 = (0{,}2 \cdot 5 \cdot 3)^5 = 3^5 = 243$
4. $(x+1)^2 \cdot (x-1)^2 = [(x+1)(x-1)]^2 = (x^2-1)^2$

Liest man die Formel (15) von rechts nach links, dann besagt die Umkehrung:

$$(ab)^n = a^n b^n$$

Ein Produkt wird potenziert, indem man jeden Faktor einzeln potenziert und die erhaltenen Potenzen multipliziert.

BEISPIELE

1. $(6ab)^3 = 6^3 a^3 b^3 = 216 a^3 b^3$
2. $(2500)^2 = (25 \cdot 100)^2 = 25^2 \cdot 100^2 = 6250000$
3. $(-2xy)^3 = (-2)^3 x^3 y^3 = -8x^3 y^3$
4. $(-3x)^4 = (-3)^4 x^4 = 81 x^4$
5. Man unterscheide:

$$\frac{1}{2} a^2 \quad \text{und} \quad \left(\frac{1}{2} a\right)^2 = \frac{1}{4} a^2$$

ebenso $3a^3$ und $(3a)^3 = 27 a^3$

AUFGABEN

61. Berechne möglichst einfach:

a) $4^4 \cdot 25^4$ b) $0{,}4^4 \cdot 5^4$ c) $\left(\frac{1}{2}\right)^x \cdot 18^x \cdot \left(\frac{1}{3}\right)^x$

d) $\left(1\frac{1}{3}\right)^2 \cdot \left(1\frac{7}{8}\right)^2$ e) $(-3)^3 \cdot (-2)^3$ f) $(-ax)^3 \cdot (-by)^3 \cdot (abxy)^{n-3}$

3.1.4. Dividieren von Potenzen

g) $\left(\dfrac{a}{b}\right)^n \cdot \left(\dfrac{b}{c}\right)^n \cdot \left(\dfrac{c}{a}\right)^{n+1}$ h) $\left(\dfrac{2x}{3y}\right)^n \cdot \left(\dfrac{9y}{10x}\right)^n$ i) $\left(-\dfrac{7u}{6v}\right)^m \cdot \left(\dfrac{3v}{5u}\right)^m$

k) $\left(\dfrac{x-y}{a+b}\right)^2 \cdot \left(\dfrac{a^2-b^2}{x^2-y^2}\right)^2$

3.1.4. Dividieren von Potenzen

Dividieren von Potenzen mit gleichen Basen

Bei der Multiplikation von Potenzen mit gleichen Basen war es ohne weiteres möglich, eine einheitliche Regel (14) aufzustellen, die in jedem Fall anwendbar ist. Bei der Division von Potenzen mit gleichen Basen ist das zunächst nicht möglich; es müssen vielmehr zwei Fälle unterschieden werden:

a) Der Exponent des Dividenden ist größer als der Exponent des Divisors.

BEISPIEL

$$\frac{3^6}{3^4} = \frac{3 \cdot 3 \cdot 3 \cdot 3 \cdot 3 \cdot 3}{3 \cdot 3 \cdot 3 \cdot 3} = 3 \cdot 3 = 3^2 = 3^{6-4}$$

Der Exponent 2 des Quotienten ist gleich der Differenz der Exponenten von Dividenden und Divisor.

Allgemein gilt in diesem Fall:

$$\boxed{\frac{a^m}{a^n} = a^{m-n}} \quad \text{für } m > n \tag{16}$$

b) Der Exponent des Dividenden ist kleiner als der Exponent des Divisors.

BEISPIEL

$$\frac{3^4}{3^6} = \frac{3 \cdot 3 \cdot 3 \cdot 3}{3 \cdot 3 \cdot 3 \cdot 3 \cdot 3 \cdot 3} = \frac{1}{3 \cdot 3} = \frac{1}{3^2} = \frac{1}{3^{6-4}}$$

Allgemein gilt in diesem Fall:

$$\boxed{\frac{a^m}{a^n} = \frac{1}{a^{n-m}}} \quad \text{für } m < n \tag{17}$$

Für die Division von Potenzen mit gleichen Basen gibt es also zunächst keine Rechenregel, die beide Fälle umfaßt; die „Permanenz"[1] ist gestört[2].

BEISPIELE

1. a) $a^n : a = \dfrac{a^n}{a} = a^{n-1}$ b) $a : a^n = \dfrac{a}{a^n} = \dfrac{1}{a^{n-1}}$ c) $\dfrac{a^{n+1}}{a^{n-1}} = a^{n+1-n+1} = a^2$

---

[1] permanere (lat.) andauern; Permanenz bedeutet die Gültigkeit eines einheitlichen Rechengesetzes

[2] Sie kann erst durch die Einführung von Potenzen mit negativen Exponenten wiederhergestellt werden; vgl. hierüber 3.1.6.

2. $12m^6 : (-4m^2) = -\dfrac{12m^6}{4m^2} = -3m^{6-2} = -3m^4$

3. $\dfrac{(-2ax)^5}{8ax^6} = \dfrac{-2^5 a^5 x^5}{2^3 ax^6} = \dfrac{-2^2 a^4}{x} = -\dfrac{4a^4}{x}$

4. Unterscheide: $\dfrac{4m}{6m} = \dfrac{2}{3}$ und $\dfrac{m^4}{m^6} = \dfrac{1}{m^2}$ (Exponenten sind keine Faktoren, nicht kürzen!)

5. (Partialdivision)

$$(0{,}06m^4 + 0{,}27m^3 x - 6m^2 x^2) : (2{,}5m^2 x + 0{,}2m^3) = \;?$$

Geordnet und alle Glieder des Nenners wie des Zählers durch m^2 geteilt:

$$\begin{aligned}
(-6x^2 + 0{,}27mx + 0{,}06m^2) &: (2{,}5x + 0{,}2m) = -2{,}4x + 0{,}3m \\
-(-6x^2 - 0{,}48mx)& \\
\hline
0 \quad + 0{,}75mx + 0{,}06m^2& \\
-(0{,}75mx + 0{,}06m^2)& \\
\hline
0&
\end{aligned}$$

6. (Partialdivision)[1]

$$\begin{aligned}
(n^5 + v^5) : (n + v) &= n^4 - n^3 v + n^2 v^2 - nv^3 + v^4 \\
-(n^5 \qquad\;\; + n^4 v)& \\
\hline
0 + v^5 \quad - n^4 v& \\
\text{geordnet} \quad -n^4 v + v^5& \\
-(-n^4 v \quad - n^3 v^2)& \\
\hline
0 + v^5 + n^3 v^2& \\
\text{geordnet} \quad n^3 v^2 + v^5& \\
-\;\;(n^3 v^2 \qquad + n^2 v^3)& \\
\hline
0 + v^5 - n^2 v^3& \\
\text{geordnet} \quad -n^2 v^3 + v^5& \\
-(-n^2 v^3 \quad - nv^4)& \\
\hline
0 + v^5 + nv^4& \\
\text{geordnet} \quad nv^4 + v^5& \\
-(nv^4 + v^5)& \\
\hline
0&
\end{aligned}$$

AUFGABEN

62. a) $\dfrac{a^n}{a^3}$ b) $\dfrac{a^2}{a^n}$ c) $\dfrac{a^3}{a^{n+2}}$ d) $\dfrac{a^{n+1}}{a^{n-1}}$ e) $\dfrac{a^{n-2}}{a^{n+2}}$

f) $\dfrac{a^{x-1}}{a}$ g) $\dfrac{a^{x-3}}{a^2}$ h) $\dfrac{a}{a^{x-4}}$ i) $\dfrac{a^{2n}}{a^2}$ k) $\dfrac{a^3}{a^{3m}}$

---

[1] Vgl. auch 2.7.2., Seite 67

3.1.4. Dividieren von Potenzen

63. a) $x^{n-1} : x^{n+2}$ b) $x^{3-n} : x^{n+5}$ c) $x^{n-8} : x^{5-2n}$
    d) $x^n : x^{2-n}$ e) $a^5b^3 : a^3b^5$ f) $a^nb : ab^n$
    g) $a^{m-1}b^{n-1} : a^mb^n$ h) $a^{3n}b^m : a^nb^{3m}$

64. a) $\dfrac{(a-1)^4 (x-1)^3}{(a-1)^3 (1-x)^2}$ b) $\dfrac{a^2b^2 (x-y)^4}{(a^2+b^2)(y-x)^2}$ c) $\dfrac{a^5 (x-y)^2}{a(y-x)^5}$

65. a) $\dfrac{4a^6b^4}{9c^4d^3} \cdot \dfrac{15bc^2}{8a^4d} \cdot \dfrac{6d^5}{5b^3}$ d) $\dfrac{6a^5b^3c^{n+1}}{5x^3yz^{n+4}} \cdot \dfrac{3a^3b^4c}{10x^4y^nz^5}$

66. a) $(ax^4 + bx^3 - cx^2 + dx - e) : x^2$
    b) $(ax^m + bx^n + cx^{m+n}) : x^{m-n}$
    c) $(a^5b - a^4b^2 + a^3b^3 - a^2b^4 + ab^5) : a^2b^2$

67. Im folgenden ist ein Polynom durch ein Polynom zu dividieren:
    a) $(x^{2m} - y^{2n}) : (x^m - y^n)$ b) $(x^4 - 1) : (x - 1)$
    c) $(a^4 - b^4) : (a + b)$ d) $(15a^3 + a^2b - 31ab^2 + 15b^3) : (5a - 3b)$
    e) $(4a^8 + 6a^5b^3 + 16a^4b^2 - 18a^2b^6 + 21ab^5 + 15b^4) : (2a^4 + 6ab^3 + 3b^2)$
    f) $(4x^6 - 9x^2y^4 - 24xy^5 - 16y^6) : (2x^3 - 3xy^2 - 4y^3)$
    g) $(a^6 - b^6) : (a^3 - 2a^2b + 2ab^2 - b^3)$

68. Die folgenden Brüche sind auf einen Nenner zu bringen und möglichst zu vereinfachen:
    a) $\dfrac{1}{x^6} + \dfrac{1}{x^4} + \dfrac{1}{x}$ b) $\dfrac{1}{x^3} - \dfrac{x-1}{x^4}$ c) $\dfrac{1+x^2}{x^5} - \dfrac{1}{x^3}$
    d) $\dfrac{1+x}{x^n} - \dfrac{1-x}{x^{n-1}} - \dfrac{1}{x^{n-2}}$ e) $\dfrac{1-2x^2}{x^n} - \dfrac{3x-2}{x^{n-2}} + \dfrac{3}{x^{n-4}}$
    f) $n + \dfrac{2n}{n^2-1} + \dfrac{n}{n+1}$ g) $n^2 + n + \dfrac{n^3-n}{n^2+1}$

Dividieren von Potenzen mit gleichen Exponenten

Den Ausdruck $\dfrac{5 \cdot 5 \cdot 5}{6 \cdot 6 \cdot 6}$ kann man sich aus dem Quotienten $\dfrac{5^3}{6^3}$ oder aus der Potenz eines Bruches $\left(\dfrac{5}{6}\right)^3$ entstanden denken.

Hieraus folgt: $\dfrac{5^3}{6^3} = \left(\dfrac{5}{6}\right)^3$

und allgemein $\boxed{\dfrac{a^n}{b^n} = \left(\dfrac{a}{b}\right)^n}$ (18)

Potenzen mit gleichem Exponenten werden dividiert, indem man ihre Basen dividiert und den so erhaltenen Quotienten mit dem gemeinsamen Exponenten potenziert.

Die Formel (18) wendet man vor allem dann an, wenn die Basen sich kürzen lassen.

3. Potenzen und Wurzeln

BEISPIELE

1. $100^3 : 10^3 = \dfrac{100^3}{10^3} = \left(\dfrac{100}{10}\right)^3 = 10^3 = 1\,000$

2. $6{,}25^3 : 2{,}5^3 = \left(\dfrac{6{,}25}{2{,}5}\right)^3 = 2{,}5^3 = \left(\dfrac{5}{2}\right)^3 = \dfrac{125}{8} = 15{,}625$

3. $(a^3 b^2)^n : (a^2 b^3)^n = \left(\dfrac{a^3 b^2}{a^2 b^3}\right)^n = \left(\dfrac{a}{b}\right)^n$

Die Umkehrung der Formel (18) lautet:

$$\left(\dfrac{a}{b}\right)^n = \dfrac{a^n}{b^n}$$

Ein Bruch (Quotient) wird potenziert, indem man Zähler und Nenner einzeln potenziert.

Man rechnet $\left(\dfrac{4}{3}a\right)^2 = \dfrac{16 a^2}{9} = 1{,}\overline{7}\ldots a^2 \approx 1{,}78 a^2$

aber nicht $\left(\dfrac{4}{3}a\right)^2 \approx (1{,}33 a)^2 \approx 1{,}769 a^2$

d. h., man runde nicht vor dem Potenzieren!
Durch Übung wird man einen sicheren Blick dafür bekommen, welches von den bisher gelernten Potenzgesetzen heranzuziehen ist. Zuweilen sind auch mehrere Wege gangbar.

BEISPIEL

$\dfrac{12^4}{18^3}$ Vorsicht! 12 und 18 nicht kürzen!

entweder $\dfrac{12^4}{18^3} = \dfrac{3^4 \cdot 2^4 \cdot 2^4}{3^3 \cdot 3^3 \cdot 2^3} = \dfrac{3^4 \cdot 2^8}{3^6 \cdot 2^3} = \dfrac{2^5}{3^2} = \dfrac{32}{9}$

oder $\dfrac{12^3 \cdot 12}{18^3} = \left(\dfrac{12}{18}\right)^3 \cdot 12 = \left(\dfrac{2}{3}\right)^3 \cdot 12 = \dfrac{2^3 \cdot 4 \cdot 3}{3^3} = \dfrac{32}{9}$

AUFGABEN

69. a) $5{,}04^4 : 1{,}68^4$ b) $\left(5\dfrac{5}{8}\right)^3 : \left(3\dfrac{3}{4}\right)^3$ c) $(2{,}56 m)^3 : (0{,}64 m)^3$

70. a) $\left(\dfrac{3m}{2n}\right)^2 \left(\dfrac{4n}{9m}\right)^2$ b) $\left(\dfrac{8xy^2}{3z^3}\right)^n : \left(\dfrac{2x^2 y}{9z^2}\right)^n$ c) $\left(\dfrac{a^2 - b^2}{4}\right)^n : \left(\dfrac{a+b}{2}\right)^n$

    d) $\left(\dfrac{3x - 2y}{3}\right)^3 : \left(\dfrac{9x^2 - 4y^2}{6}\right)^3$

71. a) Welche Werte nimmt $\left(1 + \dfrac{1}{n}\right)^n$ für $n = 1, 2, 3, 4$ an?

    b) Welche Werte nimmt der Ausdruck $y = x^3 - 4x^2 + 2x - 3$

      für $x = \dfrac{1}{2},\ -\dfrac{1}{2},\ \dfrac{3}{4},\ -\dfrac{3}{4}$ an?

3.1.5. Potenzieren von Potenzen

72. a) $\dfrac{28^3 \cdot 45^4}{36^4 \cdot 35^3}$ b) $\dfrac{(-5)^3 \cdot 15^2 \cdot 9^2}{45^3 \cdot (-10)^5}$ c) $\dfrac{(a+b)^2}{(x-y)^3} \cdot \dfrac{(x^2-y^2)^3}{(a^2-b^2)^2}$

3.1.5. Potenzieren von Potenzen

Setzt man in a^3 die Basis $a = 10^2$, also gleich einer Potenz, so erhält man:

$$a^3 = a \cdot a \cdot a = 10^2 \cdot 10^2 \cdot 10^2 = 10^6$$
d. h. $(10^2)^3 = 10^6 = 10^{2 \cdot 3}$

Hieraus folgt allgemein

$$\boxed{(a^m)^n = a^{m \cdot n}} \tag{19}$$

| Eine Potenz wird potenziert, indem man die Basis mit dem Produkt der beiden Exponenten potenziert.

Somit wird das Potenzieren von Potenzen auf die einfachere Rechenart der Multiplikation zurückgeführt.

BEISPIELE

1. $(4a^2)^3 = 4^3 a^6 = 64 a^6$
2. $\left(\dfrac{2x^2}{3y^3}\right)^2 = \dfrac{4x^4}{9y^6}$
3. Man halte auseinander:

a) $-(a^3)^2 = -a^6$ b) $(a^3)^2 = a^6 = (a^2)^3$
$(-a^3)^2 = +a^6$ $a^3 a^2 = a^5 = a^2 a^3$
$(-a^2)^3 = -a^6$ $a^{3^2} = a^9$, aber $a^{2^3} = a^8$

Die Umkehrung der Formel (19) lautet

$$a^{m \cdot n} = (a^m)^n = (a^n)^m$$

| Man kann den Exponenten einer Potenz in Faktoren zerlegen und in beliebiger Reihenfolge mit diesen Faktoren nacheinander potenzieren.

BEISPIELE

1. a) $2^{10} = (2^5)^2 = 32^2 = 1024$ b) $3^4 = (3^2)^2 = 9^2 = 81$
2. $5^7 = (5^3)^2 \cdot 5 = 125^2 \cdot 5 = 15625 \cdot 5 = 78125$
3. $4{,}3^6 = (4{,}3^3)^2 \approx (79{,}5)^2 \approx 6320$. (Diese Umformung ermöglicht die Verwendung von Quadratzahlen- und Kubikzahlentafeln.)

AUFGABEN

73. a) $(x^{n+1})^3$ b) $(a^3)^{n-1}$ c) $(3xy^2)^4$ d) $\dfrac{(a^3 b^4)^3}{(a^2 b^3)^2}$

74. a) $[(-3)^3]^2$ b) $\left(\dfrac{ab^2}{x^3}\right)^2 \cdot \left(\dfrac{xy^2}{a}\right)^3$

c) $\dfrac{(9xy^3)^3}{(12\,x^2y)^4} \cdot \dfrac{(8x^4y)^5}{(6x^5y^3)^3}$ d) $\left(\dfrac{4a^2-9b^2}{2x^2+3xy}\right)^3 : \left(\dfrac{2ab-3b^2}{4x^2-9y^2}\right)^3$

75. Welche Gestalt erhalten die Formeln

a) $(a^2 - b^2) : (a + b) = a - b$ b) $(a^3 - b^3) : (a - b) = a^2 + ab + b^2$

wenn $a = x^m$ und $b = y^n$ gesetzt werden?

3.1.6. Zweite und dritte Erweiterung des Potenzbegriffes (a^{-n} und a^0)

In Abschnitt 3.1.4. wurde gezeigt, daß es bei der Division von Potenzen mit gleichen Basen zunächst nicht möglich war, eine einheitliche Rechenregel anzugeben; anders ausgedrückt, die Permanenz war gestört. Durch Einführung von Potenzen mit negativen Exponenten läßt sich die Permanenz wieder herstellen. Hierzu setzt man fest:

$$\boxed{a^{-n} = \dfrac{1}{a^n}}$$ gültig für jeden Wert von $a \neq 0$

(Zweite Erweiterung des Potenzbegriffes) (20)

Die Bedingung $a \neq 0$ ist notwendig, da eine Division durch 0 verboten ist.

Eine Potenz mit negativem Exponenten ist gleich dem Kehrwert der Potenz mit positivem Exponenten.

BEISPIELE

1. $4^{-2} = \dfrac{1}{4^2} = \dfrac{1}{16}$

2. $3^{-1} = \dfrac{1}{3^1} = \dfrac{1}{3}$

3. $10^{-3} = \dfrac{1}{10^3} = \dfrac{1}{1000} = 0{,}001$

4. $\dfrac{3^{-2}}{2} = \dfrac{1}{2 \cdot 3^2} = \dfrac{1}{18}$

5. $\left(\dfrac{2}{3}\right)^{-3} = \dfrac{2^{-3}}{3^{-3}} = \dfrac{\frac{1}{2^3}}{\frac{1}{3^3}} = \dfrac{3^3}{2^3} = \left(\dfrac{3}{2}\right)^3 = \dfrac{27}{8}$

6. $\dfrac{1}{a^{-n}} = \dfrac{1}{\frac{1}{a^n}} = a^n$

Allgemein gilt

$$\boxed{\left(\dfrac{a}{b}\right)^{-n} = \left(\dfrac{b}{a}\right)^n} \qquad a \neq 0;\ b \neq 0 \tag{21}$$

Die Zweckmäßigkeit der Definition (20) erkennt man an folgendem Beispiel.

3.1.6. Zweite und dritte Erweiterung des Potenzbegriffes

BEISPIEL

$$\frac{3^4}{3^6} = \frac{1}{3^2} \quad [\text{Regel (17)}]$$

Nach (20) gilt

$$\frac{1}{3^2} = 3^{-2} = 3^{4-6}$$

Also darf man von vornherein rechnen

$$\frac{3^4}{3^6} = 3^{4-6} = 3^{-2} = \frac{1}{3^2}$$

Damit ist die Division von Potenzen mit gleicher Basis, auch wenn der Exponent des Dividenden kleiner ist als der Exponent des Divisors, auf die Regel (16) zurückgeführt, die nun also in allen Fällen gilt, in denen $m > n$ und $m < n$ ist. Schließlich kann man noch erreichen, daß die Regel (16) auch noch den Fall $m = n$ erfaßt. Dazu ist eine weitere Festsetzung notwendig. Man definiert:

$$\boxed{a^0 = 1} \quad \text{(Dritte Erweiterung des Potenzbegriffes)} \tag{22}$$

Dann ist

$$\frac{a^m}{a^m} = a^{m-m} = a^0 = 1$$

Damit ist aber für die Division von Potenzen mit gleichen Basen die Permanenz in vollem Umfange hergestellt; es gilt die alle Fälle umfassende Regel

$$\boxed{\frac{a^m}{a^n} = a^{m-n}} \qquad \text{gültig für } m \gtreqless n \text{ und } a \neq 0 \tag{16a}$$

Es muß nun noch gezeigt werden, daß die für positive Exponenten geltenden Rechenregeln auch für negative Exponenten gültig bleiben.

Regel (14)

$$a^{-m} a^{-n} = \frac{1}{a^m} \cdot \frac{1}{a^n} = \frac{1}{a^m \cdot a^n} = \frac{1}{a^{m+n}} = a^{-(m+n)} = a^{-m-n}$$

Regel (15)

$$a^{-n} \cdot b^{-n} = \frac{1}{a^n} \cdot \frac{1}{b^n} = \frac{1}{a^n \cdot b^n} = \frac{1}{(ab)^n} = (ab)^{-n}$$

Regel (16)

$$\frac{a^{-m}}{a^{-n}} = \frac{\frac{1}{a^m}}{\frac{1}{a^n}} = \frac{a^n}{a^m} = a^{n-m} = a^{-m-(-n)}$$

Regel (18)
$$\frac{a^{-n}}{b^{-n}} = \frac{\frac{1}{a^n}}{\frac{1}{b^n}} = \left(\frac{b}{a}\right)^n = \left(\frac{a}{b}\right)^{-n}$$

Regel (19)
$$(a^{-m})^{-n} = \frac{1}{(a^{-m})^n} = \frac{1}{\left(\frac{1}{a^m}\right)^n} = \frac{1}{\frac{1}{a^{mn}}} = a^{mn} = a^{(-m)\,(-n)}$$

Abgesehen von der Herstellung der Permanenz gewährt die Einführung negativer Exponenten den Vorteil, daß man die Bruchform vermeiden kann und häufig eine kürzere Schreibweise erhält:

$$\frac{7}{1000} = 7 \cdot 10^{-3}; \quad 0{,}000001 = 10^{-6}; \quad \frac{1}{400} = \frac{1}{4 \cdot 100} = \frac{10^{-2}}{4} = \frac{1}{4} \cdot 10^{-2}$$

Anwendung der Schreibweise a^{-n} in der technischen Praxis

I. In Zusammenstellung wird die Schreibweise bei Auftreten von Dezimalbrüchen wegen ihrer Übersichtlichkeit angewendet:

Längenausdehnungskoeffizient α für Kupfer $1{,}65 \cdot 10^{-5}\,\mathrm{K}^{-1}$

Platin $0{,}90 \cdot 10^{-5}\,\mathrm{K}^{-1}$

Will man hier die ausführliche Schreibweise haben, dann muß man das Komma 5 Stellen nach links rücken, z. B.

$$1{,}65 \cdot 10^{-5}\,\mathrm{K}^{-1} = 0{,}0000165\,\mathrm{K}^{-1}$$

II. Um die Bruchform zu umgehen, schreibt man

die Einheit für die Geschwindigkeit $\mathrm{m} \cdot \mathrm{s}^{-1}$ statt $\frac{\mathrm{m}}{\mathrm{s}}$

die Einheit für die Beschleunigung $\mathrm{m} \cdot \mathrm{s}^{-2}$ statt $\frac{\mathrm{m}}{\mathrm{s}^2}$

die Einheit für die Dichte $\mathrm{kg} \cdot \mathrm{dm}^{-3}$ statt $\frac{\mathrm{kg}}{\mathrm{dm}^3}$

III. Anwendung bei sehr kleinen physikalischen Maßeinheiten:

1 µm (gelesen Mikrometer) $= 10^{-6}\,\mathrm{m} = 10^{-3}\,\mathrm{mm}$

1 nm (gelesen Nanometer) $= 10^{-9}\,\mathrm{m} = 10^{-6}\,\mathrm{mm}$

1 pF (gelesen Pikofarad) $= 10^{-12}\,\mathrm{F}$

Andererseits bedient man sich der Potenzschreibweise in folgenden Angaben:

Durchmesser eines Atoms (H) $10^{-8}\,\mathrm{cm}$

Durchmesser eines Atomkerns   etwa $10^{-12}\,\mathrm{cm}$

3.1.6. Zweite und dritte Erweiterung des Potenzbegriffes

Durchmesser eines Elektrons $3 \cdot 10^{-13}$ cm

Masse eines Wasserstoffatoms $1{,}65 \cdot 10^{-24}$ g

BEISPIELE

1. Berechnen von Ausdrücken mit negativen Exponenten:

    a) $12 \cdot 3^{-2} = \dfrac{12}{3^2} = \dfrac{4}{3}$ \qquad b) $\dfrac{4}{2^{-3}} = 4 \cdot 2^3 = 32$

    c) $(0{,}5)^{-2} = \dfrac{1}{0{,}5^2} = \dfrac{1}{0{,}25} = 4$

    d) $(-0{,}2)^{-2} = (0{,}2)^{-2} = \dfrac{1}{0{,}2^2} = 25$

    e) $\left(-\dfrac{3}{4}\right)^{-4} = \left(\dfrac{3}{4}\right)^{-4} = \left(\dfrac{4}{3}\right)^4 = \dfrac{256}{81} = 3\dfrac{13}{81}$

    f) $\left(-\dfrac{5}{2}\right)^{-3} = -\left(\dfrac{5}{2}\right)^{-3} = -\left(\dfrac{2}{5}\right)^3 = -\dfrac{8}{125} = -0{,}064$

2. Der Exponent Null und alle negativen Exponenten sind zu beseitigen:

    a) $a^0 x^0 = 1 \cdot 1 = 1$ \qquad b) $3(a-b)^0 = 3 \cdot 1 = 3$

    c) $(a^0)^n = 1^n = 1$ \qquad d) $(a^3)^0 = 1$

    e) $3x^{-1} = \dfrac{3}{x}$ \qquad f) $\dfrac{2}{x^{-2}} = 2x^2$

    g) $a^2 \left(\dfrac{a}{x}\right)^{-2} = a^2 \left(\dfrac{x}{a}\right)^2 = x^2$ \qquad h) $\dfrac{a}{2} \cdot \left(e^0 + \dfrac{1}{e^0}\right) = \dfrac{a}{2} \cdot \left(1 + \dfrac{1}{1}\right) = a$

3. Multiplizieren und Dividieren:

    a) $a^{-2}x^4 \cdot ax^{-3} = a^{-1}x = \dfrac{x}{a}$ \qquad b) $5ab^{-3} \cdot 3a^{-2}b = 15\,a^{-1}b^{-2} = \dfrac{15}{ab^2}$

    c) $\dfrac{a^{n-3}}{a^{-2}} = a^{n-3+2} = a^{n-1}$ \qquad d) $\dfrac{x^{-n}}{x^{n-2}} = x^{-n}x^{2-n} = x^{2-2n}$

    e) $a^{-6} : a^{-2} = a^{-6} \cdot a^2 = a^{-4} = \dfrac{1}{a^4}$ \qquad f) $(a^{n-1} + b^{1-n}) : a^{-n}b^n =$

    $\qquad\qquad\qquad\qquad\qquad\qquad\qquad = (a^{n-1} + b^{1-n}) \cdot a^n b^{-n} = \dfrac{a^{2n}}{ab^n} + \dfrac{a^n b}{b^{2n}}$

4. Potenzieren:

    a) $(a^{-3})^{-2} = a^6$ \qquad b) $(-a^3)^{-3} = -a^{-9} = -\dfrac{1}{a^9}$

    c) $[(-x)^{-3}]^{-4} = [-x]^{12} = x^{12}$ \qquad d) $[-(x^{-2})]^{-3} = -(x^{-2})^{-3} = -x^6$

AUFGABEN

76. Berechne:

    a) $8 \cdot 2^{-3}$ \qquad b) $9^2 \cdot 3^{-5}$ \qquad c) $\dfrac{12}{4^{-2}}$ \qquad d) $\left(\dfrac{1}{5}\right)^{-2}$

    e) $(0{,}4)^{-2}$ \qquad f) $\left(-\dfrac{5}{3}\right)^{-3}$ \qquad g) $7 \cdot (3{,}5)^{-1}$ \qquad h) $3 \cdot (-1{,}5)^{-2}$

3. Potenzen und Wurzeln

77. Berechne:

 a) $3^{-4} + 3^{-2}$ b) $3^{-4} \cdot 3^{-2}$ c) $3^{-4} : 3^{-2}$ d) $(3^{-4})^{-2}$

78. Welche Werte hat $y = 2^x$ für $x = 0, -1, -2, -3, -4$?

79. Wie groß ist $\left(1 - \dfrac{1}{n}\right)^n$ für $n = -1, -2, -3$?

80. Wie heißt der Kehrwert (nicht in Bruchform!) von

 a) x^5 b) $\dfrac{a}{b}$ c) $\dfrac{x^2}{3}$ d) $x^4 x^{-2}$ e) $0{,}5 \cdot 10^{-4}$?

81. Wie groß ist a) $y = e^x + e^{-x}$ und b) $y = e^x - e^{-x}$ für $x = 0$ und $x = 1$?

82. Beseitige den negativen Exponenten:

 a) $3x^{-3}$ b) $\dfrac{a^2 x^{-5}}{b^{-2}}$ c) $\left(\dfrac{1}{a}\right)^{-1}$ d) $\left(\dfrac{a}{b}\right)^{-3}$ e) $x^{-2}\left(\dfrac{m}{x}\right)^{-2}$

83. Vereinfache und schreibe ohne Nenner:

 a) $\dfrac{a^7}{a^{-3}}$ b) $\dfrac{b^{-5}}{b^{-7}}$ c) $\dfrac{x^m}{x^{n-1}}$ d) $\dfrac{ab^{-2}}{x^3 y^{-2}}$

 e) $\dfrac{a^3 b^{-2}}{x^5 y^{-4}} \cdot \dfrac{a^{-2} b}{x^{-3} y^{-1}}$ f) $a^{-3} x^6 : a^{-2} x^{-3}$

 g) $\dfrac{3}{10000}$ h) $0{,}00006$ i) $0{,}032 \cdot 0{,}04$ k) $0{,}4^2 : 0{,}5^2$

84. Vereinfache die folgenden Ausdrücke und vermeide im Ergebnis negative Exponenten:

 a) $2a^0 b^{-3} c^{-2} \cdot 4a^2 b^5 c^{-3}$ b) $9a^{-3} b^2 x^{-4} : 3a^{-5} b x^{-2}$

 c) $(x-y)^{-2} : (y-x)^{-1}$ d) $\dfrac{a^{-2} x^4 y^{-6}}{b^3 c^{-4} z^{-5}} : \dfrac{a^{-3} b^{-5} x^3}{c^{-5} y^6 z^{-7}}$

 e) $(2a)^{-2} \cdot (4a)^3$ f) $(-a^{-3})^2$

 g) $(-a^{-2})^{-3}$ h) $(-x^3)^{-2}$

 i) $-(x^2)^{-3}$ k) $(x^4 y^{-3})^2$ l) $\left(\dfrac{a^{-1} b^3}{x^2 y^{-3}}\right)^{-2}$

85. Berechne:

 a) $[-(x^{-3})]^{-2}$ für $x = 1$ und $x = 2$

 b) $[(-x)^{-2}]^{-3}$ für $x = \dfrac{1}{2}$

 c) $5(x-1)^{-2} + 3(a+2)^{-x}$ für $x = 0$

 d) $(3a^{-4} + 5a^{-5}) \cdot (2a^3 - 6a^6)$

 e) $(xy)^{-2n} \cdot (-2)^{1-n} \cdot x^{n-1} \cdot (-y)^{-3} \cdot (-2)^{n+2}$

 f) $(a^x b^{n-1} + a^{x-1} b^n + a^{x-2} b^{n+1}) : a^{x-2} b^{n-1}$

3.1.7. Potenzen von Binomen

Die Potenzen von Binomen haben die allgemeine Form $(a \pm b)^n$. Als besondere Fälle sind die Formeln

$$(a \pm b)^2 = a^2 \pm 2ab + b^2$$

schon beim Rechnen mit Klammerausdrücken aufgetreten.

Die *dritte Potenz* eines Binoms läßt sich wie folgt herleiten:

$$(a+b)^3 = (a+b)(a+b)(a+b) = (a+b)^2(a+b) =$$
$$= (a^2 + 2ab + b^2)(a+b) = a^3 + 2a^2b + ab^2$$
$$+ a^2b + 2ab^2 + b^3$$
$$= a^3 + 3a^2b + 3ab^2 + b^3$$
$$(a-b)^3 = (a-b)(a-b)(a-b) = (a-b)^2(a-b) =$$
$$= (a^2 - 2ab + b^2)(a-b) = a^3 - 2a^2b + ab^2$$
$$- a^2b + 2ab^2 - b^3$$
$$= a^3 - 3a^2b + 3ab^2 - b^3$$

Die beiden Formeln lassen sich in eine zusammenfassen:

$$(a \pm b)^3 = a^3 \pm 3a^2b + 3ab^2 \pm b^3 \qquad (23)$$

Die *vierte Potenz* eines Binoms gewinnt man entsprechend:

$$(a+b)^4 = (a+b)^2 \cdot (a+b)^2 =$$
$$= (a^2 + 2ab + b^2) \cdot (a^2 + 2ab + b^2) =$$
$$= a^4 + 2a^3b + a^2b^2$$
$$+ 2a^3b + 4a^2b^2 + 2ab^3$$
$$+ a^2b^2 + 2ab^3 + b^4$$
$$(a+b)^4 = a^4 + 4a^3b + 6a^2b^2 + 4ab^3 + b^4$$

Setzt man in die letzte Formel für b den Wert $-b$ ein, so werden die Glieder, die b und b^3 enthalten, negativ. Man erhält

$$(a-b)^4 = a^4 - 4a^3b + 6a^2b^2 - 4ab^3 + b^4$$

Ein Vergleich der Formeln

$(a \pm b)^2 = a^2 \pm 2ab + b^2$ 3 Glieder
$(a \pm b)^3 = a^3 \pm 3a^2b + 3ab^2 \pm b^3$ 4 Glieder
$(a \pm b)^4 = a^4 \pm 4a^3b + 6a^2b^2 \pm 4ab^3 + b^4$ 5 Glieder

läßt folgende Gesetzmäßigkeit erkennen:

1. Die Anzahl der Glieder auf der rechten Seite ist um 1 größer als der höchste Exponent.
2. Mit fallenden Potenzen von a steigen die Potenzen von b.
3. Die Vorzahlen des zweiten und des vorletzten Gliedes sind gleich dem höchsten Exponenten.
4. In jedem Glied ist die Summe der beiden Exponenten konstant.

Der französische Mathematiker und Philosoph BLAISE PASCAL[1] verdeutlichte die Gesetzmäßigkeit der Vorzahlen durch ihre Anordnung in einem Dreieck, das nach ihm das *Pascalsche Dreieck* genannt wird. Man erhält als Koeffizienten für

$$(a+b)^0 \qquad 1$$
$$(a+b)^1 \qquad 1 \quad 1$$
$$(a+b)^2 \qquad 1 \quad 2 \quad 1$$
$$(a+b)^3 \qquad 1 \quad 3 \quad 3 \quad 1$$
$$(a+b)^4 \qquad 1 \quad 4 \quad 6 \quad 4 \quad 1$$
$$(a+b)^5 \qquad 1 \quad 5 \quad 10 \quad 10 \quad 5 \quad 1$$
$$(a+b)^6 \qquad 1 \quad 6 \quad 15 \quad 20 \quad 15 \quad 6 \quad 1$$
$$(a+b)^7 \qquad 1 \quad 7 \quad 21 \quad 35 \quad 35 \quad 21 \quad 7 \quad 1$$

Das Pascalsche Dreieck ist symmetrisch aufgebaut. Jede Zeile beginnt und endet mit 1. Die anderen Zahlen jeder Zeile, z. B. der Zeile 1, 6, 15, 20 usw., sind jeweils die Summe der beiden links und rechts darüberstehenden Glieder in der vorhergehenden Zeile, z. B. $6 = 1 + 5$, $15 = 5 + 10$, $20 = 10 + 10$.

Auf diese Weise kann man auch für hohe Potenzen von $a \pm b$ das Ergebnis ohne umständliche Zwischenrechnung sofort erschließen. Bei Potenzen der Differenz $a - b$ treten von Glied zu Glied wechselnde Vorzeichen auf.

BEISPIEL

$$(m-p)^7 = m^7 - 7m^6p + 21m^5p^2 - 35m^4p^3 + 35m^3p^4 - 21m^2p^5 + 7mp^6 - p^7$$

AUFGABEN

86. a) $(x+3)^5$ b) $(y-0{,}2)^6$ c) $(m+n)^3 - (m-n)^3$
     d) $(a^3-a)^2$ e) $(5a-3x^2)^3$ f) $(a+x)^4 + (a-x)^4$
     g) $(a+5)^4 - (a-5)^4$ h) $(2x+3)^5 - (2x-3)^5$

---

[1] 1623 bis 1662

3.1.8. Die Potenz- und Exponentialfunktion und ihre Kurven[1]

Abhängigkeit des Potenzwertes von Basis und Exponent

Der Wert einer Potenz $c = a^b$ ist abhängig von der Basis a und dem Exponenten b. Zunächst habe b einen festen Wert, z. B. $b = 2$; a dagegen sei veränderlich und durchlaufe die Zahlen 0, 1, 2, 3, ... und $-1, -2, -3, ...$ usw. Dann ändert sich auch der Potenzwert c. Damit werden also a und c zu veränderlichen Zahlen, für die man nun, wie üblich, x und y schreibt. Die Potenzgleichung geht dann über in

$$y = x^2$$

> Eine Funktion y in der Form einer Potenz, bei der der Exponent konstant und die Basis veränderlich ist, heißt Potenzfunktion.

Beispiele weiterer Potenzfunktionen sind $y = x^1$, $y = x^3$, $y = x^{-1}$, $y = x^{-2}$ usw. Die allgemeine Potenzfunktion lautet:

$$y = x^n$$

Nun wird angenommen, daß in der Potenzgleichung $c = a^b$ die Basis a einen festen Wert hat, z. B. $a = 2$; b sei veränderlich und durchlaufe die Zahlen 0, 1, 2, 3, ... und $-1, -2, -3, ...$ usw. Schreibt man für die Veränderlichen b und c, wie üblich, x und y, so geht die Potenzgleichung über in

$$y = 2^x$$

> Eine Funktion y von der Form einer Potenz, bei der die Basis konstant und der Exponent veränderlich ist, heißt Exponentialfunktion.

Beispiele weiterer Exponentialfunktionen sind $y = 3^x$, $y = \left(\frac{1}{2}\right)^x$, $y = e^x$ usw. Die allgemeine Exponentialfunktion lautet:

$$y = a^x \ (a > 0)[2]$$

Die Kurven der Potenzfunktion $y = x^n$

a) Die Funktion $y = x^n$ für positives gerades n

BEISPIELE $y_1 = x^2$; $y_2 = x^4$; $y_3 = x^6$.

Wertetabelle:

x	-3	-2	$-1,5$	-1	$-0,75$	$-0,5$	$-0,25$	0
$y_1 = x^2$	9	4	2,25	1	0,56	0,25	0,06	0
$y_2 = x^4$	81	16	5,06	1	0,32	0,06	0,00	0
$y_3 = x^6$	729	64	11,39	1	0,18	0,02	0,00	0

---

[1] In diesem Abschnitt werden die Grundlagen der graphischen Darstellung von Funktionen (Abschnitt 9.) vorausgesetzt.

[2] Die Forderung $a > 0$ muß erhoben werden, da der Funktionsverlauf für $a < 0$ mit den Mitteln der elementaren Mathematik nicht zu erfassen ist.

94   3. Potenzen und Wurzeln

x	0	0,25	0,5	0,75	1	1,5	2	3
$y_1 = x^2$	0	0,06	0,25	0,56	1	2,25	4	9
$y_2 = x^4$	0	0,00	0,06	0,32	1	5,06	16	81
$y_3 = x^6$	0	0,00	0,02	0,18	1	11,39	64	729

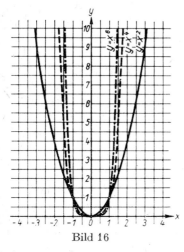
Bild 16

Die graphische Darstellung der Kurven in einem gemeinsamen Achsenkranz ergibt die Kurvenschar im Bild 16.

Gemeinsame Eigenschaften:

1. Alle Kurven verlaufen im 1. und 2. Quadranten axialsymmetrisch zur y-Achse.
2. Die Scheitel aller Kurven liegen im Anfangspunkt des Achsenkreuzes.
3. Alle Kurven gehen durch die Punkte $(1; 1)$ und $(-1; 1)$.

b) Die Funktion $y = x^n$ für positives ungerades n

BEISPIELE $y_1 = x^1$; $y_2 = x^3$; $y_3 = x^5$.

Wertetabelle:

x	-3	-2	$-1,5$	-1	$-0,75$	$-0,5$	$-0,25$	0
$y_1 = x^1$	-3	-2	$-1,5$	-1	$-0,75$	$-0,5$	$-0,25$	0
$y_2 = x^3$	-27	-8	$-3,38$	-1	$-0,42$	$-0,13$	$-0,02$	0
$y_3 = x^5$	-243	-32	$-7,60$	-1	$-0,24$	$-0,03$	$-0,00$	0

x	0	0,25	0,5	0,75	1	1,5	2	3
$y_1 = x^1$	0	0,25	0,5	0,75	1	1,5	2	3
$y_2 = x^3$	0	0,02	0,13	0,42	1	3,38	8	27
$y_3 = x^5$	0	0,00	0,03	0,24	1	7,60	32	243

Graphische Darstellung der Kurvenschar (Bild 17).

Gemeinsame Eigenschaften:

1. Alle Kurven verlaufen im 1. und 3. Quadranten zentralsymmetrisch zum Anfangspunkt des Achsenkreuzes.
2. Alle Kurven besitzen einen Wendepunkt[1] im Anfangspunkt des Achsenkreuzes (Ausnahme $y = x^1$).

---

[1] Ein Wendepunkt ist ein Kurvenpunkt, bei dem die Kurve von konvexer zu konkaver Krümmung bzw. von konkaver zu konvexer Krümmung übergeht.

3.1.8. Die Potenz- und Exponentialfunktion und ihre Kurven

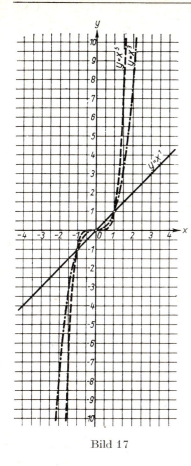

Bild 17

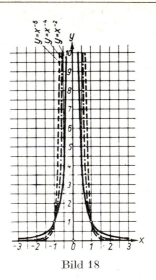

Bild 18

3. Alle Kurven gehen durch die Punkte $(1;1)$ und $(-1;-1)$.

Die Kurven aller Potenzfunktionen $y = x^n$ für positives n sind Parabeln.

c) Die Funktion $y = x^n$ für negatives gerades n.

BEISPIELE $y_1 = x^{-2}$; $y_2 = x^{-4}$; $y_3 = x^{-6}$.

Wertetabelle:

x	-3	-2	$-1,5$	-1	$-0,75$	$-0,5$	$-0,25$	0
$y_1 = x^{-2}$	0,11	0,25	0,44	1	1,78	4	16	—
$y_2 = x^{-4}$	0,01	0,06	0,20	1	3,16	16	256	—
$y_3 = x^{-6}$	0,00	0,02	0,09	1	5,62	64	4096	—

x	0	0,25	0,5	0,75	1	1,5	2	3
$y_1 = x^{-2}$	—	16	4	1,78	1	0,44	0,25	0,11
$y_2 = x^{-4}$	—	256	16	3,16	1	0,20	0,06	0,01
$x_3 = x^{-6}$	—	4096	64	5,62	1	0,09	0,02	0,00

Wenn sich die unabhängige Veränderliche x dem Wert 0 nähert, wächst der Funktionswert $y = x^n$ über alle Grenzen; an der Stelle $x = 0$ sind diese Funktionen nicht erklärt.

Graphische Darstellung der Kurvenschar Bild 18.

Gemeinsame Eigenschaften:

1. Alle Kurven verlaufen im 1. und 2. Quadranten axialsymmetrisch zur y-Achse.
2. Alle Kurven nähern sich für große Absolutwerte von x unbegrenzt der x-Achse, für kleine Absolutwerte von x unbegrenzt der y-Achse.
3. Alle Kurven gehen durch den Punkt $(1; 1)$ und $(-1; 1)$.

d) Die Funktion $y = x^n$ für negatives ungerades n.

BEISPIELE

$$y_1 = x^{-1};\ y_2 = x^{-3};\ y_3 = x^{-5}.$$

Wertetabelle:

x	-3	-2	$-1,5$	-1	$-0,75$	$-0,5$	$-0,25$	0
$y_1 = x^{-1}$	$-0,33$	$-0,5$	$-0,67$	-1	$-1,33$	-2	-4	—
$y_2 = x^{-3}$	$-0,04$	$-0,13$	$-0,30$	-1	$-2,37$	-8	-64	—
$y_3 = x^{-5}$	$-0,00$	$-0,03$	$-0,13$	-1	$-4,21$	-32	-1024	—

x	0	0,25	0,5	0,75	1	1,5	2	3
$y_1 = x^{-1}$	—	4	2	1,33	1	0,67	0,5	0,33
$y_2 = x^{-3}$	—	64	8	2,37	1	0,30	0,13	0,04
$y_3 = x^{-5}$	—	1024	32	4,21	1	0,13	0,03	0,00

Graphische Darstellung der Kurvenschar Bild 19.

Gemeinsame Eigenschaften:

1. Alle Kurven verlaufen im 1. und 3. Quadranten zentralsymmetrisch zum Anfangspunkt des Achsenkreuzes.
2. Alle Kurven nähern sich für große Absolutwerte von x unbegrenzt der x-Achse, für kleine Absolutwerte von x unbegrenzt der y-Achse.
3. Alle Kurven gehen durch den Punkt $(1; 1)\ (-1; -1)$.

▌ Die Kurven aller Potenzfunktionen $y = x^n$ für negatives n heißen Hyperbeln.

Die Kurven der Exponentialfunktion $y = a^x$

BEISPIELE

$$y_1 = 2^x;\ y_2 = 3^x;\ y_3 = \left(\frac{1}{2}\right)^x,\ y_4 = \left(\frac{1}{3}\right)^x$$

3.2.1. Rationale Zahlen

Wertetabelle:

x	-3	-2	-1	0	1	2	3
$y_1 = 2^x$	0,13	0,25	0,5	1	2	4	8
$y_2 = 3^x$	0,04	0,11	0,33	1	3	9	27
$y_3 = \left(\frac{1}{2}\right)^x$	8	4	2	1	0,5	0,25	0,13
$x_4 = \left(\frac{1}{3}\right)^x$	27	9	3	1	0,33	0,11	0,04

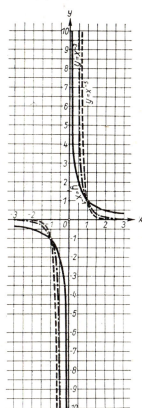

Bild 19

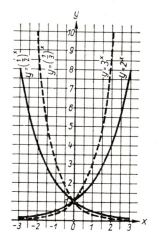

Bild 20

Graphische Darstellung der Kurvenschar Bild 20.
Gemeinsame Eigenschaften:

1. Alle Kurven verlaufen im 1. und 2. Quadranten.

2. Alle Kurven der Exponentialfunktionen mit einer Basis > 1 nähern sich für große negative Werte von x unbegrenzt der x-Achse; die Kurven der Exponentialfunktionen mit einer Basis < 1 nähern sich für große positive Werte von x unbegrenzt der x-Achse.

3. Alle Kurven gehen durch den Punkt $(0; 1)$.

3.2. Wurzeln, rationale und irrationale Zahlen, Einführung gebrochener Exponenten, Rechengesetze

3.2.1. Rationale Zahlen

Zur Veranschaulichung aller bisher behandelten Zahlen diente uns die sogenannte Zahlengerade (Bild 12, S. 50). Die Gesamtheit aller positiven ganzen Zahlen liegt auf dem nach rechts gehenden Zahlenstrahl, sie heißen *natürliche* Zahlen. Summe und Produkt von natürlichen Zahlen sind wieder natürliche Zahlen.

Die Subtraktion erforderte die Einführung der *Null* und der *negativen* ganzen Zahlen (4 − 4, 2 − 5).
Die Gesamtheit der *ganzen* Zahlen (negative und positive) wird veranschaulicht durch Punkte auf der Zahlengeraden. Die Addition, Subtraktion und Multiplikation ganzer Zahlen liefern wieder ganze Zahlen. Dagegen verlangt die Division die Einführung der *Brüche*. Auch jedem Bruch kann ein Punkt auf der Zahlengeraden zugeordnet werden.
Die Gesamtheit der Brüche bildet mit der Gesamtheit der ganzen Zahlen den Bereich der *rationalen*[1] Zahlen. Jede rationale Zahl (Bruch wie ganze Zahl) läßt sich durch den Quotienten p ausdrücken, wobei $\frac{p}{q}$ und q ganze Zahlen bedeuten.
Da die Division durch Null verboten ist, darf der Nenner q nicht 0 sein; das gilt auch für den Fall, daß Zähler und Nenner gleich sind. Man kann wohl schreiben $\frac{p}{q} = \frac{a}{a} = 1$, aber nicht $\frac{0}{0} = 1$.
Durch Anwendung der vier Grundrechenarten (Addition, Subtraktion, Multiplikation, Division) im Bereich der rationalen Zahlen erhält man – und zwar ganz eindeutig – wieder rationale Zahlen. Ausgeschlossen ist die Division durch Null. Die genannten vier Rechenarten faßt man auch zusammen unter den Begriff „*rationale Rechenoperationen*".
Da bei der Division zweier ganzer Zahlen auch unendliche *periodische* Dezimalbrüche auftreten können, ist ohne weiteres einzusehen, daß auch die periodischen Dezimalbrüche zu den rationalen Zahlen gehören. Zum Beispiel ist $0{,}2727\ldots = 0{,}\overline{27} = \frac{3}{11}$ und $0{,}327327\ldots 0{,}\overline{327} = \frac{18}{55}$.

Die Verwandlung von *reinperiodischen* Dezimalbrüchen in gemeine Brüche zeigen die folgenden Beispiele:

$$0{,}\overline{6} = \frac{6}{9} = \frac{2}{3} \qquad 0{,}\overline{027} = \frac{25}{999} = \frac{3}{111}$$

Man erkennt, daß in dem Symbol $\frac{p}{q}$ (rationale Zahl) der Zähler p die Periode des Dezimalbruchs ist, während der Nenner q so viel Neunen aufweist, wie die Periode Stellen hat.
Bei Verwandlung von *gemischt*periodischen Dezimalbrüchen führt man diese zunächst durch Erweitern auf reinperiodische zurück:

$$0{,}5\overline{18} = 0{,}1 \cdot 5{,}\overline{18} = 0{,}1 \cdot 5 \frac{18}{99} = 0{,}1 \cdot 5 \frac{2}{11} = \frac{57}{110}$$

oder rechnet: $(518{,}\overline{18} - 5{,}\overline{18}) : 990 = \frac{513}{990} = \frac{57}{110}$.

Im Gegensatz hierzu sind unendliche *nicht*periodische Dezimalbrüche nicht durch einen Quotienten ganzer Zahlen darstellbar; sie treten nie auf bei einer Division rationaler Zahlen, gehören also nicht zum Bereich der rationalen Zahlen. Sie werden aber für uns an Bedeutung gewinnen beim Rechnen mit Wurzeln.

---
[1] ratio (lat.) berechnetes Verhältnis, Verstand

3.2.2. Der Wurzelbegriff

Die Subtraktion ist die Umkehrung der Addition (Rechenarten der 1. Stufe), und die Division ist die Umkehrung der Multiplikation (Rechenarten der 2. Stufe).
Die Rechenoperation des Potenzierens (eine Rechenart der 3. Stufe) hat 2 Umkehrungen:

1. das Wurzelziehen oder Radizieren,
2. das Logarithmieren.

Sind 3 Größen a, n und b durch die Beziehung $a^n = b$ einander zugeordnet, so sind 3 verschiedene Aufgabenarten möglich:

1. Die Größen a und n sind gegeben, b ist gesucht (Potenzrechnung).
2. Die Größen n und b sind gegeben, a ist gesucht (Wurzelrechnung).
3. Die Größen a und b sind gegeben, n ist gesucht (Logarithmenrechnung).

Ist einerseits $2^3 = 8$, so gilt andererseits $2 = \sqrt[3]{8}$.

Allgemein: Ist $\sqrt[n]{b} = a$, so ist $a^n = b$.

Unter der n-ten Wurzel aus der Zahl b versteht man diejenige Zahl a, deren n-te Potenz gleich der Zahl b ist.

Hiermit kommt zum Ausdruck, daß man als Probe auf die Richtigkeit einer gelösten Wurzelaufgabe die entgegengesetzte Rechenart, das Potenzieren, auf das Ergebnis anwenden kann.

So ist z. B. $\sqrt[3]{1000} = 10$, denn $10^3 = 1000$, und $\sqrt[4]{81} = 3$, denn $3^4 = 81$.

In $\sqrt[n]{a} = b$ nennt man die gesuchte Zahl b *Wurzel* oder Wurzelwert, den gegebenen Wert a *Radikand*[1].

Der Potenzexponent n wird durch die Umkehrung zum *Wurzelexponenten*.

Die *Quadratwurzel* $\sqrt[2]{b}$ schreibt man kurz $\sqrt{b}$.

Berechnet man die Fläche eines Quadrates nach der Formel $A = a^2$, wobei die Seite a gegeben ist, so findet man umgekehrt die Seite a, indem man aus der gegebenen Fläche A die Quadratwurzel zieht: $a = \sqrt{A}$.

Überblick

	Potenzieren	Radizieren
	$A = a^2$	$a = \sqrt[2]{A}$
gesucht	Fläche A (Potenzwert)	Seite a (Wurzel)
gegeben	Seite a (Basis, Grundzahl)	Fläche A (Radikand)
	Exponent 2 (Potenzexponent)	Exponent 2 (Wurzelexponent)

---

[1] (lat.) die zu radizierende (Zahl)

3. Potenzen und Wurzeln

Die Quadratwurzel aus der Zahl a ist diejenige Zahl b, deren Quadrat gleich dem Radikanden a ist. Hieraus ergibt sich die Definitionsgleichung für die Quadratwurzel:

$$(\sqrt{a})^2 = a$$

In ähnlicher Weise, wie man die Quadratseite aus der Fläche bestimmt, erhält man auch die Kante eines Würfels aus dem Würfelvolumen. Da die Formel hier $V = a^3$ lautet, worin a die gesuchte Kante bedeutet, muß man praktisch den gegebenen Wert V (z. B. 64) in 3 gleiche Faktoren zerlegen (im Beispiel $4 \cdot 4 \cdot 4$).
Man muß also eine Zahl suchen, die, in die 3. Potenz erhoben, den Volumenwert V ergibt. Das bedeutet: Es ist die 3. Wurzel oder *Kubikwurzel* zu ziehen.
Man schreibt dann $\sqrt[3]{V} = a$ bzw. $\sqrt[3]{64} = 4$ (gelesen: 3. Wurzel aus 64).
Definitionsgleichung für die Kubikwurzel: $\left(\sqrt[3]{a}\right)^3 = a$.

Für den allgemeinen Fall nimmt die Definitionsgleichung für die Wurzel folgende Form an:

$$\boxed{\left(\sqrt[n]{a}\right)^n = a} \qquad (24)$$

Sonderfälle:

$\sqrt[n]{1} = 1$, denn $1^n = 1$ für $n = 0, 1, 2, 3$, usw.

$\sqrt[n]{0} = 0$ $(n \neq 0)$, denn $0^n = 0$ für $n = 1, 2, 3, \ldots$, d. h. für alle natürlichen Zahlen.

$\sqrt[1]{a} = a$, denn $a^1 = a$

(Vgl. hierzu 3.1.1. bzw. 3.1.8.!)

Gerade und ungerade Wurzelexponenten

Alle geraden Wurzeln mit positivem Radikanden sind im Bereich der bisher betrachteten Zahlen *doppeldeutig*, d. h., sie besitzen einen positiven und einen negativen Wert.
Zum Beispiel ist die zweite Wurzel aus 4 gleich ± 2, denn $(+2^2) = 4$ und ebenfalls $(-2)^2 = 4$.
Man darf daher, wenn zwei Quadrate gleich sind, keineswegs schließen, daß auch ohne weiteres ihre Basen gleich sind. Aus $c^2 = d^2$ kann man nur schließen, daß entweder $c = +d$ oder $c = -d$ ist. Es ist $(a-b)^2 = (b-a)^2$, aber $(a-b) \neq (b-a)$. Offensichtlich gilt hier $(a-b) = -(b-a)$ oder $-(a-b) = (b-a)$. Prüfe nach mit $a = 5$ und $b = 3$!

Man hüte sich vor Trugschlüssen und merke sich:

> Die Quadratwurzeln aus zwei gleichen Zahlen sind entweder gleich oder unterscheiden sich nur durch das Vorzeichen.

3.2.2. Der Wurzelbegriff

Praktisch wird bei geraden Exponenten vorwiegend der positive Wurzelwert gebraucht; er wird *Hauptwert* der Wurzel genannt. Zum Beispiel kann man einer Quadratseite nur einen positiven Wert beimessen.

Um die *Eindeutigkeit* von algebraischen Summen zu sichern, setzen wir fest, daß in den weiteren Ausführungen das Zeichen $\sqrt{a}$ stets den Hauptwert bedeuten soll, wenn nicht ausdrücklich auf die Mehrdeutigkeit hingewiesen wird. Ist der negative Wurzelwert gemeint, dann schreibt man $-\sqrt{a}$.

Es gilt also $\sqrt{9} = 3$ und $-\sqrt{9} = -3$.

Durch unsere Festsetzung erhalten wir für den Ausdruck

$\sqrt{64} - \sqrt{25} + \sqrt{4}$ nur *einen* Wert als Ergebnis, nämlich
$8 - 5 + 2 = 5$. (Der Leser überlege selbst, wieviel verschiedene Ergebnisse bei Berücksichtigung der Doppeldeutigkeit möglich wären!)
Die Doppeldeutigkeit gehört in das Gebiet der Gleichungen, sie ist zu berücksichtigen, wo erst im Laufe der Rechnung das Wurzelzeichen auftritt.
Für unsere weiteren Untersuchungen setzen wir außerdem fest, daß bei geraden Wurzeln nur *positive* Radikanden zugelassen sind.

Die geraden Wurzeln mit negativen Radikanden werden später besonders behandelt. Dagegen haben ungerade Wurzeln im Bereich der bisher betrachteten Zahlen nur *einen* Wurzelwert; sie sind also eindeutig.

Zum Beispiel ist

die dritte Wurzel aus 8 gleich 2, denn $2^3 = 8$, die dritte Wurzel aus -8 gleich -2, denn $(-2)^3 = -8$.

In Worten: Eine ungerade Wurzel gibt einen positiven Wert, wenn der Radikand positiv ist, einen negativen Wert, wenn der Radikand negativ ist.

Wie später noch bewiesen wird, hat die dritte Wurzel aus a drei Werte. Diese gehören aber bis auf einen, mit dem wir uns hier zunächst begnügen wollen, dem Bereich der sogenannten komplexen Zahlen an. Die n-te Wurzel aus a hat allgemein n Werte.

BEISPIELE

1. Der Wurzelexponent ist gerade

$\sqrt{25} = 5 \quad -\sqrt{\dfrac{1}{4}} = -\dfrac{1}{2} \quad \sqrt[4]{0{,}0016} = 0{,}2 \quad -\sqrt[6]{64} = -2$

$\sqrt{144} - \sqrt{16} - \sqrt{121} = 12 - 4 - 11 = -3$.

2. Der Wurzelexponent ist ungerade

$\sqrt[3]{125} = 5 \quad \sqrt[3]{-0{,}008} = -0{,}2 \quad -\sqrt[5]{243} = -3 \quad -\sqrt[5]{-32} = 2$

$\sqrt[3]{1000} - \sqrt[3]{27} + \sqrt[3]{-8} = 10 - 3 - 2 = 5$.

3.2.3. Irrationale Zahlen

Quadratwurzeln aus Quadratzahlen gehen auf, ebenso Kubikwurzeln aus Kubikzahlen usw. Das sind aber offenbar die wenigsten Fälle unter den denkbaren Möglichkeiten. Beschränken wir uns auf die aufgehenden Quadratwurzeln, so zeigt sich eine gewisse Mannigfaltigkeit, die in der folgenden Zusammenstellung zum Ausdruck kommt.

Die Wurzel ist

eine ganze Zahl	$\sqrt{49} = 7$	
ein gemeiner Bruch	$\sqrt{\dfrac{4}{25}} = \dfrac{2}{5} = 0{,}4$	endlicher Dezimalbruch
,, ,, ,,	$\sqrt{\dfrac{1}{9}} = \dfrac{1}{3} = 0{,}\bar{3}$	unendlicher periodischer Dezimalbruch
Null	$\sqrt{0} = 0$	

Hieraus ist erkennbar, daß jede beliebige positive und negative ganze Zahl und jeder beliebige positive oder negative Bruch (endlicher oder unendlicher periodischer Dezimalbruch) als Wurzelwert denkbar ist.

Alle diese Zahlen gehören, wie in 3.2.1. dargelegt wurde, in den Bereich der rationalen Zahlen. Ganz anders verhält es sich z. B. mit $\sqrt{2}$.

$\sqrt{2}$ kann keine ganze Zahl sein; der Wurzelwert liegt offensichtlich zwischen 1 und 2. Der Wert von $\sqrt{2}$ kann aber auch kein gemeiner Bruch sein, d. h. auch kein endlicher Dezimalbruch oder periodischer Dezimalbruch; denn das Quadrat von den genannten Brüchen gibt stets einen Bruch, aber niemals 2.

Wir stellen somit fest: $\sqrt{2}$ ist kein Bruch, der sich durch ein Verhältnis ausdrücken läßt, d. h., $\sqrt{2}$ ist keine rationale Zahl, sondern ein *unendlicher nichtperiodischer* Dezimalbruch.

Man sagt dafür: $\sqrt{2}$ ist eine *irrationale*[1] Zahl.

$\sqrt{2}$ liegt zwischen 1,41 und 1,42; denn $1{,}14^2 = 1{,}9881$ und $1{,}42^2 = 2{,}0164$. Man rechnet mit dem gerundeten Wert $\sqrt{2} \approx 1{,}4142$. (Genauer: $\sqrt{2}$ liegt zwischen 1,41421 und 1,41422, Probe!)

Auch $\sqrt{3}$, $\sqrt{5}$, $\sqrt[3]{2}$ oder $\sqrt[4]{5}$ sind irrationale Zahlen; man kann ihre Werte nur angenähert angeben oder entsprechend wie bei $\sqrt{2}$ beliebig eng zwischen zwei rationale Zahlen einschließen. So liegt $\sqrt{3}$ zwischen 1 und 2; man schreibt dann:

$$1 < \sqrt{3} < 2$$

genauer: $\quad 1{,}7 < \sqrt{3} < 1{,}8 \qquad (1{,}7^2 = 2{,}89;\ 1{,}8^2 = 3{,}24)$

noch genauer: $1{,}73 < \sqrt{3} < 1{,}74 \qquad (1{,}73^2 = 2{,}9929;\ 1{,}74^2 = 3{,}0276)$

---
[1] (lat.) soviel wie nicht (genau) berechenbar

3.2.4. Quadratwurzelziehen

Diese Darstellung bezeichnet man als „Einschachtelung". Sie läßt sich beliebig fortsetzen und liefert einen Näherungswert von jeweils gewünschter Genauigkeit. Der Näherungswert ist natürlich ein endlicher Dezimalbruch, also eine rationale Zahl. Man merke sich (für genaue Rechnung):
$\sqrt{3} \approx 1{,}7321$, $\sqrt{5} \approx 2{,}2361$. Geometrisch lassen sich die irrationalen Zahlen $\sqrt{2}$, $\sqrt{3}$, $\sqrt{5}$ usw. nach dem Lehrsatz des PYTHAGORAS genau darstellen.

$\sqrt{2}$ ist die Diagonale im Quadrat, dessen Seite $a = 1$ ist (Bild 21a).

$\sqrt{3}$ ist die Höhe im gleichseitigen Dreieck mit der Seite $a = 2$ (Bild 21b).

Bild 21a

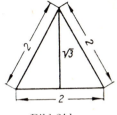
Bild 21b

Irrationale Zahlen und Zahlengerade

Wie in 3.2.1. gezeigt wurde, kann die Gesamtheit der rationalen Zahlen durch Punkte auf der Zahlengeraden dargestellt werden. Aber erst die Gesamtheit der irrationalen Zahlen[1] füllt die Zahlengerade lückenlos aus. Die Lage ihrer Punkte ist durch Konstruktion mit dem Zirkel leicht bestimmbar (vgl. Bild 22).

Es gibt mehr irrationale als rationale Zahlen, wie folgende Aufstellung vermuten läßt:

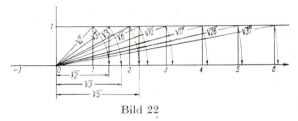
Bild 22

a	0	1	2	3	4	5	6	7	8	9	10
$\sqrt{a}$	0	1	1,414	1,732	2	2,236	2,449	2,646	2,828	3	3,162

Das Radizieren brachte uns somit eine nochmalige *Erweiterung* des Zahlenbereichs:

> Die Gesamtheit der rationalen Zahlen und die Gesamtheit der irrationalen Zahlen bilden die Gesamtheit der *reellen* Zahlen.

Jedem Punkt der Zahlengeraden ist eine reelle Zahl zugeordnet. Alle anderen Zahlen sind keine reellen Zahlen, sie haben keinen Platz auf der (reellen) Zahlengeraden; sie heißen *komplexe* Zahlen. Mit ihnen werden wir uns in Kapitel 4. beschäftigen.

3.2.4. Quadratwurzelziehen

Mit Hilfe der Formel $(a + b)^2 = a^2 + 2ab + b^2$ kann man Potenzen von zwei- und mehrstelligen Zahlen errechnen. Man schreibt z. B.

$$83^2 = (80 + 3)^2 = 6400 + 480 + 9 = 6889$$
$$(a + b)^2 = a^2 \quad\; + 2ab + b^2$$

---

[1] Hierbei ist zu berücksichtigen, daß es unter den irrationalen Zahlen noch weitere gibt, die nicht durch einen Wurzelausdruck darstellbar sind, sogenannte **transzendente** Zahlen; dazu gehören π und e.

Die Aufgabe $\sqrt{6889}$ ist die Umkehrung zu der vorstehenden Rechnung; gesucht ist jetzt die $83 = a + b$.

Lösungsweg:

Man sucht zunächst die erste Ziffer, also die 8, zu bestimmen. Sie steckt als $a^2 = 64$ in den 68 Hunderten.

1. Schritt: Man bestimmt die Quadratzahl, die der 68 am nächsten kommt; das ist 64. Damit hat man die 1. Ergebnisziffer

$$0,1 \, a = 8.$$

2. Schritt: Man zieht $a^2 = 6400$ ab und schreibt

$$\begin{aligned}\sqrt{6889} &= 8 \\ -8^2 = &-64 \\ \hline &489\end{aligned}$$

Der Rest 489 entspricht dem Ausdruck $2ab + b^2$. Teilt man diesen Wert durch $2a$, so erhält man

$$(2ab + b^2) : 2a = b + \frac{b^2}{2a}$$

Hierin kann man $\frac{b^2}{2a}$ – als kleinen Wert gegenüber b – zunächst vernachlässigen.

Damit ist ein Weg zur Bestimmung von b gegeben:

$$\text{Aus } 489 \approx 2ab \quad \text{folgt} \quad 489 : 2a \approx b$$

3. Schritt: Man teilt 489 durch 160 ($= 2a$) und erhält $b = 3$.
4. Schritt: Man berechnet $2ab + b^2 = (2a + b) b = (160 + 3) \cdot 3$ und subtrahiert.

Schriftliches Bild:
$$\begin{aligned}\sqrt{6889} &= 83 \\ -(8^2 = &64) \\ \hline &489 : 160 \approx 3 \\ -(2 \cdot 3 \cdot 80 + 3^2 = &489) \\ \hline &0\end{aligned}$$

Schwieriger werden die Aufgaben, wenn ein Komma im Radikanden steht. Da $8,3^2 = 68,89$, ist $\sqrt{68,89} = 8,3$. Da $0,83^2 = 0,6889$, ist $\sqrt{0,6889} = 0,83$. Rückt das Komma im Radikanden 2, 4, 6 Stellen, so rückt es in der Wurzel 1, 2, 3 Stellen.
Der Radikand muß also nach dem Komma immer eine gerade Anzahl Stellen haben. Bei ungerader Stellenzahl muß eine Null angehängt werden,

z. B. $\sqrt{688,9} = \sqrt{688,90}$.

Man berechnet dann erst $\sqrt{68890}$ und schneidet im Ergebnis eine Stelle ab.
Man kann auf einfache Weise die Stellenzahl der Wurzel bestimmen, wenn man im Radikanden vom Komma aus nach beiden Seiten immer Gruppen zu je 2 Stellen

3.2.4. Quadratwurzelziehen

abteilt, wobei dann die Anzahl der Gruppen vor dem Komma gleich der im Resultat vor dem Komma stehenden Stellenzahl ist:

$\sqrt{1\,89\,62}$	3 Gruppen, also 3stellig
$\sqrt{24\,60\,74}$	3 Gruppen, also 3stellig
$\sqrt{6\,70}$	2 Gruppen, also 2stellig
$\sqrt{68\,24\,39\,00}$	4 Gruppen, also 4stellig
$\sqrt{11\,69,64}$	$= 34,2$
$\sqrt{9,85\,96}$	$= 3,14$

Ist der Radikand eine 5- oder 6stellige Zahl, dann ist eine andere Formel dem Wurzelziehen zugrunde zu legen.
Angenommen, der Wurzelwert soll 536 sein.

Setzt man $500 = a$, $30 = b$ und $6 = c$, dann gilt:

$536 = a + b + c$ und $536^2 = (a + b + c)^2 = a^2 + 2ab + b^2 + 2 \cdot (a + b) c + c^2$
$536^2 = (500 + 30 + 6)^2$

	$a^2 =$	250000
	$2ab =$	30000
	$b^2 =$	900
$2(a + b) c =$		6360
	$c^2 =$	36
	$536^2 =$	287296

Hiernach wird das folgende Beispiel als Umkehrung zum eben erläuterten ohne weiteres verständlich sein.

BEISPIELE

1. $\sqrt{287296}$

Lösung:

	$\sqrt{287296}$	$= 500 + 30 + 6 = 536$	
a^2	250000		
	$37296 : 1000$	$(= 2a)$	
$2ab$	30000		
	7296		
b^2	900		
	$6396 : 1060$	$(= 2a + 2b)$	
$2(a + b) c$	6360		
	36		
c^2	36		
	0		

3. Potenzen und Wurzeln

Mit der vorstehenden Aufgabe sind zugleich auch die folgenden Aufgaben gelöst:

$$\sqrt{2872{,}96} = 53{,}6$$
$$\sqrt{28{,}7296} = 5{,}36$$
$$\sqrt{28729600} = 5360$$

Dagegen muß man $\sqrt{287{,}296}$ neu gruppieren $\left(\sqrt{287{,}2960}\right)$ und neu ausrechnen.
Der Lösungsweg dieses Beispiels kann viel kürzer dargestellt werden; es ergibt sich dann folgendes Schema für dieselbe Aufgabe.

$$\sqrt{287296} = 536$$

```
          25
         ―――
         37'2           10₃
          309
         ――――
          639'6        106₆
           63 96
          ――――――
              0
```

Erläuterung zum vorstehenden Schema

1. Zeile: Man teilt den Radikanden (vom Komma aus) in Gruppen von je 2 Ziffern.
2. Zeile: 25 ist die nächstniedere Quadratzahl. Im Ergebnis wird die Zahl 5 geschrieben.
3. Zeile: 37'2 setzt sich zusammen aus dem Rest 3 und der nächsten Gruppe 72. 37 (nicht 372, daher der kleine Strich!) wird geteilt durch 10 (das Doppelte des bisherigen Ergebnisses). Die Ergebniszahl 3 wird geschrieben und zugleich an den eben verwendeten Teiler 10 angehängt. Damit erhält man den nun benötigten Faktor 103.
4. Zeile: 309 ist das Produkt aus dem Faktor 103 und der Ergebnisziffer 3.
5. Zeile: 639'6 setzt sich zusammen aus dem Rest 63 und der nächsten Gruppe 96. 106 (das Doppelte des bisherigen Ergebnisses, also 2 · 53) ist der neue Divisor. 6396 : 106 = 6. 1066 ist der neue Faktor.
6. Zeile: 6396 ist das Produkt aus dem Faktor 1066 und der letzten Ergebnisziffer 6. (Die Division geht auf.)

Merke: Die Zahlen 37 und 639 sind Dividenden,
       ,,   ,,   10 ,, 106 ,,   Teiler,
       ,,   ,,   103 ,, 1066 ,,   Faktoren.

2. $\sqrt{2}$ soll auf 2 Dezimalen genau bestimmt werden.

Lösung: (verkürztes Verfahren)

```
  √2,000000 = 1,41
   1
  ―――
   10'0              2₄
    96
  ――――
   40'0             28₁
   2 81
  ――――――
   1 190'0         282₄
```

3.2.5. Die Wurzel als Potenz mit gebrochenem Exponenten

Bemerkung zu Zeile 3: Teilt man 10 durch 2 (das Doppelte der ersten Ergebnisziffer), so erhält man 5. Man muß hier aber die nächst niedere Ziffer ins Ergebnis schreiben, da das zu bildende Produkt größer wäre (5 · 25) als die zur Verfügung stehende Zahl 100.

AUFGABEN

87. Ziehe die Quadratwurzel aus: a) 59 049 b) 538 756

88. Berechne auf 2 Dezimalstellen genau:

a) $\sqrt{381}$ b) $\sqrt{3{,}81}$ c) $\sqrt{38{,}1}$ d) $\sqrt{1340}$ e) $\sqrt{7}$ f) $\sqrt{0{,}5}$

Hinweis: Im technischen Rechnen müssen oft Wurzeln gezogen werden. Man bedient sich hierzu einer Tafel für Quadratzahlen und Quadratwurzeln, des Rechenstabs oder des Taschenrechners.

3.2.5. Die Wurzel als Potenz mit gebrochenem Exponenten; vierte Erweiterung des Potenzbegriffes $a^{\frac{m}{n}}$

In 3.1. wurde die Gültigkeit der Potenzgesetze nur für den Fall bewiesen, daß der Potenzexponent eine *ganze* (positive oder negative) Zahl oder auch Null ist. Es liegt nahe zu untersuchen, ob man Potenzen einen Sinn beilegen kann, deren Exponenten *rationale* Zahlen sind. Dies würde eine Erweiterung des Potenzbegriffs bedeuten.

Das Rechnen mit Potenzen von der Form $a^{\frac{m}{n}}$ darf natürlich nicht mit den aufgestellten Potenzgesetzen in Widerspruch stehen, d. h., das Permanenzprinzip[1] muß gewahrt bleiben.

Man bezeichnet Potenzen mit gebrochenen Exponenten, z. B. $9^{\frac{2}{3}}$, $6^{0,5}$, $a^{-1,5}$ auch kurz als *Bruchpotenzen*.

In Einklang mit dem Gesetz für das Potenzieren von Potenzen gilt

einerseits: $\left(8^{\frac{1}{2}}\right)^2 = 8$ $\left(64^{\frac{1}{3}}\right)^3 = 64$ allgemein $\left(a^{\frac{1}{n}}\right)^n = a$

Gemäß der Definitionsgleichung für die Wurzel gilt

andererseits: $\left(\sqrt{8}\right)^2 = 8$ $\left(\sqrt[3]{64}\right)^3 = 64$ allgemein $\left(\sqrt[n]{a}\right)^n = a$

Durch Gleichsetzen der entsprechenden Ausdrücke erhält man:

$$8^{\frac{1}{2}} = \sqrt{8} \qquad 64^{\frac{1}{3}} = \sqrt[3]{64} \qquad \text{allgemein } a^{\frac{1}{n}} = \sqrt[n]{a}$$

---

[1] soviel wie „Grundsatz der Ausnahmslosigkeit"

3. Potenzen und Wurzeln

Drückt man schließlich die Basen (Radikanden) als Potenzen aus, so ergibt sich:

$$(2^3)^{\frac{1}{2}} = 2^{\frac{3}{2}} = \sqrt{2^3} \qquad (8^2)^{\frac{1}{3}} = 8^{\frac{2}{3}} = \sqrt[3]{8^2}$$

Hiernach setzen wir allgemein fest:

$$\boxed{a^{\frac{m}{n}} = \sqrt[n]{a^m}} \quad \text{(Vierte Erweiterung des Potenzbegriffes)} \tag{25}$$

In dieser Gleichung steht links wie rechts eine Zahl, die mit n potenziert a^m ergibt. Die Formel besagt: Jede Bruchpotenz kann als Wurzel aus einer Potenz dargestellt werden. Umgekehrt kann jeder Wurzelausdruck als Potenz geschrieben werden. Der Zähler m wird zum Exponenten des Radikanden, der Nenner n zum Wurzelexponenten.

Um Schreibfehler zu vermeiden, beachte man, daß auf der linken Seite m höher steht als n, auf der rechten Seite aber n höher als m.

Auf Grund der Formel (25) ergeben sich die Gesetze für das Rechnen mit Wurzeln ohne weiteres aus den schon aufgestellten Potenzgesetzen; davon soll im nächsten Abschnitt 3.2.6. Gebrauch gemacht werden.

Als *Sonderfälle* erhält man aus (25)

$$a^{\frac{1}{n}} = \sqrt[n]{a} \qquad (\text{für } m = 1)$$

$$a^{-\frac{m}{n}} = 1 : \sqrt[n]{a^m} \quad \left(\text{gemäß der Formel } a^{-n} = \frac{1}{a^n}\right)$$

Die schon oben ausgesprochene *Erweiterung des Potenzbegriffs* ist somit begründet: Jede *rationale* Zahl kann als Potenzexponent auftreten.

Ergänzend sei bemerkt, daß auch Potenzen mit irrationalen und imaginären Exponenten wie z. B. $a^{\sqrt{3}}$ und e^{ix} einen Sinn haben.

BEISPIELE

1. Verwandlung von Wurzelausdrücken in Bruchpotenzen

a) $\sqrt[5]{a^3} = a^{\frac{3}{5}}$ b) $(\sqrt[5]{a})^3 = a^{\frac{3}{5}}$ c) $\dfrac{1}{\sqrt{x}} = \dfrac{1}{x^{\frac{1}{2}}} = x^{-\frac{1}{2}}$

d) $\dfrac{1}{\sqrt[3]{x^2}} = \dfrac{1}{x^{\frac{2}{3}}} = x^{-\frac{2}{3}}$ e) $\sqrt{(1+x^2)^3} = (1+x^2)^{\frac{3}{2}} = (1+x^2)^{1,5}$

2. Verwandlung von Bruchpotenzen in Wurzelausdrücke

a) $\left(\dfrac{a}{b}\right)^{\frac{4}{5}} = \sqrt[5]{\left(\dfrac{a}{b}\right)^4}$
b) $a^{-\frac{1}{3}} = \dfrac{1}{\sqrt[3]{a}}$
c) $a^{0,8} = a^{\frac{4}{5}} = \sqrt[5]{a^4}$

d) $a^{4,3} = a^4 \cdot a^{\frac{3}{10}} = a^4 \cdot \sqrt[10]{a^3}$
e) $x^{-0,5} = \dfrac{1}{x^{0,5}} = \dfrac{1}{\sqrt{x}}$

AUFGABEN

89. Schreibe als Potenz:

a) $\sqrt[4]{a^3}$ b) $\sqrt[3]{x^n}$ c) $\sqrt[3]{(2+a)^2}$ d) $\sqrt[3]{2a}$ e) $\sqrt[3]{a^{-2}}$ f) $\sqrt[3]{4+a^2}$

g) $\dfrac{1}{\sqrt{b}}$ h) $\dfrac{1}{\sqrt[3]{3^4}}$ i) $\dfrac{1}{3\sqrt{3}}$ k) $\sqrt[3]{\dfrac{1}{100}}$ l) $\sqrt[3]{\sqrt[2]{x}}$ m) $\left(\sqrt[4]{\dfrac{1}{x}}\right)^{-3}$

90. Schreibe mit Wurzelzeichen:

a) $x^{\frac{5}{6}}$ b) $a^{\frac{4}{5}}$ c) $b^{\frac{1}{n}}$ d) $x^{3,5}$ e) $a^{3,1}$ f) $a^{-0,4}$

3.2.6. Rechengesetze für Wurzeln

Die Gesetze für das Rechnen mit Wurzeln leiten wir im folgenden aus den Potenzgesetzen her, da wir jede Wurzel als Potenz schreiben können (vgl. 3.2.5.).

Addieren und Subtrahieren von Wurzeln

In der Potenzrechnung stellten wir fest, daß sich eine Summe wie $a^{\frac{1}{3}} + b^{\frac{1}{3}}$ oder $a^{\frac{1}{3}} + a^{\frac{1}{2}}$ nicht vereinfachen läßt. Daraus folgt:

Ausdrücke wie $\sqrt[3]{a} + \sqrt[3]{b}$ lassen sich nicht vereinfachen, obgleich die Exponenten gleich sind, auch nicht Ausdrücke wie $\sqrt[3]{a} + \sqrt{a}$, obgleich die Radikanden gleich sind.

> Nur Wurzeln mit gleichen Exponenten und gleichen Radikanden lassen sich addieren oder subtrahieren.

BEISPIELE

1. $5\sqrt{3} + 2\sqrt{3} = 7\sqrt{3}$
2. $2 \cdot \sqrt[3]{4} + 5 \cdot \sqrt[3]{4} - 3 \cdot \sqrt[3]{4} = 4 \cdot \sqrt[3]{4}$
3. $a\sqrt[n]{z} + b\sqrt[n]{z} - c\sqrt[n]{z} = (a + b - c)\sqrt[n]{z}$

3. Potenzen und Wurzeln

4. Sind Radikand und Wurzelexponent bestimmte Zahlen, dann kann man nur wie folgt rechnen:

$$\sqrt[3]{64} + \sqrt{64} = 4 + 8 = 12; \quad \sqrt[3]{27} - \sqrt[3]{8} = 3 - 2 = 1.$$

Multiplizieren gleichnamiger Wurzeln

Gleichnamige Wurzeln sind Wurzeln mit gleichen Exponenten, wie z. B. $\sqrt[3]{9}$ und $\sqrt[3]{5}$. Ihr Produkt ist in Potenzform geschrieben $9^{\frac{1}{3}} \cdot 5^{\frac{1}{3}} = 45^{\frac{1}{3}}$
oder mit Wurzelzeichen $\sqrt[3]{9} \cdot \sqrt[3]{5} = \sqrt[3]{45}$

Hiermit ist das Wurzelgesetz auf die Multiplikation gleichnamiger Wurzeln gefunden. Das Verfahren ist auch auf höhere Wurzeln ausdehnbar, und es gilt allgemein:

$$\boxed{\sqrt[n]{a} \cdot \sqrt[n]{b} = \sqrt[n]{a \cdot b}} \tag{26a}$$

▌ Gleichnamige Wurzeln werden miteinander multipliziert, indem man das Produkt der Radikanden mit dem gemeinsamen Wurzelexponenten radiziert.

BEISPIELE

1. $\sqrt{8} \cdot \sqrt{2} = \sqrt{16} = 4$
2. $\sqrt{2} \cdot \sqrt{3} \cdot \sqrt{6} = \sqrt{2 \cdot 3 \cdot 6} = \sqrt{36} = 6$
3. $\sqrt[3]{2} \cdot \sqrt[3]{32} = \sqrt[3]{64} = 4$
4. $\sqrt[3]{2} \cdot \sqrt[3]{-4} = \sqrt[3]{-8} = -2$
5. $\sqrt{\dfrac{a}{b}} \cdot \sqrt{\dfrac{b}{c}} \cdot \sqrt{ac} = \sqrt{\dfrac{a \cdot b \cdot ac}{b \cdot c}} = \sqrt{a^2} = a$
6. $\left(\sqrt[3]{5} - 2\right) \cdot \left(\sqrt[3]{25} + 1\right) = \sqrt[3]{125} + \sqrt[3]{5} - 2 \cdot \sqrt[3]{25} - 2 = \sqrt[3]{5} - 2 \cdot \sqrt[3]{25} + 3$

Die Umkehrung der Formel (26a) lautet:

$$\boxed{\sqrt[n]{a \cdot b} = \sqrt[n]{a} \cdot \sqrt[n]{b}} \tag{26b}$$

Sie besagt:

▌ Ein Produkt wird radiziert, indem man die Faktoren einzeln radiziert und die erhaltenen Wurzelwerte miteinander multipliziert.

BEISPIELE

1. $\sqrt{324} = \sqrt{4 \cdot 81} = 2 \cdot 9 = 18$
2. $\sqrt{7000} = \sqrt{100} \cdot \sqrt{70} = 10 \cdot \sqrt{70}$

3.2.6. Rechengesetze für Wurzeln

3. $\sqrt[3]{7000} = \sqrt[3]{1000} \cdot \sqrt[3]{7} = 10 \cdot \sqrt[3]{7}$

4. $\sqrt{a^3} = \sqrt{a^2 \cdot a} = a \cdot \sqrt{a}$

5. $\sqrt[3]{x^5} = \sqrt[3]{x^3 \cdot x^2} = x \cdot \sqrt[3]{x^2}$

Die Anwendung der Formel (26b) ist besonders nützlich beim Rechnen mit bestimmten Zahlen, wenn der Radikand in der Tafel nicht zu finden ist. Es ist oft möglich, einen Faktor als Potenz abzuspalten, wie im 2. und 3. Beispiel gezeigt wurde. Durch dieses Verfahren spart man sich in vielen Fällen die oft unbequeme Methode der Interpolation. Das zeigen die folgenden Beispiele. (Bei Anwendung von Taschenrechnern ist dieses Verfahren nicht notwendig.)

BEISPIELE

1. $\sqrt{7232} = \sqrt{4 \cdot 1808} = \sqrt{4 \cdot 4 \cdot 452} = 4 \cdot \sqrt{452}$ ($\sqrt{452}$ aus der Tafel)

2. $\sqrt{33,3} = \sqrt{9 \cdot 3,7} = 3 \cdot \sqrt{3,70} \approx 3 \cdot 1,92354 = 5,77062$

Die 5. Stelle nach dem Komma ist unsicher (warum?).
Der Wert liegt zwischen den aus der Tafel ablesbaren Werten $\sqrt{33}$ und $\sqrt{34}$, d. h. zwischen 5,7446 und 5,8310. Mit Hilfe linearer Interpolation erhält man $\sqrt{33,3} \approx$
$\approx 5,7705$.

3. $\sqrt{3133}$ kann man angenähert wie folgt berechnen:

$$\sqrt{3133} \approx \sqrt{3132} = \sqrt{4 \cdot 783} = 2 \cdot \sqrt{783} \approx 2 \cdot 27,9821 \approx 55,96$$

4. $\sqrt[3]{6,4}$ ist nicht unmittelbar aus der Tafel abzulesen. Man rechnet:

$$\sqrt[3]{64 \cdot 0,1} = 4 \cdot \sqrt[3]{0,100} = 0,4 \cdot \sqrt[3]{100} \approx 0,4 \cdot 4,6416 = 1,85664 \, .$$

Hinweis: Auf keinen Fall darf man bei solchen Aufgaben den Radikanden in eine Summe umformen und dann aus den einzelnen Summanden die Wurzel ziehen.

Merke: $\quad \sqrt{a+b} \neq \sqrt{a} + \sqrt{b} \qquad \sqrt{16+9} \neq \sqrt{16} + \sqrt{9}$

$\qquad \sqrt{a^2+b^2} \neq \sqrt{a^2} + \sqrt{b^2} \qquad \sqrt{4^2+3^2} \neq \sqrt{4^2} + \sqrt{3^2}$

Durch Anwendung der Formel für das partielle Radizieren

$$\sqrt[n]{a^n b} = \sqrt[n]{a^n} \cdot \sqrt[n]{b} = a \cdot \sqrt[n]{b}$$

erhalten viele Wurzelausdrücke eine kürzere und besser vergleichbare Form. Auf keinen Fall läßt man in Ergebnissen

$$\sqrt{75} \quad \text{oder} \quad \sqrt[3]{54}$$

stehen, sondern schreibt $5\sqrt{3}$ bzw. $3 \cdot \sqrt[3]{2}$.
Zuweilen ist es umgekehrt nötig, einen Faktor mit unter das Wurzelzeichen zu bringen.

BEISPIELE

1. $\dfrac{4}{5} \cdot \sqrt{\dfrac{125}{4} z^2} = \sqrt{\dfrac{16 \cdot 125 \cdot z^2}{25 \cdot 4}} = \sqrt{4 \cdot 5 \cdot z^2} = 2z\sqrt{5}$

2. $a \cdot \sqrt{1 + \dfrac{b^2}{a^2}} = \sqrt{a^2\left(1 + \dfrac{b^2}{a^2}\right)} = \sqrt{a^2 + b^2}$

3. $x \cdot \sqrt[3]{\dfrac{y^2}{x}} = \sqrt[3]{x^2 y^2}$

4. $a \cdot \sqrt[4]{\dfrac{x}{a^2}} = \sqrt[4]{\dfrac{a^4 x}{a^2}} = \sqrt[4]{a^2 x}$

Allgemein wird diese Umformung durch

$$a \cdot \sqrt[n]{b} = \sqrt[n]{a^n} \cdot \sqrt[n]{b} = \sqrt[n]{a^n b} \text{ ausgedrückt}.$$

$\sqrt{a \cdot b}$ heißt auch das geometrische Mittel von a und b im Gegensatz zum arithmetischen Mittel $\left(\dfrac{a+b}{2}\right)$. Das Produkt $a \cdot b$ stellt geometrisch ein Rechteck dar, $\sqrt{ab}$ ist dann die Seite eines flächengleichen Quadrates.

$\sqrt[3]{a \cdot b \cdot c}$ ist das geometrische Mittel von a, b und c; geometrisch bedeutet dieser Wurzelausdruck die Kante eines Würfels, der volumengleich einem Quader mit den Kanten a, b und c ist.

AUFGABEN

91. Vereinfache folgende Produkte:

a) $\sqrt{3} \cdot \sqrt{12}$ b) $\sqrt{7} \cdot \sqrt{28}$ c) $\sqrt{5} \cdot \sqrt{10}$ d) $\sqrt{2a} \cdot \sqrt{2x}$

e) $\sqrt{a} \cdot \sqrt{3a}$ f) $a\sqrt{x} \cdot b\sqrt{x}$ g) $5\sqrt{3} \cdot 2\sqrt{3}$ h) $\sqrt{2x} \cdot \sqrt{8y}$

i) $\sqrt{3} \cdot \sqrt{4} \cdot \sqrt{12}$ k) $\sqrt{\dfrac{2a}{b}} \cdot \sqrt{\dfrac{b}{a}}$ l) $\sqrt{q^{n+1}} \cdot \sqrt{q^{n-1}}$

m) $\sqrt{a} \cdot \sqrt{a^5}$ n) $\sqrt{c^3} \cdot \sqrt{3c}$

o) $(3 - \sqrt{6}) \cdot (2 + \sqrt{6})$ p) $(3 + \sqrt{6}) \cdot (3 - \sqrt{6})$

q) $(\sqrt{3} + 2\sqrt{5}) \cdot (3\sqrt{3} - \sqrt{5})$ r) $(\sqrt{2} + \sqrt{3} - \sqrt{5}) \cdot (\sqrt{2} - \sqrt{3} + \sqrt{5})$

92. Ebenso:

a) $\sqrt[3]{3} \cdot \sqrt[3]{-9}$ b) $\sqrt[3]{2a^2} \cdot \sqrt[3]{32a}$ c) $\sqrt[3]{9x} \cdot \sqrt[3]{9x^2}$

d) $\sqrt[3]{25y^2} \cdot \sqrt[3]{50y^2}$ e) $\left(\sqrt[3]{4a^2} + \sqrt[3]{2b}\right) \cdot \left(\sqrt[3]{16a} - \sqrt[3]{4b^2}\right)$

3.2.6. Rechengesetze für Wurzeln

93. Die folgenden Wurzeln sind teilweise auszuziehen:

a) $\sqrt{50}$ b) $\sqrt{500}$ c) $\sqrt{320}$ d) $\sqrt[3]{72}$

e) $\sqrt[3]{192000}$ f) $\sqrt[3]{-81}$ g) $\sqrt{4ab^2}$ h) $\sqrt{9a^4b^2c}$

i) $\sqrt{8ab^3}$ k) $\sqrt[3]{8ab^3}$ l) $\sqrt{z^3}$ m) $\sqrt[3]{z^5}$

n) $\sqrt[3]{z^7}$ o) $\sqrt{x^{2n+1}}$ p) $\sqrt{x^{2n-1}}$ q) $\sqrt[3]{9x^3y^8z^9}$

94. Unterscheide:

a) $\sqrt{4^2 + 2^2}$ b) $\sqrt{4^2 - 2^2}$ c) $\sqrt{4^2 \cdot 2^2}$ d) $\sqrt{4^2 : 2^2}$

95. Bringe den Faktor unter das Wurzelzeichen:

a) $\frac{1}{2}\sqrt{24}$ b) $a\sqrt{\frac{b}{a}}$ c) $2\sqrt{0{,}25}$ d) $3 \cdot \sqrt[3]{\frac{1}{9}}$

e) $2 \cdot \sqrt[4]{3}$ f) $x \cdot \sqrt{1 - \frac{y^2}{x^2}}$ g) $\frac{a}{b} \cdot \sqrt{\frac{b}{a}}$ h) $ab^2 \cdot \sqrt{\frac{3c}{b^3}}$

i) $\frac{a+1}{a-1} \cdot \sqrt{\frac{a-1}{a+1}}$ k) $ab\sqrt[3]{\frac{1}{a^2} - \frac{1}{b^2}}$ l) $\frac{1}{a} \cdot \sqrt[3]{a + a^2 - a^3}$

96. Vereinfache:

a) $\sqrt{32} + \sqrt{18} - \sqrt{50}$ b) $\sqrt[3]{(a+b)^2} \cdot \sqrt[3]{a^2 - b^2}$

97. Wie heißt a) das geometrische Mittel, b) das arithmetische Mittel von $2 + \sqrt{2}$ und $2 - \sqrt{2}$?

98. Wie groß ist a) $\sqrt{50}$ und b) $\sqrt[3]{54}$, wenn $\sqrt{2} = 1{,}414$ und $\sqrt[3]{2} = 1{,}260$ ist?

99. Berechne die folgenden Wurzeln nach Abspalten einer Potenz mit Hilfe der Tafel, kontrolliere das Ergebnis durch Anwendung der Interpolationsmethode:

a) $\sqrt{3408}$ b) $\sqrt{57{,}6}$ c) $\sqrt[3]{4240}$ d) $\sqrt[3]{21{,}6}$

Dividieren gleichnamiger Wurzeln

Unter Heranziehung des Potenzgesetzes $\frac{a^n}{b^n} = \left(\frac{a}{b}\right)^n$ schreiben wir in der Divisionsaufgabe $\sqrt{3} : \sqrt{2}$ die Wurzeln als Potenzen und rechnen

$$\frac{3^{\frac{1}{2}}}{2^{\frac{1}{2}}} = \left(\frac{3}{2}\right)^{\frac{1}{2}}$$

Schreiben wir diese Gleichung mit Wurzelzeichen, dann erhalten wir
$$\frac{\sqrt{3}}{\sqrt{2}} = \sqrt{\frac{3}{2}}$$
Daraus folgt allgemein $\dfrac{\sqrt{a}}{\sqrt{b}} = \sqrt{\dfrac{a}{b}}$

Hiernach kann man das Dividieren zweier gleichnamiger Wurzeln in ein Radizieren eines Bruches verwandeln. Diese Umformung gilt auch für 3. und höhere Wurzeln:

$$\boxed{\frac{\sqrt[n]{a}}{\sqrt[n]{b}} = \sqrt[n]{\frac{a}{b}}} \qquad (27\,\text{a})$$

| Gleichnamige Wurzeln werden durcheinander dividiert, indem man die Radikanden dividiert und den erhaltenen Quotienten mit dem gemeinsamen Wurzelexponenten radiziert.

BEISPIELE

1. $\dfrac{\sqrt{54}}{\sqrt{2}} = \sqrt{\dfrac{54}{2}} = \sqrt{27} = 3 \cdot \sqrt{3} \approx 3 \cdot 1{,}7321 = 5{,}1963$

2. $\dfrac{2 \cdot \sqrt[3]{102}}{\sqrt[3]{3}} = 2 \cdot \sqrt[3]{\dfrac{102}{3}} = 2 \cdot \sqrt[3]{34} \approx 2 \cdot 3{,}2396 = 6{,}4792$

3. $\sqrt[3]{48x^4y^5} : \sqrt[3]{6xy} = \sqrt[3]{\dfrac{48x^4y^5}{6xy}} = \sqrt[3]{8x^3y^4} = 2xy \cdot \sqrt[3]{y}$

Liest man die Formel (27a) von rechts nach links, so erhält man als Umkehrung

$$\boxed{\sqrt[n]{\frac{a}{b}} = \frac{\sqrt[n]{a}}{\sqrt[n]{b}}} \qquad (27\,\text{b})$$

| Ein Bruch kann radiziert werden, indem man Zähler und Nenner einzeln radiziert.

BEISPIELE

1. $\sqrt{\dfrac{16}{25}} = \dfrac{\sqrt{16}}{\sqrt{25}} = \dfrac{4}{5}$

2. $\sqrt{2\dfrac{1}{4}} = \dfrac{\sqrt{9}}{\sqrt{4}} = \dfrac{3}{2}$

3. $\sqrt{0{,}6} = \sqrt{\dfrac{60}{100}} = \dfrac{1}{10}\sqrt{60} \approx 0{,}1 \cdot 7{,}75 = 0{,}775$

3.2.6. Rechengesetze für Wurzeln

4. $\sqrt{0{,}036} = \sqrt{\dfrac{360}{10\,000}} = \dfrac{1}{100} \cdot \sqrt{360} \approx 0{,}19$

5. $\sqrt[3]{0{,}8} = \sqrt[3]{\dfrac{800}{1000}} = 0{,}1 \cdot \sqrt[3]{800} \approx 0{,}928$

Das in den letzten 3 Beispielen gezeigte Verfahren ist wichtig für das Bestimmen von Wurzelwerten (Wurzeln aus Dezimalzahlen) mit Hilfe von Tafeln.
Beim Radizieren eines Quotienten ist möglichst erst der Radikand zu kürzen. Man rechnet z. B.

$$\sqrt{\dfrac{160}{0{,}4}} = \sqrt{\dfrac{1600}{4}} = \sqrt{400} = 20$$

BEISPIEL

$\sqrt{\dfrac{5}{3}}$ (Der Radikand läßt sich nicht kürzen; es sind 2 Wege möglich.)

1. Lösungsweg: $\sqrt{\dfrac{5}{3}} = \sqrt{1{,}\overline{6}} \approx \sqrt{1{,}67} \approx 1{,}292$

2. Lösungsweg: $\sqrt{\dfrac{5}{3}} = \sqrt{\dfrac{5 \cdot 3}{3 \cdot 3}} = \dfrac{1}{3} \cdot \sqrt{15} \approx \dfrac{1}{3} \cdot 3{,}87 = 1{,}29$

> Kürzt sich der Nenner nicht weg oder läßt er sich nicht radizieren, dann ist der Bruch so zu erweitern, daß der Nenner ein Quadrat wird, das radiziert werden kann.

Entsprechend verfährt man bei Kubikwurzeln und höheren Wurzeln:

$$\sqrt[3]{\dfrac{25}{3}} = \sqrt[3]{\dfrac{25 \cdot 9}{3 \cdot 3^2}} = \dfrac{1}{3} \cdot \sqrt[3]{225} \qquad \sqrt[4]{\dfrac{3}{4}} = \sqrt[4]{\dfrac{3 \cdot 4}{4 \cdot 4}} = \dfrac{1}{2} \cdot \sqrt[4]{12}$$

Rationalmachen des Nenners

In dem Ausdruck $\dfrac{2}{\sqrt{5}}$ ist der Nenner eine irrationale Zahl; sie erschwert die Rechnung. Man rechnet nicht $2 : 2{,}2361$, sondern beseitigt das Wurzelzeichen aus dem Nenner, d. h., man macht den Nenner rational. Zu diesem Zweck erweitert man den Bruch mit $\sqrt{5}$ und erhält

$$\dfrac{2 \cdot \sqrt{5}}{\sqrt{5} \cdot \sqrt{5}} = \dfrac{2 \cdot \sqrt{5}}{5} = 0{,}4 \cdot \sqrt{5} \approx 0{,}4 \cdot 2{,}2361 = 0{,}89444$$

> Ist ein Faktor im Nenner eines Bruches eine irrationale Zahl in Gestalt einer Quadratwurzel, so wird die Irrationalität des Nenners dadurch beseitigt, daß der Bruch mit derselben Quadratwurzel erweitert wird.

BEISPIELE

1. $6 : \sqrt{3} = \dfrac{6}{\sqrt{3}} = \dfrac{6 \cdot \sqrt{3}}{\sqrt{3} \cdot \sqrt{3}} = \dfrac{6 \cdot \sqrt{3}}{3} = 2\sqrt{3}$

2. $\dfrac{a}{\sqrt{a}} = \dfrac{a \cdot \sqrt{a}}{\sqrt{a} \cdot \sqrt{a}} = \dfrac{a \cdot \sqrt{a}}{a} = \sqrt{a}$

3. $\dfrac{6}{\sqrt{2x}} = \dfrac{6 \cdot \sqrt{2x}}{\sqrt{2x}\,\sqrt{2x}} = \dfrac{6 \cdot \sqrt{2x}}{2x} = \dfrac{3\sqrt{2x}}{x}$

4. $\dfrac{a^2-b^2}{\sqrt{a-b}} = \dfrac{(a^2-b^2)\sqrt{a-b}}{\sqrt{a-b}\cdot\sqrt{a-b}} = \dfrac{(a^2-b^2)\sqrt{a-b}}{a-b} = (a+b)\sqrt{a-b}$

Unterscheide und merke besonders:

$$\dfrac{a}{\sqrt{a}} = \sqrt{a} \qquad \dfrac{3}{\sqrt{3}} = \sqrt{3} \qquad \dfrac{2}{\sqrt{2}} = \sqrt{2}$$

$$\dfrac{1}{\sqrt{a}} = \dfrac{1}{a}\sqrt{a} \qquad \dfrac{1}{\sqrt{3}} = \dfrac{1}{3}\sqrt{3} \qquad \dfrac{1}{\sqrt{2}} = \dfrac{1}{2}\sqrt{2}$$

Steht eine 3. oder höhere Wurzel im Nenner, dann erweitert man mit einem entsprechenden Wurzelausdruck, so daß der Nenner ebenfalls rational wird

BEISPIELE

1. $\dfrac{a}{\sqrt[3]{a}} = \dfrac{a\,\sqrt[3]{a^2}}{\sqrt[3]{a}\cdot\sqrt[3]{a^2}} = \dfrac{a\cdot\sqrt[3]{a^2}}{\sqrt[3]{a^3}} = \dfrac{a\cdot\sqrt[3]{a^2}}{a} = \sqrt[3]{a^2}$

2. $\dfrac{a}{\sqrt[3]{a^2}} = \dfrac{a\,\sqrt[3]{a}}{\sqrt[3]{a^2}\cdot\sqrt[3]{a}} = \dfrac{a\cdot\sqrt[3]{a}}{\sqrt[3]{a^3}} = \dfrac{a\cdot\sqrt[3]{a}}{a} = \sqrt[3]{a}$

3. $\dfrac{a}{\sqrt[5]{a^2}} = \dfrac{a\cdot\sqrt[5]{a^3}}{\sqrt[5]{a^2}\cdot\sqrt[5]{a^3}} = \dfrac{a\cdot\sqrt[5]{a^3}}{\sqrt[5]{a^5}} = \dfrac{a\cdot\sqrt[5]{a^3}}{a} = \sqrt[5]{a^3}$

4. Rationalmachen des Nenners in Potenzschreibweise:

$$\dfrac{1}{\sqrt[4]{10}} = 10^{-\frac{1}{4}} = \dfrac{10^{-\frac{1}{4}} \cdot 10}{10} = \dfrac{10^{\frac{3}{4}}}{10} = \dfrac{1}{10}\cdot\sqrt[4]{1000}$$

$$\dfrac{a}{\sqrt[5]{a^2}} = a \cdot a^{-\frac{2}{5}} = a^{\frac{3}{5}} = \sqrt[5]{a^3}$$

Ist der irrationale Nenner zweigliedrig, also von der Form $a \pm \sqrt{b}$ oder $\sqrt{a} \pm \sqrt{b}$, dann legt man die binomische Formel $(a+b)(a-b) = a^2 - b^2$ zugrunde und erweitert mit der entsprechenden Summe bzw. Differenz.

3.2.6. Rechengesetze für Wurzeln

BEISPIELE

1. $\dfrac{3}{3+\sqrt{2}} = \dfrac{3\cdot(3-\sqrt{2})}{(3+\sqrt{2})(3-\sqrt{2})} = \dfrac{3\cdot(3-\sqrt{2})}{9-2} = \dfrac{3}{7}(3-\sqrt{2})$

2. $\dfrac{10}{\sqrt{8}-\sqrt{3}} = \dfrac{10(\sqrt{8}+\sqrt{3})}{(\sqrt{8}-\sqrt{3})(\sqrt{8}+\sqrt{3})} = \dfrac{10(\sqrt{8}+\sqrt{3})}{8-3} = 2(\sqrt{8}+\sqrt{3})$

3. Wiederholte Anwendung der Formel $(a+b)(a-b)$

$$\dfrac{4-2\sqrt{10}}{\sqrt{2}-\sqrt{3}-\sqrt{5}} = \dfrac{[(4-2\sqrt{10})]\cdot[\sqrt{2}+(\sqrt{3}+\sqrt{5})]}{[\sqrt{2}-(\sqrt{3}+\sqrt{5})]\cdot[\sqrt{2}+(\sqrt{3}+\sqrt{5})]} =$$

$$= \dfrac{4\sqrt{2}+4\sqrt{3}+4\sqrt{5}-2\sqrt{20}-2\sqrt{30}-2\sqrt{50}}{2-(\sqrt{3}+\sqrt{5})^2} =$$

$$= \dfrac{4\sqrt{3}-6\sqrt{2}-2\sqrt{30}}{-6-2\sqrt{15}} = \dfrac{\sqrt{30}+3\sqrt{2}-2\sqrt{3}}{3+\sqrt{15}} =$$

$$= \dfrac{(\sqrt{30}+3\sqrt{2}-2\sqrt{3})\cdot(\sqrt{15}-3)}{(\sqrt{15}+3)\cdot(\sqrt{15}-3)} =$$

$$= \dfrac{\sqrt{30\cdot15}+3\sqrt{30}-2\sqrt{3\cdot15}-3\sqrt{30}-9\sqrt{2}+6\sqrt{3}}{6} =$$

$$= \dfrac{15\sqrt{2}-6\sqrt{5}-9\sqrt{2}+6\sqrt{3}}{6} = \underline{\underline{\sqrt{2}-\sqrt{5}+\sqrt{3}}}$$

AUFGABEN

100. Vereinfache folgende Quotienten:

a) $\dfrac{\sqrt{12}}{\sqrt{6}}$ b) $\dfrac{\sqrt{3x}}{\sqrt{x}}$ c) $\dfrac{\sqrt{ax^3}}{\sqrt{bx}}$ d) $\dfrac{\sqrt{48\,x}}{\sqrt{6x}}$ e) $\dfrac{\sqrt[3]{40\,a}}{\sqrt[3]{5a}}$

f) $\dfrac{5}{\sqrt{5}}$ g) $\dfrac{a}{\sqrt{a}}$ h) $\dfrac{1}{\sqrt{3}}$ i) $\dfrac{18}{\sqrt{6}}$ k) $\dfrac{8x}{\sqrt{2x}}$ l) $\dfrac{9\sqrt{5}}{2\sqrt{3}}$

m) $z:\sqrt[3]{z^2}$ n) $24x:\sqrt[3]{2x}$ o) $4\sqrt{5}:5\sqrt{2}$ p) $8\sqrt{6}:3\sqrt{2}$

q) $a:\sqrt{\dfrac{a}{b}}$ r) $az:\sqrt{\dfrac{a}{z}}$ s) $\dfrac{a}{x}:\sqrt{ax}$ t) $20:5\sqrt{\dfrac{4}{5}}$

u) $\sqrt{\dfrac{5}{8}:\dfrac{5}{4}}$ v) $\sqrt{\dfrac{a}{b}}:a$ w) $\sqrt{\dfrac{a^3}{b}:\dfrac{a}{b}}$ x) $\sqrt{\dfrac{2a}{b}}:\sqrt{\dfrac{2b}{a}}$

101. Bringe den Nenner (durch Erweitern) aus dem Wurzelzeichen fort:

a) $\sqrt{\dfrac{1}{2}}$ b) $\sqrt{\dfrac{3}{5}}$ c) $\sqrt{\dfrac{7}{8}}$ d) $\sqrt{\dfrac{10}{27}}$ e) $\sqrt{\dfrac{1}{0{,}75}}$

3. Potenzen und Wurzeln

f) $c \cdot \sqrt[3]{\dfrac{x}{c}}$ g) $\sqrt[3]{\dfrac{5}{6}}$ h) $\sqrt{\dfrac{0{,}15}{5{,}4a}}$ i) $\sqrt{\dfrac{4{,}5a}{2b}}$ k) $6x\sqrt{\dfrac{a}{2bx}}$

l) $\sqrt{\dfrac{a+1}{a-1}}$ m) $\sqrt{n+\dfrac{n}{n-1}}$ n) $\sqrt{\dfrac{x}{2}-\dfrac{x}{x+2}}$ o) $\sqrt[3]{r+\dfrac{1}{r}}$

102. Wie groß ist $\sqrt{\dfrac{1}{8}}$, wenn $\sqrt{2} \approx 1{,}4142$ (Tafelwert) ist?

103. Mache den Nenner in den folgenden Brüchen rational:

a) $\dfrac{6}{\sqrt{5}+1}$ b) $\dfrac{12}{3-\sqrt{5}}$ c) $\dfrac{1}{\sqrt{6}-\sqrt{5}}$ d) $\dfrac{3+\sqrt{6}}{\sqrt{3}+\sqrt{2}}$ e) $\dfrac{\sqrt{a}-\sqrt{b}}{\sqrt{a}+\sqrt{b}}$

f) $\dfrac{a}{a-\sqrt{3}}$ g) $\dfrac{1}{a\sqrt{3}-a\sqrt{2}}$ h) $\dfrac{a+\sqrt{b}}{b+\sqrt{a}}$ i) $\dfrac{3+2\sqrt{x}}{5+3\sqrt{x}}$ k) $\dfrac{\sqrt{7}-2\sqrt{6}}{\sqrt{6}-1}$

l) $\dfrac{\sqrt{15}}{3\sqrt{5}+4\sqrt{3}}$ m) $\dfrac{\sqrt{10}+\sqrt{6}}{\sqrt{5}+\sqrt{3}}$ n) $\dfrac{2\sqrt{5}}{2\sqrt{2}+\sqrt{6}}$ o) $\dfrac{11+2\sqrt{6}}{4+\sqrt{3}-\sqrt{2}}$

p) $\dfrac{5-2\sqrt{21}}{\sqrt{7}-\sqrt{5}-\sqrt{3}}$ q) $\dfrac{1-\sqrt{3}-\sqrt{5}}{1+\sqrt{3}-\sqrt{5}}$

104. Multiplikation und Division von Summen:

a) $(\sqrt{a}+\sqrt{b})(\sqrt{a}-\sqrt{b})$ b) $(\sqrt{a}+\sqrt{b})^2$ c) $(1+\sqrt{2})^2$

d) $\left(\sqrt{x}-\dfrac{1}{\sqrt{x}}\right)^2$ e) $(\sqrt{ab}+a\sqrt{b}-b\sqrt{a}):\sqrt{a}$

f) $(1-a):(1-\sqrt{a})$ g) $\sqrt{a^2-\dfrac{1}{5}a^2}:\sqrt{a}$

Potenzieren von Wurzeln

Potenzieren und Radizieren sind in der Reihenfolge vertauschbar, da sie Rechenarten derselben Stufe sind. Die beiden Ausdrücke

$\sqrt[3]{8^2}$ (Radizieren einer Potenz)

und $\left(\sqrt[3]{8}\right)^2$ (Potenzieren einer Wurzel)

liefern gleiche Ergebnisse; denn

$\sqrt[3]{8^2} = \sqrt[3]{64} = 4$ (1. Fall)

$\left(\sqrt[3]{8}\right)^2 = 2^2 = 4$ (2. Fall)

3.2.6. Rechengesetze für Wurzeln

Es ist also gleich, ob man eine Zahl (8) erst potenziert (1. Fall) und dann radiziert oder ob man diese Zahl erst radiziert (2. Fall) und dann potenziert. Es gilt allgemein

$$\boxed{\sqrt[n]{a^m} = \left(\sqrt[n]{a}\right)^m} \qquad (28)$$

> Eine Potenz wird radiziert, indem man die Basis radiziert und den erhaltenen Wurzelwert mit dem Potenzexponenten potenziert. Umkehrung: Eine Wurzel wird potenziert, indem man den Radikanden potenziert und die erhaltene Potenz mit dem Wurzelexponenten radiziert.

Auch diese Formel steht in Einklang mit den Potenzgesetzen; denn die linke Seite

$$\sqrt[n]{a^m} = (a^m)^{\frac{1}{n}} = a^{\frac{m}{n}}$$

ergibt dasselbe wie die rechte Seite $\left(\sqrt[n]{a}\right)^m = \left(a^{\frac{1}{n}}\right)^m = a^{\frac{m}{n}}$.

Es kommt ganz auf die gegebenen Zahlenwerte im Radikanden an, ob man erst radiziert oder potenziert.

Die Anwendung der Formel (28) ermöglicht manche Vereinfachung beim Rechnen mit Wurzeln aus Potenzen. Zum Beispiel kann man für $\sqrt[3]{2^6}$ auch schreiben:

$$\sqrt[3]{(2^2)^3} = 2^2, \quad \text{da} \quad \sqrt[n]{a^n} = a.$$

Also gibt die 3. Wurzel aus einer 6. Potenz eine 2. Potenz (6 : 3 = 2). Allgemein gilt:

> Eine Potenz kann man radizieren, indem man den Potenzexponenten durch den Wurzelexponenten dividiert.

Kehrt man die letzte Aufgabe um und geht vom Ergebnis aus, dann muß gelten:

$$2^2 = \sqrt[3]{2^6} = \sqrt[4]{2^8} = \sqrt[5]{2^{10}} = \cdots = \sqrt[n]{2^{2n}}$$

Jeder dieser Wurzelausdrücke hat den gleichen Hauptwert, nur die Exponenten sind größer oder kleiner.

$\sqrt[4]{2^8} = \sqrt{2^4}$ bedeutet ein Kürzen der Exponenten,

$\sqrt[3]{2^6} = \sqrt[6]{2^{12}}$ bedeutet ein Erweitern der Exponenten.

Allgemein gilt: $\boxed{\sqrt[np]{a^{mp}} = \sqrt[n]{a^m}} \qquad (29)$

> Beim Radizieren einer Potenz kann man die beiden Exponenten durch die gleiche Zahl dividieren oder mit der gleichen Zahl multiplizieren.

BEISPIELE

1. $\sqrt[12]{x^8} = \sqrt[3]{x^2}$ (Der Wurzelexponent ist größer).

2. $\sqrt[4]{a^6} = \sqrt{a^3} = a\sqrt{a}$ (Der Potenzexponent ist größer).

3. $\sqrt[8]{a^{-4}} = \sqrt[2]{a^{-1}} = \sqrt{\dfrac{1}{a}}$ (Der Potenzexponent ist negativ).

Schreibt man die vorstehenden Wurzelausdrücke als Bruchpotenzen, dann wird man das Vereinfachen (Kürzen) nie vergessen:

$$\sqrt[12]{x^8} = x^{\tfrac{8}{12}} = x^{\tfrac{2}{3}} \qquad \sqrt[4]{a^6} = a^{\tfrac{6}{4}} = a^{\tfrac{3}{2}} = a^{1,5}$$

$$\sqrt[8]{a^{-4}} = a^{-\tfrac{4}{8}} = a^{-\tfrac{1}{2}} = \dfrac{1}{a^{\tfrac{1}{2}}}$$

Multiplizieren und Dividieren ungleichnamiger Wurzeln

Durch Erweitern von Wurzel- und Potenzexponenten kann man beliebige Wurzeln gleichnamig machen und dann die Gesetze der Multiplikation und Division anwenden.

BEISPIELE

1. $\sqrt[3]{5^2} \cdot \sqrt[2]{5} = \sqrt[3 \cdot 2]{5^{2 \cdot 2}} \cdot \sqrt[2 \cdot 3]{5^3} = \sqrt[6]{5^4} \cdot \sqrt[6]{5^3} = \sqrt[6]{5^7} = 5 \cdot \sqrt[6]{5}$

2. $\sqrt[4]{a^3} : \sqrt[3]{a^2} = \sqrt[12]{a^9} : \sqrt[12]{a^8} = \sqrt[12]{a^{9-8}} = \sqrt[12]{a}$

3. $\sqrt[4]{a^3 b} \cdot \sqrt[4]{ac} = \sqrt[4]{a^3 b} \cdot \sqrt[4]{a^2 c^2} = \sqrt[4]{a^5 bc^2} = a \cdot \sqrt[4]{abc^2}$

4. $\dfrac{\sqrt[3]{12}}{\sqrt{2}} = \dfrac{\sqrt[6]{12^2}}{\sqrt[6]{2^3}} = \sqrt[6]{\dfrac{144}{8}} = \sqrt[6]{18}$

AUFGABEN

105. Bringe auf möglichst einfache Form:

a) $\sqrt[4]{25}$ b) $\sqrt[6]{8}$ c) $\sqrt[3]{27^2}$ d) $\sqrt[9]{a^3}$ e) $\sqrt[6]{a^4 x^2}$ f) $\sqrt[9]{8x^6}$

106. Berechne:

a) $\sqrt[3]{125^2}$ b) $\sqrt{16^3}$ c) $\sqrt[4]{10000^3}$ d) $\sqrt[3]{0{,}008^2}$ e) $\left(\sqrt[8]{9}\right)^4$

3.2.6. Rechengesetze für Wurzeln

107. (Multiplizieren und Dividieren ungleichnamiger Wurzeln):

a) $\sqrt{2} \cdot \sqrt[3]{2}$ b) $\sqrt{3} \cdot \sqrt[3]{4}$ c) $\sqrt[3]{4} \cdot \sqrt[4]{3}$ d) $\sqrt{a} \cdot \sqrt[3]{a^2}$ e) $\sqrt[6]{c} \cdot \sqrt[3]{c}$

f) $\sqrt{a} \cdot \sqrt[4]{\dfrac{b}{a}}$ g) $\sqrt{\dfrac{m}{n}} \cdot \sqrt[6]{\dfrac{n}{m}}$ h) $\sqrt[3]{\dfrac{x}{y}} \cdot \sqrt[4]{\dfrac{y}{x}}$ i) $\sqrt[3]{4} : \sqrt{2}$

k) $\sqrt[3]{100} : \sqrt{10}$ l) $\sqrt[3]{a^4} : \sqrt[4]{a}$ m) $\sqrt[3]{a^2} : (\sqrt{a})^3$ n) $\sqrt{m} : \sqrt[3]{m}$

Radizieren einer Wurzel (Doppelwurzel)

Die folgenden drei Aufgaben führen zu dem gleichen Ergebnis:

$$\sqrt[3]{\sqrt{64}} = \sqrt[3]{8} = 2 \qquad \sqrt{\sqrt[3]{64}} = \sqrt{4} = 2 \qquad \sqrt[6]{64} = 2$$

$$\left(64^{\frac{1}{2}}\right)^{\frac{1}{3}} = \left(64^{\frac{1}{3}}\right)^{\frac{1}{2}} = 64^{\frac{1}{6}} \quad \text{(als Potenzen)}$$

Nach diesem Beispiel kann man in einer Doppelwurzel die Reihenfolge der Exponenten vertauschen:

$$\sqrt[3]{\sqrt{64}} = \sqrt{\sqrt[3]{64}}$$

oder die Doppelwurzel durch eine einfache Wurzel ersetzen:

$$\sqrt[3]{\sqrt{64}} = \sqrt[3 \cdot 2]{64} = \sqrt[6]{64}$$

Allgemein gilt:

$$\boxed{\sqrt[m]{\sqrt[n]{a}} = \sqrt[mn]{a}} \qquad (30\ \text{a})$$

▎ Doppelwurzeln kann man als einfache Wurzeln schreiben, deren Exponent gleich dem Produkt der gegebenen Exponenten ist.

Da ferner die Reihenfolge der Faktoren in einem Produkt vertauscht werden kann ($m \cdot n = n \cdot m$), gilt die Vertauschungsregel

$$\sqrt[m]{\sqrt[n]{a}} = \sqrt[n]{\sqrt[m]{a}} \qquad (30\ \text{b})$$

▎ In Doppelwurzeln kann man die Wurzelexponenten vertauschen.

BEISPIELE

1. $\sqrt[3]{\sqrt{27}} = \sqrt{\sqrt[3]{27}} = \sqrt{3}$

2. $\sqrt[6]{16} = \sqrt[3]{\sqrt[2]{16}} = \sqrt[3]{4}$

3. $\sqrt{a\sqrt{a}} = \sqrt{\sqrt{a^3}} = \sqrt[4]{a^3}$

4. $\sqrt[2]{\sqrt[3]{a^{-4}}} = \sqrt[3]{\sqrt[2]{a^{-4}}} = \sqrt[3]{a^{-2}} = \sqrt[3]{\dfrac{1}{a^2}} = \dfrac{1}{\sqrt[3]{a^2}} = \dfrac{\sqrt[3]{a}}{a}$

5. (Mehrfachwurzel)

$$\sqrt{2\sqrt{3\sqrt{5}}} = \sqrt{2\sqrt{\sqrt{3^2 \cdot 5}}} = \sqrt{2\sqrt[4]{45}} = \sqrt{\sqrt[4]{16 \cdot 45}} = \sqrt[8]{720}$$

oder $\quad \sqrt{2\sqrt{3\sqrt{5}}} = \sqrt{\sqrt{4 \cdot 3\sqrt{5}}} = \sqrt{\sqrt[4]{12\sqrt{5}}} = \sqrt{\sqrt[4]{144 \cdot 5}} = \sqrt[8]{720}$

AUFGABEN

108. Die folgenden Wurzelausdrücke sind zu berechnen oder zu vereinfachen:

a) $\sqrt{\sqrt[3]{100}}$ b) $\sqrt[4]{256}$ c) $\sqrt[6]{1000}$ d) $\sqrt[12]{64}$

e) $\sqrt[4]{\sqrt[3]{81}}$ f) $\sqrt[2]{\sqrt[3]{a}}$ g) $\sqrt[4]{\sqrt[3]{a^2}}$ h) $\sqrt{3\sqrt{5}}$

i) $\sqrt{x\sqrt{x}}$ k) $\sqrt[3]{x\sqrt{x}}$ l) $\sqrt{x\sqrt[3]{x}}$ m) $\dfrac{\sqrt[3]{3\sqrt[3]{3}}}{\sqrt[6]{3}}$

n) $\sqrt{2\sqrt{2\sqrt{2}}} \cdot \sqrt[8]{2}$ o) $\sqrt{a\sqrt{a\sqrt{a}}} : \sqrt[8]{a^3}$ p) $\sqrt{2 \cdot \sqrt[3]{a^2}} \cdot \sqrt[3]{a\sqrt{2}}$

Rückblick

Die in diesem Abschnitt aufgestellten Wurzelgesetze wurden aus den Potenzgesetzen abgeleitet. Wir können die einzelnen Rechenoperationen sowohl mit Anwendung des Wurzelzeichens durchführen als auch die Schreibweise der Bruchpotenz zugrunde legen, wie die folgende Zusammenstellung nochmals zeigen soll.

Zusammenstellung

Multiplizieren:

Formel $\quad \sqrt[n]{a} \cdot \sqrt[n]{b} = \sqrt[n]{ab} \qquad\qquad a^{\frac{1}{n}} \cdot b^{\frac{1}{n}} = (ab)^{\frac{1}{n}}$

Beispiel $\quad \sqrt[3]{2} \cdot \sqrt[3]{5} = \sqrt[3]{10} \qquad\qquad 2^{\frac{1}{3}} \cdot 5^{\frac{1}{3}} = 10^{\frac{1}{3}}$

Dividieren:

Formel $\quad \dfrac{\sqrt[n]{a}}{\sqrt[n]{b}} = \sqrt[n]{\dfrac{a}{b}} \qquad\qquad a^{\frac{1}{n}} : b^{\frac{1}{n}} = \left(\dfrac{a}{b}\right)^{\frac{1}{n}}$

Beispiel $\quad \dfrac{\sqrt[3]{6}}{\sqrt[3]{2}} = \sqrt[3]{\dfrac{6}{2}} = \sqrt[3]{3} \qquad\qquad 6^{\frac{1}{3}} : 2^{\frac{1}{3}} = \left(\dfrac{6}{2}\right)^{\frac{1}{3}} = 3^{\frac{1}{3}}$

3.2.6. Rechengesetze für Wurzeln

Potenzieren:

Formel $\left(\sqrt[n]{a}\right)^m = \sqrt[n]{a^m}$ $\qquad\qquad \left(a^{\frac{1}{n}}\right)^m = (a^m)^{\frac{1}{n}} = a^{\frac{m}{n}}$

Beispiel $\left(\sqrt[3]{4}\right)^2 = \sqrt[3]{4^2}$ $\qquad\qquad \left(4^{\frac{1}{3}}\right)^2 = (4^2)^{\frac{1}{3}} = 4^{\frac{2}{3}}$

Radizieren:

Formel $\sqrt[n]{\sqrt[m]{a}} = \sqrt[m]{\sqrt[n]{a}} = \sqrt[nm]{a}$ $\qquad\qquad \left(a^{\frac{1}{m}}\right)^{\frac{1}{n}} = \left(a^{\frac{1}{n}}\right)^{\frac{1}{m}} = a^{\frac{1}{nm}}$

Beispiel $\sqrt[2]{\sqrt[3]{5}} = \sqrt[3]{\sqrt[2]{5}} = \sqrt[6]{5}$ $\qquad\qquad \left(5^{\frac{1}{3}}\right)^{\frac{1}{2}} = \left(5^{\frac{1}{2}}\right)^{\frac{1}{3}} = 5^{\frac{1}{6}}$

Hierzu kommen noch die Fälle der Wurzeln mit gleichen Radikanden, die sich in der Bruchschreibweise besonders einfach gestalten:

Multiplizieren:

Formel $\sqrt[n]{a} \cdot \sqrt[m]{a}$ $\qquad\qquad a^{\frac{1}{n}} \cdot a^{\frac{1}{m}} = a^{\frac{1}{n}+\frac{1}{m}} = a^{\frac{m+n}{mn}}$

Beispiel $\sqrt[2]{5} \cdot \sqrt[3]{5} = \sqrt[6]{5^3} \cdot \sqrt[6]{5^2} = \sqrt[6]{5^5}$ $\qquad\qquad 5^{\frac{1}{2}} \cdot 5^{\frac{1}{3}} = 5^{\frac{1}{2}+\frac{1}{3}} = 5^{\frac{5}{6}}$

Dividieren:

Formel $\dfrac{\sqrt[n]{a}}{\sqrt[m]{a}}$ $\qquad\qquad a^{\frac{1}{n}} : a^{\frac{1}{m}} = a^{\frac{1}{n}-\frac{1}{m}} = a^{\frac{m-n}{mn}}$

Beispiel $\dfrac{\sqrt[2]{5}}{\sqrt[3]{5}} = \dfrac{\sqrt[6]{5^3}}{\sqrt[6]{5^2}} = \sqrt[6]{5}$ $\qquad\qquad 5^{\frac{1}{2}} : 5^{\frac{1}{3}} = 5^{\frac{1}{2}-\frac{1}{3}} = 5^{\frac{1}{6}}$

Beachte: Die zwei Ergebnisse in jeder Beispielzeile sind gleich. Daran erkennt man, daß die Einführung gebrochener Exponenten in keinem Widerspruch zu den Potenz- und Wurzelgesetzen steht.

Die Bevorzugung der einen oder der anderen Schreibweise (Bruchpotenz oder Wurzel) hängt ganz von der Aufgabe oder den gegebenen Ausdrücken ab. Oft ist die *Übersichtlichkeit* maßgebend. Man schreibt z. B. $3{,}5^{-1,3}$ und nicht $\dfrac{1}{\sqrt[10]{3{,}5^{13}}}$.

Auch für das Ausrechnen dieses Wertes bildet die Potenzform und nicht der Wurzelausdruck die Grundlage; sie ermöglicht eine einfache logarithmische Rechnung, wie in Abschnitt 5. gezeigt wird.

Auch in der höheren Mathematik (z. B. in der Differentialrechnung) ist die Umformung von Wurzelausdrücken in Bruchpotenzen unumgänglich.

Ohne Anwendung der Logarithmen ist es andererseits erforderlich, das in Bruchpotenzen erhaltene Ergebnis in einen Wurzelausdruck umzuformen.

BEISPIEL

$$0{,}008^{-\frac{2}{3}} = \left(\frac{1000}{8}\right)^{\frac{2}{3}} = \left(\sqrt[3]{\frac{1000}{8}}\right)^2 = \left(\frac{10}{2}\right)^2 = \underline{\underline{25}}$$

In gleicher Weise verfährt man, wenn die Wurzeln nicht aufgehen und nur 2. und 3. Wurzeln im Ergebnis erscheinen, für die man die Näherungswerte aus Tafeln entnehmen kann.

BEISPIELE

1. $6{,}2^{\frac{3}{2}} = 6{,}2 \cdot \sqrt{6{,}2} \approx 6{,}2 \cdot 2{,}48998 = \underline{\underline{15{,}437876}}$

2. $42^{-\frac{2}{3}} = \dfrac{42^{-\frac{2}{3}} \cdot 42}{42} = \dfrac{42^{\frac{1}{3}}}{42} = \dfrac{\sqrt[3]{42}}{42} \approx 3{,}4760 : 42 \approx \underline{\underline{0{,}0828}}$

Hinweis: Beim Rechnen mit Wurzelausdrücken darf man nicht zu zeitig irrationale Werte durch Näherungswerte ersetzen.

BEISPIELE

1. Erhält man beim Lösen einer Aufgabe den Ausdruck $\dfrac{\pi - \frac{1}{4}\sqrt{8}}{\sqrt{32}}$, so setzt man auf keinen Fall die Näherungswerte ein, sondern vereinfacht erst durch Erweitern mit $\sqrt{2}$ und erhält als Endergebnis $\dfrac{\pi \cdot \sqrt{2} - 1}{8}$. Gehört zu diesem Zahlenwert eine Maßeinheit, so wird man den genauen Wert durch einen Näherungswert ersetzen müssen: $\dfrac{\pi \cdot \sqrt{2} - 1}{8} \approx 0{,}43$.

2. Man rechnet $\left(\sqrt{3} + \dfrac{1}{\sqrt{3}}\right)^2 = \left(\sqrt{3} + \dfrac{\sqrt{3}}{3}\right)^2 = \left(\dfrac{4}{3}\sqrt{3}\right)^2 = \dfrac{16}{9} \cdot 3 = \dfrac{16}{3} = 5\dfrac{1}{3}$

und setzt nicht etwa $\sqrt{3} \approx 1{,}7321$ in den gegebenen Ausdruck ein.

Warnung: Die Gesetze für das Rechnen mit Wurzeln wurden unter dem einwandfreien Gesichtspunkt aufgestellt, daß jede Wurzel als eine Potenz mit gebrochenem Exponenten betrachtet werden kann. Mit solchen Potenzen können wir rechnen wie mit Potenzen mit ganzzahligen Exponenten. Man vergesse aber nicht, daß hierbei der Radikand als *positive* rationale Zahl vorausgesetzt wurde.
Diese Einschränkung konnten wir allerdings zum Teil aufheben und *ungerade* Wurzeln auch aus negativen Zahlen zulassen:

$$\sqrt[2n-1]{-a} = -\sqrt[2n-1]{a}$$

Für die Schreibweise in Bruchpotenzen bedeutet das, daß der Nenner des Exponenten nur eine *ungerade* Zahl sein darf, wenn die Basis negativ ist.

3.2.6. Rechengesetze für Wurzeln

BEISPIELE

1. $(-8)^{-\frac{2}{3}}$ Die Wurzelgesetze sind anwendbar, da der Nenner im Exponenten ungerade ist.

   Lösung:

   Entweder $(-8)^{-\frac{2}{3}} = \left(\frac{1}{-8}\right)^{\frac{2}{3}} = \sqrt[3]{\left(\frac{1}{-8}\right)^2} = \sqrt[3]{\frac{1}{64}} = \underline{\underline{\frac{1}{4}}}$

   oder $(-8)^{-\frac{2}{3}} = \left(\sqrt[3]{-\frac{1}{8}}\right)^2 = \left(-\frac{1}{2}\right)^2 = \underline{\underline{\frac{1}{4}}}$

2. $(-2)^{\frac{3}{2}}$ Die Wurzelgesetze sind nicht anwendbar, da der Nenner im Exponenten gerade ist.

   Es wäre

   einerseits $(-2)^{\frac{3}{2}} = (\sqrt{-2})^3 = \sqrt{-2} \cdot \sqrt{-2} \cdot \sqrt{-2} = -2 \cdot \sqrt{-2}$

   anderseits $(-2)^{\frac{3}{2}} = \sqrt{(-2)^3} = \sqrt{(-2)(-2)(-2)} = \sqrt{4 \cdot (-2)} = 2 \cdot \sqrt{-2}$

   Die Ergebnisse widersprechen einander!

3. $\sqrt{\sqrt[3]{-64}}$ Die Wurzelgesetze sind nicht anwendbar; auch die Vertauschungsregel

   $\sqrt[m]{\sqrt[n]{a}} = \sqrt[n]{\sqrt[m]{a}}$ darf nicht herangezogen werden:

   $\sqrt{\sqrt[3]{-64}} = \sqrt[3]{\sqrt{-64}} = \sqrt{4} = 2\sqrt{-1}$ ist falsch!

Das Rechnen mit geraden Wurzeln aus *negativen* Zahlen erfordert die Einführung neuer Zahlen, die nicht zu den reellen Zahlen gehören. Dies geschieht in Abschnitt 4. Es sei besonders darauf hingewiesen, daß beim Rechnen mit negativen Radikanden auch bei ungeradem Wurzelexponenten Vorsicht geboten ist, wie das folgende Beispiel zeigt.

4. $(-3)^{\frac{1}{3}} \cdot 3^{\frac{1}{6}} = (-3)^{\frac{2}{6}} \cdot 3^{\frac{1}{6}} = \sqrt[6]{(-3)^2} \cdot \sqrt[6]{3} = \sqrt[6]{9 \cdot 3} = \sqrt[6]{3^3} = \sqrt{3}$ ist falsch!

Richtig ist:

$(-3)^{\frac{1}{3}} \cdot 3^{\frac{1}{6}} = \sqrt[3]{-3} \cdot \sqrt[6]{3} = \sqrt[3]{(-1) \cdot 3} \cdot \sqrt[6]{3} = -1 \cdot \sqrt[3]{3} \cdot \sqrt[6]{3} =$

$= -\sqrt[6]{3^2} \cdot \sqrt[6]{3} = -\sqrt[6]{3^3} = -\sqrt{3}$

Hieraus folgt: Im Falle $a<0$ darf die Erweiterungsformel $a^{\frac{m}{n}} = a^{\frac{m \cdot p}{n \cdot p}}$ bei ungeradem m und n nicht angewendet werden.

Ohne Bedenken anwendbar sind dagegen die Potenz- und Wurzelgesetze, wenn man *vor* ihrer Anwendung das Minuszeichen unter der Wurzel durch partielles Radizieren beseitigt:

$$\sqrt[2n-1]{-a} = \sqrt[2n-1]{-1} \cdot \sqrt[2n-1]{a} = -1 \cdot \sqrt[2n-1]{a}$$

Dieses Verfahren erläutert das folgende Beispiel.

5. $\sqrt[3]{-4} \cdot \left(\sqrt[5]{-2}\right)^3 = \sqrt[3]{-1} \cdot \sqrt[3]{4} \cdot \left(\sqrt[5]{-1}\right)^3 \cdot \left(\sqrt[5]{2}\right)^3 = -1 \cdot \sqrt[3]{4} \cdot (-1) \cdot \sqrt[5]{2^3} =$

$= \sqrt[3]{4} \cdot \sqrt[5]{2^3} = \sqrt[15]{4^5} \cdot \sqrt[15]{2^9} = \sqrt[15]{2^{19}} = 2 \cdot \sqrt[15]{2^4} = 2 \cdot \sqrt[15]{16}$

AUFGABEN

109. Berechne und schreibe das Ergebnis als Bruchpotenz und als Wurzel:

a) $x^{\frac{1}{2}} \cdot x^{\frac{1}{4}}$
b) $x^{\frac{1}{2}} \cdot x^{\frac{1}{3}}$
c) $x^{\frac{3}{5}} \cdot x^{\frac{3}{4}}$
d) $a^{\frac{1}{2}} \cdot a^{-\frac{1}{3}}$

e) $a^{\frac{3}{5}} \cdot a^{-\frac{3}{4}}$
f) $a \cdot a^{-\frac{2}{3}}$
g) $a^{\frac{1}{n}} \cdot a^{\frac{1}{m}}$
h) $a^{\frac{n}{2}} \cdot a^{\frac{m}{2}}$

i) $6^{\frac{3}{2}} \cdot 6^{\frac{1}{4}}$
k) $5^{\frac{1}{4}} \cdot 5^{\frac{3}{8}}$

l) $(-8)^{-\frac{2}{3}} \cdot 2^{-\frac{1}{2}}$
m) $(-0{,}125)^{-\frac{1}{3}} \cdot 0{,}5^{-1{,}5}$

110. Ebenso:

a) $a : a^{\frac{1}{2}}$
b) $a^{\frac{1}{2}} : a^{\frac{1}{6}}$
c) $a^{\frac{1}{3}} : a^{\frac{1}{2}}$
d) $c^{\frac{3}{4}} : c^{\frac{5}{8}}$
e) $c^{\frac{1}{2}} : c$

f) $c^{1{,}5} : c^2$
g) $x^{\frac{3}{5}} : x$
h) $z^{-0{,}8} : z^{0{,}2}$
i) $3^{\frac{3}{4}} : 3^{\frac{1}{2}}$
k) $8^{\frac{4}{3}} : 8^{\frac{5}{6}}$

111. Ebenso:

a) $a^{\frac{1}{2}} \cdot b^{\frac{1}{2}}$
b) $x^{\frac{3}{4}} \cdot y^{\frac{5}{4}}$
c) $x^{0{,}2} \cdot y^{0{,}2}$
d) $x^{\frac{1}{3}} \cdot y^{-\frac{1}{3}}$

e) $a^{\frac{2}{3}} : b^{\frac{1}{3}}$
f) $a^{\frac{1}{2}} : b^{-\frac{1}{4}}$
g) $m^{\frac{3}{2}} : n^{\frac{1}{2}}$
h) $x^{\frac{3}{5}} : y^{\frac{2}{5}}$

112. Ebenso:

a) $(a^3)^{\frac{1}{2}}$
b) $(c^{-2})^{\frac{1}{3}}$
c) $\left(x^{\frac{2}{3}}\right)^{\frac{1}{4}}$
d) $\left(x^{-\frac{3}{5}}\right)^{-\frac{1}{2}}$

3.2.7. Die Wurzelfunktion und ihre Kurven

113. Berechne:

a) $\left(2\frac{1}{4}\right)^{-\frac{1}{2}}$ b) $\left(-15\frac{5}{8}\right)^{\frac{2}{3}}$ c) $\left(9^{\frac{3}{4}}\right)^{\frac{2}{3}}$ d) $\left(2^{-\frac{1}{3}}\right)^{-6}$

e) $\dfrac{(1+a^2)^{\frac{3}{2}}}{a}$ für $a = \sqrt{\dfrac{1}{2}}$ f) $(-0{,}2)^{-\frac{6}{5}} \cdot (-5)^{\frac{3}{5}}$

114. Für die Ausdehnung des Dampfes im Zylinder einer Dampfmaschine sei die Abhängigkeit des Druckes p vom Volumen V gegeben durch die Gleichung
$p = 12{,}8 \cdot V^{-1{,}25}$ (p in bar, V in dm³).
a) Wie groß ist p für $V = 4$ dm³?
b) Wie groß ist p, wenn das Volumen verdoppelt wird?

3.2.7. Die Wurzelfunktion und ihre Kurven

In der Gleichung $b = \sqrt[n]{a}$ sei der Radikand a eine veränderliche Zahl; dann ist auch der Wurzelwert b veränderlich. Schreibt man für die veränderlichen Zahlen a und b wie üblich x und y, so geht die Gleichung über in

$$y = \sqrt[n]{x}$$

Diese Funktion heißt Wurzelfunktion. Man beachte, daß hier auch bei geradem n nur der positive Wurzelwert in Frage kommt.

a) Die Kurven der Wurzelfunktion $y = \sqrt[n]{x}$ für positives gerades n

BEISPIELE

$$y_1 = \sqrt{x}; \quad y_2 = \sqrt[4]{x}; \quad y_3 = -\sqrt{x}; \quad y_4 = -\sqrt[4]{x}$$

Wertetabelle:

	0	0,5	1	2	4	6	8	10
$y_1 = \sqrt{x}$	0	0,71	1	1,41	2	2,44	2,83	3,16
$y_2 = \sqrt[4]{x}$	0	0,84	1	1,19	1,41	1,56	1,68	1,78

Werte der Funktionen $y_3 = -\sqrt{x}$ und $y_4 = -\sqrt[4]{x}$ entsprechend.
Graphische Darstellung der Kurvenschar Bild 23.

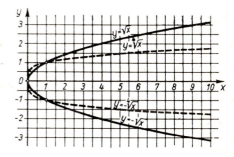

Bild 23

3. Potenzen und Wurzeln

Gemeinsame Eigenschaften:
1. Die Kurven der Funktionen $y = \sqrt[n]{x}$ verlaufen im 1. Quadranten; die Kurven der Funktionen $y = -\sqrt[n]{x}$ verlaufen im 4. Quadranten. Die Kurve der Funktion $y = \sqrt[n]{x}$ liegt in bezug auf die x-Achse symmetrisch zu der Kurve der Funktion $y = -\sqrt[n]{x}$.
2. Alle Kurven der Funktionen $y = \sqrt[n]{x}$ gehen durch die Punkte $(0;0)$ und $(1;1)$; alle Kurven der Funktionen $y = -\sqrt[n]{x}$ gehen durch die Punkte $(0;0)$ und $(1;-1)$.

b) Die Kurven der Wurzelfunktion $y = \sqrt[n]{x}$ für positives ungerades n

BEISPIELE

$$y_1 = \sqrt[3]{x}; \quad y_2 = \sqrt[5]{x}$$

Wertetabelle:

x	-10	-8	-6	-4	-2	-1	$-0,5$	0
$y_1 = \sqrt[3]{x}$	$-2,15$	-2	$-1,82$	$-1,59$	$-1,26$	-1	$-0,79$	0
$y_2 = \sqrt[5]{x}$	$-1,59$	$-1,52$	$-1,43$	$-1,32$	$-1,15$	-1	$-0,87$	0

x	0	$0,5$	1	2	4	6	8	10
$y_1 = \sqrt[3]{x}$	0	$0,79$	1	$1,26$	$1,59$	$1,82$	2	$2,15$
$y_2 = \sqrt[5]{x}$	0	$0,87$	1	$1,15$	$1,32$	$1,43$	$1,52$	$1,59$

Graphische Darstellung der Kurvenschar Bild 24.

Gemeinsame Eigenschaften:
1. Alle Kurven verlaufen im 1. und 3. Quadranten zentralsymmetrisch zum Anfangspunkt des Achsenkreuzes.
2. Alle Kurven gehen durch die Punkte $(0;0)$, $(1;1)$, $(-1;-1)$.

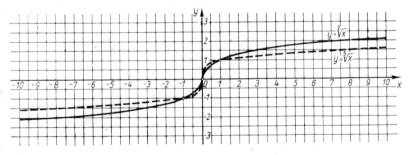

Bild 24

4. Komplexe Zahlen

4.1. Grundbegriffe

Begriff der imaginären Zahl

Bei unseren Betrachtungen in der Arithmetik stand am Anfang das Rechnen mit positiven ganzen Zahlen.
Die Subtraktion verlangte die Einführung negativer Zahlen, z. B. $3 - 5 = -2$. Die Division führte auf die Bruchform, z. B. $3 : 5 = \frac{3}{5} = 0{,}6$. Auf der 3. Stufe der Rechenarten mußten beim Radizieren schließlich die irrationalen Zahlen als neue Zahlenart eingeführt werden, z. B. $\sqrt{2}$.
Die bisher aufgeführten Zahlenarten (positive und negative ganze Zahlen, die Brüche, die irrationalen Zahlen) gehören zu den *reellen* Zahlen. Ihnen ist es eigentümlich, daß eine Summe aus diesen 3 genannten Zahlenarten mit beliebiger Genauigkeit als eine einzige Zahl geschrieben werden kann,

$$\text{z. B. } 2 - \frac{1}{2} + \sqrt{3} \approx 3{,}2321.$$

Irrationale Zahlen sind ebenfalls $\sqrt[3]{2}$ und $\sqrt[5]{3}$. Aber auch ungerade Wurzeln aus negativen Radikanden wie $\sqrt[3]{-2}$ oder $\sqrt[5]{-3}$ gehören hierher; denn $\sqrt[3]{-2} = -\sqrt[3]{2}$ und $\sqrt[5]{-3} = -\sqrt[5]{3}$.
Dagegen ist eine gerade Wurzel aus einer negativen Zahl, z. B. $\sqrt{-9}$ (allgemein $\sqrt[2n]{-a^2}$) keine reelle Zahl. Da $(+3)(+3) = +9$ und auch $(-3)(-3) = +9$ ist, so scheint eine andere Schreibweise für $\sqrt{-9}$ gar nicht möglich, obgleich man auch -9 in 2 gleiche Faktoren zerlegen kann, nämlich $\sqrt{-9} \cdot \sqrt{-9} = -9$. Man ist also gezwungen, den Bereich der Zahlen zu erweitern und eine neue Art von Zahlen einzuführen: die *imaginären*[1] Zahlen.

▍ Die Quadratwurzel aus einem negativen Radikanden ist eine imaginäre Zahl.

Wendet man die Formel $\sqrt{a \cdot b} = \sqrt{a} \cdot \sqrt{b}$ auch auf negative Radikanden an, so erhält man:

$$\sqrt{-9} = \sqrt{+9} \cdot \sqrt{-1} = 3\sqrt{-1}$$

oder $\quad \sqrt{-3} = \sqrt{3} \cdot \sqrt{-1}$

oder $\quad \sqrt{-a^2} = \sqrt{+a^2} \cdot \sqrt{-1} = a\sqrt{-1}$

In den rechts stehenden Produkten ist der 1. Faktor immer eine reelle Zahl (rational oder irrational), der 2. Faktor ist immer $\sqrt{-1}$. Hiernach genügt es, nur den Faktor $\sqrt{-1}$ zu definieren. Es gibt keine reelle Zahl, deren Quadrat gleich -1 ist. Da das Quadrat jeder reellen Zahl nur positiv sein kann, erweitert man den Bereich der

---

[1] (lat.), bedeutet „scheinbar", „nur in der Vorstellung vorhanden"

reellen Zahlen (rationale und irrationale Zahlen) und führt $\sqrt{-1}$ als eine neue Zahl ein, deren Quadrat gleich -1 ist. Nach LEONHARD EULER[1] wird $\sqrt{-1}$ *imaginäre Einheit* genannt und mit dem Buchstaben i bezeichnet.

Also gilt die *Definitionsgleichung*

$$\boxed{i^2 = -1} \tag{31}$$

und für die *imaginäre Einheit*

$$\boxed{i = \sqrt{-1}} \tag{32}$$

Außerdem halten wir daran fest, wie bisher bei Quadratwurzeln nur den *Hauptwert* gelten zu lassen.

Man beachte weiter, daß vor Anwendung von Rechenregeln eine imaginäre Zahl als Produkt zu schreiben ist, das den Faktor i enthält, also

$$\sqrt{-a} = i\sqrt{a}$$

Merke: $\quad \sqrt{-a} \cdot \sqrt{-b} = i\sqrt{a} \cdot i\sqrt{b} = i^2 \cdot \sqrt{ab} = -\sqrt{ab}$

Da die Wurzelgesetze nur für *positive* Radikanden abgeleitet wurden, darf man nicht etwa rechnen:

$$\sqrt{-8} \cdot \sqrt{-2} = \sqrt{(-8) \cdot (-2)} = \sqrt{16} = 4$$

sondern $\quad i\sqrt{8} \cdot i\sqrt{2} = i^2 \sqrt{16} = -4$

BEISPIELE

1. Addition und Subtraktion

   a) $i + i + i = 3i$ b) $5i - 2i = 3i$ c) $5{,}6i - 2{,}3i = 3{,}3i$

   d) $i\sqrt{3} + i\sqrt{5} = i(\sqrt{3} + \sqrt{5})$ e) $\sqrt{-12} + \sqrt{-27} = 2i\sqrt{3} + 3i\sqrt{3} = 5i\sqrt{3}$

2. Multiplikation mit einer reellen Zahl

   a) $4i \cdot 5 = 20i$ b) $6 \cdot 0{,}5i = 3i$ c) $i\sqrt{3} \cdot \sqrt{5} = i\sqrt{15}$

3. Division durch eine reelle Zahl

   a) $8i : 2 = 4i$ b) $1{,}2i : 0{,}6 = 2i$ c) $i\sqrt{3} : \sqrt{3} = i$

In den bisherigen Beispielen war jedes Ergebnis wieder eine imaginäre Zahl. In den folgenden Beispielen ist das nicht immer der Fall. Es ist dabei zu beachten, daß das Quadrat der imaginären Einheit reell ist.

BEISPIELE

1. a) $3i \cdot 4i = 12i^2 = -12$ b) $(-2i) \cdot (5i) = -10i^2 = +10$

   c) $(-4i) \cdot (-i\sqrt{2}) = 4i^2 \cdot \sqrt{2} = -4\sqrt{2}$ d) $i\sqrt{3} \cdot i\sqrt{2} = i^2\sqrt{6} = -\sqrt{6}$

---

[1] LEONHARD EULER, Schweizer Mathematiker, 1707 bis 1783

4.1. Grundbegriffe

Das Produkt zweier imaginärer Zahlen ergibt eine reelle Zahl.

2. a) $\dfrac{8i}{4i} = 2$ b) $\dfrac{0{,}6i}{3i} = 0{,}2$ c) $\dfrac{i\sqrt{3}}{i\sqrt{2}} = \dfrac{\sqrt{3}}{\sqrt{2}} = \dfrac{1}{2}\sqrt{6}$

Der Quotient zweier imaginärer Zahlen ergibt eine reelle Zahl.

3. a) $6 : 3i = \dfrac{6}{3i} = \dfrac{6 \cdot i}{3i \cdot i} = \dfrac{2i}{-1} = -2i$ (man erweitert mit i!)

    b) $2 : 4i = \dfrac{2}{4i} = \dfrac{2i}{4i^2} = \dfrac{i}{2(-1)} = -\dfrac{1}{2}i$ c) $\dfrac{1}{i} = \dfrac{i}{i^2} = \dfrac{i}{-1} = -i$

Die Division einer reellen Zahl durch eine imaginäre Zahl ergibt eine imaginäre Zahl.

Ein Produkt aus mehr als 2 imaginären Faktoren kann reell oder auch imaginär sein. Hierbei treten Potenzen von i auf.

Für die Potenzen der imaginären Einheit i ergeben sich folgende Werte:

$$i^1 = i \qquad\qquad\qquad i^5 = i^4 \cdot i = i$$
$$i^2 = -1 \qquad\qquad\qquad i^6 = i^4 \cdot i^2 = -1$$
$$i^3 = i^2 \cdot i = -i \qquad\qquad i^7 = i^4 \cdot i^3 = -i$$
$$i^4 = i^2 \cdot i^2 = (-1) \cdot (-1) = +1 \qquad i^8 = i^4 \cdot i^4 = +1 \text{ usw.}$$

Die Zusammenstellung zeigt: Ist in i^n der Exponent n eine gerade Zahl, dann ist der Potenzwert reell; ist der Exponent das Vierfache einer ganzen Zahl, dann ist der Wert $+1$.

Allgemein gilt:

$$i^{4n} = 1, \quad i^{4n+1} = i, \quad i^{4n+2} = -1, \quad i^{4n+3} = -i \tag{33}$$
$$\text{für} \quad n = 0, \pm 1, \pm 2, \ldots$$

Die Formel (33) gilt auch für negatives n, denn

$$i^{-1} = \dfrac{1}{i} = \dfrac{i}{-1} = -i \qquad \text{(Ersetze } n \text{ in } i^{4n+3} \text{ durch } -1!\text{)}$$

$$i^{-2} = \dfrac{1}{i^2} = \dfrac{1}{-1} = -1 \qquad \text{(Ersetze } n \text{ in } i^{4n+2} \text{ durch } -1!\text{)}$$

$$i^{-3} = \dfrac{1}{i^3} = \dfrac{i}{i^4} = +i \qquad \text{(Ersetze } n \text{ in } i^{4n+1} \text{ durch } -1!\text{)}$$

$$i^{-4} = \dfrac{1}{i^4} = \dfrac{1}{1} = +1 \qquad \text{(Ersetze } n \text{ in } i^{4n} \text{ durch } -1!\text{)}$$

Da $i^{-1} = -i$ ist, muß auch gelten $(i^{-1})^2 = (-i)^2$ und $(i^{-1})^3 = (-i)^3$ oder allgemein:

$$(i^{-1})^n = i^{-n} = (-i)^n \tag{34}$$

Hierbei ist $(-i)^n = +i^n$,   wenn n gerade ist,
und $(-i)^n = -i^n$,   wenn n ungerade ist.

4. Komplexe Zahlen

Der Formel (34) entsprechend muß weiter gelten:

$$\boxed{(-i)^{-n} = i^n} \tag{35}$$

BEISPIELE

1. Berechnung nach Formel (33)
    a) $2i \cdot (-i) \cdot 4i = -8i^3 = -8 \cdot (-i) = 8i$
    b) $\frac{1}{i^7} = \frac{1}{i^3}$ (mit i erweitert) $= \frac{i}{i^4} = i$
    c) $\frac{3i}{i^2}$ (mit i^2 erweitert) $= \frac{3i^3}{i^4} = -3i$
    d) $i^{13} = i^{12} \cdot i = i$ \qquad e) $i^{18} = i^{16} \cdot i^2 = i^2 = -1$
    f) $i^{11} = i^8 \cdot i^3 = i^3 = -i$ \qquad g) $i^{20} = 1$

2. Berechnung nach Formel (34)
    a) $i^{-8} = (-i)^8 = i^8 = 1$ \qquad b) $i^{-7} = (-i)^7 = -i^7 = -i^3 = i$
    c) $i^3 : i^{12} = i^{-9} = (-i)^9 = -i^9 = -i^8 \cdot i = -i$

3. Berechnung nach Formel (35)
    a) $(-i)^{-6} = i^6 = i^4 \cdot i^2 = i^2 = -1$
    b) $1 : (-i)^7 = (-i)^{-7} = i^7 = i^4 \cdot i^3 = i^3 = -i$
    c) $i^2 : (-i)^3 = i^2 \cdot (-i)^{-3} = i^2 \cdot i^3 = i^5 = i^4 \cdot i = i$

AUFGABEN

115. Vereinfache durch Einführung von $i = \sqrt{-1}$ und berechne:
    a) $\sqrt{-49}$ \quad b) $\sqrt{-x^2}$ \quad c) $\sqrt{-\frac{1}{9}}$ \quad d) $\sqrt{-50}$ \quad e) $\sqrt{-x^2 y^2}$
    f) $\sqrt{-32a^2}$ \quad g) $\sqrt{-48} + \sqrt{-75} - \sqrt{-27}$ \quad h) $\sqrt{-12} - \sqrt{-8} + \sqrt{-0{,}6}$

116. Berechne:
    a) $\sqrt{-3} \cdot \sqrt{-3}$ \quad b) $\sqrt{-2} \cdot \sqrt{-8}$ \quad c) $\sqrt{-a} \cdot \sqrt{+b}$ \quad d) $\sqrt{15} \cdot \sqrt{-5}$
    e) $\sqrt{-5} \cdot \sqrt{20}$ \quad f) $3i \cdot 4i^2$ \quad g) $5i^3 \cdot 2i^6$ \quad h) $(-i)^3 \cdot i^2$
    i) $8i : 2i$ \quad k) $\sqrt{-6} : \sqrt{3}$ \quad l) $9 : 3i$ \quad m) $1 : i^3$
    n) $1 : (-i)^3$ \quad o) $6i : i^7 \sqrt{3}$ \quad p) $ai : \sqrt{-a^3}$ \quad q) $\frac{1}{i^5} + \frac{1}{i^7}$
    r) $\frac{\sqrt{x-y}}{\sqrt{y-x}}$ \quad s) $\sqrt{b-a} \cdot \sqrt{a-b}$ \quad t) $\frac{\sqrt{-3} \cdot \sqrt{12}}{i \sqrt{-a^2}}$

Begriff der komplexen Zahl

Addiert man zu einer reellen Zahl eine imaginäre Zahl, so erhält man eine algebraische Summe von der Form

$$a + b\,\mathrm{i},$$

das ist die allgemeine Form der *komplexen*[1] Zahl.

Hierin können a wie b positive oder negative reelle Zahlen sein. Ausdrücke wie $3 + 2\mathrm{i}$, $3 - 2\mathrm{i}$, $-3 + 2\mathrm{i}$ und $-3 - 2\mathrm{i}$ lassen sich nicht weiter vereinfachen.
Zwei komplexe Zahlen können daher nur dann gleich sein, wenn die reellen Bestandteile gleich sind und ebenso die imaginären:

$$a + b\mathrm{i} = c + d\mathrm{i}, \quad \text{wenn} \quad a = c \quad \text{und} \quad b = d$$

Als Sonderfälle erhält man für $b = 0$ die *reelle* Zahl a und für $a = 0$ die *rein imaginäre* Zahl $b\mathrm{i}$. Hieraus folgt:

| Die komplexen Zahlen umfassen alle bisher bekannten Zahlen.

Ein weiterer Sonderfall sind die sogenannten *konjugiert komplexen* Zahlen. Das sind Zahlen von der Form

$$a + b\mathrm{i} \quad \text{und} \quad a - b\mathrm{i};$$

sie unterscheiden sich nur im Vorzeichen des imaginären Bestandteils, z. B. $3 + 4\mathrm{i}$ und $3 - 4\mathrm{i}$, aber auch $-3 + 4\mathrm{i}$ und $-3 - 4\mathrm{i}$. Nach DIN 1302 wird die zu einer komplexen Zahl z konjugiert komplexe Zahl allgemein mit z^* bezeichnet. Konjugiert komplexe Zahlen treten als Wurzeln (Lösungen) von quadratischen Gleichungen wie von Gleichungen höheren Grades auf.
Eine komplexe Zahl kann nur Null sein, wenn der reelle wie der imaginäre Bestandteil Null ist:

$$a + b\mathrm{i} = 0, \quad \text{wenn} \quad a = 0 \quad \text{und} \quad b = 0$$

4.2. Darstellung in der Gaußschen[2] Zahlenebene

Darstellung der imaginären Zahlen

Bekanntlich werden alle reellen Zahlen (positive und negative, rationale und irrationale) durch die Punkte der Zahlengeraden dargestellt. Man zeichnet diese Gerade waagerecht und nennt sie die *reelle* Zahlenachse.
Die imaginären Zahlen haben auf ihr keinen Platz. Um sie darzustellen, zeichnet man durch den Punkt O senkrecht zur ersten Geraden eine zweite Gerade, die *imaginäre* Achse, und trägt darauf vom Nullpunkt aus nach oben und unten fortlaufend dieselbe Einheitsstrecke wie auf der reellen Achse ab. Die erhaltenen Teilpunkte werden mit den rein imaginären Zahlen $+\mathrm{i}, +2\mathrm{i}, \ldots$ bzw. $-\mathrm{i}, -2\mathrm{i}, \ldots$ bezeichnet (Bild 25).

---

[1] complexus (lat.) zusammengesetzt
[2] Gauss, Mathematiker (1777 bis 1855)

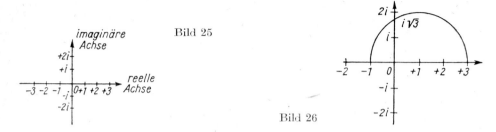

Bild 25

Bild 26

Imaginäre Zahlen wie 0,6i oder $-i\sqrt{3}$ haben ebenfalls ihren Platz auf der Geraden der imaginären Zahlen und liegen – so wie 0,6 und $-\sqrt{3}$ auf der reellen Achse – zwischen 2 markierten Punkten. Bild 26 zeigt die zeichnerische Bestimmung von $i\sqrt{3}$. Der Konstruktion liegt der Höhensatz zugrunde.

Darstellung der komplexen Zahlen

Wie man in einem rechtwinkligen Koordinatensystem einem Wertepaar $(x; y)$ einen Punkt zuordnet[1], so verfährt man ganz entsprechend in der Zahlenebene, die durch die reelle und die imaginäre Achse gekennzeichnet ist. Die imaginäre Achse entspricht der y-Achse und die reelle Achse der x-Achse. Es liegt nun nahe, einen Punkt in der Ebene, die durch die Achsen in 4 Quadranten geteilt wird, durch eine Zahl auf der reellen und eine auf der imaginären Achse zu bestimmen. Das bedeutet, jedem Punkt der Ebene entspricht eine komplexe Zahl und umgekehrt.

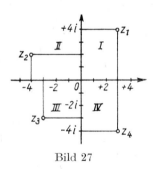

Bild 27

Um zu einem gegebenen Punkt z die zugehörige Zahl $z = a + bi$ zu bestimmen, zieht man (Bild 27) durch den Punkt Parallelen zu den beiden Achsen und liest in den Schnittpunkten mit den Achsen den reellen Bestandteil a und den imaginären Bestandteil b der komplexen Zahl $a + bi$ ab.

Die Gaußsche Zahlenebene stellt somit in ihren Punkten alle reellen, rein imaginären und echt komplexen Zahlen dar.

Die Bildpunkte konjugiert komplexer Zahlen liegen symmetrisch zur reellen Zahlachse, z. B. die Bildpunkte der Zahlen z_1 und z_4 in Bild 27.

4.3. Goniometrische Darstellung komplexer Zahlen

Die Bestimmung eines Punktes in einer Ebene kann noch auf eine andere Weise geschehen, als sie im vorigen Abschnitt 4.2. dargestellt ist.

Verbindet man irgendeinen Punkt Z der Ebene mit dem Nullpunkt (Bild 28), so erhält man eine Strecke $\overline{OZ} = r$, deren Richtung durch den Winkel φ festgelegt ist. Eine

---

[1] Für Darstellung der komplexen Zahlen in der Gaußschen Zahlenebene vgl. die Ausführungen unter 10.5. *Koordinatensysteme*.

4.3. Goniometrische Darstellung komplexer Zahlen

solche Strecke von bestimmter Länge, bestimmter Richtung und bestimmtem Richtungssinn wird auch als *Vektor*[1] bezeichnet. Man kann daher die komplexen Zahlen geometrisch auch deuten als vom Nullpunkt ausgehende Vektoren einer Ebene und stellt sie dann durch „Pfeile" dar. Hiervon werden wir später auch Gebrauch machen (vgl. Bild 29). Die Entfernung des Punktes vom Nullpunkt ist dagegen kein Vektor, sie wird mit r bezeichnet, weil der Punkt auf einem Kreis liegt, der mit r um O geschlagen werden kann.

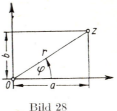

Bild 28

r ist der *absolute Betrag* oder der *Modul* der komplexen Zahl z; man schreibt daher: $r = |z|$. Der Winkel φ ist das *Argument* der komplexen Zahl. Man schreibt $\varphi = \arg z$. Durch r und φ ist ein Punkt in der Ebene ebenso eindeutig bestimmt wie durch ein Wertepaar $x; y$.

Der eine Schenkel des Winkels φ wird immer von der positiven reellen Achse gebildet, so daß der Winkel als ein Drehwinkel aufgefaßt werden kann, der die Werte von $0°$ bis $360°$ annimmt, wachsend im mathematisch positiven Drehsinn, d. i. entgegengesetzt der Uhrzeigerdrehung. Den Scheitel O des Winkels bezeichnet man als Pol des Systems, die positive waagerechte Achse als *Polarachse*, und r und φ nennt man Polarkoordinaten[2].

Man kann jede komplexe Zahl $z = a + bi$ auf die sogenannte *goniometrische Form* bringen. Das ist möglich durch die folgenden Beziehungen zwischen den Größen r, φ, a und b. Nach Bild 28 gilt:

$$r = |z| = \sqrt{a^2 + b^2} \quad \text{(nur der positive Wurzelwert ist zu nehmen!)}$$

$$a = r \cdot \cos\varphi \qquad b = r \cdot \sin\varphi \qquad \tan\varphi = \frac{b}{a}$$

Hiernach ist:

$$z = a + bi = r(\cos\varphi + i \cdot \sin\varphi) \tag{36}$$

$r(\cos\varphi + i \cdot \sin\varphi)$ ist die goniometrische Form der komplexen Zahl $z = a + bi$. Beim Bilden der goniometrischen Form (auch Normalform genannt) ist die Bestimmung des Winkels φ das Schwierigste.[3] Beachte dabei:

a	b	z liegt im	φ liegt zwischen	$\tan\varphi$
pos.	pos.	1. Quadr.	$0°$ u. $90°$	pos.
neg.	pos.	2. „	$90°$ u. $180°$	neg.
neg.	neg.	3. „	$180°$ u. $270°$ oder $-90°$ u. $-180°$	pos.
pos.	neg.	4. „	$270°$ u. $360°$ oder $0°$ u. $-90°$	neg.

---

[1] (lat.) Fahrstrahl
[2] Vgl. 10.5. Das Polarkoordinatensystem
[3] Vgl. Band II, Trigonometrie

Durch die Vorzeichen von a und b ist also der Quadrant für den Winkel φ eindeutig bestimmt. Dagegen gibt die Beziehung $\dfrac{a}{b} = \tan\varphi$ immer 2 Werte für φ, wovon nur der eine auf Grund der gegebenen Übersicht auszuwählen ist. (Man fertige sich für jeden Einzelfall immer eine Skizze an!)

BEISPIELE

1. Die komplexe Zahl $z = 3 + 4i$ soll auf die goniometrische Form gebracht werden.

   Lösung:

   $a = 3$, $b = 4$ sind positiv, daher muß der Punkt im ersten Quadranten und der Winkel φ zwischen $0°$ und $90°$ liegen.
   $r = \sqrt{9 + 16} = 5$; $\tan\varphi = \dfrac{4}{3} \approx 1{,}333$; $\varphi \approx 53°08'$ ($233°08'$ scheidet aus)

   (Mit logarithmischer Rechnung[1] kann man den Winkel genauer bestimmen. Es ist $\lg\tan\varphi = \lg 4 - \lg 3 = 0{,}60206 - 0{,}47712 = 0{,}12494$ und $\varphi \approx 53°08'$.)
   Ergebnis: $\underline{\underline{z = 5\,(\cos 53°08' + i\sin 53°08')}}$.

2. Es soll $z = 3 - i\sqrt{3}$ in der goniometrischen Form dargestellt werden.

   Lösung:

   $a = 3$, $b = -\sqrt{3}$ (Skizze anfertigen!)
   Der Punkt liegt im 4. Quadranten und der Winkel φ zwischen $270°$ und $360°$.
   $$r = \sqrt{9 + 3} = \sqrt{12} = 2\sqrt{3}$$
   $$\tan\varphi = \frac{b}{a} = \frac{-\sqrt{3}}{3} = -\frac{1}{3}\sqrt{3}, \text{ folglich ist } \varphi = 360° - 330° = 30°$$
   $$(\varphi = 180° - 30° = 150° \text{ scheidet aus!})$$
   Ergebnis: $\underline{\underline{z = 2\sqrt{3}\,(\cos 330° + i\sin 330°)}}$.

Entsprechend erhält man für $z = -3 + i\sqrt{3}$ die goniometrische Form $z = 2\sqrt{3}\,(\cos 150° + i\sin 150°)$, da dieser Punkt im 2. Quadranten liegt. Betrachten wir die beiden Zahlen $z_1 = -3 + i\sqrt{3}$ und $z_2 = +3 - i\sqrt{3}$ genauer! Es geht z_2 aus z_1 durch Multiplikation mit -1 hervor. Geometrisch bedeutet das eine Drehung des Vektors um $180°$ ($150° + 180° = 330°$). Die Drehung erfolgt im positiven Sinn. Eine Drehung um $180°$ im negativen Sinn würde ebenfalls z_1 in z_2 überführen; sie bedeutet eine Division durch -1. Tatsächlich ist einerseits $(-3 + i\sqrt{3}) : (-1) = +3 - i\sqrt{3}$ und andererseits $150° - 180° = -30° \triangleq +330°$.

z_1 und z_2 nennt man „entgegengesetzte" Zahlen; diese Bezeichnung deutet die Lage der beiden Bildpunkte an.

---
[1] Vgl. 5. Logarithmen sowie Band II, Trigonometrie

4.3. Goniometrische Darstellung komplexer Zahlen

Führt man für φ auch negative Werte ein, dann kann man das obige Ergebnis

$$z = 2\sqrt{3}\,(\cos 330° + i \sin 330°)$$

auch schreiben: $\quad z = 2\sqrt{3}\,[\cos(-30°) + i \sin(-30°)]$

oder $\quad\quad\quad\quad z = 2\sqrt{3}\,(\cos 30° - i \sin 30°)\quad$ (vgl. Bild 29)

Diese letzte Form erhält man unter Anwendung der Formeln aus der Goniometrie

$$\cos(-\varphi) = \cos\varphi$$
$$\sin(-\varphi) = -\sin\varphi$$

Sie wird besonders in der Elektrotechnik bevorzugt, natürlich nur für Winkel zwischen $0°$ und $-180°$. Wie man umgekehrt aus der goniometrischen Darstellung einer komplexen Zahl die gewöhnliche Form $z = a + bi$ gewinnt, erläutern die nächsten Beispiele.

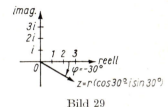

Bild 29

BEISPIELE

1. Man bringe die komplexe Zahl $z = 6\,(\cos 60° + i \sin 60°)$ auf die Form $a + bi$!

    Lösung:
    $a = r \cos\varphi = 6 \cdot \cos 60° = 6 \cdot 0{,}5 = 3$
    $b = r \sin\varphi = 6 \cdot \sin 60° = 6 \cdot \frac{1}{2}\sqrt{3} = 3\sqrt{3}$
    folglich ist $\underline{\underline{z = 3 + 3i\sqrt{3}}}$

2. Man bringe die komplexe Zahl $z = 4\,(\cos 225° + i \sin 225°)$ auf die Form $a + bi$!

    Lösung:
    $a = r \cos\varphi = 4 \cdot \cos 225° = 4\,(-\cos 45°) = -4 \cdot \cos 45° = \frac{-4}{2}\sqrt{2} = -2\sqrt{2}$
    $b = r \sin\varphi = 4 \cdot \sin 225° = 4\,(-\sin 45°) = -4 \cdot \sin 45° = \frac{-4}{2}\sqrt{2} = -2\sqrt{2}$
    folglich ist $\underline{\underline{z = -2\sqrt{2} - 2i\sqrt{2}}}$

Einige Sonderfälle

Da die reellen Zahlen wie die rein imaginären Zahlen als Sonderfälle komplexer Zahlen zu betrachten sind, können auch diese auf die goniometrische Form gebracht werden.

Für die positiven reellen Zahlen ist $\varphi = 0°$, für die negativen ist $\varphi = 180°$.

Für die positiven imaginären Zahlen ist $\varphi = 90°$, für die negativen ist $\varphi = 270°$.

Für die reellen Zahlen ist $r = |a|$, für die imaginären ist $r = |b|$.

BEISPIELE

1. $8 = 8(\cos 0° + i \sin 0°)$
2. $-3 = 3(\cos 180° + i \sin 180°)$
3. $6i = 6(\cos 90° + i \sin 90°)$
4. $-4i = 4(\cos 270° + i \sin 270°)$

AUFGABEN

117. Bringe die folgenden komplexen Zahlen auf die goniometrische Form:

a) $5 + 12i$ b) $3 - 4i$ c) $-3 + 1{,}6i$ d) $-2 - i\sqrt{5}$ e) -1

f) $2i$ g) $-8i$ h) $1 - i\sqrt{3}$ i) $-1 + i\sqrt{3}$

118. Bringe die folgenden komplexen Zahlen auf die Form $a + bi$, wenn

a) $r = 12$, $\varphi = 210°$ b) $r = 8$, $\varphi = 135°$ c) $r = 6$, $\varphi = 240°$

4.4. Grundrechenarten mit komplexen Zahlen

Mit komplexen Zahlen rechnet man wie mit gewöhnlichen Zahlen. Dabei ist zu beachten, daß

$$a + bi = bi, \text{ falls } a = 0$$
$$a + bi = a, \text{ falls } b = 0$$
$$i^2 = -1$$

Addition und Subtraktion

Man addiert (subtrahiert) die reellen und imaginären Bestandteile für sich und rechnet allgemein:

$$(a + bi) + (c + di) - (e + fi) = (a + c - e) + (b + d - f)i \tag{37}$$

1. $(3 + 2i) + (6 + 4i) = 3 + 6 + 2i + 4i = 9 + 6i$
2. $(4 - 5i) - (2 + 3i) = 4 - 2 - 5i - 3i = 2 - 8i$
3. $(-9 + 6i) - (3 - 2i) = -9 - 3 + 6i + 2i = -12 + 8i$

Hierbei kann in besonderen Fällen das Ergebnis eine reelle Zahl oder eine imaginäre Zahl, aber auch Null sein.
Konjugiert komplexe Zahlen ergeben bei der Addition eine reelle Zahl:

$$(a + bi) + (a - bi) = 2a \tag{38}$$

bei der Subtraktion eine imaginäre Zahl:

$$(a + bi) - (a - bi) = 2bi \tag{39}$$

BEISPIELE

1. $(3 + 2i\sqrt{2}) + (3 - 2i\sqrt{2}) = 6$
2. $(4 + 3i) - (4 - 3i) = 6i$

Multiplikation

Bei der Multiplikation komplexer Zahlen verfährt man wie beim Multiplizieren zweier Binome und beachtet, daß $i^2 = -1$ ist. Es gilt also:

$$(a + bi)(c + di) = ac - bd + (ad + bc)i \qquad (40)$$

Hierbei ergeben 2 Produkte (obere Bogen) den reellen Bestandteil und 2 Produkte (untere Bogen) den imaginären Bestandteil des Ergebnisses.

BEISPIELE

1. $(3 + 5i)(2 + 4i) = 6 + 20i^2 + 10i + 12i = -14 + 22i$
2. $(1 + 2i)(3 - i) = 3 - 2i^2 + 6i - i = 5 + 5i$

BEISPIELE

In besonderen Fällen kann das Ergebnis imaginär oder reell werden.

1. $(3 + 2i) \cdot (2 + 3i) = 6 + 6i^2 + 9i + 4i = 13i$ (rein imaginär)
2. $(a + bi) \cdot (b + ai) = ab - ab + a^2i + b^2i = (a^2 + b^2)i$ (rein imaginär)
3. $(4 + 2i) \cdot (4 - 2i) = 16 + 4 = 20$ (reell)
4. $(\sqrt{2} - i) \cdot (\sqrt{2} + i) = 2 - i^2 = 2 + 1 = 3$ (reell)

Allgemein gilt

$$(a + bi)(a - bi) = a^2 + b^2 \qquad (41)$$

In Worten: Das Produkt konjugiert komplexer Zahlen ist reell.

Hinweis: Nach Formel (41) läßt sich die Summe von zwei reellen Quadraten in ein Produkt umwandeln.

Division

Eine komplexe Zahl wird durch eine reelle Zahl dividiert, indem man die beiden Bestandteile einzeln dividiert:

$$(a + bi) : c = \frac{a}{c} + \frac{b}{c}i \qquad (42)$$

BEISPIELE

$$\frac{8 - 3i\sqrt{2}}{\sqrt{2}} = \frac{8}{\sqrt{2}} - 3i = 4\sqrt{2} - 3i$$

Eine komplexe Zahl wird durch eine imaginäre Zahl dividiert, indem man zunächst durch Erweitern den Divisor (Nenner) reell macht:

$$\frac{a+bi}{ci}\text{(erweitert mit i}^3 = -\text{i)} = \frac{ai^3+bi^4}{ci^4} = \frac{-ai+b}{c} = \frac{b}{c} - \frac{a}{c}\text{i} \tag{43}$$

BEISPIEL

$$\frac{6-4i}{2i} = \frac{(6-4i)\cdot i^3}{2i \cdot i^3} = \frac{6i^3-4}{2} = \frac{-6i-4}{2} = -2-3i$$

oder (mit $-$ i erweitert): $\dfrac{(6-4i)\cdot(-i)}{2i\cdot(-i)} = \dfrac{-6i-4}{2} = -2-3i$

Die Division durch eine komplexe Zahl läßt sich ebenfalls auf den einfachsten Fall (Division durch reelle Zahl) zurückführen. Durch Erweitern mit der konjugiert komplexen Zahl erhält man einen reellen Divisor (Nenner):

$$\frac{a+bi}{c+di} = \frac{(a+bi)(c-di)}{(c+di)(c-di)} = \frac{ac+bd-(ad-bc)i}{c^2+d^2} \tag{44}$$

Beachte: Im Nenner erscheint immer die Summe zweier reeller Quadrate!

BEISPIELE

1. $\dfrac{3-2i}{2-3i} = \dfrac{(3-2i)(2+3i)}{(2-3i)(2+3i)} = \dfrac{6+6-4i+9i}{4+9} = \dfrac{12+5i}{13} = \dfrac{12}{13} + \dfrac{5}{13}i$

2. $\dfrac{4+i\sqrt{5}}{\sqrt{5}-4i} = \dfrac{(4+i\sqrt{5})(\sqrt{5}+4i)}{(\sqrt{5}-4i)(\sqrt{5}+4i)} = \dfrac{4\sqrt{5}-4\sqrt{5}+5i+16i}{5+16} = i$

Wie das letzte Beispiel zeigt, kann das Ergebnis rein imaginär sein. Dagegen ergibt die Division konjugiert komplexer Zahlen

$$\frac{a+bi}{a-bi} = \frac{(a+bi)^2}{a^2+b^2} = \frac{a^2-b^2}{a^2+b^2} + \frac{2ab}{a^2+b^2}i \tag{45}$$

eine komplexe Zahl.

BEISPIEL

$$\frac{6-2i}{6+2i} = \frac{(6-2i)^2}{6^2+2^2} = \frac{6^2-2^2-24i}{40} = \frac{32}{40} - \frac{24i}{40} = \frac{4}{5} - \frac{3}{5}i$$

Der reziproke Wert einer komplexen Zahl ergibt nach gleichem Verfahren

$$\frac{1}{a+bi} = \frac{a-bi}{a^2+b^2} = \frac{\text{konjugiert komplexe Zahl}}{\text{Norm}} \tag{46}$$

(Der oft erscheinende Ausdruck $a^2 + b^2 = r^2$ (vgl. 4.3.) wird auch die *Norm* der komplexen Zahl $a + bi$ genannt).

BEISPIELE

1. $\dfrac{1}{2-i\sqrt{5}} = \dfrac{2+i\sqrt{5}}{4+5} = \dfrac{2}{9} + \dfrac{\sqrt{5}}{9}i$

2. $\dfrac{5+10i}{2+4i} = 2{,}5$

4.4. Grundrechenarten mit komplexen Zahlen

Wie die Beispiele zeigen, führt die Division einer komplexen Zahl und jede Division durch eine komplexe Zahl im allgemeinen nicht auf eine reelle Zahl.

Man unterscheide vor allem:

$$(a+b)^2 = a^2 + 2ab + b^2 \quad \text{und} \quad (a+bi)^2 = a^2 - b^2 + 2abi$$
$$(a-b)^2 = a^2 - 2ab + b^2 \quad \text{und} \quad (a-bi)^2 = a^2 - b^2 - 2abi$$
$$a^2 - b^2 = (a+b)(a-b) \quad \text{und} \quad a^2 + b^2 = (a+bi)(a-bi)$$

AUFGABEN

119. a) $-3(-2+6i)$ b) $i\sqrt{2}(3-i\sqrt{3})$ c) $(5+2i)(3+4i)$

     d) $(2+3i)(4-5i)$ e) $(1+\sqrt{-3})(3-\sqrt{-2})$

120. a) $(16+i\sqrt{2}):2\sqrt{2}$ b) $(4-i\sqrt{3}):2i$ c) $(2+3i):(3-4i)$

     d) $1:(1+i)$ e) $22:(2-i\sqrt{7})$

     f) $\dfrac{8+7i}{3+4i}$ g) $\dfrac{1+i}{1-i} - \dfrac{1-i}{1+i}$ h) $\dfrac{(5+i\sqrt{3})(5-i\sqrt{3})}{2-i\sqrt{3}}$

121. a) $(5+3i)+(5-3i)$ b) $(5+3i)-(5-3i)$

     c) $(5+3i)\cdot(5-3i)$ d) $(5+3i):(5-3i)$

     e) $(1+i\sqrt{2})^2$ f) $(3-i\sqrt{5})^2$

122. Verwandle folgende Summen in Produkte:

     a) $4x^2 + 9y^2$ b) $a+b$ c) $17 (=16+1)$

123. Gegeben sind die konjugiert komplexen Zahlen

     $z_1 = 2+3i$ und $z_1^* = 2-3i$
     $z_2 = 4-2i$ und $z_2^* = 4+2i$.

     a) Berechne $z_1 \cdot z_2$ und $z_1^* \cdot z_2^*$ und vergleiche die beiden Ergebnisse!
     b) Berechne $z_1 : z_2$ und $z_1^* : z_2^*$ und vergleiche sie!

Die vier Grundrechenarten in der Gaußschen Zahlenebene

Das Rechnen mit komplexen Zahlen läßt sich auch graphisch durchführen.

Addition: $z_1 + z_2 = z_3$

Es sei $z_1 = 6+3i$ und $z_2 = 2+5i$, dann ist $z_3 = 8+8i$. Auf diesem rechnerischen Verfahren beruht die in Bild 30 dargestellte geometrische Addition.
Man zeichnet zunächst die beiden Vektoren der gegebenen komplexen Zahlen z_1 und z_2, verschiebt den 2. Vektor parallel zu sich, so daß sein Anfangspunkt mit dem Endpunkt des 1. Vektors zusammenfällt. Der Endpunkt des verschobenen Vektors ist der Bildpunkt der gesuchten komplexen Zahl z_3. Verbindet man den gefundenen

Punkt mit dem Anfangspunkt O des 1. Vektors, dann stellt diese Verbindungsstrecke den absoluten Betrag r_3 und der dadurch entstandene Winkel φ_2 das Argument der komplexen Zahl z_3 dar. Der Konstruktion liegt ein Parallelogramm zugrunde, in dem die Seiten den gegebenen komplexen Zahlen z_1 und z_2 entsprechen und die Diagonale die gesuchte Zahl z_3 – also die Lösung der Additionsaufgabe – darstellt.
Das gleiche Ergebnis erhält man, wenn man den Vektor von z_1 an den von z_2 ansetzt.

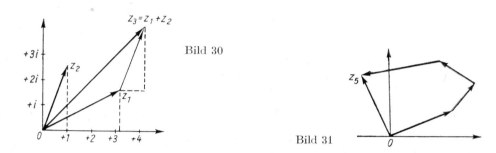

Bild 30

Bild 31

Mechanische Deutung: Sind die Vektoren von z_1 und z_2 zwei in O angreifende Kräfte, dann ist der Vektor von z_3 (Diagonale) die Resultierende dieser beiden Kräfte. Man spricht daher von einem „Kräfteparallelogramm".
Sind mehr als 2 komplexe Zahlen zu addieren, so entsteht durch wiederholtes Ansetzen der Vektoren ein sogenannter *Polygonzug*, ein Vieleck, in dem die zuletzt durch Konstruktion gefundene Ecke der Bildpunkt der gesuchten Zahl ist (Bild 31). Im Sonderfall kann dieser mit dem Nullpunkt zusammenfallen. Es ist dann die Anzahl der Polygonseiten gleich der Zahl der Summanden, und die Summe der gegebenen komplexen Zahlen ist gleich Null.

Subtraktion

Die Subtraktion läßt sich in eine Addition verwandeln, wenn man für den Subtrahenden die entgegengesetzte Zahl (durch Multiplikation mit -1) einführt.

Subtraktion	$z_1 = 6 + 3i$ | $+$	wird Addition	$z_1 =6 + 3i$ | $+$
	$z_2 = 2 + 5i$ | $-$		$-z_2 = -2 - 5i$ | $+$
			$z_3 =4 - 2i$

Bild 32 zeigt die geometrische Lösung der Subtraktionsaufgabe. Die entgegengesetzte Zahl ($-z_2$) wird zu z_1 addiert. Sie wird durch einen gleich großen, aber entgegengesetzt gerichteten Vektor dargestellt. Der Vektor der gesuchten Zahl z_3 erscheint hier wiederum als Diagonale in einem Parallelogramm ($O - z_2\, z_3\, z_1$).
(Mechanische Deutung: Der Vektor der entgegengesetzten Zahl hebt die Wirkung des Vektors von z_2 auf.)
Die Addition und die Subtraktion zweier konjugiert komplexer Zahlen werden in Bild 33 a, b als Sonderfälle dargestellt. Das Ergebnis ist reell bzw. rein imaginär. Konjugiert komplexe Zahlen liegen entwedernur in der rechten oder nur in der linken Halbebene.

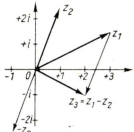
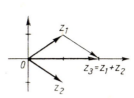
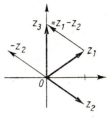

Bild 32 Bild 33a Bild 33b

Multiplikation

Um die Multiplikation und die Division komplexer Zahlen geometrisch zu veranschaulichen, geht man von der goniometrischen Form aus, schlägt also einen anderen Weg ein als bei der Addition und Subtraktion.

Es sei $z_1 = r_1 (\cos \varphi_1 + i \sin \varphi_1)$ und $z_2 = r_2 (\cos \varphi_2 + i \sin \varphi_2)$, dann ist

$z_3 = z_1 \cdot z_2 = r_1 r_2 (\cos \varphi_1 + i \sin \varphi_1)(\cos \varphi_2 + i \sin \varphi_2) =$
$= r_1 r_2 [(\cos \varphi_1 \cos \varphi_2 - \sin \varphi_1 \sin \varphi_2) + i (\sin \varphi_1 \cos \varphi_2 + \cos \varphi_1 \sin \varphi_2)]$

Unter Anwendung eines Additionstheorems[1] folgt:

$$z_3 = z_1 \cdot z_2 = r_1 r_2 [\cos(\varphi_1 + \varphi_2) + i \sin(\varphi_1 + \varphi_2)] = r_3 (\cos \varphi_3 + i \sin \varphi_3) \qquad (47)$$

Hierbei ist $r_3 = r_1 \cdot r_2$ der absolute Betrag

und $\varphi_3 = \varphi_1 + \varphi_2$ das Argument der gesuchten Zahl.

> Komplexe Zahlen können so multipliziert werden, daß man ihre absoluten Beträge multipliziert und ihre Argumente addiert.

Gegeben sind die komplexen Zahlen $z_1 = 3 (\cos 45° + i \sin 45°)$ und $z_2 = 1{,}5 (\cos 15° + i \sin 15°)$, gesucht ist $z_3 = z_1 \cdot z_2$.

Lösung: $r_3 = r_1 r_2 = 3 \cdot 1{,}5 = 4{,}5$ und $\varphi_2 = \varphi_1 + \varphi_2 =$
$= 45° + 15° = 60°,$
folglich ist $z_3 = 4{,}5 (\cos 60° + i \sin 60°).$

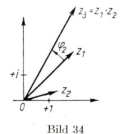

Bild 34 veranschaulicht diese Multiplikation. Man kann sich den Vektor z_3, der das Ergebnis darstellt, durch eine Drehung und eine Streckung des Vektors z_1 entstanden denken. Die Multiplikation einer komplexen Zahl bedeutet also geometrisch eine „Drehstreckung".

Bild 34

---

[1] Vgl. Band II, Additionstheoreme

4. Komplexe Zahlen

Einige Sonderfälle

Multipliziert man eine komplexe Zahl (z_1) mit $z_2 = -1$, so bleibt der absolute Betrag erhalten; denn $r_3 = r_1 r_2 = r_1 \cdot 1$.
Das Argument $\varphi_3 = \varphi_1 + \varphi_2 = \varphi_1 + 180°$. Das bedeutet eine Drehung um 180° (positiver Drehsinn), d. h., das Ergebnis ist die „entgegengesetzte" Zahl, $z_3 = -z_1$.
Entsprechend bedeutet eine Multiplikation mit i nur eine Drehung um 90° (positiver Drehsinn), da das Argument von i 90° beträgt. Der absolute Betrag bleibt auch hier derselbe.
In beiden Fällen findet nur eine Drehung, aber keine Streckung statt.

Division

Benutzt man die Tatsache, daß die Division die Umkehrung der Multiplikation ist, dann läßt sich die Gültigkeit der folgenden Beziehung leicht nachweisen. (Nachweis hier nicht durchgeführt.)

$$z_3 = \frac{z_1}{z_2} = \frac{r_1 (\cos \varphi_1 + i \sin \varphi_1)}{r_2 (\cos \varphi_2 + i \sin \varphi_2)} = \frac{r_1}{r_2} [\cos (\varphi_1 - \varphi_2) + i \sin (\varphi_1 - \varphi_2)] \qquad (48)$$

$$z_3 = r_3 (\cos \varphi_3 + i \sin \varphi_3)$$

Hierbei ist $r_3 = \frac{r_1}{r_2}$ der absolute Betrag, $\varphi_3 = \varphi_1 - \varphi_2$ das Argument der gesuchten Zahl.

Dividiert man z_2 durch z_1, dann erhält man entsprechend $\frac{r_2}{r_1}$ als absoluten Betrag und $\varphi_2 - \varphi_1$ als Argument.

▌ Komplexe Zahlen können so dividiert werden, daß man ihre absoluten Beträge dividiert und ihre Argumente subtrahiert.

BEISPIELE

Gegeben sind $z_1 = 5 (\cos 120° + i \sin 120°)$ und
$z_2 = 2,5 (\cos 45° + i \sin 45°)$;
gesucht ist der Quotient $z_3 = z_1 : z_2$.

Lösung: $r_3 = \frac{r_1}{r_2} = \frac{5}{2,5} = 2$

$\varphi_3 = \varphi_1 - \varphi_2 = 120° - 45° = 75°$

folglich ist $z_3 = 2 (\cos 75° + i \sin 75°)$.

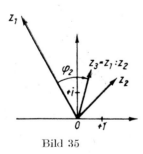

Bild 35

Wie Bild 35 veranschaulicht, kann man sich den Vektor z_3 durch eine Drehung aus dem Vektor z_1 hervorgegangen denken. Die Drehung beträgt hier 45° und erfolgt bei der Division (im Gegensatz zur Multiplikation) im negativen mathematischen Drehsinn (Uhrzeigersinn).

Einige Sonderfälle

Die Division einer komplexen Zahl durch -1 bedeutet geometrisch eine Drehung um 180° im Uhrzeigersinn, d. h., man erhält als Ergebnis die entgegengesetzte Zahl, also wie bei der Multiplikation mit -1.

4.5. Lehrsatz von Moivre

Die Division durch i bedeutet dagegen eine Drehung um 90° im Uhrzeigersinn, gibt also ein anderes Ergebnis als die Multiplikation mit i.

AUFGABEN

124. Berechne $z = z_1 \cdot z_2$, wenn

   a) $z_1 = 2 (\cos 15° + i \sin 15°)$ und $z_2 = 3 (\cos 45° + i \sin 45°)$

   b) $z_1 = \sqrt{5} (\cos 80° + i \sin 80°)$ und $z_2 = \sqrt{5} (\cos 40° + i \sin 40°)$

125. Berechne $z = z_1 : z_2$, wenn

   a) $z_1 = \cos 70° + i \sin 70°$ und $z_2 = \cos 25° + i \sin 25°$

   b) $z_1 = 6 (\cos 225° + i \sin 225°)$ und $z_2 = 3 (\cos 75° + i \sin 75°)$

   c) $z_1 = 4$ und $z_2 = 4 (\cos 30° + i \sin 30°)$

   (Anleitung: Setze $4 = 4 (\cos 360° + i \sin 360°)$)

126. Was bedeutet geometrisch die Multiplikation (Division) einer komplexen Zahl mit $-i$? [Anleitung: $-i = (-1) \cdot i$]

127. Der Vektor $3\sqrt{3} + 3i$ ist

   a) um 45° zu drehen und auf das Doppelte zu strecken,

   b) um 120° zu drehen und auf die Hälfte zu reduzieren.

   Wie heißt der neue Vektor?

128. Unter welcher Bedingung stellen die Ausdrücke $z_1 = r_1 (\cos \varphi_1 + i \sin \varphi_1)$ und $z_2 = r_2 (\cos \varphi_2 + i \sin \varphi_2)$ konjugiert komplexe Zahlen dar?

4.5. Lehrsatz von MOIVRE [1]

Potenzieren einer komplexen Zahl

Man setzt in der Multiplikationsformel

$$z = z_1 z_2 = r_1 r_2 [\cos (\varphi_1 + \varphi_2) + i \sin (\varphi_1 + \varphi_2)]$$

$z_1 = z_2 = z$, dann ist $r_1 = r_2 = r$ und $\varphi_1 = \varphi_2 = \varphi$

Daraus folgt unter Anwendung der Additionstheoreme[2]

$$z^2 = r^2 (\cos 2\varphi + i \sin 2\varphi)$$

und $\quad z^3 = r^2 (\cos 2\varphi + i \sin 2\varphi) \cdot r (\cos \varphi + i \sin \varphi) =$
$\quad\quad\quad = r^3 (\cos 3\varphi + i \sin 3\varphi)$

---

[1] ABRAHAM DE MOIVRE, französischer Mathematiker (1667 bis 1754)
[2] Vgl. Band II, Additionstheoreme

4. Komplexe Zahlen

Allgemein gilt:

$$z^n = r^n (\cos n\varphi + i \sin n\varphi) \tag{49}$$

Eine komplexe Zahl wird potenziert, indem man den absoluten Betrag mit dem Exponenten potenziert und das Argument mit dem Exponenten multipliziert.

Für $r = 1$ vereinfacht sich die letzte Formel, und man erhält den **Lehrsatz von MOIVRE**

$$(\cos \varphi + i \sin \varphi)^n = \cos n\varphi + i \sin n\varphi \tag{50}$$

Dieser Satz wurde 1707 von MOIVRE vorbereitet und von LEONHARD EULER in der vorstehenden Form ausgesprochen.

BEISPIELE

1. Berechne $(1 + i)^6$
   Lösung: $a = 1$, $b = 1$, $\tan \varphi = 1$, $\varphi = 45°$, $r = \sqrt{a^2 + b^2} = \sqrt{2}$
   $(1 + i)^6 = r^6 (\cos 6\varphi + i \sin 6\varphi) = (\sqrt{2})^6 (\cos 6 \cdot 45° + i \sin 6 \cdot 45°) =$
   $= 8 (\cos 270° + i \sin 270°) = 8 [0 + i(-1)] = \underline{\underline{-8i}}$

2. Berechne $(1 - i\sqrt{3})^5$
   Lösung: $a = 1$, $b = -\sqrt{3}$, $\tan \varphi = -\sqrt{3}$, $\varphi = 300°$, $r = \sqrt{1 + 3} = 2$
   $(1 - i\sqrt{3})^5 = r^5 (\cos 5\varphi + i \sin 5\varphi) = 32 (\cos 5 \cdot 300° + i \sin 5 \cdot 300°) =$
   $= 32 (\cos 1500° + i \sin 1500°) = 32 (\cos 60° + i \sin 60°) =$
   $= 32 \left(\frac{1}{2} + \frac{i}{2} \sqrt{3}\right) = \underline{\underline{16 + 16 i \sqrt{3}}}$

3. Berechne $z = (\cos 20° + i \sin 20°)^6$
   Lösung: $z = \cos 120° + i \sin 120° = -\cos 60° + i \sin 60° = \underline{\underline{-\frac{1}{2} + \frac{i}{2} \sqrt{3}}}$

4. Berechne $z = (-\cos 60° - i \sin 60°)^5$
   Lösung: Durch Umformen erhält man
   $z = (-1)^5 \cdot (\cos 60° + i \sin 60°)^5 = -1 \cdot (\cos 300° + i \sin 300°) =$
   $= -(\cos 60° - i \sin 60°) = \underline{\underline{-\frac{1}{2} + \frac{i}{2} \sqrt{3}}}$

5. Die zwei Formeln aus der Goniometrie[1]
   $$\sin 2\alpha = 2 \cdot \sin \alpha \cdot \cos \alpha \quad \text{und} \quad \cos 2\alpha = \cos^2 \alpha - \sin^2 \alpha$$
   sollen mit Hilfe des Satzes von MOIVRE abgeleitet werden.
   Lösung: Für $n = 2$ erhält man
   $(\cos \alpha + i \sin \alpha)^2 = \cos 2\alpha + i \sin 2\alpha$
   $\cos^2 \alpha - \sin^2 \alpha + 2i \cdot \cos \alpha \sin \alpha = \cos 2\alpha + i \sin 2\alpha$
   Hierin müssen die reellen wie die imaginären Bestandteile gleich sein, also
   $\cos^2 \alpha - \sin^2 \alpha = \cos 2\alpha \quad \text{und} \quad 2 \cos \alpha \cdot \sin \alpha = \sin 2\alpha$

---

[1] Vgl. Band II, Trigonometrie

AUFGABEN

129. Berechne: a) $(1-i)^5$ b) $(1+i)^8$ c) $(1+i\sqrt{3})^4$ d) $\left(\frac{1}{2}+\frac{i}{2}\sqrt{3}\right)^5$

e) $\left(\frac{1}{2}-\frac{i}{2}\sqrt{3}\right)^3$

130. a) Beweise, daß $(\cos 50° - i \sin 50°)^4 = \cos 200° - i \sin 200°$!

b) Welche Verallgemeinerung würde hieraus folgen?

Radizieren komplexer Zahlen

Der Satz von MOIVRE gilt auch für *gebrochene* Exponenten.
Nach Formel (50) muß gelten

$$\cos \varphi + i \sin \varphi = \left(\cos \frac{\varphi}{n} + i \sin \frac{\varphi}{n}\right)^n$$

Zieht man auf beiden Seiten die n-te Wurzel, so erhält man

$$\boxed{\sqrt[n]{\cos \varphi + i \sin \varphi} = \cos \frac{\varphi}{n} + i \sin \frac{\varphi}{n}} \tag{51}$$

Potenziert man die erhaltene Gleichung mit m, so entsteht die Beziehung

$$\boxed{(\cos \varphi + i \sin \varphi)^{\frac{m}{n}} = \cos \frac{m}{n} \varphi + i \sin \frac{m}{n} \varphi} \tag{52}$$

Da man die Gültigkeit dieser Formel auch für negative Exponenten beweisen kann, ergibt sich als Erweiterung:

▌Der Satz von MOIVRE gilt für positive und negative ganze und gebrochene Exponenten.

Jetzt sind wir in der Lage, die sämtlichen n Wurzeln aus einer beliebigen Zahl zu berechnen.
Da $a + bi = r(\cos \varphi + i \sin \varphi)$ ist, folgt nach (51):

$$\sqrt[n]{a+bi} = \sqrt[n]{r}\left(\cos \frac{\varphi}{n} + i \sin \frac{\varphi}{n}\right)$$

Offensichtlich würde man mit Hilfe dieser Formel nur einen Wurzelwert erhalten. Um sämtliche Wurzeln zu bekommen, muß man die Periodizität der Winkelfunktionen berücksichtigen und den Satz von MOIVRE in folgender ausführlicher Form schreiben:

$$(\cos \varphi + i \sin \varphi)^n = [\cos(\varphi + k \cdot 360°) + i \sin(\varphi + k \cdot 360°)]^n =$$
$$= \cos(n\varphi + nk \cdot 360°) + i \sin(n\varphi + nk \cdot 360°)$$
$$(k = 0, \pm 1, \pm 2, \ldots)$$

4. Komplexe Zahlen

Im Falle des Potenzierens ist n eine ganze Zahl, also auch nk eine ganze Zahl; darum ergibt sich wieder die einfache Form

$$(\cos \varphi + i \sin \varphi)^n = \cos n\varphi + i \sin n\varphi$$

d. h., das Ergebnis des Potenzierens einer komplexen Zahl ist eindeutig.

Dagegen hat der periodische Charakter eine wesentliche Bedeutung beim Radizieren komplexer Zahlen, also für den Fall, daß n ein ganzzahliger Wurzelexponent ist. Man erhält dann aus

$$\sqrt[n]{a+bi} = r^{\frac{1}{n}} [\cos(\varphi + k \cdot 360°) + i \sin(\varphi + k \cdot 360°)]^{\frac{1}{n}}$$

die Formel

$$\boxed{\sqrt[n]{a+bi} = \sqrt[n]{r} \left[\cos\left(\frac{\varphi}{n} + \frac{k \cdot 360°}{n}\right) + i \sin\left(\frac{\varphi}{n} + \frac{k \cdot 360°}{n}\right)\right]} \tag{53}$$

Eine komplexe Zahl wird radiziert, indem man den absoluten Betrag mit dem Wurzelexponenten radiziert und das Argument durch den Wurzelexponenten dividiert.

Gibt man k die Werte $0, 1, 2, \ldots, (n-1)$, so erhält man n verschiedene Wurzelwerte, z. B.

$$\text{für } k = 0 : z_1 = \sqrt[n]{r} \left[\cos\frac{\varphi}{n} + i \sin\frac{\varphi}{n}\right]$$

$$k = 1 : z_2 = \sqrt[n]{r} \left[\cos\left(\frac{\varphi}{n} + \frac{360°}{n}\right) + i \sin\left(\frac{\varphi}{n} + \frac{360°}{n}\right)\right]$$

$$k = 2 : z_3 = \sqrt[n]{r} \left[\cos\left(\frac{\varphi}{n} + 2 \cdot \frac{360°}{n}\right) + i \sin\left(\frac{\varphi}{n} + 2 \cdot \frac{360°}{n}\right)\right] \quad \text{usw.}$$

Für $k = n$ würde man denselben Wert wie für $k = 0$ erhalten. Ebenso würde man für $k > n$, aber auch für $k = -1, -2, -3, \ldots$ keine neuen Werte gewinnen.

Die n-te Wurzel aus einer komplexen Zahl hat n Werte.

Den Wurzelwert, der für $k = 0$ erhalten wird, nennt man *Hauptwert* von

$$\sqrt[n]{a+bi} = \sqrt[n]{r} \left(\cos\frac{\varphi}{n} + i \sin\frac{\varphi}{n}\right) \tag{54)[1]}$$

BEISPIEL

Berechne $z = \sqrt[4]{\cos 120° + i \sin 120°}$

Lösung: Nach Formel (53) erhält man für $r = 1$ und $n = 4$

---

[1] Es wird ausdrücklich darauf hingewiesen, daß in Formel (53) $\sqrt[n]{a+bi}$ nicht nur den Hauptwert bedeutet; das Wurzelzeichen hat also hier mehrdeutigen Charakter.

4.5. Lehrsatz von Moivre

$$z = \cos\left(\frac{120°}{4} + \frac{k \cdot 360°}{4}\right) + i \sin\left(\frac{120°}{4} + \frac{k \cdot 360°}{4}\right) =$$
$$= \cos(30° + k \cdot 90°) + i \sin(30° + k \cdot 90°)$$

Daraus folgt

für $k = 0 : z_1 = \cos 30° + i \sin 30° = \frac{1}{2}\sqrt{3} + \frac{1}{2}i$

$k = 1 : z_2 = \cos 120° + i \sin 120° = -\frac{1}{2} + \frac{\sqrt{3}}{2}i$

$k = 2 : z_3 = \cos 210° + i \sin 210° = -\frac{1}{2}\sqrt{3} - \frac{1}{2}i$

$k = 3 : z_4 = \cos 300° + i \sin 300° = \frac{1}{2} - \frac{\sqrt{3}}{2}i$

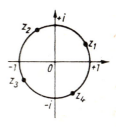

Hierin sind z_1 und z_3 wie auch z_2 und z_4 entgegengesetzte Zahlen (warum?). Weiter ist ersichtlich, daß das Argument – vom Hauptwert ausgehend – immer um 90° wächst. Geometrisch dargestellt, liegen alle 4 Zahlen auf einem Kreis und bilden die Ecken eines Quadrates (Bild 36).

Bild 36

Allgemein gilt: Für $\sqrt[n]{a + bi}$ liegen die Bildpunkte der n Wurzelwerte auf einem Kreis mit dem Radius $\sqrt[n]{r}$ und bilden die Ecken eines regelmäßigen n-Ecks. Dabei ist der Bestimmungswinkel des Vielecks gegeben durch $\frac{360°}{n}$ (im Beispiel durch $\frac{360°}{4} = 90°$).

BEISPIEL (Wurzel aus einer reellen Zahl)

Berechne alle Werte von $\sqrt[3]{1}$

Lösung: $a = 1$, $b = 0$, $\varphi = 0$, $r = \sqrt{1^2} = 1$

$\sqrt[3]{1} = \cos\frac{k \cdot 360°}{3} + i \sin\frac{k \cdot 360°}{3} = \cos k \cdot 120° + i \sin k \cdot 120°$ \quad ($k = 0,1,2$)

Für $k = 0 : z_1 = \cos 0° + i \sin 0° = 1$

$k = 1 : z_2 = \cos 120° + i \sin 120° = -\frac{1}{2} + \frac{\sqrt{3}}{2}i$

$k = 2 : z_3 = \cos 240° + i \sin 240° = -\frac{1}{2} - \frac{\sqrt{3}}{2}i$

Das Argument wächst hier um $\frac{360°}{3} = 120°$. Geometrisch bedeuten die 3 Wurzelwerte die Ecken eines gleichseitigen Dreiecks im Einheitskreis[1] um den Nullpunkt (Skizze anfertigen!).

Beachte: Die 3. Wurzel aus einer reellen Zahl gibt eine reelle Zahl und zwei konjugiert komplexe Zahlen.

---
[1] Vgl. Band II, Trigonometrie

AUFGABEN

131. Berechne alle Werte von:

a) $\sqrt{-5+12i}$ b) $\sqrt[3]{12+5i}$ c) $\sqrt[3]{3-4i}$

d) $\sqrt[3]{\cos 135° + i \sin 135°}$ e) $\sqrt[4]{\cos 60° + i \sin 60°}$

f) $\sqrt[5]{8-6i}$ g) $\sqrt[3]{-1}$

4.6. Die Exponentialform der komplexen Zahl

4.6.1. Die Eulersche Gleichung und die Exponentialform

Die Ausführungen in diesem Abschnitt gründen sich auf sogenannte „unendliche Reihen", die erst in der höheren Mathematik ausführlich behandelt werden; sie müssen daher hier ohne Herleitung gegeben werden. (Vgl. Abschnitt 6.)
Die Ausdrücke $\cos \varphi$, $\sin \varphi$ und e^φ können in Reihen entwickelt werden:

$$\cos \varphi = 1 - \frac{\varphi^2}{2!} + \frac{\varphi^4}{4!} - \frac{\varphi^6}{6!} + - \cdots$$

$$\sin \varphi = \varphi - \frac{\varphi^3}{3!} + \frac{\varphi^5}{5!} - \frac{\varphi^7}{7!} + - \cdots \quad (\varphi \text{ im Bogenmaß einsetzen!})$$

$$e^\varphi = 1 + \frac{\varphi}{1!} + \frac{\varphi^2}{2!} + \frac{\varphi^3}{3!} + \cdots$$

Hierin bedeutet z. B. 3! (gelesen: 3 Fakultät) das Produkt $1 \cdot 2 \cdot 3$ und 4! das Produkt $1 \cdot 2 \cdot 3 \cdot 4$ usw.

e ($\approx 2{,}718$) ist die Basis der natürlichen Logarithmen (Näheres in den Abschnitten 5.3., 6.4. und 7.3.).

Der Ausdruck $\cos \varphi + i \sin \varphi$ in der Formel (36) nimmt unter Verwendung der ersten beiden Reihen die folgende Form an:

$$\cos \varphi + i \sin \varphi = 1 - \frac{\varphi^2}{2!} + \frac{\varphi^4}{4!} - \frac{\varphi^6}{6!} + - \cdots + i\left(\varphi - \frac{\varphi^3}{3!} + \frac{\varphi^5}{5!} - \frac{\varphi^7}{7!} + - \cdots\right)$$

Ersetzt man nun in der oben gegebenen 3. Reihe den Exponenten φ durch die imaginäre Zahl i φ, so erhält man:

$$e^{i\varphi} = 1 + \frac{i\varphi}{1!} + \frac{i^2\varphi^2}{2!} + \frac{i^3\varphi^3}{3!} + \frac{i^4\varphi^4}{4!} + \frac{i^5\varphi^5}{5!} + \frac{i^6\varphi^6}{6!} + \frac{i^7\varphi^7}{7!} + \cdots$$

Berücksichtigt man, daß $i^2 = -1$, $i^3 = -i$, $i^4 = +1$ usw. ist, und faßt die imaginären Glieder zusammen, dann kann man schreiben:

$$e^{i\varphi} = 1 - \frac{\varphi^2}{2!} + \frac{\varphi^4}{4!} - \frac{\varphi^6}{6!} + - \cdots + i\left(\varphi - \frac{\varphi^3}{3!} + \frac{\varphi^5}{5!} - \frac{\varphi^7}{7!} + - \cdots\right)$$

4.6.1. Die Eulersche Gleichung und die Exponentialform

Die so erhaltene Reihe ist aber die gleiche wie die oben für den Ausdruck $\cos \varphi + i \sin \varphi$ aufgestellte. Hieraus ergibt sich die sogenannte

Eulersche Gleichung $\quad \boxed{e^{i\varphi} = \cos \varphi + i \sin \varphi} \quad$ (55a)

Durch Multiplikation mit r erhält man hieraus

$$r\, e^{i\varphi} = r\,(\cos \varphi + i \sin \varphi)$$

Hiermit haben wir eine 3. Schreibweise der komplexen Zahl gewonnen, die

Exponentialform $\quad \boxed{z = r e^{i\varphi}} \quad$ (56)

In der geometrischen Darstellung stellt z wiederum einen Strahl (Vektor) dar, dessen Betrag (Länge) durch r gegeben ist, φ ist der Winkel, um welchen der Strahl aus der Bezugsachse (reelle Achse) herausgedreht ist (Bild 37). Der Faktor $e^{i\varphi}$ wird daher auch als „Dreher" bezeichnet.
Erfolgt die Drehung im mathematisch negativen Drehsinn, d. h. in der Uhrzeigerbewegung, dann ist φ durch $-\varphi$ zu ersetzen, und die Gleichung (55a) geht über in

$$e^{-i\varphi} = \cos(-\varphi) + i \sin(-\varphi)$$

oder $\quad$ [da $\cos(-\varphi) = \cos \varphi$ und $\sin(-\varphi) = -\sin \varphi$]

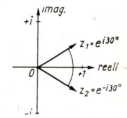

Bild 37

$\boxed{e^{-i\varphi} = \cos \varphi - i \sin \varphi} \quad$ (55b)

Zum Beispiel ist $z_1 = e^{i\,30°}$ eine Zahl im 1. Quadranten

und $z_2 = e^{-i\,30°}$ eine Zahl im 4. Quadranten.

z_1 und z_2 sind konjugiert komplexe Zahlen; sie haben den gleichen Betrag ($r_1 = r_2 = 1$) und liegen spiegelbildlich zur reellen Achse (s. Bild 37).
Der Winkel φ kann im Gradmaß sowie im Bogenmaß angegeben werden. Besonders wichtige Fälle sind die folgenden:

$\varphi = 0° \qquad\qquad e^{0i} = \cos 0 + i \sin 0 = +1$

$\varphi = 90° \qquad\qquad e^{\frac{\pi}{2}i} = \cos \frac{\pi}{2} + i \sin \frac{\pi}{2} = +i$

$\varphi = -90° \qquad\quad e^{-\frac{\pi}{2}i} = \cos \frac{\pi}{2} - i \sin \frac{\pi}{2} = -i$

$\varphi = 180° \qquad\quad e^{\pi i} = \cos \pi + i \sin \pi = -1$

$\varphi = 270°$ $\qquad e^{\frac{3}{2}\pi i} = \cos\frac{3}{2}\pi + i\sin\frac{3}{2}\pi = -i$

$\varphi = 360°$ $\qquad e^{2\pi i} = \cos 2\pi + i\sin 2\pi = +1$

Hinweis: In dieser Zusammenstellung ist zugleich eine bemerkenswerte Beziehung zwischen den transzendenten Zahlen e und π[1] und der imaginären Einheit i erkennbar.

Das Rechnen mit komplexen Zahlen in der Exponentialform

Während für die Addition und Subtraktion die arithmetische Form ($z = a + bi$) am günstigsten ist, bietet bei der Multiplikation und Division komplexer Zahlen die Exponentialform einen großen Vorteil.

Sind zwei Zahlen $z_1 = r_1 e^{i\varphi_1}$ und $z_2 = r_2 e^{i\varphi_2}$ gegeben, dann gilt für die *Multiplikation*:

$$z = z_1 \cdot z_2 = r_1 e^{i\varphi_1} \cdot r_2 e^{i\varphi_2} = r_1 \cdot r_2 e^{i(\varphi_1 + \varphi_2)} \qquad (57)$$

(Vgl. Potenzgesetz: $a^n \cdot a^m = a^{n+m}$!)

und für die *Division*:

$$z = z_1 : z_2 = r_1 e^{i\varphi_1} : r_2 e^{i\varphi_2} = \frac{r_1}{r_2} e^{i(\varphi_1 - \varphi_2)} \qquad (58)$$

(Vgl. Potenzgesetz: $a^n : a^m = a^{n-m}$!)

Diese beiden Formeln bestätigen die in 4.4., Seite 143 und 144, gefundenen Ergebnisse und besagen dasselbe wie die dort aufgestellten Formeln (47) und (48), nämlich:

> Bei der Multiplikation (Division) komplexer Zahlen werden die Beträge multipliziert (dividiert) und die Winkel addiert (subtrahiert).

Entsprechend vereinfachen sich bei Verwendung der Exponentialform die Formeln für das Potenzieren und Radizieren.

Potenzieren: $\boxed{z^n = (re^{i\varphi})^n = r^n \cdot e^{in\varphi}}$ \qquad (59)

[Vgl. Formel (49)!]

Radizieren: $\boxed{\sqrt[n]{z} = \sqrt[n]{re^{i\varphi}} = \sqrt[n]{r} \cdot e^{i\frac{\varphi}{n}}}$ \qquad (60)

[Vgl. Formel (51)!]

---

[1] Eine Zahl heißt transzendent, wenn sie nicht Lösung einer algebraischen Gleichung beliebigen Grades

$$A_n x^n + A_{n-1} x^{n-1} + \cdots + A_1 x + A_0 = 0$$

($A_0, A_1, \ldots, A_n$ beliebige ganze Zahlen) sein kann.

Beachte: Eine Multiplikation mit i ist gleich einer Multiplikation mit $e^{\frac{\pi}{2}i}$ und bedeutet geometrisch eine Linksdrehung um 90°.

Eine Multiplikation mit -1 ist gleich einer Multiplikation mit $e^{\pi i}$ und bedeutet geometrisch eine Linksdrehung um 180°, gibt also die entgegengesetzte Zahl.

Eine Multiplikation mit $-i$ ist gleich einer Multiplikation mit $e^{\frac{3}{2}\pi i}$ und bedeutet eine Linksdrehung um 270°.

Eine Division durch i, -1, $-i$ bedeutet geometrisch eine Rechtsdrehung um 90°, 180° bzw. 270°; sie liefert das gleiche Ergebnis wie eine Multiplikation mit $e^{-\frac{\pi}{2}i}$, $e^{-\pi i}$ bzw. $e^{-\frac{3}{2}\pi i}$.

4.6.2. Übergang von einer Form der komplexen Zahl in eine andere

Umwandlung der arithmetischen Form in die Exponentialform

Die Umwandlung einer komplexen Zahl $a + bi$ in die Exponentialform $r \cdot e^{i\varphi}$ gründet sich auf die schon in 4.3. erläuterten Beziehungen $r = \sqrt{a^2 + b^2}$ und $\tan \varphi = \dfrac{b}{a}$.

BEISPIELE

1. Die komplexe Zahl $z = 1 + i\sqrt{24}$ soll auf die Exponentialform gebracht werden.

    Lösung: $a = 1$, $b = \sqrt{24}$, $r = \sqrt{a^2 + b^2} = \sqrt{1 + 24} = 5$

    $\tan \varphi = \dfrac{b}{a} = \sqrt{24}$ (z liegt im 1. Quadranten; $0 < \varphi < \dfrac{\pi}{2}$)

    $\lg \tan \varphi = \lg \sqrt{24} = \dfrac{1}{2} \lg 24 = 0{,}69011$; $\varphi = 78°27'47''$

    $z = r \cdot e^{i\varphi} \approx \underline{\underline{5 \cdot e^{i78°28'}}}$

Da arc $\varphi = 1{,}36944$ ist, kann man auch schreiben: $z = 5 \cdot e^{1,36944i}$. Setzt man den Betrag $r = 5 = e^k$, drückt also r als Potenz von e aus, dann ist k der natürliche Logarithmus von 5. Die Logarithmentafel liefert $k = \ln 5 = 1{,}60944$, und man kann schließlich auch schreiben: $z = e^{1,60944} \cdot e^{1,36944i} = e^{1,60944 + 1,36944i}$.

Hinweis: Hier tritt eine komplexe Zahl als Exponent einer Potenz auf. Das bedeutet wiederum eine Erweiterung des Potenzbegriffs; denn bisher waren in der Potenz- und Wurzelrechnung (vgl. Abschnitt 3.) nur reelle, und zwar nur rationale Exponenten zugelassen.

2. Die komplexe Zahl $z = -\sqrt{5} + 2i$ soll auf die Exponentialform gebracht werden.

Lösung: $r = \sqrt{5+4} = 3$

$\tan \varphi = \dfrac{2}{-\sqrt{5}} \left(z \text{ liegt im 2. Quadranten}; \dfrac{\pi}{2} < \varphi < \pi\right)$

$\tan(180° - \varphi) = \dfrac{2}{\sqrt{5}}$

$\lg \tan(180° - \varphi) = \lg 2 - \dfrac{1}{2} \lg 5 = 0{,}30103 - 0{,}34949 = 9{,}95154 - 10$

$180° - \varphi = 41°48'36''$ $\qquad \varphi = 138°11'24''$

$\underline{\underline{z = 3 \cdot e^{i138°11'24''}}}$ oder $\underline{\underline{z = 3 \cdot e^{2,41187i}}}$

3. Multipliziere $z_1 = 10 - 9i$ mit $z_2 = e^{-i28°}$!

Lösung: z_1 liegt im 4. Quadranten und ist auf die Form $r_1 \cdot e^{-i\varphi_1}$ zu bringen.

$r_1 = \sqrt{100 + 81} \approx 13{,}4536$; $\tan \varphi_1 = \dfrac{9}{10} = 0{,}9$; $\varphi_1 \approx 42°$

$z_1 = 10 - 9i \approx 13{,}4536 \cdot e^{-i42°}$

Multiplikation: $z_1 \cdot z_2 = 13{,}4536 \cdot e^{-i42°} \cdot e^{-i28°} = \underline{\underline{13{,}4536 \cdot e^{-i70°}}}$

Umwandlung der Exponentialform in die arithmetische Form

Wären die beiden komplexen Zahlen z_1 und z_2 im letzten Beispiel zu addieren oder zu subtrahieren, so müßte man z_2 erst in die arithmetische Form $a + bi$ überführen, um dann die Addition bzw. Subtraktion gemäß Formel (37) vornehmen zu können. Umwandlungen dieser Art zeigen die folgenden Beispiele.

BEISPIELE

1. Der Ausdruck $z = 0{,}3 \cdot e^{i24°30'}$ soll auf die Form $a + bi$ gebracht werden.

Lösung: Aus $r = 0{,}3$ und $\varphi = 24°30'$ folgt

$a = r \cdot \cos \varphi = 0{,}3 \cdot \cos 24°30' = 0{,}3 \cdot 0{,}90996 = 0{,}272988$

$b = r \cdot \sin \varphi = 0{,}3 \cdot \sin 24°30' = 0{,}3 \cdot 0{,}41469 = 0{,}124407$

$z = a + bi = \underline{\underline{0{,}272988 + 0{,}124407\,i}}$

2. Wie groß ist der reelle und der imaginäre Teil der komplexen Zahl $z = 12\,e^{-i140°20'}$?

Lösung: Die gegebene Zahl liegt im 3. Quadranten; a und b sind also negativ.

Aus $r = 12$ und $\varphi = -140°20'$ folgt

$a = r \cdot \cos \varphi = 12 \cdot \cos(-140°20') = 12 \cdot (-\cos 39°40') = \underline{\underline{-9{,}23724}}$

$b = r \cdot \sin \varphi = 12 \cdot \sin(-140°20') = 12 \cdot (-\sin 39°40') = \underline{\underline{-7{,}65984}}$

3. Bringe den Ausdruck $z = e^{0,5+1,3i}$ auf die Form $a + bi$!

Lösung: $r = e^{0,5} = 1,6487$

arc $\varphi = 1,3$; $\varphi = 74°29'$

$\cos \varphi = 0,2675$; $\sin \varphi = 0,9636$

$z = a + bi = r \cdot \cos\varphi + i \cdot r \sin\varphi = 1,6487 \cdot 0,2675 + 1,6487 \cdot 0,9636\, i$

$\underline{\underline{z = 0,441 + 1,59\, i}}$

AUFGABEN

132. Bringe die folgenden komplexen Zahlen auf die Exponentialform:

   a) $5 - 5i$ b) $4 - 8i$ c) $15 - 13i$

133. a) Bringe den Ausdruck $z = 2,5\, e^{i 43°30'}$ auf die Form $a + bi$!

   b) Wie lautet der reelle und der imaginäre Teil von $z = 4 \cdot e^{-i 36°15'}$?

   c) Berechne $e^{i 146°} \cdot e^{-i 82°}$ und schreibe das Ergebnis in der Form $z = a + bi$!

134. Bringe $z = -2(\cos 30° - i \sin 30°)$

   a) auf die Form $a + bi$,

   b) auf die Exponentialform!

135. a) Bestimme den Real- und Imaginärteil von $\dfrac{(1+i)^2}{1-i}$!

   b) Wie lautet die goniometrische Form dieser komplexen Zahl?

4.6.3. Bedeutung der Exponentialform in der Elektrotechnik

Die Exponentialform der komplexen Zahl spielt besonders in der Elektrotechnik eine große Rolle. Hinsichtlich der Schreibweise ist dabei einiges zu beachten. Um Verwechslung mit der Stromstärke i zu vermeiden, bezeichnet man die imaginäre Einheit $\sqrt{-1}$ mit j. Statt $a + bi$ verwendet man die Form $a + jb$. Den Winkel φ gibt man ausschließlich in Grad an und schreibt z. B. $e^{j 45°}$. Ein wesentlicher Unterschied ist, daß in der geometrischen Darstellung die gerichtete Strecke nicht eine komplexe Zahl, sondern eine „komplexe Größe" versinnbildlicht. Solche Größen sind z. B. Spannung und Strom in der Wechselstromtechnik.

Um zum Ausdruck zu bringen, daß man mit diesen Größen wie mit komplexen Zahlen rechnen soll, wählt man als Formelzeichen kursive Buchstaben mit Unterstreichung. So bedeutet z. B. $\underline{U}$ die Spannung und $\underline{I}$ die Stromstärke. Man bezeichnet hier die genannten Größen nicht als „Vektoren", sondern als „Zeiger", da man sie sich – von einem Nullpunkt ausgehend – umlaufend wie die Zeiger einer Uhr (aber im entgegengesetzten Sinn) vorstellen muß.

Mit halbfetten Buchstaben werden physikalische Vektoren bezeichnet, das sind gerichtete Größen im Raum. Physikalische Größen mit Vektoreigenschaft sind z. B. die Kraft **F** und die Geschwindigkeit **v**.

Die Richtung der einen Zeiger darstellenden gerichteten Strecke hat mit der wirklichen Richtung der physikalischen Größe im Raum nichts zu tun. Als Zeiger können darum auch Größen betrachtet werden, denen keine Vektoreigenschaft zukommt, wie z. B. die Spannung oder der Widerstand in der Elektrotechnik.

Eine Zeigerdarstellung ist immer da möglich, wo der Zahlenwert einer physikalischen Größe in seiner *zeitlichen* Veränderung mathematisch ausdrückbar ist, wie z. B. Spannung und Stromstärke beim sinusförmigen Wechselstrom.

Will man mit solchen „zeitvariablen" Größen rechnen, so muß man die Zeiger für einen Moment festhalten. Einen solchen in der Zeichenebene feststehenden Zeiger nennt man „Strahl", und man spricht darum z. B. von Spannungs- bzw. Stromstrahlen. Die Strahlen symbolisieren also Augenblickswerte von Spannung bzw. Stromstärke. Wie bei einer komplexen Zahl unterscheidet man auch bei einem Strahl eine reelle und eine imaginäre Komponente.

In Wirklichkeit gibt es natürlich nur reelle Spannungen, Stromstärken und Widerstände, doch spricht man in der Wechselstromtechnik von „komplexen" Spannungen, Strömen und Widerständen, da man mit ihnen rechnet wie mit komplexen Zahlen. Diese sogenannte „komplexe Rechnung" ist also ein „symbolisches" Verfahren; seine Anwendung auf praktische Aufgaben bietet große Vorteile, es vereinfacht die formelmäßige Darstellung wie die Rechnung.

Ganz entsprechend der Exponentialform $r \cdot e^{j\varphi}$ einer komplexen Zahl schreibt man für

die komplexe Spannung $\underline{U} = U \cdot e^{j\varphi}$

den komplexen Strom $\underline{I} = I\, e^{j\varphi}$

den komplexen Widerstand $\underline{Z} = Z \cdot e^{j\varphi}$

Hierin bedeuten $U = |\underline{U}|$, $I = |\underline{I}|$ und $Z = |\underline{Z}|$ die (absoluten) Beträge der komplexen Größen; φ ist der Winkel zwischen der reellen Achse (Bezugsachse) und dem zugehörigen Strahl.

Natürlich kann man auch hier die Exponentialform in die Komponentenform überführen, zumal die Komponenten auch eine physikalische Bedeutung haben. Man nennt die reelle Komponente den „Wirkteil" und die imaginäre Komponente den „Blindteil". So kann man z. B. den komplexen Widerstand $\underline{Z}$ auf die Form $\underline{Z} = R + jX$ bringen; hierin ist R der „Wirkwiderstand" und X der „Blindwiderstand".

Das Ohmsche Gesetz, das für den Gleichstrom durch $I = \dfrac{U}{R}$ gegeben ist, läßt sich mit Hilfe der oben aufgeführten Formelzeichen für den Wechselstrom durch die einfache Gleichung

$$\underline{I} = \frac{\underline{U}}{\underline{Z}}$$

ausdrücken.

Wie leicht das Rechnen bei praktischen Aufgaben sich gestaltet, zeigen die anschließenden Beispiele.

4.6.3. Bedeutung der Exponentialform in der Elektrotechnik

BEISPIELE

1. Gegeben sei $\underline{U} = 120 \text{ V} \cdot e^{j0°}$ und $\underline{Z} = 300 \text{ Ω} \cdot e^{j30°}$.

   Lösung: Mit Hilfe der Gleichung für das Ohmsche Gesetz findet man die Stromstärke
   $$\underline{I} = \frac{\underline{U}}{\underline{Z}} = 0{,}4 \text{A} \cdot e^{-j30°}$$

2. Gegeben sei ein Strom $\underline{I} = 20 \text{ A} \cdot e^{j45°}$ und ein Widerstand $\underline{Z} = 11 \text{ Ω} \cdot e^{j30°}$. Gesucht ist die anzulegende Wechselspannung $\underline{U}$.

   Lösung: $\underline{U} = \underline{I} \cdot \underline{Z} = 20 \text{ A} \cdot e^{j45°} \cdot 11 \text{ Ω} \cdot e^{j30°} = 220 \text{ V} \cdot e^{j75°}$.

   Der Betrag $|\underline{U}| = U = 220 \text{ V}$.

5. Logarithmen

Wenn man heute neben dem Rechenstab die elektronischen Taschenrechner in der Hand des Technikers und Computer in den Betrieben antrifft, so ist das als ein Ergebnis langen zielbewußten Strebens anzusehen. Das Suchen nach Methoden, lange Rechnungen schneller und sicherer auszuführen, geht weit zurück und ist in der Geschichte der Mathematik vor allem dort festzustellen, wo Wissenschaften einen besonderen Aufschwung erfuhren, z. B. die Sternkunde am Ende des 16. Jahrhunderts. Schon im Mittelalter gab es Wissenschaftler, die die Algebra vor allem in dem Sinn förderten und ausbildeten, daß ihre Regeln dazu nützen sollten, das Rechnen mit Zahlen zu vereinfachen.

Es sei hier an das Rechnen mit Potenzen erinnert, bei dem in den Aufgaben $3^4 \cdot 3^2 = 3^6$ und $2^8 : 2^3 = 2^5$ das Multiplizieren auf ein Addieren und das Dividieren auf ein Subtrahieren zurückgeführt wird. Sollte man diese erleichternde Rechenweise nicht auf jede Multiplikation bzw. Division anwenden können? Diese Frage wurde bereits im 15. Jahrhundert gestellt, und Mathematiker wie z. B. MICHAEL STIFEL[1] erkannten, daß zu diesem Zweck alle Zahlen auf Potenzen mit derselben Basis zurückzuführen seien. Damit war der grundlegende Gedanke für die Logarithmen[2] gegeben.

5.1. Begriff des Logarithmus

In der Potenzrechnung wurde in der Gleichung

$$a^n = b$$

aus der gegebenen Basis (a) und dem gegebenen Exponenten (n) der Potenzwert (b) gesucht.

Die *erste* Umkehrung des Potenzierens war das Radizieren:

$$\sqrt[n]{b} = a$$

Aus dem gegebenen Potenzwert (b) und dem gegebenen Exponenten (n) war die Basis (a) zu berechnen.

Sucht man schließlich bei gegebener Basis (a) und gegebenem Potenzwert (b) den Exponenten (n), so führt das auf eine neue Rechenart, das *Logarithmieren*. Sie bedeutet die *zweite* Umkehrung des Potenzierens und ergibt sich daraus, daß a und n nicht für beliebige Werte vertauscht werden können.

Es gilt also die Aufgabe zu lösen

$$a^x = b \quad \text{z. B. } 2^x = 8$$

Den gesuchten Exponenten ($x = n$) bezeichnet man in der Logarithmenrechnung als *Logarithmus*, und man schreibt: $n = \log_a b$ und $x = \log_2 8$
(gelesen: n gleich Logarithmus von b zur Basis a).

---

[1] MICHAEL STIFEL (1487 bis 1567)
[2] logos (griech.), Verhältnis; arithmos, Zahl

5.1. Begriff des Logarithmus

Es ist

b der *Numerus*[1],

a die *Basis* des logarithmischen Systems,

n der *Logarithmus*.

Die Abkürzung „log" ist ein Symbol, das die auszuführende Rechenart andeuten soll, entspricht also dem Wurzelzeichen in der Wurzelrechnung.
Im Beispiel $x = \log_2 8$ ist der Logarithmus (Potenzexponent) leicht zu erraten; es ist $x = 3$, denn $2^3 = 8$.

Allgemein gilt:

| Der Logarithmus einer Zahl b zur Basis a ist der Exponent x, mit dem man a potenzieren muß, um den Numerus b zu erhalten.

Die 2 Gleichungen

$$a^x = b \text{ und } x = \log_a b \qquad (61)$$

bedeuten dasselbe.

Daraus folgt weiter:

$$a^{\log_a b} = b \qquad (62)$$

Das ist die Definitionsgleichung des Logarithmus, so wie $\left(\sqrt[n]{a}\right)^n = a$ die Definitionsgleichung für die Wurzel ist.

| Die Gesamtheit aller Logarithmen zur Basis a nennt man das *Logarithmensystem zur Basis a*.

BEISPIELE

1. a) $x = \log_{10} 1000$ ist gleichbedeutend mit $10^x = 1000$, daraus folgt $x = 3$.

   b) $x = \log_3 81$ ist gleichbedeutend mit $3^x = 81$, daraus folgt $x = 4$.

2. Der Logarithmus kann negativ sein:

   a) $x = \log_2 0{,}25$ ist gleichbedeutend mit $2^x = \dfrac{1}{4}$, daraus folgt $x = -2$.

   b) $x = \log_{10} 0{,}1$ ist gleichbedeutend mit $10^x = 0{,}1$, daraus folgt $x = -1$.

3. Der Logarithmus kann ein Bruch sein:

   a) $x = \log_9 3$ ist gleichbedeutend mit $9^x = 3$, daraus folgt $x = \dfrac{1}{2}$.

   b) $x = \log_8 0{,}5$ ist gleichbedeutend mit $8^x = 0{,}5$, daraus folgt $x = -\dfrac{1}{3}$;

   denn $8^{-\frac{1}{3}} = \dfrac{1}{8^{\frac{1}{3}}} = \dfrac{1}{\sqrt[3]{8}} = \dfrac{1}{2} = 0{,}5$.

---

[1] numerus (lat.) Zahl

Aus den Gleichungen $a^x = b$ bzw. $x = \log_a b$ ergeben sich 3 wichtige Sonderfälle:

1. Für $b = a$ wird $x = 1$, also gilt

$$\boxed{\log_a a = 1} \tag{63}$$

z. B. $\log_{10} 10 = 1$

Der Logarithmus der Basis selbst ist stets gleich 1.

2. Für $b = 1$ wird $a^x = 1$ und $x = 0$, also gilt

$$\boxed{\log_a 1 = 0} \tag{64}$$

z. B. $\log_{10} 1 = 0$

Der Logarithmus von 1 ist bei jeder Basis gleich Null.

3. Für $b = a^n$ wird $x = n$, also gilt

$$\boxed{\log_a(a^n) = n} \tag{65}$$

z. B. $\log_2 (2^3) = 3$

Der Logarithmus einer Potenz, deren Basis mit der des Logarithmensystems übereinstimmt, ist der Potenzexponent selbst.

Wir halten als Ergebnis fest:

Der Logarithmus kann eine ganze Zahl sein oder ein Bruch, er kann positiv oder negativ sein, im Sonderfall ist er gleich 0 oder gleich 1. Offensichtlich kann er sehr große positive sowie negative Werte annehmen.

Welche Werte kann der Numerus b annehmen, d. h., für welche Zahlen gibt es einen Logarithmus?

Wenn die Basis a als positiv vorausgesetzt wird, gibt es zu jeder positiven Zahl einen reellen (also positiven oder negativen) Logarithmus; anders ausgedrückt:

Die Zahl n läßt sich stets so wählen, daß die Gleichung $a^n = b$ erfüllt ist.

Ist der Numerus negativ, also $b < 0$, so wäre z. B. $\log_3 (-27)$ gleichbedeutend mit $3^x = -27$. Es gibt aber keine reelle Zahl für x, die diese Gleichung erfüllt.

Es gibt im Bereich der reellen Zahlen keine Logarithmen von negativen Zahlen, sondern nur Logarithmen von allen positiven ganzen und gebrochenen Zahlen.

Schließlich gibt es keinen Logarithmus von 0, denn die Gleichung $a^n = 0$ hat keine Lösung.

Welche Werte können als Basis a verwendet werden?

Aus $(-3)^x = -27$ ergibt sich $x = \log_{-3}(-27) = 3$; denn $(-3)^3 = -27$. Aber aus $x = \log_{-2} 8$ oder $(-2)^x = 8$ ist kein reeller Wert von x bestimmbar. Daraus folgt:

Eine negative Zahl kann nicht Basis eines Logarithmensystems sein.

5.1. Begriff des Logarithmus

Ungeeignet als Basis ist auch die 1, denn es läßt sich nur die 1 als Potenz von 1 darstellen. Für die übrigen positiven Zahlen ist das nicht möglich.

Die Basis kann auch ein positiver Bruch sein, z. B. ist

$$x = \log_{0,5} 0{,}125 \text{ gleichbedeutend mit } 0{,}5^x = 0{,}125, \text{ also } x = 3.$$

Die logarithmische Kurve

Um die Logarithmen für eine bestimmte Basis a zu veranschaulichen, trägt man in einem Achsenkranz die Numeri auf der horizontalen Achse (x-Achse) auf und stellt die zugehörigen logarithmischen Werte ($y = \log_a x$) durch Senkrechte dar. Verbindet man die Endpunkte dieser Senkrechten mittels Kurvenlineals, so erhält man eine Kurve wie in Bild 38, die für den Fall $a = 10$ als Basis die Logarithmen von 0,1 bis 10 darstellt.

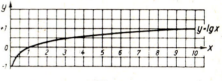

Bild 38

Zur Zeichnung der Kurve $y = \log_{10} x$ geht man am besten von der gleichbedeutenden Beziehung $x = 10^y$ aus, setzt der Reihe nach für den Logarithmus y die Werte

$$y = -1, -\frac{1}{2}, 0, \frac{1}{8}, \frac{2}{8}, \frac{3}{8} \text{ usw. und berechnet die zugehörigen Numeri}$$

$$x = 10^{-1},\ 10^{-\frac{1}{2}},\ 10^0,\ 10^{\frac{1}{8}},\ 10^{\frac{2}{8}},\ 10^{\frac{3}{8}} \text{ usw.}$$

Die Berechnung macht mit Hilfe einer Quadratwurzeltafel keine Schwierigkeiten. Man erhält als Ergebnis eine Zusammenstellung von der folgenden Form.

Wertetafel

$y =$	-1	$-0{,}5$	0	$0{,}125$	$0{,}250$	$0{,}375\ldots$
$x =$	$\dfrac{1}{10}$	$\dfrac{1}{\sqrt{10}}$	10^0	$\sqrt[8]{10}$	$\sqrt[4]{10}$	$\sqrt[8]{10^3}\ldots$
$x =$	$0{,}1$	$0{,}316$	1	$1{,}33$	$1{,}78$	$2{,}37\ldots$

Der Verlauf der Kurve, die mit Hilfe der errechneten Wertepaare gezeichnet wurde, bestätigt, daß

1. der Logarithmus der Basis ($a = 10$) gleich 1,
2. der Logarithmus von 1 gleich Null ist,
3. der Logarithmus von negativen Zahlen nicht existiert,

und zeigt außerdem, daß die Logarithmen von echten Brüchen ($0 < x < 1$) negativ sind (Kurve verläuft unterhalb der x-Achse).

AUFGABEN

136. Berechne mittels der Beziehung $a^x = b$ und $x = \log_a b$:

a) $\log_5 125$ b) $\log_2 128$ c) $\log_7 7$ d) $\log_6 1$ e) $\log_8 2$

f) $\log_{10} 0{,}1$ g) $\log_4 \dfrac{1}{64}$ h) $\log_a \dfrac{1}{a}$ i) $\log_{\frac{1}{2}} 16$ k) $\log_{\frac{1}{3}} \dfrac{1}{27}$

137. Bestimme x (Numerus bzw. Basis) in

a) $\log_3 x = 4$ b) $\log_9 x = 0{,}5$ c) $\log_8 x = \dfrac{2}{3}$

d) $\log_{\frac{1}{3}} x = -2$ e) $\log_x 125 = 3$ f) $\log_x 144 = 2$

5.2. Praktisches Rechnen mit Logarithmen

5.2.1. Logarithmengesetze

Alle Logarithmen mit derselben Basis bilden ein *Logarithmensystem*. Das gemeine, *dekadische* oder *Briggssche*[1] System hat die Zahl 10 als Basis. Nach DIN 1302 ist die Bezeichnung für den dekadischen Logarithmus lg statt $\log_{10}$.

Unter Anwendung dieses Symbols schreibt man die bisher gelernten wichtigen Formeln (62) bis (65) wie folgt:

$$10^{\lg b} = b, \quad \lg 10 = 1, \quad \lg 1 = 0, \quad \lg(10^n) = n \tag{66}$$

Ist $\lg b = x$, dann ist $10^x = b$

Die sogenannten Logarithmengesetze gelten innerhalb eines beliebigen Logarithmensystems. Sie bilden die Grundlage für das Rechnen mit Logarithmen, das beim Multiplizieren, Dividieren, Potenzieren und Radizieren mit Vorteil angewendet wird. Es ergeben sich hiernach 4 Rechengesetze, die im folgenden für das dekadische Logarithmensystem abgeleitet werden sollen. Sie gründen sich auf die Regeln der Potenzrechnung und beziehen sich auf die vier

Grundaufgaben:

$$\lg(u \cdot v) \qquad \lg \dfrac{u}{v} \qquad \lg u^n \qquad \lg \sqrt[n]{u}$$

Multiplikation

Sieht man in dem Produkt $u \cdot v$ die Faktoren als Potenzen von 10 an, so kann man schreiben:

$$u = 10^m \quad \text{dann ist} \quad m = \lg u$$
$$\text{und} \quad v = 10^n \quad \text{dann ist} \quad n = \lg v$$
$$\overline{u \cdot v = 10^{m+n} \quad \text{dann ist} \quad m + n = \lg(u \cdot v)}$$

---

[1] Henry Briggs, engl. Mathematiker, 1556 bis 1630

5.2.1. Logarithmengesetze

Hieraus folgt das

1. Logarithmengesetz $\boxed{\lg(u \cdot v) = \lg u + \lg v}$ (67)

▎ Der Logarithmus eines Produktes ist gleich der Summe der Logarithmen der Faktoren.

BEISPIELE

1. $\lg(36 \cdot 12 \cdot 84) = \lg 36 + \lg 12 + \lg 84$
2. $\lg 5000 = \lg(5 \cdot 1000) = \lg 5 + \lg 1000 = \lg 5 + 3$
3. Die Formel (67) ist auch von rechts nach links zu lesen.
   $\lg 3 + \lg 5 + \lg 4 = \lg(3 \cdot 5 \cdot 4) = \lg 60$

Division

Ist u der Zähler und v der Nenner eines Bruches (Quotienten), so kann man schreiben:

$$u = 10^m \quad \text{dann ist} \quad m = \lg u$$
und
$$v = 10^n \quad \text{dann ist} \quad n = \lg v$$
$$\frac{u}{v} = \frac{10^m}{10^n} = 10^{m-n} \quad \text{dann ist} \quad m - n = \lg\frac{u}{v}$$

Hieraus folgt das

2. Logarithmengesetz $\boxed{\lg\frac{u}{v} = \lg u - \lg v}$ (68)

▎ Der Logarithmus eines Bruches ist gleich dem Logarithmus des Zählers vermindert um den Logarithmus des Nenners.

BEISPIELE

1. a) $\lg\frac{2}{3} = \lg 2 - \lg 3$ b) $\lg 0{,}07 = \lg\frac{7}{100} = \lg 7 - \lg 100 = \lg 7 - 2$
2. (Sonderfall: Stammbruch): $\lg\frac{1}{38} = \lg 1 - \lg 38 = -\lg 38$

Nach Beispiel 2 gilt allgemein:

$$\boxed{\lg\frac{1}{v} = -\lg v} \tag{69}$$

▎ Der Logarithmus eines Stammbruches ist gleich dem negativen Logarithmus des Nenners.

Hieraus folgt weiter $\lg u = -\lg \dfrac{1}{u}$ und

$$\boxed{\lg \frac{u}{v} = -\lg \frac{v}{u}} \qquad (70)$$

Der Logarithmus eines Bruches ist gleich dem negativen Logarithmus seines Kehrwertes.

BEISPIELE

1. $\lg \dfrac{a \cdot b}{c} = \lg(a \cdot b) - \lg c = \lg a + \lg b - \lg c$
2. $\lg \dfrac{a}{b \cdot c} = \lg a - \lg(b \cdot c) = \lg a - (\lg b + \lg c) = \lg a - \lg b - \lg c$
3. $\lg 100 - \lg \dfrac{1}{100} = \lg 100 + \lg 100 = 2 + 2 = 4$
4. $\lg 3 + \lg \dfrac{1}{3} = \lg 3 - \lg 3 = 0$
5. $\lg \dfrac{a+b}{10} = \lg(a+b) - \lg 10 = \lg(a+b) - 1$

Potenzieren und Radizieren

Schreibt man in $\lg a^3$ die Potenz ausführlich, dann gilt

$\lg a^3 = \lg(a \cdot a \cdot a) = \lg a + \lg a + \lg a = 3 \cdot \lg a$. Verallgemeinert folgt hieraus das

3. Logarithmengesetz $\quad \boxed{\lg u^n = n \cdot \lg u} \qquad (71)$

Der Logarithmus einer Potenz ist gleich dem Logarithmus der Basis, multipliziert mit dem Potenzexponenten.

BEISPIELE

1. a) $\lg 2^5 = 5 \cdot \lg 2 \quad$ b) $\lg 10000 = \lg 10^4 = 4 \cdot \lg 10 = 4$
2. $\lg(3^6 \cdot 4^3) = \lg 3^6 + \lg 4^3 = 6 \cdot \lg 3 + 3 \cdot \lg 4$
3. $\lg \left(\dfrac{2}{3}\right)^5 = 5 \cdot \lg\left(\dfrac{2}{3}\right) = 5 \cdot (\lg 2 - \lg 3) = -5 \cdot (\lg 3 - \lg 2)$

Hinweis: Durch die in Beispiel 3 vorgenommene Umformung wird ermöglicht, daß bei Berechnung des Klammerausdrucks ein kleinerer Wert von einem größeren zu subtrahieren ist.

Da jede Wurzel als Potenz mit gebrochenem Exponenten geschrieben werden kann, läßt sich das 3. Logarithmengesetz auch bei Wurzeln anwenden.

Aus $\lg \sqrt[n]{u} = \lg u^{\frac{1}{n}} = \dfrac{1}{n} \cdot \lg u$ erhält man das

4. Logarithmengesetz $\quad \boxed{\lg \sqrt[n]{u} = \dfrac{1}{n} \cdot \lg u} \qquad (72)$

5.2.1. Logarithmengesetze

> Der Logarithmus einer Wurzel ist gleich dem Logarithmus des Radikanden, dividiert durch den Wurzelexponenten.

BEISPIELE

1. a) $\lg \sqrt[3]{a} = \frac{1}{3} \cdot \lg a$ b) $\lg \sqrt[5]{a^4} = \frac{4}{5} \cdot \lg a$

   c) $\lg \sqrt[3]{a} \cdot \sqrt{b} = \frac{1}{3} \cdot \lg a + \frac{1}{2} \cdot \lg b$

   d) $\lg \sqrt[3]{\frac{a^2 b^2}{c}} = \frac{1}{3} \cdot \lg \frac{a^2 b^2}{c} = \frac{1}{3} (\lg a^2 + \lg b^2 - \lg c) =$
   $= \frac{1}{3} (2 \cdot \lg a + 2 \cdot \lg b - \lg c)$

2. Unter dem Wurzelzeichen steht eine Summe oder eine Differenz:

   a) $\lg \sqrt[3]{a^2 + b^2} = \frac{1}{3} \cdot \lg (a^2 + b^2)$

   b) $\lg \sqrt[4]{a^2 - b^2} = \frac{1}{4} \cdot \lg (a^2 - b^2) = \frac{1}{4} \cdot \lg [(a + b)(a - b)] =$
   $= \frac{1}{4} [\lg (a + b) + \lg (a - b)]$

Beachte: Addition und Subtraktion können nicht logarithmisch ausgeführt werden, es sei denn, daß man eine Summe oder Differenz in ein Produkt umformen kann (vgl. Beispiel 2b!).

Soll man eine Summe oder Differenz von logarithmischen Ausdrücken zu einem Logarithmus zusammenfassen, dann sind ebenfalls die Formeln (67) bis (72) zugrunde zu legen, aber von rechts nach links zu lesen.

BEISPIEL

1. $\lg 5 + \lg 2 = \lg (5 \cdot 2) = \lg 10 = 1$
2. $\lg 12 - \lg 4 = \lg (12 : 4) = \lg 3$
3. $2 \cdot \lg a + 3 \cdot \lg b = \lg a^2 + \lg b^3 = \lg a^2 b^3$
4. $\frac{1}{2} \cdot \lg 16 + \frac{1}{3} \cdot \lg 8 = \lg \sqrt{16} + \lg \sqrt[3]{8} = \lg 4 + \lg 2 = \lg (4 \cdot 2) = \lg 8$
5. $\frac{1}{4} \cdot \lg a + 2 \cdot \lg b - \frac{2}{3} \cdot \lg c = \lg \sqrt[4]{a} + \lg b^2 - \lg \sqrt[3]{c^2} = \lg \frac{b^2 \sqrt[4]{a}}{\sqrt[3]{c^2}}$

Die Logarithmengesetze haben für jedes Logarithmensystem Geltung, d. h., sie können immer da angewendet werden, wo Logarithmen auf die gleiche Basis bezogen werden.

5. Logarithmen

Zusammenstellung:

Logarithmengesetze	Potenzgesetze
$\log(u \cdot v) = \log u + \log v$	$a^m \cdot a^n = a^{m+n}$
$\log \dfrac{u}{v} = \log u - \log v$	$a^m : a^n = a^{m-n}$
$\log u^n = n \cdot \log u$	$(a^m)^n = a^{m \cdot n}$
$\log \sqrt[n]{u} = \dfrac{1}{n} \cdot \log u$	$\sqrt[n]{a^m} = a^{\frac{m}{n}}$

Man erkennt: Beim Rechnen mit Logarithmen tritt – den Potenzgesetzen entsprechend – an die Stelle einer Multiplikation eine Addition, an die Stelle einer Division eine Subtraktion, an die Stelle einer Potenzierung eine Multiplikation, an die Stelle einer Radizierung eine Division. In der hierdurch ermöglichten Erleichterung des Zahlenrechnens liegt die praktische Bedeutung der Logarithmen.

AUFGABEN

138. Forme mit Hilfe der Logarithmengesetze folgende Ausdrücke um:

a) $\lg abc$ b) $\lg \dfrac{ab}{cd}$ c) $\lg 10a(b-c)$ d) $\lg \dfrac{1}{x+y}$

e) $\lg(ab)^3$ f) $\lg a^5 b^4$ g) $\lg(a^2-1)$ h) $\lg a\sqrt[3]{b}$

i) $\lg \sqrt[3]{a^2 b^4}$ k) $\lg 9xy^2 \sqrt{(x^2+y^2) \cdot c}$ l) $\lg \dfrac{x^2 \sqrt{a}}{c^3}$

m) $\lg \sqrt[4]{\dfrac{ax^2}{by}}$ n) $\lg \dfrac{1}{u^2 \cdot v^2}$ o) $\lg \dfrac{b}{a} - \lg \dfrac{a}{b}$ p) $\lg \left(\dfrac{a^2}{b}\right)^{\frac{2}{3}}$

q) $\lg \left(x^{-\frac{1}{2}} \cdot y^{-3}\right)$

139. Vereinfache soweit als möglich:

a) $\lg 500$ b) $\lg \dfrac{3}{10}$ c) $\lg \sqrt[4]{1000}$ d) $\lg \dfrac{1}{600}$

e) $\lg \dfrac{3}{4} + \lg \dfrac{4}{3}$ f) $\lg(2563^2 - 728^2)$

140. Fasse zu einem Logarithmus zusammen:

a) $\lg a + \lg b - \lg c - \lg d$ b) $2 \cdot \lg x - \dfrac{1}{2} \lg y$

c) $\dfrac{1}{3} \lg(u+v) + \dfrac{1}{3} \lg(u-v)$ d) $-2 \cdot \lg a - \dfrac{1}{2} \lg b$

e) $\frac{1}{2}\lg(x^2-xy+y^2)+\frac{1}{2}\lg(x+y)$ f) $2\cdot\lg 5+\lg 4$

g) $\lg\frac{x}{y}+\lg(xy)-3\cdot\lg(x-y)$ h) $\frac{1}{2}\lg x+\frac{1}{2}\lg(xy)-\lg y$

141. Wie groß sind die Logarithmen der folgenden Zahlen, wenn

lg 2 = 0,30103 und lg 3 = 0,47712:

a) 6   b) 9   c) 8   d) 12   e) $\sqrt{3}$ f) $\sqrt[3]{3}$ g) $\frac{2}{3}$ h) 200   i) 0,03

5.2.2. Die logarithmische Rechentafel

Um logarithmische Rechnungen zahlenmäßig durchzuführen, muß man verstehen, aus einer Tafel zu jeder Zahl den zugehörigen Logarithmus und umgekehrt zu einem gegebenen Logarithmus den zugehörigen Numerus abzulesen. Wegen ihrer leichten Handhabung werden für das Zahlenrechnen Tafeln mit dekadischen Logarithmen verwendet. Es gibt aber eine Gruppe von Zahlen (Numeri), deren Logarithmen man sofort (ohne Tafel) hinschreiben kann. Das sind die Logarithmen der Zehnerpotenzen, wie die folgende Zusammenstellung zeigt.

$1000 = 10^3$, d. h. lg 1000 = 3 | $0,1 = 10^{-1}$, d. h. lg 0,1 = -1
$100 = 10^2$, „ „ lg 100 = 2 | $0,01 = 10^{-2}$, „ „ lg 0,01 = -2
$10 = 10^1$, „ „ lg 10 = 1 | $0,001 = 10^{-3}$, „ „ lg 0,001 = -3
$1 = 10^0$, „ „ lg 1 = 0 | $0,0001 = 10^{-4}$, „ „ lg 0,0001 = -4

Hieraus erkennt man: Die Logarithmen der Zahlen größer als 1 sind positiv, die Logarithmen der echten Brüche sind negativ. (Man vergleiche hierzu auch die Kurve in Bild 38.)

Die Logarithmen der Zehnerpotenzen sind gleich den Exponenten. Sie zeigen die Eigentümlichkeit, daß sie mit der Anzahl der im Numerus vorhandenen Nullen übereinstimmen, vom Vorzeichen abgesehen. Die Logarithmen der Zahlen zwischen 1 und 10 müssen zwischen 0 und 1 liegen, also echte Brüche sein (vgl. auch Bild 38); sie müssen daher die Form 0, ... haben. Die meisten zeigen nach dem Komma unendlich viele Stellen, sind also unendliche nichtperiodische Dezimalbrüche und müssen für das praktische Rechnen auf- oder abgerundet werden.

Nach der obigen Zusammenstellung muß der Logarithmus eines Bruches zwischen 0,1 und 1 einen Wert zwischen -1 und 0 haben, müßte also die Form $-0, ...$ annehmen. Entsprechend müßte z. B. lg 0,02 die Form $-1, ...$ erhalten. Diese Schreibweise ist jedoch für das logarithmische Rechnen nicht vorteilhaft und daher nicht üblich. Um das einzusehen, gehen wir folgenden Gedankengang:

Gegeben sei lg 8,52 = 0,93044; dann läßt sich mit Hilfe der Logarithmengesetze die nachstehende Folge aufstellen:

lg 85,2 = lg (8,52 · 10) = lg 8,52 + lg 10 = 0,93044 + 1 = 1,93044
lg 852 = lg (8,52 · 100) = lg 8,52 + lg 100 = 0,93044 + 2 = 2,93044
usw.

$$\begin{aligned}
\lg 0{,}852 &= \lg (8{,}52 : 10) &&= \lg 8{,}52 - \lg 10 &&= 0{,}93044 - 1\\
\lg 0{,}0852 &= \lg (8{,}52 : 100) &&= \lg 8{,}52 - \lg 100 &&= 0{,}93044 - 2\\
\lg 0{,}00852 &= \lg (8{,}52 : 1000) &&= \lg 8{,}52 - \lg 1000 &&= 0{,}93044 - 3
\end{aligned}$$

usw.

In den letzten 3 Beispielen sind die Logarithmendifferenzen nicht ausgerechnet. Es ergäben sich negative Werte, die in ihrer Ziffernfolge nicht zu dem sonst einheitlichen Bild der Folge passen würden.

Als Ergebnis ist festzustellen:

1. Jeder Logarithmus besteht aus 2 Teilen, einer ganzen positiven oder negativen Zahl (im Sonderfall auch Null, wenn die 1. Ziffer des Numerus die Einerstelle ist), *Kennziffer* (auch Kennzahl) genannt, und aus einer Ziffernfolge, *Mantisse*[1] genannt.

2. Zahlen (Numeri) mit gleicher Ziffernfolge haben dieselbe Mantisse (im Beispiel 93044).

Dieser Sachverhalt bedeutet eine große Erleichterung beim Aufstellen von Logarithmentafeln, zugleich liegt hierin der Vorteil des dekadischen Systems vor Systemen mit anderen Grundzahlen. Die Angabe der Kennziffern ist nicht nötig, sie sind von vornherein bestimmbar und nur abhängig von der Stellung des Kommas.

Es gilt für die *Bestimmung der Kennziffer*:

> Ist der Numerus größer als 1, dann ist die Kennziffer um 1 kleiner als die Stellenzahl vor dem Komma.
> Ist der Numerus ein echter Dezimalbruch (also < 1), dann ist die Kennziffer negativ und stimmt mit der Anzahl der Nullen überein, die vor der 1. Ziffernstelle vorhanden sind.

BEISPIELE

Numeri:	36500	67,28	3,02	0,25	0,0105	0,000603
Kennziffern:	4	1	0	-1	-2	-4

AUFGABEN

142. Bestimme die Kennziffern zu folgenden Numeri:
    a) 327,5   b) 26080   c) 0,0084   d) 1,5   e) 0,203   f) 7,0008   g) $\frac{3}{4}$

Aufsuchen des Logarithmus

Den Beispielen und Aufgaben soll die fünfstellige Tafel zugrunde gelegt werden. In ihr sind die Mantissen fünfstellig; sie enthält alle vierstelligen Numeri (1 ... 9999).

---

[1] mantissa (lat.) Zugabe, Anhängsel

5.2.2. Die logarithmische Rechentafel

BEISPIELE

1. lg 601,3 ist aus der Tafel zu bestimmen.

    Lösung: Der Numerus hat 3 Stellen vor dem Komma, die Kennziffer heißt daher 2.
    Zunächst sucht man die ersten 3 Ziffern (601) in der Spalte Num. auf und findet die ersten 2 Ziffern (77) der Mantisse. Die fehlenden 3 Mantissenziffern werden durch die 4. Numerusziffer (3) bestimmt; sie stehen in der Spalte unter 3. Man geht vom Numerus 601 nach rechts und findet die Ziffernfolge 909.
    Das Ergebnis ist demnach: lg 601,3 = 2,77909.

2. lg 6,026 ist aus der Tafel zu bestimmen.

    Lösung: Die Kennziffer ist Null, da die 1. Numerusziffer in der Einerstelle auftritt. Die 5 Mantissenziffern sind aber nicht 77003, sondern 78003. Der Stern vor 003 in der Spalte deutet an, daß die 2. Mantissenziffer um 1 erhöht werden muß.
    Ergebnis: lg 6,026 = 0,78003.

3. lg 0,061 ist aus der Tafel zu bestimmen.

    Lösung: Die Kennziffer ist − 2 (2 Nullen im Numerus!).
    Man findet 610 (die ersten 3 Ziffern) in der Spalte Num. Die Mantissenziffern sind 78 und 533 (aus Spalte unter 0).
    Ergebnis: lg 0,061 = 0,78533 − 2.

Beachte: Ein- und zweiziffrige Numeri ergänzt man durch Anhängen von Nullen auf 4 Stellen und schreibt z. B. 5,000 statt 5 und 12,00 statt 12. Man findet lg 5 = = 0,69897 und lg 12 = 1,07918, indem man in der Spalte Num. entweder 5, 50 oder 500 bzw. 12 oder 120 aufsucht.

Aufsuchen des Numerus

Ist der Logarithmus einer Zahl gegeben, so findet man den zugehörigen Numerus, indem man in der Tafel in umgekehrter Richtung vorgeht und zunächst die ersten 2 Stellen der Mantisse aufsucht.

BEISPIELE

1. lg x = 2,77924.

    Lösung: Man sucht zunächst die ersten beiden Mantissenziffern 77 am linken Rand der Mantissenspalte. Die letzten 3 Ziffern 924 findet man in der Spalte unter 5. Damit sind die ersten 4 Ziffern des Numerus bestimmt: 6015.
    Die Kennziffer ist 2, der Numerus muß also 3 Stellen vor dem Komma haben.
    Ergebnis: x = 601,5.

2. lg x = 0,78025.

    Lösung: Man sucht zunächst − wie in Beispiel 1 − die Mantissenziffern 78. Die letzten 3 Ziffern in der Spalte unter 9 sind mit einem Stern versehen. Die Ziffernfolge des Numerus ist 6029. Die Kennziffer ist 0, der Numerus hat also eine Stelle vor dem Komma.

Ergebnis: $x = 6{,}029$.

AUFGABEN

143. Bestimme die Logarithmen zu folgenden Zahlen:

a) 4003 b) 25,46 c) 0,006785 d) 270 e) 50000 f) 7,96

g) 0,712 h) 326 i) 607,8 k) 17 l) 975100 m) 4,8

144. Bestimme die Numeri zu folgenden Logarithmen:

a) 0,91950 b) 1,90151 c) 0,04532 — 5 d) 4,64058 e) 0,77779 — 3

f) 0,30600 g) 0,03060 h) 3,00000 i) 0,47784 k) 5,38721

l) 0,93364 — 2 m) 2,74013 n) 1,09968 o) 4,40071 p) 0,00860

q) 2,99978 r) 0,71020 — 1 s) 3,74974 t) 1,21112

Interpolieren

Der Numerus 60168 liegt zwischen 60160 und 60170, folglich muß lg 60168 zwischen lg 60160 und lg 60170 liegen, d. h. zwischen 4,77931 und 4,77938.
Die beiden Mantissen unterscheiden sich um 7 Einheiten der letzten Stelle. Diese Mantissendifferenz wird „Tafeldifferenz" genannt und mit D bezeichnet. Es ist also $D = 7$.

Wir schließen wie folgt:

Den 10 Numeruseinheiten entsprechen	7 Mantisseneinheiten
auf 1 Numeruseinheit kommen	0,7 ,,
auf 8 Numeruseinheiten kommen	$8 \cdot 0{,}7 = 5{,}6$,,

Wächst der Numerus von 60160 auf 60168, also um 8 Einheiten, dann wächst die Mantisse um $d = 6{,}5$ Einheiten, d. h. von 77931 auf 77936,6. Somit ist das Ergebnis: lg 60168 = 4,77937.

Bemerkung: Man setzt beim Rechnen mit Logarithmen das Gleichheitszeichen, obgleich es sich um Näherungswerte handelt.

Das Ausrechnen solcher Zwischenwerte wird *Interpolation*[1] genannt. Beim Interpolieren kommt es vor allem darauf an, den Mantissenzuwachs ($d = 5{,}6$) zu berechnen. Er ergibt sich, indem man den 10. Teil der Tafeldifferenz D ($= 7$) mit der 5. Numerusziffer n ($= 8$) multipliziert.

Es gilt hiernach allgemein: $\boxed{d = \dfrac{D \cdot n}{10}}$ (73)

---

[1] interpolare (lat.) einschieben, einschalten

5.2.2. Die logarithmische Rechentafel

und im Beispiel: $\quad d = \dfrac{7 \cdot 8}{10} = 5{,}6 \approx 6$

Den meisten Logarithmentafeln sind sogenannte Proportionaltafeln beigegeben, abgekürzt oft mit P. P. (partes proportionales) überschrieben. Aus diesen Täfelchen ist der Wert für den Mantissenzuwachs d sofort ablesbar. Hierin bedeuten die Ziffern 1...9 vor dem Strich die n-Werte (5. Numerusziffer); dahinter stehen die d-Werte (Mantissendifferenzen).

BEISPIELE

(Logarithmus eines fünfstelligen Numerus)

1. $\lg 25687 = x$

    Lösung: Die Kennziffer ist 4. Aus $\lg 25690 = 4{,}40976$

    und $\lg 25680 = 4{,}40960$

ergibt sich die Tafeldifferenz $\quad D = 16; \quad n = 7$

Folglich ist der Mantissenzuwachs $d = \dfrac{D \cdot n}{10} = \dfrac{16 \cdot 7}{10} = 11{,}2 \approx 11$

[Dieser Wert kann unmittelbar aus dem mit 16 ($= D$) überschriebenen Täfelchen entnommen werden.]

Ergebnis: $\lg 25687 = 4{,}40960 + 0{,}00011 = \underline{\underline{4{,}40971}}$.

2. $\lg 163{,}36 = x$

    Lösung: $\lg 163{,}3 = 2{,}21299, \quad D = 26, \quad n = 6, \quad d = \dfrac{26 \cdot 6}{10} = 15{,}6 \approx 16$

    Ergebnis: $\lg 163{,}36 = 2{,}21299 + 0{,}00016 = \underline{\underline{2{,}21315}}$.

Aufsuchen eines fünfstelligen Numerus

Wenn bei logarithmischer Rechnung zu einem Logarithmus der Numerus zu bestimmen ist, dann ist es ein Zufall, wenn der gegebene Logarithmus wirklich in der Tafel steht. Will man sich nicht mit vierziffrigen Numeri begnügen, dann muß man wieder interpolieren. Dadurch wird die 5. Ziffer des Numerus, also n gefunden. Löst man die Formel (73) $d = \dfrac{D \cdot n}{10}$ nach n auf, dann kann man die 5. Numerusstelle formelmäßig angeben:

$$\boxed{n = \dfrac{10\,d}{D}} \tag{74}$$

Hierin bedeutet d die Differenz zwischen der gegebenen Mantisse und der nächstkleineren Tafelmantisse. D ist die Tafeldifferenz.

BEISPIEL (Kurzdarstellung)

$\lg x = 0{,}47389 - 2$ $\quad\quad\quad\quad\quad\quad\quad\quad\quad\quad$ ... 392

$\quad\quad\underline{378} - 2 = \lg 0{,}02977$ $\quad\quad\quad$ ... $\underline{378}$

$\quad\quad11 = d$ $\quad\quad\quad\quad\quad\quad\quad\quad\quad\quad\quad$ $14 = D$

n (5. Ziffer) $= \dfrac{10\,d}{D} = 110 : 14 \approx 8$

(Auch das Proportionaltäfelchen liefert für $d = 11{,}2$ den Wert 8)
Ergebnis: $\underline{x = 0{,}029778}$.

AUFGABEN

145. Bestimme die Logarithmen der folgenden Zahlen:

a) 0,004444 b) 112780 c) 98,764 d) 3,2156 e) 21,379

f) 0,42292 g) 133,95 h) 5612,1 i) 0,027897 k) 2,5553

l) 0,78219 m) 14,372 n) 94,014 o) 1,0305 p) 0,020038

146. Bestimme die Numeri (5 Ziffern) folgender Logarithmen:

a) 0,54642 b) 0,01000 — 3 c) 5,80000 d) 4,44445

e) 3,90063 f) 0,72296 g) 2,95840 h) 0,31441 — 1

i) 1,61104 k) 0,01973 — 2 l) 0,74030 m) 3,65497

n) 4,00608 o) 0,94923 — 4 p) 1,47596 q) 0,99636 — 4

5.2.3. Beispiele zum logarithmischen Rechnen (Rechenschemas)

In einer Reihe von Aufgaben soll gezeigt werden, wie man logarithmische Rechnungen praktisch durchführt. Hierbei ist die sichere Kenntnis der behandelten Logarithmengesetze (wiederholen!) unbedingt erforderlich. Es ist vorteilhaft, sich an ein bestimmtes Schema zu halten, das wegen seiner knappen Darstellung zeitsparend ist, den Rechengang aber klar erkennen läßt und daher leicht eine Kontrolle ermöglicht. Es werden fünfstellige Logarithmen verwendet.

Multiplikation (Addition der Logarithmen)

BEISPIEL 1

Berechne das Produkt $x = 538{,}9 \cdot 713600$

Lösung:

1. Überschlag: $x = 5{,}4 \cdot 10^2 \cdot 7 \cdot 10^5 = 37{,}8 \cdot 10^7$.
   (Das Schlußergebnis ist mit diesem Wert zu vergleichen.)
2. Logarithmische Umformung: $\lg x = \lg 538{,}9 + \lg 713600$.

5.2.3. Beispiele zum logarithmischen Rechnen (Rechenschemas)

3. Anlegen des Schemas und Eintragen der Kennziffern:

	N	lg	
$a =$	538,9	2,	$+$
$b =$	713 600	5,	$+$
$a \cdot b =$	x		

4. Aufschlagen der Mantissen: (Interpolation ist hier nicht erforderlich). Die gefundenen Werte sind 73151 und 85345; sie werden in das Schema eingetragen.
5. Ausführen der Rechenoperation (Addition):

N	lg	
538,9	2,731 51	$+$
713 600	5,853 45	$+$
x	8,584 96	

6. Bestimmen des Numerus:

    Mantisse   58 496
nächstkleinere Mantisse   58 490 zum Numerus 3845 gehörend.
Die Mantissendifferenz ist $d = 6$, die Tafeldifferenz $D = 11$.
Hieraus ergibt sich die 5. Numerusziffer $n = \dfrac{6 \cdot 10}{11} \approx 5$.
Unter Berücksichtigung der Kennziffer 8 erhält man als Ergebnis:
$$\underline{\underline{x = 384\,550\,000}}$$

(Es stimmt in der Größenordnung mit dem oben gemachten Überschlag überein.)

BEISPIEL 2
Berechne das Produkt $x = 0{,}0875 \cdot 0{,}6254 \cdot 0{,}55 \cdot 5$.
Lösung: Einfache Faktoren vereinigt man und schreibt daher:
$x = 0{,}0875 \cdot 0{,}6254 \cdot 2{,}75$
Überschlag: $0{,}9 \cdot 10^{-1} \cdot 6 \cdot 10^{-1} \cdot 3 \approx 16 \cdot 10^{-2} = 0{,}16$
$\lg x = \lg 0{,}0875 + \lg 0{,}6254 + \lg 2{,}75$

N	lg	
0,0875	0,942 01 — 2	$+$
0,6254	0,796 16 — 1	$+$
2,75	0,439 33	$+$
x	2,177 50 — 3 = 0,177 50 — 1	
$x = 0{,}150\,49$		

Hinweis: Zur Vermeidung negativer Kennziffern kann man die Aufgabe wie folgt umformen: $8{,}75 \cdot 6{,}254 \cdot 2{,}75 \cdot 10^{-3}$. Man läßt den letzten Faktor außerhalb der logarithmischen Rechnung und muß nur im Numerus das Komma 3 Stellen nach links rücken.

Division (Subtraktion der Logarithmen)

BEISPIEL 3

(Divisor kleiner als Dividend)

Berechne $x = 7,382 : 0,0365$

Lösung:
Überschlag: $700 : 4 = 175$
$\lg x = \lg 7,382 - \lg 0,0365$

N	lg	
7,382	0,86817	+
0,0365	0,56229 − 2	−
x	0,30588 + 2 = 2,30588	

$x = 202,25$

Beachte: Die negative Kennziffer (− 2) wird bei der Subtraktion positiv.

BEISPIEL 4

(Divisor größer als Dividend)
Berechne $x = 33,7 : 83,67$

Lösung:
Überschlag: $33 : 80 \approx 0,4$
$\lg x = \lg 33,7 - \lg 83,67$

N	lg	
	2, − 1	+
33,7	1,52763	
83,67	1,92257	−
x	0,60506 − 1	

$x = 0,40277$

Die Subtraktion des größeren Wertes von einem kleineren würde hier eine negative Mantisse ergeben. Das wird durch einen Kunstgriff vermieden. Man erhöht die positive Kennziffer um 1 (im Schema durch die 2 gekennzeichnet) und hebt diese Addition durch eine negative Kennziffer (− 1) wieder auf.
Diese Erhöhung der Kennziffer kann auch um 2 oder mehr Einheiten erforderlich sein; sie kann auch dann nötig sein, wenn der Divisor kleiner ist als der Dividend. Dies ist der Fall im folgenden Beispiel.

BEISPIEL 5

Berechne: $x = 0,2384 : 0,00576$

Lösung:
Überschlag: $240 : 6 = 40$
$\lg x = \lg 0,2384 - \lg 0,00576$

N	lg	
	1, − 2	+
0,2384	0,37731 − 1	
0,00576	0,76042 − 3	−
x	0,61689 + 1 = 1,61689	

$x = 41,389$

5.2.3. Beispiele zum logarithmischen Rechnen (Rechenschemas)

Hinweis: Das Auftreten negativer Kennziffern kann man hier vermeiden, indem man den gegebenen Quotienten mit 1 000 erweitert und schreibt:

$$x = 238{,}4 : 5{,}76.$$

Entsprechend formt man folgende Aufgaben um:

$26{,}8 : 0{,}0017 = 26\,800 : 1{,}7; \quad 0{,}00526 : 0{,}78 = 5{,}26 : 780; \quad 1 : 0{,}0967 = 100 : 9{,}67$

Auch in den Fällen, wo der Divisor größer ist als der Dividend, braucht die gezeigte Umformung der Kennziffer nicht nötig zu sein. Das erläutert

BEISPIEL 6

Berechne $x = 0{,}3876 : 1{,}234$

Lösung:
Überschlag: $3{,}9 : 12 \approx 0{,}32$
$\lg x = \lg 0{,}3876 - \lg 1{,}234$

N	lg	
0,3876	0,58838 − 1	+
1,234	0,09132	−
x	0,49706 − 1	
$x = 0{,}31409$		

Beim Lösen zusammengesetzter Aufgaben, die Produkte und Quotienten enthalten, muß das Schema besonders zweckmäßig gestaltet werden. Das wird dargestellt in

BEISPIEL 7

Berechne $x = \dfrac{0{,}392 \cdot 48{,}7}{0{,}0634 \cdot 2{,}845}$

Lösung:

Überschlag: $\dfrac{0{,}4 \cdot 50}{0{,}06 \cdot 3} = \dfrac{20}{0{,}18} \approx 100$

$\lg x = \lg 0{,}392 + \lg 48{,}7 - (\lg 0{,}0634 + \lg 2{,}845)$

N	lg	
0,392	0,59329 − 1	+
48,7	1,68753	+
Zähler	1,28082	|+
0,0634	0,80209 − 2	+
2,845	0,45408	+
Nenner	0,25617 − 1	|−
x	1,02465 + 1 = 2,02465	
$x = 105{,}84$		

Potenzieren (Multiplizieren des Logarithmus)

BEISPIEL 8

Berechne $x = 27{,}36^3$
Lösung:
Überschlag: $30^3 = 27000$
$\lg x = 3 \cdot \lg 27{,}36$

N	lg	
27,36	1,43712	· 3
x	4,31136	
$x = 20481$		

BEISPIEL 9

Berechne $x = 0{,}246^5$

Lösung:
Überschlag: $\left(\dfrac{1}{4}\right)^5 \approx \dfrac{1}{1000} = 10^{-3}$
$\lg x = 5 \cdot \lg 0{,}246$

N	lg	
0,246	0,39094 — 1	· 5
x	1,95470 — 5 = 0,95470 — 4	

$x = 0{,}00090095 \approx 0{,}000901$
$x = 9{,}01 \cdot 10^{-4}$

Radizieren (Dividieren des Logarithmus)

BEISPIEL 10

(Der Radikand ist größer als 1)

Berechne $x = \sqrt{68{,}57}$

Lösung:
Überschlag: $\sqrt{64} = 8$
$\lg x = \dfrac{1}{2} \lg 68{,}57$

N	lg	
68,57	1,83613	: 2
x	0,91807	
$x = 8{,}2808$		

Ist der Radikand ein echter Bruch, dann tritt in der logarithmischen Rechnung eine negative Ziffer auf; auch diese muß durch den Wurzelexponenten geteilt werden. Damit die Division wieder eine ganze Zahl ergibt, ist der Logarithmus durch Erhöhung der positiven Kennziffer (vgl. Division) umzuformen.

Ist z. B. der Wurzelexponent 4, dann muß die negative Kennziffer auf — 4, — 8 usw. gebracht werden.

Für 0,26341 — 2 schreibt man 2,26341 — 4
für 0,26341 — 5   „   „   3,26341 — 8

5.2.3. Beispiele zum logarithmischen Rechnen (Rechenschema)

BEISPIEL 11

(Der Radikand ist kleiner als 1)

Berechne $x = \sqrt[5]{0{,}00754}$

Lösung:

$\lg x = \dfrac{1}{5} \lg 0{,}00754$

N	lg
0,00754	0,87737 − 3
	2,87737 − 5 | : 5
x	0,57547 − 1

$x = 0{,}37625$

Das Auftreten negativer Kennziffern kann man auch beim logarithmischen Radizieren vermeiden (vgl. Hinweis zu Beispiel 5), indem man den Radikanden in einen geeigneten Quotienten umformt.

BEISPIEL 12

(Vermeiden negativer Kennziffern beim Radizieren)

$x = \sqrt[4]{0{,}0468}$ (umgeformt) $= \sqrt[4]{\dfrac{468}{10000}} = \dfrac{\sqrt[4]{468}}{10}$

$\lg x = \dfrac{1}{4} \lg 468 - \lg 10 = \dfrac{1}{4} \lg 468 - 1 = \dfrac{1}{4} \cdot 2{,}67025 - 1 = 0{,}66756 - 1$

$x = 0{,}46511$

BEISPIEL 13

$x = \sqrt[5]{0{,}06} = \sqrt[5]{0{,}06000} = \sqrt[5]{\dfrac{6000}{10^5}} = \dfrac{\sqrt[5]{6000}}{10}$

$\lg x = \dfrac{1}{5} \lg 6000 - 1 = \dfrac{1}{5} \cdot 3{,}77815 - 1 = 0{,}75563 - 1$

$x = 0{,}56968$

Logarithmische Rechnung zusammengesetzter Aufgaben

Bei umfangreicher logarithmischer Rechnung ist das Anlegen eines Rechenschemas unerläßlich. Hierbei stellt man die auftretenden Zahlen und ihre Logarithmen in geeigneter Reihenfolge an den Anfang und behandelt Zähler und Nenner getrennt wie in dem folgenden Beispiele

BEISPIEL 14

$x = \dfrac{6{,}485 \cdot \sqrt{63{,}41}}{7{,}2^2 \cdot \sqrt[3]{16{,}3}}$

Lösung:

Überschlag: $\dfrac{6 \cdot 8}{50 \cdot 2{,}5} = \dfrac{48}{125} = \dfrac{384}{1000} = 0{,}384$

$\lg x = \lg 6{,}485 + \dfrac{1}{2} \lg 63{,}41 - \left(2 \lg 7{,}2 + \dfrac{1}{3} \lg 16{,}3 \right)$

N	lg	
63,41	1,80216	
7,2	0,85733	
16,3	1,21219	
6,485	0,81191	+
$\sqrt{63{,}41}$	0,90108	+
$a =$ Zähler	2, −1 1,71299	+
$7{,}2^2$	1,71466	+
$\sqrt[3]{16{,}3}$	0,40406	+
$b =$ Nenner	2,11872	−
$\dfrac{a}{b} = x$	0,59427 − 1	
$x = 0{,}39289$		

Treten in einer Aufgabe Summen oder Differenzen auf, die nicht in ein Produkt umgeformt werden können, dann muß die logarithmische Rechnung unterbrochen werden. Man ist hierbei gezwungen, wiederholt einen Numerus aufzuschlagen.

BEISPIEL 15
(Unterbrochene logarithmische Rechnung)

Berechne $\quad x = \dfrac{\sqrt{29{,}84^2 - 12{,}53^2}}{8{,}047}$

Lösung:

Überschlag: $\dfrac{\sqrt{900 - 150}}{8} = \dfrac{\sqrt{750}}{8} \approx \dfrac{25}{8} \approx 3$

$\lg x = \dfrac{1}{2} \lg (29{,}84^2 - 12{,}53^2) - \lg 8{,}047$

N		lg	
29,84		1,47480	· 2
$29{,}84^2$		2,94960	
12,53		1,09795	· 2
$12{,}53^2$		2,19590	
$29{,}84^2 =$	890,43		
$-12{,}53^2 =$	− 157,0		
Radikand =	733,43	2,86536	:2
Zähler =	$\sqrt{733{,}43}$	1,43268	+
Nenner =	8,047	0,90563	−
	x	0,52705	
	$x = 3{,}3655$		

5.2.3. Beispiele zum logarithmischen Rechnen (Rechenschemas)

Da die Differenz zweier Quadrate in ein Produkt verwandelt werden kann, läßt sich der Radikand in Beispiel 15 auf Grund der Formel $a^2 - b^2 = (a+b)(a-b)$ umformen. Die logarithmische Rechnung wird dann nicht mehr unterbrochen und verläuft wie folgt:

$$x = \frac{\sqrt{42{,}37 \cdot 17{,}31}}{8{,}047}, \quad \text{da} \quad 29{,}84 + 12{,}53 = 42{,}37 \quad \text{und} \quad 29{,}84 - 12{,}53 = 17{,}31$$

$$\lg x = \frac{1}{2}(\lg 42{,}37 + \lg 17{,}31) - \lg 8{,}047$$

	N	lg	
	42,37	1,627 06	+
	17,31	1,238 30	+
Radikand		2,865 36	:2
Zähler		1,432 68	+
	8,047	0,905 63	−
x		0,527 05	

$$x = 3{,}3655$$

Die dekadische Ergänzung

Jeder Quotient kann als Produkt geschrieben werden. Zum Beispiel ist $\dfrac{a}{b} = a \cdot \dfrac{1}{b}$. Man könnte vermuten, daß durch diese Umwandlung die unbequeme Subtraktion bei der logarithmischen Rechnung vermieden wird, denn es gilt $\lg \dfrac{a}{b} = \lg a + \lg \dfrac{1}{b}$. Da aber $\lg \dfrac{1}{b} = \lg 1 - \lg b = 0 - \lg b$ ist, muß die Addition $\lg a + \lg \dfrac{1}{b}$ praktisch wieder auf eine Subtraktion führen, was gerade vermieden werden soll. Trotzdem ist das gewünschte Ziel durch einen Kunstgriff zu erreichen, und zwar durch Bilden der sogenannten *dekadischen Ergänzung* oder des *Logarithmus complementi*, abgekürzt lg cpl. Wie man dabei verfährt, erläutern die folgenden Beispiele.

BEISPIEL 16

(Bilden der dekadischen Ergänzung)

Es sei $b = 5{,}57$; dann ist $\lg b = \lg 5{,}57 = 0{,}74586$

und $\lg \dfrac{1}{b} = -\lg b = \quad -0{,}74586$

oder $\qquad -\lg b = 1 - 0{,}74586 - 1$

$\underline{\text{lg cpl } b \qquad = \qquad 0{,}25414 - 1}$

lg cpl b bedeutet die dekadische Ergänzung von lg b; sie ist gleich dem Wert von $-\lg b \left(= \lg \dfrac{1}{b}\right)$.

BEISPIEL 17

$\lg b = \lg 509 = 2{,}706\,72$

$\lg \dfrac{1}{b} = -\lg b = -2{,}706\,72$

$\phantom{\lg \dfrac{1}{b}} = 3 - 2{,}706\,72 - 3$

$\underline{\lg \text{cpl}\, b = 0{,}293\,28 - 3}$

BEISPIEL 18

$\lg b = \lg 0{,}034\,2 = 0{,}534\,03 - 2$

$\lg \dfrac{1}{b} = -\lg b = -0{,}534\,03 + 2$

$\phantom{\lg \dfrac{1}{b}} = 1 - 0{,}534\,03 + 1$

$\underline{\lg \text{cpl}\, b = 0{,}465\,97 + 1}$

Die 3 Beispiele zeigen, wie man durch Umformung aus einem Subtrahenden einen Summanden erhalten kann. Die Rechenarbeit ist hierbei sehr leicht, wenn man eine einfache Rechenregel benützt, die man aus der folgenden Zusammenstellung ohne weiteres erkennt.

$\lg b = 0{,}745\,86 2{,}706\,72 0{,}534\,03 - 2$

$\lg \text{cpl} = \lg \dfrac{1}{b} = 0{,}254\,14 - 1 0{,}293\,28 - 3 0{,}465\,97 + 1$

Vorschrift für das Bilden der dekadischen Ergänzung:

1. Die Mantissenziffern vom aufgesuchten Logarithmus b werden mit Ausnahme der letzten durch ihre Ergänzung zu 9 ersetzt. Die Ergänzung erfolgt von links nach rechts.
2. Die letzte Mantissenziffer wird durch ihre Ergänzung zu 10 ersetzt.
3. Die Kennziffer erhält zunächst das entgegengesetzte Vorzeichen und wird dann um 1 vermindert.

(Prüfe diese Regel an den 3 Beispielen nach!)

Den Vorteil bei Anwendung der dekadischen Ergänzung zeigt das folgende Beispiel.

BEISPIEL 19

Berechne mit Hilfe der dekadischen Ergänzung den Wert $x = \dfrac{63{,}84 \cdot 2{,}89}{15{,}06 \cdot 0{,}375}$

Lösung: $\lg x = \lg 63{,}84 + \lg 2{,}89 + \lg \text{cpl}\, 15{,}06 + \lg \text{cpl}\, 0{,}375$

$ \lg 63{,}84 = 1{,}805\,09$

$ \lg 2{,}89 = 0{,}460\,90$

$ \lg \text{cpl}\, 15{,}06 = 0{,}822\,18 - 2$

$ \underline{\lg \text{cpl}\, 0{,}375 = 0{,}425\,97}$

$ \lg x = 3{,}514\,14 - 2 = 1{,}514\,14$

$ \underline{\underline{x = 32{,}669}}$

5.2.3. Beispiele zum logarithmischen Rechnen (Rechenschema)

Bei diesem Verfahren spart man Schreib- und Rechenarbeit, vermeidet die Subtraktion und die damit verbundenen Rechenfehler. Bei etwas Übung kann – wie hier geschehen – die dekadische Ergänzung gleich beim Ablesen der Mantisse gebildet werden.
Die dekadische Ergänzung ist auch verwendbar, wenn im Nenner des Quotienten eine Potenz oder eine Wurzel steht.

BEISPIEL 20

Berechne $\quad x = \dfrac{26{,}87 \cdot 0{,}0943}{3{,}07^2 \cdot \sqrt{57{,}33}}$

Lösung:

$$\begin{array}{ll}
\lg 26{,}87 = 1{,}42927 & 2 \cdot \lg 3{,}07 = 2 \cdot 0{,}48714 \\
\lg 0{,}0943 = 0{,}97451 - 2 & \phantom{2 \cdot \lg 3{,}07} = 0{,}97428 \\
\lg \text{cpl } 3{,}07^2 = 0{,}02572 - 1 & \frac{1}{2} \lg 57{,}33 = \frac{1}{2} \cdot 1{,}75838 \\
\lg \text{cpl } \sqrt{57{,}33} = 0{,}12081 - 1 & \phantom{\frac{1}{2} \lg 57{,}33} = 0{,}87919
\end{array}$$

$\lg x \quad = 2{,}55031 - 4 = 0{,}55031 - 2$
$x = 0{,}035507$

AUFGABEN

147. Berechne folgende Produkte:

   a) $454 \cdot 1900$ b) $91{,}7 \cdot 19{,}1$ c) $7180 \cdot 0{,}375$ d) $0{,}341 \cdot 0{,}08763$

   e) $0{,}274 \cdot 0{,}4 \cdot 5{,}59$ f) $0{,}175 \cdot 0{,}3127 \cdot 13{,}75$ g) $2{,}11 \cdot 98{,}27 \cdot 4$

148. Berechne folgende Quotienten und vermeide möglichst negative Kennziffern:

   a) $13{,}5 : 7{,}64$ b) $125 : 336{,}5$ c) $23{,}18 : 0{,}3843$

   d) $0{,}4684 : 0{,}001152$ e) $1{,}685 : 83{,}67$ f) $3{,}691 : 0{,}01825$

   g) $\dfrac{255{,}74}{9{,}82}$ h) $\dfrac{0{,}34785}{0{,}038768}$ i) $\dfrac{1{,}1884}{0{,}43767}$ k) $\dfrac{1}{11{,}56}$

149. Berechne:

   a) $\dfrac{2{,}817 \cdot 4{,}084}{12{,}16}$ b) $\dfrac{3{,}92 \cdot 9{,}74}{0{,}1268 \cdot 11{,}38}$ c) $\dfrac{4830 \cdot 0{,}625}{0{,}073 \cdot 73{,}84}$

   d) $\dfrac{3{,}9282 \cdot 3{,}7653}{49{,}353}$ e) $\dfrac{8{,}39 \cdot 0{,}37718}{488 \cdot 0{,}08754}$ f) $\dfrac{37{,}807 \cdot 0{,}19477 \cdot 5{,}76}{9{,}83 \cdot 0{,}07549 \cdot 28{,}377}$

150. Berechne die folgenden Potenzen und runde das Ergebnis auf vier Ziffern ab:

   a) $0{,}4934^3$ b) $27{,}43^2$ c) $0{,}0715^5$ d) $1{,}045^{10}$ e) $5{,}37^5$

   f) $\left(\dfrac{11}{12}\right)^8$ g) $\left(\dfrac{57{,}68}{43{,}07}\right)^4$ h) $\left(\dfrac{7{,}638}{4{,}075}\right)^2$ i) $(0{,}742\,8737)^{1{,}2}$

151. Berechne die folgenden Wurzeln und vermeide möglichst negative Kennziffern:

a) $\sqrt{73{,}43}$ b) $\sqrt[5]{125}$ c) $\sqrt[4]{3{,}948}$ d) $\sqrt[3]{0{,}00183}$

e) $\sqrt[4]{0{,}0493}$ f) $\sqrt[5]{0{,}07365}$ g) $\sqrt[6]{0{,}008394}$

h) $\sqrt{\dfrac{91}{17}}$ i) $\sqrt[3]{\dfrac{5{,}73}{17{,}68}}$ k) $\sqrt[5]{\dfrac{0{,}019}{89{,}057}}$

152. Berechne folgende Ausdrücke:

a) $\dfrac{\sqrt{5{,}6047}}{0{,}73058}$ b) $\dfrac{8{,}539 \cdot \sqrt{45}}{70{,}873}$ c) $\dfrac{38075}{83746} \cdot \left(\dfrac{0{,}857}{0{,}683}\right)^5$

d) $\sqrt[3]{\dfrac{125300}{0{,}0254} \cdot \dfrac{\sqrt[3]{0{,}8974^2}}{28{,}04}}$ e) $\sqrt{67{,}44 + \sqrt[3]{0{,}488}}$

f) $\dfrac{\sqrt{5{,}704^2 + 4{,}838 \cdot 9{,}368}}{5{,}704}$ g) $\dfrac{\sqrt{39{,}83^3 - 28{,}37 \cdot 41{,}5}}{39{,}83}$

h) $\sqrt{0{,}8460^2 - 0{,}6824^2}$ i) $\sqrt[3]{384{,}7^3 - 305{,}4^3}$

153. Berechne a) den Umfang und b) die Fläche eines Kreises mit dem Radius

$r = 6{,}38$ m (lg $\pi = 0{,}49715$).

154. Berechne die Masse einer eisernen Vollkugel, wenn der Radius $r = 7{,}2$ cm und die Dichte $\varrho = 7{,}8$ g/cm³ beträgt.

155. Welche Masse hat eine Al-Hohlkugel, deren äußerer Durchmesser $D = 6{,}2$ cm und deren Wanddicke $s = 0{,}6$ cm beträgt? $\varrho = 2{,}7$ g/cm³.

5.3. Natürliche Logarithmen

Alle Logarithmen mit derselben Basis bilden ein Logarithmensystem. Im Gegensatz zum dekadischen System mit der Basis 10 hat das natürliche System die transzendente[1] Zahl

$$e = 2{,}718281828\ldots$$

als Basis.

Irrationalzahlen, die nicht Wurzeln algebraischer Gleichungen sind, nennt man transzendent. Zu diesen gehören z. B. die Logarithmen der meisten rationalen Zahlen, mit wenigen Ausnahmen die Werte der Winkelfunktionen und die Zahl π.

Die Bezeichnung für den natürlichen Logarithmus ist nach DIN 1302 ln (Abkürzung für „logarithmus naturalis") statt $\log_e$.

---

[1] transcendere (lat.) überschreiten

5.3. Natürliche Logarithmen

Drückt man alle positiven reellen Zahlen als Potenzen von e aus, dann bilden die Exponenten das natürliche oder Nepersche[1] System. Da die Basis e ($\approx 2{,}7$) kleiner ist als die Basis 10, muß der natürliche Logarithmus einer Zahl x

für $x > 1$ größer sein, für $x < 1$ kleiner sein

als der dekadische Logarithmus.

Dieser Sachverhalt ist aus der folgenden Beispielreihe klar ersichtlich. Ihr liegt die Beziehung zugrunde:

$$10^{\lg x} = x = e^{\ln x} \qquad (75)$$

$$
\begin{aligned}
10^4 &= 10\,000 &&= e^{9{,}2103} \\
10^{1{,}301} &= 20 &&= e^{2{,}9957} \\
10^{0{,}0414} &= 1{,}1 &&= e^{0{,}0953} \\
10^0 &= 1 &&= e^0 \\
10^{-0{,}0458} &= 0{,}9 &&= e^{-0{,}1054} \\
10^{-2} &= 0{,}01 &&= e^{-4{,}6052}
\end{aligned}
$$

Für $x > 1$ ist $\ln x > \lg x$

Für $x < 1$ ist $\ln x < \lg x$

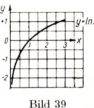

Stellt man die natürlichen Logarithmen in einem Schaubild dar und vergleicht die erhaltene Kurve (Bild 39) mit der Kurve der dekadischen Logarithmen (Bild 38), so sieht man, daß die ln-Kurve im Bereich $x > 1$ oberhalb, im Bereich $x < 1$ dagegen unterhalb der lg-Kurve verläuft.

Bild 39

Übergang von einem Logarithmensystem zu einem anderen

Die Beziehung (75) bildet die Grundlage für die Umwandlung von natürlichen Logarithmen in dekadische und umgekehrt. Sie ermöglicht also die Aufgabe zu lösen, zu einem gegebenen natürlichen Logarithmus einer Zahl den dekadischen Logarithmus zu bestimmen und umgekehrt.

Logarithmiert man beide Seiten der Gleichung

$$10^{\lg x} = e^{\ln x}$$

zur Basis 10

$$\lg x \cdot \lg 10 = \ln x \cdot \lg e \qquad \text{(vgl. 3. Logarithmengesetz)}$$

so erhält man

$$\lg x = \lg e \cdot \ln x \qquad \text{(da } \lg 10 = 1\text{)}$$

---

[1] NAPIER, englischer Mathematiker, 1550 bis 1617, veröffentlichte 1614 eine Logarithmentafel mit der Basis $\left(1 + \dfrac{1}{10^7}\right)^{10^7}$

5. Logarithmen

oder

$$\boxed{\lg x = M_{10} \cdot \ln x; \quad M_{10} = \lg e = 0{,}434\,294\,5\ldots} \qquad (76)$$

M_{10} ist nach DIN 1302 der *Modul*[1] des Logarithmensystems zur Basis 10.

Aus (76) folgt weiter

$$\ln x = \frac{1}{M_{10}} \lg x; \quad \frac{1}{M_{10}} = \frac{1}{\lg e} = 2{,}302\,585\,1\ldots \qquad (77)$$

Für $x = 10$ ergibt sich hieraus

$$\ln 10 = \frac{1}{M_{10}} \lg 10 \text{ oder } \ln 10 = \frac{1}{\lg e} \text{ und somit:}$$

$$\boxed{M_{10} = \lg e = \frac{1}{\ln 10}} \qquad (78)$$

Der Modul M_{10} ist der Faktor, mit dem man einen gegebenen natürlichen Logarithmus multiplizieren muß, um den entsprechenden dekadischen Logarithmus zu erhalten. Natürliche Logarithmen treten bei Berechnungen in der höheren Mathematik auf. Man kann dann nötigenfalls den Numerus bestimmen, indem man zunächst mit Hilfe der Beziehung (76) den dekadischen Logarithmus berechnet.

BEISPIEL 1

(Umrechnung von Logarithmen mit Hilfe des Moduls M_{10})

Gegeben: $\ln x = 0{,}6523$ \qquad Gesucht: $\lg x$ und x

Lösung: $\lg x = M_{10} \cdot \ln x = 0{,}4343 \cdot 0{,}6523$

Die logarithmische Rechnung dieser Multiplikation nimmt folgende Form an:

$$\lg \lg x = \lg M_{10} + \lg \ln x$$

Beachte: Hier tritt der Logarithmus eines Logarithmus (Doppellogarithmus) auf. Setzt man $\lg x = z$, dann kann man schreiben:

$$\lg z = \lg M_{10} + \lg 0{,}6523$$

N	lg	
M_{10}	$0{,}637\,78 - 1$	+
$0{,}6523$	$0{,}814\,45 - 1$	+
z	$1{,}452\,23 - 2$	$= 0{,}452\,23 - 1$
$z = \lg x = 0{,}283\,29$		

---

[1] modulus (lat.) Maß, Maßstab

5.3. Natürliche Logarithmen

Für x selbst findet man aus der Tafel der dekadischen Logarithmen den Wert $x = 1,920$.

Ein anderer gangbarer Weg wäre, aus der Tafel der natürlichen Logarithmen den Numerus x zu bestimmen und danach $\lg x$ mit Hilfe der Tafel.

Für unser Beispiel führt dieser Weg zu dem gleichen Ergebnis; der gegebene Logarithmus $\ln x = 0,6523$ ist in der Tafel als Tafelwert zu finden, es ist daher keine Interpolation nötig. Im allgemeinen wird dies nicht der Fall sein, darum ist es ratsam, den ersten Weg einzuschlagen.

Die Umwandlung von dekadischen in natürliche Logarithmen erfolgt in entsprechender Weise. Die Berechnung wird nach Formel (77) $\ln x = \dfrac{1}{M_{10}} \lg x$ durchgeführt. Für die logarithmische Rechnung benötigt man hierzu

$$\lg \frac{1}{M_{10}} = \lg \ln 10 = \lg \frac{1}{\lg e} = 0,362\,22$$

BEISPIEL 2

$\lg x = 0,770\,85 - 1 \qquad \ln x = ?$

Lösung: $\quad \ln x = \dfrac{1}{M_{10}} \lg x = 2,3026 \cdot (0,770\,85 - 1)$

$\qquad\qquad\qquad = 2,3026 \cdot (-0,229\,15)$

$- \ln x = 2,3026 \cdot 0,229\,15$

Setze $z = -\ln x$, dann gilt:

$\qquad \lg z = \lg \dfrac{1}{M_{10}} + \lg 0,229\,15$

$\qquad\qquad = 0,362\,22 + 0,360\,12 - 1 \qquad = 0,722\,34 - 1$

$\qquad z = 0,5276$

$\qquad \ln x = - z = - 0,5276$

Ein zweiter Weg: Man bestimmt aus $\lg x = 0,770\,85 - 1$ zunächst den Numerus x und dann mit der Tafel für natürliche Logarithmen den gesuchten Wert $\ln x$. Man erhält für x den Wert $0,590$ und findet $\ln 0,59 = -0,5276$ aus der Tafel, also den gleichen Wert wie oben. Das Aufsuchen des natürlichen Logarithmus in der Tafel erläutern folgende Beispiele.

BEISPIEL 3

a) $\ln \quad 0,87 = - 0,1393$

(Beachte: Im natürlichen System gibt es keine negativen Kennziffern!)

b) $\ln \quad 8,7 = 2,1633$
c) $\ln \quad 87 \;\,= 4,4659 \qquad$ Aus der Tafel unmittelbar abzulesen
d) $\ln \quad 870 = 6,768\,49$

e) $\ln 8700$ (umformen!) $= \ln (870 \cdot 10) = \ln 870 + \ln 10 =$
$\qquad = 6,768\,49 + 2,302\,59 = 9,071\,08$

Bemerkung: Die Ablesewerte unter b), c) und d) können auch aus $\ln 0{,}87 = -0{,}1393$ durch Addition mit ln 10 bzw. $2 \cdot \ln 10$ und $3 \cdot \ln 10$ gewonnen werden.

f) $\ln 0{,}05998 = \ln 598 - \ln 10^4 = 6{,}39359 - 9{,}21034 = -2{,}81675$

Wichtige *Formeln* sind: (Vgl. hierzu auch Bild 29.)

$$\ln e = 1; \quad \text{denn } e^1 = e \approx 2{,}7 \quad \text{entspricht } \lg 10 = 1$$
$$\ln 1 = 0; \quad \quad\quad\; e^0 = 1 \quad\quad\quad\quad\quad\;\; \text{,,} \quad\quad\;\; \lg 1 = 0$$
$$\ln \frac{1}{e} = -1; \quad\;\; \text{,,} \quad e^{-1} = \frac{1}{e} \approx 0{,}37 \quad \text{,,} \quad \lg \frac{1}{10} = -1$$
$$e^{\ln x} = x \quad\quad\quad\quad\quad\quad\quad\quad\quad\quad\quad\quad\quad \text{,,} \quad 10^{\lg x} = x$$

Ist $\ln a = b$, dann ist $e^b = a$.

Diese letzte Beziehung ist – neben dem in Beispiel 1 gezeigten Weg – geeignet, den Numerus zu einem gegebenen natürlichen Logarithmus zu bestimmen.

BEISPIEL 4

(Bestimmung des Numerus x aus $\ln x$)

a) $\ln x = 2$, dann ist $x = e^2 = 7{,}389$

b) $\ln x = 2{,}54$, dann ist $x = e^{2,54} = 12{,}68$

c) $\ln x = -1{,}41$, dann ist $x = e^{-1,41} = 0{,}2441$

Beachte: Ist $\ln x$ negativ, dann ist der Numerus x ein echter Bruch!

AUFGABEN

156. Bestimme mit Hilfe der Tafel:

    a) $\ln 1{,}88$ b) $\ln 576$ c) $\ln 57{,}6$ d) $\ln 2340$ e) $\ln 0{,}47$

    f) $\ln 0{,}0976$

157. Bestimme $\lg x$ und x, wenn

    a) $\ln x = 0{,}8766$ b) $\ln x = -1{,}58$ c) $\ln x = -0{,}9835$

158. Berechne $\ln x$, wenn

    a) $\lg x = 3{,}76490$ b) $\lg x = 0{,}41330$

159. Bestimme mit Hilfe der Tafel x, wenn

    a) $\ln x = 3$ (also $x = e^3$)   b) $\ln x = -1{,}5$ c) $\ln x = 0{,}5$

    d) $\ln x = 1{,}026$ e) $\ln x = -0{,}8$ f) $\ln x = 2{,}46$

5.4. Logarithmische Skalen

Eine Skale oder Leiter erhält man, indem man auf einer Geraden durch kurze Querstriche Punkte markiert und diese mit einer Folge von zunehmenden Zahlen beziffert. Bei den Maßstäben, wie wir sie auf technischen Zeichnungen oder Landkarten finden, sind längs einer Geraden Zahlen, z. B. 10, 20, 30, ..., 100 km, angeschrieben, die den Entfernungen der zugehörigen Skalenstriche von einem festen Anfangspunkt proportional sind. Das gleiche gilt für eine Thermometerskale. Auch hier sind die Temperaturzahlen (Gradzahlen) proportional der Entfernung der zugehörigen Skalenstriche von einem Anfangspunkt (Nullpunkt); infolgedessen sind benachbarte Skalenstriche immer gleich weit voneinander entfernt. Man bezeichnet eine solche Skale (Gleichschrittskale) auch als *gleichförmige* oder *reguläre Leiter*.

Bei einer Skale kann man die Abstände der Skalenstriche von dem festen Anfangspunkt A als eine Funktion der zugehörigen Skalenzahl x auffassen. Der regulären Skale liegt die lineare Funktion $y = mx$ zugrunde. Will man eine solche Skale herstellen, dann muß man noch die Maßeinheit λ wissen, in der die Funktionswerte $y = f(x)$ auf der Leitergeraden aufgetragen werden sollen. Der Abstand $\overline{AM}$ eines Skalenstriches M vom Anfangspunkt A ist dann durch $\overline{AM} = \lambda \cdot f(x)$ gegeben. Hierin bedeutet λ die Maßeinheit. Sie kann z. B. bei einem Thermometer 1 mm, bei einem anderen 2 mm betragen. Im ersten Fall ist für den Bereich $x = 0\,°C$ bis $x = 100\,°C$ die Länge $\overline{AM} = 100$ mm, im zweiten Fall ist $\overline{AM} = 200$ mm. Es sei besonders darauf hingewiesen, daß nicht die y-Werte, sondern die x-Werte zur Bezifferung in die Skale eingetragen werden.

Man bezeichnet eine solche Skale oder Leiter, deren Aufbau sich auf eine Funktion gründet, allgemein als eine *Funktionsleiter*. Hiervon ist die reguläre Leiter nur ein Sonderfall.

Der *logarithmischen Skale* (Leiter) liegt die Funktion $y = \lg x$ zugrunde; sie ist demnach auch eine Funktionsleiter.

Die Längen, die von einem festen Anfangspunkt A aus aufgetragen werden, stellen die Werte der Funktion $y = \lambda \cdot \lg x$ dar.

Wir wählen die Maßeinheit $\lambda = 5$ cm $= 50$ mm und stellen folgende Tabelle für den Bereich $x = 1$ bis $x = 10$ auf:

x	1	2	3	4	5	6	7	8	9	10
$\lg x$	0	0,301	0,477	0,602	0,699	0,778	0,845	0,903	0,954	1,000
$\overline{AM} = y$ (in cm)	0	1,505	2,385	3,01	3,495	3,89	4,225	4,515	4,77	5

Zeichnet man nun eine Gerade und trägt auf dieser von einem festen Punkt A aus die Werte y auf, dann erhält man eine logarithmische Skale. Sie ist in Bild 40 dargestellt. An jeden Teilstrich ist der Wert von x geschrieben.

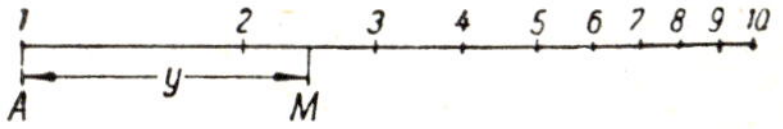

Bild 40

Jede angeschriebene Zahl x steht also am Ende einer Strecke $\overline{(AM)}$, deren Länge proportional ist dem Logarithmus dieser Zahl. Die Strecke für $x = 1$ beträgt also 0 cm, denn $\lg 1 = 0$; der Anfangspunkt A fällt darum mit dem Punkt $x = 1$ zusammen. Die Strecke für $x = 2$ ist gleich $\lg 2$ ($= 0,301$) mal Maßeinheit in cm usw.

5.4.1. Der Rechenstab

Die in Bild 40 gegebene Skale kann bereits zum Lösen einiger Multiplikations- und Divisionsaufgaben verwendet werden; sie stellt die einfachste Form eines Rechenstabes dar.

5. Logarithmen

Die Multiplikation wird in der logarithmischen Rechnung zu einer Addition. Beim Rechnen mit dem Stab bedeutet die Addition ein Aneinandersetzen von Längen. Das ist mit Hilfe eines Zirkels ohne weiteres möglich.

Die Aufgabe $2 \cdot 3 = 6$ löst man, indem man die zum Faktor 2 gehörende Strecke mit dem Zirkel abgreift, an die zum Faktor 3 gehörende Strecke ansetzt und das Ergebnis (6) abliest.

Auf diese Art können mit derselben Skale noch die Multiplikationsaufgaben $2 \cdot 2$, $2 \cdot 4, 2 \cdot 5, 3 \cdot 3$ gelöst werden.

Auch Divisionsaufgaben wie $8 : 2$, $6 : 3$ und einige andere (welche?) können mit unserem einfachen Rechenstab gelöst werden. Die Division wird in der logarithmischen Rechnung zur Subtraktion; das bedeutet für das Stabrechnen ein Vermindern einer Strecke um eine andere. Diese zweite Strecke entspricht immer dem Divisor und ist in den Zirkel zu nehmen, um sie auf der ersten Strecke vom rechten Endpunkt aus nach links abzutragen.

Bei der Herstellung der logarithmischen Skale (Bild 40) wurden die Werte einer Logarithmentafel entnommen und danach die Abstände der einzelnen Punkte vom Anfangspunkt A errechnet. Es ist nun leicht möglich, mit dem Zirkel die Lage der Skalenstriche nachzuprüfen.

Nach dem Logarithmengesetz $\lg ab = \lg a + \lg b$ muß gelten:

$\lg\ 4 = \lg 2 + \lg 2$
$\lg\ 6 = \lg 3 + \lg 2$ Hieraus folgt: Die Strecke $A \ldots 2$ mußt gleich
$\lg\ 8 = \lg 4 + \lg 2$ sein den Strecken $2\ldots4, 3\ldots6, 4\ldots8$ und $5\ldots10$.
$\lg 10 = \lg 5 + \lg 2$
$\lg\ 9 = \lg 3 + \lg 3$ Die Strecke $A \ldots 3$ muß gleich sein den Strecken
$\lg\ 6 = \lg 2 + \lg 3$ $3\ldots9$ und $2\ldots6$.

Um unser Stabmodell (Bild 40) gebrauchsfähiger zu machen, muß natürlich eine weitere Unterteilung der Skale erfolgen. Durch Verwendung von Tafelwerten ist das ohne weiteres möglich. Es müssen dann z. B. die Werte für $\lg 1,1$, $\lg 1,2$, $\lg 1,3$ usw. mit der Maßeinheit λ (in unserem Falle 5 cm) multipliziert werden. Jede so errechnete Strecke ist vom Anfangspunkt A aus abzutragen. Auf keinen Fall kann die Verfeinerung der Skale etwa durch Teilung der Strecken $1\ldots2$, $2\ldots3$ usw. in 10 gleiche Teile erfolgen. Dagegen ist noch ein zeichnerischer Weg möglich, bei dem man mit dem Zirkel neue Skalenstriche gewinnt.

Auf Grund des Logarithmengesetzes $\lg a - \lg b = \lg \dfrac{a}{b}$ müssen unter Verwendung der vorhandenen Skalenwerte folgende Beziehungen gelten:

$\lg 3 - \lg 2 = \lg 1,5$ Hiernach erhält man die Punkte $1,5; 2,5; 3,5;$
$\lg 5 - \lg 2 = \lg 2,5$ $4,5$ durch Abtragen der Strecke $A \ldots 2$ von den
$\lg 7 - \lg 2 = \lg 3,5$ Punkten $x = 3, 5, 7, 9$ aus nach links.
$\lg 9 - \lg 2 = \lg 4,5$

Auf der gleichen Überlegung fußt die Konstruktion weiterer Punkte. (Wie findet man die Teilstriche für $0,5$; $0,25$; $0,75$; $7,5$ und 12?)

5.4.1. Der Rechenstab

Schon bei unserem Stabmodell erkennt man, daß die Skalenstriche nach rechts hin immer mehr zusammengedrängt werden. Infolgedessen wird die Verfeinerung der Skala zwischen den Punkten 1 und 2 weiter getrieben werden können als zwischen den Punkten 2 und 3 oder 6 und 7. (Vgl. hierzu die Skalen auf einem käuflichen Rechenstab!) Die absolute Ablesegenauigkeit ist darum von Aufgabe zu Aufgabe verschieden.

Den beschriebenen einfachen Rechenstab kann man noch praktischer gestalten, indem man 2 gleiche logarithmische Skalen herstellt, die auf 2 Streifen (Lineale) gezeichnet und somit gegeneinander verschiebbar sind. Auf diese Weise erhält man das einfachste Modell eines Rechenstabes. In Bild 41 ist die Einstellung so, daß man die Ergebnisse für folgende Aufgaben ohne weiteres ablesen kann: $2 \cdot 2, 2 \cdot 3, 2 \cdot 4, 2 \cdot 5$ (Multiplikation) und $10:5, 8:4, 6:3, 4:2$ (Division).

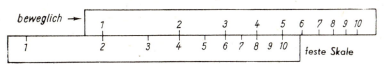

Bild 41

Offensichtlich können bei unveränderter Einstellung auch Aufgaben wie $0{,}2 \cdot 3$ $20 \cdot 400$, $0{,}02 \cdot 0{,}05$ oder $800:40$, $0{,}6:0{,}03$ gelöst werden, da die Stellung des Kommas durch Schätzen bestimmt werden kann.

Mit unserem Modell ist es nicht möglich, die Aufgaben $2 \cdot 6$, $2 \cdot 7$ u. ä. zu lösen. Man müßte die feste Skale über den Wert $x = 10$ hinaus verlängern. Wir setzen darum rechts eine Skale für den Bereich $x = 10$ bis $x = 100$ an. Die Abstände der Skalenstriche vom Anfangspunkt $A = 1$ sind wiederum gegeben durch die Funktion.

$$\overline{AM} = \lambda \cdot \lg x$$

Wenn man hierin $x = 100$ setzt, so ergibt sich eine Gesamtlänge der Skale $\overline{AM_2} =$ $= 10 \text{ cm} \cdot \lg 100 = 20 \text{ cm}$, also das Doppelte der ursprünglichen Länge. Die Marken für $x = 20, 30, 40$ usw. ergeben sich aus den Gleichungen:

$$\lg 20 = \lg 10 + \lg 2$$
$$\lg 30 = \lg 10 + \lg 3$$
$$\vdots \qquad \vdots \qquad \vdots$$
$$\lg 90 = \lg 10 + \lg 9$$

Das bedeutet geometrisch, daß die Skale, die für den Bereich $10 \leq x \leq 100$ anzufügen ist, kongruent ist der Skale für den Bereich $1 \leq x \leq 10$.

Die Erweiterung der logarithmischen Skale besteht also einfach in einem Ansetzen der vorhandenen Leiter. Dieses Verfahren läßt sich beliebig fortsetzen und auch nach links ausführen. Im letzteren Fall erhält man die Leiter für $0{,}1 \leq x \leq 1$.

Die handelsüblichen Rechenstäbe weichen von unserem Modell in verschiedener Hinsicht ab. Sie besitzen vier Skalen, die durch weitgehende Unterteilung verfeinert sind. Davon sind

Bild 42

2 Skalen (A und D) fest (Bild 42), d. h. mit dem sogenannten Stabkörper verbunden, während das verschiebbare Lineal, Zunge genannt, die gleichen Skalen trägt. Die Skalen A und B sind für den Bereich $1 \leq x \leq 100$ und die Skalen C und D für den Bereich $1 \leq x \leq 10$. Die Länge jeder Skale beträgt 25 cm. Hieraus ist ersichtlich, daß die unteren Skalen C und D feiner unterteilt werden können und darum eine größere Ablesegenauigkeit ermöglichen. Man arbeitet daher meist mit diesen Skalen; sie werden als „Grundskalen" bezeichnet.

Mit den Skalen A und B kann man ebenfalls multiplizieren und dividieren; die Handhabung ist die gleiche wie bei den Grundskalen. Die beiden oberen Skalen werden zuweilen auch „quadratische" Skalen genannt, da über D 10 A 100, über C 3 B 9 usw. steht. Dies ergibt sich daraus, daß die Maßeinheit für die unteren Skalen doppelt so groß ist wie die für die oberen Skalen. Die zugrunde liegende Funktionsgleichung für die oberen Skalen sei $y = \lambda \cdot \lg x$, dann lautet die Funktionsgleichung für die unteren Skalen $y = 2 \cdot \lambda \cdot \lg z$. Für gleiche Abstände ($y$) vom Anfangspunkt gilt dann $\lg x = 2 \cdot \lg z = \lg z^2$; also ist $x = z^2$. Hierbei ist x die Zahl auf A (B) und z die Zahl auf D (C).

Der mit einem Strich versehene Läufer ermöglicht bequemes Ablesen des *Quadrates* auf A (B) zu einer gegebenen Basis, die auf D (C) einzustellen ist.

BEISPIELE

(Quadrat einer Zahl)

1. $0{,}286^2 = x$

    Überschlag: $0{,}3^2 = 0{,}09$

    Lösung: Läuferstrich über D 2—8—6, Ablesung auf A gibt die Ziffernfolge 8—1—8, Ergebnis: $\underline{\underline{x = 0{,}0818}}$

2. $1463^2 = x$

    Überschlag: $(10^3)^2 = 10^6$

    Lösung: Läuferstrich über D 1—4—6—3, Ablesung auf A gibt die Ziffernfolge 2—1—4, Ergebnis: $\underline{\underline{x = 2{,}14 \cdot 10^6}}$

Umgekehrt kann man zu einer gegebenen Zahl die *Quadratwurzel* finden. Wie beim Aufsuchen der Wurzeln in Tafeln ist auch hier die Stellung des Kommas zu beachten. Zum Beispiel ist

$\sqrt{3}$, $\sqrt{300}$, $\sqrt{0{,}03}$ auf der linken Hälfte (Läuferstrich über A 3),

$\sqrt{30}$, $\sqrt{0{,}3}$, $\sqrt{0{,}003}$ auf der rechten Hälfte (Läuferstrich über A 30)

einzustellen.

Ob links oder rechts eingestellt und abgelesen wird, ist leicht durch folgendes Verfahren zu entscheiden.

Man teilt den Radikanden vom Komma aus nach rechts und links in Gruppen von je 2 Ziffern und schreibt:

5.4.1. Der Rechenstab

$\sqrt{346{,}5} = \sqrt{3\ 46{,}50}$	3 ist kleiner als 10	Einstellung links
$\sqrt{0{,}126} = \sqrt{0{,}12\ 60}$	12 ist größer als 10	Einstellung rechts
$\sqrt{1043} = \sqrt{10\ 43}$		Einstellung rechts

Merke: Ist die am weitesten links stehende Gruppe gleich oder größer als 10, dann erfolgt die Einstellung rechts.

BEISPIELE

(Quadratwurzel einer Zahl)

1. $\sqrt{436} = \sqrt{4\ 36} \approx 20$ Einstellung links $x = 20{,}9$
2. $\sqrt{3768} = \sqrt{37\ 68} \approx 60$ „ rechts $x = 61{,}4$
3. $\sqrt{0{,}0864} = \sqrt{0{,}08\ 64} \approx 0{,}3$ „ links $x = 0{,}294$
4. $\sqrt{0{,}00503} = \sqrt{0{,}00\ 50\ 30} \approx 0{,}07$ „ rechts $x = 0{,}0709$
5. $\sqrt{1048{,}3} = \sqrt{10\ 48{,}30} \approx 30$ „ rechts $x = 32{,}4$

AUFGABEN

160. Bestimme mit dem Rechenstab das Quadrat der folgenden Zahlen:
    a) 38   2,7   324   b) 1,028   6 250   0,049 2

161. Bestimme mit dem Rechenstab die folgenden Quadratwurzeln:
    a) $\sqrt{3}$ $\sqrt{5}$ $\sqrt{30}$ $\sqrt{50}$ b) $\sqrt{0{,}7}$ $\sqrt{0{,}07}$ $\sqrt{1{,}8}$ $\sqrt{0{,}18}$
    c) $\sqrt{346}$ $\sqrt{34{,}6}$ $\sqrt{267}$ $\sqrt{2670}$ d) $\sqrt{7548}$ $\sqrt{46{,}23}$ $\sqrt{0{,}0524}$

Die Handhabung des Rechenstabes bei der Multiplikation und der Division sollen einige Beispiele zeigen. Grundsätzlich ist bei jeder Aufgabe zuerst ein Überschlag zu machen, um den Stellenwert zu bestimmen; denn die Ablesung am Rechenstab gibt nur die Ziffernfolge.

Die *Multiplikation* bedeutet auf dem Rechenstab ein *Addieren*, d. h. ein Aneinandersetzen zweier Skalenstrecken.

BEISPIEL

$2{,}8 \cdot 3{,}5 = x$

Überschlag: $3 \cdot 4 = 12$, d. h. $x < 12$; $2 \cdot 3 = 6$, d. h. $x > 6$.

(Der Überschlag kann sehr grob sein, die Faktoren können auf eine Ziffer gerundet werden.)

Einstellung nach Bild 43:

Man stellt C 1 über D 2—8, rückt den Läuferstrich auf C 3—5 und liest darunter auf D das Ergebnis ab. Der Überschlag gibt die Kommastellung. Ergebnis: $x = 9{,}8$.
(Die Rechnung beginnt und endigt auf der festen Skale!)

5. Logarithmen

Die *Division* bedeutet auf dem Rechenstab ein *Subtrahieren*, d. h. ein Vermindern einer Skalenstrecke um eine andere.

Bild 43   Bild 44

BEISPIELE

1. $7,6 : 4,8 = x$
   Überschlag: $8 : 5 = 1,6$.
   Einstellung nach Bild 44:
   Man stellt C 4—8 über D 7—6 mit Läuferstrich ein, rückt Läuferstrich auf C 1 und liest auf D die Ziffernfolge 1—5—8—3 ab.
   Ergebnis: $\underline{\underline{x = 1,583}}$.

2. $21 : 2,5 = x$.
   Überschlag: $20 : 2 = 10$.
   Lösung mit den oberen Skalen:
   Läuferstrich auf A 2—1, darunter B 2—5. Da B 1 außerhalb liegt, liest man über B 10 (das bedeutet eine Multiplikation mit 10!) auf A ab. Ergebnis: $\underline{\underline{x = 8,4}}$ (auch über B 100 ablesbar).
   Lösung mit den unteren Skalen:
   Läuferstrich auf D 2—1, darüber C 2—5. Da C 1 außerhalb liegt, liest man unter C 10 auf D ab. Ergebnis: $\underline{\underline{x = 8,4}}$.

Bei der Multiplikation mit den unteren Skalen kann das Ergebnis auch außerhalb liegen. Man teilt dann erst durch 10, was ja keinen Einfluß auf die Ziffernfolge hat.

3. (Multiplikation mit Umstellung der Zunge)
   $0,32 \cdot 4,5 = x$.
   Überschlag: $0,3 \cdot 5 = 1,5$.
   Lösung: Man stellt C 10 über D 3—2, rückt den Läuferstrich auf C 4—5 und liest auf D das Ergebnis ab; $\underline{\underline{x = 1,44}}$.

Hinweis: Bei einfachen Multiplikationsaufgaben von der Form $ab = x$ ist oft schon beim Überschlag zu erkennen, ob eine Division durch 10 (d. h. eine Einstellung von C 10 über Da statt C 1 über Da) nötig ist. Es ist bestimmt der Fall, wenn das Produkt der beiden ersten Ziffern 10 oder mehr als 10 ergibt, z. B. bei den Aufgaben:

$$2,063 \cdot 5,04; \quad 0,0098 \cdot 2,05; \quad 628 \cdot 0,0028$$

Aber auch bei $1,84 \cdot 0,56$ und $2,24 \cdot 45,4$ ist die Zunge zuerst nach links zu schieben, was bei diesen Aufgaben schwer im voraus zu erkennen ist.

5.4.1. Der Rechenstab

Regeln

a) für Multiplikation $a \cdot b$

Stelle Zungenanfang (B 1) unter Aa und lies über Bb ab, oder
stelle Zungenanfang (C 1) über Da und lies unter Cb ab, nötigenfalls Zungenende (C 10) über Da und lies unter Cb ab!

b) für Division $a : b$

Stelle Bb unter Aa und lies über Zungenanfang (B1) oder Zungenende (B 100) – oder auch über B 10 – ab, oder
stelle Cb über Da und lies unter Zungenanfang (C 1) oder Zungenende (C 10) ab!

c) Die Rechnung beginnt und endet immer auf einer festen Skale.

Bei vereinigter *Multiplikation und Division* führt man die Division immer zuerst aus. Man spart dadurch häufig eine oder mehrere Einstellungen. So genügt bei Aufgaben von der Form $\dfrac{a \cdot b}{c}$ auf der oberen Skale stets eine einzige Einstellung.

BEISPIELE

$\left(\text{Aufgaben von der Form } \dfrac{a \cdot b}{c}\right)$

1. $\dfrac{14 \cdot 3}{3,5} = x$

Überschlag: $\dfrac{14 \cdot 3}{3} = 14; \quad x < 14$

Lösung: Läuferstrich auf A 1—4, darunter B 3—5 (Wähle von den 4 verschiedenen Möglichkeiten: linke Skalenhälfte von B unter rechte Skalenhälfte von A!).

Man liest über B 3 das Ergebnis auf A ab; $\underline{x = 12{,}0}$.

Lösung mit den unteren Skalen C und D:

Läuferstrich auf D 1—4, darüber C 3—5, Ergebnis unter C 3 auf D ist ebenfalls $\underline{x = 12{,}0}$.

Zuweilen kann beim Arbeiten mit den unteren Skalen eine zweite Verschiebung der Zunge nötig sein, wie in

2. $\dfrac{76 \cdot 5{,}8}{1{,}1} = x$

Überschlag: $70 \cdot 6 = 420$.

Lösung: Läuferstrich auf D 7—6, darüber C 1—1.

Jetzt liegt das Ergebnis unter C 5—8 außerhalb. Das Zwischenergebnis (Division) liegt unter C 1 auf D. Man stellt Läuferstrich über C 1, verschiebt Zunge nach links bis C 10 unter Läuferstrich (das bedeutet eine Division durch 10). Die Ablesung des Ergebnisses unter C 5—8 auf D ist jetzt möglich; $\underline{x = 400}$.

5. Logarithmen

Hinweis: Teilt man durch 2,2 statt 1,1, dann ist eine genauere Ablesung möglich. Man liest bequem die Ziffernfolge 2—0—0—3 ab; folglich ist $\frac{x}{2} = 200{,}3$ und $\underline{\underline{x = 400{,}6}}$ (genauer $x = 400{,}73$).

Schreibweise des Ergebnisses

Wie die Beispiele schon erkennen lassen, sind beim Rechnen mit dem Rechenstab höchstens die ersten 4 Ziffern der Ergebniszahl bestimmbar, wobei die letzte Ziffer mit einem Ablesefehler behaftet ist.

Nimmt man an, daß auf dem Rechenstab 0,1 mm noch zu schätzen ist, dann entspricht das einem Ablesefehler von etwa 0,2% (vgl. Abschnitt 8.: Fehlerrechnung!). Das bedeutet, daß z. B. der Ablesewert 2346 in der letzten Stelle um $\pm$ 5 schwankt. Man muß also allgemein die letzte Ziffer beim Stabergebnis als unsicher betrachten. Nun tritt aber oft der Fall ein, daß beim Setzen des Kommas die letzte Ziffer durch Anhängen von Nullen weiter nach links rückt, z. B. 234600, wodurch eine erhöhte Genauigkeit vorgetäuscht wird. Es ist jedoch leicht möglich, durch eine andere Schreibweise die Genauigkeit der Ergebnisse (allgemein aller Zahlenangaben) zum Ausdruck zu bringen. Das ist die Schreibweise mit „abgetrennten Zehnerpotenzen". Man schreibt z. B. vereinbarungsgemäß

$2{,}346 \cdot 10^6$ statt $2\,346\,000$, wenn die Tausender (6) unsicher,

$5{,}62 \ \cdot 10^4$ statt $\ \ \ 56\,200$, wenn die Hunderter (2) unsicher, aber

$5{,}620 \cdot 10^4$ statt $\ \ \ 56\,200$, wenn die Zehner (0) unsicher, die Hunderter (2) aber sicher sind.

Die Schreibweise $5{,}620 \cdot 10^4$ bedeutet gegenüber $5{,}62 \cdot 10^4$ eine zehnfache Genauigkeit.

Ändern wir das letzte Beispiel ab und schreiben $\frac{76 \cdot 580}{1{,}1} = x$, so bleibt im Ergebnis die Ziffernfolge 4—0—0—6. Der Ergebniswert ist aber 100mal größer geworden; es ist $x = 4{,}006 \cdot 10^4$, aber nicht 40060 zu schreiben.

AUFGABEN

162. a) $5{,}3 \cdot 4{,}9$ b) $7{,}6 \cdot 4{,}5$ c) $4{,}2 \cdot \pi$ d) $0{,}095 \cdot 1{,}45$
e) $1{,}6 \cdot 0{,}38$ f) $258 \cdot 27{,}4$ g) $26\,000 \cdot 74{,}5$ h) $862 \cdot 415$
i) $0{,}069 \cdot 304$ k) $23 \cdot 4{,}6^2$ l) $1{,}5 \cdot 0{,}48^2$ m) $2{,}29^2 \cdot \pi$
n) $2{,}5 \cdot \sqrt{5}$ o) $0{,}6 \cdot \sqrt{7}$ p) $2{,}6 \cdot \sqrt{32}$ q) $\sqrt{7{,}2} \cdot \sqrt{5{,}38}$

163. a) $44 : 8$ b) $7 : 6$ c) $45 : 12$ d) $6{,}4 : 1{,}8$
e) $42{,}3 : 0{,}62$ f) $27{,}3 : 1{,}64$ g) $0{,}00145 : 0{,}37$ h) $98 : 102$
i) $6\,300 : 2{,}48$ k) $36^2 : 7{,}8$ l) $6{,}9 : 3{,}2^2$ m) $\sqrt{65{,}8} : 2{,}5$
n) $71 : \sqrt{3{,}5}$ o) $\sqrt{69} : \sqrt{2{,}9}$

5.4.1. Der Rechenstab

164. a) $\dfrac{57 \cdot 3{,}6}{0{,}21}$ b) $\dfrac{163 \cdot 8{,}7}{12{,}5}$ c) $\dfrac{41{,}2 \cdot 0{,}62}{3{,}4}$ d) $\dfrac{28 \cdot 52}{0{,}295}$

e) $\dfrac{34 \cdot 2{,}6}{18}$ f) $\dfrac{5{,}6 \cdot 3{,}4}{7{,}2 \cdot 1{,}6}$ g) $\dfrac{\pi \cdot 6{,}7^2}{3}$ h) $\dfrac{92 \cdot 3{,}8}{8{,}5^2}$

Weitere Skalen des Rechenstabs

Auf den meisten Rechenstäben befindet sich über der quadratischen Skale A noch eine *Kubikskale* K, die von 1 bis 1000 beziffert ist. Auf ihr kann man die 3. Potenz a^3 ablesen, wenn man den Läuferstrich auf Da einstellt. Man findet z. B. $8^3 = 512$ oder $0{,}125^3 = 0{,}001\,953$

[Komma aus Überschlag: $(10^{-1})^3 = 10^{-3}$]

Die *dritte Wurzel* $\sqrt[3]{a}$ aus den Zahlen 1...1000 ist nach Einstellung des Läuferstriches auf Ka ohne weiteres auf Skale D ablesbar. Die Einstellung erfolgt links, in der Mitte oder rechts, je nachdem der Radikand a vor dem Komma 1, 2 oder 3 Stellen hat.

Einstellung: links   Mitte   rechts

$\sqrt[3]{8} = 2{,}00$ $\sqrt[3]{80} = 4{,}31$ $\sqrt[3]{800} = 9{,}28$

$\sqrt[3]{8{,}2} = 2{,}02$ $\sqrt[3]{82} = 4{,}34$ $\sqrt[3]{820} = 9{,}36$

$\sqrt[3]{8{,}24} = 2{,}02$ $\sqrt[3]{82{,}4} = 4{,}35$ $\sqrt[3]{824} = 9{,}38$

Für Radikanden, die größer als 1000 oder kleiner als 1 sind, ist zuerst das Einstelldrittel zu bestimmen. Zu diesem Zweck wird der Radikand vom Komma aus nach links und rechts in Gruppen von je 3 Ziffern eingeteilt. Maßgebend für die Einstellung ist – wie bei der Quadratwurzel – die Anzahl der Ziffern in der am weitesten links stehenden Gruppe. Näheres erläutern die folgenden Beispiele.

BEISPIELE

                                                   Einstellung

1. $\sqrt[3]{0{,}0025} = \sqrt[3]{0{,}002\,500} = 0{,}136$ links

   $\sqrt[3]{0{,}025} = \sqrt[3]{0{,}025} = 0{,}292$ Mitte

   $\sqrt[3]{0{,}25} = \sqrt[3]{0{,}250} = 0{,}630$ rechts

2. $\sqrt[3]{2\,500} = \sqrt[3]{2\,500} = 13{,}6$ links

   $\sqrt[3]{25\,000} = \sqrt[3]{25\,000} = 29{,}2$ Mitte

   $\sqrt[3]{250\,000} = \sqrt[3]{250\,000} = 63{,}0$ rechts

AUFGABEN

165. a) $\sqrt[3]{3}$ b) $\sqrt[3]{42}$ c) $\sqrt[3]{0{,}263}$ d) $\sqrt[3]{2{,}7}$ e) $\sqrt[3]{2\,700}$

f) $\sqrt[3]{8{,}5}$ g) $\sqrt[3]{0{,}85}$ h) $\sqrt[3]{850}$ i) $\sqrt[3]{24{,}3}$ k) $0{,}6 \cdot \sqrt[3]{256}$

l) $\sqrt[3]{\dfrac{18{,}5}{2{,}7}}$ m) $\sqrt[3]{\dfrac{5{,}7}{0{,}2}}$

Die Reziprokenskale

Meist befindet sich in der Mitte der Zunge noch eine weitere Skale, die mit R bezeichnet wird. Ihre Bezifferung verläuft von rechts nach links. Sie gibt **zu** jedem Wert der Skale C (D) den reziproken Wert (Kehrwert) und heißt daher *Reziprokenskale* oder *Kehrwertskale*. Ihre Anwendung wird an einigen Beispielen erläutert.

BEISPIEL

Wie heißt der Kehrwert von 8?

Lösung: Läuferstrich auf C 8, darüber steht R 1—2—5 oder Läuferstrich auf R 8, darunter steht C 1—2—5.

Ergebnis: $\dfrac{1}{8} = \underline{0{,}125}$.

Mit Hilfe der Kehrwertskale R kann man die Multiplikation zweier Zahlen in eine Division verwandeln: $a \cdot b = a : \dfrac{1}{b}$.

Macht sich bei der Multiplikation mit den Skalen C und D eine Umstellung der Zunge nötig, dann wird eine solche bei Verwendung der Skale R umgangen. Das Ergebnis wird unter R 1 oder R 10 auf D abgelesen.

BEISPIELE

1. $7{,}5 \cdot 36{,}4 = x$

   Überschlag: $7 \cdot 40 = 280$.

   Lösung: $7{,}5 : \dfrac{1}{36{,}4} = x$

   Läuferstrich auf D 7—5, darüber R 3—6—4, Ablesung unter R 10 auf D ergibt Ziffernfolge 2—7—3. Ergebnis: $\underline{\underline{273}}$.

2. (Multiplikation von 3 Faktoren)

   $45 \cdot 7{,}2 \cdot 8{,}4 = x$

   Überschlag: $50 \cdot 7 \cdot 8 = 2800$.

   Lösung: $x = 45 \cdot 8{,}4 : \dfrac{1}{7{,}2}$

   Läuferstrich auf D 4—5, darüber R 7—2, Ablesung unter C 8—4 auf D ergibt Ziffernfolge 2—7—2—0. Ergebnis: $\underline{\underline{2720}}$.

5.4.1. Der Rechenstab

3. $\left(\text{Aufgabe von der Form } \dfrac{a}{c \cdot b}\right)$

$\dfrac{340}{0{,}72 \cdot 0{,}84} = x$.

Überschlag: $\dfrac{3 \cdot 10^2}{7 \cdot 8 \cdot 10^{-2}} \approx \dfrac{3}{50} \cdot 10^4 = 6 \cdot 10^2 = 600$

Lösung: $\dfrac{340}{0{,}72} \cdot \dfrac{1}{0{,}84} = x$

Läuferstrich auf D 3—4, darüber C 7—2, Ablesung unter R 8—4 auf D ergibt Ziffernfolge 5—6—2. Ergebnis: 562.

AUFGABEN

(Anwendung der Reziprokenskale R)

166. a) $4{,}2 \cdot 3{,}6$ b) $0{,}87 \cdot 2{,}6$ c) $37 \cdot 5{,}6 \cdot 3{,}8$

     d) $0{,}68 \cdot 2{,}05 \cdot 3{,}9$ e) $\dfrac{47}{3{,}6 \cdot 0{,}72}$ f) $\dfrac{0{,}635}{28{,}3 \cdot 0{,}24}$

Schwierige Rechnungen mit dem Rechenstab

BEISPIEL

$\dfrac{4270 \cdot 0{,}00268}{\sqrt{0{,}00642 \cdot 7320}} = x$

Beim Überschlag für diesen Ausdruck bedient man sich mit Vorteil der schon erklärten Schreibweise mit „abgetrennten Zehnerpotenzen". Man erhält

$\dfrac{4{,}27 \cdot 10^3 \cdot 2{,}68 \cdot 10^{-3}}{\sqrt{64{,}2 \cdot 10^{-4} \cdot 7{,}32 \cdot 10^3}} \approx \dfrac{4 \cdot 3 \cdot 10^{-3} \cdot 10^3}{8 \cdot 7 \cdot 10^{-2} \cdot 10^3} \approx \dfrac{3}{140} \approx 0{,}02$

Lösung: Man stellt B 6—4—2 (rechte Hälfte!) über D 4—2—7, bringt Läuferstrich auf C 2—6—8,
zieht C 7—3—2 unter Läuferstrich und liest unter C 10 auf D ab: 1—9—5. Auf Grund des Überschlages erhält man als Ergebnis $x = 0{,}0195$.

Bei fortlaufenden Rechnungen werden – wie im letzten Beispiel – Division und Multiplikation abwechselnd durchgeführt. Zwischenergebnisse werden nicht abgelesen, nur nötigenfalls durch den Läuferstrich festgehalten.
Es ist zweckmäßig, einfache Faktoren (z. B. $2 \cdot 0{,}36$) im voraus zu vereinigen und auch vorheriges Kürzen anzuwenden.

AUFGABEN

167. a) $\dfrac{3{,}2 \cdot 4{,}3 \cdot 5{,}7}{0{,}17 \cdot 8{,}9}$ b) $\dfrac{24 \cdot 5 \cdot 18{,}3}{9 \cdot 4}$ c) $\dfrac{0{,}52 \cdot 8 \cdot 0{,}95}{6{,}02 \cdot 2{,}7 \cdot 0{,}011}$

     d) $\dfrac{18{,}5 \cdot 1{,}7 \cdot 0{,}3}{4{,}4 \cdot 0{,}2 \cdot 1{,}49}$ e) $325 \cdot \sqrt{\dfrac{7{,}6}{53}}$ f) $\dfrac{\sqrt{0{,}65} \cdot \sqrt{2{,}4}}{3{,}2 \cdot 4{,}3}$

g) $\sqrt{\dfrac{26 \cdot 17{,}4}{93}}$ h) $\sqrt{\dfrac{9 \cdot 11{,}2}{6{,}3 \cdot 0{,}38}}$ i) $\dfrac{7{,}9}{3{,}1} \cdot \sqrt{29}$

k) $\dfrac{8{,}04^2 \cdot 0{,}95^2}{12{,}8}$ l) $\left(\dfrac{11{,}9 \cdot 0{,}89}{125 \cdot 0{,}48}\right)^2$ m) $\sqrt{6{,}28^3}$ n) $\sqrt[3]{85{,}4^2}$

[Bei m) und n) erst radizieren!]

Einige wichtige Anwendungen des Rechenstabes

Gute Dienste leistet der Rechenstab beim Aufstellen von Zahlentafeln; er spart uns hier viel Zeit und Mühe.

Jede einzelne Einstellung liefert eine ganze Reihe von Brüchen mit gleichem Wert, also eine ganze Tabelle.

Stellt man z. B. Zungenanfang C 1 über D 2, so kann man auf D das Doppelte irgendeiner Ziffer auf C ablesen. Es sei x die Ziffer auf C und y die darunterstehende auf D, dann gilt die Beziehung $y = 2x$ oder $\dfrac{x}{y} = \dfrac{1}{2}$.

Es liegt nahe, beim Aufstellen einer Wertetafel für $y = 2x$ (Gleichung einer Geraden) den Rechenstab zu verwenden und für beliebige Werte von x die y-Werte unter dem Läuferstrich abzulesen. Dieses Verfahren ist natürlich überall dort anwendbar, wo eine Beziehung von der Form $y = ax$ vorliegt.

BEISPIEL

Es gilt nach dem Ohmschen Gesetz $U = RI$.

Die Stromstärke $I = 0{,}6$ A (Ampere) möge konstant sein, dann können für verschiedene Widerstände R (20...900 Ohm) die nötigen Spannungen U (in Volt) durch eine einzige Einstellung abgelesen und tabellarisch festgehalten werden.

Einstellung: Stelle C 10 über D 6, lies die U-Werte auf D unter den R-Werten (auf C) ab. Komma schätzen! Man erhält z. B.

R	20	30	45	70	100	180...Ω
U	12	18	27	42	60	108...V

In entsprechender Weise erhält man Tabellen für

$y = a \sqrt{z}$ Man stellt C 1 über Da und liest unter Bx auf D die y-Werte ab. Anwendung: Kreisdurchmesser $d = \sqrt{\dfrac{4}{\pi}} \cdot \sqrt{A}$

$y = a \cdot x^2$ Man stellt B 1 unter Aa und liest über Cx auf A die y-Werte ab. Anwendung: Walzenvolumen $V = \dfrac{\pi}{4} h \cdot d^2$ bei konstanter Höhe h.

Auch für die Beziehung $xy = c$ kann durch einmalige Einstellung eine Tabelle gewonnen werden, wenn man die Reziprokenskale R benützt. Praktische Anwendung hierzu bieten

das Ohmsche Gesetz $U = RI$ (Spannung $U = $ const),

Umrechnungen (für Radioskalen) auf Grund der Beziehung $\lambda \cdot f = 3 \cdot 10^5$ km s^{-1} (λ Wellenlänge in m, f Frequenz in kHz).

5.4.1. Der Rechenstab

Verwendung des Rechenstabes beim Lösen von Proportionen

Proportionen[1] spielen in der Schlußrechnung eine große Rolle. Die oben behandelte Beziehung $y = ax$ kann auch $\frac{y}{x} = a$ oder $\frac{x}{y} = c$ geschrieben werden. Hieraus gewinnt man die Proportion $\frac{x_1}{y_1} = \frac{x_2}{y_2}$ für irgendwelche zusammengehörige Ablesewerte (z. B. x auf der C-Skale und y auf der D-Skale).
Sind nun 3 Werte in dieser viergliedrigen Proportion bekannt, so kann der 4. Wert abgelesen werden (s. 12.4).

BEISPIEL

4 m Stoff kosten 52,80 DM. Berechne die Preise für 3, 5, 10, 15, 25 m!

Lösung: $\quad \frac{x}{y} = \frac{52{,}80}{4}$

Einstellung: Man stellt C 4 über D 5—2—8 und liest unter C 3, C 5, C 10 usw. auf Skale D ab (m auf Skale C, DM auf Skale D).

Ergebnis	3	5	10	15	25	m
	39,60	66,00	132	198	330	DM

AUFGABEN

168. 64 Stück entsprechen 100%. Stelle C 10 über D 6—4 und lies auf C die Prozente für 60, 53, 41, 72 (= 2 · 36) Stück ab!

169. Bei einem Riementrieb verhalten sich die Drehzahlen umgekehrt wie die Scheibendurchmesser, und es gilt die Proportion $\frac{n_1}{n_2} = \frac{d_2}{d_1}$. Wie groß sind die Drehzahlen (n_1) der kleineren Scheibe, wenn die Durchmesser $d_1 = 12$ cm und $d_2 = 36$ cm sind und n_2 die Werte 15, 18, 21, 25, 30, 36 min^{-1} annimmt?

170. Zu einer vorliegenden Zeichnung A soll eine zweite B in anderem Maßstab hergestellt werden, und zwar soll der Strecke $a = 10,5$ cm in der Zeichnung A die Strecke $b = 4,2$ cm in der Zeichnung B entsprechen.
    a) Wie ist der Rechenstab einzustellen, um für gemessene Werte a die Werte b abzulesen?
    b) Wie groß ist b für $a = 24, 30, 62, 86, 98$ mm?

171. Das Volumen eines Körpers ist $V = 1{,}250$ dm³ und seine Masse $m = 3{,}5$ kg. Bestimme mit dem Rechenstab (einmalige Einstellung) die Rauminhalte für Körper aus gleichem Material mit den Massen $m = 1{,}4$; $4{,}2$; $18{,}2$; $37{,}0$; $43{,}2$; $51{,}0$ kg.
    (Anleitung: $\frac{m}{V} =$ const., m auf Skale A, V auf Skale B)

---

[1] Proportionen s. Abschnitt 12.

5.4.2. Darstellung von Funktionen auf logarithmischem Papier

Das Studium dieses Abschnitts setzt voraus, daß man die einfachsten Funktionen kennt und vertraut ist mit der Darstellung derselben auf Millimeterpapier, d. h. im gewöhnlichen rechtwinkligen (kartesischen) Netz[1]. In einem solchen trägt die Abszissenachse (x-Achse) wie die Ordinatenachse (y-Achse) eine gewöhnliche, gleichförmige Teilung (reguläre Skale).
Die Gleichung $y = mx + b$ stellt hier bekanntlich eine Gerade dar.[2] Sie ist durch 2 Punkte eindeutig bestimmt. Für $x = 0$ erhält man $y = b$, den Abschnitt, den die Gerade auf der Ordinatenachse erzeugt. Der konstante Faktor m gibt den Anstieg der Geraden; er ist gleich dem Tangens des Winkels, den die Gerade mit der positiven Richtung der Abszissenachse bildet.

Darstellung einer Funktion auf halblogarithmischem Papier

Bei der Darstellung einer Funktion auf halblogarithmischem Papier hat die Abszissenachse die gewöhnliche, gleichförmige Teilung, die Ordinatenachse dagegen eine logarithmische (Bild 45). Für die Skale der Abszissenachse gilt die Gleichung $u = x$; für die Skale der Ordinatenachse gilt die Gleichung $v = \lg y$. (Der Einfachheit wegen ist hier die Maßeinheit λ weggelassen.) Hiernach hat in diesem Netz ein Punkt P_1 die Koordinaten u_1 und v_1, wobei unter „Koordinaten" wie üblich die Abstände des Punktes von den Achsen zu verstehen sind.
Eine beliebige Gerade im halblogarithmischen Netz hat dann die Gleichung

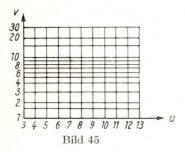

Bild 45

$$v = m \cdot u + b \tag{79}$$

Um festzustellen, welche Kurve dieser Geraden im gewöhnlichen kartesischen Netz entspricht, müssen wir die Koordinaten x und y einführen. Da $v = \lg y$ und $u = x$ ist, ergibt sich durch Einsetzen in Formel (79) zunächst die Formel

$$\lg y = m \cdot x + b \tag{80}$$

Gemäß Formel (61), Seite 159, folgt hieraus

$$y = 10^{mx+b}$$

oder $\qquad y = (10^m)^x \cdot 10^b$

Die Gleichung der gesuchten Kurve hat also die Form

$$y = c \cdot a^x \quad (c = 10^b,\ a = 10^m) \tag{81}$$

Das ist die Gleichung einer Exponentialfunktion, deren Kurve im gewöhnlichen Netz in $y_0 = c$ die y-Achse schneidet. Sind c und a bekannt, so kann die Kurve punktweise

---

[1] s. Abschnitt 10. Funktion und graphische Darstellung
[2] s. Abschnitt 10.12.

5.4.2. Darstellung von Funktionen auf logarithmischem Papier

auf Grund einer aufgestellten Wertetafel gezeichnet werden. Zahlenbeispiel: $y = 2 \cdot 2^x$ (Bild 46).

Im halblogarithmischen Netz wird diese Exponentialkurve zu einer Geraden gestreckt, die viel leichter und genauer zu zeichnen ist (Bild 47).

Durch Logarithmieren der Formel (81) erhält man die

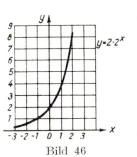

Bild 46

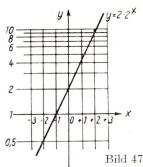

Bild 47

Gleichung der Geraden $\quad \lg y = x \cdot \lg a + \lg c \quad$ (82)

oder $\qquad\qquad\qquad v = x \cdot m \quad + b \quad$ [vgl. Formel (80)]

$m = \lg a$ ist der Anstieg der Geraden, also gleich dem Logarithmus der Basis a.
$b = \lg c$ ist der Abschnitt auf der Ordinatenachse; denn für $x = 0$ erhält man aus (82): $\lg y = \lg c = b$, daraus folgt $y_0 = c$. Der Schnittpunkt der Geraden mit der Ordinatenachse ist also durch die Koordinaten $x_0 = 0$ und $y_0 = c$ eindeutig bestimmt. (Eigentlich müßte man hier sagen: Die Koordinaten für den Schnittpunkt sind $u_0 = 0$ und $v_0 = \lg c$; das ist nicht üblich.)

Beachte: Unter den Koordinaten eines Punktes P im halblogarithmischen Netz sind die zugehörigen Werte x und y zu verstehen. Die Koordinaten des Anfangspunktes (Nullpunkt) sind demnach $x = 0$, $y = 1$ (nicht $u = 0$, $v = 0$), und man kann schreiben $O\,(0; 1)$.
An diese Eigentümlichkeit beim Arbeiten im halblogarithmischen Netz muß man sich gewöhnen, denn sie birgt einen Vorteil in sich. Praktisch ist man gezwungen, mehr mit x und y zu arbeiten als mit den wahren Koordinaten u und v.
Will man einen 2. Punkt für die Exponentialgerade (im halblogarithmischen Netz) bestimmen, dann geht man von der Gleichung $y = c \cdot a^x$ aus, setzt $x = x_1$ und erhält $y_1 = c \, a^{x_1}$, wo x_1 eine beliebige ganze positive Zahl sein mag. Mit Hilfe von x_1 und y_1 ist der Punkt leicht einzuzeichnen, da die Zahlen auf den Achsen x-Werte bzw. y-Werte bedeuten.

Bezeichnen wir also die x- und y-Werte als Koordinaten, dann folgt offensichtlich:

> Im halblogarithmischen Netz gibt es keine negativen Ordinaten, da es im Reellen keine Logarithmen negativer Zahlen gibt.

Ergebnis: Die Exponentialfunktion $y = c \cdot a^x$ liefert auf halblogarithmischem Papier eine Gerade

$$\lg y = x \lg a + \lg c$$
$$v = xm \quad + b$$

(Abschnitt $b = \lg c$; Anstieg $m = \lg a$).

BEISPIEL

(Darstellung auf halblogarithmischem Papier)

Stelle die folgenden Funktionen dar:

a) $y = 2^x$ b) $y = 2\,(1{,}2)^x$ c) $y = 0{,}5\,(1{,}2)^x$ d) $y = 0{,}6^x$

Lösung: Die gegebenen Funktionen liefern 4 Geraden. Man bestimmt für jede Gerade 2 Punkte. Der 1. Punkt liegt auf der Ordinatenachse; er ist mit $P_1\,(0;\ y_0)$ zu bezeichnen. Die Ordinate des 2. Punktes ist aus der Gleichung für beliebig gewähltes x zu berechnen. Hiernach erhält man die folgende Zusammenstellung:

			P_1	P_2
a) $y = 2^x$		$\lg y = x \cdot \lg 2$	$(0;\ 1)$	$(3;\ 8)$
b) $y = 2 \cdot (1{,}2)^x$		$\lg y = x \cdot \lg 1{,}2 + \lg 2$	$(0;\ 2)$	$(2;\ 2{,}88)$
c) $y = 0{,}5 \cdot (1{,}2)^x$		$\lg y = x \cdot \lg 1{,}2 + \lg 0{,}5$	$(0;\ 0{,}5)$	$(2;\ 0{,}72)$
d) $y = 0{,}6^x$		$\lg y = x \cdot \lg 0{,}6$	$(0;\ 1)$	$(2;\ 0{,}36)$

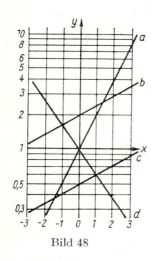

Bild 48

(Wie ersichtlich, wurde für die Abszisse des 2. Punktes im Falle a) $x = 3$, in den übrigen Beispielen $x = 2$ gewählt.)

Die 4 Geraden können nun mit Hilfe der Punkte P_1 und P_2 gezeichnet werden. Sie sind in Bild 48 dargestellt.

Wie zu erwarten, laufen die beiden Exponentialgeraden $y = 2 \cdot (1{,}2)^x$ und $y = 0{,}5 \cdot (1{,}2)^x$ parallel, da ihr Anstieg durch $m = \lg a$ gegeben und die Basis $a = 1{,}2$ bei beiden Funktionen dieselbe ist.

Die Exponentialgeraden $y = 2^x$ und $y = 0{,}6^x$ gehen durch den Nullpunkt $P_1\,(0;\ 1)$, da für beide der konstante Faktor $c = 1$ ist und der Abschnitt auf der Ordinatenachse durch die Beziehung $b = \lg c$, also durch $b = \lg 1 = 0$ oder $y_0 = 1$ gegeben ist.

Die ersten drei Geraden steigen. Die 4. Gerade fällt, da die Basis $a = 0{,}6$ ein echter Bruch ist und daher der Anstieg $m = \lg a = \lg 0{,}6$ negativ wird.

AUFGABEN

172. Die Exponentialfunktionen $y = 2 \cdot 0{,}8^x$, $y = 3 \cdot 4^x$, $y = 5 \cdot 4^x$ und $y = 0{,}3 \cdot 4^{-x}$ geben auf halblogarithmischem Papier 4 Geraden.

  a) Welche Geraden laufen parallel?

  b) Welche Geraden fallen (steigen)?

  c) In welchen Punkten wird die Ordinatenachse geschnitten?

Darstellung von Funktionen auf ganzlogarithmischem Papier

Das ganz- oder doppeltlogarithmische Papier gehört wie das halblogarithmische Papier zu den sogenannten Funktionspapieren. Es sei im folgenden immer kurz als logarithmisches Papier bezeichnet. Bei ihm tragen beide Koordinatenachsen eine logarithmische Teilung. Wir können demnach der Abszissenachse die Gleichung

$$u = \lg x$$

und der Ordinatenachse die Gleichung

$$v = \lg y$$

zugrunde legen.

(Wiederum sei für beide Skalen die gleiche Maßeinheit λ angenommen und weggelassen, um die Darlegungen einfacher und darum durchsichtiger zu gestalten.)
Der Anfangspunkt (Nullpunkt) hat hier die Koordinaten $x = 1$ und $y = 1$; diese entsprechen den Werten $u_0 = \lg 1 = 0$ bzw. $v_0 = \lg 1 = 0$. Das doppeltlogarithmische Papier ist geeignet, Funktionen von der Form $y = c \cdot x^n$ (Potenzfunktionen) recht einfach darzustellen. Hierbei sei der konstante Faktor c eine positive ganze oder gebrochene Zahl. Der Exponent n kann ganz oder gebrochen, positiv oder negativ sein ($n \neq 0$).

Durch Logarithmieren der Gleichung $y = c \cdot x^n$ ergibt sich

$$\lg y = n \cdot \lg x + \lg c$$

oder $\qquad v = n \cdot u \quad + \lg c$

Das ist aber im logarithmischen Netz die Gleichung einer Geraden mit dem Abschnitt $\lg c$ auf der Ordinatenachse und dem Anstieg n. Um z. B. die Funktion $y = 3 \cdot x^2$ auf logarithmischem Papier darzustellen, geht man in gleicher Weise wie bei Exponentialfunktionen (s. Seite 200) vor und bestimmt 2 Punkte der gesuchten Geraden.

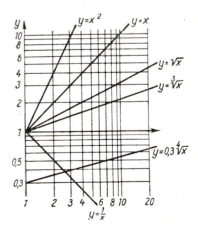

Man setzt $x = 1$ und erhält $y = 3$, ergibt $P_1(1; 3)$;

man setzt $x = 2$ und erhält $y = 12$, ergibt $P_2(2; 12)$.

(Beachte, daß auch hier die zu einem Punkte gehörenden x- und y-Werte als Koordinaten des Punktes bezeichnet werden!)

Auf gleiche Weise sind auch die anderen in Bild 49 dargestellten Potenzgeraden gefunden worden. Hierzu ein erläuternder Überblick:

Bild 49

Gleichung im gewöhnl. Netz	Gleichung im log. Netz	Berechnete Punkte P_1	P_2	Kurve im gew. Netz
$y = x$	$\lg y = \lg x$	(1; 1)	(10; 10)	45°-Linie
$y = x^2$	$\lg y = 2 \cdot \lg x$	(1; 1)	(2; 4)	Parabel
$y = \sqrt{x}$	$\lg y = \frac{1}{2} \cdot \lg x$	(1; 1)	(9; 3)	,,
$y = \sqrt[3]{x}$	$\lg y = \frac{1}{3} \cdot \lg x$	(1; 1)	(8; 2)	,,
$y = 0{,}3 \sqrt[4]{x}$	$\lg y = \lg 0{,}3 + \frac{1}{4} \lg x$	(1; 0,3)	(16; 0,6)	,,
$y = \frac{1}{x}$	$\lg y = -\lg x$	(1; 1)	(2; 0,5)	Hyperbel

Im gewöhnlichen Netz liefert die Darstellung der Potenzfunktionen entweder eine Parabel oder eine Hyperbel (ausgenommen $y = x$).

Bekanntlich können Kurven dazu verwendet werden, um einfache Rechnungen graphisch zu lösen. Die Rechenarbeit wird durch ein Ablesen ersetzt, d. h., man bestimmt zu einem gegebenen x-Wert den zugehörigen y-Wert. Der Vorteil, den die Verwendung von logarithmischem Papier bietet, ist wohl offensichtlich:

Die Darstellung der Potenzfunktionen (auf ganzlogarithmischem Papier) wie der Exponentialfunktionen (auf halblogarithmischem Papier) ist zeitsparend und einfacher als die Darstellung im gewöhnlichen Netz; außerdem ist die Ablesegenauigkeit größer.

AUFGABE

173. An welcher Kurve (Geraden) kann man in Bild 49

    a) das Quadrat b) die Quadratwurzel c) den Kehrwert einer Zahl ablesen?

Die Exponential- und die Potenzfunktionen spielen eine große Rolle in den verschiedensten Gebieten der Technik. In der Anwendung stellt die Veränderliche x eine benannte Größe dar, z. B. Kraft, Spannung, Zeit, Temperatur u. a.

Es ist darum wohl verständlich, daß sich das „graphische Rechnen" immer mehr entwickelt hat und als besonderes Gebiet der mathematischen Wissenschaften unter der Bezeichnung „Nomographie"[1] immer größere Bedeutung für die technische Praxis gewinnt.

---

[1] nomos (griech.) Name, Gesetz

5.4.3. Beispiel eines einfachen Nomogramms

Darstellung der Schnittgeschwindigkeit in Abhängigkeit vom Durchmesser des Werkstücks.

Die Schnittgeschwindigkeit v ist gegeben durch die Formel:

$$v = \pi \cdot d \cdot n \qquad \begin{array}{l} d \text{ Durchmesser des Werkstückes} \\ n \text{ Drehzahl} \end{array}$$

Diese Formel stellt eine „Größengleichung" dar; denn v, d und n sind „Größen", denen ein Zahlenwert wie auch eine Maßeinheit zukommt (vgl. Abschnitt 2.1.).
Bei Anwendung dieser Formel ist die Wahl der Einheiten für die gegebenen Größen d und n beliebig. Die Einheit der gesuchten Größe v ergibt sich aus der zugehörigen

„Einheitengleichung" $[v] = [d] \cdot [n]$

Wählt man z. B. für den Durchmesser die Einheit $[d] = \text{m}$ und für die Drehzahl die Einheit $[n] = \dfrac{1}{\text{s}}$, dann erhält man die Einheit für die Geschwindigkeit v durch Einsetzen in die vorstehende Einheitengleichung, also

$$[v] = \text{m} \cdot \frac{1}{\text{s}} = \frac{\text{m}}{\text{s}} = \text{m} \cdot \text{s}^{-1}$$

In diesem Fall sind die Einheiten „aufeinander abgestimmt". Nun werden aber in der Praxis bei der Berechnung der Schnittgeschwindigkeit v – aus leicht ersichtlichen Gründen – die Einheiten wie folgt gewählt:

$$[v] = \frac{\text{m}}{\text{min}}, \quad [d] = \text{mm}, \quad [n] = \frac{1}{\text{min}}$$

Die Beziehung zwischen den Einheiten ist dann gegeben durch:

$$[v] = 1000 \cdot [d] \cdot [n]; \quad \text{denn} \quad \frac{\text{m}}{\text{min}} = 1000 \cdot \text{mm} \cdot \frac{1}{\text{min}}$$

Es tritt also eine reine Zahl (1 000) als „Umrechnungsfaktor" auf. Das ist immer der Fall, wenn die Einheiten nicht aufeinander abgestimmt sind.
Teilt man die Größengleichung $v = \pi \cdot d \cdot n$ durch die Einheitengleichung $[v] = 1000 \cdot [d] \cdot [n]$, wobei $[v] = \dfrac{\text{m}}{\text{min}}$, $[d] = \text{mm}$ und $[n] = \dfrac{1}{\text{min}}$ zu setzen ist, so verwandelt sich unsere Formel für die Schnittgeschwindigkeit in eine

„zugeschnittene Größengleichung" $\dfrac{v}{\frac{\text{m}}{\text{min}}} = \dfrac{\pi \cdot d \cdot n}{1000 \cdot \text{mm} \cdot \frac{1}{\text{min}}} = \dfrac{\pi}{1000} \cdot \dfrac{d}{\text{mm}} \cdot \dfrac{n}{\frac{1}{\text{min}}}$

Diese Schreibweise läßt klar erkennen, in welchen Einheiten die Größen einzusetzen sind. Sie gibt uns die Schnittgeschwindigkeit v in $\dfrac{\text{m}}{\text{min}}$, wenn der Durchmesser d in mm und die Drehzahl n in $\dfrac{1}{\text{min}}$ gegeben sind.

Zugeschnittene Größengleichungen wie die vorstehende sind von mathematischer Korrektheit und Eindeutigkeit; sie sind vor allem da von Nutzen, wo eine Formel oftmals bei gleichbleibenden Einheiten angewendet werden muß.

Will man bei der Rechnung nach einer Formel Logarithmen verwenden, dann ist man gezwungen, die zugehörige Zahlenwertgleichung aufzustellen; denn Logarithmen gibt es nur von reinen Zahlen, nicht von Größen.

In den folgenden Ausführungen muß die Formel für die Schnittgeschwindigkeit notwendigerweise logarithmisch behandelt werden. Wir gehen von der oben aufgeführten zugeschnittenen Größengleichung aus; für die recht schwülstigen Symbole führen wir zunächst einfachere Zeichen ein und schreiben:

$$\{v\} = \frac{v}{\text{m/min}}; \quad \{d\} = \frac{d}{\text{m}}; \quad \{n\} = \frac{n}{1/\text{min}}$$

Man beachte, daß in den Symbolen $\{v\}$, $\{d\}$ und $\{n\}$ in Zähler und Nenner die gleichen Maßeinheiten stehen und sich daher herauskürzen lassen, d. h., diese Symbole stellen reine Zahlen dar. Man erhält schließlich eine Zahlenwertgleichung der Form:

$$\{v\} = \frac{\pi}{1\,000} \cdot \{d\} \cdot \{n\}$$

Durch Logarithmieren ergibt sich hieraus die Beziehung

$$\lg \{v\} = \lg \{d\} + \lg \{n\} + \lg \frac{\pi}{1\,000}$$

Nehmen wir zunächst die Drehzahl n als konstant an, z. B. $n = 500 \frac{1}{\text{min}}$, dann ist die Geschwindigkeit v nur abhängig vom Durchmesser d, und man kann schreiben:

$$\lg \{v\} = \lg \{d\} + \lg \left\{\frac{n \cdot \pi}{1\,000}\right\} \quad \text{oder} \quad \lg \{v\} = \lg \{d\} + \lg \{c\} \qquad (83)$$

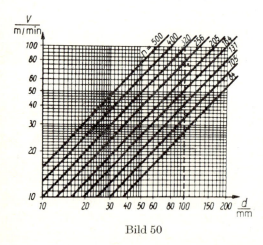

Bild 50

Das ist aber im ganzlogarithmischen Netz die Gleichung einer Geraden mit dem Abschnitt $\lg \{c\} = \lg \left\{\frac{n \cdot \pi}{1\,000}\right\}$ auf der Ordinatenachse und dem Anstieg $m = 1$ [vgl. Formel (82)].

Dabei sind die v-Werte auf der Ordinatenachse und die d-Werte auf der Abszissenachse abzulesen.

Für verschiedene n-Werte erhält man verschiedene Geraden, die aber parallellaufen müssen (Bild 50), da sich in der Formel (83) nur der Wert für c ändert. Alle Geraden steigen unter einem Winkel von 45° an, da der Faktor vor $\lg \{d\}$ gleich 1 ist.

5.4.3. Beispiel eines einfachen Nomogramms

Wie ist das Nomogramm entstanden?

Man geht von einer Reihe verschiedener Drehzahlen aus, die allerdings nicht beliebig gewählt werden, sondern geometrische Stufung zeigen (vgl. 6.3.).
In unserem Beispiel ist:

$\{n_1\} = 500$ \qquad $\{n_2\} = 0{,}8 \cdot 500 = 400$ \qquad $\{n_3\} = 0{,}8^2 \cdot 500 = 320$
$\{n_4\} = 0{,}8^3 \cdot 500 = 256$ \qquad $\{n_5\} = 0{,}8^4 \cdot 500 = 205$ \qquad $\{n_6\} = 0{,}8^5 \cdot 500 = 164$
$\{n_7\} = 0{,}8^6 \cdot 500 = 131$ \qquad $\{n_8\} = 0{,}8^7 \cdot 500 = 105$ \qquad $\{n_9\} = 0{,}8^8 \cdot 500 = 84$

Für die 1. Gerade gilt dann nach Formel (83) die Gleichung:

$\lg \{v\} = \lg \{d\} + \lg \dfrac{500 \cdot \pi}{1\,000}$. Um die Gerade zu zeichnen, genügt die Berechnung nur eines Punktes, da der Anstieg bekannt ist.

Für $\{d\} = 10$ ergibt sich: $\lg \{v_1\} = \lg 10 + \lg \dfrac{\pi}{2} = \lg 5 \cdot \pi = \lg 15{,}7$. Die Gerade muß also durch den Punkt mit den Koordinaten $\{d\} = 10$ und $\{v_1\} = 15{,}7$ gehen.

Auf gleiche Weise erhält man für die 2. Gerade $n = 400$ min^{-1} aus $\lg \{v_2\} = \lg 10 +$
$+ \lg \dfrac{0{,}8 \cdot \pi}{2} = \lg (0{,}8 \cdot 15{,}7) = \lg 12{,}56$ den Punkt mit den Koordinaten $\{d\} = 10$ und $\{v_2\} = 12{,}56$.

Für die 3. Gerade $n = 320$ min^{-1} erhält man aus

$\lg \{v_3\} = \lg (0{,}8^2 \cdot 15{,}7) \approx \lg 10$ den Punkt mit $\{d\} = 10$ und $\{v_3\} = 10$.

Für die 4. Gerade $n = 257$ min^{-1} erhält man aus

$\lg \{v_4\} = \lg (0{,}8^3 \cdot 15{,}7) \approx \lg 8{,}0$ den Punkt mit $\{d\} = 10$ und $\{v_4\} = 8{,}0$ usw.

Man erkennt, daß der Abschnitt auf der Ordinatenachse ($d = 10$) sich von Stufe zu Stufe um den gleichen Betrag – nämlich um $\lg 0{,}8$ – ändert, denn $\lg \{v_4\} = \lg \{v_3\} +$
$+ \lg 0{,}8$; $\lg \{v_5\} = \lg \{v_4\} + \lg 0{,}8$ usw. Die Geraden müssen daher alle gleich weit voneinander entfernt sein.

Wie verwendet man das Nomogramm in der Praxis?

Beim Drehen eines Werkstückes muß mit der günstigsten Schnittgeschwindigkeit v gearbeitet werden. Ihre Größe hängt von verschiedenen Faktoren ab, z. B. vom Werkstück selbst und vom Werkzeug. Der Dreher entnimmt diese „wirtschaftliche Schnittgeschwindigkeit" Tabellen. Er muß aber wissen, mit welcher Drehzahl n er das Werkstück laufen lassen muß, um bei gegebenem Durchmesser d die richtige Schnittgeschwindigkeit v zu erreichen.

An Drehmaschinen sind daher Tafeln ähnlich Bild 50 angebracht. Ihre Verwendung sei an einem Beispiel erläutert.

BEISPIEL

$v = 40 \frac{m}{min}$; Durchmesser des Werkstückes $d = 100$ mm;
die Drehzahl n ist aus dem Nomogramm zu bestimmen.

Lösung: Die Senkrechte von $\{d\} = 100$ und die Waagerechte von $\{v\} = 40$ geben einen Schnittpunkt, der zwischen den Geraden für $\{n\} = 131$ und $\{n\} = 105$ liegt. Der Dreher wählt $n = 131$ min^{-1}. Bei dieser Drehzahl ergibt sich eine Schnittgeschwindigkeit v von etwa $41 \frac{m}{min}$.

5.5. Bemerkungen zum Taschenrechner

Für viele Rechnungen sind die Logarithmen und der Rechenstab entbehrlich geworden, seit der elektronische Taschenrechner jedermann zur Verfügung steht.
Allerdings genügt dazu nicht ein sogenannter Vierspeziesrechner, sondern man benötigt einen Rechner, der Potenzen, Wurzeln, Logarithmen und e^x-Werte enthält.
In der praktischen Anwendung würden demzufolge die Aufgaben 147 bis 155 des Abschnitts 5.2.3. und die Aufgaben 167 bis 171 von 5.4.1. entfallen. Die Abschnitte 5.4.2. und 5.4.3. bleiben weiterhin aktuell, da Nomogramme in der Praxis ein Ablesen der Ergebnisse ohne Rechenhilfsmittel gestatten.
Bei allen Vorzügen der elektronischen Taschenrechner ist zu bedenken, daß gewisse Kenntnisse der Logarithmen und des Rechenstabs nicht ganz verlorengehen sollten.

6. Arithmetische und geometrische Folgen und Reihen

6.1. Die arithmetische Folge und Reihe

Man unterscheidet in der Mathematik zwischen Folge und Reihe.
Eine *Folge* ist eine nach einem bestimmten Gesetz aufeinanderfolgende Anzahl von Zahlen. Die einzelnen Zahlen heißen *Glieder* der Folge. Durch Addition der einzelnen Glieder entsteht eine *Reihe*. Zum Beispiel ist

$$3 \quad 5 \quad 7 \quad 9 \quad 11 \quad \text{eine } \textit{arithmetische Folge,}$$
$$3 + 5 + 7 + 9 + 11 \quad \text{eine } \textit{arithmetische Reihe.}$$

Die zugrunde liegende Gesetzmäßigkeit besteht darin, daß jedes Glied aus dem vorhergehenden durch Addition mit 2 entsteht, oder anders ausgedrückt, daß die Differenz zweier aufeinanderfolgender Glieder über die ganze Folge oder Reihe konstant ist.

> Unter einer arithmetischen Folge versteht man eine (gesetzmäßige) Anordnung von Zahlen, bei der die Differenz zweier aufeinanderfolgender Glieder konstant ist. Unter einer arithmetischen Reihe versteht man die Summe einer beliebigen Anzahl von aufeinanderfolgenden Gliedern einer arithmetischen Folge.

Die Differenz zweier aufeinanderfolgender Glieder a_k und a_{k+1} ist

$$d = a_{k+1} - a_k \tag{84}$$

Die Differenz kann positiv oder negativ sein, je nachdem, ob die Folge bzw. die Reihe steigt oder fällt.

Zum Beispiel ist

$(-8) \quad (-5) \quad (-2) \quad (+1) \quad (+4) \ldots$ eine steigende Folge $(d = +3)$,
$(+7) \quad (+4) \quad (+1) \quad (-2) \quad (-5) \ldots$ eine fallende Folge $(d = -3)$.

Negative Glieder können also in steigenden wie auch in fallenden Folgen auftreten.

Allgemeines Glied und Endglied einer arithmetischen Folge

Wir bezeichnen das 1. Glied (Anfangsglied) mit a_1, das 2. Glied mit a_2, das k-te („allgemeine") Glied mit a_k und das letzte Glied (das „Endglied") mit a_n; die konstante Differenz werde d genannt. Dann nimmt die arithmetische Folge die allgemeine Form an:

$$a_1 \quad a_2 \quad a_3 \ldots a_k \ldots a_n$$
oder $\quad (a_1) \quad (a_1 + d) \quad (a_1 + 2d) \quad (a_1 + 3d) \ldots$

Das 4. Glied $a_4 = a_1 + 3d$, das 10. Glied $a_{10} = a_1 + 9d$; für das k-te Glied erhält man die Gleichung

$$a_k = a_1 + (k-1) \cdot d \tag{85}$$

Bricht die Folge mit dem n-ten Glied ab, dann folgt aus (85) für das Endglied

$$\boxed{a_n = a_1 + (n-1) \cdot d} \qquad (86)$$

In (85) und (86) bedeuten a_1 das Anfangsglied, d die Differenz, n die Anzahl der Glieder.

Addiert man die beiden Nachbarglieder eines beliebigen Gliedes a_k und teilt die erhaltene Summe durch 2, so erhält man das Glied a_k selbst. Es ist also $a_2 = (a_1 + a_3) : 2$ und $a_3 = (a_2 + a_4) : 2$ oder allgemein

$$\boxed{a_k = \frac{a_{k-1} + a_{k+1}}{2}} \qquad (87)$$

In Worten:

Jedes Glied der arithmetischen Folge ist gleich dem arithmetischen Mittel der benachbarten Glieder. (Daher der Name „arithmetische" Folge!)

Zum Beispiel ergibt sich in der oben angeführten fallenden Folge das 3. Glied aus $\frac{4-2}{2} = 1$, das 4. Glied aus $\frac{1-5}{2} = -2$.

Der allgemeine Beweis für die Gleichung (87) ist wie folgt zu führen:

$$\frac{a_{k-1} + a_{k+1}}{2} = \frac{a_1 + (k-2)d + a_1 + kd}{2} = \frac{2[a_1 + (k-1)d]}{2} = a_k$$

Summe der arithmetischen Reihe

Die *Summe* s der arithmetischen Reihe läßt sich leicht berechnen, wenn das Anfangsglied a_1, die Anzahl der Glieder n und das Endglied a_n bekannt sind.

Faßt man in der Reihe $5 + 8 + 11 + 14 + 17 + 20$ das erste und letzte Glied, das zweite und vorletzte usw. zusammen und schreibt: $(5 + 20) + (8 + 17) + (11 + 14)$, so erhält man eine Reihe von 3 gleichen Gliedern, deren Summe als Produkt geschrieben werden kann: $s = 3 \cdot 25 = 75$.

Verallgemeinert ergibt sich hieraus die

Summenformel $\boxed{s = \frac{n}{2}(a_1 + a_n)}$ \hfill (88)

oder $\boxed{s = \frac{n}{2}[2a_1 + (n-1)d]}$ \hfill (89)

6.1. Die arithmetische Folge und Reihe

Die Formel (88) kann man leicht auch allgemein ableiten, indem man die Summe s in zweifacher Weise ausdrückt und diese beiden Formeln addiert:

$$s = a_1 + (a_1 + d) + (a_1 + 2d) + \ldots + (a_n - 2d) + (a_n - d) + a_n +$$
$$s = a_n + (a_n - d) + (a_n - 2d) + \ldots + (a_1 + 2d) + (a_1 + d) + a_1 +$$
$$\overline{2s = (a_1 + a_n) + (a_1 + a_n) + (a_1 + a_n) + \ldots + (a_1 + a_n) + (a_1 + a_n) + (a_1 + a_n) =}$$
$$= n(a_1 + a_n)$$
$$s = \frac{n}{2}(a_1 + a_n)$$

Die Formeln für das Endglied a_n und die Summe s enthalten fünf verschiedene Größen: a_1, d, n, a_n, s. Mit Hilfe von (86) und (89) können 2 unbekannte Größen ermittelt werden, wenn 3 von den 5 hier auftretenden Größen gegeben sind. Die Lösungswege sind sehr unterschiedlich und führen zum Teil auf quadratische Gleichungen.

BEISPIELE

1. Die ersten zwei Glieder einer arithmetischen Reihe sind 13 und 8. Wie groß ist das 7. Glied und die Summe der 7 Glieder?

    Lösung: $d = -5$; $a_7 = a_1 + (n-1)d = 13 + 6 \cdot (-5) = \underline{\underline{-17}}$
    $$s = \frac{n}{2} \cdot (a_1 + a_n) = \frac{7}{2} \cdot (13 - 17) = \underline{\underline{-14}}$$

2. Das 3. und 8. Glied einer arithmetischen Reihe ergeben zusammen 67,5; das 5. und 10. Glied ergeben zusammen 53,5. Wie heißt das 15. Glied?

    Lösung:
    $$\begin{array}{ll} a_3 = a_1 + 2d & a_5 = a_1 + 4d \\ a_8 = a_1 + 7d & a_{10} = a_1 + 9d \\ \hline 67{,}5 = 2a_1 + 9d & 53{,}5 = 2a_1 + 13d \end{array}$$

    Aus $2a_1 = 67{,}5 - 9d = 53{,}5 - 13d$ ergibt sich $d = -3{,}5$
    und durch Einsetzen: $2a_1 = 67{,}5 - 9 \cdot (-3{,}5) = 99$; $a_1 = 49{,}5$;
    $$a_{15} = a_1 + 14 \cdot d = 49{,}5 + 14(-3{,}5) = \underline{\underline{0{,}5}}$$

3. Von einer arithmetischen Reihe sind bekannt:
    $$a_1 = 3\frac{1}{3}, \quad d = 1\frac{1}{3}, \quad s = 448. \quad \text{Gesucht sind } n \text{ und } a_n.$$

    Lösung: $a_n = \frac{10}{3} + (n-1)\frac{4}{3} = \frac{6}{3} + \frac{4}{3}n$

    $s_n = \frac{n}{2}\left(\frac{10}{3} + \frac{6}{3} + \frac{4}{3}n\right) = \frac{8}{3}n + \frac{2}{3}n^2$ führt auf die quadrartische

    Gleichung $n^2 + 4n - 672 = 0$[1] mit den Wurzeln $n_1 = 24$ und $n_2 = -28$. Hier-

---
[1] s. Abschnitt 14. Quadratische Funktion und quadratische Gleichung

von ist nur der erste Wert brauchbar, da die Anzahl der Glieder nicht negativ sein kann, also $n = \underline{\underline{24}}$.

Das Endglied $a_n = a_{24} = \dfrac{10}{3} + 23 \cdot \dfrac{4}{3} = \underline{\underline{34}}$.

4. Wie groß ist die Summe der ersten n geraden Zahlen?

Lösung: $s = 2 + 4 + 6 + \cdots + 2n$, Anzahl der Glieder n, $a_1 = 2$ und $a_n = 2n$, folglich ist

$$s = \frac{n}{2}(a_1 + a_n) = \frac{n}{2}(2 + 2n) = \underline{\underline{n(n+1)}}$$

Bemerkung: Eine andere Schreibweise verwendet das Summenzeichen $\sum$ (gelesen: Sigma). Die Summe s der ersten n geraden Zahlen ist dann

$$\sum_{\nu=1}^{\nu=n} 2\nu = 2 + 4 + 6 + \cdots + 2n = \underline{\underline{n(n+1)}}$$

5. Wie groß ist $\sum\limits_{\nu=1}^{\nu=n} \nu$?

Lösung: $s = 1 + 2 + 3 + \cdots + n$ (Summe der ersten n natürlichen Zahlen) $a_1 = 1$, $a_n = n$, die Anzahl der Glieder ist n, folglich ist

$$s = \frac{n}{2}(a_1 + a_n) = \underline{\underline{\frac{n}{2}(1 + n)}}$$

Arithmetische Interpolation

Will man zwischen 2 Zahlen a und b m weitere Zahlen einschalten (interpolieren), so daß eine arithmetische Folge entsteht, dann gilt für die Differenz der Folge:

$$\boxed{d_i = \frac{b-a}{m+1}} \tag{90}$$

a Anfangsglied,
b Endglied,
m Anzahl der eingeschalteten Glieder,
d_i Differenz der entstandenen arithmetischen Folge.

BEISPIEL

Zwischen die Glieder der Folge 20 50 80 ... sollen je 4 Glieder eingeschaltet werden.

Lösung: $m = 4, d = 50 - 20 = 30, d_i = \dfrac{30}{4+1} = 6$, demnach ist die neue Folge:
20   26   32   38   44   50 ...

Arithmetische Reihen höherer Ordnung

Die bisher behandelten arithmetischen Folgen (Reihen) nennt man *Folgen (Reihen) 1. Ordnung.* Sie sind dadurch gekennzeichnet, daß ihre 1. Differenzenfolge konstante Glieder aufweist:

6.1. Die arithmetische Folge und Reihe

7	10	13	16	Folge
	3	3	3	1. Differenzenfolge
		0	0	2. Differenzenfolge

Eine arithmetische Folge oder *Reihe 2. Ordnung* weist erst in der 2. Differenzenfolge konstante Glieder auf, während ihre 1. Differenzenfolge eine Folge 1. Ordnung darstellt.

BEISPIEL Folge und Reihe der Quadratzahlen

1	4	9	16	25	36	Folge (Quadratzahlen)
	3	5	7	9	11	1. Differenzenfolge (ungerade Zahlen)
		2	2	2	2	2. Differenzenfolge

Es ist auch möglich, eine Summenformel für die Reihe der Quadratzahlen abzuleiten. Sie sei hier zur Ergänzung ohne Beweis angeführt. Die Summe der ersten n Quadratzahlen ist gegeben durch

$$\boxed{\sum_{\nu=1}^{\nu=n} \nu^2 = 1^2 + 2^2 + 3^2 + \cdots + n^2 = \frac{n(n+1)(2n+1)}{6}}$$ (91 a)

Zum Beispiel ist die Summe der ersten 5 Quadratzahlen

$$s = \frac{5 \cdot 6 \cdot (2 \cdot 5 + 1)}{6} = 55$$

Eine arithmetische *Folge* oder *Reihe 3. Ordnung* weist erst in der 3. Differenzenfolge konstante Glieder auf. Ihre 1. Differenzenfolge ist eine Folge 2. Ordnung, ihre 2. Differenzenfolge eine Folge 1. Ordnung.

BEISPIEL Reihe der Kubikzahlen

1	8	27	64	125	Folge (Kubikzahlen)
	7	19	37	61	1. Differenzenfolge
		12	18	24	2. Differenzenfolge
			6	6	3. Differenzenfolge

Die Summe der ersten n Kubikzahlen ist gegeben durch

$$s = \sum_{\nu=1}^{\nu=n} \nu^3 = 1^3 + 2^3 + 3^3 + \cdots + n^3 = \frac{n^2(n+1)^2}{4}$$

(Auf den Beweis wird verzichtet.)

Da $\frac{n}{2}(n+1)$ die Summe der ersten n natürlichen Zahlen ist, kann man auch schreiben:

$$\boxed{\sum_{\nu=1}^{\nu=n} \nu^3 = \left[\frac{n(n+1)}{2}\right]^2 = \left[\sum_{\nu=1}^{\nu=n} \nu\right]^2}$$ (91 b)

6. Arithmetische und geometrische Folgen und Reihen

Zum Beispiel ist die Summe der ersten 5 Kubikzahlen

$$s = \frac{5^2 \cdot 6^2}{4} = 225$$

Funktionaler Zusammenhang: a_k als Funktion von k

In einer bestimmten arithmetischen Folge hängt die Größe des allgemeinen Gliedes a_k von der Stelle k ab, an der es in der Folge steht: a_k ist also eine Funktion von k. Die Art des funktionalen Zusammenhanges soll untersucht werden.

Allgemein gilt: $a_k = a_1 + (k-1)\,d$
oder $a_k = kd + a_1 - d$

Sieht man hier k als veränderlich, a_1 und d als konstant an, so hängt a_k linear von k ab. Stellt man a_k als Funktion von k graphisch dar, so erhält man als „Kurve" eine isolierte Punktreihe, die auf einer Geraden liegt.

BEISPIEL

$a_1 = 1;\ d = 0{,}5$.

Folge: $a_1 = 1;\ a_2 = 1{,}5;\ a_3 = 2;\ a_4 = 2{,}5;\ a_5 = 3;\ \ldots$

Darstellung Bild 51.

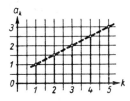

Bild 51

AUFGABEN

174. Berechne die fehlenden Größen:

	a)	b)	c)	d)	e)	f)
a_1	5	53	—3	—8	—	—
d	3	—4	5	0,4	4	0,75
n	10	13	—	—	—	—
a_n	—	—	—	—	39	7
s	—	—	552	244	207	32,5

175. a) Wie groß ist die Summe der ersten n ungeraden Zahlen?
 b) Wie schreibt man diese Summe mit dem Summenzeichen?

176. Im luftleeren Raum fällt ein Körper in der 1. Sekunde etwa 4,9 m, in jeder folgenden Sekunde 9,8 m mehr als in der vorhergehenden. a) Wieviel m fällt er in der 10. Sekunde? b) Wie groß ist der Fallweg in den ersten 10 Sekunden und in den folgenden 10 Sekunden?

177. Eine Schar von Halbkreisen (Bild 52) bildet eine Spirale.
 a) Wie groß ist der 10. Halbkreisbogen, wenn $r_1 = 1$ cm und $r_2 = 1{,}5$ cm ist?
 b) Wie groß ist die Gesamtlänge der Spirale bis zum 10. Halbkreisbogen?

178. Ein Vollkreis (360°) soll so in 6 Sektoren aufgeteilt werden, daß die zugehörigen Zentriwinkel von Sektor zu Sektor um 10° wachsen. Wie lautet die Folge der Zentriwinkel?

179. Wie lautet die Summe aller durch 11 teilbaren zweiziffrigen Zahlen?

180. Zwischen den Zahlen 7 und 16 sollen 5 Zahlen so eingeschaltet werden, daß eine arithmetische Folge entsteht. Wie lautet die Folge, und wie groß ist die Summe aller Glieder?

181. Wie groß ist die Summe der Quadratzahlen von 25 bis 100?

182. Berechne die Differenz $6^3 - \sum_{n=3}^{n=5} n^3$.

6.2. Die geometrische Folge und Reihe

Die Folge

$$4 \quad 8 \quad 16 \quad 32 \ldots$$

bzw.

$$4 \quad 4\cdot 2 \quad 4\cdot 2^2 \quad 4\cdot 2^3 \ldots,$$

heißt eine *geometrische Folge*. Die zugrunde liegende Gesetzmäßigkeit besteht darin, daß jedes Glied aus dem vorhergehenden durch Multiplikation mit dem gleichen Faktor (in unserem Beispiel 2) hervorgeht, oder anders ausgedrückt, daß der Quotient q zweier aufeinanderfolgender Glieder über die ganze Folge konstant ist.

Addiert man die Glieder einer geometrischen Folge, z. B.

$$4 + 8 + 16 + 32 + \cdots,$$

so entsteht eine *geometrische Reihe*.

> Unter einer geometrischen Folge versteht man eine (gesetzmäßige) Anordnung von Zahlen, bei denen der Quotient zweier aufeinanderfolgender Glieder konstant ist. Unter einer geometrischen Reihe versteht man die Summe einer beliebigen Anzahl von aufeinanderfolgenden Gliedern einer geometrischen Folge.

Der Quotient q zweier aufeinanderfolgender Glieder a_k und a_{k+1} ist

$$q = \frac{a_{k+1}}{a_k} \tag{92}$$

Folgende Fälle sind zu unterscheiden:

1. q ist positiv (alle Glieder haben gleiches Vorzeichen)

   $q > 1$, z. B. $3 \quad 9 \quad 27 \quad 81 \ldots$; die Folge steigt $(q = 3)$

   $q < 1$, z. B. $64 \quad 32 \quad 16 \quad 8 \ldots$; die Folge fällt $\left(q = \frac{1}{2}\right)$

   $q = 1$, z. B. $3 \quad 3 \quad 3 \quad 3 \ldots$; alle Glieder der Folge sind gleich.

Ist das Anfangsglied negativ, dann sind bei positivem q alle Glieder negativ, z. B.

$(-2)\ (-6)\ (-18)\ (-54)\ldots;$ die absoluten Beträge steigen $(q=3)$

$(-24)\ (-12)\ (-6)\ (-3)\ldots;$ die absoluten Beträge fallen $\left(q=\dfrac{1}{2}\right)$

2. q ist negativ (die Glieder haben abwechselndes Vorzeichen), z. B.

$(+3)\ (-6)\ (+12)\ (-24)\ldots;$ die Folge ist *alternierend*[1] $(q=-2)$.

Allgemeines Glied und Endglied der geometrischen Folge

Wir bezeichnen wieder das 1. Glied (Anfangsglied) mit a_1, das 2. Glied mit a_2, das allgemeine k-te Glied mit a_k und das letzte Glied (das Endglied) mit a_n; der konstante Quotient wird q genannt. Dann nimmt die geometrische Folge die allgemeine Form an:

$$a_1\ a_2\ a_3 \ldots a_k \ldots a_n$$

oder $\quad a_1\ \ a_1\cdot q\ \ a_1\cdot q^2 \ldots$

Das 4. Glied $a_4 = a_1 \cdot q^3$, das 10. Glied $a_{10} = a_1 \cdot q^9$; für das k-te Glied erhält man die Gleichung

$$\boxed{a_k = a_1 \cdot q^{k-1}} \qquad (93\,\text{a})$$

Bricht die Folge mit dem n-ten Glied ab, dann folgt aus (93a) für das Endglied

$$\boxed{a_n = a_1 \cdot q^{n-1}} \qquad (93\,\text{b})$$

Multipliziert man die beiden Nachbarglieder eines beliebigen Gliedes a_k und zieht aus dem Produkt die 2. Wurzel, so erhält man das Glied a_k selbst. Es ist also z. B.

$$a_3 = \sqrt{a_2 \cdot a_4} = \sqrt{a_1 q \cdot a_1 q^3} = a_1 q^2$$

oder allgemein

$$\boxed{a_k = \sqrt{a_{k-1} \cdot a_{k+1}}} \qquad (94)$$

In Worten:

> Jedes Glied einer geometrischen Folge ist gleich dem geometrischen Mittel der benachbarten Glieder. (Daher der Name „geometrische" Folge!)

Gleichung (94) wird wie folgt bewiesen:

$$\sqrt{a_{k-1}\cdot a_{k+1}} = \sqrt{a_1 q^{k-2} a_1 q^k} = \sqrt{a_1^2 q^{2k-2}} = a_1 q^{k-1} = a_k$$

---

[1] alternieren, abwechseln

Beachte: Durch die Gleichung (94) ist das Glied a_k nur seinem absoluten Wert nach, aber nicht in bezug auf das Vorzeichen bestimmt. Ist z. B. $a_1 = 3$, $a_3 = 27$, so erhält man für a_2:

$$a_2 = \pm \sqrt{3 \cdot 27} = \pm 9$$

Handelt es sich in diesem Beispiel um eine gewöhnliche geometrische Folge, so ist das positive Vorzeichen in Ansatz zu bringen; liegt eine alternierende Folge vor, so muß der negative Wert gewählt werden.

Summe der geometrischen Reihe

Um die Summe der n Glieder einer geometrischen Reihe zu erhalten, bildet man:

$$\begin{aligned} s &= a_1 + a_1 q + a_1 q^2 + \cdots + a_1 q^{n-1} & + \\ s \cdot q &= a_1 q + a_1 q^2 + \cdots + a_1 q^{n-1} + a_1 q^n & - \\ \hline s - s \cdot q &= a_1 \phantom{+ a_1 q + a_1 q^2 + \cdots + a_1 q^{n-1}} - a_1 q^n \end{aligned}$$

Daraus folgt die Summe

$$\boxed{s = \frac{a_1(1-q^n)}{1-q}} \qquad (q < 1) \tag{95a}$$

oder

$$\boxed{s = \frac{a_1(q^n-1)}{q-1}} \qquad (q > 1) \tag{95b}$$

Multipliziert man den Zähler aus und setzt $a_1 q^n = a_1 q^{n-1} \cdot q = a_n \cdot q$, dann nimmt die Summenformel folgende Gestalt an:

$$\boxed{s = \frac{a_1 - a_n q}{1 - q} = \frac{a_n q - a_1}{q - 1}} \tag{96}$$

(für $q < 1$) (für $q > 1$)

In den Formeln für das Endglied a_n und die Summe s treten die 5 Größen a_1, q, n, a_n, s auf. Sind 3 Größen hiervon bekannt, dann sind die übrigen berechenbar (2 Gleichungen mit 2 Unbekannten). Wir beschränken uns auf einfache Beispiele; denn hier gibt es Aufgaben recht schwieriger Art, was bei der arithmetischen Reihe nicht der Fall ist.

BEISPIELE

1. Wie groß ist a) das 9. Glied, b) die Summe der geometrischen Reihe:

$$\frac{1}{8} + \frac{1}{4} + \cdots + a_9 ?$$

Lösung: $a_1 = \dfrac{1}{8}$, $q = 2$, $n = 9$

$$a_n = a_9 = a_1 \cdot q^{n-1} = \dfrac{1}{8} \cdot 2^8 = \underline{32}$$

$$s = \dfrac{a_n q - a_1}{q - 1} = \dfrac{32 \cdot 2 - \dfrac{1}{8}}{2 - 1} = \underline{63 \dfrac{7}{8}}$$

2. Die Teilkreisradien dreier hintereinandergeschalteter Zahnräder bilden eine geometrische Folge (r_1, r_2, r_3). Wie groß ist r_2, wenn $r_1 = 54$ mm und $r_3 = 96$ mm ist?

Lösung: $r_2 = \sqrt{r_1 \cdot r_3}$ (geometrisches Mittel der Nachbarglieder)
$$r_2 = \sqrt{54 \text{ mm} \cdot 96 \text{ mm}} = \sqrt{2^6 \cdot 3^4} \text{ mm} = 72 \text{ mm}$$

3. Bilde die Summe der Reihe:
$$a^{n-1} + a^{n-2} b + a^{n-3} b^2 + \cdots + ab^{n-2} + b^{n-1}$$

Lösung: Es sind n Glieder (warum?); $q = \dfrac{b}{a}$. Nach Formel (96) folgt

$$s = a^{n-1} \cdot \dfrac{1 - \dfrac{b^n}{a^n}}{1 - \dfrac{b}{a}} = a^n \cdot \dfrac{1 - \dfrac{b^n}{a^n}}{1 - \dfrac{b}{a}} = \underline{\dfrac{a^n - b^n}{a - b}}$$

Ergebnis: Der Ausdruck $a^n - b^n$ ist stets durch $a - b$ ohne Rest teilbar. Zum Beispiel ist

$$(a^4 - b^4) : (a - b) = a^3 + a^2 b + ab^2 + b^3,$$
$$(x^3 - 1) : (x - 1) = x^2 + x + 1$$

Ein Sonderfall hierzu ist auch die bekannte Formel
$$(a^2 - b^2) : (a - b) = a + b$$

4. Das Anfangsglied einer geometrischen Reihe ist $a_1 = -1{,}5$, der Quotient $q = -2$, die Summe $s = 127{,}5$.

Wieviel Glieder hat die Reihe, und wie heißt das Endglied a_n?

Lösung: Aus $s = a_1 \dfrac{q^n - 1}{q - 1} = -1{,}5 \cdot \dfrac{(-2)^n - 1}{-2 - 1} = 127{,}5$
erhält man die Gleichung $(-2)^n = 256$

Da der Potenzwert positiv ist, muß n gerade sein; es gilt darum auch $2^n = 256$, beiderseits logarithmiert: $n \cdot \lg 2 = \lg 256$

$$n = \dfrac{\lg 256}{\lg 2} = \dfrac{2{,}40824}{0{,}30103} = \underline{8}$$

Endglied $a_8 = -1{,}5 \cdot (-2)^7 = -1{,}5 \cdot (-128) = \underline{\underline{192}}$

Geometrische Interpolation

Will man zwischen 2 Zahlen a und b m weitere Zahlen einschalten (interpolieren), so daß eine geometrische Folge entsteht, so gilt für den Quotienten der Folge:

$$\boxed{q_i = \sqrt[m+1]{\frac{b}{a}}} \tag{97}$$

- a Anfangsglied
- b Endglied
- m Anzahl der eingeschalteten Glieder
- q_i Quotient der entstandenen geometrischen Folge

BEISPIEL

Zwischen den Zahlen 3 und 96 sollen 4 Zahlen so eingeschaltet werden, daß eine geometrische Folge entsteht. Wie lautet diese Folge?

Lösung: $\dfrac{b}{a} = 96 : 3 = 32$, $m = 4$, $q_i = \sqrt[m+1]{\dfrac{b}{a}} = \sqrt[5]{32} = 2$

Folge: 3 6 12 24 48 96

Funktionaler Zusammenhang: a_k als Funktion von k

In einer bestimmten geometrischen Folge hängt die Größe des allgemeinen Gliedes a_k von der Stelle k ab, an der es in der Folge steht: a_k ist also eine Funktion von k. Die Art des funktionalen Zusammenhanges soll untersucht werden.

Allgemein gilt: $a_k = a_1 q^{k-1}$

oder: $a_k = \dfrac{a_1}{q} q^k$

Sieht man hier k als veränderlich, a_1 und q als konstant an, so ist dieser Zusammenhang eine Exponentialfunktion (s. 3.1.8., Seite 96). Stellt man a_k als Funktion von k dar, so erhält man als „Kurve" eine isolierte Punktreihe, die auf einer Exponentialkurve liegt.

BEISPIEL

$a_1 = 0{,}5$; $q = 2$.

Folge: $a_1 = 0{,}5$; $a_2 = 1$; $a_3 = 2$; $a_4 = 4$; $a_5 = 8$; ...

Darstellung Bild 53.

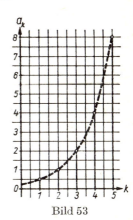

Bild 53

AUFGABEN

183. a) Wie groß ist die Summe aller Potenzen von 2 mit den Exponenten $n = 1$ bis $n = 10$?

b) Wie schreibt man diese geometrische Reihe mit dem Summenzeichen Σ?

220 6. Arithmetische und geometrische Folgen und Reihen

184. Bilde die Summe der Reihen:
  a) $1 - x + x^2 - x^3 + x^4 - x^5$
  b) $a^4 - a^3 b + a^2 b^2 - a b^3 + b^4$

185. In einer geometrischen Reihe ist das 2. Glied 6, und die Summe des 3. und 4. Gliedes 72. Wie heißt die Reihe?

186. Bei einer Drehmaschine ist die niedrigste Drehzahl 16 min^{-1} und die höchste 90 min^{-1}. Es sollen noch 4 dazwischenliegende möglich sein, die geometrisch abgestuft sind. Wie heißt die gesamte Drehzahlreihe[1]? (Ergebnisse bis auf eine Dezimalstelle.)

187. Ein Widerstand ($R = 256\,\Omega$) von 4 Stufen (Bild 54) ist so gebaut, daß der in jeder Stufe ausgeschaltete Widerstand proportional dem vorher vorhandenen ist. Der Endwiderstand sei 16 Ω. Wie groß sind die Teilwiderstände R_1, R_2, R_3, R_4?

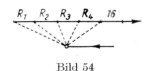

Bild 54

Die unendliche geometrische Reihe

Eine Reihe heißt eine unendliche Reihe, wenn die Anzahl ihrer Glieder unendlich groß wird. Praktisch ist natürlich die Addition von unendlich vielen Gliedern nicht durchführbar. Will man hier überhaupt von einer Summe sprechen, so muß dieser Begriff anders erklärt werden als bei der endlichen geometrischen Reihe. Dies ist aber nur für *fallende* geometrische Reihen möglich ($|q| < 1$).

Für die fallende geometrische Reihe

$$1 + \frac{1}{2} + \frac{1}{4} + \cdots + \frac{1}{2^{n-1}}$$ gibt die Summenformel

$$s_n = a_1 \frac{1-q^n}{1-q} = \frac{1-\left(\frac{1}{2}\right)^n}{1-\frac{1}{2}} = 2 - \left(\frac{1}{2}\right)^{n-1} \text{ einen Wert,}$$

der sich mit wachsendem n der Zahl 2 beliebig nähern wird.

Für $n = 11$ ist der Unterschied $2 - s_n$ kleiner als 0,001; denn $\left(\frac{1}{2}\right)^{10} = \frac{1}{1024}$. Der Ausdruck $\left(\frac{1}{2}\right)^{n-1}$ nähert sich dem Grenzwert Null, wenn n über alle Grenzen wächst. Man schreibt dafür

$$\lim_{n \to \infty} \left(\frac{1}{2}\right)^{n-1} = 0$$

und liest: „Der Limes[2] von $\left(\frac{1}{2}\right)^{n-1}$ ist gleich Null, wenn n gegen unendlich geht."

---

[1] Vgl. Fußnote S. 222
[2] limes (lat.) Grenze

6.2. Die geometrische Folge und Reihe

Wenn die Gliederzahl n unserer Reihe gegen ∞ geht, wächst die Summe der Reihe trotzdem nicht über alle Grenzen, sondern nähert sich dem Grenzwert 2. Man drückt das symbolisch aus:

$$\lim_{n \to \infty} s_n = 2$$

Unter der *Summe der unendlichen geometrischen Reihe* versteht man diesen (endlichen) Grenzwert.

Eine solche unendliche Reihe nennt man *konvergent*[1]. Im anderen Fall, d. h., wenn dieser endliche Grenzwert nicht existiert, heißt sie *divergent*. Unendliche arithmetische Reihen sind divergent, ebenso unendliche steigende geometrische Reihen.

Die notwendige Bedingung für die Konvergenz einer geometrischen Reihe ist die Bedingung $|q| < 1$. Dann gilt auch

$$\lim_{n \to \infty} q^n = 0$$

und nach (95) $\boxed{s = \dfrac{a}{1-q} \, (|q| < 1)}$ \hfill (98)

Im oben gegebenen Beispiel ist $a = 1$ und $q = \dfrac{1}{2}$; folglich findet man nach der letzten Formel $s = \dfrac{1}{1 - \dfrac{1}{2}} = 2$.

BEISPIELE

1. In der unendlichen Reihe $s = 1 - \dfrac{1}{2} + \dfrac{1}{4} - \dfrac{1}{8} + - \cdots$

    ist $q = -\dfrac{1}{2}$, $a = 1$ und der Summenwert $s = \dfrac{1}{1 + \dfrac{1}{2}} = \dfrac{2}{3}$.

    Das Ergebnis kann geometrisch gedeutet werden: Durch fortgesetztes Halbieren kann man eine Strecke oder einen Kreisbogen angenähert dritteln (Bild 55).

    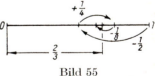

    Bild 55

2. Der unendliche periodische Dezimalbruch $0,\overline{6}$ ist eine unendliche geometrische Reihe $0,6 + 0,06 + 0,006 + \cdots$, in der $a = 0,6$ und $q = 0,1$ ist. Mit der Summenformel (98) findet man

    $$s = \frac{0,6}{1 - 0,1} = \frac{0,6}{0,9} = \frac{2}{3}$$

---

[1] vergere (lat.) sich neigen; con (lat.) zusammen; dis (lat.) auseinander

AUFGABEN

188. Bestimme den Summenwert der folgenden unendlichen geometrischen Reihen:

a) $18 + 12 + 8 + \cdots$

b) $2 + 0{,}4 + 0{,}08 + \cdots$

c) $-3 - \dfrac{9}{4} - \dfrac{27}{16} - \cdots$

d) $3 + \sqrt{3} + 1 + \cdots$

e) $2{,}7 - 1{,}8 + 1{,}2 + - \cdots$

f) $\sqrt{5} - \sqrt{\dfrac{5}{2}} + \dfrac{\sqrt{5}}{2} + - \cdots$

189. Berechne die unendliche geometrische Reihe mit dem Anfangsglied $a = 1$, wenn

a) $q = \dfrac{1}{4}$
b) $q = -\dfrac{1}{4}$
c) $q = \dfrac{1}{5}$
d) $q = -\dfrac{1}{5}$

e) $q = \dfrac{1}{n}$
f) $q = -\dfrac{1}{n}$ (n eine pos. ganze Zahl, q Stammbruch)

190. Berechne die Summe der Reihe $\dfrac{b^2}{a} - \dfrac{b^3}{a^2} + \dfrac{b^4}{a^3} - + \cdots$

Welche Bedingung muß erfüllt sein, damit die Reihe konvergiert?

191. a) Wie groß ist der in Bild 56 skizzierte Streckenzug $BCD\ldots$!

b) Vergleiche das Ergebnis mit dem Umfang u des Dreiecks ABC!

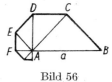

Bild 56

6.3. Anwendungen der geometrischen Folge und Reihe

Vorzugszahlen

Wenn man in der Technik einen Gegenstand in mehreren Größen herstellen will, so kann man entweder die arithmetische oder die geometrische Folge zugrunde legen. Die Größen können z. B. Längen, Höhen, Durchmesser, aber auch Flächen oder Rauminhalte sein. Denken wir z. B. an Rohre, deren kleinster Durchmesser 10 mm und deren größter Durchmesser 105 mm sein soll, so ergeben sich, wenn noch 4 Größenstufen eingeschaltet werden, folgende 2 Möglichkeiten:

arithmetische Stufung: 10   29   48   67   86   105 mm

geometrische Stufung: 10   16   25,6   41   65,5   105 mm

In der geometrischen Folge wächst der Durchmesser von Glied zu Glied um 60 %, d. h., der Quotient ist $q = 1{,}6$.

Ein Vergleich läßt erkennen, daß der 1. Sprung in der arithmetischen Reihe[1] ($d = 19$ mm) rund dreimal so groß ist wie der in der geometrischen Reihe. Zwischen dem 5.

---

[1] Auf Grund der auf S. 209 gegebenen Definition müßte es hier eigentlich arithmetische **Folge** heißen. Der Sprachgebrauch in der Technik hält sich aber häufig nicht an diese Definition. Bei arithmetischer und geometrischer Stufung insbesondere bei den Vorzugszahlen wird unbekümmert das Wort Reihe anstelle des Wortes Folge verwendet.

und 6. Glied beträgt dagegen der Sprung in der arithmetischen Reihe nur die Hälfte von dem in der geometrischen Reihe.
Im Bild 57 sind die beiden Arten der Stufung veranschaulicht (Maßstab 1 : 2). Stellen die Kreise beispielsweise die Querschnitte von Röhren dar, so erkennt man, daß im Falle der arithmetischen Stufung der Sprung bei kleinen Durchmessern zu kraß, bei großen Durchmessern zu schleppend ist; im Falle der geometrischen Stufung ist der Sprung an allen Stellen zweckmäßig. Die geometrische Stufung ist daher in der technischen Anwendung zu bevorzugen, vor allem wenn man einen Gegenstand in verschiedenen Größen herstellen will.
Die sogenannten *Vorzugszahlen* nach ISO-Empfehlung 3 sind Zahlenwerte, die in ihrem Aufbau die Gesetzmäßigkeit der geometrischen Folge erkennen lassen.
Beim Aufstellen von solchen Reihen hat man die 1 (10, 100) als Anfangsglied und die 10 (100, 1000) als Endglied festgesetzt und damit das dekadische Zahlensystem berücksichtigt.

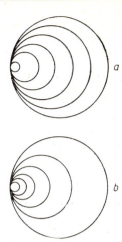

Bild 57

Soll das 1. Glied 10 sein und das 21. Glied 100, dann ist das 2. Glied $10 \cdot \varphi$, das 3. Glied $10 \cdot \varphi^2$ usw., wobei der Faktor φ dem Quotienten q entspricht.
Der Faktor φ (auch Stufensprung genannt) ist leicht zu berechnen. Für das 21. Glied muß gelten $10 \cdot \varphi^{20} = 100$.

Daraus folgt $\quad \varphi = \sqrt[20]{10}$

$$\lg \varphi = \frac{1}{20} \cdot \lg 10 = \frac{1}{20} = 0{,}05 \quad \varphi = 1{,}122$$

Damit sind die sämtlichen Glieder der Reihe bestimmbar.

Das 2. Glied ist $10 \cdot \varphi = 10 \cdot \sqrt[20]{10}$

das 3. Glied ist $10 \cdot \varphi^2 = 10 \cdot \sqrt[20]{10^2}$ usw.

Auf diese Weise erhält man eine Reihe von 21 Zahlen mit dem Anfangsglied 10 und dem Endglied 100.
Durch Division mit 10 gewinnt man hieraus die Vorzugszahlen für den Bereich 1 bis 10 (1 = Anfangsglied, 10 = Endglied), durch Multiplikation mit 10 die Vorzugszahlen für den Bereich 100...1000.

Außer der eben behandelten Unterteilung in 20 Stufen gibt es (im allgemeinen) noch 3 andere Reihen, bei denen die Unterteilung in 40, 10 bzw. 5 Stufen erfolgt. Jede Reihe ist gekennzeichnet durch den Wert von φ. Es ergibt sich folgende Zusammenstellung:

40er Reihe, bezeichnet mit R 40 $\quad\quad \varphi = \sqrt[40]{10} = 1{,}0592 \approx 1{,}06$

20er Reihe, bezeichnet mit R 20 $\quad\quad \varphi = \sqrt[20]{10} = 1{,}1220 \approx 1{,}12$

10er Reihe, bezeichnet mit R 10 $\quad \varphi = \sqrt[10]{10} = 1{,}2589 \approx 1{,}26$

5er Reihe, bezeichnet mit R 5 $\quad \varphi = \sqrt[5]{10} = 1{,}5849 \approx 1{,}58$

Je kleiner der Faktor φ ist, desto feiner ist die Stufung, und desto mehr Vorzugszahlen erhält die Reihe.

Aus Gründen der Zweckmäßigkeit sind die (logarithmisch berechneten) Stufenwerte gerundet und ausgeglichen worden. Man vergleiche hierzu die ISO-Empfehlung 3, die die sogenannten Hauptwerte (im Gegensatz zu den Genauwerten) für den Bereich 100 bis 1000 enthält.

In der Praxis werden die Vorzugszahlen auch zum Stufen von Leistungen, Geschwindigkeiten usw. bei Kraftmaschinen zugrunde gelegt. Zu diesem Zweck hat man einige Werte der Hauptwertreihen noch stärker gerundet. Diese Werte heißen Rundwerte. Zum Beispiel sind die Rundwerte der Reihe R 10:

$$10 \quad 12{,}5 \quad 16 \quad 20 \quad 25 \quad 32 \quad 40 \quad 50 \quad 63 \quad 80 \quad 100$$

Man vergleiche hierzu die in Aufgabe 186 errechneten Werte für die Drehzahlen.

Tafel I

Hauptwerte der Reihen R 5, R 10, R 20 und R 40

R 5	R 10	R 20	R 40	R 5	R 10	R 20	R 40
100	100	100	100				335
			106			355	355
		112	112				375
			118	400	400	400	400
	125	125	125				425
			132			450	450
		140	140				475
			150		500	500	500
160	160	160	160				530
			170			560	560
		180	180				600
			190	630	630	630	630
	200	200	200				670
			212			710	710
		224	224				750
			236		800	800	800
250	250	250	250				850
			265			900	900
		280	280				950
			300	1000	1000	1000	1000
		315	315				

Die Reihen R 20, R 10 und R 5 kann man aus der Reihe R 40 bequem ableiten. Überspringt man nämlich in der 40er Reihe immer ein Glied, so erhält man die Reihe R 20. Auf gleiche Weise geht R 10 aus R 20 und R 5 aus R 10 hervor.

6.3. Anwendungen der geometrischen Folge und Reihe

Für sämtliche standardisierten Abmessungen bei Anschlußstücken, Wellen, Schrauben usw. werden Vorzugszahlen der aufgestellten 4 Reihen verwendet.
Durch Einführung der Vorzugszahlen sollen willkürliche Zahlen möglichst vermieden werden. Es werden dann weniger Werkzeuge, Vorrichtungen und Meßzeuge gebraucht. Technische Einzelteile können vielseitig verwendet und daher billiger hergestellt werden.

Zinseszinsrechnung

Ein weiteres Anwendungsgebiet der geometrischen Reihe ist die Zinseszinsrechnung. Werden die für ein Jahr zu zahlenden Zinsen jedesmal am Ende eines Jahres dem Grundbetrag zugefügt und im folgenden Jahr mitverzinst, so steht der Grundbetrag auf Zinseszins.

Es sei b der Anfangsbetrag, p der Zinssatz, b_n der Endbetrag nach n Jahren.

Dann sind die Zinsen für ein Jahr $z = \dfrac{b \cdot p}{100}$

und der Endbetrag

BEISPIEL

$(b = 200,\ p = 3\,\%)$

nach dem 1. Jahr $b_1 = b + \dfrac{b \cdot p}{100} = b\left(1 + \dfrac{p}{100}\right)$ $b_1 = 200 \cdot 1{,}03$

nach dem 2. Jahr $b_2 = b_1 + \dfrac{b_1 \cdot p}{100} = b_1 \cdot \left(1 + \dfrac{p}{100}\right)$ $b_2 = 200 \cdot 1{,}03^2$

Setzt man für b_1 den Wert aus der 1. Zeile ein und setzt

$1 + \dfrac{p}{100} = q$, dann wird $b_2 = b \cdot q^2$

und entsprechend $\qquad b_3 = b \cdot q^3 \qquad b_3 = 200 \cdot 1{,}03^3$

Fährt man in dieser Weise fort, so ergibt sich für den Endbetrag nach n Jahren die

Zinseszinsformel $\boxed{b_n = b \cdot q^n}$ (99)

Hierin wird $q = 1 + \dfrac{p}{100}$ der *Zinsfaktor* genannt.

Für logarithmische Rechnung verwendet man die Tafel der siebenstelligen Mantissen.

Es gibt 4 Hauptaufgaben der Zinseszinsrechnung, die den folgenden Beispielen zugrunde liegen.

BEISPIEL

1. Der Endbetrag b_n ist gesucht:

   Zu welcher Summe wachsen 3000 DM, zu 4,5% verzinst, in 9 Jahren an?

   Lösung: $b_9 = 3000 \cdot 1{,}045^9$; $\lg 1{,}045 = 0{,}0191163$; $\underline{\underline{b_9 = 4458\ \text{DM.}}}$

2. Der Anfangsbetrag b ist gesucht:

Durch welche Summe kann man heute eine Zahlung von 5000 DM, die erst in 6 Jahren fällig ist, ablösen ($p = 3\%$)?

Lösung: Aus Formel (99) folgt $b = \dfrac{b_n}{q^n} = \dfrac{5000}{1{,}03^6}$. Die logarithmische Rechnung ergibt $\underline{\underline{b = 4187{,}50 \text{ DM}}}$.

3. Die Zeit (in Jahren) ist gesucht:

Nach wieviel Jahren verdoppelt sich ein Grundbetrag bei 3,5 % Verzinsung?

Lösung: Aus der Gleichung $2b = b \cdot q^n$ findet man $n = \dfrac{\lg 2}{\lg q}$ [1] und erhält für $q = 1{,}035$ die Jahre $n = \dfrac{\lg 2}{\lg 1{,}035} = 20{,}1$,

d. h., in 20 Jahren hat sich der Grundbetrag fast verdoppelt.

4. Der Prozentsatz p ist gesucht:

Ein junger Wald hatte einen Bestand von 90 m³ je ha. Der Bestand wuchs in 12 Jahren auf 114 m³ je ha. Wieviel % betrug der jährliche Zuwachs?

Lösung: Aus $b_n = b \cdot q^n$ erhält man durch logarithmische Umformung $n \cdot \lg q = \lg b_n - \lg b$.

Hieraus erhält man die allgemeine Formel $\lg q = \dfrac{\lg b_n - \lg b}{n}$

Aus $\lg q = \dfrac{\lg 114 - \lg 90}{12} = 0{,}00856$ findet man $q = 1{,}02$ und $\underline{\underline{p = 2\%}}$.

Das Beispiel 4 zeigt, daß die Anwendung der Formel (99) durchaus nicht auf Geldbeträge, die auf Zinseszins stehen, beschränkt ist. Die Formel ist vielmehr in Fällen anwendbar, wo ein Anfangswert in konstanten Zeitabständen prozentual um den gleichen Betrag vermehrt oder, wenn $q < 1$, vermindert wird.

AUFGABEN

192. Zu welcher Summe wachsen 5000 DM in 4 Jahren bei 4,5 % Zinseszins an?

193. Ein Grundbetrag wuchs in 22 Jahren bei 4 % Zinseszins auf 8500 DM an. Wie groß war er?

194. In wieviel Jahren wachsen 22500 DM bei 5 % Verzinsung auf 59699 DM an?

195. Zu wieviel % steht ein Grundbetrag, der sich in 20 Jahren verdreifacht?

Rentenrechnung

a) Vermehrung (Verminderung) des Grundwertes durch regelmäßige Zuzahlungen (Rückzahlungen)

---

[1] Vgl. 15.2. Exponentialgleichungen

6.3. Anwendungen der geometrischen Folge und Reihe

Wenn zu einer Spareinlage (Grundwert b_0), die zu $p\%$ auf Zinseszins steht, regelmäßiges Zuzahlen einer Summe r am Ende eines jeden Jahres erfolgt, dann kann man den Wert der gesamten Einzahlungen nach n Jahren folgendermaßen berechnen:

Es beträgt der Wert am Ende des

1. Jahres $\quad b_1 = b_0 q + r \qquad \left(q = 1 + \dfrac{p}{100}\right)$
2. Jahres $\quad b_2 = b_0 q^2 + rq + r$
3. Jahres $\quad b_3 = b_0 q^3 + rq^2 + rq + r$

n-ten Jahres $\quad b_n = b_0 q^n + rq^{n-1} + rq^{n-2} + \cdots + rq + r$

Hierin stellen die Glieder mit r eine geometrische Reihe dar, und man erhält unter Anwendung der Summenformel für die geometrische Reihe als Endwert

$$b_n = b_0 q^n + \frac{r(q^n - 1)}{q - 1} \qquad (100\,\text{a})$$

BEISPIEL

Jemand gibt $b_0 = 2000$ DM zu 3% auf Zinseszins. Am Ende eines jeden Jahres zahlt er $r = 600$ DM zu. Wieviel besitzt er nach 7 Jahren?

Lösung: Nach der soeben aufgestellten Formel ist

$$b_7 = 2000 \cdot 1{,}03^7 + 600 \cdot \frac{1{,}03^7 - 1}{0{,}03}$$

$7 \cdot \lg 1{,}03 = 7 \cdot 0{,}0128372 = 0{,}0898604$

$1{,}03^7 = 1{,}2299 \qquad 1{,}03^7 - 1 = 0{,}2299$

$b_n = 2000 \cdot 1{,}2299 + 20000 \cdot 0{,}2299 \approx 7056$

Er besitzt nach 7 Jahren **7056 DM**.

(Einerstelle unsicher durch Verwendung fünfstelliger Logarithmen. Banken rechneten in der Regel mit siebenstelligen Logarithmen, jetzt mit Rechnern.)

Wird wiederum am Anfang des Jahres ein Grundbetrag b_0 auf Zinseszins gegeben, aber am Ende des ersten Jahres wie am Ende jedes folgenden Jahres ein gleichbleibender Betrag r abgehoben, dann liegt der Fall regelmäßiger Auszahlungen (Rückzahlungen) vor. Der Wert der Spareinlage vermindert sich, vorausgesetzt, daß die Entnahme größer ist als die jährlichen Zinsen, also $r > b_0 \cdot \dfrac{p}{100}$. Nach n Jahren ist bei einer einmaligen Einzahlung b_0 und einer Abhebung r am Ende eines jeden Jahres der Betrag (Guthaben an der Bank) gegeben durch

$$b_n = b_0 \cdot q^n - \frac{r(q^n - 1)}{q - 1} \qquad (100\,\text{b})$$

(Prüfe die Richtigkeit dieser Formel nach!)

BEISPIEL

Ein Waldbestand wird auf 100 000 m³, sein jährlicher Zuwachs auf 4% geschätzt. Wieviel wird nach 20 Jahren vorhanden sein, wenn jährlich 1500 m³ abgeholzt werden?

Lösung: Die Aufgabe wird gelöst mit der soeben aufgestellten Formel. Es ist zu setzen $b_0 = 100\,000$, $r = 1500$, $q = 1{,}04$ und $n = 20$.

$$b_{20} = 100\,000 \cdot 1{,}04^{20} - \frac{1500\,(1{,}04^{20} - 1)}{0{,}04}$$

Wir entnehmen die Werte für q^n und $\frac{q^n - 1}{q - 1}$ besonderen Tafeln:

$$1{,}04^{20} = 2{,}191 \qquad \frac{1{,}04^{20} - 1}{0{,}04} = 29{,}78$$

$$b_{20} = 219\,100 - 1500 \cdot 29{,}78 = 174\,430$$

Der Waldbestand beträgt nach 20 Jahren angenähert 174 000 m³. Trotz der jährlichen Holzentnahme ist also der Waldbestand um 74% gewachsen.

Schätzt man den jährlichen Zuwachs nur auf 3%, so errechnet man aus

$$b_{20} = 100\,000 \cdot 1{,}03^{20} - \frac{1500\,(1{,}03^{20} - 1)}{0{,}03}$$

einen Waldbestand von rund 140 000 m³.

Das bedeutet einen Zuwachs von nur 40%.

Wie gestaltet sich das Ergebnis für einen jährlichen Zuwachs von 2%?

Im vorstehenden Beispiel wurden die Ergebnisse stark gerundet, da die Aufgabe selbst nur geschätzte Zahlenwerte enthält.

Sonderfälle

Behält man im letzten Beispiel $b_0 = 100\,000$, $q = 1{,}04$ und $n = 20$ bei und ändert die jährliche Holzentnahme r so ab, daß sie gleich dem jährlichen Zuwachs ist, dann tritt weder eine Vermehrung noch eine Verminderung des Waldbestandes ein.

Setzt man demgemäß $r = b_0\,(q - 1)$, so geht die Formel (100 b) über in $b_n = b_0$. Dies würde im Beispiel der Fall sein, wenn die jährliche Abholzung $r = 100\,000$ m³ $\cdot\ 0{,}04 = 4000$ m³ statt 1500 m³ betrüge.

(Der Leser übertrage diesen Fall auf eine auf Zinseszins stehende Geldsumme!)

Beträgt im Beispiel die jährlich geschlagene Holzmenge schließlich mehr als 4000 m³, dann tritt von Jahr zu Jahr eine Verringerung des Holzbestandes ein (Raubbau); es gilt in diesem Fall

$$b_n < b_0$$

Nach einer gewissen Zeit wird $b_n = 0$, das bedeutet für unser Beispiel: Der Wald ist gänzlich abgeholzt.

Überträgt man diesen Fall sinngemäß auf Geldsummen, so spricht man von einer „Tilgung". Setzt man in Formel (100b) den Endwert $b_n = 0$, dann erhält man die

Tilgungsformel $\quad b_0 \cdot q^n - \dfrac{r(q^n - 1)}{q - 1} = 0 \quad$ (101a)

BEISPIEL

Eine Schuld von 10 000 DM soll mit 4,5 % verzinst werden. Sie soll dadurch getilgt werden, daß siebenmal am Ende des Jahres eine gleichbleibende Summe r gezahlt wird. Wie groß muß dieser jährlich zu zahlende Betrag sein?

Lösung: $b_0 = 10\,000$, $q = 1{,}045$, $n = 7$, $r = ?$

$$10\,000 \cdot 1{,}045^7 - \frac{r(1{,}045^7 - 1)}{0{,}045} = 0$$

Aus Tabellen entnehmen wir $1{,}045^7 = 1{,}361 \qquad \dfrac{1{,}045^7 - 1}{0{,}045} = 8{,}019$

Somit ist $r = \dfrac{13\,610}{8{,}019} \approx 1\,697{,}2$

Die jährlich zu leistende Zahlung beträgt $\underline{\underline{1\,697{,}20\text{ DM}}}$[1].

b) Barwert einer Rente

Unter Renten versteht man regelmäßig in bestimmten Zeitabschnitten zur Auszahlung gelangende Beträge, die im allgemeinen die gleiche Höhe haben. Renten, die nur eine bestimmte Anzahl von Jahren gezahlt werden, heißen *Zeitrenten* im Gegensatz zu den *Leibrenten*, die der Inhaber bis zum Tode bezieht. Wir befassen uns nur mit Zeitrenten. Das Recht auf den Bezug einer Rente kann man sich z. B. durch eine einmalige Einzahlung einer Geldsumme an eine Versicherungsanstalt erwerben. Diese einmalige Zahlung bezeichnet man als *Barwert* der Rente, bezogen auf den Zeitpunkt der Zahlung.

Bei den Aufgaben der Rentenrechnung ist stets zu beachten, daß die Leistung der einen Seite (Versicherungsnehmer) gleich der Gegenleistung der anderen Seite (Versicherungsanstalt) ist. Unter diesem Gesichtspunkt können wir leicht von der letzten Formel (101a) her zu der sogenannten Rentenformel gelangen. Man braucht nur diese Formel auf die folgende Form zu bringen:

$$b_0 \cdot q^n = \frac{r(q^n - 1)}{q - 1} \qquad (101\text{b})$$

Hierin ist b_0 eine einmalige Zahlung, die nach n Jahren den Wert $b_0 \cdot q^n$ besitzt. Die rechte Seite stellt die Summe einer geometrischen Reihe dar, worin r einen n-mal zu zahlenden Betrag bedeutet, fällig am Ende jeden Jahres.

Faßt man nun den gleichbleibenden Betrag r als Rente auf, so ist der einmalig gezahlte Betrag b_0 nichts anderes als der Barwert dieser Rente ein Jahr vor der ersten

---

[1] Der Betrag kann nicht auf Pfennige genau angegeben werden, da die aus der Sondertafel entnommenen Werte auf 3 Dezimalstellen gerundet sind.

Rentenzahlung. Bezeichnen wir den Barwert mit R, dann erhalten wir die

Rentenformel $\qquad R = \dfrac{r}{q^n} \cdot \dfrac{q^n - 1}{q - 1}$ \hfill (102)

Diese Gleichung besagt: Ich leiste heute einen einmaligen Betrag R, oder ich zahle n-mal jährlich einen Betrag r, beginnend heute in einem Jahr. Die Formel wird somit zur Grundlage für die Umwandlung von einmaliger Zahlung in regelmäßig wiederholte Zahlungen und umgekehrt.

BEISPIEL

Eine Rente von 600 DM ist 10 Jahre zu zahlen. Durch welche Summe kann die ganze Rente ein Jahr vor der Fälligkeit der ersten Rente abgelöst werden, wenn mit 4,5 % Verzinsung gerechnet wird?

Lösung: $\qquad R = \dfrac{600}{1{,}045^{10}} \cdot \dfrac{1{,}045^{10} - 1}{0{,}045}$

Aus Tabellen entnimmt man $\dfrac{1}{1{,}045^{10}} = 0{,}6439 \qquad \dfrac{1{,}045^{10} - 1}{0{,}045} = 12{,}29$

$R = 600 \cdot 0{,}6439 \cdot 12{,}29 \approx 4748$

Die einmalige Zahlung (Barwert der Rente) beträgt __4748__ DM.

Barwert der Rente in einem beliebigen Zeitpunkt

Ist der bare Wert der Rente für einen Zeitpunkt zu bestimmen, der m Jahre später liegt, dann ist der nach Formel (102) sich ergebende Wert mit q^m zu multiplizieren; denn R wächst in m Jahren durch Zinseszins auf den Wert $R \cdot q^m$ an.

Beachte: Der Zeitpunkt liegt dann $m - 1$ Jahre nach dem Fälligkeitstag der ersten Rente r.

Liegt dagegen der Zeitpunkt m Jahre früher, dann ist der nach Formel (102) errechnete Wert durch q^m zu dividieren; denn der so erhaltene Wert $\left(\dfrac{R}{q^m}\right)$ wächst in m Jahren auf den Wert $\dfrac{R}{q^m} \cdot q^m = R$ an.

Beachte: Der Zeitpunkt liegt in diesem Fall $m + 1$ Jahre vor dem Fälligkeitstag der ersten Rente r.

BEISPIELE

1. An eine Versicherungsanstalt werden heute 20000 DM gezahlt, um damit eine zehnmal zu zahlende Jahresrente zu kaufen, die heute in 8 Jahren erstmalig gezahlt werden soll. Wie groß wird der Rentenbetrag r sein, wenn die Verzinsung zu 4 % gerechnet wird?

    Lösung: Nach Formel (102) ist der Barwert der Rente ein Jahr vor der ersten Zahlung gleich

    $$\dfrac{r}{1{,}04^{10}} \cdot \dfrac{1{,}04^{10} - 1}{0{,}04}$$

Andererseits ist dieser Wert gegeben durch $R = 20000 \cdot 1{,}04^7$, da der eingezahlte Betrag bis zu diesem Zeitpunkt sieben (nicht 8) Jahre auf Zinseszins steht. Es gilt also die Gleichung

$$20000 \cdot 1{,}04^7 = \frac{r}{1{,}04^{10}} \cdot \frac{1{,}04^{10} - 1}{0{,}04}$$

oder $\qquad 20000 = \dfrac{r}{1{,}04^{17}} \cdot \dfrac{1{,}04^{10} - 1}{0{,}04}$

$$r = \frac{800 \cdot 1{,}04^{17}}{1{,}04^{10} - 1} \approx 3246{,}7$$

Die Rente beträgt 3246,70 DM jährlich.

2. Jemand hat neunmal jährlich 500 DM zu zahlen. Er will dafür eine einmalige Zahlung leisten an dem Tage, an dem die 3. Rente gezahlt werden müßte. Wie groß muß dieser Betrag sein, wenn mit 3,5 % gerechnet wird?

Lösung: Ein Jahr vor der ersten Zahlung ist der Barwert der Rente gegeben durch

$$R = \frac{500}{1{,}035^9} \cdot \frac{1{,}035^9 - 1}{0{,}035}$$

Am Fälligkeitstermin der 3. Rente, d. h. 3 Jahre später, ist der bare Wert durch Zinseszins angewachsen auf

$$R \cdot q^3 = R \cdot 1{,}035^3 = \frac{500}{1{,}035^6} \cdot \frac{1{,}035^9 - 1}{0{,}035} = 4218{,}9$$

Die Rente kann an dem genannten Zeitpunkt durch Zahlung von 4218,90 DM abgelöst werden.

3. Jemand will eine Schuld von 6795 DM durch jährliche Zahlungen von 500 DM begleichen. Die erste Zahlung soll in einem Jahr erfolgen. In wieviel Jahren ist die Schuld beglichen, wenn 4 % Zinsen gerechnet werden?

Lösung: In n Jahren wird die Summe von 500 DM n-mal gezahlt. Nach der Formel (102) für den Barwert erhält man

$$6795 = \frac{500}{1{,}04^n} \cdot \frac{1{,}04^n - 1}{0{,}04}.$$

Weitere Umformung führt auf die Exponentialgleichung

$$228{,}2 \cdot 1{,}04^n = 500.$$

Hieraus folgt $n = \dfrac{\lg 500 - \lg 228{,}2}{\lg 1{,}04} = \dfrac{0{,}34037}{0{,}01703} \approx 20$

Nach 20 Jahren ist die Schuld beglichen.

AUFGABEN

196. Jemand zahlt am Anfang des Jahres 500 DM in eine Sparkasse ein. Am Ende dieses Jahres wie am Ende der 6 folgenden Jahre zahlt er je 400 DM zu. Wie groß ist sein Guthaben am letzten Zahltag, wenn 3 % Zinsen gerechnet werden?

232   6. Arithmetische und geometrische Folgen und Reihen

197. Welchen baren Wert hat eine zehnmal zu zahlende Jahresrente von 1 000 DM am Tage der ersten Auszahlung, wenn 3 % gerechnet werden?
198. Die Maschinen eines graphischen Betriebes hatten einen Anschaffungswert von 45 000 DM und haben durch jährliche Abschreibung von 8,5 % des jeweiligen Wertes einen Buchwert von 15 500 DM erhalten. Nach wieviel Jahren war dies der Fall?
199. Eine Schuld von 12 000 DM tilgt jemand in folgender Weise. Er zahlt nach einem Jahr 2 000 DM und nach jedem folgenden Jahr eine gleichbleibende Summe (Rate). Wie groß muß diese Summe sein, wenn sie zehnmal gezahlt werden soll und mit 5 % Verzinsung gerechnet wird?
200. Nach wieviel Jahren ist ein Guthaben von 10 000 DM, das mit 3,5 % verzinst wird, fast aufgezehrt, wenn am Ende eines jeden Jahres 960 DM abgehoben werden?
201. Eine 10 Jahre lang zahlbare Rente von 1 000 DM ist heute in 4 Jahren erstmalig zahlbar. Sie soll in eine Rente umgewandelt werden, die 6 Jahre lang gezahlt werden soll und zuerst heute in 3 Jahren fällig ist. Wie groß muß die zweite Rente sein, wenn 3 % Zinsen gerechnet werden? (Anleitung: Barwerte beider Renten für den gleichen Zeitpunkt gleichsetzen!)

6.4.   Verzinsung in momentanen Zeiträumen und die Zahl e

Schlägt man die Zinsen schon nach einem Halbjahr zum Grundbetrag, dann beträgt dieser Zuschlag für 100 DM nur $\frac{p}{2}$ DM, da 100 DM in einem Jahr p DM Zinsen bringen.

Der Wert des Grundbetrags nach n Jahren, d. h. $2n$ Halbjahren, ist dann allgemein

$$b_n = 100\left(1 + \frac{p}{200}\right)^{2n}.$$

Erfolgt der Zinszuschlag in noch kleineren Abschnitten, dann gelten entsprechende Formeln:

vierteljährliche Verzinsung $b_n = 100\left(1 + \frac{p}{400}\right)^{4n}$

monatliche Verzinsung $b_n = 100\left(1 + \frac{p}{1\,200}\right)^{12n}$

wöchentliche Verzinsung $b_n = 100\left(1 + \frac{p}{5\,200}\right)^{52n}$

tägliche Verzinsung $b_n = 100\left(1 + \frac{p}{36\,000}\right)^{360n}$

Während in diesen Formeln der Wert für den Zinsfaktor immer kleiner wird, wächst der Exponent immer mehr. Je mehr Teilzeiten man aus einem Jahr bildet, desto kleiner werden die Zinszuschläge, aber sie erfolgen häufiger. Man könnte meinen, daß dadurch ein Ausgleich erfolgt und die Höhe der Endsumme nach einem Jahr oder

6.4. Verzinsung in momentanen Zeiträumen und die Zahl e

10 Jahren unabhängig sei von der Art der Unterteilung des Jahres. Die Verzinsung in Teilzeiten des Jahres hat jedoch einen Einfluß auf die Endsumme, wovon ein Beispiel am besten überzeugt.

BEISPIEL

1 000 DM ergeben bei 4% in 5 Jahren die Endsumme

1 216,65 DM jährlich verzinst   1 221,00 DM monatlich verzinst
1 219,00 DM halbjährlich verzinst   1 221,31 DM wöchentlich verzinst
1 220,19 DM vierteljährlich verzinst   1 221,39 DM täglich verzinst

Offensichtlich wächst die Endsumme mit noch weiter geführter Unterteilung. Wächst sie unbegrenzt, oder gibt es einen Grenzwert? Um die Frage zu beantworten, müssen wir die Teilzeiten noch kleiner nehmen, d. h., wir müssen die Zinsen nicht täglich, sondern stündlich zufügen, schließlich nach jeder Minute oder Sekunde.
Auf diese Weise kommen wir der Verzinsung in momentanen Zeiträumen immer näher. Wir denken dabei an das Wachsen des Holzbestandes im Wald, an das Wachsen jeder Pflanze und jedes Tieres, das nicht stufenweise wie beim Zinseszins, sondern stetig vor sich geht. Die gestellte Frage ist also nicht etwa ein rein mathematisches Problem, sondern es handelt sich hier um die mathematische Erfassung eines natürlichen Vorganges, um die Gesetzmäßigkeit des organischen Wachstums.
Um die weitere Untersuchung einfacher und durchsichtiger zu gestalten, gehen wir von dem Fall aus, daß $p = 10$ und $n = 10$ ist. Setzen wir außerdem den Anfangsbetrag $b = 1$, so kommt die Formel $b_n = b\left(1 + \frac{p}{100}\right)^n$ auf die einfachere Form

$$b_n = \left(1 + \frac{1}{n}\right)^n$$

Die Formel besagt, daß die Summe b_n durch ein Wachsen in n Stufen erreicht wird, wobei der 1. Zuwachs $\frac{1}{n}$ beträgt. In dem angenommenen Fall ist $n = 10$, und der 1. Zuwachs $\frac{1}{n} = \frac{1}{10}$ erfolgt nach einem Jahr. Somit ist die Endsumme

$$b_n = \left(1 + \frac{1}{10}\right)^{10} = 2{,}594$$

Erfolgt das Wachsen in 20 Stufen (halbjährlicher Zuschlag), dann gilt

$$b_n = \left(1 + \frac{1}{2n}\right)^{2n} = \left(1 + \frac{1}{20}\right)^{20} = 2{,}653$$

Setzen wir das Verfahren weiter fort, so ergibt sich bei einem Wachsen in

100 Stufen: $b_n = \left(1 + \frac{1}{100}\right)^{100} = 2{,}7048$

1000 Stufen: $b_n = \left(1 + \frac{1}{1000}\right)^{1000} = 2{,}7169$

10000 Stufen: $b_n = \left(1 + \frac{1}{10000}\right)^{10\,000} = 2{,}71815$

Überblicken wir die Reihe der erhaltenen Endsummen, so ist – wie zu erwarten – ein Wachsen festzustellen, aber das Wachsen geht um so langsamer, je größer wir n wählen.

Der Wert für n wurde immer zehnmal so groß genommen, dabei änderte sich die 1. Ziffer (2) im Ergebnis nicht, wohl aber die 2. Ziffer; dann blieb auch diese (7) gleich, und schließlich haben die letzten zwei Summenwerte die ersten drei Ziffern (2,71) gleich. Das bleibt vermutlich auch so, wenn n noch größere Werte annimmt.

Der Wert für den Ausdruck $\left(1+\frac{1}{n}\right)^n$ wird für beliebiges positives ganzzahliges n immer zwischen 2 und 3 liegen. Für unbegrenzt wachsendes n muß sich der Wert einer oberen Grenze nähern, die mit e bezeichnet wird. Hierfür hat die Mathematik die folgende symbolische Schreibweise:

$$\lim_{n\to\infty}\left(1+\frac{1}{n}\right)^n = e$$

Ein genauerer Zahlenwert ist $e \approx 2{,}718\,281\,828\,459\ldots$

Der wirkliche Wert von e ist ein unendlicher nichtperiodischer Dezimalbruch; e gehört wie die Zahl π zu den sogenannten *transzendenten* Zahlen[1].

Vergleichender Rückblick

Bei der Verzinsung ist der Zuwachs immer proportional dem vorhandenen Grundbetrag. Bei einfacher Verzinsung bleibt der Grundbetrag immer der gleiche, daher ist auch der Zuwachs immer der gleiche. Unter der eingangs gemachten Annahme ($p = 10$ und $n = 10$) würde bei einfacher Verzinsung ein Grundbetrag b um das Zehnfache der Jahreszinsen, das wäre auf das Doppelte, also auf $2b$ anwachsen (vgl. Bild 58a). Bei Verzinsung in momentanen Zeiträumen dagegen wächst derselbe Grundbetrag bei gleichen Bedingungen in der gleichen Zeit auf das e-fache, auf rund $2{,}7b$ an (vgl. Bild 58b).

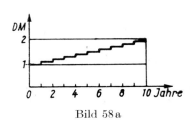
Bild 58a

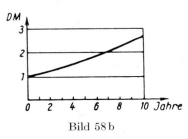
Bild 58b

Bei diesem Vorgang erfolgt die Zunahme in jedem Augenblick und ist proportional dem *augenblicklich vorhandenen* Betrag. Insofern gleicht er dem Wachstumsvorgang in der lebenden Natur; denn nach den biologischen Gesetzen erzeugt jeder Zuwachs selbst wieder einen neuen Zuwachs. Somit haben wir auch die Erklärung, warum das Logarithmensystem mit der Basis e das „natürliche" genannt wird.

---

[1] Vgl. Fußnote S. 182 sowie 7.3.

7. Der binomische Lehrsatz und die binomische Reihe

7.1. Der binomische Lehrsatz

Ein Binom ist eine zweigliedrige algebraische Summe von der Form $(a \pm b)$. Schon im Abschnitt 3. haben wir die Potenzen $(a + b)^n$ und $(a - b)^n$ näher betrachtet. Wir konnten dort mit Hilfe des „Pascalschen Dreiecks" den Potenzwert für kleine Werte von n gleich hinschreiben. Eine allgemeine Formel für ein beliebiges n wurde jedoch nicht gegeben; das soll jetzt geschehen.

Der binomische Lehrsatz gibt einen allgemeingültigen Ausdruck für $(a \pm b)^n$, wobei n eine ganze positive Zahl ist. Das bedeutet eine große Erleichterung; denn bisher erforderte z. B. die Berechnung der Potenz $(a + b)^{10}$ die Kenntnisse der Binomialzahlen aller vorhergehenden Potenzen bis $n = 9$.

Die wichtigste Voraussetzung für die Aufstellung des binomischen Lehrsatzes war, daß man den Zusammenhang der Binomialzahlen mit den Exponenten n erkannte. Man hat gefunden, daß sich die Binomialzahlen (Koeffizienten) in einer besonderen eigentümlichen Form darstellen lassen. Das soll zunächst an einigen Beispielen gezeigt werden. (Man schreibe sich zum besseren Verständnis das Pascalsche Dreieck auf!)

$$(a + b)^3 = a^3 + 3a^2b + 3ab^2 + b^3$$

$$(a + b)^3 = a^3 + \frac{3}{1} a^2b + \frac{3 \cdot 2}{1 \cdot 2} ab^2 + b^3$$

$$(a + b)^4 = a^4 + \frac{4}{1} a^3b + \frac{4 \cdot 3}{1 \cdot 2} a^2b^2 + \frac{4 \cdot 3 \cdot 2}{1 \cdot 2 \cdot 3} ab^3 + b^4$$

$$(a + b)^5 = a^5 + \frac{5}{1} a^4b + \frac{5 \cdot 4}{1 \cdot 2} a^3b^2 + \frac{5 \cdot 4 \cdot 3}{1 \cdot 2 \cdot 3} a^2b^3 + \frac{5 \cdot 4 \cdot 3 \cdot 2}{1 \cdot 2 \cdot 3 \cdot 4} ab^4 + b^5$$

Wie man sieht, sind hier die Binomialkoeffizienten in Bruchform gebracht, wobei Zähler wie Nenner jeweils aus einer gleichen Anzahl von Faktoren bestehen. Die Faktoren des Nenners sind aufeinanderfolgende Glieder der natürlichen Zahlenfolge. Die Faktoren des Zählers bilden eine fallende arithmetische Folge mit dem Anfangsglied $a_1 = n$ (Potenzexponent) und der Differenz $d = 1$. Damit ist die zugrunde liegende Gesetzmäßigkeit gekennzeichnet. Nimmt man nun an, daß diese Gesetzmäßigkeit auch für jede weitere Potenz gilt, dann kann man allgemein schreiben:

$$(a + b)^n = a^n + \frac{n}{1} a^{n-1}b + \frac{n(n-1)}{1 \cdot 2} a^{n-2}b^2 + \frac{n(n-1)(n-2)}{1 \cdot 2 \cdot 3} a^{n-3}b^3 +$$

$$+ \cdots + \frac{n(n-1)(n-2)\cdots 3 \cdot 2}{1 \cdot 2 \cdot 3 \cdots (n-1)} ab^{n-1} + b^n \tag{103}$$

Die Richtigkeit des hier gegebenen letzten Binomialkoeffizienten ist leicht einzusehen, wenn man beachtet, daß in den obigen Beispielen der letzte Faktor im Zähler immer 2 ist und der letzte Faktor im Nenner stets um 1 kleiner als der Exponent n ist.

In dieser Form (103) weist der binomische Lehrsatz recht schwülstige Ausdrücke für die Koeffizienten auf. Das wird aber behoben, wenn man eine kurze symbolische

Schreibweise anwendet. So schreibt man z. B. bei der Entwicklung der Potenz $(a+b)^5$ in eine Reihe die Koeffizienten wie folgt:

$$\frac{5}{1} = \binom{5}{1} \text{ gelesen: 5 über 1} \qquad \frac{5\cdot 4}{1\cdot 2} = \binom{5}{2} \text{ gelesen: 5 über 2}$$

$$\frac{5\cdot 4\cdot 3}{1\cdot 2\cdot 3} = \binom{5}{3} \text{ gelesen 5 über 3} \qquad \frac{5\cdot 4\cdot 3\cdot 2}{1\cdot 2\cdot 3\cdot 4} = \binom{5}{4} \text{ gelesen: 5 über 4}$$

Unter Benutzung dieser symbolischen Schreibweise lautet die Entwicklung für $(a+b)^5$:

$$(a+b)^5 = a^5 + \binom{5}{1}a^4b + \binom{5}{2}a^3b^2 + \binom{5}{3}a^2b^3 + \binom{5}{4}ab^4 + b^5 \qquad (104\,a)$$

BEISPIELE (zur Erläuterung der symbolischen Schreibweise)

1. $\binom{6}{3} = \dfrac{6\cdot 5\cdot 4}{1\cdot 2\cdot 3} = 20$ \qquad 2. $\binom{7}{4} = \dfrac{7\cdot 6\cdot 5\cdot 4}{1\cdot 2\cdot 3\cdot 4} = 35$

3. $\binom{3}{5} = \dfrac{3\cdot 2\cdot 1\cdot 0\cdot (-1)}{1\cdot 2\cdot 3\cdot 4\cdot 5} = 0$ \qquad 4. $\binom{4}{4} = \dfrac{4\cdot 3\cdot 2\cdot 1}{1\cdot 2\cdot 3\cdot 4} = 1$

5. $\binom{4}{3} = \dfrac{4\cdot 3\cdot 2}{1\cdot 2\cdot 3} = 4$ \qquad 6. $\binom{6}{5} = \dfrac{6\cdot 5\cdot 4\cdot 3\cdot 2}{1\cdot 2\cdot 3\cdot 4\cdot 5} = 6$

7. $\binom{n}{n-1} = \dfrac{n(n-1)(n-2)\cdots 2}{1\cdot 2\cdot 3\cdot 4\cdots (n-1)} = n$ \qquad 8. $\binom{n}{k} = \dfrac{n(n-1)(n-2)\cdots(n-k+1)}{1\cdot 2\cdot 3\cdots k}$

Die Beispiele lassen einige wichtige Verallgemeinerungen erkennen.

Ist in $\binom{n}{k}$ $k > n$, dann gilt $\binom{n}{k} = 0$ (vgl. Beispiel 3).

Für $k = n$ erhält man $\binom{n}{n} = 1$ (vgl. Beispiel 4).

Für $k = n-1$ erhält man $\binom{n}{n-1} = \binom{n}{1} = n$ (vgl. Beispiel 5 und 7).

Auch aus Symmetriegründen (vgl. Pascalsches Dreieck!) muß die letzte Gleichung gelten; denn der vorletzte Koeffizient ist gleich dem 2. Koeffizienten, der drittletzte gleich dem 3. Koeffizienten usw., $\binom{n}{1}$ ist aber der 2. Koeffizient und $\binom{n}{n-1}$ der vorletzte Koeffizient in der Entwicklung nach dem binomischen Satz. Das ist auch leicht an unserer Reihe (104a) zu erkennen: $\binom{5}{4}$ muß gleich $\binom{5}{1}$ sein. Ebenso muß aus Symmetriegründen gelten: $\binom{5}{3} = \binom{5}{2}$.

Ergänzend sei noch erwähnt: Man hat festgesetzt

$$\binom{n}{0} = 1 \quad \text{für} \quad n = 0, 1, 2, 3, \ldots$$

Merke:

$$\binom{0}{0} = \binom{n}{0} = \binom{n}{n} = 1 \qquad (\text{I})$$

7.1. Der binomische Lehrsatz

Für das Produkt $1 \cdot 2 \cdot 3 \cdot 4$ schreibt man kurz 4! (gelesen: 4 Fakultät). Allgemein gilt

$$n \text{ Fakultät: } n! = 1 \cdot 2 \cdot 3 \cdots (n-1) \cdot n \tag{II}$$

Der binomische Lehrsatz erhält durch Anwendung der symbolischen Schreibweise die folgende endgültige Form:

$$(a+b)^n = a^n + \binom{n}{1}a^{n-1}b + \binom{n}{2}a^{n-2}b^2 + \cdots + \binom{n}{n-2}a^2b^{n-2} +$$
$$+ \binom{n}{n-1}ab^{n-1} + b^n \tag{104}$$

Ist b negativ, so wechseln die Vorzeichen ab, z. B.

$$(a-b)^5 = a^5 - \binom{5}{1}a^4b + \binom{5}{2}a^3b^2 - \binom{5}{3}a^2b^3 + \binom{5}{4}ab^4 - b^5 \tag{105}$$

Ist n gerade (z. B. $n = 6$), dann ist das letzte Glied positiv, andernfalls wie in (105) negativ.

Unter Verwendung des Summenzeichens läßt sich der binomische Lehrsatz folgendermaßen kurz in geschlossener Form schreiben:

$$(a+b)^n = \sum_{\nu=0}^{\nu=n} \binom{n}{\nu} a^{n-\nu} b^\nu \tag{106a}$$

und

$$(a-b)^n = \sum_{\nu=0}^{\nu=n} (-1)^\nu \binom{n}{\nu} a^{n-\nu} b^\nu \tag{106b}$$

(Der Faktor $(-1)^\nu$ in Formel (106b) bewirkt, daß die Vorzeichen der einzelnen Summanden der Potenzreihe wechseln.)

Muß man die Koeffizienten zahlenmäßig angeben, so beachte man beim Ausrechnen, daß die Koeffizienten, die gleich weit vom Anfang und Ende entfernt sind, gleich sind. Die Rechnung erfolgt also nur bis zur Mitte. Nur bei geradem n ist die Anzahl der Glieder ungerade und daher ein Mittelglied vorhanden.

Es ist jetzt mit Hilfe des binomischen Lehrsatzes möglich, irgendein Glied der Reihe anzugeben, ohne die übrigen Glieder zu bestimmen. So ist z. B. das 9. Glied in der Entwicklung für $(a+b)^{18}$ gleich $\binom{18}{8} a^{18-8} b^8$, das 12. Glied $\binom{18}{11} a^{18-11} b^{11}$, und das 19. Glied $\binom{18}{18} a^{18-18} b^{18} = b^{18}$ ist das letzte Glied in dieser Entwicklung.

Anwendung des binomischen Lehrsatzes

Setzt man $a = 1$ und $b = x$, dann erhält die Formel (104) die Form:

$$\boxed{(1+x)^n = 1 + \binom{n}{1}x + \binom{n}{2}x^2 + \cdots + x^n} \tag{107}$$

Diese Entwicklung stellt eine Potenzreihe in x dar. Ist hierin x positiv und kleiner als 1, dann ist $x^2 < x$, $x^3 < x^2$ usw. Je kleiner x ist, desto weniger werden die Glieder mit höheren Potenzen ins Gewicht fallen. Es wird aber immer die Ungleichung gelten

$$(1 + x)^n > 1 + n \cdot x \qquad \text{(III)}$$

Zum Beispiel ist $1{,}003^{20} > 1 + 20 \cdot 0{,}003$, d. h. $> 1{,}06$.

Offensichtlich gestattet die Beziehung (III) nur eine ganz grobe Schätzung.

Will man das Ergebnis, d. h. den Wert der Potenz $(1 + x)^n$, auf 3 Dezimalstellen genau haben, dann berechnet man die einzelnen Glieder der zugehörigen Entwicklung auf 4 Dezimalstellen. Dabei ist es oft nicht nötig, die letzten Glieder der Reihe zu berechnen.

BEISPIEL

Es soll $0{,}99^5$ bis auf 3 Dezimalstellen genau berechnet werden.

Lösung: Man setzt $0{,}99^5 = (1 - 0{,}01)^5$ und erhält aus

$$(1 + x)^n = 1 + \binom{n}{1} x + \binom{n}{2} x^2 + \cdots + x^n$$

für $n = 5$ und $x = -0{,}01$

$$(1 - 0{,}01)^5 = 1 - 5 \cdot 0{,}01 + 10 \cdot 0{,}01^2 - 10 \cdot 0{,}01^3 +$$
$$+ 5 \cdot 0{,}01^4 - 0{,}01^5 =$$
$$= 1 - 0{,}05 + 0{,}001 - 0{,}00001 + 0{,}00000005 -$$
$$- 0{,}0000000001$$

Ergebnis: $0{,}99^5 \approx \underline{0{,}951}$ (Berechnung auf 3 Dezimalstellen erfolgte aus den ersten 3 Gliedern)

$0{,}99^5 \approx \underline{0{,}95099}$ (Berechnung auf 5 Dezimalstellen erfolgte aus den ersten 4 Gliedern).

In der Zinseszinsrechnung stellt der Zinsfaktor $q = 1 + \frac{p}{100}$ ebenfalls eine wenig von 1 verschiedene Zahl dar. In der Formel $b_n = b \cdot q^n$ können wir den Wert der Potenz q^n auch ohne Logarithmen berechnen. Die Anwendung des binomischen Lehrsatzes gestattet die Bestimmung dieses Wertes mit beliebiger Genauigkeit.

BEISPIEL

Berechne den Wert von 1000 DM mit Zinseszinsen nach 10 Jahren bis auf die Pfennige genau, wenn der Zins halbjährlich zum Betrag geschlagen wird und $p = 4\%$ ist!

Lösung: $b_n = b \cdot q^n = 1000 \cdot 1{,}02^{20}$

$1{,}02^{20}$ muß auf 6 Dezimalstellen berechnet werden.

$$1{,}02^{20} = 1 + 20 \cdot 0{,}02 + 190 \cdot 0{,}02^2 + 1140 \cdot 0{,}02^3 + 4845 \cdot 0{,}02^4 +$$
$$+ 15504 \cdot 0{,}02^5 + 38760 \cdot 0{,}02^6 + 77520 \cdot 0{,}02^7 + \cdots =$$
$$= 1 + 0{,}4 + 0{,}0760 + 0{,}009120 + 0{,}0007752 +$$
$$+ 0{,}0000496 + 0{,}00000248 + \cdots$$

$b_n \approx 1000 \cdot 1{,}485947 \text{ DM} \approx 1485{,}95 \text{ DM}$

AUFGABEN

202. Berechne die Ausdrücke:

a) $\binom{5}{3}$ b) $\binom{n}{2}$ c) $\binom{8}{2} - \binom{8}{6}$ d) $\binom{n}{2} - \binom{n}{n-2}$ e) $\binom{n}{k} - \binom{n}{n-k}$

f) $\binom{5}{5}$ g) $\binom{4}{6}$ h) $\binom{3}{0}$

203. Wie lautet

a) das 5. und 10. Glied in der Entwicklung für $(a + b)^{12}$,

b) das k-te Glied in der Entwicklung für $(a + b)^n$?

204. Man entwickle folgende Binome:

a) $(x + y)^6$ b) $(a - 2b)^7$ c) $(x - 1)^8$ d) $\left(\dfrac{a}{b} - \dfrac{b}{a}\right)^4$

205. Berechne auf 4 Dezimalstellen genau nach dem binomischen Satz:

a) $1{,}1^{12}$ b) $0{,}9^5$ c) den Zinsfaktor $1{,}02^8$

206. Berechne:

a) $(a + b)^4 + (a - b)^4$ b) $(1 + x)^4 - (1 - x)^4$

207. Setze in der allgemeinen Binomialformel $a = b = 1$! Was besagt das Ergebnis?

208. Auf welche Summe wachsen 350 DM in 6 Jahren an, wenn die Zinsen jährlich zum Betrag geschlagen werden ($p = 3\%$)?

7.2. Die binomische Reihe

Der binomische Lehrsatz gilt für Potenzen von zweigliedrigen Ausdrücken mit ganzzahligen positiven Exponenten und auch für $n = 0$. In der höheren Mathematik, und zwar in der Lehre von den sogenannten unendlichen Reihen, erscheint der binomische Lehrsatz als ein Sonderfall. Es kann dort bewiesen werden, daß unter gewissen Bedingungen ein Ausdruck von der Form $(a + b)^n$ auch für negative und gebrochene Exponenten in eine Reihe entwickelt werden kann. Allerdings hat die Reihe eine unendliche Anzahl von Gliedern. Ohne weitere Beweisführung sei hier für den Fall $a = 1$ und $b = x$ diese Reihenentwicklung gegeben. Man bezeichnet sie kurz als *binomische Reihe* oder auch als *Binomialreihe*.

$$(1 + x)^n = 1 + \binom{n}{1}x + \binom{n}{2}x^2 + \binom{n}{3}x^3 + \binom{n}{4}x^4 + \cdots \qquad (108)$$

Hierin haben die symbolischen Zeichen für die Koeffizienten die gleiche Bedeutung wie beim binomischen Lehrsatz. Ausführlicher geschrieben gilt also:

$$(1 + x)^n = 1 + \frac{n}{1!}x + \frac{n(n-1)}{2!}x^2 + \frac{n(n-1)(n-2)}{3!}x^3 + \frac{n(n-1)(n-2)(n-3)}{4!}x^4 + \cdots$$

Wählen wir für n eine ganze positive Zahl, z. B. $n = 3$, dann wird der Koeffizient von x^4 gleich Null; das gleiche gilt für alle folgenden Glieder. Die Reihe bricht also mit dem 4. Glied ab. Entsprechend erhält man für $n = 5$ eine Reihe von 6 Gliedern, für $n = 10$ eine Reihe von 11 Gliedern usf. Für positives ganzzahliges n erhält man also nach der binomischen Reihe dasselbe Ergebnis wie nach dem binomischen Lehrsatz.

Das ist aber nicht der Fall, wenn n *negativ* ist.

Für $n = -1$ erhalten wir:

$$(1+x)^{-1} = \frac{1}{1+x} =$$
$$= 1 + \frac{-1}{1!} x + \frac{(-1)(-2)}{2!} x^2 + \frac{(-1)(-2)(-3)}{3!} x^3 + \cdots$$
$$(1+x)^{-1} = 1 - x + x^2 - x^3 + x^4 - x^5 + - \cdots \tag{109}$$

Das ist eine unendliche Reihe; denn in den Ausdrücken $\binom{n}{k}$ für die Koeffizienten kann niemals der Faktor 0 auftreten. Da das allgemein für jedes negative n gilt, erhält man in diesem Fall immer eine unendliche Reihe, d. h. eine Reihe mit unendlich vielen Gliedern.

Die für $n = -1$ erhaltene Reihe (109) ist leicht als unendliche geometrische Reihe erkennbar; ihr Anfangsglied ist $a_1 = 1$ und der Quotient $q = -x$. Der Summenwert einer unendlichen geometrischen Reihe ist aber nach der Formel $s = \dfrac{a}{1-q}$ (vgl. 6.2., Seite 221) leicht berechenbar; wir erhalten $s = \dfrac{1}{1+x}$. Das ist aber in der Tat der Ausdruck, der auf der linken Seite unserer Formel (109) steht und von dem wir ausgegangen sind.

Zu beachten ist allerdings, daß die Formel für die unendliche geometrische Reihe nur gilt für den Fall $|q| < 1$, wie in 6.2. ausgeführt wurde. Damit haben wir zugleich die Bedingung, von der oben schon gesprochen wurde und die allgemein für die Binomialreihe sowohl bei negativem n wie auch bei gebrochenem n notwendig ist. Man sagt dann auch: Die Reihe konvergiert für $|x| < 1$.

Es gilt allgemein:

$$\boxed{\begin{array}{c}(1+x)^n = 1 + nx + \binom{n}{2} x^2 + \binom{n}{3} x^3 + \cdots \\ \text{konvergiert für } |x| < 1\end{array}} \tag{110}$$

Auch in dem Fall, daß n eine gebrochene positive oder negative Zahl ist, sind wieder alle Glieder von Null verschieden, und die Reihe wird ebenfalls unendlich. Zum Beispiel wird für

$$n = \frac{1}{2} \text{ der Ausdruck } \binom{n}{3} = \frac{\frac{1}{2}\left(-\frac{1}{2}\right)\left(-\frac{3}{2}\right)}{3!} = \frac{1}{16}$$

Wie leicht einzusehen, werden die Ausdrücke $\binom{n}{k}$ auch für $n = -\dfrac{1}{2}$ oder $n = 1{,}5$ niemals gleich Null.

7.2. Die binomische Reihe

Auch hier ist mit Hilfe des Summenzeichens eine kurze Darstellung der Reihe in geschlossener Form möglich:

$$(1+x)^n = \sum_{\nu=0}^{\nu=\infty} \binom{n}{\nu} x^\nu \tag{111}$$

Anwendung der binomischen Reihe

Man kann die Formel (111) zur angenäherten Berechnung einer Wurzel mit beliebigen Exponenten verwenden.

Für den Fall $n = \dfrac{1}{2}$ ergeben sich folgende Reihen:

$$\sqrt{1+x} = (1+x)^{\frac{1}{2}} = 1 + \frac{1}{2}x + \frac{\frac{1}{2}\left(-\frac{1}{2}\right)}{2!}x^2 + \frac{\frac{1}{2}\left(-\frac{1}{2}\right)\left(-\frac{3}{2}\right)}{3!}x^3 + \cdots$$

$$\sqrt{1+x} = 1 + \frac{1}{2}x - \frac{1}{8}x^2 + \frac{1}{16}x^3 - \frac{5}{128}x^4 + - \cdots \tag{112a}$$

$$\sqrt{1-x} = 1 - \frac{1}{2}x - \frac{1}{8}x^2 - \frac{1}{16}x^3 - \frac{5}{128}x^4 - \cdots \tag{112b}$$

Ist in diesen Formeln x sehr viel kleiner als 1, dann werden die Glieder mit höheren Potenzen sehr klein und können vernachlässigt werden. Man kann sogar den hierbei gemachten Fehler leicht schätzen. Wird z. B. $\sqrt{1+x}$ durch $1 + \dfrac{1}{2}x$ ersetzt, so ist das Ergebnis gemäß Formel (112a) etwa um $\dfrac{1}{8}x^2$ zu groß.

Wir wenden jetzt die Formeln (112) in Zahlenbeispielen an.

BEISPIELE

1. $\sqrt{1{,}2} = \sqrt{1+0{,}2} \approx 1 + \dfrac{1}{2} \cdot 0{,}2 = 1{,}1$

    Berücksichtigt man noch das 3. Glied $\left(-\dfrac{1}{8}x^2\right)$, dann erhält man den genaueren Wert $1{,}1 - \dfrac{1}{8} \cdot 0{,}04 = \underline{\underline{1{,}095}}$. In der Tafel findet man $\sqrt{1{,}2} = 1{,}09545$.

2. $\sqrt{0{,}9}$ ist angenähert zu berechnen.

    Lösung:
    $$\sqrt{1-x} = \sqrt{1-0{,}1} = 1 - \frac{1}{20} - \frac{1}{800} - \frac{1}{16000} - \frac{5}{1280000} - \cdots =$$
    $$= 1 - 0{,}05 - 0{,}00125 - 0{,}0000625 - 0{,}0000039 - \cdots \approx$$
    $$\approx 1 - 0{,}0513164 = \underline{\underline{0{,}9486836}}$$

In der Tafel findet man $\sqrt{0{,}9} = 0{,}94868$.

In den letzten beiden Beispielen war der Radikand wenig von 1 verschieden. Ist das nicht der Fall, dann muß zunächst der Wurzelausdruck umgeformt werden wie im folgenden Beispiel.

BEISPIEL

$$\sqrt{2} = \sqrt{4-2} = \sqrt{4\left(1-\frac{1}{2}\right)} = 2\sqrt{1-\frac{1}{2}}\,, \text{ worin } x = \frac{1}{2}$$

oder
$$\sqrt{2} = \sqrt{\frac{9\cdot 8}{4\cdot 9}} = \frac{3}{2}\sqrt{\frac{8}{9}} = \frac{3}{2}\sqrt{1-\frac{1}{9}}\,, \text{ worin } x = \frac{1}{9}$$

oder
$$\sqrt{2} = \sqrt{\frac{50\cdot 2\cdot 49}{49\cdot 50}} = \frac{10}{7}\sqrt{\frac{49}{50}} = \frac{10}{7}\sqrt{1-\frac{1}{50}}\,, \text{ worin } x = \frac{1}{50}$$

Die vorstehenden Umformungen zeigen, wie man durch geschicktes Erweitern des Radikanden und anschließendes teilweises Radizieren einen wenig von 1 verschiedenen Wert unter der Wurzel erhält. Je kleiner die Abweichung von 1, also der Wert von x ist, desto weniger Rechenarbeit erfordert die anschließende Berechnung des Wurzelwertes, d. h., es sind weniger Glieder der Reihe für eine vorgeschriebene Genauigkeit des Ergebnisses nötig.

BEISPIEL

Berechne angenähert $\sqrt{7}$.

1. Lösungsweg: Der Radikand wird mit der nächsthöheren Quadratzahl erweitert.

$$\sqrt{7} = \sqrt{\frac{9\cdot 7}{9}} = 3\sqrt{\frac{7}{9}} = 3\sqrt{1-\frac{2}{9}} \approx 3\left(1-\frac{1}{2}\cdot\frac{2}{9}-\frac{1}{8}\cdot\frac{4}{81}\right) =$$

$$= 3-\frac{1}{3}-\frac{1}{54} = 3-0,\overline{3}-0,0\overline{185}\;\left(\frac{1}{54}\text{ aus Tafel}\right)$$

$$\sqrt{7} \approx \underline{2{,}648\,148\,15}$$

Es ist natürlich sinnlos, so viele Stellen zu schreiben. Erst nachdem das 4. Glied mit berücksichtigt wird, zeigt sich, auf wieviel Dezimalstellen gerundet werden muß. Das 4. Glied lautet $-\frac{1}{16}x^3$ und muß noch mit 3 multipliziert werden. Wir rechnen also $3\cdot\frac{1}{16}\cdot\frac{8}{729} = \frac{1}{2\cdot 243} = \frac{1}{486} = 0{,}00205761$ (aus Tafel). Dieser Wert ist von dem oben für $\sqrt{7}$ erhaltenen zu subtrahieren. Wie man sieht, ändert sich dabei die 3. Dezimalstelle, diese ist also unsicher, und wir schreiben: $\sqrt{7} \approx 2{,}64$.
Um einen genaueren Wert zu erhalten, müßten weitere Glieder berechnet werden. Günstiger ist der

2. Lösungsweg:

$$\sqrt{7} = \sqrt{\frac{9\cdot 7\cdot 64}{9\cdot 64}} = \frac{8}{3}\sqrt{\frac{63}{64}} = \frac{8}{3}\sqrt{1-\frac{1}{64}}$$

$$\sqrt{7} \approx \frac{8}{3}\left(1-\frac{1}{2}\cdot\frac{1}{64}-\frac{1}{8}\cdot\frac{1}{64^2}\right) = \frac{1}{3}\left(8-\frac{1}{16}-\frac{1}{64^2}\right)$$

$$\sqrt{7} \approx \frac{1}{3}(8-0{,}0625-0{,}00024414) = \frac{1}{3}\cdot 7{,}93725586 = 2{,}64575195$$

7.2. Die binomische Reihe

Berechnet man noch das 4. Glied, so würde erst die 8. Dezimalstelle eine Korrektur erfahren (nachprüfen!). Ein Vergleich mit einer Tafel überzeugt, daß das Ergebnis mindestens auf 5 Dezimalstellen genau ist; denn wir finden in der Tafel $\sqrt{7} = 2{,}64575$. Der Grad der Genauigkeit ist also beim 2. Lösungsweg bedeutend größer, obgleich dieselbe Anzahl Glieder wie beim 1. Lösungsweg zur Berechnung verwendet wurden. Es kommt eben besonders darauf an, wie man den Radikanden umformt. Das zeigen auch die folgenden Beispiele für das Umformen:

BEISPIELE

1. $\sqrt{10} = \sqrt{\dfrac{10 \cdot 9}{9}} = 3\sqrt{\dfrac{10}{9}} = 3\sqrt{1 + \dfrac{1}{9}}$

   oder $\sqrt{\dfrac{10 \cdot 10 \cdot 9}{10 \cdot 9}} = \dfrac{10}{3} \cdot \sqrt{\dfrac{9}{10}} = \dfrac{10}{3} \cdot \sqrt{1 - \dfrac{1}{10}}$ (Günstiger! Warum?)

2. $\sqrt{26} = \sqrt{\dfrac{26 \cdot 25}{25}} = 5 \cdot \sqrt{\dfrac{26}{25}} = 5 \cdot \sqrt{1 + \dfrac{1}{25}}$

3. $\sqrt[3]{2} = \sqrt[3]{\dfrac{2 \cdot 64 \cdot 125}{64 \cdot 125}} = \dfrac{5}{4} \cdot \sqrt[3]{\dfrac{128}{125}} = \dfrac{5}{4} \cdot \sqrt[3]{1 + \dfrac{3}{125}} = \dfrac{5}{4} \cdot \sqrt[3]{1 + \dfrac{24}{1000}}$

   oder $\sqrt[3]{\dfrac{2 \cdot 8}{8}} = 2 \cdot \sqrt[3]{\dfrac{1}{4}} = 2 \sqrt[3]{1 - \dfrac{3}{4}}$ (sehr ungünstig!)

4. $\sqrt[3]{5} = \sqrt[3]{\dfrac{5 \cdot 25 \cdot 27}{25 \cdot 27}} = \dfrac{5}{3} \cdot \sqrt[3]{\dfrac{27}{25}} = \dfrac{5}{3} \cdot \sqrt[3]{1 + \dfrac{2}{25}} = \dfrac{5}{3} \cdot \sqrt[3]{1 + 0{,}08}$

   oder $\sqrt[3]{\dfrac{5 \cdot 8}{8}} = 2 \cdot \sqrt[3]{\dfrac{5}{8}} = 2 \cdot \sqrt[3]{1 - \dfrac{3}{8}}$ (ungünstig!)

5. $\sqrt[5]{999} = \sqrt[5]{\dfrac{999 \cdot 4^5}{4^5}} = 4 \cdot \sqrt[5]{\dfrac{999}{1024}} = 4 \cdot \sqrt[5]{1 - \dfrac{25}{1024}}$

6. $\sqrt[5]{26} = \sqrt[5]{\dfrac{26 \cdot 32}{32}} = 2 \cdot \sqrt[5]{\dfrac{26}{32}} = 2 \cdot \sqrt[5]{1 - \dfrac{3}{16}}$

AUFGABEN

209. Berechne die folgenden Binomialkoeffizienten:

a) $\binom{-1}{3}$ b) $\binom{-2}{5}$ c) $\binom{-3}{4}$ d) $\binom{-n}{2}$ e) $\binom{\frac{1}{2}}{4}$

f) $\binom{\frac{1}{2}}{7}$ g) $\binom{\frac{1}{3}}{5}$ h) $\binom{\frac{2}{3}}{3}$ i) $\binom{\frac{3}{2}}{2}$ k) $\binom{-\frac{1}{2}}{3}$

l) $\binom{-\frac{1}{5}}{4}$ m) $\binom{-\frac{4}{3}}{3}$

210. Entwickle die folgenden Ausdrücke in eine binomische Reihe:

a) $\sqrt[3]{1+x}$ b) $\sqrt[5]{1+x}$ c) $\dfrac{1}{(1-x)^2}$ d) $\sqrt[3]{(1+x)^2}$

e) $\dfrac{1}{\sqrt[3]{1+x}}$

211. Berechne die Werte der folgenden Wurzeln auf 4 Stellen mit Hilfe der binomischen Reihe:

a) $\sqrt[3]{1{,}1}$ b) $\sqrt{17}$ c) $\sqrt[3]{65}$ d) $\sqrt[4]{18}$

e) $\sqrt[5]{1020}$ f) $\sqrt{403}$ g) $\sqrt[3]{120}$ h) $\sqrt[10]{0{,}98}$

212. Berechne auf 6 Stellen:

a) $\sqrt{1{,}001}$ b) $\sqrt{1{,}1}$ c) $\sqrt{0{,}9999}$ d) $\sqrt{0{,}999}$ e) $\sqrt{10}$

f) $\sqrt{26}$ g) $\sqrt{102}$ h) $\sqrt{143}$ i) $\sqrt[3]{65}$ k) $\sqrt[3]{1003}$

7.3. Die Zahl e und der binomische Satz

In 6.4. wurde die Zahl e als Grenzwert des Ausdrucks $\left(1+\dfrac{1}{n}\right)^n$ erklärt, wobei n über alle Grenzen wächst. Nach dem binomischen Satz können wir schreiben:

$$\left(1+\frac{1}{n}\right)^n = 1 + \binom{n}{1}\cdot\frac{1}{n} + \binom{n}{2}\cdot\frac{1}{n^2} + \binom{n}{3}\cdot\frac{1}{n^3} + \cdots =$$

$$= 1 + \frac{1}{1!} + \frac{1}{2!}\cdot\frac{n-1}{n} + \frac{1}{3!}\cdot\frac{(n-1)(n-2)}{n^2} + \cdots$$

Für sehr große Werte von n wird praktisch $n-1$, $n-2$ usw. gleich n.
Die Ausdrücke $\dfrac{n-1}{n}$, $\dfrac{(n-1)(n-2)}{n^2}$ usw. sind demnach mit großer Annäherung gleich 1 zu setzen, und man erhält für die Zahl e die merkwürdige Reihe:

$$\boxed{e = 1 + \frac{1}{1!} + \frac{1}{2!} + \frac{1}{3!} + \cdots} \tag{113}$$

Das ist eine unendliche Reihe (obgleich n weder negativ noch gebrochen war); aus ihr kann man den Zahlenwert mit beliebiger Genauigkeit errechnen.

AUFGABE

213. Berechne aus den ersten 10 Gliedern der Reihe den Wert für e auf 6 Dezimalstellen!

    Hinweis: Jedes Glied ergibt sich aus dem vorhergehenden durch eine einfache Division.

8. Fehlerrechnung

Beim Rechnen wie beim Messen können Fehler unterlaufen. Man spricht von großen und kleinen Fehlern und denkt dabei an die Größe der Abweichung des erzielten Resultats vom wahren Ergebnis. Durch wiederholtes Rechnen kann der Fehler festgestellt werden. Doch es gibt auch Fälle, bei denen man auf den wahren Wert verzichten muß. Man denke an die Zahlen e und π oder die Werte von irrationalen Zahlen und an die Logarithmen der Zahlen, die keine Zehnerpotenzen darstellen. Wir sind gewöhnt, hier mit sogenannten gerundeten Werten zu arbeiten. Man muß sich aber bewußt sein, daß diese Werte mit Fehlern behaftet sind.

Das gleiche gilt erst recht für die Technik des Messens. Hier ist es überhaupt nicht möglich, die „wahre" Länge einer vorgelegten Strecke anzugeben oder das „wahre" Gewicht eines Körpers oder die „wahre" Dauer eines Vorgangs zu bestimmen.

Überall, wo es sich um Größenangaben handelt, müssen wir uns mit kleinen Fehlern abfinden. Je kleiner sie sind, desto genauer ist das Ergebnis, der Zahlenwert oder die Größenangabe, sei es eine Länge, eine Fläche, ein Gewicht oder eine Zeitdifferenz. Was ist aber eine kleine Größe?

8.1. Von kleinen Größen

Eine Minute ist klein, verglichen mit der Dauer eines Tages, und erscheint noch kleiner, gemessen an dem Zeitintervall von einem Jahr. Man kann schließlich noch die „Länge" eines Jahres bis auf die Sekunden genau angeben. Die Sekunde ist als Bruchteil einer Minute von noch größerer „Kleinheit". Sie müßte wie früher die Bezeichnung „sekundäre" Minute haben, um damit anzudeuten, daß es sich um eine Kleinheit zweiter Ordnung handelt. Allgemein haben wir es beim Rechnen mit kleinen Größen von verschiedenem Kleinheitsgrad zu tun, d. h., es gibt auch eine Kleinheit 3. und höherer Ordnung. Die Mathematiker sprechen von einer „Größe" zweiter Ordnung, wenn in Wirklichkeit eine „Kleinheit" zweiter Ordnung vorliegt.

Praktisch spielt nun die Größenordnung (d. h. der Kleinheitsgrad) beim Arbeiten mit kleinen Mengen oder Zahlen insofern eine Rolle, als man Kleinheiten (mathematisch gesprochen „Größen") höherer Ordnung vernachlässigen kann. Dabei kommt alles auf die relative Kleinheit an. Je nach dem Grad der geforderten Genauigkeit wird man das eine Mal 0,01, ein anderes Mal 0,001 als „winzig" bezeichnen und vernachlässigen können. Ein Beispiel für den Begriff „Kleinheitsgrad" bietet die Zinseszinsrechnung. Dort werden die Zinsen nach einem Jahr formelmäßig gegeben durch $z_1 = \dfrac{bp}{100}$ (vgl. 6.3., Seite 225). Im 2. Jahr betragen die Zinsen von diesen Zinsen nur $z_2 = \dfrac{bp^2}{100^2}$. Im 3. Jahr geben die Zinsen von z_2 einen noch kleineren Betrag, nämlich $z_3 = \dfrac{bp^3}{100^3}$.

Beachte: z_2 bedeutet hier nicht die gesamte Zinssumme für das 2. Jahr, sondern nur einen Anteil!

In diesem Beispiel sieht man, wie in der Folge z_1, z_2, z_3 der Grad der Kleinheit wächst. z_3 ist ($p = 3\%$ angenommen) nur noch 0,000027 vom Betrag b. Es muß aber hier darauf hingewiesen werden, daß auch kleinste Größen an Gewicht gewinnen, wenn sie mit einem Faktor auftreten, der hinreichend groß ist. So wird in unserem Fall für einen Betrag von 1 000 000 DM der Wert für $z_3 = 27$ DM.

Ein *geometrisches Beispiel* zur Erläuterung der Größenordnung. Ein Quadrat mit der Seite a hat den Flächeninhalt $A = a^2$. Bei Temperaturerhöhung erfahren die Seiten einer quadratischen Platte einen gewissen Zuwachs; er sei Δa (sprich delta a) genannt. Der neue Flächeninhalt ist dann gegeben durch

$$A_1 = (a + \Delta a)^2 = a^2 + 2a \cdot \Delta a + (\Delta a)^2$$

Hierin ist der 3. Ausdruck eine Größe 2. Ordnung und darf vernachlässigt werden. Dagegen ist $2a \cdot \Delta a$ eine Größe 1. Ordnung. Würde man auch diesen Ausdruck vernachlässigen, dann wäre $A_1 = A$ und damit die ganze Rechnung sinnlos.

Nehmen wir (für eine bestimmte Temperaturerhöhung und ein bestimmtes Material) als Zahlenbeispiel den Zuwachs $\Delta a = 0{,}001\, a$ an, dann ergibt sich

$$A_1 = a^2 + 0{,}002\, a^2 + 0{,}000001\, a^2 = 1{,}002001\, a^2 \approx 1{,}002\, a^2$$

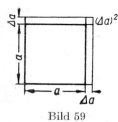

Bild 59

und der Flächenzuwachs wäre $A_1 - A = \Delta A = 0{,}002\, a^2$.

Hierbei ist $(\Delta a)^2$ als Größe 2. Ordnung unberücksichtigt geblieben. Für $A = a^2 = 1$ m² würde das Quadrat $(\Delta a)^2 = 0{,}000001\, a^2$ den winzigen Wert von 1 mm² haben. In Bild 59 ist der Sachverhalt geometrisch dargestellt. Zugleich sieht man hier, daß das 3. Glied $(\Delta a)^2$ um so weniger Gewicht hat, je kleiner die kleine Größe (1. Ordnung) Δa ist.

8.2. Berechnung von Fehlern und Fehlereinflüssen

Kleine Größen spielen eine besondere Rolle in der sogenannten Fehlerrechnung. Offensichtlich ist ein Fehler selbst eine kleine Größe, sollte es wenigstens sein. Ebenso ist es einleuchtend, daß es – vor allem in der Meßtechnik – notwendig ist, die „Größenordnung" des jeweiligen Fehlers bestimmen zu können. Jede physikalische Größe besitzt einen wahren Wert, aber wir kennen ihn nicht und müssen uns mit einem *Näherungswert* begnügen, auch bei der präzisesten Messung.

Um den Grad der Ungenauigkeit auszudrücken, schreibt man dann als Meßergebnis (z. B. für den Durchmesser eines Zylinders) etwa

$$24{,}3 \text{ cm} \pm 0{,}1 \text{ cm}$$

d. h., der wahre Wert liegt zwischen 24,2 cm und 24,4 cm.

Auch in der Mathematik gibt es eine ganze Gruppe von oft gebrauchten Näherungsgrößen. Allerdings lassen sich diese mit Hilfe der höheren Mathematik mit beliebiger Genauigkeit berechnen. Es gibt dann für eine Größe verschiedene Näherungen, die dem unbekannten wahren Wert verschieden nahe kommen. Wir sind darum in der Lage, gute Näherungswerte als „exakte" Zahlenwerte in Rechnungen einzusetzen. Einige wichtige Beispiele sind in der folgenden Tabelle zusammengestellt.

8.2. Berechnung von Fehlern und Fehlereinflüssen

Größe	Näherungen		genauerer Wert
e	2,72 ...	2,71828 ...	2,718281828 ...
π	3,14 ...	3,14159 ...	3,141592653 ...
$\sqrt{2}$	1,41 ...	1,41421 ...	1,414213562 ...
cos 30°	0,866 ...	0,86602 ...	0,866025404 ...

Alle in der Tabelle aufgeführten Zahlen sind mehr oder weniger gerundete Zahlenwerte. Für das Aufrunden bzw. Abrunden sind besondere Richtlinien zu beachten. Ist die folgende nicht geschriebene Ziffer 1, 2, 3 oder 4, dann schreibt man z. B.

$$\sqrt{2} \approx 1{,}414213 \approx 1{,}41421 \approx 1{,}42142 \approx 1{,}414 \approx 1{,}41$$

Ist die folgende nicht geschriebene Ziffer größer als 5, dann erhöht man die letzte Ziffer um 1 und schreibt z. B.

$$\pi \approx 3{,}14159 \approx 3{,}1416 \approx 3{,}142$$

Eine aufgerundete 5 wird bei weiterem Runden weggelassen (Abrundung), z. B.

$$\sqrt{33} \approx 5{,}7446 \approx 5{,}745 \approx 5{,}74$$

Eine abgerundete 5 bewirkt beim weiteren Runden eine Aufrundung, z. B.

$$\cos 30° \approx 0{,}8660254 \approx 0{,}866025 \approx 0{,}86603$$

Soll beim Runden eines genauen Zahlenwertes die letzte Stelle mit einer 5 (also genauen 5) weggelassen werden, dann wird die vorangehende Ziffer nur in dem Fall um 1 erhöht, wenn sie ungerade ist, z. B.

$$3{,}255 \text{ m} \approx 3{,}26 \text{ m, aber } 3{,}245 \text{ m} \approx 3{,}24 \text{ m.}$$

Da kein Meßgerät und kein Meßverfahren den wahren Wert einer Größe liefern kann, muß der (wahrscheinliche) Fehler auch in der Schreibweise der *Meßergebnisse* zum Ausdruck gebracht werden.

	18,6 m bedeutet: die Länge ist um	$\pm$ 0,05 m unsicher,
	250 mm bedeutet: die Länge ist um	$\pm$ 0,5 mm unsicher,
aber	18,60 m bedeutet: die Länge ist um	$\pm$ 0,005 m unsicher.

Ist in 326 000 schon die 4. Stelle unsicher, dann schreibt man:

$$3260 \cdot 10^2 \text{ oder genauer } 3260 \cdot 10^2 \pm 0{,}5 \cdot 10^2.$$

8. Fehlerrechnung

Allgemein kann man den Fehler definieren durch die folgenden Beziehungen:

Fehler f = falscher Wert — wahrer Wert = ΔW
oder Fehler f = Näherungswert — exakter Wert = ΔW
oder Fehler f = Istwert — Sollwert = ΔS

Hieraus ersieht man: Der Fehler ist positiv, wenn der Näherungswert größer ist als der exakte Wert (oder der Istwert größer als der Sollwert); er ist negativ, wenn der Näherungswert kleiner ist als der exakte Wert.

Zur Unterscheidung von dem nachfolgend erklärten relativen Fehler wird der Fehler f auch gelegentlich als *absoluter* Fehler bezeichnet.

Ob der Fehler als groß oder klein zu bezeichnen ist, läßt sich erst feststellen, wenn man ihn zum wahren Wert (Sollwert) in Beziehung setzt. Man bestimmt zu diesem Zweck den sogenannten *relativen* Fehler δ:

$$\delta = \frac{\Delta W}{W} = \frac{\text{Fehler } f}{\text{wahrer Wert } W} \text{ oder}$$

$$\delta = \frac{\text{Fehler } f}{\text{exakter Wert}} \text{ oder}$$

$$\delta = \frac{\Delta S}{S} = \frac{\text{Fehler } f}{\text{Sollwert } S}$$

Der relative Fehler wird meist in Prozenten angegeben:

$$\delta_{\text{proz.}} = 100 \frac{\Delta S}{S} \% ;$$

er heißt dann *prozentualer* Fehler.

Der relative Fehler ist dimensionslos, er kann ein bestimmtes Vorzeichen ($+$ oder $-$) oder ein unbestimmtes Vorzeichen ($\pm$) haben. Praktisch wird man den relativen Fehler δ oft aus dem Quotienten $\frac{\text{Fehler}}{\text{Näherungswert}}$ berechnen müssen, da der wahre Wert W nicht bekannt ist, was aber kaum einen Einfluß auf das Ergebnis hat, vor allem, wenn der Fehler ΔW klein ist.

BEISPIELE

1. Eine Bohrung soll laut Zeichnung einen Durchmesser $D_s = 74{,}35$ mm haben. Nach Herstellung ergab eine genaue Messung einen Durchmesser $D_i = 74{,}31$ mm. Wie groß ist der relative Fehler?

   Lösung: Fehler f = Istwert — Sollwert
   $$f = \Delta S = 74{,}31 \text{ mm} - 74{,}35 \text{ mm} = -0{,}04 \text{ mm}$$
   Der relative Fehler $\delta = \frac{\Delta S}{S} = \frac{-0{,}04}{74{,}35} \approx -0{,}00054 = \underline{\underline{-0{,}054 \%}}$
   Was besagt das Minuszeichen?

8.2. Berechnung von Fehlern und Fehlereinflüssen

2. Mit dem Rechenstab erhielt man für das Produkt 3,15 · 5,4 den Wert 17,0. Wie groß ist der relative Fehler?

Lösung: Der wahre Wert ist $W = 17{,}01$.

$$\delta = \frac{\Delta W}{W} = \frac{17{,}0 - 17{,}01}{17{,}01} = -\frac{0{,}01}{17{,}01} \approx -0{,}00059 = \underline{-0{,}059\%}$$

3. Für $31{,}9^3$ wurde der gerundete Wert 32462 verwendet. Wie groß ist der relative Fehler?

Lösung: Der genaue Wert ist $W = 32461{,}759$.

$$\delta = \frac{\Delta W}{W} = \frac{32462 - 32461{,}759}{32461{,}759} \approx +\frac{0{,}241}{32462} \approx +0{,}0000074 \approx$$

$$\approx \underline{+0{,}000\,7\,\%}$$

Der Fehler ist hier also verschwindend klein. Das Pluszeichen besagt: Der verwendete Wert ist größer als der wahre Wert.

Einfluß von Fehlern auf das Ergebnis beim Rechnen mit Näherungsgrößen

Werden Zahlenwerte, die mit einem Fehler behaftet sind – also Näherungsgrößen –, einer Rechenoperation unterworfen, so ist offensichtlich auch das Ergebnis der Rechnung mit einem Fehler behaftet. Maßgebend für die Genauigkeit des Schlußergebnisses ist auch hier der relative Fehler. Seine Größe hängt ab von der Genauigkeit der in die Rechnung eingehenden Zahlenwerte, aber auch von der Art der Rechenoperation. Dieser Einfluß soll im folgenden untersucht werden.

Addieren und Subtrahieren von Näherungsgrößen

Addiert man $(24{,}6 \pm 0{,}05)$ cm
und $(18{,}3 \pm 0{,}05)$ cm,

dann erhält man – den ungünstigsten Fall angenommen – als Summe den Wert $s + \Delta s = (42{,}9 \pm 0{,}1)$ cm.

Hierbei bezeichnet man $\pm 0{,}1$ cm als den größtmöglichen Fehler. Der relative Fehler des Ergebnisses ist somit

$$\frac{\Delta s}{s} = \frac{0{,}1}{42{,}9} = \frac{1}{429} \approx 0{,}0023 = 0{,}23\%$$

Dagegen beträgt der relative Fehler des 1. Summanden rund 0,2%, der des 2. Summanden rund 0,27%.

Subtrahiert man $(24{,}6 \pm 0{,}05)$ cm

und $(18{,}3 \pm 0{,}05)$ cm, dann erhält man im ungünstigsten Fall als Differenz den Wert $d + \Delta d = (6{,}3 \pm 0{,}1)$ cm.

8. Fehlerrechnung

Der relative Fehler des Ergebnisses ist somit

$$\frac{\Delta d}{d} = \frac{0,1}{6,3} \approx 0,016 = 1,6\%$$

(also ein größerer Wert als bei der Addition).

Man kann den relativen Fehler einer Summe (Differenz) zweier Näherungsgrößen auch formelmäßig ausdrücken. Der relative Fehler des Ergebnisses ist dann gegeben durch

$$\delta = \frac{\Delta s}{s} = \frac{\Delta a + \Delta b}{a+b} \text{ bzw.} = \frac{\Delta a + \Delta b}{a-b}$$

Hierbei ist $s + \Delta s = (a + \Delta a) + (b + \Delta b)$

bzw. $= (a + \Delta a) - (b - \Delta b)$ (für den ungünstigsten Fall!)

Die Formel ist sinngemäß auch anwendbar auf mehrgliedrige algebraische Summen, z. B. auf die Summe $a + b - c$:

$$\delta = \frac{\Delta s}{s} = \frac{\Delta a + \Delta b + \Delta c}{a+b-c} \tag{114}$$

Die Formel gilt auch für den Fall, daß die Glieder (a, b usw.) der algebraischen Summe mit bestimmten Fehlern behaftet sind (Δa, Δb usw. haben dann nur ein Vorzeichen).

Bei unbestimmten Vorzeichen ($\pm \Delta a$, $\pm \Delta b$ usw.) gilt:

$$|\Delta s| = |\Delta a| + |\Delta b| + |\Delta c| + \cdots \tag{115}$$

In Worten:

Der größtmögliche Fehler einer Summe ist gleich der Summe aus den Absolutbeträgen der Fehler aller Summanden.

Es sei besonders darauf hingewiesen, daß bei Subtraktion von Näherungswerten sich ein ungewöhnlich großer Wert für den relativen Fehler δ ergeben kann.

BEISPIEL

Der äußere Durchmesser D_1 und der innere Durchmesser D_2 eines Kreisringes wurden gemessen mit $D_1 = (24,3 \pm 0,5)$ mm und $D_2 = (21,8 \pm 0,5)$ mm. Wie groß ist der relative Fehler der Differenz (= doppelte Ringdicke) $D_1 - D_2$?

Lösung: $\delta = \dfrac{\Delta d}{d} = \dfrac{\Delta D_1 + \Delta D_2}{D_1 - D_2} = \pm \dfrac{0,5 + 0,5}{24,3 - 21,8} = \pm \dfrac{1}{2,5} = \pm 0,4$

d. h., der relative Fehler beträgt $\pm 40\%$.

Multiplikation von Näherungsgrößen

BEISPIEL

Die Fläche eines Quadrates wurde aus seiner Seite $s \approx 12$ cm berechnet; genaue Messung ergab aber $s = 11{,}9$ cm. Wie groß ist der relative Fehler des Ergebnisses?

Lösung: Der Fehler der Seite ist $\Delta s = (12 - 11{,}9)$ cm $= + 0{,}1$ cm somit ist der relative Fehler der Seite $\dfrac{\Delta s}{s} = \dfrac{0{,}1}{11{,}9} \approx + 0{,}84\%$.

Der Fehler der Fläche ist $\Delta A = (12^2 - 11{,}9^2)$ cm² $= 23{,}9 \cdot 0{,}1$ cm² $= + 2{,}39$ cm², und der relative Fehler der Fläche ist $\dfrac{\Delta A}{A} = \dfrac{2{,}39}{141{,}61} \approx 1{,}69\%$, also doppelt so groß wie der relative Fehler der Seite.

Man kann den relativen Fehler eines Produktes auch formelmäßig darstellen. Die beiden Faktoren (Näherungsgrößen) seien a und b, ihre Fehler Δa und Δb; dann ist das Produkt gegeben durch den Wert

$$P + \Delta P = (a + \Delta a)(b + \Delta b) = ab + a \cdot \Delta b + b \cdot \Delta a + \Delta a \cdot \Delta b$$

Hierin ist $ab = P$, und der Fehler des Produktes P ist $\Delta P = a \cdot \Delta b + b \cdot \Delta a + \Delta a \cdot \Delta b$.

Das Glied $\Delta a \cdot \Delta b$ ist eine Größe 2. Ordnung und kann daher vernachlässigt werden, dann ist $\Delta P = a \cdot \Delta b + b \cdot \Delta a$ und der

relative Fehler des Produktes: $\dfrac{\Delta P}{P} = \dfrac{a \cdot \Delta b + b \cdot \Delta a}{a \cdot b}$

oder

$$\boxed{\delta = \frac{\Delta P}{P} = \frac{\Delta a}{a} + \frac{\Delta b}{b}} \tag{116}$$

In Worten:

> Der relative Fehler eines Produktes ist gleich der Summe der relativen Fehler der Faktoren.

Zu beachten ist, daß die Fehler Δa und Δb entweder ein bestimmtes Vorzeichen oder ein unbestimmtes Vorzeichen ($\pm$) haben können. Das bedeutet aber, daß in besonderen Fällen – bestimmte Vorzeichen vorausgesetzt – der relative Fehler $\dfrac{\Delta P}{P}$ recht klein werden kann (warum?).

Sind die Faktoren gleich ($a = b$) und auch $\Delta a = \Delta b$, dann beträgt der relative Fehler des Produktes (a^2)

$$\frac{\Delta P}{P} = 2\frac{\Delta a}{a}$$

also das Doppelte des relativen Fehlers eines Faktors (vgl. Beispiel oben).

Für ein Produkt von 3 Faktoren gewinnt man nach dem beschriebenen Verfahren die Formel

$$\delta = \frac{\Delta P}{P} = \frac{\Delta a}{a} + \frac{\Delta b}{b} + \frac{\Delta c}{c} \tag{117}$$

Entsprechend lauten die Formeln für 4 und mehr Faktoren. Sind die Faktoren mit unbestimmten Vorzeichen behaftet, dann ergibt sich der größtmögliche relative Fehler nach der Formel

$$\delta = \left|\frac{\Delta P}{P}\right| = \left|\frac{\Delta a}{a}\right| + \left|\frac{\Delta b}{b}\right| + \left|\frac{\Delta c}{c}\right| + \cdots \tag{118}$$

Division von Näherungsgrößen

BEISPIEL

Der Umfang U einer Riemenscheibe wurde mit 134 cm statt 133,8 cm durch Messung bestimmt. Zur Berechnung des Durchmessers d wurde $\pi = 3{,}14$ statt $3{,}1416$ verwendet. Wie groß ist der relative Fehler $\frac{\Delta d}{d}$?

Lösung: $\qquad d = \dfrac{U}{\pi}$

berechneter Wert: $\qquad d = \dfrac{134}{3{,}14}\,\text{cm} \approx 42{,}67\,\text{cm}$

genauer Wert: $\qquad d + \Delta d = \dfrac{133{,}8\,\text{cm}}{3{,}1416} \approx 42{,}59\,\text{cm}$

Fehler: $\qquad \Delta d = (42{,}67 - 42{,}59)\,\text{cm} = +0{,}08\,\text{cm}$

relativer Fehler: $\qquad \dfrac{\Delta d}{d} = \dfrac{0{,}08}{42{,}6} \approx \underline{+0{,}2\,\%}$

Der Durchmesser wurde um 0,2 % zu groß berechnet, d. h. um rund 1 mm. Die formelmäßige Berechnung des relativen Fehlers eines Quotienten gestaltet sich wie folgt:

Es sei $\quad Q + \Delta Q$ der gesuchte Wert des Quotienten,
$\qquad\quad a + \Delta a$ der gegebene Wert des Zählers,
$\qquad\quad b + \Delta b$ der gegebene Wert des Nenners.

Daraus folgt: $Q + \Delta Q = \dfrac{a + \Delta a}{b + \Delta b}$

Formt man den rechtsstehenden Ausdruck durch Erweitern mit $b - \Delta b$ um

$$\frac{(a + \Delta a)(b - \Delta b)}{b^2 - \Delta^2 b} = \frac{ab - a \cdot \Delta b + b \cdot \Delta a - \Delta a \cdot \Delta b}{b^2 - \Delta^2 b}\,^1$$

---

[1] Für $(\Delta b)^2$ schreibt man vereinbarungsgemäß $\Delta^2 b$

8.2. Berechnung von Fehlern und Fehlereinflüssen

und läßt die hier auftretenden Größen 2. Ordnung $\Delta a \cdot \Delta b$ und $\Delta^2 b$ unberücksichtigt, dann erhält man

$$Q + \Delta Q = \frac{ab + b \cdot \Delta a - a \cdot \Delta b}{b^2} = \frac{a}{b} + \frac{\Delta a}{b} - \frac{a \cdot \Delta b}{b^2}$$

Hieraus folgt, da $Q = \frac{a}{b}$, für den Fehler des Quotienten:

$$\Delta Q = \frac{\Delta a}{b} - \frac{a \cdot \Delta b}{b^2} = \frac{b \cdot \Delta a - a \cdot \Delta b}{b^2}$$

und nach Division durch $Q \left(= \frac{a}{b} \right)$ der relative Fehler:

$$\boxed{\delta = \frac{\Delta Q}{Q} = \frac{\Delta a}{a} - \frac{\Delta b}{b}} \qquad (119)$$

In Worten:

| Der relative Fehler eines Quotienten ist gleich dem relativen Fehler des Zählers, vermindert um den relativen Fehler des Nenners.

Hierbei ist zu beachten, daß die Fehler Δa und Δb bestimmtes oder unbestimmtes Vorzeichen besitzen können. Im vorigen Beispiel sind die Vorzeichen bestimmt, denn es ist $\Delta a = \Delta U = + 0{,}2$ cm und $\Delta b = \Delta \pi = - 0{,}0016$.

Die relativen Fehler sind demnach:

$$\frac{\Delta a}{a} = + \frac{0{,}2}{134} \approx + 0{,}15\,\% \text{ und } \frac{\Delta b}{b} = \frac{-0{,}0016}{3{,}14} \approx -0{,}05\,\%$$

Nach Formel (119) folgt hieraus: $\frac{\Delta Q}{Q} = +\,0{,}15\,\% + 0{,}05\,\% = +\,0{,}2\,\%$. Dieser Wert stimmt mit dem oben im Beispiel erhaltenen überein.

Sind die Fehler Δa und Δb mit unbestimmten Vorzeichen behaftet, dann ergibt sich im ungünstigsten Falle ein maximaler relativer Fehler des Quotienten:

$$\delta = \left| \frac{\Delta Q}{Q} \right| = \left| \frac{\Delta a}{a} \right| + \left| \frac{\Delta b}{b} \right| \qquad (120)$$

BEISPIEL

Bestimme den relativen Fehler des Quotienten $\frac{a}{b}$, wenn $a = 13{,}14 \pm 0{,}005$ und $b = 5{,}46 \pm 0{,}005$ gegeben sind!

Lösung: $\frac{\Delta a}{a} = \frac{0{,}005}{13} \approx 0{,}038\,\%$; $\frac{\Delta b}{b} = \frac{0{,}005}{5{,}4} \approx 0{,}092\,\%$

Nach Formel (120) ergibt sich somit: $\frac{\Delta Q}{Q} = \underline{\pm\,0{,}13\,\%}$.

Folgerung: Da $Q \approx 2{,}4$ und der Fehler $\Delta Q \approx 0{,}003$ (das sind 0,13 %) beträgt, wäre es sinnlos, bei der Division 13,14 : 5,46 im Ergebnis mehr als 3 Stellen nach dem Komma anzugeben.

AUFGABEN

214. Gegeben sind die 2 Werte $a = 32{,}6$ mm und $b = 18{,}4$ mm, die beide mit $\pm\, 0{,}1$ mm unsicher sind. Berechne den relativen Fehler a) der Summe $a + b$, b) der Differenz $a - b$, c) des Produktes ab, d) des Quotienten $\dfrac{a}{b}$, und schreibe die Ergebnisse mit Berücksichtigung des jeweiligen Fehlers!

215. Die Seite eines Quadrates ist $(43{,}63 \pm 0{,}05)$ mm. Berechne die Fläche und ihren Fehler!

216. Berechne die Fläche eines Trapezes aus den Parallelen $a = (74 \pm 0{,}5)$ mm, $c = (57 \pm 0{,}5)$ mm und der Höhe $h = (88 \pm 0{,}5)$ mm!

217. $(1 + a)^2 \cdot (1 + b)^2$
    a) Wie vereinfacht sich das Ergebnis, wenn a und b so klein sind, daß die Quadrate und Produkte von a und b vernachlässigt werden können?
    b) Wie groß ist der relative Fehler für den Näherungswert, wenn $a = 0{,}02$ und $b = 0{,}01$ gesetzt werden?

218. Berechne die Kubikzahlen a) $5{,}1^3$ und b) $3{,}95^3$ mit der Näherungsformel $(a \pm b)^3 \approx a^3 \pm 3a^2 b$, und stelle den relativen Fehler fest!

219. Für kleine Werte von x gilt die Näherungsformel $\sqrt{1 + x} \approx 1 + \dfrac{1}{2}x$ [vgl. Formel (112a), Seite 241]. Berechne den relativen Fehler für den Fall, daß a) $x = 0{,}21$ und b) $x = 0{,}44$ ist!

220. Ein Eisenwürfel (Kante $s = 1$ dm) wird um 100 K erwärmt; der Längenausdehnungskoeffizient ist $\alpha = 0{,}000\,012$ K^{-1}.
    In der Physik rechnet man mit der Formel $V_t = V_0 (1 + 3\alpha \cdot \Delta t)$. Den genauen Wert erhält man nach der Formel $V_t = V_0 (1 + \alpha \Delta t)^3$.
    Wie groß ist der relative Fehler für das gegebene Zahlenbeispiel?

ALGEBRA UND ELEMENTARE FUNKTIONENLEHRE

9. Die verschiedenen Arten der Gleichung

9.1. Begriff der Gleichung

Während sich die Arithmetik mit den Gesetzen des Rechnens mit bestimmten und unbestimmten Zahlen im allgemeinen befaßt, hat es die Algebra hauptsächlich mit einem besonderen Gebiet der Arithmetik, mit den Gleichungen, zu tun. Unter einer Gleichung versteht man die Aussage, daß zwei arithmetische Ausdrücke gleich sind, bzw. die Forderung, daß diese Ausdrücke gleich sein sollen. Das äußere Kennzeichen einer Gleichung ist das Auftreten eines Gleichheitszeichens (=). Demnach ist die erste Aufgabe $1 + 2 = 3$, die das Kind im Mathematikunterricht der Grundschule rechnet, ebenso eine Gleichung wie eine umfangreiche Formel der Mechanik oder der Wärmelehre. Der Begriff „Gleichung" ist derartig umfassend, daß er einer weiteren Unterteilung bedarf.

9.2. Einteilung der Gleichungen

Man unterscheidet: *identische Gleichungen*, *Funktionsgleichungen* und *Bestimmungsgleichungen*.

Identische Gleichungen

Sie enthalten spezielle oder allgemeine arithmetische Wahrheiten; z. B.

$$4 + 5 = 9$$
$$a^m \cdot a^n = a^{m+n}$$
$$(u + v)^2 = u^2 + 2uv + v^2$$

Treten hier allgemeine Zahlen auf, so gelten diese Gleichungen für *jeden* speziellen Wert dieser Zahlen. Man darf also in dem Beispiel $a^m \cdot a^n = a^{m+n}$ für a, m, n jeden beliebigen speziellen Wert einsetzen.

Funktionsgleichungen

Diese Gleichungen stellen einen Zusammenhang zwischen veränderlichen Größen her; z. B.

$U = \pi \cdot d$ (Umfang eines Kreises)
$V = a \cdot b \cdot c$ (Volumen eines Quaders)
$l = l_0 (1 + \alpha \Delta t)$ (Länge eines Stabes in Abhängigkeit von der Temperatur)

Die Funktionsgleichungen gelten meistens ebenfalls für unendlich viele spezielle Werte der veränderlichen Größen. Man darf z. B. in der Gleichung $U = \pi \cdot d$ für d

jeden beliebigen positiven Wert wählen, z. B. $d = 2$; dann hat man aber nicht mehr die Möglichkeit, über U frei zu verfügen, sondern ist an den Wert $U \approx 6{,}28$ gebunden.

Bestimmungsgleichungen

BEISPIELE

$$x + 4 = 7$$
$$x^2 - 1 = 3$$

Setzt man in die erste Gleichung für x einen beliebigen Wert ein $x = 1$, so erhält man einen Widerspruch $1 + 4 = 7$. Die Gleichung ist also durchaus nicht für jeden beliebigen Wert der allgemeinen Zahl x richtig. Es gibt hier nur *einen* Wert von x, für den die Gleichung erfüllt wird, nämlich $x = 3$. Die Zahl x heißt die *Unbekannte* der Gleichung. Die *Lösung* einer Bestimmungsgleichung ist der spezielle Wert der Unbekannten, für den die Gleichung erfüllt wird.

Bei dem zweiten Beispiel $x^2 - 1 = 3$ gibt es nicht nur eine, sondern zwei verschiedene Lösungen, nämlich $x = 2$ und $x = -2$. Eine Bestimmungsgleichung wird also meist nur erfüllt von einem oder einzelnen speziellen Werten der Unbekannten.

9.3. Zusammenhang zwischen Bestimmungsgleichungen und identischen Gleichungen

Die Bestimmungsgleichung $x + 4 = 7$ hat die Lösung $x = 3$. Setzt man für x diesen Wert in die Gleichung ein, so nimmt sie die Form $3 + 4 = 7$ an.

Eine Bestimmungsgleichung geht durch Einsetzen der Lösung in eine identische Gleichung über. Von dieser Tatsache wird häufig bei der *Probe* Gebrauch gemacht.

10. Funktion und graphische Darstellung

10.1. Methode der graphischen Darstellung

In der Grundschule und in der Berufsschule sind einfache Zusammenhänge graphisch dargestellt worden. Die Methode, wie eine Beobachtungsreihe, deren Ergebnis in einer Tabelle festgelegt ist, in ein Diagramm[1] übertragen wird, darf daher als bekannt vorausgesetzt werden.
Der Sprachgebrauch des Wortes Diagramm ist nicht einheitlich. In der wissenschaftlichen Literatur wird dafür häufig das Wort „Nomogramm" verwendet. In der Technik ist es üblich, einfache graphische Darstellungen von Funktionen einer Veränderlichen als Diagramm zu bezeichnen, während das Wort Nomogramm für Netz- und Leitertafeln vorbehalten bleibt (s. 5.4.3.).

BEISPIELE

1. Lufttemperatur während eines Tages

   Die Messung der Lufttemperatur erfolgte; beginnend bei 0^h; in Abständen von zwei Stunden und ergab folgende Tabelle:

Tageszeit (in h)	0	2	4	6	8	10	12	14	16	18	20	22	24
Temperatur (in °C)	4,8	3,6	3,0	4,8	7,0	9,5	11,2	12,4	11,0	8,0	7,5	6,3	5,7

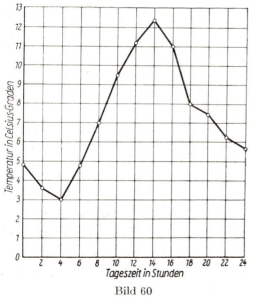

Die zusammengehörigen Werte der Tabelle werden in bekannter Weise als Punkte in das Diagramm eingetragen; die Punkte werden durch einen Streckenzug verbunden (Bild 60).

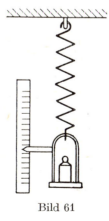

Bild 60   Bild 61

---

[1] Diagramm (griech.) Zeichnung (speziell geometrische Figur)

2. Federkennlinie

Eine Schraubenfeder wird verschiedenen Belastungen unterworfen (Bild 61); die jeweilige Verlängerung s der Feder und die zugehörige Zugkraft F, die gleich der Belastung ist, werden in einer Tabelle zusammengefaßt, nach der dann das Diagramm entworfen wird (Bild 62a).

Verlängerung s (in mm)	0	8	16	24	32	50
Zugkraft F (in N)	0,000	1,000	2,000	3,000	4,000	5,000

Verwendung physikalischer Einheiten in Diagrammen und Tabellen

In Bild 62a ist auf der waagerechten Achse die Verlängerung s der Feder dargestellt. Damit nicht zu jedem speziellen Wert von s (0 mm; 10 mm; 20 mm; 30 mm; 40 mm) die Einheit mm ausdrücklich hingeschrieben werden muß, ist die Erklärung „Verlängerung in mm" dem Diagramm beigefügt. Damit wird dem Leser mitgeteilt, daß die speziellen Werte 0; 10; . . .; 40 nicht *reine Zahlen*, sondern die *Größen* 0 mm; 10 mm; . . .; 40 mm bedeuten sollen. Entsprechend bedeuten die speziellen Werte der senkrechten Achse 0; 1,000; . . .; 5,000 die Größen 0 N; 1,000 N; . . .; 5,000 N auf Grund der beigefügten Erklärung. Durch die Erklärungen „Verlängerung in mm" und „Zugkraft in N" wird das Diagramm etwas umständlich.

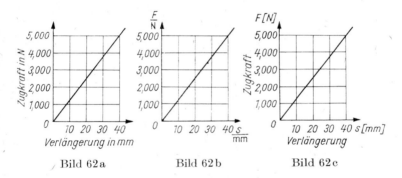

Bild 62a   Bild 62b   Bild 62c

In letzter Zeit ist man dazu übergegangen, diese Erklärungen durch eine einfache Schreibweise zu ersetzen, die auf folgenden Überlegungen beruht: Die Verlängerung wird hier durch die allgemeine *Größe* s dargestellt, die u. a. die speziellen Werte 0 mm; 10 mm; . . .; 40 mm annehmen kann. Dann bedeutet aber der Quotient $\frac{s}{\text{mm}}$, da sich die Einheit mm in Zähler und Nenner herauskürzt, eine *reine Zahl*[1], die entsprechend die speziellen Werte 0; 10; . . .; 40 annehmen kann. Bezeichnet man also in Bild 62a die waagerechte Achse mit $\frac{s}{\text{mm}}$, so muß man die reinen Zahlen 0; 10; . . .; 40 heranschreiben. Entsprechend wird die senkrechte Achse zweckmäßig mit $\frac{F}{N}$ bezeichnet. Erklärungen erübrigen sich bei dieser Schreibweise. Das Diagramm hat nun die Form Bild 62b.

---

[1] Vgl. hierzu die Ausführungen von S. 205f.

10.2. Veränderliche Größen und Funktionen

Unrichtig ist die Bezeichnung der Achsen in Bild 62c. Nach Standard bedeutet eine in eckige Klammern gesetzte Größe die Einheit, in der diese Größe gemessen werden soll; z. B. $[s] = $ mm bedeutet, daß die Einheit der Verlängerung s das Millimeter ist. Danach ist eine Achsenbezeichnung wie [mm] Unsinn. An dieser Tatsache ändert auch nichts, daß derartige falsche Bezeichnungen in der technischen Literatur nicht eben selten sind.

Entsprechend kann man bei der Tabelle S. 258 oben die Erklärungen „Verlängerung s (in mm)" und „Zugkraft F (in N)" einsparen, wenn man die Tabelle in folgender Form schreibt:

$\dfrac{s}{\text{mm}}$	0	8	16	24	32	40
$\dfrac{F}{\text{N}}$	0,000	1,000	2,000	3,000	4,000	5,000

10.2. Veränderliche Größen und Funktionen

Eine Größe, die keinen festen Wert hat, wie etwa 3 oder π, sondern verschiedene Werte annehmen kann, heißt eine *Veränderliche* oder eine *Variable*[1].
Eine feste Zahl, wie z. B. 3 oder π, heißt eine *Konstante*[2]. In den obigen Beispielen sind Tageszeit, Temperatur, Dehnung und Zugkraft der Feder veränderliche Größen.
In beiden Beispielen besteht zwischen beiden Veränderlichen ein Zusammenhang, dessen Kenntnis sowohl durch eine Tabelle wie auch durch ein Diagramm vermittelt werden konnte. Einen derartigen Zusammenhang zwischen veränderlichen Größen nennt man eine *Funktion*. Im 1. Beispiel sind den angegebenen Werten der veränderlichen Tageszeit Werte der veränderlichen Lufttemperatur zugeordnet; die Lufttemperatur ist eine Funktion der Tageszeit. Im 2. Beispiel sind den Werten der veränderlichen Verlängerung Werte der veränderlichen Zugkraft zugeordnet; hier ist die Zugkraft eine Funktion der Verlängerung.
Die Größe, die willkürlich gewählt werden kann, heißt die *unabhängige Veränderliche*, die ihr zugeordnete Veränderliche die *abhängige Veränderliche*.
In den angeführten Beispielen sind Tageszeit und Verlängerung die unabhängigen Veränderlichen, Temperatur und Zugkraft die abhängigen Veränderlichen.
In der Mathematik wird häufig die unabhängige Veränderliche mit x, die abhängige Veränderliche mit y bezeichnet.
In den betrachteten Fällen war einem Wert der unabhängigen Veränderlichen immer nur *ein Wert* der abhängigen Veränderlichen zugeordnet. In keinem Falle gehörte zu einem Wert der unabhängigen Veränderlichen einmal *mehr als ein* Wert der abhängigen Veränderlichen. Die Zuordnung war also **eindeutig**.
Es ist sehr wesentlich, in den Funktionsbegriff die Forderung der Eindeutigkeit einzuschließen, damit bei der praktischen Handhabung dieses Begriffs Widersprüche und Unklarheiten ausgeschlossen werden.

---

[1] variabilis (spätlat.) veränderlich
[2] constans (lat.) unveränderlich fest

Für den Sachverhalt, daß y eine Funktion von x ist, schreibt man das Symbol

$$y = f(x)$$

(lies „y gleich f von x"). Demnach bedeutet $F = f(s)$, daß die Zugkraft einer Feder eine Funktion der Verlängerung ist.

Zusammenfassung:

| Die veränderliche Größe y heißt eine Funktion der veränderlichen Größe x, wenn Werten von x Werte von y eindeutig zugeordnet sind.

In älteren Lehrbüchern wird eine Funktion gelegentlich als die *Abhängigkeit* einer veränderlichen Größe von einer anderen veränderlichen Größe erklärt. Diese Definition ist zu eng. Man präge sich die Erklärung einer Funktion als die *Zuordnung* zweier veränderlicher Größen ein. Am Schluß dieses Kapitels wird gezeigt, daß nur eine Erklärung in dieser Form so umfassend ist, wie es dieser wichtige Begriff der Mathematik verlangt.

10.3. Empirische und analytische Funktionen

Die Beispiele (10.1.) stellen zwei Funktionen von recht verschiedenem Charakter dar. Um die Zuordnung der Größen Tageszeit und Lufttemperatur für einen bestimmten Tag festzustellen, sind wir auf eine Reihe von Temperaturmessungen zu bestimmten Tageszeiten angewiesen. Eine Voraussage über den voraussichtlichen Verlauf der Lufttemperatur während des Tages ist mit erheblicher Unsicherheit belastet. Dagegen läßt sich bei dem zweiten Beispiel, wenn die Abmessungen und das Material der Feder bekannt sind, die Zugkraft der Feder für jede beliebige Verlängerung unterhalb der Elastizitätsgrenze vorausberechnen.

Eine Funktion, bei der der Zusammenhang zwischen den Veränderlichen nur durch Messung oder Beobachtung ermittelt werden kann, heißt *empirisch*[1]. Läßt sich dagegen der Zusammenhang zwischen den Veränderlichen durch eine Rechenvorschrift herstellen, so spricht man von einer *analytischen*[2] Funktion. Die Rechenvorschrift heißt die *Funktionsgleichung*.

Der Zusammenhang der Größen Temperatur und Tageszeit ist eine empirische Funktion; dagegen ist der Zusammenhang zwischen Zugkraft und Verlängerung einer Feder eine analytische Funktion. Die Funktionsgleichung für die betrachtete spezielle Feder lautet $F = 0{,}125 \, \dfrac{\text{N}}{\text{mm}} \cdot s$. Man überzeuge sich davon, daß zwei beliebig einander zugeordnete Werte von F und s der Tabelle diese Funktionsgleichung erfüllen. Empirische Funktionen sind die Zuordnungen von Körpergröße und Lebensalter, von Körpertemperatur und Tageszeit; dagegen analytische Funktionen, z. B. die Zuordnung von Schienenlänge und Temperatur, von Dampfdruck einer Flüssigkeit und Temperatur.

Die Mathematik beschäftigt sich vorzugsweise mit analytischen Funktionen.

BEISPIELE

$$y = 2x + 1; \quad y = x^2; \quad y = \sqrt{x}\,.$$

---

[1] empeiria (griech.) Erfahrung
[2] analysis (griech.) Auflösung

10.4. Definitionsbereich einer Funktion

Die Länge einer Eisenbahnschiene in Abhängigkeit von der Temperatur ist gegeben durch die Funktionsgleichung

$$l = l_0 (1 + \alpha t)$$

Hierin bedeuten t die Temperaturveränderung in K, l die Länge der Schiene bei der Temperatur t, l_0 die Länge bei der Temperatur $t_0 = 0\,°C$, α den Längenausdehnungskoeffizienten. Es ist also l eine Funktion von t. Es liegt in der Natur der Sache, daß t hier zwar unendlich viele Werte annehmen kann, aber doch nicht jeden beliebigen Wert.
Theoretisch ist der niedrigste für t in Frage kommende Wert der absolute Nullpunkt $-273\,°C$. Nach oben ist t theoretisch begrenzt durch den Schmelzpunkt des Stahls (etwa $1400\,°C$). Zwischen diesen beiden theoretischen Grenzen darf t jeden beliebigen Wert annehmen. Man sagt, der *Definitionsbereich* der Funktion reicht von $-273\,°C$ bis $1400\,°C$. Die mathematische Schreibweise für diesen Sachverhalt ist:

$$-273\,°C < t < 1400\,°C$$

(lies: $-273\,°C$ kleiner als t kleiner als $1400\,°C$).

> Die Gesamtheit der Werte, die die unabhängige Veränderliche einer Funktion annehmen darf, heißt der Definitionsbereich der Funktion.

Bei der Funktion $y = 2x + 1$ unterliegt die unabhängige Veränderliche x keiner Beschränkung. Das gleiche gilt für die Funktion $y = x^2$. Definitionsbereich für beide Funktionen $-\infty < x < +\infty$.
Bei der Funktion $y = \sqrt{x}$ gibt es, wenn wir uns auf reelle Funktionswerte beschränken, nur zu positiven Werten von x sowie zu $x = 0$ Werte von y. Definitionsbereich $0 \leq x < +\infty$.

BEISPIEL: Die monatliche Niederschlagsmenge während eines Jahres

Es handelt sich um eine empirische Funktion. Am Ende eines jeden Monats wird die Niederschlagsmenge gemessen.

Monat (Ordnungszahl)	1	2	3	4	5	6	7	8	9	10	11	12
Niederschlagsmenge in mm	36	28	34	40	50	55	72	55	44	40	38	40

Die unabhängige Veränderliche ist die Ordnungszahl des Monats, die abhängige Veränderliche die Niederschlagsmenge. Die unabhängige Veränderliche ist auf die Zahlen 1, 2, 3, ..., 12 beschränkt. Zwischenwerte haben hier keinen Sinn. Ebenso wäre es sinnlos, die in dem Diagramm (Bild 63) eingetragenen 12 Werte für die Niederschlags-

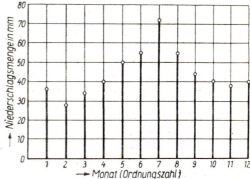

Bild 63

mengen durch einen Streckenzug zu verbinden. Es kommt hier keine Kurve zustande, bzw. die „Kurve" (nämlich das Bild der Funktion) besteht aus 12 isolierten Punkten. Um in derartigen Fällen die Anschaulichkeit des Diagramms zu erhöhen, fällt man von den einzelnen Punkten die Lote auf die waagerechte Achse oder wählt zur Darstellung die Methode des Säulendiagramms.

Eine weitere Funktion, die nicht durch eine Kurve dargestellt werden kann, ist die *monatliche* Produktion eines Betriebes während eines Jahres. Aus diesen Beispielen erkennt man:

▎Der Definitionsbereich einer Funktion kann auf einzelne Werte beschränkt sein.

10.5. Koordinatensysteme

Ein Koordinatensystem hat zunächst nur die Aufgabe, die Lage eines Punktes in der Ebene auf kürzeste Weise genau zu beschreiben. Es gibt verschiedene Möglichkeiten, diese Angabe zu machen. Meist wird dazu das Cartesische Koordinatensystem oder das Polarkoordinatensystem benutzt.

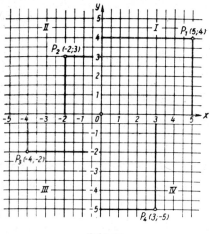

Bild 64

Das Cartesische[1] Koordinatensystem
(Bild 64)

Es besteht aus zwei aufeinander senkrechten Zahlengeraden, den Achsen, deren Nullpunkt „O"[2] gemeinsam ist. Die waagerechte Achse heißt x-Achse oder *Abszissenachse*[3], die senkrechte Achse die y-Achse oder *Ordinatenachse*[4]. Man zählt auf der x-Achse nach rechts positiv, nach links negativ; auf der y-Achse nach oben positiv, nach unten negativ.

Soll nun die Lage eines Punktes P_1 gekennzeichnet werden, so fällt man von P_1 auf beide Achsen die Lote. Der dadurch erhaltene Abschnitt auf der x-Achse (Bild 64) heißt die *Abszisse* des Punktes P_1 (bei uns 5), der Abschnitt auf der y-Achse (bei uns 4) heißt die *Ordinate* von P_1. Durch die Angabe dieser beiden Zahlen 5 und 4 ist die Lage des Punktes P_1 in der Ebene eindeutig gekennzeichnet. Man nennt diese beiden Zahlen, die die Lage des Punktes P_1 eindeutig bestimmen, seine *Koordinaten*[5] und schreibt diesen Sachverhalt kurz in der Form $P_1(5; 4)$ (lies: „P_1 mit den Koordinaten 5 und 4"). Hier ist die Reihenfolge der Ko-

---

[1] Cartesius (latinisierte Form von Descartes), französischer Mathematiker, 1596 bis 1650
[2] origo (lat.) Ursprung, Anfang
[3] abscindere (lat.) abschneiden; Abszisse = Abschnitt
[4] ordinare (lat.) zuordnen; Ordinate = zugeordneter Abschnitt
[5] coordinare (lat.) gegenseitig zuordnen

ordinaten genau zu beachten. An erster Stelle steht stets die Abszisse, an zweiter Stelle die Ordinate.
Für die übrigen Punkte im Bild 64 gilt entsprechend P_2 (— 2; 3), P_3 (— 4; — 2); P_4 (3; — 5).
Durch das Achsenkreuz wird die Ebene in vier Felder, die *Quadranten*[1], aufgeteilt. Sie werden kurz mit römischen Ziffern I, II, III, IV bezeichnet (Bild 64). In welchem Quadranten ein Punkt liegt, erkennt man an den Vorzeichen seiner Koordinaten.

Quadrant	Abszisse x	Ordinate y
I	+	+
II	—	+
III	—	—
IV	+	—

Der Zusammenhang zwischen einem Punkt der Ebene und seinen Koordinaten ist *eindeutig* und *eindeutig umkehrbar*. Das bedeutet: Durch einen Punkt der Ebene werden eindeutig zwei Zahlen, nämlich seine Koordinaten, bestimmt; umgekehrt bestimmen zwei Zahlen eindeutig einen Punkt der Ebene.

Das Polarkoordinatensystem (Bild 65)

Der von dem Anfangspunkt O (Pol) ausgehende Strahl heißt die *Achse* des Systems. Um die Lage eines Punktes P zu beschreiben, verbindet man P mit O. Die Strecke $\overline{PO} = r$ heißt der *Radius-Vektor*[2] oder der *Leitstrahl* des Punktes P. Der Winkel φ, den der Leitstrahl mit der Achse bildet, heißt die *Abweichung* oder der *Polarwinkel* von P. Kennt man von einem Punkt seine Polarkoordinaten r und φ, so ist dadurch seine Lage in der Ebene eindeutig bestimmt. In Bild 65 hat P die Koordinaten $r = 3$; $\varphi = 120°$.
Auch hier ist der Zusammenhang zwischen einem Punkt der Ebene und seinen Koordinaten eindeutig und eindeutig umkehrbar.

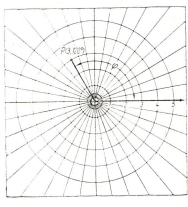

Bild 65

Zusammenhang zwischen Cartesischen Koordinaten und Polarkoordinaten (Bild 66)

Der Punkt P hat im Cartesischen System die Koordinaten x und y, im Polarkoordinatensystem die Koordinaten r und φ. Sind x und y bekannt, so lassen sich r und φ berechnen.

---
[1] quadrans (lat.) Viertel
[2] radius vector (lat.) Fahrstrahl

Es ist

$$r = \sqrt{x^2 + y^2}$$
$$\tan \varphi = \frac{y}{x}$$

(121 a u. b)

Bild 66

Sind umgekehrt r und φ bekannt, so gilt

$$x = r \cdot \cos \varphi$$
$$y = r \cdot \sin \varphi$$

(122)

Es ist also stets möglich, von einer Koordinatenart zur anderen überzugehen.

Dem Fachschüler im ersten Schuljahr sind Cartesische Koordinaten von der Berufsschule her bekannt, während er mit Polarkoordinaten in der Regel nicht vertraut ist. Es ist daher leicht geneigt, die Cartesischen Koordinaten als „besser" zu erachten. Diese Ansicht ist nicht gerechtfertigt. Beide Systeme haben Vorzüge und Nachteile. Es gibt Fälle, in denen Polarkoordinaten gegenüber den Cartesischen Koordinaten erhebliche Erleichterungen bieten. Am häufigsten finden allerdings Cartesische Koordinaten Verwendung.

10.6. Graphische Darstellung einer durch eine Gleichung gegebenen Funktion

Funktionale Zusammenhänge können graphisch durch Kurven veranschaulicht werden.

Unter einer Kurve versteht man das geometrische Bild einer Funktion.

Die Darstellung kann mit Hilfe Cartesischer Koordinaten oder Polarkoordinaten erfolgen.

Darstellung in Cartesischen Koordinaten

Bei der Darstellung einer durch eine Gleichung gegebenen analytischen Funktion muß zunächst eine Wertetabelle errechnet werden.

BEISPIEL

$$y = 2x + 1$$

Man wählt für die unabhängige Veränderliche x eine Anzahl beliebiger Werte und berechnet die zugeordneten Werte von y. Da völlige Freiheit besteht, welche Werte von x man einsetzt, wählt man zweckmäßig solche, bei denen die geringste Rechenarbeit aufzuwenden ist; hier also etwa $x = -3, -2, -1, 0, 1, 2, 3$. Beispielsweise erhält man für $x = -3$

$$y = 2 \cdot (-3) + 1 = -6 + 1 = -5; \text{ usw.}$$

Die Funktion hat die Wertetabelle

x	−3	−2	−1	0	1	2	3
y	−5	−3	−1	1	3	5	7

Die Tabelle wird in der bekannten Weise zur Konstruktion der Kurve benutzt. Die Kurve ist eine Gerade (Bild 67).

Man stoße sich hier nicht an dem Wort „Kurve". Im alltäglichen Sprachgebrauch verbindet man mit diesem Wort allerdings die Vorstellung einer Krümmung. Nachdem wir aber festgelegt haben, daß wir das graphische Bild einer Funktion als Kurve bezeichnen wollen, müssen wir nun daran festhalten, auch wenn sich dieses Bild einmal wie hier als eine Gerade erweist.[1]

Es liegt in der Natur der Sache, daß man auf diese Weise nie eine Darstellung des *gesamten* Funktionsverlaufes, sondern immer nur einen *Ausschnitt* erhält, den man aber beliebig groß machen kann.

BEISPIEL

$y = x^2$

x	−3	−2	−1	0	1	2	3
y	9	4	1	0	1	4	9

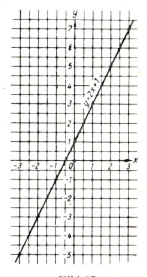

Bild 67

Die Punkte werden in bekannter Weise in das Achsenkreuz eingetragen und mit Hilfe eines Kurvenlineals verbunden.

Bild 68 zeigt die Kurve der Funktion; sie heißt *Normalparabel*.

BEISPIEL

$y = \sqrt{x}$

Da wir uns bei der Darstellung der Funktion auf reelle Funktionswerte beschränken, läßt sich y nur für positives x sowie für $x = 0$ berechnen. Der Definitionsbereich der Funktion ist also eingeschränkt:

$0 \leq x < \infty$.

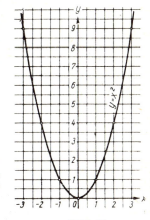

Bild 68

---

[1] Vgl. auch Beispiel S. 258, Bild 62

Nach 3.2.2. versteht man unter $\sqrt{x}$ stets nur den positiven Wurzelwert. Man erhält also für die Funktion die Wertetabelle

x	0	1	2	3	4	5
y	0	1	1,41	1,73	2	2,24

Bild 69 zeigt die Kurve der Funktion.
Für die Funktion $y = -\sqrt{x}$ erhält man die Wertetabelle

x	0	1	2	3	4	5
y	0	−1	−1,41	−1,73	−2	−2,24

Kurve der Funktion Bild 69.

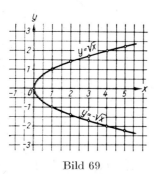

Bild 69

Bei der Darstellung *empirischer Funktionen* verbindet man die durch Messung oder Beobachtung ermittelten Punkte meist durch einen Streckenzug. Zum Beispiel sind bei der Darstellung des Zusammenhanges zwischen Lufttemperatur und Tageszeit (Bild 60) nur die Punkte, die den Tabellenwerten entsprechen, als sicher anzusehen. Der Verlauf der Kurve zwischen den durch Messung verbürgten Punkten ist eine mehr oder minder grobe Annäherung. Es ist z. B. durchaus nicht sicher, daß die tiefste Temperatur gerade zum Zeitpunkt 4^h erreicht wird. Wir verzichten daher bei empirischen Funktionen darauf, die durch Messung festgelegten Punkte mit Hilfe eines Kurvenlineals zu verbinden, um nicht einen Kurvenverlauf vorzutäuschen, der nicht gesichert ist.

Darstellung in Polarkoordinaten

Die Funktionsgleichungen der technisch wichtigen Spiralen erhalten eine einfache Form, wenn man Polarkoordinaten zugrunde legt.

BEISPIEL

Die Archimedische Spirale

$$r = a \cdot \varphi.$$

Entstehung: Ein von O ausgehender Strahl, der zunächst mit der Achse des Systems zusammenfällt, drehe sich mit konstanter Winkelgeschwindigkeit um den Punkt O; gleichzeitig bewege sich auf dem Strahl ein Punkt P, bei O beginnend, gleichförmig nach

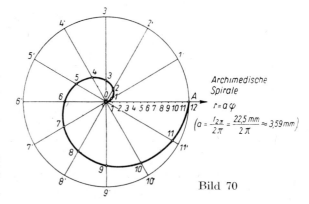

Bild 70

10.6. Graphische Darstellung einer durch eine Gleichung gegebenen Funktion

außen. In Bild 70 ist die momentane Lage des Strahls und des Punktes auf ihr in 12 Zeitpunkten dargestellt. Erfolgt die Bewegung stetig, so beschreibt der Punkt P eine Kurve, die man als *Archimedische Spirale* bezeichnet.

Bei einer vollen Umdrehung hat der Strahl den Winkel $\varphi = 360° \triangleq 2\pi$ im Bogenmaß zurückgelegt; auf dem Strahl hat er sich währenddessen um den Betrag $\overline{OA} = r_{2\pi}$ verschoben.

Es besteht die folgende Proportion:

$$\frac{\overline{PO}}{\overline{OA}} = \frac{\varphi}{2\pi}$$

Setzt man $\overline{OA} = r_{2\pi}$
und $\overline{PO} = r$,

so erhält man nach Umformung:

$$r = \frac{r_{2\pi}}{2\pi} \varphi$$

Schließlich setzt man abkürzend

$$\frac{r_{2\pi}}{2\pi} = a$$

und erhält $r = a \cdot \varphi$ (φ im Bogenmaß)

Das ist die Gleichung der Archimedischen Spirale in Polarkoordinaten.

Die spezielle Archimedische Spirale mit $a = 1$ soll graphisch dargestellt werden. Auch hier wird zunächst eine Wertetabelle aufgestellt, indem man für φ die Werte $0°, 10°, 20°, 30°, \ldots, 360°$ wählt und die zugehörigen Werte von r bestimmt. Bei der Berechnung von r muß φ im Bogenmaß eingesetzt werden.

$\varphi/°$	0	10	20	30	40	50	60	70	80	90
r/mm	0,00	0,17	0,35	0,52	0,70	0,87	1,05	1,22	1,40	1,57
$\varphi/°$	90	100	110	120	130	140	150	160	170	180
r/mm	1,57	1,75	1,92	2,09	2,27	2,44	2,62	2,79	2,97	3,14
$\varphi/°$	180	190	200	210	220	230	240	250	260	270
r/mm	3,14	3,32	3,49	3,67	3,84	4,01	4,19	4,36	4,54	4,71
$\varphi/°$	270	280	290	300	310	320	330	340	350	360
r/mm	4,71	4,89	5,06	5,24	5,41	5,59	5,76	5,93	6,11	6,28

Die zusammengehörigen Werte von φ und r werden in ein Polarkoordinatensystem als Punkte eingetragen; diese werden in üblicher Weise mit einem Kurvenlineal verbunden (Bild 71).

Im technischen Zeichnen wird die Archimedische Spirale im Bereich $0 \leq \varphi \leq 360°$ meist hinreichend genau mit Hilfe von 12 Punkten konstruiert. Man teilt die Strecke $\overline{OA} = r_{2\pi} = 2\pi a$ sowie den Winkel 360° in 12 gleiche Teile und trägt von O aus nach außen auf dem Strahl 01' die Strecke $\overline{01}$, auf dem Strahl 02' die Strecke $\overline{02}$ ab usw. Die erhaltenen Punkte werden mit dem Kurvenlineal verbunden (Bild 70).

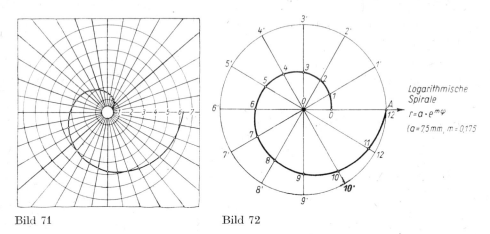

Bild 71   Bild 72

BEISPIEL:

Die logarithmische Spirale $r = a \cdot e^{m\varphi}$.

Der Punkt P des vorigen Beispiels bewege sich jetzt bei der gleichförmigen Drehung des Strahls nicht gleichförmig nach außen, sondern derart beschleunigt, daß in jedem Augenblick bei dem Drehwinkel φ sein Abstand von dem Anfangspunkt O

$$r = a \cdot e^{m\varphi} \qquad (\varphi \text{ im Bogenmaß})$$

beträgt; hierin bedeuten a und m beliebige Konstanten und $e = 2{,}71828\ldots$ die Basis des natürlichen Logarithmensystems (s. 5.3. und 6.4.). Die Kurve, die der Punkt P beschreibt, bezeichnet man als *logarithmische Spirale*. Bild 72 zeigt die Kurve für die speziellen Werte $a = 7{,}5$ mm; $m = 0{,}175$.
Über ihre technische Bedeutung und ihre graphische Darstellung s. Aufgabe 233, Seite 275.

Zusammenhang zwischen einer Funktion und ihrer Kurve

Auf Grund der eindeutigen und eindeutig umkehrbaren Beziehung zwischen einem Punkt und seinen Koordinaten besteht zwischen der Gleichung einer Funktion und ihrer Kurve ein mehrfacher Zusammenhang, den man sich am besten an einem Beispiel klar macht. Wir greifen zurück auf die Funktion $y = 2x + 1$ (Bild 67). Die Kurve wurde mit Hilfe einer Wertetabelle gezeichnet, die für x die Werte $-3, -2, -1, 0, +1, +2, +3$ enthielt. Der Wert $x = 2{,}5$ wurde nicht zur Zeichnung der Kurve benutzt. Wir berechnen nachträglich für $x = 2{,}5$ den Funktionswert $y = +6$.

Der Punkt (2,5; 6) ist, wie Bild 67 zeigt, wirklich Punkt der Kurve. Das gleiche gilt für alle Zahlenpaare $(x; y)$, die die Funktionsgleichung erfüllen.

Somit gilt allgemein die Beziehung:

a) Zwei Zahlen x; y, die die Funktionsgleichung erfüllen, bestimmen einen Punkt der Kurve.
Betrachten wir zwei Zahlen, die die Funktionsgleichung $y = 2x + 1$ nicht erfüllen, z. B. $x = 2$, $y = 1$. Der durch dieses Zahlenpaar bestimmte Punkt liegt nicht auf der Kurve. Dieser Sachverhalt gilt allgemein:
b) Zwei Zahlen, die die Funktionsgleichung nicht erfüllen, bestimmen einen Punkt außerhalb der Kurve.
Geht man nun von der Kurve aus und betrachtet auf ihr einen beliebigen Punkt, z. B. (1,5; 4), so erfüllen dessen Koordinaten die Funktionsgleichung. Auch hier gilt allgemein:
c) Die Koordinaten jedes Kurvenpunktes erfüllen die Funktionsgleichung.
Wählt man schließlich einen Punkt außerhalb der Kurve, z. B. $P(2; 3)$, so erfüllen diese Zahlen die Funktionsgleichung nicht. Das gilt wieder allgemein:
d) Die Koordinaten eines Punktes außerhalb der Kurve erfüllen die Funktionsgleichung nicht.

Die unter a) bis d) angegebenen Eigenschaften sind charakteristisch für den *Zusammenhang* zwischen der Gleichung und der Kurve einer Funktion. Sie lassen sich in dem einen Satz zusammenfassen:

Ein Punkt liegt dann, aber auch nur dann auf einer Kurve, wenn seine Koordinaten die Funktionsgleichung erfüllen.

Dieser Sachverhalt gilt in gleicher Weise für Cartesische Koordinaten wie für Polarkoordinaten.

BEISPIEL

Es soll untersucht werden, welche der drei Punkte $P_1(5; 19)$, $P_2(2; -10)$, $P_3(-1; 1)$ auf der Kurve der Funktion $y = 3x + 4$ liegen.
Dazu ist es nicht nötig, die Kurve zu zeichnen; man untersucht für jeden Punkt, ob seine Koordinaten die Funktionsgleichung erfüllen.

P_1: $19 = 3 \cdot 5 + 4$; die Gleichung wird erfüllt. P_1 liegt auf der Kurve.
P_2: $-10 = 3 \cdot 2 + 4$; die Gleichung enthält einen Widerspruch. P_2 liegt nicht auf der Kurve.
P_3: $1 = 3 \cdot (-1) + 4$; die Gleichung ist erfüllt. P_3 liegt auf der Kurve.

10.7. Das Symbol $y(x)$

Es sei y eine Funktion von x; $y = f(x)$. Um diesen funktionalen Zusammenhang zwischen y und x in der Schreibweise zum Ausdruck zu bringen, schreibt man häufig an Stelle von y

$y(x)$ (lies „y von x" oder „y abhängig von x").

Man macht von dieser Schreibweise Gebrauch, um klar zu kennzeichnen, welche Größe als unabhängige Veränderliche angesehen werden soll; man schreibt also z. B.

$$l(t) = l_0 (1 + \alpha t)$$

(gelesen „l von t" oder „l abhängig von t")

oder

$$p(v) = \frac{c}{v}$$

Diese Schreibweise gibt beim Arbeiten mit Funktionen die Möglichkeit kürzerer Formulierungen. Zum Beispiel kann man für den Sachverhalt, daß die Funktion

$$y(x) = 2x + 1$$

an der Stelle $x = 2$ den Wert 5 hat, kurz schreiben:

$$y(2) = 5$$

Wegen dieser Möglichkeit verdient die Schreibweise $y(x)$ vor y den Vorzug.

10.8. Parameterdarstellung einer Funktion

Bisher wurde der funktionale Zusammenhang zwischen zwei veränderlichen Größen stets durch *eine* Gleichung zwischen y und x, also in der Form $y = f(x)$, dargestellt. Es gibt noch eine andere Möglichkeit, diesen Zusammenhang zu kennzeichnen, indem man die veränderlichen Größen x und y für sich als Funktionen einer dritten Veränderlichen t darstellt, also

$$x = \varphi(t) \qquad y = \psi(t) \tag{123}$$

Die dritte Variable t nennt man „Hilfsveränderliche" oder „Parameter"; diese Art der Darstellung einer Funktion heißt daher „Parameterdarstellung". Sie ist häufig von Vorteil bei der funktionalen Darstellung von Bewegungsvorgängen; hierbei hat der Parameter in der Regel die Bedeutung der Zeit.

Aus der Parameterdarstellung kann man die frühere Darstellung $y = f(x)$ gewinnen, wenn man in den Gleichungen (123) die Hilfsveränderliche t eliminiert[1]. Man stellt dazu eine der beiden Gleichungen nach t um und setzt den für t erhaltenen Ausdruck in die andere Gleichung ein. (Die Umstellung einer der beiden Gleichungen nach t ist nicht in jedem Falle möglich.)

BEISPIEL (Waagerechter Wurf)

Ein Körper wird in waagerechter Richtung mit der Geschwindigkeit v_0 abgeworfen. Dann nimmt er gleichzeitig an zwei Bewegungen teil, nämlich

1. in waagerechter Richtung an einer gleichförmigen Bewegung mit der Geschwindigkeit v_0,

---

[1] limes (lat.) Grenze, Schwelle; eliminieren, also hinausschaffen, entfernen

10.8. Parameterdarstellung einer Funktion

2. in senkrechter Richtung an der gleichmäßig beschleunigten Fallbewegung.
Nach dem Prinzip von der Unabhängigkeit der Bewegungen findet man den Ort, an dem sich der Körper zur Zeit t befindet, indem man die Teilwege, die er in waagerechter und in senkrechter Richtung in der Zeit t zurückgelegt hat, zusammensetzt.
Für diese Teilwege erhält man:

(I) in waagerechter Richtung
$$x = v_0 t$$

(II) in senkrechter Richtung

$$y = -\frac{1}{2} g t^2 \quad (g = 9{,}81 \text{ m/s}^2).$$

Die Bahn der Bewegung wird also festgelegt, indem man in jedem Zeitpunkt die relativ zur x-Achse und zur y-Achse zurückgelegten Wege betrachtet. Die Teilwege („Wegkomponenten") x und y werden als Funktionen der Zeit dargestellt. Die Zeit t ist also hier die Hilfsveränderliche oder der Parameter.

Darstellung der Wurfbahn. Es sei in unserem Falle $v_0 = 10$ m/s und $g \approx 10$ m/s². Um die Bahn der Bewegung zu erhalten, stellt man die Wertetabelle auf für $t = 0, 1, 2, 3, 4, 5$ s.

t/s	0	1	2	3	4	5
x/m	0	10	20	30	40	50
y/m	0	−5	−20	−45	−80	−125

Bild 73 zeigt die Wurfbahn.

Um die Parameterdarstellung in die Form $y = f(x)$ überzuführen, stellt man Gleichung (I) nach t um:

$$t = \frac{x}{v_0}$$

und setzt diesen Ausdruck für t in die Gleichung (II) ein:

$$y = -\frac{g}{2 v_0^2} x^2$$

Auch diese Gleichung wird graphisch durch die Kurve Bild 73 dargestellt.

Zusammenfassung

Der funktionale Zusammenhang zwischen zwei veränderlichen Größen x und y kann dadurch beschrieben werden, daß man x und y als Funktionen einer Hilfsveränderlichen t (Parameter) darstellt:

$$x = \varphi(t); \quad y = \psi(t)$$

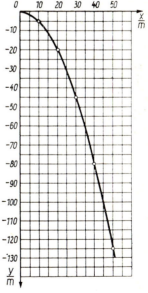

Bild 73

Der Parameter t hat mitunter praktische Bedeutung (in der Mechanik z. B. häufig Bedeutung der Zeit).

10.9. Anpassung des Achsenkreuzes an besondere Funktionen

BEISPIEL (Darstellung der unregelmäßigen Ausdehnung des Wassers)

Folgende Tabelle gibt das Volumen in dm³ von 1 kg Wasser für Temperaturen zwischen 0 °C und 20 °C an.

Temperatur in °C	Volumen in dm³	Temperatur in °C	Volumen in dm³	Temperatur in °C	Volumen in dm³
0	1,000132	5	1,000008	12	1,000475
1	1,000073	6	1,000032	14	1,000729
2	1,000033	7	1,000071	16	1,001030
3	1,000008	8	1,000124	18	1,001377
4	1,000000	10	1,000272	20	1,001768

Bei der graphischen Darstellung ergeben sich, wenn wir in der bisherigen Weise vorgehen, praktische Schwierigkeiten aus der außerordentlich geringen Änderung des Volumens. Selbst wenn man auf der Ordinatenachse für das Volumen 1 dm³ die Strecke 1 m wählt, würde die Volumenänderung zwischen 0 °C und 20 °C erst die Strecke von 1,64 mm ausmachen. Da für das Volumen kein kleinerer Wert als 1 dm³ vorkommt, liegt es nahe, bei der Darstellung auf einen Teil der Koordinatenebene zu verzichten und mit den Volumenwerten erst bei 1 dm³ zu beginnen. Durch einen geeigneten Maßstab auf der Ordinatenachse läßt sich erreichen, daß die Darstellung einerseits nicht zu groß wird, andererseits aber trotzdem die geringen Änderungen des Volumens ablesbar werden (Bild 74).

Wie wirkt sich eine Änderung des Maßstabes der Ordinatenachse auf die Form der Kurve aus?

Die Untersuchung soll an einem speziellen Beispiel durchgeführt werden.

BEISPIEL (Wurf senkrecht nach oben)

Der Zusammenhang zwischen dem Weg s und der Zeit t wird durch die Funktionsgleichung

$$s = v_0 \cdot t - \frac{1}{2} g \cdot t^2$$

hergestellt. Hierin bedeuten v_0 die konstante Abwurfgeschwindigkeit und g die Fallbeschleunigung 9,81 m/s² ≈ 10 m/s².

Für den speziellen Wert $v_0 = 30$ m/s erhält man folgende Wertetabelle:

t/s	0	1	2	3	4	5	6
s/m	0	25	40	45	40	25	0

10.10. Funktionen von mehreren Veränderlichen

Man stellt nun den durch die Wertetabelle gegebenen Zusammenhang zwischen s und t in zwei Diagrammen mit verschiedenem Maßstab der s-Achse graphisch dar. Man erkennt aus den Bildern 75 und 76, daß bei einer Maßstabänderung der Ordinatenachse die Hoch- und Tiefpunkte der Kurve (die sogenannten Maxima[1] und Minima[2]) an der gleichen Stelle t liegen wie vorher. Das gleiche gilt für die Schnitt-

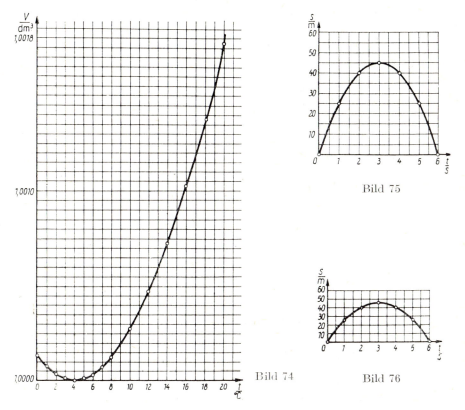

Bild 74 Bild 75

Bild 76

punkte der Kurve mit der Abszissenachse. Die charakteristische Form und Lage der Kurve werden also nicht geändert; es tritt lediglich bei Vergrößerung des Maßstabes eine Streckung, bei Verkleinerung des Maßstabes eine Stauchung der Kurve ein.

10.10. Funktionen von mehreren Veränderlichen

In einem Stahlzylinder sei eine bestimmte Gasmenge durch einen beweglichen Kolben luftdicht abgeschlossen. Es ist möglich, die Gasmenge in dem Kolben auf eine beliebig gewählte Temperatur T zu bringen. Ferner können wir unabhängig von der Temperatur den Druck p, den wir durch den Kolben auf das Gas ausüben, frei wählen.

---

[1] maximus (lat.) der größte
[2] minimus (lat.) der kleinste

Liegen aber die Temperatur und der Druck einmal fest, so nimmt die Gasmenge ein ganz bestimmtes Volumen V an, das sich berechnen läßt. Hier sind die Temperatur T und der Druck p voneinander unabhängige frei veränderliche Größen. Die abhängige Veränderliche V ist eine Funktion von p und T, also eine Funktion von *zwei* Veränderlichen. Man schreibt: $V = f(p, T)$.
Das allgemeine Symbol für eine Funktion von zwei voneinander unabhängigen Veränderlichen x und y ist $z = f(x, y)$.

WEITERE BEISPIELE

Der Flächeninhalt eines Rechtecks ist eine Funktion zweier benachbarter Seiten. Das Volumen eines Quaders ist eine Funktion seiner Kanten x, y, z.
Funktionen von mehreren Veränderlichen lassen sich graphisch nicht durch eine Kurve in einem ebenen Koordinatensystem darstellen.

10.11. Kritische Betrachtung des Funktionsbegriffes

Eine Funktion hatten wir erklärt als eine eindeutige Zuordnung von Werten einer Veränderlichen y zu Werten einer Veränderlichen x. Es wurde bei der Festlegung dieses Begriffes in Abschnitt 10.2. vermieden, von einer *Abhängigkeit* zwischen y und x zu sprechen, da durchaus nicht bei allen Funktionen eine Abhängigkeit zwischen den veränderlichen Größen besteht. Man kann z. B. nicht sagen, daß die monatliche Produktion eines Betriebes von der *Zeit*, also von der Ordnungszahl des Monats *abhängig* ist. Sie ist vielmehr abhängig von den technischen und wirtschaftlichen Voraussetzungen des Betriebes, die in diesem Zeitabschnitt zusammentreffen. Das Wort „Zuordnung" charakterisiert viel treffender die Art des Zusammenhanges. Man kann auch nicht sagen, daß *jedem* Wert der unabhängigen Veränderlichen x *ein* Wert der abhängigen Veränderlichen y zugeordnet ist. Bei der Funktion $y = \sqrt{x}$ ist z. B. dem Wert $x = -1$ kein reeller Wert von y zugeordnet.
Für den Funktionsbegriff wurde die obige Formulierung gewählt, weil sie *alle* Möglichkeiten des Zusammenhanges zwischen veränderlichen Größen zum Ausdruck bringt.

Es ist nicht konsequent, bei der Festlegung des Funktionsbegriffes das Wort Abhängigkeit zu vermeiden, dann aber bei der Unterscheidung der Veränderlichen von der abhängigen und der unabhängigen Veränderlichen zu sprechen. Aber dieser Sprachgebrauch ist nun einmal gegeben.

AUFGABEN

221. Zeichne folgende Punkte in ein Cartesisches Koordinatensystem ein:

P_1 (—3,5; —4), P_2 (2; 0), P_3 (3; 4,5), P_4 (1; —3), P_5 (0; —2), P_6 (—4; 3).

222. Ein Betrieb führt über die Erfüllung seines Produktionsplans folgende Statistik:

Tag (Ordnungszahl)	3	6	9	12	15	18	21	24	27	30
Planerfüllung in %	12	21	29	38	48	60	75	83	98	120

Zeichne das Diagramm.

10.11. Kritische Betrachtung des Funktionsbegriffes

223. Die Siedetemperatur des Wassers ist eine Funktion des Drucks.

Druck in bar	1,0	1,033	1,5	2,0	2,5	3,0	3,5	4,0	5,0
Temperatur in °C	99,1	100,0	110,8	119,6	126,8	132,9	138,2	142,9	151,1

Zeichne die Kurve.

224. Für die relative Luftfeuchte wurden während eines Sommertages folgende Werte gemessen:

Tageszeit in Stunden	0	2	4	6	8	10	12	14	16	18	20	22	24
Rel. Luftfeuchte in %	83	85	87	86	80	71	64	62	64	68	74	77	80

Zeichne die Kurve der Funktion.

225. Stelle die Funktion $y(x) = \frac{1}{2}x - 1$ für den Bereich $-4 \leq x \leq +4$ graphisch dar

226. Desgl. $y(x) = \frac{2}{3}x + 1$ für $-6 \leq x \leq +6$.

227. Desgl. $y(x) = x^2 - 4x + 3$ für $-1 \leq x \leq +5$. Wo liegt das Minimum?

228. Desgl. $y(x) = x^2 + 3x + 2$ für $-4 \leq x \leq +1$. Wo liegt das Minimum?

229. Desgl. $y(x) = x^2 - 14x + 48$. Wähle den Bereich so, daß das Diagramm den tiefsten Punkt der Kurve mit erfaßt.

230. Desgl. $y(x) = x^2 + 9x + 20$. Bereich wie bei Aufg. 229.

231. Desgl. $y(x) = x^3 - 6x^2 + 9x - 2$ für $0 \leq x \leq +4$.

232. Stelle die Größe einer Kreisfläche $A = \frac{\pi d^2}{4}$ als Funktion vom Durchmesser d graphisch dar. $d = 0, 1, 2, 4, 6, 8, 10$.

233. Den rotierenden Messern einer Häckselschneidemaschine gibt man die Form einer logarithmischen Spirale, da bei dieser Form die Messer an jeder Stelle unter dem gleichen Winkel angreifen. Diese Kurve hat in Polarkoordinaten die Gleichung $r = a \cdot e^{m\varphi}$. Hier bedeuten e die Basis des natürlichen Logarithmensystems 2,71828, a und m Konstanten, die hier beziehentlich die Werte 1 cm und $\frac{1}{3}$ haben sollen. Stelle die Wertetabelle auf für $\varphi = 0°, 10°, 20°, 30°, \ldots, 360°$. Bei der Berechnung der Funktionswerte ist φ im Bogenmaß einzusetzen. (Die Werte für $e^{m\varphi}$ werden zweckmäßig der Logarithmentafel entnommen.) Zeichne die Kurve der Funktion.

234. Bei der punktweisen Berechnung der Schaufel einer Kreiselpumpe[1] erhält man in Polarkoordinaten folgende Beziehung für die Profilkurve der Schaufel:

---

[1] Die Werte der folgenden Tabelle entstammen dem Werk von PFLEIDERER Kreiselpumpen. Springer-Verlag, Berlin.

$\varphi/°$	0,00	30,9	56,4	76,7	92,2	104,5	114,3
r/mm	77,5	90,0	103,0	116,0	128,5	141,0	154,0

Lege die berechneten Schaufelpunkte in einem Polarkoordinatensystem fest und zeichne die Schaufel.

235. Ein Körper wird schräg aufwärts unter dem Winkel α gegen die Horizontale mit der Geschwindigkeit v_0 abgeworfen. Die Bahn der Bewegung ist dann in Parameterdarstellung durch die Gleichungen

$$x = v_0 \cdot t \cdot \cos \alpha \qquad y = v_0 \cdot t \cdot \sin \alpha - \frac{1}{2} g t^2$$

gegeben. Es sei hier speziell $v_0 = 30$ m/s und $\alpha = 45°$; für g setzt man näherungsweise 10 m/s². Stelle die Wertetabelle auf für x und $y (t = 0, 1, 2, 3, 4, 5$ s$)$ und zeichne die Wurfparabel. Wie groß ist die Wurfweite?

236. In einem Stahlzylinder ist unter einem leicht beweglichen Kolben eine bestimmte Gasmenge luftdicht abgeschlossen. Bei einem Druck von 1 bar nimmt das Gas ein Volumen von 10 dm³ ein. Vergrößert man bei unveränderter Temperatur den Druck, so verkleinert sich das Volumen gemäß der Gleichung $V = \dfrac{10}{p}$ bar · dm³. Berechne V für $p = 1, 2, 3, \ldots$, 10 bar und entwirf das Diagramm.

237. Berechne, welche der Punkte $P_1 (0; -4)$, $P_2 (3; -5)$, $P_3 (-2; -18)$, $P_4 (-1; 9)$ auf der Kurve der Funktion $y(x) = 2x^2 - 3x + 4$ liegen.

238. Desgl. für die Punkte $P_1 (1; 0)$, $P_2 (-2; -27)$, $P_3 (-1; 8)$, $P_4 (5; -64)$ und die Kurve der Funktion $y(x) = x^3 - 3x^2 + 3x - 1$.

10.12. Die lineare Funktion (Die Funktion 1. Grades und ihre Kurve)

Die Funktion $y = 2x + 1$ heißt, da die unabhängige Veränderliche x in keiner höheren als der ersten Potenz vorkommt, eine *Funktion ersten Grades*. Weitere Funktionen ersten Grades sind z. B.

$$y = -0{,}75 x - 1{,}25 \text{ und } y = -\frac{1}{2} x + \frac{2}{3}$$

Die allgemeine Funktion 1. Grades hat die Form

$$y = mx + b, \qquad (124)$$

wo m und b beliebige Konstanten bedeuten und m von Null verschieden sein muß.

Stellt man Funktionen 1. Grades graphisch dar, so erkennt man:

Die Kurve einer Funktion 1. Grades ist stets eine Gerade.

Auf den Beweis, daß dieser Satz ausnahmslos gilt, muß hier verzichtet werden. Der exakte Nachweis wird im Band III dieses Lehrbuches im Rahmen der analytischen Geometrie erbracht. Wegen dieser Eigenschaft nennt man die Funktion 1. Grades auch *lineare*[1] Funktion.

---

[1] linearis (lat.) zu einer Linie gehörig

10.12. Die lineare Funktion

Es soll nun untersucht werden, wie die Lage einer Geraden im Koordinatensystem von den Konstanten m und b abhängt.

Geometrische Bedeutung der Konstanten m

Wir stellen in einem Koordinatensystem (Bild 77) folgende Funktionen graphisch dar:

$$y = \frac{1}{2}x + 1 \qquad y = x + 1$$
$$y = 2x + 1$$
$$y = -\frac{1}{2}x + 1 \qquad y = -x + 1$$
$$y = -2x + 1$$

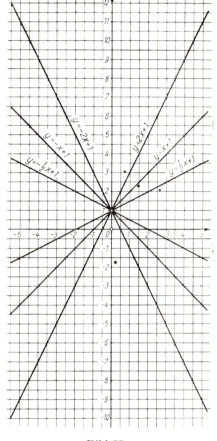

Bild 77

Blickt man in die positive Richtung der x-Achse, so gilt allgemein:

Ist in der Funktionsgleichung $y = mx + b$ die Konstante m positiv, so steigt die Gerade; ist m negativ, so fällt die Gerade.

Ferner sagt uns m etwas aus über die Größe des Anstiegs oder des Gefälles. Die Gerade $y = 2x + 1$ steigt stärker als die Gerade $y = x + 1$ oder als die Gerade $y = \frac{1}{2}x + 1$.

Bei positivem m ist der Anstieg der Geraden um so größer, je größer m ist.

Sehen wir bei negativem m vom Vorzeichen ab und berücksichtigen nur den reinen Zahlenwert (den „absoluten Wert") von m, so bedingt auch hier ein größeres absolutes m ein stärkeres Gefälle. Die Gerade $y = -2x + 1$ fällt stärker als die Gerade $y = -\frac{1}{2}x + 1$, weil der absolute Wert von -2 größer ist als der absolute Wert von $-\frac{1}{2}$.

Die exakte Bedeutung der Konstanten m erkennen wir deutlich an dem Beispiel der Funktion $y = 3x + 2$. Hier ist m gleich 3.

x	—3	—2	—1	0	+1	+2	+3
y	—7	—4	—1	+2	+5	+8	+11

Die Wertetabelle zeigt: Wenn x an beliebiger Stelle um 1 vergrößert wird, ändert sich y um $+3$, also genau um m.

Um zu erkennen, daß dieser Sachverhalt für jede beliebige lineare Funktion gilt, stellen wir die Wertetabelle für die allgemeine lineare Funktion $y = mx + b$ auf.

x	—3	—2	—1	0	+1	+2	+3
y	$-3m+b$	$-2m+b$	$-1m+b$	b	$1m+b$	$2m+b$	$3m+b$

Auch hier ändert sich y um den Betrag m, wenn man x um 1 vergrößert. Aus diesem Grund nennt man m den *Anstieg* der Geraden $y = mx + b$.

> In der Gleichung $y = mx + b$ bedeutet der Anstieg m den Betrag, um den sich y ändert, wenn man x um 1 vermehrt.

Zwischen der Konstanten m und dem Winkel φ, den die Gerade gegen die positive Richtung der x-Achse bildet, besteht ein fester Zusammenhang. Aus Bild 78 entnehmen wir:

$$\tan \varphi = \frac{m}{1} = m$$

> In der Gleichung $y = mx + b$ bedeutet der Anstieg m den Tangens des Winkels, den die Gerade gegen die positive Richtung der x-Achse bildet.

Merke: Hat in der Geradengleichung m den Wert 1, so schneidet die Gerade die x-Achse unter dem Winkel 45°.

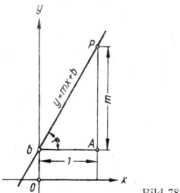

Bild 78

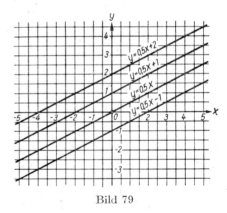

Bild 79

Geometrische Bedeutung der Konstanten b

Zur Untersuchung zeichnen wir in ein gemeinsames Diagramm (Bild 79) die Geraden der Funktionen

$$y = 0{,}5\,x - 1 \qquad y = 0{,}5\,x \qquad y = 0{,}5\,x + 1 \qquad y = 0{,}5\,x + 2$$

Für die Funktion $y = 0{,}5\,x - 1$ ist $b = -1$. Die Gerade dieser Funktion schneidet die y-Achse im Punkte $-1 = b$. Für die übrigen Funktionen gilt der gleiche Zusammenhang, der also wieder allgemeingültig ist. Denn setzt man in der allgemeinen Geradengleichung $y = mx + b$ für x den Wert Null ein, so erhält man als zugehörige

10.12. Die lineare Funktion

Ordinate den Abschnitt auf der y-Achse $y = b$. Man nennt daher b die *Abschnittskonstante*.

In der Gleichung $y = mx + b$ bedeutet die Abschnittskonstante b den Abschnitt auf der y-Achse.

Daraus folgt: Die Funktion $y = mx$ (bei der also b gleich Null ist) stellt eine Gerade durch den Anfangspunkt dar.

Graphische Darstellung der linearen Funktion

Soll eine Funktion 1. Grades dargestellt werden, so weiß man von vornherein, daß man als Kurve eine Gerade erhält. Da für die Festlegung einer Geraden nur zwei Punkte notwendig sind, braucht man keine umfangreiche Wertetabelle. Von den verschiedenen Möglichkeiten verdienen zwei den Vorzug:

a) Darstellung mit Hilfe der Wertetabelle.
   Man wählt für die unabhängige Veränderliche zwei möglichst weit voneinander entfernt liegende Werte an den Grenzen des darzustellenden Bereichs und zweckmäßig einen dritten Wert etwa in der Mitte zur Kontrolle.

b) Darstellung mit Hilfe des Anstiegsdreiecks (s. Bild 78).
   Aus der Funktionsgleichung $y = mx + b$ erkennt man den Abschnitt auf der y-Achse (b); damit ist ein Punkt der Geraden bekannt. Den zweiten Geradenpunkt P findet man, indem man von dem ersten Punkt $(0; b)$ in Richtung der positiven x-Achse um die Strecke 1 weitergeht bis zum Hilfspunkt A, dann anschließend in Richtung der y-Achse um die Strecke m bis zum Punkt P. Man beachte bei der Eintragung der Strecke m das Vorzeichen!

Die Nullstelle einer linearen Funktion

Eine im Koordinatensystem liegende Gerade schneidet im allgemeinen[1] beide Achsen. Die Stelle x, an der die Gerade die x-Achse schneidet, heißt die *Nullstelle* der Funktion. Sie wird häufig mit x_0 (lies „x-Null") bezeichnet. In Bild 80 hat die Gerade g_1 die Nullstelle $x_0 = 4$; für die Gerade g_2 ist $x_0 = -2,5$.

Die Gleichungen $y = c$ und $x = c$; Achsparallelen

Kann die Gleichung $y = -2$ überhaupt als Funktionsgleichung angesprochen werden, da in der Gleichung x doch nicht vorkommt und anscheinend kein funktionaler Zusammenhang zwischen y und x besteht? Die Gleichung $y = -2$ besagt, daß y für *jeden* Wert von x gleich -2 ist. Die Kurve dieser Funktion ist also eine Parallele zur x-Achse durch den Punkt $y = -2$ der Ordinatenachse (Bild 81).

---

[1] Der Ausdruck „im allgemeinen", durch den in der täglichen Umgangssprache eine Unsicherheit in eine aufgestellte Behauptung gebracht wird, hat in der Mathematik eine ganz exakte Bedeutung. Ein Sachverhalt „im allgemeinen" bedeutet, daß es mindestens eine nachweisbare Ausnahme gibt. Im obigen Falle ist die Ausnahme, daß die Gerade einer der beiden Achsen parallel ist.

280   10. Funktion und graphische Darstellung

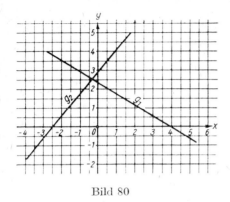

Bild 80

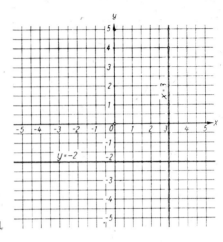

Bild 81

Entsprechend ist die Kurve der Funktion $x = 3$ eine Parallele zur y-Achse durch den Punkt $x = 3$ der Abszissenachse.

Allgemein gilt:

| Die Gleichungen $y = c$ und $x = c$ stellen graphisch Achsparallelen dar.

Ein spezieller Fall sind die Koordinatenachsen; s. Aufg. 245.

Ermittlung der Funktionsgleichung einer Geraden

Ist in einem Achsenkreuz eine Gerade gegeben, so läßt sich die zugehörige Funktionsgleichung ermitteln.

BEISPIELE

1. Bild 82
   Da es sich um eine Gerade handelt, hat die Funktionsgleichung die Form
   $y = mx + b$; m und b müssen bestimmt werden.
   b: Die Gerade schneidet die y-Achse im Punkt $y = 2$; also $b = 2$.
   m: Da die Gerade steigt, ist m positiv. An der Stelle $x = 0$ ist $y = 2$; an der Stelle $x = 1$ ist $y = 5$. Vermehrt man x um 1, so wächst y um 3; also $m = 3$. Die Geradengleichung lautet $y = 3x + 2$.

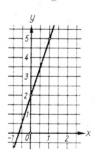

Bild 82

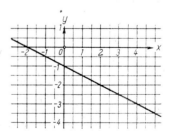

Bild 83

10.12. Die lineare Funktion

2. Bild 83.
Die Gleichung hat die Form $y = mx + b$.
b: Die Gerade schneidet die y-Achse im Punkte $y = -1$; also $b = -1$.
m: Die Gerade fällt; m ist daher negativ. An der Stelle $x = -2$ ist $y = 0$; an der Stelle $x = -1$ ist $y = -0,5$. Vermehrt man x um 1, so fällt y um 0,5. Also ist $m = -0,5$.
Die Geradengleichung lautet $y = -0,5\,x - 1$.

AUFGABEN

239. Stelle die Funktion $y = -\frac{1}{2}x + 1\frac{1}{2}$ für den Bereich $-4 \leq x \leq 4$ graphisch dar.

240. Desgl. $y = 1,5x - 2,5$ für $-4 \leq x \leq 4$.

241. Desgl. $y = 12x - 3$ für $-4 \leq x \leq 4$. Wähle einen geeigneten Maßstab für die y-Achse.

242. Desgl. $y = -0,08x + 2$ für $-50 \leq x \leq 50$. Wähle einen geeigneten Maßstab für die x-Achse.

243. Desgl. $y = -0,75$.

244. Desgl. $x = 2,4$.

245. Welche Gleichungen haben die beiden Koordinatenachsen?

246. Bei der gleichförmigen Bewegung ist der zurückgelegte Weg eine lineare Funktion der Zeit. $s = v \cdot t$ (s Weg in m, t Zeit in s, v Geschwindigkeit in m/s). Stelle in einem gemeinsamen Diagramm s als Funktion von t für folgende Bewegungen dar:

Pferdefuhrwerk	$v_1 = 0,85$ m/s	Straßenbahn	$v_4 = 6$ m/s
Fußgänger	$v_2 = 1,5$ m/s	Güterzug	$v_5 = 15$ m/s
Pferd im Trab	$v_3 = 2,1$ m/s	Personenzug	$v_6 = 20$ m/s

Bereich $0 \leq t \leq 10$ s.

247. Für eine Schraubenfeder besteht zwischen der Verlängerung s und der Zugkraft F die Gleichung $F = c \cdot s$, wo c eine Federkonstante, die sogenannte Federhärte, bedeutet. Stelle in einem gemeinsamen Diagramm F für zwei Federn mit den Härten $c_1 = 12$ N/mm und $c_2 = 28$ N/mm graphisch dar. Bereich $0 \leq s \leq 20$ mm.

248. Welche Gleichungen haben die drei Geraden in dem Diagramm Bild 84?

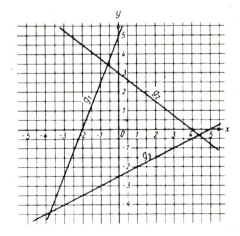

Bild 84

11. Gleichungen 1. Grades mit einer Unbekannten

11.1. Begriff der Bestimmungsgleichung 1. Grades; Begriff der Lösung; allgemeine Form

Unter einer algebraischen Gleichung 1. Grades mit einer Unbekannten versteht man eine Bestimmungsgleichung (s. 9.2.), die die Unbekannte in erster, aber nicht in höherer Potenz enthält. Für derartige Gleichungen ist in der Literatur ebenso die Bezeichnung „lineare Gleichungen" gebräuchlich. Eine lineare Gleichung mit einer Unbekannten in der einfachsten Form enthält ein Glied der Unbekannten x („lineares Glied") sowie ein von x freies Glied („absolutes Glied"), z. B. $4x + 5 = 0$ oder $\frac{1}{3}x - \frac{2}{7} = 0$ oder allgemein $Ax + B = 0$.

> Eine Gleichung der Form $Ax + B = 0$, in der A und B beliebige Konstanten ($A \neq 0$), bedeuten, heißt die *allgemeine Form* der Gleichung 1. Grades einer Unbekannten; A und B heißen die Koeffizienten der Gleichung.

Setzt man in eine Bestimmungsgleichung für die Unbekannte einen speziellen Wert ein, so erhält man entweder eine identische Gleichung oder einen Widerspruch. Zum Beispiel wird die Gleichung $x + 4 = 7$ nur durch den speziellen Wert $x = 3$ erfüllt. 3 heißt die Lösung der Gleichung $x + 4 = 7$.

> Ein spezieller Wert der Unbekannten, der eine Bestimmungsgleichung erfüllt, heißt *Lösung* der Gleichung.

Der Lösungsweg für jede lineare Gleichung mit einer Unbekannten führt über die allgemeine Form bzw. über die gleichbedeutende Form $Ax = -B$.

11.2. Vorbereitende Sätze zur Lösung von Gleichungen 1. Grades mit einer Unbekannten

Die Gleichung

$$2x + 4 = 10 \tag{I}$$

hat die Lösung

$$x = 3 \quad \text{(Probe!)}$$

Addiert man auf beiden Seiten der Gleichung eine gleiche beliebig gewählte Zahl, z. B. 5, so erhält man

$$2x + 4 + 5 = 10 + 5$$
$$2x + 9 = 15 \tag{II}$$

Man hat durch diese Rechenoperation aus (I) eine neue Gleichung (II) erhalten. Aber auch diese Gleichung hat, wie man sich durch die Probe überzeugt, nur die Lösung $x = 3$.

Subtrahiert man auf beiden Seiten der Gleichung (I) eine beliebige gewählte Zahl, z. B. 6, so erhält man

$$2x + 4 - 6 = 10 - 6$$
$$2x - 2 = 4 \qquad \text{(III)}$$

Auch die so erhaltene Gleichung (III) hat wieder die gleiche Lösung $x = 3$ wie die Ausgangsgleichung (I).

Nun multiplizieren wir die Gleichung (I) beiderseits mit einer gleichen beliebig gewählten Zahl, z. B. mit 4.

$$4(2x + 4) = 4 \cdot 10$$
$$8x + 16 = 40 \qquad \text{(IV)}$$

Gleichung (IV) hat ebenfalls die Lösung $x = 3$.

Schließlich dividieren wir Gleichung (I) beiderseits durch eine gleiche beliebige Zahl, z. B. 2.

$$(2x + 4) : 2 = 10 : 2$$
$$x + 2 = 5 \qquad \text{(V)}$$

Gleichung (V) hat die Lösung $x = 3$ (Probe!).

Dieser Sachverhalt gilt entsprechend für jede Bestimmungsgleichung. Zusammenfassend dürfen wir daher sagen:

> Wenn man in einer Bestimmungsgleichung auf beiden Seiten die gleiche Zahl addiert oder subtrahiert bzw. wenn man beide Seiten der Gleichung mit derselben Zahl multipliziert oder durch die gleiche Zahl teilt, kommt man *formal* zu einer anderen Gleichung, die aber die *gleiche* Lösung hat wie die Ausgangsgleichung.

Oder kürzer:

> Man darf auf beiden Seiten einer Bestimmungsgleichung die gleiche Rechenoperation mit derselben Zahl vornehmen.

Die Division beider Seiten einer Gleichung durch die gleiche Zahl bedarf noch einer Einschränkung. Da eine Division durch Null verboten ist, darf man auch nicht ohne weiteres durch die Unbekannte x teilen. Denn wenn eine Gleichung noch nicht gelöst ist, weiß man nicht, ob x in diesem Falle gerade Null ist. Will man eine Bestimmungsgleichung trotzdem beiderseits durch x teilen, so darf das erst geschehen, wenn man sich durch die Probe davon überzeugt hat, daß x sicher nicht gleich Null ist. Entsprechendes gilt für einen Ausdruck, der x enthält. Man darf z. B. erst dann durch $x - 3$ teilen, wenn man auf Grund der Probe weiß, daß x nicht gleich 3, also $x - 3$ nicht Null ist.

Der obige Satz gilt zunächst nur für die beiderseitige Anwendung der Grundrechnungsarten Addition, Subtraktion, Multiplikation und Division. Wie weit er auf die übrigen

Rechenoperationen Potenzierung, Radizierung, Logarithmierung ausgedehnt werden kann, bedarf einer späteren Untersuchung.

Das Verfahren der Lösung bei jeder linearen Gleichung mit einer Unbekannten besteht darin, daß durch wiederholte Anwendung dieses Satzes schrittweise immer einfachere Gleichungen mit *unveränderter* Lösung entstehen, bis man schließlich zu der leicht zu lösenden allgemeinen Form $Ax + B = 0$ bzw. zu der gleichbedeutenden Form $Ax = -B$ gelangt.

11.3. Numerische Lösung von Gleichungen 1. Grades mit einer Unbekannten

1. Stufe: Gleichungen in einfachster Form

1. $5x - 2 = 2x + 10$

   Lösung: Man versucht zunächst, durch beiderseitige Addition oder Subtraktion gleicher Zahlen zu erreichen, daß auf der linken Seite nur Glieder stehen, die die Unbekannte enthalten (lineare Glieder), auf der rechten Seite nur absolute Glieder; die Gleichung wird *geordnet*. Um auf der linken Seite das Glied -2 fortzuschaffen, wird beiderseits 2 addiert.

   $$5x - 2 + 2 = 2x + 10 + 2$$
   $$5x = 2x + 10 + 2$$

   Das Glied 2, das in der Ausgangsgleichung mit negativem Vorzeichen auf der linken Seite stand, steht nun mit positivem Vorzeichen auf der rechten Seite.

   Als nächster Schritt wird das Glied $2x$ auf der rechten Seite fortgeschafft. Zu diesem Zweck wird beiderseits $2x$ subtrahiert.

   $$5x - 2x = 2x + 10 + 2 - 2x$$
   $$5x - 2x = 10 + 2$$

   Das Glied $2x$, das in der Ausgangsgleichung auf der rechten Seite mit positivem Vorzeichen stand, steht nun links mit negativem Vorzeichen. Dieser Sachverhalt gilt allgemein:

   | In einer Gleichung darf ein Summand mit umgekehrtem Vorzeichen auf die andere Seite gebracht werden.

Bei der praktischen Lösung einer Gleichung werden die bisher gemachten Schritte, also das Ordnen, auf einmal, und zwar nach dieser Regel durchgeführt. Aus der Ausgangsgleichung

$$5x - 2 = 2x + 10$$

folgt:

$$5x - 2x = 10 + 2$$

Die Zusammenfassung beiderseits ergibt:
$$3x = 12$$
Man erhält die Unbekannte, indem man beiderseits durch 3 teilt.
$$\frac{3x}{3} = \frac{12}{3}$$
$$x = \frac{12}{3}$$

Die Zahl 3, die in der Gleichung $3x = 12$ als Faktor der linken Seite auftrat, steht jetzt als Divisor auf der rechten Seite. Dieser Sachverhalt wie auch die Umkehrung gilt allgemein:

| In einer Gleichung darf eine Zahl, die als Faktor (bzw. Divisor) einer Seite auftritt, als Divisor (bzw. Faktor) der anderen Seite geschrieben werden.

Als Ergebnis erhält man $x = 4$.

BEISPIELE

Probe auf richtige Lösung.

Setzt man in eine Bestimmungsgleichung für die Unbekannte die richtige Lösung ein, so erhält man eine *identische Gleichung*; setzt man ein falsches Ergebnis ein, so erhält man einen *Widerspruch*.
Es ist notwendig, daß die Probe unbedingt bei der *Ausgangsgleichung* vorgenommen wird. Setzt man den für die Unbekannte ermittelten Wert an einer anderen Stelle des Lösungsganges ein, so wird die Probe damit entwertet.

Für das Beispiel verläuft die Probe folgendermaßen:
$$5 \cdot 4 - 2 = 2 \cdot 4 + 10$$
$$20 - 2 = 8 + 10$$
$$18 = 18$$

Das ist eine identische Gleichung; die Gleichung ist also richtig gelöst.

2. $ax + b^2 = a^2 - bx$

Lösung:

Ordnen! $ax + bx = a^2 - b^2$

Die Zusammenfassung auf der linken Seite geschieht durch Ausklammern von x:
$$(a + b)x = a^2 - b^2$$
Beiderseits durch $a + b$ dividiert:
$$x = \frac{a^2 - b^2}{a + b} = \frac{(a + b)(a - b)}{a + b}$$
$$x = a - b$$

Probe: $a(a-b) + b^2 = a^2 - b(a-b)$
$a^2 - ab + b^2 = a^2 - ab + b^2$

Die Gleichung ist richtig gelöst.

2. Stufe: Die Gleichung enthält Klammern in Verbindung mit Addition und Subtraktion

BEISPIELE

1. $3x - (2x - 5) + (7 + 4x) - (7x + 8) - 3 = 0$

   Lösung:

   Klammern auflösen! $\quad 3x - 2x + 5 + 7 + 4x - 7x - 8 - 3 = 0$

   Ordnen! $\qquad 3x - 2x + 4x - 7x = -5 - 7 + 8 + 3$

   Zusammenfassen! $\qquad\qquad -2x = -1$

   Beiderseits teilen durch -2! $\qquad \dfrac{-2x}{-2} = \dfrac{-1}{-2}$

   $$x = \frac{1}{2}$$

   Probe: $3 \cdot \dfrac{1}{2} - \left(2 \cdot \dfrac{1}{2} - 5\right) + \left(7 + 4 \cdot \dfrac{1}{2}\right) - \left(7 \cdot \dfrac{1}{2} + 8\right) - 3 = 0$

   $1\dfrac{1}{2} - (-4) + (+9) - \left(+11\dfrac{1}{2}\right) - 3 = 0$

   $1\dfrac{1}{2} + 4 + 9 - 11\dfrac{1}{2} - 3 = 0$

   $0 = 0$

2. $5ax - [5b - (bx - 6a) - (2bx - 3ax - b) - 2a] = 0$

   Lösung:

   Innere Klammern auflösen!

   $5ax - [5b - bx + 6a - 2bx + 3ax + b - 2a] = 0$

   Glieder der äußeren Klammer zusammenfassen!

   $5ax - [3ax - 3bx + 4a + 6b] = 0$

   Äußere Klammern auflösen!

   $5ax - 3ax + 3bx - 4a - 6b = 0$

   Ordnen! $\qquad 5ax - 3ax + 3bx = 4a + 6b$

   Zusammenfassen! $\qquad 2ax + 3bx = 4a + 6b$

   $(2a + 3b)x = 4a + 6b = 2(2a + 3b)$

   Beiderseits durch $2a + 3b$ teilen! $\dfrac{(2a+3b)x}{2a+3b} = \dfrac{2(2a+3b)}{2a+3b}$

   $$x = 2$$

11.3. Numerische Lösung von Gln. 1. Grades mit einer Unbekannten

Probe:
$$10a - [5b - (2b - 6a) - (4b - 6a - b) - 2a] = 0$$
$$10a - [3b + 6a - 4b + 6a + b - 2a] = 0$$
$$10a - [10a] = 0$$
$$0 = 0$$

BEISPIELE

3. Stufe: Die Gleichung enthält Klammern in Verbindung mit Faktoren

1. $5{,}8x - 12(0{,}3x + 1{,}2) = 0{,}3(20x - 9) - 2(4{,}6x - 2) + 5{,}9$

   Lösung:

   Klammern auflösen! $5{,}8x - 3{,}6x - 14{,}4 = 6x - 2{,}7 - 9{,}2x + 4 + 5{,}9$

   Ordnen! $5{,}8x - 3{,}6x - 6x + 9{,}2x = -2{,}7 + 4 + 5{,}9 + 14{,}4$

   Zusammenfassen! $5{,}4x = 21{,}6$

   $$x = \frac{21{,}6}{5{,}4}$$
   $$\underline{\underline{x = 4}}$$

   Probe:
   $$5{,}8 \cdot 4 - 12(0{,}3 \cdot 4 + 1{,}2) = 0{,}3(20 \cdot 4 - 9) - 2(4{,}6 \cdot 4 - 2) + 5{,}9$$
   $$23{,}2 - 12 \cdot 2{,}4 = 0{,}3 \cdot 71 - 2 \cdot 16{,}4 + 5{,}9$$
   $$23{,}2 - 28{,}8 = 21{,}3 - 32{,}8 + 5{,}9$$
   $$-5{,}6 = -5{,}6$$

2. $(x + a)^2 + (x - b)^2 = 2(x + a)(x + b)$

   Lösung: $x^2 + 2ax + a^2 + x^2 - 2bx + b^2 = 2x^2 + 2ax + 2bx + 2ab$

Da hier x^2 auftritt, ist die Frage berechtigt, ob es sich überhaupt noch um eine Gleichung 1. Grades handelt. Die Antwort darauf erhält man nach dem Ordnen der Glieder.

$$x^2 + x^2 - 2x^2 + 2ax - 2ax - 2bx - 2bx = -a^2 + 2ab - b^2$$

Da nun x^2 herausfällt, liegt doch eine Gleichung 1. Grades vor.

$$-4bx = -a^2 + 2ab - b^2 = -(a-b)^2$$
$$\underline{\underline{x = \frac{(a-b)^2}{4b}}}$$

Probe: Setzt man hier in die Ausgangsgleichung den für x erhaltenen Ausdruck ein, so ergibt sich eine schwerfällige Gleichung. Daß deren weitere Behandlung mehr Zeit erfordern würde als der eigentliche Lösungsweg, ist nicht entscheidend. Bedenklich ist aber, daß bei dieser Probe erheblich umfangreichere Rechenoperationen notwendig werden; daher ist die Möglichkeit eines Rechenfehlers bei der Einsetzprobe in höherem Maße gegeben als bei dem eigentlichen Lösungsweg. Dieser Umstand entwertet natürlich diese Probe.
Es wird für derartige Fälle ein Ausweg empfohlen, der allerdings keine absolute Sicherheit bietet. **Man setzt für die unbestimmten Zahlen a und b willkürlich gewählte spezielle**

Werte ein, z. B. $a = 10$, $b = 2$; dann ist $x = \dfrac{(10-2)^2}{4 \cdot 2} = 8$. Mit diesen speziellen Werten ergibt die Einsetzprobe:

$$18^2 + 6^2 = 2 \cdot 18 \cdot 10$$
$$324 + 36 = 360$$
$$360 = 360$$

Erhält man auf diese Weise einen Widerspruch, so ist die Lösung sicher falsch. Erhält man, wie hier, eine identische Gleichung, so folgt daraus nicht sicher, daß richtig gerechnet wurde. Diese Sicherheit ist erst dann gegeben, wenn man beim Einsetzen für *jeden* speziellen Wert von a und b eine identische Gleichung erhält. Führt die Kontrolle mit einigen Werten von a und b auf eine identische Gleichung, so besteht zwar keine Sicherheit, jedoch eine gewisse Wahrscheinlichkeit, daß richtig gerechnet wurde.

4. Stufe: Bruchgleichungen

BEISPIEL

$$\frac{4x-1}{3} + \frac{1}{4} = 1 - \frac{x-4}{6} + \frac{3x+5}{4}$$

Lösung: Man versucht zunächst, die Nenner der Gleichung zu beseitigen, indem man beiderseits mit einer geeigneten Zahl bzw. mit einem geeigneten Ausdruck multipliziert. Geeignet ist eine Zahl (bzw. ein Ausdruck), die sämtliche auftretenden Nenner als Teiler enthält, z. B. 48, 36, 24, 12. Die zweckmäßigste unter allen in Frage kommenden Zahlen ist der *Hauptnenner* (das kleinste gemeinsame Vielfache der auftretenden Nenner), in unserem Falle 12. Die Gleichung wird beiderseits mit dem Hauptnenner multipliziert.

$$\frac{12(4x-1)}{3} + \frac{12}{4} = 12 - \frac{12(x-4)}{6} + \frac{12(3x+5)}{4}$$

Kürzen! $4(4x-1) + 3 = 12 - 2(x-4) + 3(3x+5)$

Die letzten beiden Schritte, Multiplikation mit dem Hauptnenner und Kürzen, lassen sich bei einiger Übung in einem Rechnungsgang durchführen.

Die Rechnung geht nun weiter wie im 2. Beispiel der 3. Stufe.

$$16x - 4 + 3 = 12 - 2x + 8 + 9x + 15$$
$$16x + 2x - 9x = 12 + 8 + 15 + 4 - 3$$
$$9x = 36$$
$$\underline{\underline{x = 4}}$$

Probe: $\dfrac{15}{3} + \dfrac{1}{4} = 1 - \dfrac{0}{6} + \dfrac{17}{4}$

$$\frac{60}{12} + \frac{3}{12} = \frac{12}{12} - \frac{0}{12} + \frac{51}{12}$$

$$\frac{63}{12} = \frac{63}{12}$$

11.3. Numerische Lösung von Gln. 1. Grades mit einer Unbekannten

Auf diese Weise erfolgt der Gang der Lösung bei allen Bruchgleichungen in drei Schritten:

1. Bestimmung des Hauptnenners,
2. Multiplikation beider Seiten der Gleichung mit dem Hauptnenner ergibt eine nennerlose Gleichung,
3. Klammern auflösen, Ordnen, Zusammenfassen ergibt die allgemeine Form.

Bestimmung des Hauptnenners

Wenn sich der Hauptnenner nicht ohne weiteres übersehen läßt, wird er nach dem im Teil Arithmetik (2.7.3.) behandelten Verfahren bestimmt.

Man zerlegt zunächst alle vorkommenden Nenner, wenn es sich um *bestimmte Zahlen* handelt, in Primfaktoren; treten als Nenner *unbestimmte Zahlen* oder *Ausdrücke mit unbestimmten* Zahlen auf, so wird soweit wie möglich in Faktoren zerlegt (s. 2.7.3., Seite 71). Man erhält den Hauptnenner, indem man die höchsten Potenzen von jeder auftretenden Basis miteinander multipliziert.

BEISPIELE

Bestimme den Hauptnenner zu den Nennern

1. $3a^2b$; $6b^2x$; $14ax^3$; $21a^3$

    $3a^2b = 3 \cdot a \cdot a \cdot b \qquad = 3^1 \cdot a^2 \cdot b^1$
    $6b^2x = 2 \cdot 3 \cdot b \cdot b \cdot x \qquad = 2^1 \cdot 3^1 \cdot b^2 \cdot x^1$
    $14ax^3 = 2 \cdot 7 \cdot a \cdot x \cdot x \cdot x = 2^1 \cdot 7^1 \cdot a^1 \cdot x^3$
    $21a^3 = 3 \cdot 7 \cdot a \cdot a \cdot a \qquad = 3^1 \cdot 7^1 \cdot a^3$
    Hauptnenner: $2^1 \cdot 3^1 \cdot 7^1 \cdot a^3 \cdot b^2 \cdot x^3 = \underline{42a^3b^2x^3}$

2. $a^2 + 2ab + b^2$; $\qquad a^2 - 2ab + b^2$; $\qquad a^2 - b^2$

    $a^2 + 2ab + b^2 = (a+b)(a+b) = (a+b)^2$
    $a^2 - 2ab + b^2 = (a-b)(a-b) = (a-b)^2$
    $\qquad a^2 - b^2 = (a+b)(a-b) = (a+b)^1(a-b)^1$
    Hauptnenner: $\underline{(a+b)^2(a-b)^2}$

3. $2x$; $\quad 3x - 10$; $\quad 6x - 5$; $\quad 2x - 15$.

    Abgesehen von $2x$, ist keiner dieser Nenner in Faktoren zerlegbar; daher ist der Hauptnenner $\underline{2x(3x-10)(6x-5)(2x-15)}$

    Die Lösungsbeispiele zu den Gleichungen werden nun fortgesetzt.

BEISPIELE

1. $\dfrac{a-bx}{bc} + \dfrac{b-cx}{ac} + \dfrac{c-ax}{ab} = 0$

Lösung:

Hauptnenner: $a \cdot b \cdot c$

$$a(a-bx) + b(b-cx) + c(c-ax) = 0$$
$$a^2 - abx + b^2 - bcx + c^2 - acx = 0$$
$$-abx - bcx - acx = -a^2 - b^2 - c^2$$

Da sämtliche Vorzeichen negativ sind, wird die Gleichung beiderseits mit -1 multipliziert. Dabei kehren sich sämtliche Vorzeichen um.

$$abx + bcx + acx = a^2 + b^2 + c^2$$
$$(ab + ac + bc)x = a^2 + b^2 + c^2$$
$$x = \dfrac{a^2 + b^2 + c^2}{ab + ac + bc}$$

Probe: Setzt man den für x erhaltenen Ausdruck in die Ausgangsgleichung ein, so erhält man schwerfällige Doppelbrüche. Um diese zu vermeiden, nimmt man zweckmäßig vor dem Einsetzen eine einfache Umformung der Ausgangsgleichung vor.

$$\dfrac{a}{bc} - \dfrac{bx}{bc} + \dfrac{b}{ac} - \dfrac{cx}{ac} + \dfrac{c}{ab} - \dfrac{ax}{ab} = 0$$

$$\dfrac{a}{bc} - \dfrac{x}{c} + \dfrac{b}{ac} - \dfrac{x}{a} + \dfrac{c}{ab} - \dfrac{x}{b} = 0$$

$$\dfrac{a}{bc} + \dfrac{b}{ac} + \dfrac{c}{ab} - x\left(\dfrac{1}{a} + \dfrac{1}{b} + \dfrac{1}{c}\right) = 0$$

Sämtliche Brüche werden auf den Hauptnenner abc gebracht und zusammengefaßt.

$$\dfrac{a^2 + b^2 + c^2}{abc} - x \dfrac{ab + ac + bc}{abc} = 0$$

Nun wird der für x erhaltene Ausdruck eingesetzt.

$$\dfrac{a^2 + b^2 + c^2}{abc} - \dfrac{a^2 + b^2 + c^2}{ab + ac + bc} \cdot \dfrac{ab + ac + bc}{abc} = 0$$

$$\dfrac{a^2 + b^2 + c^2}{abc} - \dfrac{a^2 + b^2 + c^2}{abc} = 0$$

$$0 = 0$$

Das Beispiel lehrt, daß unter Umständen für die Probe mehr Rechenarbeit erforderlich ist als für den Lösungsweg.

2. $\dfrac{2x-3}{x-4} + \dfrac{3x-2}{x-8} = \dfrac{5x^2-29x-4}{x^2-12x+32}$

Lösung:

Hauptnenner: $(x-4)(x-8) = x^2 - 12x + 32$

$(2x-3)(x-8) + (3x-2)(x-4) = 5x^2 - 29x - 4$

$-16x - 3x - 12x - 2x + 29x = -4 - 24 - 8$

$-4x = -36$

$\underline{\underline{x = 9}}$

Probe: $\dfrac{18-3}{9-4} + \dfrac{27-2}{9-8} = \dfrac{405-261-4}{81-108+32}$

$\dfrac{15}{5} + \dfrac{25}{1} = \dfrac{140}{5}$

$3 + 25 = 28$

$28 = 28$

3. $\dfrac{a}{1-x} - \dfrac{b}{1+x} = \dfrac{a^2b + ab^2 + a - b}{1-x^2}$

Lösung:

Hauptnenner: $(1+x)(1-x) = 1 - x^2$

$a(1+x) - b(1-x) = a^2b + ab^2 + a - b$

$a + ax - b + bx = a^2b + ab^2 + a - b$

$(a+b)x = a^2b + ab^2$

$x = \dfrac{a^2b + ab^2}{a+b} = \dfrac{ab(a+b)}{a+b}$

$\underline{\underline{x = ab}}$

Probe: $\dfrac{a}{1-ab} - \dfrac{b}{1+ab} = \dfrac{a^2b + ab^2 + a - b}{1 - a^2b^2}$

Links werden beide Summanden auf den Hauptnenner $1 - a^2b^2$ gebracht.

$\dfrac{a(1+ab)}{1-a^2b^2} - \dfrac{b(1-ab)}{1-a^2b^2} = \dfrac{a^2b + ab^2 + a - b}{1-a^2b^2}$

$\dfrac{a + a^2b}{1-a^2b^2} - \dfrac{b - ab^2}{1-a^2b^2} = \dfrac{a^2b + ab^2 + a - b}{1-a^2b^2}$

$\dfrac{a^2b + ab^2 + a - b}{1-a^2b^2} = \dfrac{a^2b + ab^2 + a - b}{1-a^2b^2}$

11.4. Graphische Lösung von Gleichungen 1. Grades mit einer Unbekannten

Um die lineare Gleichung mit einer Unbekannten graphisch zu lösen, muß man sie zuvor auf die allgemeine Form bringen.

BEISPIEL

Löse graphisch die Gleichung $2x - 5 = 0$

Lösung: An Stelle dieser *Bestimmungsgleichung* betrachten wir die *Funktionsgleichung*

$$y = 2x - 5$$

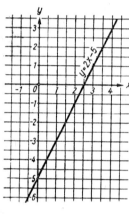

Bild 85

Die Kurve dieser Funktion ist eine Gerade (Bild 85); sie schneidet die x-Achse an der Stelle $x = 2{,}5$, der sogenannten *Nullstelle* der Funktion. $x = 2{,}5$ ist aber auch die Lösung unserer Bestimmungsgleichung, denn für diesen Wert von x ist y gleich Null, wie es die Gleichung verlangt.

Die Lösung der Bestimmungsgleichung $2x - 5 = 0$ ist also gleich der Nullstelle der zugeordneten Funktionsgleichung $y = 2x - 5$. Dieser Sachverhalt gilt allgemein für Gleichungen beliebigen Grades mit einer Unbekannten:

> Die Lösung einer Bestimmungsgleichung mit einer Unbekannten ist gleich der Nullstelle der zugeordneten Funktionsgleichung.

Die graphische Lösung einer linearen Gleichung bietet gegenüber dem rechnerischen Weg keine Vorteile. Ihre Bedeutung besteht nur darin, daß sich dieses Verfahren auf Gleichungen höheren Grades mit einer Unbekannten übertragen läßt. Hier kann das graphische Verfahren gelegentlich ganz erhebliche Erleichterungen bringen (s. 17.2.).

11.5. Diskussion der Gleichung 1. Grades mit einer Unbekannten

Jede lineare Gleichung mit einer Unbekannten läßt sich auf die allgemeine Form

$$Ax + B = 0$$

zurückführen. Diese Gleichung hat die Lösung

$$x = -\frac{B}{A}$$

Daraus folgt:

Jede lineare Gleichung mit einer Unbekannten hat eine Lösung.

11.6. Das Umstellen von Formeln

Für die Länge eines Stabes in Abhängigkeit von der Temperatur gilt die bekannte Formel:

$$l = l_0 (1 + \alpha \Delta t)$$

Hierin bedeuten Δt die Temperaturerhöhung in K, l die Stablänge bei der Temperatur t, l_0 die Stablänge bei der Temperatur 0 °C und α den Längenausdehnungskoeffizienten des Stabmaterials (Benennung K^{-1}).

Es seien in obiger Gleichung l, l_0 und Δt durch Messung bekannt; α soll bestimmt werden. Da in der Gleichung α nur in 1. Potenz vorkommt, handelt es sich also um eine Gleichung 1. Grades mit einer Unbekannten (nämlich α), die in bekannter Weise gelöst wird.

Obwohl das Umstellen einer Formel in jedem Falle nur auf das Lösen einer Gleichung hinausläuft, hat der Anfänger hierbei erfahrungsgemäß dadurch Schwierigkeiten, daß die Unbekannte hier einmal nicht mit x bezeichnet wird. Unter die Aufgaben sind daher eine Anzahl Übungen im Umstellen von Formeln aufgenommen (Aufgaben 505 bis 509).

Die Umstellung der Formel nach α ergibt:

$$\alpha = \frac{l - l_0}{l_0 \Delta t}$$

Die Formel läßt sich ebenfalls nach l_0 und nach Δt umstellen; man erhält:

$$l_0 = \frac{l}{1 + \alpha \Delta t}$$

$$\Delta t = \frac{l - l_0}{l_0 \alpha}$$

11.7. Eingekleidete Gleichungen 1. Grades mit einer Unbekannten

Wieviel kg Zink muß man 65 kg Kupfer hinzufügen, um eine Messinglegierung von 30 % Zinkgehalt zu erhalten?

Eine derartige „eingekleidete" Aufgabe wird zweckmäßig mit Hilfe einer Gleichung gelöst. Zunächst muß man sich darüber klar werden, nach welcher Größe gefragt ist. Diese wird meist als Unbekannte x eingeführt. Dann wird der „Ansatz" vorgenommen, d. h., es wird mit Hilfe des in der Aufgabe geschilderten Sachverhalts eine Bestimmungsgleichung aufgestellt.

Der Lösungsweg für die bisher behandelten formalen Gleichungen ließ sich in Regeln fassen. Derartige Regeln gibt es für die Aufstellung des Ansatzes bei eingekleideten Gleichungen nicht. Sicherheit im Ansetzen von derartigen Gleichungen ist nur durch gründliche Übung zu erreichen. Eine gute methodische Hilfe ist die Einteilung der eingekleideten Aufgaben in bestimmte Gruppen wie Verteilungsaufgaben, Mischungsaufgaben usw. Der Lernende rechne von jeder Gruppe einige Beispiele und versuche sich beim Ansatz über die *gemeinsamen Gesichtspunkte* bei jeder Gruppe klar zu werden.

Verteilungsaufgaben

BEISPIELE

1. Unter 4 Personen sollen 860 DM so verteilt werden, daß jede folgende Person 20 DM mehr erhält als die vorhergehende. Wieviel erhält jede?

Lösung: Bei der Einführung der Unbekannten ist zu beachten, daß hier nicht nur nach einer, sondern nach vier Größen gefragt ist. Es genügt aber zunächst zu wissen, wieviel die erste Person erhält. Dann lassen sich die Anteile der übrigen Personen leicht berechnen.

    Anteil der 1. Person x DM
    „   „   2.   „ $(x + 20)$ DM
    „   „   3.   „ $(x + 40)$ DM
    „   „   4.   „ $(x + 60)$ DM

Die Summe aller Anteile muß 860 DM betragen. Daher lautet die Gleichung:
$$x + x + 20 + x + 40 + x + 60 = 860$$
$$4x = 740$$
$$x = 185$$

Die Anteile der einzelnen Personen betragen 185 DM, 205 DM, 225 DM und 245 DM.

2. Eine Einkaufsgenossenschaft bezahlt am Ende eines Jahres ihren Mitgliedern eine Rückvergütung für bezogene Waren in Höhe von 3 %. Am Ende des Jahres hat B an Warenwert $\frac{1}{2}$mal soviel bezogen wie A, C nur $\frac{1}{4}$ und D nur $\frac{1}{5}$mal soviel wie A. Insgesamt erhalten sie 163,80 DM ausgezahlt.

   a) Wieviel erhält jeder?
   b) Für welchen Betrag hat jeder Waren bezogen?

Lösung:

a) Angenommen A erhält x DM; dann erhalten:

Person	Anteil
A	x DM
B	$0{,}5\ x$ DM
C	$0{,}25x$ DM
D	$0{,}2\ x$ DM

Die Summe aller Anteile beträgt 163,80 DM. Also gilt die Gleichung:
$$x + 0{,}5x + 0{,}25x + 0{,}2x = 163{,}80$$
$$1{,}95x = 163{,}80$$
$$x = \frac{163{,}80}{1{,}95} = 84{,}00$$

Es erhalten:

Person	Anteil
A	84,00 DM
B	42,00 DM
C	21,00 DM
D	16,80 DM

b) Im Laufe des Jahres haben für gelieferte Waren bezahlt:

A: 2800 DM;   B: 1400 DM;   C: 700 DM;   D: 560 DM.

Gemeinsamer Gesichtspunkt für alle Verteilungsaufgaben:

Das Ganze ist gleich der Summe aller Teile oder Anteile.

Mischungsaufgaben

1. Wieviel kg Zink muß man 65 kg Kupfer hinzufügen, um eine Messinglegierung von 30% Zinkgehalt zu erhalten?

Lösung: Es wird angenommen, daß x kg Zink benötigt werden. Dann sind folgende Stoffmengen an dem Vorgang beteiligt:

x kg Zink;   65 kg Kupfer; $(x + 65)$ kg Messing.

Der Anteil des Messings an reinem Zink muß x kg betragen. Andererseits enthalten $(x + 65)$ kg Messing von 30% Zinkgehalt $\dfrac{(x + 65)\,30}{100}$ kg Zink.

Daher besteht die Gleichung:

$$x = \frac{(x + 65)\,30}{100}$$

$$100x = (x + 65)\,30$$

$$\underline{\underline{x \approx 27{,}9}}$$

Es werden also 27,9 kg Zink gebraucht.

2. In einem Schmelzofen werden 12 t Stahl von 0,5% Kohlenstoffgehalt mit 5 t Grauguß von 5% Kohlenstoffgehalt zusammengeschmolzen. Wieviel Prozent Kohlenstoff enthält die Mischung?

Lösung: 12 t Stahl und 5 t Grauguß ergeben 17 t Mischung. Die gesamte Kohlenstoffmenge, die in dem Stahl und in dem Grauguß enthalten ist, muß sich in der Mischung wiederfinden.

12 t Stahl von 0,5% C enthalten	$\dfrac{12 \cdot 0{,}5}{100}$ t C
5 t Grauguß von 5% C enthalten	$\dfrac{5 \cdot 5}{100}$ t C
17 t Mischung von x% C enthalten	$\dfrac{17 \cdot x}{100}$ t C

Daher besteht die Gleichung:

$$\frac{17 \cdot x}{100} = \frac{12 \cdot 0{,}5}{100} + \frac{5 \cdot 5}{100}$$

$$17x = 6{,}0 + 25{,}0$$

$$17x = 31{,}0$$

$$\underline{\underline{x \approx 1{,}82}}$$

Die Mischung enthält 1,82% Kohlenstoff.

3. Eine Legierung von 60% Kupfer- und 40% Zinkgehalt heißt Schmiedemessing (Muntzmetall). Berechne deren Dichte ϱ ($\varrho_{Cu} = 8{,}9$ kg/dm³; $\varrho_{Zn} = 7{,}2$ kg/dm³).

Lösung:

60 kg Cu und 40 kg Zn ergeben zusammen 100 kg Schmiedemessing.

60 kg Kupfer ($\varrho_{Cu} = 8{,}9$ kg/dm³) haben das Volumen $V_1 = \frac{60}{8{,}9}$ dm³

40 kg Zink ($\varrho_{Zn} = 7{,}2$ kg/dm³) haben das Volumen $V_2 = \frac{40}{7{,}2}$ dm³

100 kg Legierung ($\varrho = x$ kg/dm³) haben das Volumen $V = \frac{100}{x}$ dm³

Das Volumen des Kupfers und das Volumen des Zinks ergeben zusammen das Volumen der Legierung. Daher besteht die Gleichung:

$$\frac{60}{8{,}9} + \frac{40}{7{,}2} = \frac{100}{x} \quad \text{Hauptnenner: } 8{,}9 \cdot 7{,}2 \cdot x$$

$$60 \cdot 7{,}2x + 40 \cdot 8{,}9x = 100 \cdot 8{,}9 \cdot 7{,}2$$

$$432x + 356x = 6408$$

$$788x = 6408$$

$$\underline{\underline{x \approx 8{,}13}}$$

Die Dichte des Schmiedemessings beträgt 8,13 kg/dm³.

Gemeinsame Gesichtspunkte für Mischungsaufgaben

a) Mischt man p kg von Stoff A mit q kg von Stoff B, so erhält man $(p + q)$ kg Mischung.

b) Mischt man p Liter von Stoff A mit q Litern von Stoff B, so erhält man $(p + q)$ Liter Mischung.

c) Mischt man Stoff A mit Stoff B und enthält der erste Bestandteil r kg (bzw. Liter) von Stoff C, der zweite Bestandteil s kg (bzw. Liter) von Stoff C, so enthält die Mischung $(r + s)$ kg (bzw. Liter) von Stoff C.

Ergänzung zu b): Bei der Mischung von Flüssigkeiten deckt sich diese Annahme nicht immer mit der Wirklichkeit. Mischt man z. B. 100 Liter Sprit von 96% Alkoholgehalt mit 100 Liter Wasser, so erhält man weniger als 200 Liter Mischung. Die Schrumpfung kann mitunter das Ergebnis recht erheblich beeinflussen. Die rechnerische Berücksichtigung dieser Erscheinung ist möglich; sie geht aber über den Rahmen dieses Buches hinaus.

Bewegungsaufgaben

BEISPIELE

1. Von den Orten A und B mit der Entfernung 140 km fahren zwei Lastwagen einander entgegen, der erste mit der Geschwindigkeit 60 km/h, der zweite mit der Geschwindigkeit 45 km/h. Die Abfahrt erfolgt gleichzeitig. Wann und wo begegnen sie sich?

   Lösung:

   a) Sie begegnen sich nach x Stunden am Ort C (Bild 86a). Nach x Stunden haben die LKW folgende Wege zurückgelegt:

   Weg des ersten LKW: $\quad s_1 = 60x$ km

   Weg des zweiten LKW: $\quad s_2 = 45x$ km

   Die *Summe der Teilwege* $s_1 + s_2$ ist gleich der Entfernung $\overline{AB} = 140$ km (Bild 86a). Daher besteht die Gleichung:

   $$60x + 45x = 140$$
   $$105x = 140$$
   $$\underline{\underline{x = 1\tfrac{1}{3}}}$$

   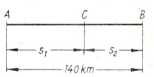

   Die beiden Lastkraftwagen treffen sich nach 1 h 20 min. Bild 86a

   b) In $1\tfrac{1}{3}$ h legt der erste Wagen 80 km, der zweite Wagen 60 km zurück. Der Treffpunkt liegt also $\underline{\underline{80 \text{ km von } A}}$ entfernt.

2. Die beiden Lastkraftwagen vom vorigen Beispiel fahren einander nicht entgegen, sondern in Richtung AB über B hinaus. Wann und wo treffen sie sich?

   Lösung:

   a) Sie treffen sich, d. h., der erste Wagen überholt den zweiten nach x Stunden (Bild 86b). In dieser Zeit sind von den Kraftwagen folgende Wege zurückgelegt worden:

   Weg des ersten LKW: $\quad s_1 = 60x$ km

   Weg des zweiten LKW: $\quad s_2 = 45x$ km

   Jetzt ist die Differenz der Teilwege $s_1 - s_2$ gleich der Entfernung $\overline{AB}$ (Bild 86b). Daher besteht die Gleichung:

$$60x - 45x = 140$$
$$15x = 140$$
$$x = 9\tfrac{1}{3}$$

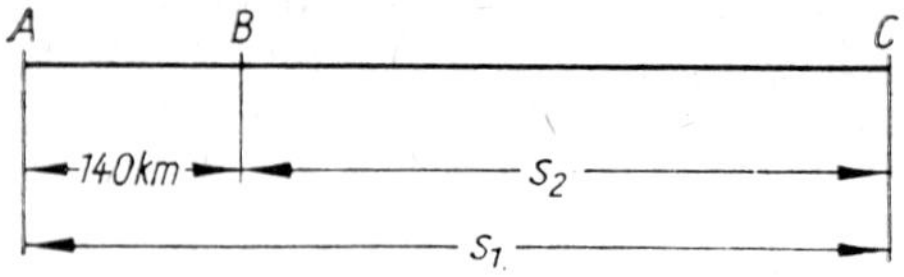

Der erste Lastkraftwagen überholt den zweiten nach 9 h 20 min.

Bild 86 b

b) In $9\tfrac{1}{3}$ h hat der erste Wagen 560 km, der zweite 420 km zurückgelegt. Die Wagen treffen sich also 420 km von B entfernt.

Gemeinsame Gesichtspunkte für Bewegungsaufgaben

a) Gesetze für die gleichförmige und die gleichmäßige beschleunigte Bewegung.
b) Beginnen zwei Körper ihre Bewegung von den Punkten A und B aus, so ist bei der Begegnung, wenn die Bewegung in entgegengesetzter Richtung erfolgt, die *Summe* der Teilwege $s_1 + s_2 = \overline{AB}$; wenn die Bewegung in gleicher Richtung erfolgt, ist die *Differenz* der Teilwege $s_1 - s_2 = \overline{AB}$ (bzw. $s_2 - s_1 = \overline{AB}$).

Ausflußzeit aus Röhren, Arbeitszeit u. ä.

BEISPIELE

1. Ein Wasserbehälter von 121,590 m³ Inhalt kann durch zwei Pumpen gefüllt werden. Die erste Pumpe schafft in der Minute 54 dm³, die zweite in der Minute 72 dm³. Welche Füllzeit ist bei gleichzeitigem Betrieb beider Pumpen notwendig?

Lösung: Bei gleichzeitigem Betrieb beider Pumpen betrage die Füllzeit x min. In dieser Zeit schafft die erste Pumpe $54x$ dm³ Wasser, die zweite Pumpe $72x$ dm³ Wasser. Die Summe der von beiden Pumpen geförderten Wassermengen ist gleich dem Behälterinhalt 121 590 dm³. Daher gilt die Gleichung:

$$54x + 72x = 121\,590$$
$$126x = 121\,590$$
$$x = \frac{121\,590}{126}$$
$$x = 965$$

Die Fülldauer beträgt 965 min oder 16 h 5 min.

2. Eine Installation wird vom Monteur A in 10 Tagen, von den Monteuren A und B zusammen in 4 Tagen ausgeführt. Wie lange braucht der Monteur B allein?

Lösung: Die Anzahl der Tage, die B allein zur Ausführung der Arbeit braucht, sei x. An 1 Tag schafft A allein $\frac{1}{10}$ der gesamten Arbeit, B allein $\frac{1}{x}$, A und B zusammen $\frac{1}{4}$ der gesamten Arbeit.

11.7. Eingekleidete Gleichungen 1. Grades mit einer Unbekannten

Die Summe der Teilarbeiten eines Tages muß gleich der gesamten Arbeit eines Tages sein. Die Gleichung lautet daher:

$$\frac{1}{10} + \frac{1}{x} = \frac{1}{4}.$$

$$2x + 20 = 5x$$

$$3x = 20$$

$$\underline{\underline{x = 6\frac{2}{3}}}$$

B allein braucht $6\frac{2}{3}$ Tage bzw. 6 Tage 5 Stunden 20 Minuten.

(Beachte, daß ein Arbeitstag mit 8 Stunden gerechnet wird!)

Gemeinsame Gesichtspunkte für die Berechnung der Ausflußzeit, Fülldauer, Arbeitszeit usw.
Die Summe der Teilfüllungen (bzw. Teilarbeiten) ergibt die gesamte Füllung (bzw. die gesamte Arbeit).

Schwimmen; Auftrieb

BEISPIELE

1. Welche Masse muß ein Brett aus Pappelholz haben, das, vollständig unter Wasser getaucht, mit 5 kg belastet werden kann? Dichte des Pappelholzes $\varrho = 0{,}39$ kg/dm³.

   Lösung: Die unbekannte Masse des Brettes sei x kg. Auf das unter Wasser getauchte Brett wirken folgende Kräfte:
   Nach unten wirkt die Gewichtskraft des Brettes $F_G = x$ kg $\cdot g$;
   nach oben wirkt die Auftriebskraft F_A.
   Die Auftriebskraft ist gleich der Gewichtskraft der verdrängten Wassermenge.
   Das Brett hat ein Volumen von $\frac{x}{0{,}39}$ dm³. Daher ist die Auftriebskraft

   $$F_A = \frac{x}{0{,}39} \text{ dm}^3 \cdot g \cdot 1 \, \frac{\text{kg}}{\text{dm}^3} = \frac{x}{0{,}39} \text{ kg} \cdot g$$

   Die nach oben wirkende Kraft F_A ist größer als die nach unten wirkende Gewichtskraft F_G. Die Differenz beider Kräfte $F_A - F_G$ ergibt die verbleibende Tragkraft des Brettes, laut Aufgabe 5 kg $\cdot g$. Es besteht die Gleichung:

   $$\frac{x}{0{,}39} - x = 5$$

   $$x - 0{,}39 x = 5 \cdot 0{,}39$$

   $$0{,}61 x = 1{,}95$$

   $$\underline{\underline{x \approx 3{,}2}}$$

   Das Brett hat eine Masse von 3,2 kg.

2. Der Querschnitt eines Schiffes in der Wasserlinie beträgt 1600 m². Um wieviel sinkt das Schiff, wenn 2000 t Fracht geladen werden? (Es wird vorausgesetzt, daß bei größerem Tiefgang sich der Querschnitt des Schiffes in der Wasserlinie nicht ändert.)

Lösung: Vor dem Laden war das Schiff im Gleichgewicht. Nach dem Laden wirkt senkrecht nach unten eine zusätzliche Kraft von 2000 t · g. Beim Laden sinkt das Schiff um den unbekannten Betrag x Meter. Dadurch vergrößert sich die Wasserverdrängung um $1600\, x$ m³. Es entsteht ein zusätzlicher Auftrieb von $1600 \cdot x$ t · g. Nach dem Laden ist das Schiff ebenfalls im Gleichgewicht; die zusätzlichen Kräfte müssen sich also aufheben.

$$1600 \cdot x = 2000$$
$$x = 1{,}25$$

Das Schiff sinkt um 1,25 m.

Gemeinsame Gesichtspunkte für Aufgaben über Auftrieb und Schwimmen
Die physikalischen Gesetze, insbesondere das Archimedische Prinzip, sind zu beachten.

Weitere Aufgaben

Für die Technik hat diese Art von Aufgaben keine unmittelbare Bedeutung. Sie sind trotzdem unter die Übungen aufgenommen, weil sie eine gute Schulung für das Aufstellen des Ansatzes sind.

BEISPIEL

Die Quersumme einer zweiziffrigen Zahl ist 10. Verdoppelt man die Zahl und subtrahiert 1, so erhält man wieder eine zweiziffrige Zahl, die die Ziffern der ersten Zahl in umgekehrter Reihenfolge enthält. Wie heißt die Zahl?

Lösung: Die erste Ziffer der unbekannten Zahl sei x. Da die Quersumme der Zahl 10 ist, ist die zweite Ziffer der Zahl $10 - x$. Die erste Ziffer der Zahl bezeichnet die Zehner, die zweite Ziffer die Einer. Daher hat die Zahl den Wert

$$10 \cdot x + (10 - x) = 9x + 10$$

Multipliziert man diese Zahl laut Aufgabe mit 2 und subtrahiert 1, so erhält man $2(9x + 10) - 1$. Diese Zahl soll die ursprünglichen Ziffern in umgekehrter Reihenfolge enthalten. Damit rückt die letzte Ziffer $10 - x$ in die Zehnerstellung, die erste Ziffer x in die Einerstellung. Die Zahl, die die ursprünglichen Ziffern in umgekehrter Reihenfolge enthält, hat also den Wert

$$10 \cdot (10 - x) + x.$$ Es besteht die Gleichung
$$2(9x + 10) - 1 = 10(10 - x) + x$$
$$18x + 20 - 1 = 100 - 10x + x$$
$$27x = 81$$
$$x = 3$$

Die erste Ziffer der gesuchten Zahl ist 3. Da die Quersumme der Zahl 10 ist, ist die zweite Ziffer 7. Die Zahl ist also 37.

AUFGABEN

249. $24 - 7x = 3$

250. $4x + 5 - x = 8$

251. $31 - 7x = 41 - 8x$

252. $9x + 22 - 2x = 100 - 11x - 42$

253. $7x - 6 = 8x - 9 - 4x + 5$

254. $10x - 11 - 12x - 13 = 13 + 12x + 11 - 10x$

255. $7x - 9 - 9x + 7 = 9x + 9 - 7x - 7$

256. $0 = 6 + 12x - 9 - 8x + 10 + x$

257. $100 + 2x - 9x + 15 = 10 - 7x + 5 - 11x$

258. $x - 3 + 6x - 9 + 12x - 15 = x$

259. $x + a = b$

260. $ax + b = c$

261. $5x - a = 3x + b$

262. $5\,mx + 2a = 7\,mx - 2b$

263. $5a - 7b + 6nx = 3a - 5b - 2c + 8nx$

264. $mx + nx = a$

265. $ax + bx + x = m - x$

266. $ax - b = cx - d$

267. $x\sqrt{5} - \dfrac{5}{2}a = 2x - a\sqrt{5}$

268. $2x = 1 + x\sqrt{3}$

269. $x\sqrt{7} = 12 + x$

270. $x\sqrt{a} - a = x\sqrt{b} - b$

271. $3x - (8 - x) = 10$

272. $5x - (3 + 2x) = 9$

273. $5x - (24 + 2x) = 0$

274. $6x - (24 - 3x) = x - (2x - 6)$

275. $5 - [(9 + 7x) + (3x - 1)] = 4 + (2x - 7)$

276. $2x - [(8x + 9) + 7] = 5 - (7 - 8x)$

277. $0 = 3x - [(3 - 10x) - (6x - 15) + (x + 9)]$

278. $ax - (b + nx) = 0$

279. $mx - a - (nx - bn) = nx + c$

280. $(3x + 8a) + 5b - (3c - 6x) = 3a - (7b + 11a) - [3x - (12b + 9c)]$

281. $7m - [8x - (6n - p)] - (3m - 4n) = (10n + x) - [11x - (4m + p)]$

282. $x - 9 = 5(x - 5)$

283. $4(10 - 2x) - 3(x - 5) = 0$

284. $3(9 - 2x) - 5(2x - 9) = 0$

285. $8(3x - 2) - 7x - 5(12 - 3x) = 13x$

286. $7(3x - 6) + 5(x - 3) + 4(17 - x) = 11$

287. $4x - 3(20 - x) = 6x - 7(11 - x) + 11$

288. $4{,}3x - 12(0{,}3x + 1{,}2) = 0{,}3(20x - 9) - 2(4{,}6x - 2) - 0{,}1$

289. $2(x - 0{,}1) + 3(2x - 0{,}01) + 4(3x - 0{,}001) = 24{,}446$

290. $7\left(3x + \dfrac{1}{2}\right) - 6\left(4x - \dfrac{1}{3}\right) - 5\left(5x + \dfrac{1}{4}\right) + 2\dfrac{3}{4} = 0$

291. $2(3 - 1{,}4x) - 4(5 - 1{,}6x) + 6(7 - 1{,}8x) + 8 = 0$

292. $5[x - 1 - (2x + 3 - \{x - 4 + 1\})] - 2[x - (2x + 1)] =$
$= 3[x - 2 - (1 + 2x) - 3]$

293. $2[4x - 2638 - (414 + 2x - 379) - 7606] + x -$
$- 3[1241 - 2x - (x - 1623 - \{1917 - 3x - 721\} + 4x)] -$
$- 7[518 - 3x - (31 - 2x - \{x - 312\} + 2x) - 246] = -2841$

294. $738x - 73{,}8(0{,}738 - 7{,}38x) = 73{,}8 - 0{,}738(7{,}38 - 73{,}8x)$

295. $0{,}5[0{,}5(0{,}5\{0{,}5(0{,}5x - 1) - \} - 1) - 1] = 1$

296. $4[8x - 5(7 - 4x) + 9(6 - 3x) + 12x] = 7[16x - 2(7x - 10) + 2(2x - 1)]$

297. $5[3 - (7 - 2x)] - (x + 5) \cdot 7 + 3 = 3[4(3 - x) - x] - 70$

298. $a(x - b) = c$

299. $a(b - x) = c$

300. $3(4a - 3x) = 5(4b - x)$

301. $(a - 1)x = b - x$

Aufgaben

302. $ab + (b + 1)x = (a + x)b + a$

303. $3(2a - x) + 5(3b - 2x) = 5(3a - 2x) + 3(2b - 3x)$

304. $3(5x - 7a) + 7(3a - 5b) + 5(3b - 7x) = 0$

305. $ax - bx - m(x - 1) = m$

306. $(a + b)x = m - cx$

307. $a(b - x) + b(c - x) = b(a - x) + cx$

308. $12ax - 3b(x - a) - 5a(2x + b) = 0$

309. $(a + b)x - (a - b)x - bx = a + c$

310. $(a - x)(1 - x) = x^2 - b$

311. $(a - x)(b + x) = a^2 - x^2$

312. $(a - x)(1 - x) = x^2 - 1$

313. $(x - a)(x - b) = x^2 - a^2$

314. $(a + x)(b + x) = (a - x)(b - x)$

315. $(a + bx)(a - b) - (ax - b)(a + b) = ab(x + 1)$

316. $(a - b)(x - c) - (a + b)(c + x) + 2a(b + c) = 0$

317. $(m + x)(a + b - x) + (a - x)(b - x) = a(m + b)$

318. $(a + x)(b + x)(c + x) - (a - x)(b - x)(c - x) = 2(x^3 + abc)$

319. $(a - b)(a - c + x) + (a + b)(a + c - x) = 2a^2$

320. $(a - b)(a - c)(a + x) + (a + b)(a + c)(a - x) = 0$

321. $a(x - a^2) = b(x - b^2)$

322. $(9 - 4x)(9 - 5x) + 4(5 - x)(5 - 4x) = 36(2 - x)^2$

323. $(5x - 4)^2 - (4x - 3)^2 = (3x + 1)^2 - 82$

324. $(4x + 3)^2 - (x + 7)^2 = (8x - 7)^2 - (7x - 3)^2$

325. $(x - 7)^2 - (x + 5)^2 = (x - 3)^2 - (x + 4)^2 + 11$

326. $(2{,}4x - 1)(2x - 4{,}5) = (2{,}5x + 3)(1{,}2x + 1) + 1{,}8x^2 - 55{,}2$

327. $(x + 3{,}5)(x + 4{,}5) = (x + 5{,}5)(x + 6{,}5) - 28$

328. $(1 + 6x)^2 + (2 + 8x)^2 = (1 + 10x)^2$

329. $(x - 3)(x - 4) = (x - 6)(x - 2)$

330. $(2x + 7)(x + 3) = 2(x + 5)(x + 2)$

331. $\dfrac{x}{7}=4$

332. $\dfrac{x}{5}+8=13$

333. $\dfrac{x}{-3\frac{1}{3}}=2\dfrac{1}{10}$

334. $\dfrac{1}{2}x+\dfrac{1}{3}x=5$

335. $\dfrac{1}{3}x+\dfrac{1}{6}=\dfrac{1}{2}x$

336. $2x-\dfrac{3}{5}x=\dfrac{3}{2}x-\dfrac{1}{2}-\dfrac{2}{5}x+2$

337. $\dfrac{x}{2}-\dfrac{x}{3}+\dfrac{x}{4}-\dfrac{x}{6}+\dfrac{x}{8}+\dfrac{x}{12}=11$

338. $x-\dfrac{3x}{2}+9=\dfrac{2x}{3}+4+\dfrac{5x}{6}-\dfrac{6x}{5}+\dfrac{1}{5}$

339. $2\dfrac{1}{3}x-3\dfrac{1}{2}x+5\dfrac{1}{3}x-3\dfrac{1}{5}x+1=x$

340. $1\dfrac{5}{9}x-100=2\dfrac{1}{3}x-186\dfrac{1}{3}+55\dfrac{1}{2}-\dfrac{1}{2}x$

341. $\dfrac{2}{3}x+\dfrac{3}{4}x+\dfrac{4}{5}+\dfrac{9}{10}x+\dfrac{11}{12}x+\dfrac{14}{15}x=5x-2$

342. $\dfrac{1}{2}x-\dfrac{2}{3}x+\dfrac{3}{4}x-\dfrac{3}{5}x+\dfrac{5}{3}=0$

343. $\dfrac{7x}{3}-\dfrac{5x}{5}+\dfrac{9x}{5}+\dfrac{1}{6}+\dfrac{1}{5}=2$

344. $\dfrac{2}{3}x-\dfrac{1}{2}x+\dfrac{1}{6}x-1\dfrac{3}{4}x+2\dfrac{4}{5}-3\dfrac{9}{10}x+61=0$

345. $44{,}44\,x=2222+\dfrac{2222}{100}+\dfrac{2222}{10}+2{,}222$

346. $\dfrac{248}{100}x-11{,}4996-\dfrac{33}{10}x+25{,}641=\dfrac{777}{100}$

347. $12{,}9x-\dfrac{145}{100}x-3{,}29-\dfrac{9{,}9}{10}x-11x+\dfrac{32}{100}=0$

348. $\dfrac{1}{2}\left[\dfrac{1}{2}\left(\dfrac{1}{2}\left\{\dfrac{1}{2}x-\dfrac{3}{2}\right\}-\dfrac{3}{2}\right)-\dfrac{3}{2}\right]-\dfrac{3}{2}=0$

349. $\dfrac{2}{7}\left[\dfrac{5}{12}\left(\dfrac{7}{8}\left\{\dfrac{3}{4}x+5\right\}-10\right)+3\right]-8=0$

Aufgaben

350. $\left(7\frac{1}{3}x - 2\frac{1}{2}\right) - \left(4\frac{5}{6} - \frac{1}{2}\left[3\frac{1}{3} - 5x\right]\right) = 18\frac{1}{3} - 5\left(1\frac{1}{2}x - 10\right)$

351. $4{,}709 - \frac{4}{5}\left(5{,}7x - 3\frac{1}{8}\right) - 0{,}3\left(2\frac{1}{4} - 5{,}3x\right) = 0$

352. $5\frac{1}{3} - 2\frac{1}{2}\left(4{,}6 - 3\frac{1}{3}x\right) = 4{,}7x - 0{,}8\left(3\frac{1}{2}x - \frac{1}{3}\right)$

353. $\frac{1}{3}\left[\frac{1}{3}\left(\frac{1}{3}\left\{\frac{1}{3}\left(\frac{1}{3}x+2\right)+2\right\}+2\right)+2\right] = 1$

354. $\frac{2}{3}(7x-10) - \frac{1}{2}(50-x) = 20$

355. $1 - 3\left(7\frac{1}{2}+x\right) + 7\left(\frac{2}{3}x - \frac{5}{2}\right) + \frac{8}{3}x = 0$

356. $4 - \frac{7-3x}{5} = 3 - \frac{3-7x}{10} + \frac{x+1}{2}$

357. $\frac{4x-1}{3} - 4 = 1 - \frac{x-4}{6} + \frac{3x+5}{4} - 4\frac{1}{4}$

358. $\frac{3x-4}{5} - \frac{3-4x}{7} = \frac{5x-6}{10} - \frac{9-10x}{14}$

359. $\frac{4x+9}{10} - \frac{x+5}{5} = \frac{7x-1}{25} - \frac{x+3}{20}$

360. $\frac{7x-2}{3} - \frac{4}{5}(x+3) + 6 = \frac{3(x+2)}{2}$

361. $11 - \left(\frac{3x-1}{4} + \frac{2x+1}{3}\right) = 10 - \left(\frac{2x-5}{3} + \frac{7x-1}{8}\right)$

362. $\frac{5x+2}{3} - \left(\frac{3x-1}{2} - 3\right) = \frac{3x+3}{2} - \left(\frac{x+1}{6} + 3\right)$

363. $\frac{2x-1}{2} + \frac{3x-2}{4} + \frac{5x-4}{8} = 1 - \frac{7x-6}{8}$

364. $\frac{6x-1}{10} + \frac{2(1+4x)}{15} - \frac{8x-1}{9} = 1$

365. $\frac{2x-3}{15} - \frac{4x-9}{20} = \frac{8x-27}{30} - \frac{16x-81}{24} - \frac{9}{40}$

366. $\frac{3-x}{2} - \left(\frac{7-x}{3} - \frac{x+3}{4}\right) + \left(\frac{7-x}{6} - \frac{9+3x}{8}\right) + x = 0$

367. $\frac{5x-0{,}4}{0{,}3} + \frac{1{,}3-3x}{2} = \frac{1{,}8-8x}{1{,}2}$

368. $\frac{4(13x-0{,}6)}{5} + \frac{3(1{,}2-x)}{10} = \frac{9x+0{,}2}{20} + \frac{5+7x}{4} + x$

369. $\frac{5x-1}{7} : \frac{19-x}{4} = 1 : 2$ 　　　370. $\frac{7x+1}{8} : 4 = \frac{8x-2}{7} : 5$

11. Gleichungen 1. Grades mit einer Unbekannten

371. $\dfrac{4x-1}{6x+1} : \dfrac{2x+2}{3x+5{,}5} = 1$

372. $\dfrac{6x-5}{9x-10} : \dfrac{2x-5}{3x-8} = 1$

373. $\dfrac{x}{a} + \dfrac{x}{b} + \dfrac{x}{c} = d$

374. $\dfrac{ax}{b} + \dfrac{cx}{d} + \dfrac{fx}{g} = h$

375. $\dfrac{2x-a}{b} - \dfrac{b-2x}{a} = \dfrac{a^2+b^2}{ab}$

376. $\dfrac{6a-bx}{2a} + \dfrac{9b-cx}{3b} + \dfrac{20c-dx}{5c} = 10$

377. $\dfrac{ax}{b} - \dfrac{b-x}{2c} + \dfrac{a(b-x)}{3d} = a$

378. $\dfrac{ax-b^2}{a} - \dfrac{a(b-x)}{b} + \dfrac{b^2}{a} = a$

379. $\dfrac{a-x}{bc} + \dfrac{b-x}{ac} + \dfrac{c-x}{ab} = 0$

380. $\dfrac{1-ax}{bc} + \dfrac{1-bx}{ac} + \dfrac{1-cx}{ab} = 0$

381. $\dfrac{a-bx}{bc} + \dfrac{b-cx}{ac} + \dfrac{c-ax}{ab} = 0$

382. $a\left(m - \dfrac{x}{n}\right) = b\left(n - \dfrac{x}{m}\right)$

383. $\dfrac{x-a}{a} + b = x - 1$

384. $\dfrac{x-a}{a} - m = \dfrac{x-b}{b} - n$

385. $\dfrac{x}{a} + \dfrac{x}{b} = c$

386. $\dfrac{ax}{b} - \dfrac{cx}{d} = m$

387. $\dfrac{ax^2 - bx + c}{a} = \dfrac{mx^2 - nx + p}{m}$

388. $\dfrac{x - \sqrt{a}}{\sqrt{b}} + \dfrac{x - \sqrt{b}}{\sqrt{a}} = 2$

389. $(dx - c) : d = (d - cx) : c$

390. $(ax + b) : c = (ax + b) : a$

391. $\dfrac{a^2}{b}(x-a) - \dfrac{b+c}{ab}(a-2x) = \dfrac{b^2}{a}(a-x) + \dfrac{b+c}{b}$

392. $\dfrac{ax-bc}{ab} - \dfrac{bx-ac}{c^2} = \dfrac{cx-b^2}{bc} - \dfrac{x-a}{c} + 1 - \dfrac{x}{a}$

393. $\dfrac{3(x-a)}{b} - \dfrac{2(x-b)}{a} = 1$

394. $\dfrac{15}{-x} = 3$

395. $\dfrac{5{,}55}{x} = 0{,}375$

396. $-\dfrac{666}{x} = 2{,}25$

397. $\dfrac{10}{x} + \dfrac{4}{9} = \dfrac{9}{x} + \dfrac{1}{2}$

398. $\dfrac{7}{x} + \dfrac{1}{3} = \dfrac{23-x}{3x} + \dfrac{7}{12} - \dfrac{1}{4x}$

399. $\dfrac{7}{3} + \dfrac{13}{5x} = \dfrac{13x-24}{3x} - \dfrac{37}{20} + \dfrac{10}{x}$

400. $\dfrac{4-x}{x^2} - \dfrac{1}{x^2} + \dfrac{5{,}5}{3x} = \dfrac{67}{15x^2} - \left(\dfrac{1}{x^2} - \dfrac{3x^2}{5x^3}\right)$

401. $\dfrac{a}{x} - 1 = \dfrac{b}{x} - 9$

402. $\dfrac{a+b}{x} - c = d - \dfrac{a-b}{x}$

403. $\dfrac{a(b-x)}{bx} + \dfrac{b(c-a)}{cx} = \dfrac{a+b}{x} - \left(\dfrac{b}{c} + \dfrac{a}{b}\right)$

404. $4(a-b) : \dfrac{x}{3} = (a^2 - b^2) : \dfrac{1}{9}(a+b)$

405. $\dfrac{a - bm}{mx} - \dfrac{c - bn}{nx} = 1$

406. $\dfrac{x^3 + ax}{bx} - \dfrac{ax - x^2}{b} = \dfrac{2x^2}{b} - a$

Aufgaben

407. $\dfrac{10-x}{3} + \dfrac{13+x}{7} = \dfrac{7x+26}{x+21} - \dfrac{17+4x}{21}$

408. $\dfrac{6x+5}{8x-15} - \dfrac{1+8x}{15} = \dfrac{1-x}{3} + \dfrac{3-x}{5}$

409. $\dfrac{5}{x+3} + \dfrac{3}{2(x+3)} = \dfrac{1}{2} - \dfrac{7}{2(x+3)}$

410. $\dfrac{2x-7}{3+5x} + \dfrac{2}{3} = \dfrac{4x-9}{9+15x}$

411. $\dfrac{x+3}{12x-8} - \dfrac{x-5}{3x-2} = 5$

412. $1{,}5 - \dfrac{2x+1}{3x-9} = \dfrac{5x-11}{6x+18}$

413. $\dfrac{3x-2}{x-5} = \dfrac{4x}{3x-15} + 2$

414. $\dfrac{2x}{2x-2} - \dfrac{x-1}{3x-3} = \dfrac{1}{6}$

415. $\dfrac{7x-3}{2x-6} - \dfrac{3(9x-1)}{10(x-3)} + \dfrac{13x+99}{6x-18} - \dfrac{5x-9}{x-3} = 1$

416. $\dfrac{6x}{5x+5} + \dfrac{3x-10}{x+1} - \dfrac{x+25}{6x+6} + \dfrac{5x-1}{4x+4} = 2$

417. $\dfrac{4x^2-3x}{1+x} - \dfrac{3x}{1-x} = \dfrac{4x^3+2x-4x^2+16}{x^2-1}$

418. $\dfrac{x-9}{x-5} + \dfrac{x-5}{x-8} = 2$

419. $\dfrac{x-16}{x-17} + \dfrac{x-14}{x-9} = 2$

420. $\dfrac{x-1}{x+1} - \dfrac{x+2}{x-1} = \dfrac{x-19}{x^2-1}$

421. $\dfrac{5(2x^2+3)}{2x+1} - \dfrac{7x-5}{2x-5} = 5x-6$

422. $\dfrac{2x-3}{x-4} + \dfrac{3x-2}{x-8} = \dfrac{5x^2-29x-4}{x^2-12x+32}$

423. $\dfrac{5x-1}{3x+3} - \dfrac{3x+2}{2(x-1)} = \dfrac{x^2-30x+2}{6x^2-6}$

424. $\dfrac{3x-7}{2x-9} - \dfrac{3(x+1)}{2x+6} = \dfrac{11x+3}{2x^2-3x-27}$

425. $\dfrac{7x-5}{3x-2} + \dfrac{8x-7}{3x-1} + \dfrac{10x+7}{9x^2-9x+2} = 5$

426. $\dfrac{4}{x+3} + \dfrac{12}{x+4} = \dfrac{12(2x+1)}{x^2+7x+12}$

427. $(x-1{,}5) : (x-3{,}2) = (0{,}3-x) : (2{,}6-x)$

428. $(x+1) : \left(x-\dfrac{1}{2}\right) = \left(x+\dfrac{2}{3}\right) : \left(x-\dfrac{2}{3}\right)$

429. $(x-8) : (x-9) = (x-5) : (x-7)$

430. $(x+1) : (x+3) = (x-5) : (x-7)$

431. $(x-6) : (x-4) = (x-8) : (x-7)$

432. $5(7x-4) : (3x+4) = 7(10x-25) : (6x-7)$

433. $6(5x+7) : (5x+8) = 4(15x-13) : 2(5x-4)$

20*

434. $\dfrac{3}{x-7}+\dfrac{1}{x-9}=\dfrac{4}{x-8}$ \hspace{1em} 435. $\dfrac{17}{x-16}+\dfrac{15}{x-18}=\dfrac{32}{x-17}$

436. $\dfrac{61}{x-38}+\dfrac{37}{x-62}=\dfrac{98}{x-50}$ \hspace{1em} 437. $\dfrac{9}{x-7}-\dfrac{5}{x-8}=\dfrac{9}{x-2}-\dfrac{5}{x+1}$

438. $\dfrac{2}{x-14}-\dfrac{5}{x-13}=\dfrac{2}{x-9}-\dfrac{5}{x-11}$

439. $\dfrac{9}{x-51}-\dfrac{9}{x-15}=\dfrac{2}{x-81}-\dfrac{2}{x+81}$

440. $\dfrac{x-8}{x-3}+\dfrac{x-3}{x-5}+\dfrac{x-9}{x-7}=\dfrac{x-1}{x-3}+\dfrac{x-13}{x-5}+\dfrac{x-6}{x-7}$

441. $\dfrac{2x+3}{x-1}+\dfrac{3x+4}{x-2}=\dfrac{5(x+6)}{x+3}$ \hspace{1em} 442. $\dfrac{x-11}{x+5}+\dfrac{8x+61}{x+7}=\dfrac{9x+25}{x+4}$

443. $\dfrac{5}{3+6x}+\dfrac{8+x}{5+10x}=2$ \hspace{1em} 444. $\dfrac{2x+1}{3x-15}-\dfrac{x-11}{2x-10}=1$

445. $\dfrac{8}{x+1}+\dfrac{5}{2(x+1)}=\dfrac{21}{8}$ \hspace{1em} 446. $\dfrac{180}{x+3}-\dfrac{279}{2x-3}=0$

447. $\dfrac{3x-5}{5x-5}+\dfrac{5x-1}{7x-7}+\dfrac{x-4}{x-1}=2$

448. $\dfrac{8x+2}{x-2}-\dfrac{2x-1}{3x-6}+\dfrac{3x+2}{5x-10}=10$

449. $\dfrac{3x-1}{2x-6}+\dfrac{5x-7}{3x-9}+\dfrac{7x+1}{4x-12}=11$

450. $\dfrac{4-2x}{3}-\dfrac{4}{6x-3}=\dfrac{1{,}5x}{x-0{,}5}-\dfrac{4x^2}{3(2x-1)}$

451. $\dfrac{x-4}{x-5}=\dfrac{x-1}{x-3}$ \hspace{1em} 452. $\dfrac{2x-1}{2(x-3)}=\dfrac{3(x-2)}{3x-1}$

453. $\dfrac{3x-14}{x-4}(2x-11)=6(x-6)$ \hspace{1em} 454. $\dfrac{0{,}1-x}{0{,}3+x}=\dfrac{0{,}4-3x}{0{,}6+3x}$

455. $\dfrac{\tfrac{5x-1}{7}}{\tfrac{19-x}{4}}=\dfrac{1}{2}$ \hspace{1em} 456. $\dfrac{\tfrac{2}{5}(x-4)}{\tfrac{3}{8}(3x+5)}=\dfrac{1}{6}$ \hspace{1em} 457. $\dfrac{\tfrac{2}{3}(4x-1)}{\tfrac{3}{4}(5x+1)}=\dfrac{2}{3}$

458. $\dfrac{x-\tfrac{10}{17}}{x-2\tfrac{10}{17}}=\dfrac{x+1\tfrac{7}{17}}{x-1\tfrac{10}{17}}$ \hspace{1em} 459. $\dfrac{\tfrac{x}{5}+\tfrac{1}{3}}{\tfrac{x}{5}-\tfrac{1}{3}}=\dfrac{\tfrac{x}{3}+\tfrac{1}{15}}{\tfrac{x}{3}-\tfrac{4}{5}}$

460. $\dfrac{\tfrac{x}{2}-\tfrac{1}{3}}{\tfrac{x}{3}-\tfrac{1}{2}}=\dfrac{\tfrac{3x}{4}-\tfrac{1}{6}}{\tfrac{x}{2}-\tfrac{2}{3}}$ \hspace{1em} 461. $\dfrac{\tfrac{5}{3}-\tfrac{3}{2}x}{\tfrac{7}{8}-\tfrac{2}{3}x}=\dfrac{3x-\tfrac{7}{3}}{\tfrac{4x}{3}-\tfrac{1}{2}}$

Aufgaben

462. $\dfrac{6}{x+2} - \dfrac{x+2}{x-2} + \dfrac{x^2}{x^2-4} = 0$

463. $\dfrac{4x+1}{2x-1} + \dfrac{3x-1}{2x+1} = \dfrac{14x^2+4}{4x^2-1}$

464. $\dfrac{3x+2}{x-2} + \dfrac{5x-2}{x+2} = \dfrac{8x^2-5x+18}{x^2-4}$

465. $\dfrac{3x+3}{x+4} + \dfrac{x-1}{x-4} = \dfrac{4x^2-10x+4}{x^2-16}$

466. $\dfrac{6x^2+80x}{5+x} + \dfrac{10x^2-60}{5-x} = \dfrac{4x^3+40}{25-x^2}$

467. $\dfrac{3}{5x+1} + \dfrac{3}{5x-1} = \dfrac{30}{25x^2-1}$

468. $\dfrac{3}{4x+6} - \dfrac{2}{2(2x-3)} = \dfrac{14}{16x^2-36}$

469. $\dfrac{4x-3}{3x-4} + \dfrac{3x-4}{5x-6} = \dfrac{29x^2+5x-34}{15x^2-38x+24}$

470. $\dfrac{2(17x^2-x-133)}{12x^2-16x+5} + \dfrac{4x+25}{6x-5} = \dfrac{7x-19}{2x-1}$

471. $\dfrac{5x-2}{4x-16} - \dfrac{3x+2}{3x+12} = \dfrac{12x+0{,}5}{x^2-16} + \dfrac{1}{4}$

472. $\dfrac{5+6x}{5x+25} - \dfrac{4x-2{,}5}{5x-25} + \dfrac{2{,}4x^2+12}{4x^2-100} = 1$

473. $\dfrac{1}{1{,}4142 - \dfrac{1}{x}} = 1{,}4142$

474. $3 - \dfrac{1}{3} = \dfrac{1}{\dfrac{1}{3} + \dfrac{1}{x}}$

475. $\dfrac{\tfrac{1}{4} - x}{\tfrac{1}{4} + x} + \dfrac{1}{4} = \dfrac{x}{\tfrac{1}{4} + x} - \dfrac{1}{4}$

476. $\dfrac{\tfrac{2}{3}x - \tfrac{2}{3}}{\tfrac{2}{3} - x} - \dfrac{2}{3} = \dfrac{2}{3} - \dfrac{\tfrac{2}{3}x + \tfrac{2}{3}}{\tfrac{2}{3} - x}$

477. $\dfrac{a - \tfrac{1}{x}}{a + \tfrac{1}{x}} - \dfrac{1}{x} = \dfrac{x - \tfrac{1}{a}}{x + \tfrac{1}{a}} - \dfrac{1}{a}$

478. $\dfrac{a}{a-x} = \dfrac{b}{b-x}$

479. $\dfrac{\tfrac{x+1}{x-1}}{\tfrac{a+b}{a-b}} = 1$

480. $\dfrac{a+x}{a-x} = \dfrac{a+b}{a-b}$

481. $\dfrac{a+b}{c+x} = \dfrac{a-b}{c-x}$

482. $\dfrac{b}{b+x} - m = \dfrac{c}{b+x} - n$

483. $(a-x):(b+x) = (a+x):(b-x)$

484. $(a+b):(a-b) = (c+x):(x-c)$

485. $(n-x):(r-m) = n:(r+m)$

11. Gleichungen 1. Grades mit einer Unbekannten

486. $(x + a):(2b - c) = a:(b - c)$

487. $\dfrac{a + 2x}{3a + x} - \dfrac{22a^2 - 3x^2}{x^2 - 9a^2} = 5$

488. $\dfrac{(x - 2)\sqrt{a}}{x\sqrt{a} - 2\sqrt{b}} = \dfrac{x\sqrt{a} - 2\sqrt{b}}{(x + 2)\sqrt{a}}$

489. $\left(x - a\sqrt{b}\right):\left(x - b\sqrt{a}\right) = \sqrt{b}:\sqrt{a}$

490. $(a^2 - b^2):cx = (a + b):c$

491. $(a - b):(a - x) = (a + b):(a + x)$

492. $(x - p):x = x:(x - q)$

493. $2(p - s):14(p + s) = x(p^2 - s^2):7(p + s)^2$

494. $\dfrac{ab + ac + ad}{3}:\dfrac{bx + cx + dx}{6} = \dfrac{1}{bc}:3abc$

495. $\dfrac{a}{x + m} + \dfrac{b}{x + n} = \dfrac{c}{x^2 + x(m + n) + mn}$

496. $\dfrac{5m}{b + c}:(b + c) = 3mn:nx(b + c)^2$

497. $(4a^2 - 9):(49b^2 - 1) = (2a - 3):\left(\dfrac{7b - 1}{7b + 1}x\right)$

498. $\dfrac{2x + 7}{9} + \dfrac{7x - 44}{5x - 14} = \dfrac{4x + 27}{18}$

499. $\dfrac{x - \sqrt{a}}{\sqrt{b} + \sqrt{c}} + \dfrac{x - \sqrt{b}}{\sqrt{a} + \sqrt{c}} + \dfrac{x - \sqrt{c}}{\sqrt{a} + \sqrt{b}} = 3$

500. $a^2 + \dfrac{bx}{a + b} = \dfrac{ax}{a - b} - b^2$

501. $\dfrac{3b + x}{a + b} - 1 = \dfrac{bx}{a^2 - b^2}$

502. $a + b + \dfrac{x}{a + b} = a - b + \dfrac{x}{a - b}$

503. $\dfrac{x - a}{x + a} - \dfrac{x + 3b}{x - a} = \dfrac{3ab - b^2}{a^2 - x^2}$

504. $\dfrac{a(2x - a)}{a^2x^2 - b^2} + \dfrac{b}{ax + b} = \dfrac{ax}{ax - b} + \dfrac{b(2x - 3b)}{a^2x^2 - b^2} - 1$

505. Stelle die Formel

$Vp = V_0 p_0 (1 + \alpha \Delta t)$ nach V, p, V_0, p_0, α und Δt um.

506. Stelle die Formel

$I = \dfrac{U_1 - U_2}{R}$ nach U_1, U_2 und R um.

507. Stelle die Formel

$I = \dfrac{nU}{nR_i + R_a}$ nach U, R_i, R_a und n um.

Aufgaben

508. Stelle die Formel
$$I = \frac{U}{\frac{R_i}{n} + R_a} \text{ nach } U, R_i, R_a \text{ und } n \text{ um}.$$

509. Stelle die Formel
$$\frac{1}{a} + \frac{1}{b} = \frac{1}{f} \text{ nach } a, b \text{ und } f \text{ um}.$$

510. Vermehrt man eine Zahl um $7\frac{1}{7}$, so erhält man $8\frac{1}{8}$. Wie heißt die Zahl?

511. Welche Zahl muß man mit 24 vervielfachen, um 90 zu erhalten?

512. Welche Zahl muß man durch 0,7 teilen, um 8,3 zu erhalten?

513. Das Zweifache und das Dreifache einer Zahl ergeben zusammen 100. Wie heißt die Zahl?

514. Der dritte Teil vom Zwanzigfachen einer Zahl ist 500. Wie heißt die Zahl?

515. Von einer Zahl x nimmt man 4 weniger als $\frac{2}{3}$ derselben weg. Es bleiben noch $\frac{2}{5}$ von ihr übrig. Wie heißt die Zahl?

516. A hat 447 DM. B hat 521 DM. Wieviel muß A dem B abgeben, damit B 10mal soviel hat, wie A noch verbleibt?

517. Ein größeres Maschinenbau-Unternehmen produziert im 4. Vierteljahr monatlich durchschnittlich 17 Maschinen mehr, als der Normaldurchschnitt des 3. Vierteljahres ergab. Im 2. Halbjahr wurden insgesamt 291 Maschinen hergestellt. Wie hoch war der Monatsdurchschnitt im 3. Quartal?

518. Der Tageslohn für 7 Maurer und 4 Hilfsarbeiter beträgt zusammen 131,20 DM. Welchen Stundenlohn bei 8stündiger Arbeitszeit hat ein Maurer, der stündlich 0,30 DM mehr verdient als der Hilfsarbeiter? Wie hoch ist der Stundenlohn des Hilfsarbeiters?

519. Eine Konsumgenossenschaft verteilt am Jahresende 2 % Rückvergütung. Familie B hat im Laufe des Jahres für bezogene Waren nur halb soviel bezahlt wie A, C nur $\frac{1}{3}$ und D nur $\frac{1}{4}$ von dem Betrage des A. Alle 4 erhalten zusammen 150 DM Rückvergütung. Wieviel erhält jeder, und für welchen Betrag hatte jeder Waren gekauft?

520. Ein Gewinn in einer Lotterie wurde unter 3 Spieler nach vorheriger Vereinbarung verteilt. A erhielt den 3. Teil und 1 200 DM, B den 4. Teil und 1 300 DM, C den 5. Teil und 1 400 DM. Wie groß war der Gewinn, und wieviel erhielt jeder?

521. Für einen Straßenbau werden die Kosten in Höhen von 178 360 DM von 2 Gemeinden im Verhältnis ihrer Einwohner im Haushaltsplan jeder Gemeinde vorgesehen. Die erste Gemeinde hat 2450 und die zweite 3920 Einwohner. Wieviel Kosten hat jede Gemeinde zu tragen?

11. Gleichungen 1. Grades mit einer Unbekannten

522. Fließen in einen leeren Behälter alle 2 Minuten 19 Liter, so fehlen nach bestimmter Zeit noch 50 Liter an der vollständigen Füllung. Fließen in derselben Zeit alle 5 Minuten 51 Liter, so sind schon 20 Liter übergelaufen. Wieviel Liter faßt der Behälter, und wieviel Liter je Minute müssen zufließen, wenn er in derselben Zeit vollständig gefüllt sein soll?

523. An einer Mauer arbeiten 3 Maurer. Der erste allein würde die Mauer in 12 Tagen, der zweite allein in 10 Tagen aufbauen; alle drei würden bei gemeinsamer Arbeit 4 Tage dazu brauchen. Wieviel Tage hätte der dritte allein gebraucht?

524. In einem Braunkohlentagebau arbeiten 4 Abraumbagger, die täglich zusammen 44000 m³ Abraum bewegen. Der dritte Bagger schafft 2000 m³ weniger als der zweite, der erste 2000 m³ mehr als das Doppelte des zweiten und der vierte doppelt soviel wie der dritte. Wieviel m³ schafft jeder Bagger?

525. Von 2 Greiferbaggern würde einer die an der Baustelle anfallende Baggerarbeit in 36 Tagen und der andere, der 5 m³/h mehr schafft als der erstere, in 27 Tagen allein schaffen. In wieviel Tagen wären sie fertig, wenn sie zugleich arbeiten würden? Wieviel m³/h (1 Tag = 8 Stunden) schafft jeder, und wie groß ist die insgesamt zu bewältigende Bodenmenge?

526. A, B und C wollen eine Arbeit gemeinschaftlich ausführen, zu der A allein 12, B 15 und C 20 Tage gebraucht hätten. Wie lange dauert die Ausführung, wenn während der gemeinschaftlichen Arbeit B $1^1/_2$ Tage und C einen Tag aussetzen?

527. Ein Bau soll durch 3 Arbeiter ausgeführt werden. Der erste würde ihn allein in 10 Tagen, der zweite in 12 Tagen und der dritte in 15 Tagen fertigstellen. Wieviel Tage brauchen sie, wenn sie gemeinschaftlich arbeiten?

528. 4 LKW fahren 100000 Stück Steine. Der erste brauchte allein 8, der zweite 10, der dritte 12 und der vierte 15 Tage.
   a) Wie lange würden alle 4 zugleich fahren?
   b) Wie lange würden sie brauchen, wenn der erste einen Tag, der zweite $2^1/_2$ Tage und der dritte $1^1/_2$ Tage verhindert wären?
   c) Wie lange müßten sie gemeinschaftlich fahren, wenn der dritte und vierte schon $2^1/_2$ Tage Steine gefahren haben?

529. Ein Kohlenvorrat reicht 10 Wochen, wenn wöchentlich gleich viel entnommen wird. Wird aber wöchentlich 61 kg weniger entnommen, so ist der Vorrat erst nach 11 Wochen verbraucht. Wie groß war er ursprünglich?

530. Zwei Straßenbaubetriebe haben nach Vertrag eine Wegstrecke für 75600 DM auszubessern. Sie beginnen gleichzeitig, und zwar an den entgegengesetzten Enden. Weil sie 44 m vor der Mitte zusammentreffen, erhält der eine Betrieb 1120 DM mehr als der andere. Wie lang ist die Strecke, und wieviel erhält jeder Betrieb?

531. Bei der Anlage einer gemeinsamen Entwässerungsleitung zweier bäuerlicher Betriebe arbeiten außer den zwei Bauern noch 4 Nachbarn der gleichen Haus- und Hofgemeinschaft mit. Bei einer Gesamtlänge von 280 m trägt der Bauer A die Kosten für 160 m und B für den Rest.

Die entstehenden Unkosten für die Hilfe der Nachbarn in Höhe von 140 DM teilten sich beide Bauern im Verhältnis ihrer Längenanteile. Wieviel hat jeder zu tragen?

532. Wie lange müssen 3 Pumpen arbeiten, um einen Behälter von 1152 l zu füllen, wenn die erste Pumpe 12 l/min, die zweite 17 l/min und die dritte 19 l/min schafft?

533. Wie lange müssen die drei Pumpen der Aufgabe 532 arbeiten, wenn die zweite 17 Minuten und die dritte 9 Minuten früher als die erste in Betrieb gesetzt werden?

534. Zwei Röhren füllen gemeinsam einen Behälter in 2 Std. Die erste würde ihn allein in 5 Std. füllen. Wieviel Stunden würde die zweite allein brauchen?

535. In einen Behälter von 9,27 hl führen zwei Röhren, von denen die zweite 15 l/min mehr liefert als die erste. Als die erste schon 9 Minuten füllte, wurde die zweite Leitung geöffnet, und beide füllten dann in 15 weiteren Minuten den Behälter. Wie groß war die Fördermenge jeder Röhre in 1 min?

536. 3 Röhren füllen ein Gefäß in 4 Std. Die erste füllt es allein in 15 Std., die zweite allein in 20 Std. Aus der dritten fließen stündlich 0,5 m³ mehr als aus der zweiten. Wieviel Liter faßt das Gefäß?

537. 3 Pumpen füllen ein Becken in 2 Std. Die erste füllt es allein in 6 Std. Die Wassermengen, die die 2. und 3. Pumpe in gleicher Zeit liefern, verhalten sich wie 2 : 3. In welcher Zeit füllt jede Pumpe den Behälter?

538. Zwei Röhren sollen einen Behälter von 540 m³ füllen. Die erste liefert 15 dm³/min und die zweite 21 dm³/min.

   a) Wie lange müssen beide Röhren geöffnet sein?

   b) Wie lange müssen sie gemeinsam fließen, wenn die erste Röhre 6 Minuten früher geöffnet wird?

539. Eine Anzahl junger Kiefernbäume soll auf einer Fläche von der Form eines Quadrats angepflanzt werden; jede Reihe soll gleich viel Bäume enthalten. Beim ersten Überschlag bleiben von der Gesamtzahl 33 Bäume übrig; beim zweiten Überschlag, bei dem für jede Reihe ein Baum mehr gerechnet wurde, fehlen insgesamt 44 Bäume. Wieviel Bäume stehen zur Verfügung?

540. Eine Seite eines Kanalrandes soll mit Pappeln bepflanzt werden. Setzt man alle 15 m drei Stück, so fehlen an der vorhandenen Menge 120 Stück. Setzt man alle 15 m zwei Stück, so bleiben noch 118 übrig. Wieviel Pappeln sind vorhanden, und wie lang ist die Strecke?

541. Der für die Turbinen nötige Wasserverbrauch einer Talsperre beträgt 36 m³/s. Wenn ein Hochwasser gemeldet wird, werden sofort die 3 Grundablässe geöffnet, die je 95 m³/s hindurchlassen. Wieviel Minuten vermag der Stausee die sehr starke Flutwelle von 900 m³/s aufzunehmen, wenn diese 1,5 Stunden nach der Hochwassermeldung eintrifft und den ursprünglichen Wasserstand nicht überschreiten soll? Als die Meldung ergab, daß das Hochwasser bereits in 30 min eintreffen würde, wurde noch ein Schütz gezogen, so daß außerdem noch 100 m³/s abfließen konnten. Wie lange bietet dann die Talsperre Hochwasserschutz, wenn die Flutwelle auf 700 m³/s geschätzt wurde?

542. In einem Riementrieb von 750 U/min Antriebsdrehzahl und 200 U/min Abtriebsdrehzahl soll eine Riemengeschwindigkeit von 7 m/s herrschen. Wie groß müssen die Durchmesser der Scheiben sein?

543. Auf einer Drehmaschine soll eine Riemenscheibe von 300 mm Durchmesser mit einer Schnittgeschwindigkeit von 18 m/min abgedreht werden. Wieviel U/min hat die Drehmaschine?

544. Ein Wagen fährt von A nach B in 10 Std. Ein anderer Wagen fährt von B nach A in 15 Std. Nach wieviel Stunden begegnen sie sich, wenn sie zugleich abfahren?

545. Von Station A fährt nach Station B ein Personenzug, der in 4 min 3 km zurücklegt. Von Station B geht 7 min später ein Schnellzug nach Station A ab, der in 5 min 6 km durchfährt. Beide Züge begegnen sich in der Mitte der Strecke. Wie groß ist die Entfernung von A bis B?

546. Wann und wo kreuzen sich zwei Fahrzeuge, die auf einer 60 km langen Strecke gleichzeitig abfahrend mit den Geschwindigkeiten $v_1 = 36$ km/h und $v_2 = 54$ km/h einander entgegenfahren?

547. In welcher Zeit fährt ein 300 m langer Eisenbahnzug mit 12 m/s Geschwindigkeit durch einen 180 m langen Tunnel?

548. Ein 60 m langer Eilzug fährt mit 72 km/h an einem stehenden Personenzug vorüber. Die Begegnung dauert 9 s. Wie lang war der Personenzug?

549. In welcher Zeit fahren 2 Züge von 200 und 250 m Länge aneinander vorüber, wenn sie 9 m/s und 13,5 m/s Geschwindigkeit besitzen? Man rechne: a) gleiche Fahrtrichtung und b) entgegengesetzte Fahrtrichtung.

550. Ein 60 m langer Eilzug fährt mit 72 km/h an einem in gleicher Richtung fahrenden 120 m langen Personenzug vorbei. Die Bewegung dauert 18 s. Welche Geschwindigkeit hat der Personenzug?

551. Ein Eisenbahnzug erreicht bei 90 km/h beim Bremsen nach 3 min Stillstand. Wie groß ist die Verzögerung?

552. Ein Eisenbahnzug erreicht seine Fahrgeschwindigkeit von 60 km/h bei annähernd gleichförmig beschleunigter Bewegung nach 2 min. Wie groß sind die Beschleunigung und der Weg, der bis zum Erreichen der Fahrgeschwindigkeit zurückgelegt wird?

553. Ein Radfahrer und ein Fußgänger bewegen sich gleichzeitig von A nach B, indem der eine stündlich 5 km und der andere 15 km zurücklegt. Der Radfahrer hält sich eine Stunde in B auf und trifft auf dem Rückweg den Fußgänger 30 km von B entfernt. Wie lang ist die Strecke zwischen A und B?

554. Um 7^{20} Uhr fährt ein Personenzug von einem Bahnhof ab. Um 8^{40} Uhr fährt vom gleichen Bahnhof ein Schnellzug in gleicher Richtung mit einer Geschwindigkeit, die 18 km/h höher ist als die des Personenzuges, ab. Er holt den Personenzug um 12 Uhr ein. Wie hoch ist die Geschwindigkeit des Personenzuges, und wie weit liegt der Überholungspunkt von der Ausgangsstation entfernt?

Aufgaben

555. Ein Güterzug, der um 7 Uhr von A abfährt und in jeder Stunde $22^1/_2$ km zurücklegt, kommt gleichzeitig mit einem Eilzug, der mittags 12 Uhr mit einer Geschwindigkeit von 60 km/h in A abfährt, in B an. Wie groß ist die Entfernung von A bis B?

556. Die Entfernung R.—F. beträgt 300 km. Von R. fährt um 6 Uhr ein Güterzug ab, der in F. um 18 Uhr ankommt. Um 10 Uhr verläßt R. ein Personenzug in Richtung F., der $1^4/_5$mal so schnell wie der Güterzug fährt. Wann holt der Personenzug den Güterzug ein, und wann kommt er in F. an?

557. Wieviel Minuten nach 8 Uhr stehen Stunden- und Minutenzeiger einer Uhr das erste Mal übereinander?

Wieviel Minuten nach 3 Uhr bilden sie zum erstenmal einen gestreckten Winkel?

Wieviel Minuten nach 5 Uhr bilden sie zum erstenmal einen rechten Winkel?

558. 2 Körper bewegen sich auf einem Kreis a) in gleicher, b) in entgegengesetzter Richtung. Der eine legt eine Strecke von 1 m in 2 s, der andere in 5 s zurück. Sie treffen das erste Mal nach 20 s, das zweite Mal nach 70 s, von Anfang der Bewegung an gerechnet, zusammen.

1. Wie groß ist ihre anfängliche Entfernung?
2. Wie groß sind Umfang und Durchmesser des Kreises?
3. Wie groß ist die Umlaufzahl n (in U/min) des einzelnen Körpers?

559. Ein Schlepper auf der Elbe würde auf stillstehendem Wasser durch die Kraft seiner Maschine allein in jeder Minute 300 m zurücklegen. Er fährt stromaufwärts und erreicht in $1^1/_4$ Std. sein Ziel. In der Fahrt stromabwärts braucht er für dieselbe Strecke nur 50 min. Wie groß ist die Geschwindigkeit des Wassers?

560. Ein Dampfer fährt von Koblenz nach Köln 3 Std. 36 min und von Köln nach Koblenz 6 Std. Wie groß sind seine Geschwindigkeit und die des Stromes, wenn die Strecke Köln–Koblenz 90 km beträgt?

Wie muß sich die Geschwindigkeit ändern, wenn er rheinaufwärts die Strecke in 5 Std. zurücklegen soll?

561. Von zwei Körpern, die sich auf dem Umfang einer kreisförmigen Bahn bewegen, legt der eine je Sekunde 3 m mehr zurück als der andere. Bewegen sie sich gleichzeitig von einem Punkt in derselben Richtung, so treffen sie sich alle 160 s. Bewegen sie sich in entgegengesetzter Richtung, so treffen sie sich alle 32 s.

Zu berechnen sind Umfang und Durchmesser des Kreises sowie Geschwindigkeit (in m/s) und Umlaufzahl (in U/min) beider Körper.

562. 50 Liter Spiritus zu 87% sollen durch Wasserzusatz auf 80% verdünnt werden. Wieviel Wasser muß zugesetzt werden?

563. 70 Liter Spiritus zu 80% sollen durch Wasserentzug auf 90% konzentriert werden. Wieviel Wasser muß man entziehen?

564. 50 Liter Spiritus zu 80% werden mit 70 Liter zu 85% gemischt. Wieviel % hat die Mischung?

565. Es werden 5 kg Silber 850⁰/₀₀, 6,5 kg Silber 600⁰/₀₀ und 2,5 kg Feinsilber 1 000⁰/₀₀ miteinander verschmolzen. Welchen Feingehalt hat die Legierung?

566. Eine Lötzinnlegierung besteht aus 57,5 Anteilen Pb ($\varrho = 11{,}34$ kg/dm³) und 114 Anteilen Sn ($\varrho = 7{,}28$ kg/dm³). Welche Dichte hat die Legierung?

567. Welche Dichte hat eine Kupfer-Zinn-Legierung, die aus 94 Anteilen Cu ($\varrho = 8{,}9$ kg/dm³) und 6 Anteilen Sn ($\varrho = 7{,}28$ kg/dm³) besteht?

568. Welche Dichte hat eine Aluminiumbronze, die aus 19 Anteilen Cu ($\varrho = 8{,}9$ kg/dm³) und einem Anteil Al ($\varrho = 2{,}7$ kg/dm³) zusammengesetzt ist?

569. Ein Gußstück aus einer Kupfer-Zink-Legierung ($\varrho = 8{,}156$ kg/dm³) hat die Masse 120 kg. Wieviel Anteile Cu ($\varrho = 8{,}9$ kg/dm³) und Zn ($\varrho = 7{,}14$ kg/dm³) enthält es?

570. Eine Bronze-Lagerschale hat die Masse 928 g und eine Dichte von 8,631 kg/dm³. Wieviel Cu ($\varrho = 8{,}9$ kg/dm³) und wieviel Sn ($\varrho = 7{,}28$ kg/dm³) enthält sie?

571. Ein Werkstück aus Messing hat die Masse 15 kg und eine Dichte $\varrho = 8{,}5$ kg/dm³. Welche Massen Kupfer und Zink enthält es, wenn Cu und Zn die Dichten 8,9 kg/dm³ und 7,14 kg/dm³ haben?

572. Wieviel reines Kupfer muß man einer Bronze von 60 % Cu-Gehalt beim Schmelzen zugeben, um 100 kg mit 80 % Cu-Gehalt zu erhalten? Wie ändert sich der Cu-Zusatz, wenn an Stelle der Bronze von 60 % eine solche von 75 % vorhanden ist?

573. Wieviel kg Zink muß man mit 86,8 kg Cu zusammenschmelzen, um eine Messinglegierung von 70 % Cu zu erhalten? Wieviel Zn muß man nehmen, wenn 93,1 kg Cu geschmolzen werden?

574. Wieviel Wasser muß man 5 000 l einer Sole von 4 % entziehen, um eine solche von 10 % zu erhalten?

575. 80 g Salpeter und Schwefel sind so gemischt, daß auf 7 Teile Salpeter 3 Teile Schwefel kommen. Das Verhältnis Salpeter zu Schwefel soll auf 11 : 4 geändert werden.

  a) Wieviel Salpeter muß man zusetzen, oder wieviel Schwefel muß man entziehen?

  b) Es sollen die gleichen Mengen Salpeter und Schwefel gemeinsam zugesetzt bzw. gemeinsam weggenommen werden. Wieviel g müssen das sein?

  c) Es soll eine Menge Salpeter zugesetzt und die gleiche Menge Schwefel weggenommen werden, um die Mischung herzustellen. Wieviel muß das sein?

576. Wieviel kg H_2O muß man aus 48 kg einer 12%igen Salzsole verdunsten, um eine Sole von a) 16 % und b) 20 % zu erhalten? Wieviel Salz wäre der Lösung zuzufügen, um dasselbe Ergebnis zu erzielen?

577. Ein Ballon enthält Alkohol in einer Konzentration von 90 %. Nachdem man 20 Liter abgezapft und durch Wasser ersetzt hat, hatte die Mischung nur noch 75 %. Wieviel Liter enthielt der Ballon?

578. Aus Alkohol von 58 % und von 84 % sollen 195 Liter mit 74 % hergestellt werden. Wieviel Liter von jeder Sorte muß man nehmen?

579. 60 Liter von vergälltem Spiritus zu 75 % sollen mit Spiritus von 25 % auf 40 % gemischt werden. Wieviel vom Spiritus zu 25 % muß zugesetzt werden?

580. Zur Herstellung einer Betonmischung werden 30 m³ Kies mit 80 % Korngröße unter 15 mm benötigt. Zur Verfügung stehen 10 m³ mit 70 % Korngröße unter 15 mm und Kies mit 90 % und 50 % dieser Korngröße. Wieviel Kies der beiden Sorten 50 % und 90 % Korngröße unter 15 mm muß man mit den 10 m³ mischen, um die verlangte Mischung zu erhalten?

581. 15 m³ Kies mit 75 % Korngröße unter 9 mm und 20 m³ mit 50 % sowie 10 m³ mit 20 % Korngröße unter 9 mm sollen miteinander gemischt werden. Wieviel % Korngröße unter 9 mm enthält die Mischung?

582. 36 g Flußstahl von 11 °C werden in 16 g Wasser von 16 °C gelegt. Wie hoch ist die Mischungstemperatur, wenn die spezifische Wärmekapazität von Flußstahl $1/9$ der des Wassers ist?

583. Ein Werkstück von 1,8 kg aus Stahl von der spezifischen Wärmekapazität 0,47 kJ/kg K soll mit 750 °C in der Härterei gehärtet werden. Man benutzt dazu ein Ölbad von 63 dm³ Öl, welches eine Temperatur von 20 °C hat. Die Dichte des Öls beträgt 0,9 kg/dm³, seine spezifische Wärmekapazität 1,67 kJ/kg K. Um wieviel Kelvin erwärmt sich das Bad, wenn ein Stück darin abgekühlt wird? Wieviel Werkstücke können auf einmal abgeschreckt werden, wenn die Badtemperatur von 100 °C nicht überschritten werden darf?

584. Wieviel t Brauneisenstein von 45 % Eisengehalt sind zur Erzeugung von 20 t Roheisen mit 3 % Kohlenstoffgehalt erforderlich?

585. In einem Siemens-Martin-Ofen werden 12 t Roheisen von 4 % Kohlenstoffgehalt und 4 t Stahl von 0,5 % Kohlenstoffgehalt zusammengeschmolzen. Wieviel % Kohlenstoff enthält die Mischung?

586. Der Hebel eines Sicherheitsventils ist 60 cm lang. Am Ende soll eine Kraft von 500 N wirken. Wie schwer muß das anzuhängende Gewicht sein, wenn sich der Lastarm zum Kraftarm verhält wie 2 : 5?

587. Eine Last, die die Gewichtskraft 1 950 N ausübt, soll mit einer 1,75 m langen Stange gehoben werden. Wo muß die Stange unterstützt werden, damit die Kraft zum Heben der Last nur 200 N beträgt?

588. Eine Last von 50 kg soll durch 2 Mann mittels einer Stange von 2 m Länge so getragen werden, daß der vorderste Träger nur 10 kg tragen soll. Wo muß die Last hängen? Das Gewicht der Stange bleibt unberücksichtigt.

589. Das Sicherheitsventil eines Dampfkessels hat einen einarmigen Hebel von 66 cm, an dem ein Gewicht von 45 N hängt. Der Hebel hat ein Gewicht von $16^2/_3$ N und hat seinen Schwerpunkt in der Mitte der Gesamtlänge. Welchem Druck in bar hält das Ventil das Gleichgewicht, wenn es 4 cm vom Drehpunkt entfernt sitzt und einen Tellerdurchmesser von 60 mm hat?

590. Welche Last können 2 Arbeiter mit einer Winde von 150 mm Trommelradius und einem Kurbelarm von 1,5 m heben, wenn jeder Arbeiter eine Kraft von 150 N (≈ 15 kg · g) ausübt?

591. Welche Masse muß ein Brett aus Tannenholz der Dichte 0,48 kg/dm³ haben, wenn es ganz unter Wasser getaucht noch mit 52 kg belastet werden kann?

592. Welche Schwimmtiefe hat ein 25 cm hoher quadratischer Balken aus Holz ($\varrho = 0{,}75$ kg/dm³) in Wasser und in Petroleum ($\varrho = 0{,}8$ kg/dm³)?

593. Eine Blei-Zinn-Legierung von 136 kg wiegt in Wasser 14 kg weniger. Wieviel Sn ($\varrho = 7{,}28$ kg/dm³) und Pb ($\varrho = 11{,}34$ kg/dm³) enthält sie?

594. Eine Kupfer-Silber-Legierung von 271,6 g wiegt in Wasser 27 g weniger. Wieviel Ag ($\varrho = 10{,}5$ kg/dm³) und Cu ($\varrho = 8{,}9$ kg/dm³) enthält sie?

595. Ein Stück Blei von 20 kg soll durch Verbindung mit Kork im Wasser schwimmen. Wieviel Kork ist mindestens zu nehmen, wenn seine Dichte 0,25 kg/dm³ und die vom Pb 11,34 kg/dm³ ist?

596. Ein Stück Cu von 5 kg mit $\varrho = 8{,}9$ kg/dm³ soll im Wasser durch Kork mit $\varrho = 0{,}25$ kg/dm³ zum Schweben gebracht werden. Wieviel Kork ist zu nehmen?

597. Welche freie Tragkraft hat ein mit Wasserstoff gefüllter Ballon von 800 m³ Inhalt unter Berücksichtigung folgender Daten: Masse der Hülle 100 kg, der Last 788 kg; Masse von 1 m³ Wasserstoff 90 g, von 1 m³ Luft 1 300 g.

598. Ein Ballon von 1 300 m³ Inhalt wird mit Leuchtgas ($\varrho = 0{,}55$ kg/m³) gefüllt. Seine Hülle hat die Masse 140 kg, die Last 590 kg. Wieviel freie Tragkraft ist vorhanden, wenn 1 m³ atmosphärische Luft die Masse 1,3 kg hat?

599. Ein Dampfer hat in der Wasserlinie im Schnitt eine Fläche von 1 500 m². Um wieviel sinkt das Schiff ein, wenn es mit 400 Kisten von 75 kg je Kiste beladen wird?

600. Ein gleichschenkliges Dreieck hat einen Umfang von 41 cm. Wie lang sind Basis und Schenkel, wenn ein Schenkel 4 cm länger als die Grundlinie ist?

601. Ein Rechteck, das einen Umfang von 66 cm hat, ist doppelt so lang wie breit. Länge und Breite sind zu berechnen.

602. Wie groß sind die Seiten und der Inhalt eines Quadrats und eines Rechtecks, wenn die eine Seite des Rechtecks um 2 cm kleiner, die andere Seite um 3 cm größer als die Quadratseite ist? Der Inhalt des Rechtecks ist um 10 cm² größer als der Inhalt des Quadrats.

603. Verlängert man die Grundlinie eines Dreiecks von der Höhe 18 cm um 15 cm und verlängert man die Höhe des Dreiecks um 4 cm, so nimmt der Flächeninhalt um 194 cm² zu. Wie lang ist die Grundlinie, und wie groß ist der Flächeninhalt des Dreiecks?

604. Die Seiten eines Rechtecks verhalten sich wie 6 : 7. Verlängert man die größere um 2 cm und verkürzt die kleinere um 2 cm, so nimmt die Fläche um 10 cm² ab. Wie groß sind die Seiten?

605. Ein Trapez vom Flächeninhalt 2 000 cm² hat eine Höhe von 80 cm. Wie lang sind die parallelen Grundseiten, wenn sie sich wie 3 : 5 verhalten?

606. In einem Dreieck wird eine Seite durch die zugehörige Winkelhalbierende in zwei Abschnitte geteilt, deren Unterschied 2 cm beträgt. Die beiden anderen Seiten verhalten sich wie 3 : 4. Wie groß sind die Abschnitte?

607. Bei einem Rechteck vom Umfang 190 cm beträgt der Unterschied zwischen Länge und Breite 3 cm. Wie lang sind die Seiten?

608. Von einem Punkt sind eine Tangente und eine Sekante zu einem Kreis gezogen. Wie lang ist die Tangente, wenn sie 6 cm kürzer als die ganze Sekante und 1 cm länger als deren äußerer Abschnitt ist?

609. Wie groß ist der Durchmesser eines Gewölbebogens von 12 m Spannweite und 1,5 m Pfeilhöhe?

12. Proportionen

12.1. Das Verhältnis zweier Größen

Ein Kraftradfahrer legt in der Stunde den Weg $s_1 = 60$ km zurück, ein Fußgänger den Weg $s_2 = 5$ km. Um beide Strecken zu vergleichen, teilt man s_1 durch s_2 und stellt fest, daß der Kraftradfahrer die zwölffache Strecke zurückgelegt hat.
Um zwei gleichbenannte Größen a und b zu vergleichen, bildet man ihren Quotienten $\frac{a}{b}$ oder in anderer Schreibweise $a : b$.

Der Quotient $\frac{a}{b}$ heißt das *Verhältnis* von a und b. Die beiden Zahlen des Verhältnisses heißen *Glieder*.

Da ein Verhältnis arithmetisch einen Bruch darstellt, gilt:

> Der Wert eines Verhältnisses bleibt ungeändert, wenn man beide Glieder mit derselben Zahl multipliziert oder durch dieselbe Zahl teilt.

12.2. Die Verhältnisgleichung oder Proportion; Begriff, Bezeichnungen, Bedeutung

Das Verhältnis $\frac{6}{10}$ hat den gleichen Wert wie das Verhältnis $\frac{9}{15}$. Es besteht die Gleichung

$$\frac{6}{10} = \frac{9}{15}$$

Eine Verbindung von gleichen Verhältnissen zu einer Gleichung heißt *Verhältnisgleichung* oder *Proportion*[1].

Die allgemeine Proportion schreibt man

$$\frac{a}{b} = \frac{c}{d} \quad \text{bzw.} \quad a : b = c : d \tag{125a}$$

oder $\quad \dfrac{a_1}{a_2} = \dfrac{b_1}{b_2} \quad$ bzw. $a_1 : a_2 = b_1 : b_2$ (125b)

Bezeichnungen

In der allgemeinen Proportion $a : b = c : d$ heißen

a und d die Außenglieder,

b und c die Innenglieder,

a und c die Vorderglieder,

b und d die Hinterglieder.

---

[1] proportio (lat.) Ebenmaß

Es ist nicht notwendig, daß die Glieder einer Proportion einfache Zahlen sind. Jedes Glied kann eine Summe, eine Differenz oder ein beliebiger arithmetischer Ausdruck sein, z. B.

$$\frac{a+b}{a-b} = \frac{(a+b)^2}{a^2-b^2}$$

Hier sind $a+b$ und a^2-b^2 die Außenglieder, $a-b$ und $(a+b)^2$ die Innenglieder.

Bedeutung der Proportionen

Eine Proportion kann eine identische Gleichung, eine Bestimmungsgleichung oder eine Funktionsgleichung sein. Für Proportionen gelten daher die allgemeinen Gesetze für das Rechnen mit Gleichungen. Die Mathematik beschäftigt sich mit den Proportionen, weil sie eine besonders einfache und häufig vorkommende *Form* einer Gleichung darstellen, so daß es lohnend ist, die besonderen für diese Gleichungsform gültigen Rechengesetze zu ermitteln.

12.3. Rechengesetze für Proportionen

Erweitern und Kürzen

In der Proportion $\frac{a}{b} = \frac{c}{d}$ bleibt der Wert jedes Verhältnisses unverändert, wenn man die Glieder des Verhältnisses mit derselben Zahl multipliziert oder durch dieselbe Zahl teilt. Daher besteht auch die Proportion

$$\frac{a}{b} = \frac{c \cdot p}{d \cdot p} = \frac{c:q}{d:q}$$

> Eine Proportion bleibt richtig, wenn man die Glieder einer Seite mit derselben Zahl multipliziert oder durch dieselbe Zahl teilt.

Die Produktgleichung

Multipliziert man in der Proportion

$$\frac{a}{b} = \frac{c}{d}$$

beide Seiten mit $b \cdot d$, so gilt

$$\frac{a \cdot b \cdot d}{b} = \frac{c \cdot b \cdot d}{d},$$

gekürzt: $ad = bc$ \hfill (126)

An Stelle der Proportion ist eine Gleichung getreten, die keine Verhältnisse der ursprünglichen Glieder, sondern deren Produkte enthält, und zwar steht auf der einen Seite das Produkt der Außenglieder, auf der anderen Seite das Produkt der Innenglieder.

Diese Gleichung heißt die *Produktgleichung* der Proportion. In Worten besagt sie:

> In jeder Proportion ist das Produkt der Außenglieder gleich dem Produkt der Innenglieder.

Die Proportion und ihre Produktgleichung sind völlig gleichwertig. War die Proportion richtig, so ist auch ihre Produktgleichung richtig; eine falsche Proportion ergibt auch eine falsche Produktgleichung. Die Richtigkeit einer Proportion läßt sich demnach auch mit Hilfe ihrer Produktgleichung prüfen.

BEISPIELE

Prüfe die Richtigkeit der Proportion

1. $\dfrac{58,5}{25,5} = \dfrac{3,9}{1,7}$

   Die Produktgleichung ergibt:

   $$58,5 \cdot 1,7 = 25,5 \cdot 3,9$$
   $$99,45 = 99,45$$

   Die Proportion ist also richtig.

2. $3,4 : 1,3 = 8,5 : 3,6$

   Die Produktgleichung lautet:

   $$3,4 \cdot 3,6 = 1,3 \cdot 8,5$$
   $$12,24 = 11,05$$

   Die Proportion ist also nicht richtig.

Vertauschbarkeit der Glieder und Seiten

Man geht aus von der allgemeinen Proportion

$$\frac{a}{b} = \frac{c}{d}, \tag{I}$$

deren Richtigkeit vorausgesetzt wird. Dann ist auch die Produktgleichung richtig:

$$ad = bc$$

Man teilt diese Gleichung beiderseits durch ab. Damit erhält man eine Gleichung, die ebenfalls richtig ist.

$$\frac{ad}{ab} = \frac{bc}{ab}$$

12.3. Rechengesetze für Proportionen

Nach dem Kürzen entsteht eine neue Proportion, die wieder die Glieder a, b, c, d enthält:

$$\frac{d}{b} = \frac{c}{a} \qquad (II)$$

Dividiert man die Produktgleichung $ad = bc$ beiderseits durch ac, so entsteht die neue Proportion

$$\frac{d}{c} = \frac{b}{a} \qquad (III)$$

Entsprechend ergibt die beiderseitige Division der Produktgleichung durch cd die neue Proportion

$$\frac{a}{c} = \frac{b}{d} \qquad (IV)$$

Ferner lassen sich noch durch Vertauschung der Seiten in den Proportionen (I) bis (IV) vier weitere Proportionen bilden:

$$\frac{c}{d} = \frac{a}{b} \qquad (V)$$

$$\frac{c}{a} = \frac{d}{b} \qquad (VI)$$

$$\frac{b}{a} = \frac{d}{c} \qquad (VII)$$

$$\frac{b}{d} = \frac{a}{c} \qquad (VIII)$$

Da alle Proportionen (II) bis (VIII) die richtige Produktgleichung $ad = bc$ bzw. $bc = ad$ haben, sind sie also sämtlich richtig.

Zusammenfassung:

Aus einer Proportion lassen sich stets sieben weitere Proportionen ableiten, die unter sich völlig gleichwertig sind, d. h., aus jeder beliebigen dieser acht Proportionen kann man die sieben übrigen gewinnen.
Um aus einer Proportion die übrigen gleichwertigen Proportionen schnell abzuleiten, bedient man sich der folgenden Regeln über die Vertauschbarkeit der Glieder und Seiten:

> In jeder Proportion darf man die Außenglieder miteinander vertauschen.
> In jeder Proportion darf man die Innenglieder miteinander vertauschen.
> In jeder Proportion darf man die Innenglieder gegen die Außenglieder vertauschen.
> In jeder Proportion darf man die Seiten vertauschen.

Die Richtigkeit dieser Regeln erkennt man, wenn man sie auf die Proportion (I) anwendet. Man erhält dann die mit (I) gleichwertigen Proportionen (II) bis (VIII).

Bildung neuer Proportionen aus zwei gegebenen Proportionen

Es sind uns zwei Proportionen gegeben, z. B.

$$\frac{3}{4} = \frac{6}{8}$$

und $\quad \dfrac{6}{10} = \dfrac{9}{15}$

Eine Gleichung bleibt richtig, wenn man auf beiden Seiten die gleiche Rechenoperation durchführt. Wir multiplizieren die linke Seite der ersten Proportion mit der linken Seite der zweiten Proportion; entsprechend die rechte Seite der ersten Proportion mit der rechten Seite der zweiten Proportion.

$$\frac{3}{4} \cdot \frac{6}{10} = \frac{6}{8} \cdot \frac{9}{15}$$

$$\frac{18}{40} = \frac{54}{120}$$

Die Kontrolle durch die Produktgleichung $2160 = 2160$ ergibt die Richtigkeit dieser Proportion.

Dividiert man die Seiten der ersten Gleichung durch die entsprechenden Seiten der zweiten Gleichung, so erhält man:

$$\frac{3}{4} : \frac{6}{10} = \frac{6}{8} : \frac{9}{15}$$

$$\frac{30}{24} = \frac{90}{72}$$

Auch diese Proportion ist richtig.

Allgemein gilt, wenn die Proportionen $\dfrac{a_1}{b_1} = \dfrac{c_1}{d_1}$ und $\dfrac{a_2}{b_2} = \dfrac{c_2}{d_2}$ gegeben sind:

$$\frac{a_1 \cdot a_2}{b_1 \cdot b_2} = \frac{c_1 \cdot c_2}{d_1 \cdot d_2} \quad \text{und} \quad \frac{a_1 : a_2}{b_1 : b_2} = \frac{c_1 : c_2}{d_1 : d_2} \tag{127}$$

In Worten:

> Aus zwei gegebenen Proportionen lassen sich zwei weitere Proportionen bilden, indem man die entsprechenden Glieder miteinander multipliziert oder durcheinander dividiert.

Die Gesetze der korrespondierenden Addition und Subtraktion

1. Man geht aus von der allgemeinen Proportion

$$\frac{a}{b} = \frac{c}{d}$$

12.3. Rechengesetze für Proportionen

Addiert man auf beiden Seiten der Gleichung 1, so erhält man wieder eine richtige Gleichung:

$$\frac{a}{b} + 1 = \frac{c}{d} + 1$$

Um dieser Gleichung die Form einer Proportion zu geben, bringt man den Summanden 1 links auf den Nenner b, rechts auf den Nenner d.

$$\frac{a+b}{b} = \frac{c+d}{d} \qquad (128\,\text{a})$$

2. Subtrahiert man auf beiden Seiten der Ausgangsgleichung 1, so erhält man

$$\frac{a}{b} - 1 = \frac{c}{d} - 1$$

$$\frac{a-b}{b} = \frac{c-d}{d} \qquad (128\,\text{b})$$

3. Aus der Proportion $\frac{a}{b} = \frac{c}{d}$ folgt

$$\frac{b}{a} = \frac{d}{c}$$

$$\frac{b}{a} + 1 = \frac{d}{c} + 1$$

$$\frac{a+b}{a} = \frac{c+d}{c} \qquad (128\,\text{c})$$

4. Aus $\frac{b}{a} = \frac{d}{c}$ folgt

$$\frac{b}{a} - 1 = \frac{d}{c} - 1$$

$$\frac{b-a}{a} = \frac{d-c}{c}$$

Diese Gleichung bleibt richtig, wenn man beide Seiten mit (-1) multipliziert:

$$\frac{a-b}{a} = \frac{c-d}{c} \qquad (128\,\text{d})$$

5. Dividiert man schließlich die Gleichung

$$\frac{a+b}{a} = \frac{c+d}{c}$$

durch $\frac{a-b}{a} = \frac{c-d}{c},$

so erhält man $\frac{a+b}{a-b} = \frac{c+d}{c-d} \qquad (128\,\text{e})$

12. Proportionen

Die obigen Endformeln (128) heißen die Gesetze der *korrespondierenden Addition und Subtraktion*[1].

Die unter 1 bis 5 angeführten Formeln sind die wichtigsten Sonderfälle des allgemeinen Gesetzes der korrespondierenden Addition und Subtraktion. Es besagt:

Aus einer bestehenden Proportion $\frac{a}{b} = \frac{c}{d}$ folgt, wenn p, q, r, s beliebige Zahlen bedeuten, die Proportion

$$\frac{p \cdot a + q \cdot b}{r \cdot a + s \cdot b} = \frac{p \cdot c + q \cdot d}{r \cdot c + s \cdot d}$$

Beispielsweise folgt aus der Proportion $\frac{3}{7} = \frac{6}{14}$, wenn man $p = 2$, $q = 3$, $r = 4$. $s = -5$ wählt:

$$\frac{2 \cdot 3 + 3 \cdot 7}{4 \cdot 3 - 5 \cdot 7} = \frac{2 \cdot 6 + 3 \cdot 14}{4 \cdot 6 - 5 \cdot 14}$$

und die richtige Proportion $\frac{27}{-23} = \frac{54}{-46}$

Auf den Beweis dieses allgemeinen Gesetzes wird verzichtet.

Anwendung

Die Gesetze der korrespondierenden Addition finden unter anderem Anwendung in der Beweisführung bei geometrischen Problemen und gestatten gelegentlich, komplizierte Proportionen in einfache umzuformen.

BEISPIELE

1. Die Proportion

$$\frac{x+5}{x} = \frac{3}{2}$$

soll mit Hilfe der korrespondierenden Addition oder Subtraktion auf eine einfachere Form gebracht werden.

Lösung: Die Anwendung der Regel (128b)

$$\frac{a-b}{b} = \frac{c-d}{d}$$

ergibt

$$\frac{x+5-x}{x} = \frac{3-2}{2}$$

$$\frac{5}{x} = \frac{1}{2}$$

2. $\dfrac{3x + 2y}{3x - 2y} = \dfrac{4u + 5v}{4u - 5v}$

---

[1] correspondere (lat.) entsprechen

Lösung: Hier wird die Regel (128e)

$$\frac{a+b}{a-b} = \frac{c+d}{c-d}$$

angewandt:

$$\frac{3x+2y+3x-2y}{3x+2x-(3x-2y)} = \frac{4u+5v+4u-5v}{4u+5v-(4u-5v)}$$

$$\frac{6x}{4y} = \frac{8u}{10v}$$

$$\underline{\underline{\frac{3x}{2y} = \frac{4u}{5v}}}$$

12.4. Proportionen als Bestimmungsgleichungen; die vierte Proportionale

In der Proportion

$$\frac{5}{7} = \frac{12{,}5}{x}$$

tritt außer den bekannten Gliedern 5; 7; 12,5 das unbekannte Glied x auf, das ermittelt werden soll. x heißt die *vierte Proportionale*.

Da in jeder Proportion die Glieder nach bestimmten Gesetzen vertauscht werden dürfen, ist es nicht notwendig, daß die vierte Proportionale immer wie in unserem Beispiel an vierter Stelle steht.

Die unbekannte vierte Proportionale läßt sich stets mit Hilfe der Produktgleichung bestimmen. Aus der obigen Gleichung folgt:

$$5x = 7 \cdot 12{,}5$$

$$x = \frac{7 \cdot 12{,}5}{5}$$

$$\underline{\underline{x = 17{,}5}}$$

Die Unbekannte kann in einer Proportion an mehreren Stellen auftreten, z. B.

$$\frac{27-x}{x} = \frac{1{,}04}{0{,}13}$$

Auch hier kann die Lösung sofort über die Produktgleichung erfolgen.

$$0{,}13\,(27-x) = 1{,}04\,x$$

$$3{,}51 - 0{,}13x = 1{,}04x$$

$$1{,}17x = 3{,}51$$

$$\underline{\underline{x = 3}}$$

Eleganter läßt sich die Gleichung mit Hilfe der Gesetze der korrespondierenden Addition und Subtraktion lösen. Man wendet auf die Proportion

$$\frac{27-x}{x} = \frac{1{,}04}{0{,}13}$$ die Regel (128 a) $\frac{a+b}{b} = \frac{c+d}{d}$ an.

$$\frac{27-x+x}{x} = \frac{1{,}04+0{,}13}{0{,}13}$$

$$\frac{27}{x} = \frac{1{,}17}{0{,}13}$$

Durch diesen Schritt hat man eine einfachere Proportion erhalten, die die Unbekannte nur noch an einer Stelle enthält.

$$1{,}17 x = 27 \cdot 0{,}13$$

$$x = \frac{27 \cdot 0{,}13}{1{,}17}$$

$$\underline{\underline{x = 3}}$$

12.5. Stetige Proportionen; die mittlere Proportionale

Die Proportion

$$64 : 16 = 16 : 4$$

hat die Besonderheit, daß die beiden Innenglieder gleich sind. Eine Proportion mit zwei gleichen Innengliedern heißt *stetig*. Das gemeinsame Innenglied heißt die *mittlere Proportionale* der Proportion.

Auch die Proportion

$$20 : 100 = 4 : 20$$

heißt stetig, denn sie läßt sich umstellen zu

$$100 : 20 = 20 : 4$$

Ist in einer stetigen Proportion die mittlere Proportionale unbekannt, so läßt sie sich stets mit Hilfe der Produktgleichung ermitteln.

$$a : x = x : b$$

$$x^2 = a \cdot b$$

$$\underline{\underline{x = \pm \sqrt{ab}}}$$

Beachte, daß die Aufgabe, die mittlere Proportionale zu den Zahlen a und b zu ermitteln, zwei Lösungen hat. Die mittlere Proportionale zu 48 und 3 ist z. B. $+\,12$ und $-\,12$. Die mittlere Proportionale zu a und b heißt auch das *geometrische Mittel* von a und b.

12.6. Fortlaufende Proportionen

Sind in einer Proportion nicht nur zwei, sondern mehr Verhältnisse gleichgesetzt, z. B.

$$\frac{3}{5} = \frac{6}{10} = \frac{9}{15} = \frac{12}{20} \tag{I a}$$

bzw. $\quad 3:5 = 6:10 = 9:15 = 12:20,$ (I b)

so spricht man von einer *fortlaufenden Proportion*.

Eine fortlaufende Proportion kann durch eine Anzahl einfacher Proportionen ersetzt werden, die obige Proportion z. B. durch

$$\frac{3}{5} = \frac{6}{10} \qquad \frac{6}{10} = \frac{9}{15}$$
$$\frac{3}{5} = \frac{9}{15} \qquad \frac{6}{10} = \frac{12}{20} \tag{II}$$
$$\frac{3}{5} = \frac{12}{20} \qquad \frac{9}{15} = \frac{12}{20}$$

Andererseits kann eine fortlaufende Proportion als eine zusammenfassende Schreibweise für eine Anzahl einfacher Proportionen angesehen werden.
Vereinbarungsgemäß ist für fortlaufende Proportionen noch eine besondere Schreibweise üblich; danach schreibt man die Gleichungen (I a) bzw. (I b) auch in der Form

$$3:6:9:12 = 5:10:15:20 \tag{III}$$

Hier stehen links die Vorderglieder, rechts die Hinterglieder der Proportionen (I a) bzw. (I b).

Es sei noch einmal ausdrücklich betont, daß die Gleichung (III) nichts anderes ist als eine auf Übereinkunft beruhende andere Schreibweise der Gleichung (I a) bzw. (I b). Die Gleichung (III) bedeutet also nicht etwa, daß 3 durch 6 dividiert werden soll, dann der Quotient durch 9 usw.
Die zusammenfassende Schreibweise gestattet häufig Erleichterungen (s. z. B. 12.9., Seite 334; Verteilungsaufgaben); darin besteht die Bedeutung der fortlaufenden Proportion. Die Sätze über das Erweitern und Kürzen der Verhältnisse gelten auch für fortlaufende Proportionen. Die übrigen Sätze über einfache Proportionen, insbesondere die Produktregel und die Sätze der korrespondierenden Addition und Subtraktion, lassen sich in geeigneter Abwandlung auch auf fortlaufende Proportionen übertragen. Für unsere Zwecke ist das aber entbehrlich.

Eine Anzahl einfacher Proportionen läßt sich, wenn sie nicht im Widerspruch zueinander stehen, stets zu einer fortlaufenden Proportion zusammenfassen.

BEISPIELE

1. Die einfachen Proportionen

$$a:b = 2:3$$

und $\quad b:c = 3:4$

sollen zu einer fortlaufenden Proportion zusammengefaßt werden.

Hier ist die zusammenfassende Schreibweise sofort möglich.

$$\underline{\underline{a:b:c = 2:3:4}}$$

2. Desgl. die Proportionen

$$a:b = 3:5 \text{ und}$$
$$b:c = 7:9$$

Es stört zunächst, daß die den Gliedern b entsprechenden Glieder der rechten Seiten 5 und 7 verschieden sind. Durch Erweitern der Verhältnisse auf den rechten Seiten in der ersten Proportion mit 7, in der zweiten Proportion mit 5 erhält man

$$a:b = 21:35$$
$$b:c = 35:45$$

Nun ist die Schreibweise als fortlaufende Proportion möglich:

$$\underline{\underline{a:b:c = 21:35:45}}$$

3. Desgl. die Proportionen

$$a:b = 5:6$$
$$b:c = 8:3$$
$$c:d = 6:7$$

Durch Erweitern folgt

$$a:b = 20:24$$
$$b:c = 24:9$$
$$c:d = 9:10{,}5$$

Die fortlaufende Proportion heißt

$$a:b:c:d = 20:24:9:10{,}5 \quad \text{oder}$$
$$\underline{\underline{a:b:c:d = 40:48:18:21}}$$

12.7. Direkte Proportionalität

Man unterwirft eine Schraubenfeder verschiedenen Belastungen (Bild 61). Die dadurch bewirkte Verlängerung s der Feder und die zugehörige Zugkraft F, die jedesmal

12.7. Direkte Proportionalität

gleich der Belastung ist, werden gemessen. Man erhält für eine bestimmte Feder den folgenden Zusammenhang:

s/mm	0	8	16	24	32	40	48	56
F/N	0	1,000	2,000	3,000	4,000	5,000	6,000	7,000

Man erkennt, daß für je zwei zusammengehörige Werte von F und s ein ganz bestimmter Zusammenhang besteht, nämlich daß $F:s$ stets die gleiche Größe, bei unserer Feder 0,125 N/mm, ergibt.

Für jede Feder ergibt der Quotient $F:s$ einen konstanten Wert c, der durch die Abmessungen und das Material der Feder bestimmt ist. Es gilt also allgemein

$$F : s = c$$

oder $\qquad F = c \cdot s$

Man sagt, die Zugkraft der Feder ist der Verlängerung *direkt proportional*. Das mathematische Kennzeichen für die direkte Proportionalität ist, daß zwischen F und s eine Gleichung der Form $F = c \cdot s$ besteht. Der konstante Faktor c der Gleichung heißt der *Proportionalitätsfaktor*.

Der Ausdruck „direkt proportional" besagt, daß sich zwischen beliebigen Spalten der Wertetabelle eine Proportion bilden läßt. Da nämlich allgemein $F_1 = c \cdot s_1$ und $F_2 = c \cdot s_2$, gilt auch $F_1 : F_2 = s_1 : s_2$.

Man mache sich an einem Beispiel klar, wie sich die direkte Proportionalität zwischen den veränderlichen Größen Zugkraft und Verlängerung auswirkt. Wird die Verlängerung verdoppelt, verdreifacht usw., so verdoppelt bzw. verdreifacht sich auch die Zugkraft. An diesem einfachen Merkmal ist die direkte Proportionalität zwischen zwei veränderlichen Größen leicht feststellbar.

> Die veränderliche Größe y heißt der veränderlichen Größe x direkt proportional, wenn zwischen y und x eine Gleichung der Form $y = c \cdot x$ besteht, wo c einen konstanten Faktor, den Proportionalitätsfaktor, bedeutet.
> Das Verhältnis der direkten Proportionalität zwischen zwei veränderlichen Größen wird graphisch stets durch eine Gerade durch den Anfangspunkt des Koordinatensystems dargestellt (Bild 62a, 62b, Seite 258). Umgekehrt ist eine Gerade durch den Anfangspunkt stets die Darstellung einer direkten Proportionalität zwischen zwei veränderlichen Größen.

Weitere Beispiele für direkte Proportionalität:

1. Bei gleichbleibender Geschwindigkeit ist der zurückgelegte Weg s proportional der Zeit t; Gleichung: $s = c \cdot t$; der Proportionalitätsfaktor c hat die Bedeutung der Geschwindigkeit.

2. Der Bruttoarbeitslohn eines Arbeiters ist der Anzahl der Arbeitsstunden proportional. Der Proportionalitätsfaktor bedeutet den Stundenlohn.

3. Bei homogenem Stoff ist die Masse eines Körpers seinem Volumen proportional: $m = c \cdot V$. Der Proportionalitätsfaktor bedeutet die Dichte.

12.8. Umgekehrte Proportionalität

In einem Stahlzylinder (Bild 87) sind 10 l Gas unter einem leicht beweglichen Kolben luftdicht abgeschlossen. Der Anfangsdruck in dem Zylinder sei 1 bar. Verringert man durch stärkere Belastung des Kolbens das Volumen im Zylinder, so ändert sich bei unveränderter Temperatur der Druck gemäß folgender Tabelle:

V/l	10	9	8	7	6	5	4	3	2	1
p/bar	1,00	1,11	1,25	1,43	1,67	2,00	2,50	3,33	5,00	10,0

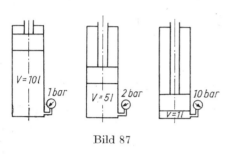

Bild 87

Bildet man den Quotienten $\frac{p}{V}$ für verschiedene Spalten der Tabelle, so erhält man jedesmal einen anderen Wert; es liegt also keine direkte Proportionalität vor. Man erkennt jedoch, daß das Produkt zweier zugeordneter Werte von V und p jedesmal denselben Wert 10 bar l ergibt. Allgemein gilt also die Gleichung $p \cdot V = c$, wo c eine Größe bedeutet, die von den speziellen Versuchsbedingungen (Anfangsdruck, Anfangsvolumen, Temperatur) abhängt. Man sagt, der Druck ist dem Volumen *umgekehrt proportional*.

Auch hier ist es möglich, zwischen zwei beliebigen Spalten der Wertetabelle eine Proportion herzustellen. Es gilt nämlich immer $p_1 \cdot V_1 = c$ und $p_2 \cdot V_2 = c$; daher auch $p_1 \cdot V_1 = p_2 \cdot V_2$ und schließlich:

$$p_1 : p_2 = V_2 : V_1$$

In Worten: Die Drücke verhalten sich umgekehrt wie die Volumina.

Das wird durch die Bezeichnung „umgekehrte Proportionalität" zum Ausdruck gebracht. Das mathematische Kennzeichen für umgekehrte Proportionalität ist, daß zwischen p und V eine Gleichung in der Form $p \cdot V = c$ bzw. $p = \frac{c}{V}$ besteht. c heißt auch hier der Proportionalitätsfaktor.

Man mache sich an diesem Beispiel klar, wie sich die umgekehrte Proportionalität zwischen dem Druck und dem Volumen auswirkt. Verdoppelung bzw. Verdreifachung des Volumens bewirkt, daß der Druck auf die Hälfte bzw. auf den dritten Teil sinkt. An diesem Merkmal läßt sich die umgekehrte Proportionalität leicht erkennen.

> Die veränderliche Größe y heißt der veränderlichen Größe x umgekehrt proportional, wenn zwischen y und x eine Gleichung der Form $y \cdot x = c$ bzw. $y = \frac{c}{x}$ besteht, wobei c eine nkonstanten Faktor, den Proportionalitätsfaktor, bedeutet.

Auch bei der umgekehrten Proportionalität zwischen zwei Veränderlichen erhält man ein charakteristisches Kurvenbild. Stellt man den bei dem oben beschriebenen Versuch ermittelten Zusammenhang zwischen p und V auf Grund der Wertetabelle graphisch dar, so erhält man eine *gleichseitige Hyperbel* (Bild 88).

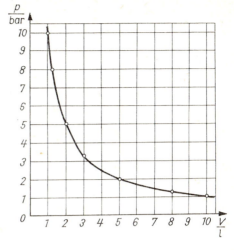

Bild 88

> Das Verhältnis der umgekehrten Porportionalität zwischen zwei veränderlichen Größen wird graphisch stets durch eine gleichseitige Hyperbel in bestimmter Lage dargestellt. Umgekehrt ist eine gleichseitige Hyperbel in dieser besonderen Lage stets die Darstellung einer umgekehrten Proportionalität zwischen zwei veränderlichen Größen.

Weitere Beispiele für umgekehrte Proportionalität:
1. Die Zeit, die man zur Bewältigung einer bestimmten Arbeit benötigt, ist (in gewissen Grenzen) der Anzahl der eingesetzten Arbeiter umgekehrt proportional.
2. Bei konstanter Fahrstrecke ist die Fahrzeit der Geschwindigkeit umgekehrt proportional; $t_1 : t_2 = v_2 : v_1$.

12.9. Behandlung angewandter Aufgaben

Die Kenntnis des Begriffs und der Gesetze der Proportionalität verschafft häufig weitgehende Rechenvorteile.

BEISPIEL

320 m Draht vom Durchmesser 4 mm haben die Masse 29,4 kg. Wieviel m Draht von gleicher Qualität, aber vom Durchmesser 6 mm sind in 80 kg enthalten?

Lösung 1 (ohne Anwendung der Proportionalität)
Zunächst wird aus den für die erste Drahtsorte gegebenen Daten die Dichte berechnet.

$$\varrho = \frac{4m}{\pi d^2 l} = \frac{4 \cdot 29400}{\pi \cdot 0{,}16 \cdot 32000} \text{ g/cm}^3 = 7{,}3 \text{ g/cm}^3$$

Dann wird aus den Angaben der zweiten Drahtsorte und dem nun bekannten ϱ die gesuchte Drahtlänge errechnet.

$$l = \frac{4m}{\pi d^2 \varrho} = \frac{4 \cdot 80000}{\pi \cdot 0{,}36 \cdot 7{,}3} \text{ cm} = 38\,700 \text{ cm}$$

Die Drahtlänge beträgt 387 m.

Beachte, daß die einzelnen Größen in einheitlichen und aufeinander abgestimmten Maßeinheiten (cm und g) eingesetzt werden müssen!

Lösung 2

Vorteilhafter rechnet man unter Berücksichtigung der Proportionalität über den erweiterten Dreisatz.

$$
\begin{array}{llllll}
29{,}4 \text{ kg enthalten bei} & 4 \text{ mm Durchm.} & \dfrac{320}{} & \text{m Draht} \\
1 \text{ kg} & ,, & ,, 4 \text{ mm} & ,, & \dfrac{320}{29{,}4} & \text{m} & ,, \\
1 \text{ kg} & ,, & ,, 1 \text{ mm} & ,, & \dfrac{320 \cdot 4^2}{29{,}4} & \text{m} & ,, \\
80 \text{ kg} & ,, & ,, 1 \text{ mm} & ,, & \dfrac{320 \cdot 4^2 \cdot 80}{29{,}4} & \text{m} & ,, \\
80 \text{ kg} & ,, & ,, 6 \text{ mm} & ,, & \dfrac{320 \cdot 4^2 \cdot 80}{29{,}4 \cdot 6^2} & \text{m} & ,, \\
\end{array}
$$

$$\frac{320 \cdot 16 \cdot 80}{29{,}4 \cdot 36} = 387$$

Die Drahtlänge beträgt 387 m.

Die Vorteile des zweiten Lösungsweges sind:

a) Ein einziger Rechnungsgang.
b) Die nicht gefragte Größe ϱ braucht nicht berechnet zu werden.
c) Einheitliche und aufeinander abgestimmte Maßeinheiten sind nicht notwendig. Es muß nur darauf geachtet werden, daß entsprechende Größen in Zähler und Nenner die gleiche Benennung haben.

Verteilungsaufgaben lassen sich häufig mit Hilfe fortlaufender Proportionen einfach lösen.

BEISPIEL

Zerlege die Zahl 276 so in drei Teile x, y, z, daß sich diese wie $3:4:5$ verhalten.

Lösung: Aus der Proportion

$$x : y : z = 3 : 4 : 5$$

folgt, daß $x = 3k$, $y = 4k$, $z = 5k$ sein muß, wo k den unbekannten „Erweiterungsfaktor" bedeutet. Die Summe der Teile ist gleich 276.

$$3k + 4k + 5k = 276$$

Die Gleichung wird nach k aufgelöst.

$$12k = 276$$
$$k = 23$$

Nun lassen sich x, y, z berechnen.

$$\underline{\underline{x = 3k = 69}}; \qquad \underline{\underline{y = 4k = 92}}; \qquad \underline{\underline{z = 5k = 115}}$$

AUFGABEN

610. Gib folgende Verhältnisse in kleinsten ganzen unbenannten Zahlen an:

   a) $48 : 72$ \qquad $51 : 85$ \qquad $52 : 91$ \qquad $161 : 207$

   b) $\dfrac{2}{3} : \dfrac{5}{6}$ \qquad $\dfrac{3}{4} : \dfrac{9}{16}$ \qquad $1\dfrac{2}{5} : 4\dfrac{9}{10}$ \qquad $1\dfrac{7}{8} : 2\dfrac{1}{12}$

   c) $8 : 9{,}6$ \qquad $0{,}51 : 1{,}7$ \qquad $0{,}234 : 78{,}0$ \qquad $1{,}52 : 11{,}4$

   d) $3{,}78 \text{ m} : 7{,}02 \text{ m}$ \qquad $24{,}5 \text{ cm} : 31{,}5 \text{ cm}$ \qquad $29 \text{ m } 7 \text{ cm} : 30 \text{ m } 78 \text{ cm}$

   e) $4{,}095 \text{ kg} : 5{,}265 \text{ kg}$ \qquad $13{,}923 \text{ kg} : 14{,}994 \text{ kg}$ \qquad $3{,}52 \text{ g} : 1\,024 \text{ mg}$

611. Bringe folgende Proportionen auf die einfachste Form:

   a) $a : 3b = 7 : 12$ \qquad b) $4u : 15v = 8 : 25$

   c) $1{,}4 : 2x = \dfrac{7}{15} : 4$ \qquad d) $30 : 2{,}5 = 44y : 2\dfrac{3}{4}$

   e) $2a : b = 6a^2 : 15bc$ \qquad f) $\dfrac{3a}{b} : \dfrac{15x}{2a} = \dfrac{a^3}{3b} : \dfrac{125a}{6x}$

612. Kontrolliere mit Hilfe der Produktgleichung folgende Proportionen auf ihre Richtigkeit:

   a) $0{,}15 : 1{,}17 = 0{,}2 : 1{,}56$ \qquad b) $1{,}5 : 14{,}5 = 1{,}8 : 17{,}4$

   c) $4{,}2 : 14{,}7 = 2{,}9 : 10{,}15$ \qquad d) $2\dfrac{1}{7} : 4\dfrac{1}{3} = 1\dfrac{5}{13} : 2\dfrac{4}{5}$

613. Leite aus jeder der folgenden Produktgleichungen 8 Proportionen ab:

   a) $3 \cdot 15 = 5 \cdot 9$ \qquad b) $2 \cdot 7{,}5 = 10 \cdot 1{,}5$

   c) $5a \cdot 4b = 2a \cdot 10b$ \qquad d) $6p^3 \cdot 8q^3 = 3p^2q \cdot 16pq^2$

614. Leite aus den folgenden Proportionen die übrigen gleichwertigen Proportionen ab:

   a) $6 : 10 = 15 : 25$ \qquad b) $(-4) : 9 = 2 : (-4{,}5)$

   c) $p : q = r : s$ \qquad d) $(u+v) : (u-v) = (u+v)^2 : (u^2-v^2)$

615. Welche Proportionen folgen aus $a : b = 3 : 4$ und $p : q = 5 : 6$ durch Multiplikation und durch Division entsprechender Glieder?

616. Vereinfache folgende Proportionen:

a) $\dfrac{p+5}{p} = \dfrac{5}{2}$
b) $\dfrac{q}{q-2} = \dfrac{4}{3}$
c) $\dfrac{r+3}{r-3} = \dfrac{6}{5}$

d) $\dfrac{x-y}{x+y} = \dfrac{u-v}{u+v}$
e) $\dfrac{2x+3y}{2x-3y} = \dfrac{5a+3b-4c}{5a-3b+4c}$

f) $\dfrac{x-a}{y-b} = \dfrac{a}{b}$
g) $\dfrac{x+6a+8b}{y+10a-12b} = \dfrac{3a+4b}{5a-6b}$

617. Bestimme die Unbekannte x aus den folgenden Proportionen:

a) $51 : 15 = 68 : x$
b) $20 : 95 = x : 57$

c) $x : 10{,}4 = 115 : 8\dfrac{2}{5}$
d) $4{,}125 : x = 3\dfrac{1}{7} : 26\dfrac{2}{3}$

e) $7ab : 5bc = 3\dfrac{1}{2}a : x$
f) $8ab : x = bc : 4\dfrac{3}{4}ac$

g) $x : \dfrac{a}{c} = \dfrac{c}{d} : \dfrac{a}{d}$
h) $\dfrac{a}{b} : x = \dfrac{c}{d} : \dfrac{b}{d}$

i) $\dfrac{a}{14b} : x = \dfrac{3c}{7b} : \dfrac{2c}{a}$
k) $\dfrac{a+b}{a-b} : \dfrac{a^2-b^2}{ab} = x : \dfrac{(a-b)^2}{ac}$

l) $x : 6 = (x+5) : 9$
m) $x : (14-x) = 4 : 3$

n) $3 : 5x = 1 : (8-x)$
o) $(a-x) : x = a : b$

p) $x : (b+x) = (b-a) : b$
q) $(x-1) : (x-2) = a : b$

618. Ermittle die vierte Proportionale zu

a) $4; 6; 8$
b) $6; 21; 22$
c) $2; 4\dfrac{1}{2}; 9\dfrac{1}{3}$

d) $3{,}25; 4{,}75; 5{,}2$
e) $1{,}4; 0{,}35; 4\dfrac{1}{5}$
f) $u; v; w$

619. Berechne die mittlere Proportionale zu

a) 9 und 6
b) 16 und 12
c) 9 und 15
d) x und y

620. Verwandle in fortlaufende Proportionen:

a) $a : b = 6 : 1$
$a : c = 2 : 5$

b) $a : c = 10 : 21$
$c : b = 9 : 8$

c) $a : b = 5 : 9$
$a : c = 10 : 13$

d) $a : b = 8 : 15$
$a : c = 12 : 35$

e) $a : c = 21 : 17$
$b : d = 6 : 5$
$a : d = 28 : 25$

f) $a : b = 6 : 11$
$b : d = 77 : 40$
$c : d = 91 : 120$

Aufgaben

621. An einer Arbeit schaffen 10 Arbeiter täglich $8^1/_2$ Stunden; an der gleichen Arbeit schaffen 17 Arbeiter täglich $7^1/_2$ Stunden; welches ist das Verhältnis der Tage, die in beiden Fällen zur Fertigstellung der Arbeit gebraucht werden?

622. A arbeitete mit 5 Pferden $4^1/_2$ Tage; B arbeitete mit 3 Pferden $7^1/_2$ Tage. In welchem Verhältnis stehen die von beiden ausgeführten Arbeiten?

623. Der Bauer A bearbeitete 4 ha in 12 Tagen; der Bauer B bearbeitete 5 ha in 10 Tagen. In welchem Verhältnis stehen die Zahlen der aufgewandten Arbeitskräfte, wenn in beiden Fällen gleiche Leistung je Arbeitskraft vorausgesetzt wird?

624. Der Bauer A bearbeitete 20 ha mit 10 Arbeitern in 5 Tagen; der Bauer B bearbeitete 24 ha mit 8 Arbeitern in 6 Tagen.
    a) Welcher Bauer hat eine bessere Leistung erzielt?
    b) In welchem Verhältnis stehen die Leistungen?
    c) Um wieviel Prozent liegt die bessere Leistung höher?

625. Eine Mauer von der Länge 24 m, der Dicke 0,4 m und der Höhe 2,75 m enthält 10560 Steine. Wieviel Steine enthält eine Mauer von 18 m Länge, $1/_3$ m Dicke und $2^1/_2$ m Höhe?

626. In welchem Verhältnis stehen die Oberfläche und der größte Querschnitt einer Kugel?

627. In welchem Verhältnis stehen die Grundfläche und der Mantel eines geraden Kreiskegels mit der Höhe 6 cm und dem Grundkreisradius 8 cm?

628. In welchem Verhältnis steht das Volumen eines geraden Kreiskegels, dessen Achsenschnitt ein gleichseitiges Dreieck ist, zu dem Volumen der ihm einbeschriebenen Kugel?

629. Von zwei Körpern mit gleichem Volumen hat der erste die Dichte $\varrho_1 = 7,3$ kg/dm³, der zweite $\varrho_2 = 2,7$ kg/dm³. Der erste hat die Masse 4,8 kg. Welche Masse hat der zweite?

630. Von zwei gleich schweren Körpern hat der erste die Dichte $\varrho_1 = 7,2$ kg/dm³, der zweite $\varrho_2 = 11,4$ kg/dm³. In welchem Verhältnis stehen ihre Rauminhalte V_1 und V_2?

631. Die Rauminhalte zweier Kugeln verhalten sich wie 1 : 15,625. In welchem Verhältnis stehen ihre Oberflächen?

632. In zwei kommunizierenden Gefäßen (Bild 89) stehen zwei verschiedene Flüssigkeiten h_1 (in cm) und h_2 (in cm) hoch. In welchem Verhältnis stehen ihre Dichten ϱ_1 und ϱ_2?

633. Eine Gasmenge hat bei 1013 mbar das Volumen 2,4 l. Welchen Raum nimmt sie bei 840 mbar ein, wenn die Temperatur unverändert bleibt?

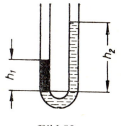

Bild 89

634. Eine Stahlflasche für komprimierten Wasserstoff faßt 10 l. Bei vollständiger Füllung zeigt das Manometer bei 0 °C einen Überdruck von 150 bar.
   a) Wieviel l Gas im Normalzustand enthält die Flasche?
   b) Wieviel l Gas im Normalzustand enthält die Flasche, wenn das Manometer nur noch 100 bar, 75 bar, 50 bar, 25 bar zeigt?

635. Bei einer hydraulischen Presse hat der Druckkolben einen Durchmesser von 40 mm, der Preßkolben einen von 500 mm. In welchem Verhältnis stehen die an den Kolben wirkenden Druckkräfte?

13. Gleichungen ersten Grades mit mehreren Unbekannten

13.1. Gleichungen 1. Grades mit zwei Unbekannten

13.1.1. Begriff der Gleichung 1. Grades mit zwei Unbekannten

Eine Bestimmungsgleichung kann auch mehr als nur eine Unbekannte enthalten, z. B.

$$2x + y = 5$$

Da in dieser Gleichung kein Glied von höherem als erstem Grade in bezug auf die Unbekannten x und y ist, heißt sie vom *ersten Grade* oder *linear*.
Die lineare Gleichung mit zwei Unbekannten läßt sich stets auf die einfache Form

$$Ax + By = k$$

bringen, worin die Koeffizienten der Gleichung A, B und k beliebige konstante Zahlen bedeuten. Der Lösungsweg führt bei diesen Gleichungen stets über diese Form.

13.1.2. Begriff der Lösung; Zahl der Lösungen

> Ein Wertepaar x, y, das eine Gleichung mit 2 Unbekannten erfüllt, heißt eine Lösung dieser Gleichung.

Zum Beispiel hat die Gleichung

$$2x + y = 5$$

die Lösung $x = 2$; $y = 1$.

Dieses Wertepaar ist aber nicht die einzige Lösung. Nimmt man für x einen beliebigen speziellen Wert an, so läßt sich stets dazu ein Wert von y so bestimmen, daß dieses Wertepaar die Gleichung erfüllt. Daraus folgt:

> Eine lineare Gleichung mit 2 Unbekannten hat im allgemeinen unendlich viele Lösungen.

(Welche formale Ausnahme?)

Die Gleichung

$$2x + y = 5$$

hat z. B. unter anderem die Lösungen

x	...	—1	0	1	2	3	4	5	...
y		7	5	3	1	—1	—3	—5	

Entsprechendes gilt auch für jede andere lineare Gleichung mit 2 Unbekannten. Zum Beispiel hat die Gleichung

$$x + 2y = 4$$

unter anderem die Lösungen

x	...	—1	0	1	2	3	4	5	...
y		2,5	2	1,5	1	0,5	0	—0,5	

Die Lösungen der ersten Gleichung sind im allgemeinen von den Lösungen der zweiten Gleichung verschieden. Es gibt jedoch ein Wertepaar $x = 2$, $y = 1$, das sowohl die erste wie auch die zweite Gleichung erfüllt. Dieses Wertepaar heißt die *Lösung des Gleichungssystems*

$$\left| \begin{array}{l} 2x + y = 5 \\ x + 2y = 4 \end{array} \right.$$

Die senkrechten Striche deuten an, daß beide Gleichungen als zusammengehörig angesehen werden sollen und daß die gemeinsame Lösung beider Gleichungen gefunden werden soll.

Ein System von zwei linearen Gleichungen mit zwei Unbekannten hat im allgemeinen eine Lösung.

Der Ausdruck „im allgemeinen" deutet darauf hin, daß es hier Ausnahmen gibt; s. 13.1.6. Diskussion des Systems von zwei Gleichungen 1. Grades mit zwei Unbekannten.

13.1.3. Vorbereitende Sätze zur Lösung

Die üblichen Verfahren zur Lösung eines linearen Gleichungssystems mit zwei Unbekannten verwenden hauptsächlich zwei Rechenoperationen:

1. Die Gleichungen werden mit einem konstanten Faktor multipliziert.
2. Aus den zwei Gleichungen wird durch Addition oder eine andere Art der Vereinigung eine neue Gleichung geschaffen.

Vor der Behandlung der üblichen Lösungsverfahren soll die Berechtigung dieser Rechenoperationen veranschaulicht werden.

1. Multipliziert man die Gleichung

$$2x + y = 5$$

mit einer beliebigen Zahl, z. B. mit 2, so erhält man formal eine neue Gleichung

$$4x + 2y = 10$$

Diese Gleichung hat wieder unendlich viele Lösungen, unter anderem

x	...	—1	0	1	2	3	4	5	...
y		7	5	3	1	—1	—3	—5	

Vergleicht man diese Lösungen mit den Lösungen der Ausgangsgleichung $2x + y = 5$ (s. o.), so erkennt man, daß die Lösungen durch Multiplikation der Gleichung mit einer konstanten Zahl nicht geändert werden.

2. Aus den beiden Gleichungen des in Abschnitt 13.1.2. behandelten Systems

$$\left| \begin{array}{l} 2x + y = 5 \\ x + 2y = 4 \end{array} \right|$$

wird durch Addition eine neue Gleichung hergestellt:

$$3x + 3y = 9$$

Diese Gleichung hat unter anderem die Lösungen

x	...	−1	0	1	2	3	4	5	...
y		4	3	2	1	0	−1	−2	

Durch Vergleich mit den Lösungen der beiden Ausgangsgleichungen erkennt man: Die durch Vereinigung der beiden Gleichungen entstandene neue Gleichung hat im allgemeinen andere Lösungen als die Ausgangsgleichungen. Aber auch sie hat als Lösung wieder die gemeinsame Lösung des Systems.
Eine exakte Begründung der üblichen Lösungsverfahren ist nur mit Hilfe der später zu behandelnden Determinanten möglich.

13.1.4. Numerische Lösungsverfahren

Beide Gleichungen seien zunächst in der einfachen Form $Ax + By = k$ gegeben. Dann kommen für die Lösung zwei Verfahren in Betracht, das Einsetzungs- und das Additionsverfahren.

Das Einsetzungsverfahren

Bei diesem Verfahren wird eine der beiden Gleichungen nach einer Unbekannten umgestellt. Dieser Ausdruck wird für die Unbekannte in die andere Gleichung eingesetzt. Man erhält so *eine* Gleichung mit *einer* Unbekannten, die in bekannter Weise gelöst wird. Die zweite Unbekannte ermittelt man, indem man den für die erste Unbekannte erhaltenen speziellen Wert in eine der beiden Gleichungen einsetzt. Man erhält dann wieder eine Gleichung mit einer Unbekannten.

BEISPIELE

1. $\left| \begin{array}{l} 3x + 2y = 16 \\ 2x + 5y = 29 \end{array} \right|$

   Lösung: Wenn man die Unbekannte x entfernen will, stellt man eine der beiden Gleichungen, z. B. die zweite, nach x um:

   $$x = \frac{29 - 5y}{2}$$

Dieser Ausdruck wird an Stelle von x in die erste Gleichung eingesetzt:

$$3 \cdot \frac{29-5y}{2} + 2y = 16$$

Man sagt, die Unbekannte x ist „eliminiert"[1] worden. Damit hat man eine Gleichung für y allein erhalten, die in bekannter Weise gelöst wird.

$$3(29 - 5y) + 4y = 32$$
$$87 - 15y + 4y = 32$$
$$-11y = -55$$
$$\underline{\underline{y = 5}}$$

Um die andere Unbekannte x zu ermitteln, wird der gefundene Wert $y = 5$ in eine der beiden Gleichungen, z. B. in die zweite, eingesetzt:

$$2x + 25 = 29$$
$$2x = 4$$
$$\underline{\underline{x = 2}}$$

Probe: Die Probe erfolgt durch Einsetzen der für die Unbekannten ermittelten Werte in die Ausgangsgleichungen. Sie bietet aber nur dann eine sichere Kontrolle, wenn sie an *beiden* Gleichungen vorgenommen wird.

$$3 \cdot 2 + 2 \cdot 5 = 16 \qquad 2 \cdot 2 + 5 \cdot 5 = 29$$
$$6 + 10 = 16 \qquad 4 + 25 = 29$$
$$16 = 16 \qquad 29 = 29$$

Das Gleichungssystem ist richtig gelöst.

Mit Rücksicht auf das Ergebnis ist es gleichgültig, welche der beiden Unbekannten anfangs eliminiert wird. Dagegen kann im Hinblick auf die aufzuwendende Rechenarbeit das Eliminieren einer bestimmten Unbekannten vorteilhaft sein.

2.
$$\left| \begin{array}{l} 7x + 2y = 26 \\ 9x + 4y = 37 \end{array} \right.$$

Lösung: Hier wird zweckmäßig die erste Gleichung nach $2y$ umgestellt:

$$2y = 26 - 7x$$

Dieser Ausdruck für $2y$, in die zweite Gleichung eingesetzt, ergibt:

$$9x + 2(26 - 7x) = 37$$
$$9x + 52 - 14x = 37$$
$$-5x = -15$$
$$\underline{\underline{x = 3}}$$

---

[1] s. Fußnote Seite 270

Dieser Wert wird in die erste Gleichung eingesetzt:

$$21 + 2y = 26$$
$$2y = 5$$
$$\underline{\underline{y = 2{,}5}}$$

Würde man hier zu Anfang nicht y, sondern x eliminieren, so hätte man mehr Rechenarbeit zu leisten, da sich bei diesem Weg eine Bruchgleichung nicht vermeiden läßt.

Das Additionsverfahren

Man formt die gegebenen Gleichungen durch Multiplikation mit geeigneten Zahlen so um, daß bei der Addition der neuen Gleichungen die eine Unbekannte wegfällt. Dadurch hat man wieder *eine* Gleichung mit *einer* Unbekannten erhalten. Die zweite Unbekannte ermittelt man, indem man den für die erste Unbekannte gefundenen Wert in eine der beiden Gleichungen einsetzt und die so entstehende Gleichung mit einer Unbekannten auflöst.

BEISPIELE

1. $\quad \left| \begin{array}{l} 8x + 3y = 23 \\ 7x + 4y = 16 \end{array} \right| \begin{array}{l} \cdot 4 \\ \cdot (-3) \end{array}$

Lösung: Um die Unbekannte y zu eliminieren, multipliziert man die erste Gleichung mit 4, die zweite Gleichung mit (-3). Die angewandte Rechenoperation schreibt man zweckmäßigerweise hinter jede Gleichung des Systems (s. o.).

$$\left| \begin{array}{r} 32x + 12y = 92 \\ -21x - 12y = -48 \end{array} \right|$$

Durch Addition beider Gleichungen erhält man eine Gleichung mit einer Unbekannten x:

$$11x = 44$$
$$\underline{\underline{x = 4}}$$

Dieser Wert in die erste Gleichung eingesetzt:

$$32 + 3y = 23$$
$$3y = -9$$
$$\underline{\underline{y = -3}}$$

Probe!

Auch bei diesem Verfahren ist es mit Rücksicht auf die zu leistende Rechenarbeit nicht immer gleichgültig, welche Unbekannte eliminiert wird; das zeigt folgendes Beispiel:

2. $\begin{vmatrix} 13x + 4y = 28 \\ 12x - 6y = 21 \end{vmatrix} \begin{matrix} \cdot 3 \\ \cdot 2 \end{matrix}$

Lösung: Das Eliminieren von y verdient hier den Vorzug. Die erste Gleichung wird mit 3, die zweite mit 2 multipliziert.

$$\begin{vmatrix} 39x + 12y = 84 \\ \underline{24x - 12y = 42} \end{vmatrix}$$

Die Addition beider Gleichungen ergibt:

$$63x = 126$$
$$\underline{\underline{x = 2}}$$

Dieser Wert wird in die erste Gleichung eingesetzt.

$$26 + 4y = 28$$
$$4y = 2$$
$$\underline{\underline{y = 0{,}5}}$$

Probe!

13.1.5. Das graphische Lösungsverfahren

Die beiden besprochenen Verfahren sind geeignet, jede lineare Gleichung mit 2 Unbekannten zu lösen. Die Behandlung eines weiteren Verfahrens erfolgt lediglich aus methodischen Gründen.

BEISPIEL

$$\begin{vmatrix} 2x + y = 5 \\ 2x - y = 3 \end{vmatrix}$$

Lösung: An Stelle dieses Systems von zwei *Bestimmungsgleichungen* betrachten wir die *Funktionsgleichungen*

$$2x + y = 5$$
und $\quad 2x - y = 3$

oder nach y umgestellt

$$y = -2x + 5$$
und $\quad y = 2x - 3$

Beide Gleichungen werden graphisch durch je eine Gerade (Bild 90) dargestellt.

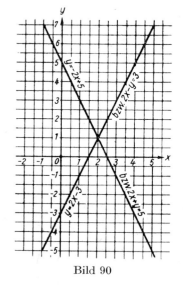

Bild 90

Die Koordinaten jedes Punktes der ersten Geraden erfüllen die Gleichung $y = -2x + 5$ bzw. $2x + y = 5$; die Koordinaten jedes Punktes der zweiten Geraden erfüllen die Gleichung $y = 2x - 3$ bzw. $2x - y = 3$. Die Koordinaten des Schnittpunktes beider Geraden $x = 2$, $y = 1$ erfüllen sowohl die erste als auch die zweite Funktionsgleichung. Die Koordinaten des Schnittpunktes bilden daher auch die Lösung des Gleichungssystems.

Dieses Verfahren findet *praktisch* keine Verwendung, um lineare Gleichungssysteme mit zwei Unbekannten zu lösen. Seine Bedeutung besteht darin, daß es sich auf Gleichungen höheren Grades mit zwei und auch mit einer Unbekannten übertragen läßt.

13.1.6. Diskussion des Systems von zwei Gleichungen 1. Grades mit zwei Unbekannten

Liegt ein System von zwei linearen Gleichungen mit zwei Unbekannten zur Lösung vor, so sind grundsätzlich drei Fälle möglich.

BEISPIEL 1

$$\begin{vmatrix} 3x + 2y = 7 \\ x - 2y = 5 \end{vmatrix}$$

Lösung: Nach dem Additionsverfahren oder dem Einsetzungsverfahren erhält man die *eindeutige Lösung*: $x = 3$; $y = -1$.

Nach dem graphischen Verfahren erhält man zwei sich schneidende Geraden, deren Schnittpunkt die Koordinaten $x = 3$; $y = -1$ hat (Bild 91).

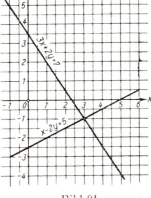

Bild 91

BEISPIEL 2

$$\begin{vmatrix} 2x - 3y = -3 \\ 4x - 6y = -6 \end{vmatrix}$$

Lösung: Der Versuch, dieses Gleichungssystem nach dem Einsetzungs- oder dem Additionsverfahren zu lösen, führt auf die identische Gleichung $0 = 0$. Man erkennt, daß sich die zweite Gleichung aus der ersten durch Multiplikation mit dem Faktor 2 ergibt. In diesem Falle sind nur *formal* zwei Gleichungen gegeben, denn die zweite Gleichung stellt nur eine andere Form der ersten Gleichung dar. Zwei derartige Gleichungen heißen voneinander *abhängig*. In diesem Falle gibt es *unendlich viele Lösungen*, z. B. $x = 0$; $y = 1$ oder $x = 3$; $y = 3$ oder $x = 6$; $y = 5$. Mit dem graphischen Verfahren erhält man in diesem Fall für beide Gleichungen dieselbe Gerade (Bild 92); die Koordinaten jedes Punktes dieser Geraden bilden eine Lösung.

BEISPIEL 3

$$\begin{vmatrix} x - 4y = -4 \\ 2x - 8y = -16 \end{vmatrix}$$

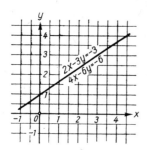

Bild 92

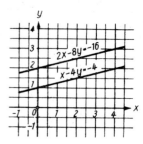

Bild 93

Lösung: Das Einsetzungs- und das Additionsverfahren führen auf einen Widerspruch. Man erkennt, daß die Gleichungen zueinander in *Widerspruch* stehen, d. h., es kann *kein* Wertepaar x; y geben, das die durch beide Gleichungen ausgedrückten, miteinander unvereinbaren Forderungen erfüllt.

Bei der graphischen Lösung erhält man in diesem Fall zwei parallele Geraden (Bild 93), also keinen Schnittpunkt.

13.1.7. Schwierigere Gleichungen 1. Grades mit zwei Unbekannten

Gleichungen, die die Unbekannte im Nenner enthalten

Sind die Gleichungen nicht beide in der einfachen Form $Ax + By = k$ gegeben, so muß zunächst diese Form hergestellt werden.

BEISPIEL

$$\frac{3}{3x-y-1} = \frac{2}{5x-2y-3}$$
$$\frac{x+1}{y-3} = \frac{x+5}{y-1}$$

Lösung: Hauptnenner für die erste Gleichung ist $(3x - y - 1)(5x - 2y - 3)$, für die zweite Gleichung $(y - 3)(y - 1)$. Jede der beiden Gleichungen wird mit ihrem Hauptnenner multipliziert. Nach dem Ordnen und Zusammenfassen der Glieder erhält man die Form, von der wir bei der Behandlung der Lösungsverfahren ausgingen:

$$9x - 4y = 7$$
$$2x - 4y = -14$$

und daraus

$$x = 3; \quad y = 5$$

Probe!

Einführung einer neuen Unbekannten

Bei Gleichungen von besonderer Form kann die Abweichung von dem üblichen Lösungswege mitunter Rechenvorteile bringen.

BEISPIEL

$$\left|\begin{array}{l}\dfrac{5}{x}-\dfrac{6}{y}=2\\ \dfrac{3}{x}-\dfrac{4}{y}=1\end{array}\right|$$

Lösung: In beiden Gleichungen treten nur die reziproken Werte der Unbekannten x und y auf. Führt man hier zwei neue Unbekannte u und v durch die Substitutionen[1]

$$u=\frac{1}{x}\qquad v=\frac{1}{y}$$

ein, so erhält man die einfacheren Gleichungen

$$\left|\begin{array}{l}5u-6v=2\\ 3u-4v=1\end{array}\right|$$

und daraus $u=1$; $v=\dfrac{1}{2}$

und schließlich $x=\dfrac{1}{u}=1$; $y=\dfrac{1}{v}=2$

Probe!

13.2. Gleichungen 1. Grades mit drei und mehr Unbekannten

13.2.1. Allgemeine Definition und Sätze

Die für Gleichungssysteme mit zwei Unbekannten behandelten Überlegungen lassen sich auf Systeme mit drei und mehr Unbekannten übertragen. Im folgenden wird nur eine kurze Übersicht über einige wichtige Definitionen und Sätze gegeben. Die Begründung bzw. der Beweis folgt später unter den Determinanten (s. Kapitel 19.).

> Unter einer *Lösung* einer linearen Gleichung mit n Unbekannten
>
> $$A_1 x_1 + A_2 x_2 + A_3 x_3 + \cdots + A_n x_n = k$$
>
> versteht man eine Wertezusammenstellung $x_1, x_2, x_3, \ldots, x_n$, die diese Gleichung erfüllt.
>
> Ein System von n linearen Gleichungen mit n Unbekannten hat im allgemeinen *eine* Lösung (Normalfall). Sind einige Gleichungen des Systems voneinander abhängig, so gibt es *unendlich viele* Lösungen. Stehen einige Gleichungen des Systems zueinander in Widerspruch, so gibt es *keine* Lösung.
>
> Ein System von weniger als n linearen Gleichungen mit n Unbekannten hat, wenn kein Widerspruch zwischen einigen Gleichungen besteht, *unendlich viele* Lösungen.

---

[1] substituere (lat.) ersetzen

13.2.2. Lösungsverfahren

Das Einsetzungs- und Additionsverfahren lassen sich übertragen. Bei mehr als drei Unbekannten wird die Anwendung dieser Verfahren jedoch im allgemeinen so schwerfällig, daß die Lösung besser mit Hilfe von Determinanten erfolgt.

Das Einsetzungsverfahren

BEISPIEL

$$\left| \begin{array}{l} 2x + 3y - 5z = -7 \\ 3x + y + 2z = 17 \\ 5x - 2y + 3z = 16 \end{array} \right.$$

Lösung: Eine der drei Gleichungen wird nach einer Unbekannten umgestellt. Der für diese Unbekannte erhaltene Ausdruck wird in die anderen Gleichungen eingesetzt. So erhält man zwei Gleichungen mit zwei Unbekannten, die in bekannter Weise gelöst werden. Die letzte Unbekannte wird gefunden, indem die nun bekannten Werte für die zwei Unbekannten in eine der drei Gleichungen eingesetzt werden.

Am zweckmäßigsten ist es in unserem Beispiel, die zweite Gleichung nach y umzustellen.

$$y = 17 - 3x - 2z$$

Dieser Ausdruck wird in die erste und die dritte Gleichung eingesetzt:

$$\left| \begin{array}{l} 2x + 3(17 - 3x - 2z) - 5z = -7 \\ 5x - 2(17 - 3x - 2z) + 3z = 16 \end{array} \right.$$

Nach Auflösen der Klammern, Ordnen und Zusammenfassen der Glieder:

$$\left| \begin{array}{l} 7x + 11z = 58 \\ 11x + 7z = 50 \end{array} \right.$$

Daraus: $\underline{\underline{x = 2; \; z = 4}}$

und mit Hilfe der Gleichung $y = 17 - 3x - 2z$

$$\underline{\underline{y = 3}}$$

Probe!

Das Additionsverfahren

BEISPIEL

$$\left| \begin{array}{l} 2x - 3y + 3z = 10 \\ 3x - 2y - 2z = 4 \\ 4x - 5y + z = 6 \end{array} \right.$$

Lösung: Aus zwei Gleichungen des Systems wird eine Unbekannte nach dem Additionsverfahren entfernt. Die gleiche Unbekannte wird dann noch einmal aus zwei anderen Gleichungen des Systems entfernt. Man erhält wieder zwei Gleichungen mit zwei Unbekannten. Die dritte Unbekannte wird durch Einsetzen der für die beiden anderen Unbekannten gefundenen Werte ermittelt.

In unserem Beispiel bleibt zweckmäßig die erste Gleichung unverändert, die dritte wird mit -3 multipliziert; die Gleichungen werden addiert:

$$\begin{array}{r} 2x - 3y + 3z = 10 \\ -12x + 15y - 3z = -18 \\ \hline -10x + 12y = -8 \end{array}$$

Nun wird in dem Ausgangssystem die dritte Gleichung mit 2 multipliziert; die zweite Gleichung bleibt unverändert. Die Gleichungen werden addiert:

$$\begin{array}{r} 3x - 2y - 2z = 4 \\ 8x - 10y + 2z = 12 \\ \hline 11x - 12y = 16 \end{array}$$

Aus den beiden so erhaltenen Gleichungen mit zwei Unbekannten

$$\left| \begin{array}{r} -10x + 12y = -8 \\ 11x - 12y = 16 \end{array} \right|$$

errechnet man: $\underline{\underline{x = 8}}$; $\underline{\underline{y = 6}}$

Diese für die Unbekannten x und y ermittelten Werte werden in eine der drei Ausgangsgleichungen eingesetzt, hier zweckmäßig in die dritte:

$$32 - 30 + z = 6$$
$$\underline{\underline{z = 4}}$$

Probe!

AUFGABEN

636. $\left| \begin{array}{l} x + y = 347 \\ x - y = 153 \end{array} \right|$ 637. $\left| \begin{array}{l} 3x + y = 73 \\ 2x - y = 32 \end{array} \right|$

638. $\left| \begin{array}{l} 5x + 7y = 176 \\ 5x - 3y = 46 \end{array} \right|$ 639. $\left| \begin{array}{l} 2x - 3y = 100 \\ 2x + y = 156 \end{array} \right|$

640. $\left| \begin{array}{l} x = 3y - 19 \\ y = 3x - 23 \end{array} \right|$ 641. $\left| \begin{array}{l} \frac{1}{3}x + \frac{1}{4}y = 6 \\ 3x - 4y = 4 \end{array} \right|$

642. $\left|\begin{array}{l}\dfrac{2}{3}x+\dfrac{3}{5}y=17\\ \dfrac{3}{4}x+\dfrac{2}{3}y=19\end{array}\right|$
643. $\left|\begin{array}{l}0{,}16x-0{,}04y=1\\ 0{,}19x-0{,}11y=1\end{array}\right|$

644. $\left|\begin{array}{l}2{,}7x+2{,}6y=8{,}8\\ 0{,}9x+2{,}2y=4{,}4\end{array}\right|$
645. $\left|\begin{array}{l}3{,}9x-0{,}08y=2{,}77\\ 26x+0{,}4y=18\end{array}\right|$

646. $\left|\begin{array}{l}2{,}60x-0{,}41y-2{,}222+2\dfrac{1}{2}x=0\\ 0{,}51x-3{,}6y+3{,}333-\dfrac{1}{2}y=0{,}308\end{array}\right|$

647. $\left|\begin{array}{l}3{,}5x+2\dfrac{1}{3}y=13+4\dfrac{1}{7}x-3{,}5y\\ 2\dfrac{1}{7}x+0{,}8y=22\dfrac{1}{2}+0{,}7x-3\dfrac{1}{3}y\end{array}\right|$

648. $\left|\begin{array}{l}\dfrac{1}{x}+\dfrac{1}{y}=\dfrac{5}{6}\\ \dfrac{1}{x}-\dfrac{1}{y}=\dfrac{1}{6}\end{array}\right|$
649. $\left|\begin{array}{l}\dfrac{3}{x}+\dfrac{8}{y}=3\\ \dfrac{15}{x}-\dfrac{4}{y}=4\end{array}\right|$

650. $\left|\begin{array}{l}\dfrac{1{,}6}{x}-\dfrac{2{,}7}{y}=-1\\ \dfrac{0{,}8}{x}+\dfrac{3{,}6}{y}=5\end{array}\right|$
651. $\left|\begin{array}{l}17x-\dfrac{0{,}3}{y}=3\\ 16x-\dfrac{0{,}4}{y}=2\end{array}\right|$

652. $\left|\begin{array}{l}5(x+2)-3(y+1)=23\\ 3(x-2)+5(y-1)=19\end{array}\right|$
653. $\left|\begin{array}{l}22M_I+6{,}4M_{II}=-241{,}3\\ 6{,}4M_I+20{,}8M_{II}=-221{,}1\end{array}\right|$

654. $\left|\begin{array}{l}\dfrac{3}{4}x-\dfrac{1}{2}(y+1)=1\\ \dfrac{1}{3}(x+1)+\dfrac{3}{4}(y-1)=9\end{array}\right|$
655. $\left|\begin{array}{l}20M_c+4M_d=-54{,}420\\ 4M_c+18M_d=-41{,}680\end{array}\right|$

656. $\left|\begin{array}{l}\dfrac{5}{x+2y}=\dfrac{7}{2x+y}\\ \dfrac{7}{3x-2}=\dfrac{5}{6-y}\end{array}\right|$
657. $\left|\begin{array}{l}14M_c+4M_d=-80{,}7\\ 4M_c+12M_d=-71{,}2\end{array}\right|$

658. $\left|\begin{array}{l}\dfrac{1}{3x+1}=\dfrac{2}{5y+4}\\ \dfrac{1}{4x-3}=\dfrac{2}{7y-6}\end{array}\right|$
659. $\left|\begin{array}{l}\dfrac{x+3y}{x-y}=8\\ \dfrac{7x-13}{3y-5}=4\end{array}\right|$
660. $\left|\begin{array}{l}\dfrac{15x+1}{45-y}=8\\ \dfrac{12y+19}{x-10}=25\end{array}\right|$

Aufgaben

661. $\left|\begin{array}{l}\dfrac{7-2x}{5-3y}=\dfrac{3}{2}\\ y-x=4\end{array}\right|$

662. $\left|\begin{array}{l}\dfrac{3x+2y+12{,}3}{4x+3y-44}=3\\ \dfrac{4x+10y-6{,}7}{3x+y-10}=4\end{array}\right|$

663. $\left|\begin{array}{l}\dfrac{0{,}9\,x-0{,}7\,y+7{,}3}{13\,x-15\,y+17}=0{,}2\\ \dfrac{1{,}2\,x-0{,}2\,y+8{,}9}{13\,x-15\,y+17}=0{,}3\end{array}\right|$

664. $\left|\begin{array}{l}\dfrac{x+1}{3}-\dfrac{y+2}{4}=\dfrac{2(x-y)}{5}\\ \dfrac{x-3}{4}-\dfrac{y-3}{3}=2y-x\end{array}\right|$

665. $\left|\begin{array}{l}\dfrac{2x-y+3}{3}-\dfrac{x-2y+3}{4}=4\\ \dfrac{3x-4y+3}{4}+\dfrac{4x-2y-9}{3}=4\end{array}\right|$

666. $\left|\begin{array}{l}\dfrac{3x-2y}{5}+\dfrac{5x-3y}{3}=x+1\\ \dfrac{2x-3y}{3}+\dfrac{4x-3y}{2}=y+1\end{array}\right|$

667. $\left|\begin{array}{l}(x+4):(y+1)=2:1\\ (x+2):(y-1)=3:1\end{array}\right|$

668. $(x+1):(y+1):(x+y)=3:4:5$

669. $(x-2):(y+1):(x+y-3)=3:4:5$

670. $\left|\begin{array}{l}(2x+y-1):(3x+2y+11)=1:2\\ (5x-3y+4):(6x-3y+3)=3:4\end{array}\right|$

671. $\left|\begin{array}{l}(x-4)(y+7)=(x-3)(y+4)\\ (x+5)(y-2)=(x+2)(y-1)\end{array}\right|$

672. $\left|\begin{array}{l}(x+3)(y+5)=(x+1)(y+8)\\ (2x-3)(5y+7)=2(5x-6)(y+1)\end{array}\right|$

673. $\left|\begin{array}{l}2x-3y=-5a\\ 3x-2y=-5b\end{array}\right|$

674. $\left|\begin{array}{l}5x+3y=4a+b\\ 3x+5y=4a-b\end{array}\right|$

675. $\left|\begin{array}{l}7x-5y=24a\\ 5x-7y=24b\end{array}\right|$

676. $\left|\begin{array}{l}3x-2y=a^2+5ab+b^2\\ 3y-2x=a^2-5ab+b^2\end{array}\right|$

677. $\left|\begin{array}{l}ax+y=m\\ x-y=n\end{array}\right|$

678. $\left|\begin{array}{l}mx+ny=c\\ x:y=a:b\end{array}\right|$

679. $\left|\begin{array}{l}x\dfrac{a^2+b^2}{2a}+y\dfrac{a^2-b^2}{2a}=a\\ x\left(\dfrac{a^2+b^2}{2a}\right)^2-y\left(\dfrac{a^2-b^2}{2a}\right)^2=b^2\end{array}\right|$

680. $\left|\begin{array}{l}\dfrac{a}{x+a}+\dfrac{b}{y+b}=1\\ \dfrac{b}{x+a}-\dfrac{a}{y+b}=2\end{array}\right|$

681. $\left|\begin{array}{l}ax+by=2a\\ a^2x-b^2y=a+b\end{array}\right|$

682. $\left|\begin{array}{l}x+y=\dfrac{a^2+b^2}{a^2-b^2}\\ 2x+3y=\dfrac{2a^2+ab+3b^2}{a^2-b^2}\end{array}\right|$

13. Gleichungen 1. Grades mit mehreren Unbekannten

683. $\left|\begin{array}{l} \dfrac{x}{a} + \dfrac{y}{b} = c \\ \dfrac{x}{a_1} + \dfrac{y}{b_1} = c_1 \end{array}\right|$
684. $\left|\begin{array}{l} \dfrac{x}{y} = \dfrac{a}{b} \\ \dfrac{x+1}{y+1} = \dfrac{c}{d} \end{array}\right|$

685. $\left|\begin{array}{l} x \cdot \sqrt{2} + y \cdot \sqrt{3} = 3 \cdot \sqrt{3} \\ x \cdot \sqrt{3} - y \cdot \sqrt{2} = 2 \cdot \sqrt{2} \end{array}\right|$
686. $\left|\begin{array}{l} x \cdot \sqrt{a} - y \cdot \sqrt{b} = a + b \\ x + y = 2\sqrt{a} \end{array}\right|$

687. $\left|\begin{array}{l} x + y = 28 \\ x + z = 30 \\ y + z = 32 \end{array}\right|$
688. $\left|\begin{array}{l} y + z = a \\ z + x = b \\ x + y = c \end{array}\right|$

689. $\left|\begin{array}{l} x - y = 2 \\ y - z = 3 \\ x + z = 9 \end{array}\right|$
690. $\left|\begin{array}{l} 2x + 3y = 12 \\ 3x + 2z = 11 \\ 3y + 4z = 10 \end{array}\right|$

691. $\left|\begin{array}{l} x + y = 33 \\ y - z = 10 \\ x - z = 13 \end{array}\right|$
692. $\left|\begin{array}{l} 2x + 2y = 7 \\ 7x + 9z = 29 \\ y + 8z = 17 \end{array}\right|$

693. $\left|\begin{array}{l} x + y = a + b \\ x + z = a + c \\ y + z = b + c \end{array}\right|$
694. $\left|\begin{array}{l} x + y + z = 100 \\ 3x - 2z = 4 \\ 5y = 4z \end{array}\right|$

695. $\left|\begin{array}{l} 3x - 4y = 6 \\ 2x + 3z = 26 \\ 5y - 6z = 18 \end{array}\right|$
696. $\left|\begin{array}{l} 5x + 3y + 2z = 217 \\ 5x - 3y = 39 \\ 3y - 2z = 20 \end{array}\right|$

697. $\left|\begin{array}{l} 1\tfrac{1}{3}x + 1\tfrac{1}{2}y - 2\tfrac{1}{4}z = 20 \\ 2\tfrac{1}{5}x - 2\tfrac{1}{3}y + 1\tfrac{1}{2}z = 17 \\ 1\tfrac{2}{3}x + 1\tfrac{3}{4}y - 4\tfrac{1}{2}z = 10 \end{array}\right|$
698. $\left|\begin{array}{l} \tfrac{1}{5}x - \tfrac{1}{2}y = 0 \\ \tfrac{1}{3}x - \tfrac{1}{2}z = 1 \\ \tfrac{1}{2}z - \tfrac{1}{3}y = 2 \end{array}\right|$

699. $\left|\begin{array}{l} 1{,}5x + 0{,}6y + 2{,}1z = -7{,}2 \\ -0{,}5x + 1{,}8y + 1{,}4z = -12{,}1 \\ 2{,}5x + 2{,}4y - 0{,}7z = 6{,}2 \end{array}\right|$

700. $\left|\begin{array}{l} x + y - z = 17 \\ x - y + z = 13 \\ -x + y + z = 7 \end{array}\right|$
701. $\left|\begin{array}{l} -4x + 3y - 2z = 8 \\ 5x + 4y - 6z = -8 \\ -3x + 2y + 4z = 19 \end{array}\right|$

Aufgaben

702. $\begin{aligned} y+z-x &= a \\ z+x-y &= b \\ x+y-z &= c \end{aligned}$

703. $\begin{aligned} 2x-3y+z &= 12 \\ -x+5y-2z &= -11 \\ 3x-8y+5z &= 39 \end{aligned}$

704. $\begin{aligned} x+y+z &= 99 \\ x:y:z &= 5:3:1 \end{aligned}$

705. $\begin{aligned} x+y+z &= m \\ x:y:z &= a:b:c \end{aligned}$

706. $\begin{aligned} \tfrac{1}{3}x + \tfrac{1}{4}y &= 5 \\ \tfrac{1}{2}x + \tfrac{1}{3}z &= 6 \\ \tfrac{1}{4}x + \tfrac{1}{2}z &= 6 \end{aligned}$

707. $\begin{aligned} x+y+z &= 9 \\ x+2y+4z &= 15 \\ x+3y+9z &= 23 \end{aligned}$

708. $\begin{aligned} 7{,}6x + 2{,}6y &= 61 \\ 5{,}7x + 6{,}1z &= 46 \\ 3{,}9y + 2{,}3z &= 14 \end{aligned}$

709. $\begin{aligned} x+y+z &= 3 \\ 2x+4y+8z &= 13 \\ 3x+9y+27z &= 34 \end{aligned}$

710. $\begin{aligned} 7x+6y+7z &= 100 \\ x-2y+z &= 0 \\ 3x+y-2x &= 0 \end{aligned}$

711. $\begin{aligned} 3x+2y+3z &= 110 \\ 5x+y-4z &= 0 \\ 2x-3y+z &= 0 \end{aligned}$

712. $\begin{aligned} x+y+z &= 9 \\ x+2y+3z &= 14 \\ x+3y+6z &= 20 \end{aligned}$

713. $\begin{aligned} 3x+3y+z &= 17 \\ 3x+y+3z &= 15 \\ x+3y+3z &= 13 \end{aligned}$

714. $\begin{aligned} 5x-y+3z &= a \\ 3x+5y-z &= b \\ -x+3y+5z &= c \end{aligned}$

715. $\begin{aligned} 7x+11y+z &= a \\ 7y+11z+x &= b \\ 7z+11x+y &= c \end{aligned}$

716. $\begin{aligned} x+2y-z &= 4{,}6 \\ y+2z-x &= 10{,}1 \\ z+2x-y &= 5{,}7 \end{aligned}$

717. $\begin{aligned} 3x-2y+4z &= 10 \\ 7x-6z &= 10 \\ x+3y+5z &= 40 \end{aligned}$

718. $\begin{aligned} 0{,}2x+0{,}3y+0{,}4z &= 29 \\ 0{,}3x+0{,}4y+0{,}5z &= 38 \\ 0{,}4x+0{,}5y+0{,}7z &= 51 \end{aligned}$

719. $\begin{aligned} x+2y-0{,}7z &= 21 \\ 3x+0{,}2y-z &= 24 \\ 0{,}9x+7y-2z &= 27 \end{aligned}$

13. Gleichungen 1. Grades mit mehreren Unbekannten

720. $\left|\begin{array}{l}\dfrac{1}{2}x+\dfrac{1}{3}y+\dfrac{1}{4}z=36\dfrac{1}{2}\\[4pt]\dfrac{1}{3}x+\dfrac{1}{4}y+\dfrac{1}{5}z=27\\[4pt]\dfrac{1}{5}x+\dfrac{1}{6}y+\dfrac{1}{7}z=18\end{array}\right|$ 721. $\left|\begin{array}{l}2\dfrac{1}{2}x+3\dfrac{1}{3}y+4\dfrac{1}{4}z=140\\[4pt]3\dfrac{1}{3}x+4\dfrac{1}{4}y+5\dfrac{1}{5}z=175\\[4pt]2\dfrac{2}{3}x+3\dfrac{3}{4}y+4\dfrac{4}{5}z=157\end{array}\right|$

722. $\left|\begin{array}{l}\dfrac{x+1}{y+1}=2\\[4pt]\dfrac{y+2}{z+1}=4\\[4pt]\dfrac{z+3}{x+1}=\dfrac{1}{2}\end{array}\right|$ 723. $\left|\begin{array}{l}\dfrac{3x+y}{z+1}=2\\[4pt]\dfrac{3y+z}{x+1}=2\\[4pt]\dfrac{3z+x}{y+1}=2\end{array}\right|$ 724. $\left|\begin{array}{l}\dfrac{x+3}{y+z}=2\\[4pt]\dfrac{y+3}{x+z}=1\\[4pt]\dfrac{z+3}{x+y}=\dfrac{1}{2}\end{array}\right|$

725. $\left|\begin{array}{l}\dfrac{6}{x}+\dfrac{4}{y}+\dfrac{5}{z}=4\\[4pt]\dfrac{3}{x}+\dfrac{8}{y}+\dfrac{5}{z}=4\\[4pt]\dfrac{9}{x}+\dfrac{12}{y}-\dfrac{10}{z}=4\end{array}\right|$ 726. $\left|\begin{array}{l}\dfrac{4}{x}-\dfrac{3}{y}=1\\[4pt]\dfrac{2}{x}+\dfrac{3}{z}=4\\[4pt]\dfrac{3}{y}-\dfrac{1}{z}=0\end{array}\right|$ 727. $\left|\begin{array}{l}\dfrac{1}{y}+\dfrac{1}{z}=2a\\[4pt]\dfrac{1}{x}+\dfrac{1}{z}=2b\\[4pt]\dfrac{1}{x}+\dfrac{1}{y}=2c\end{array}\right|$

728. $\left|\begin{array}{l}\dfrac{1}{y}+\dfrac{1}{z}-\dfrac{1}{x}=\dfrac{2}{a}\\[4pt]\dfrac{1}{z}+\dfrac{1}{x}-\dfrac{1}{y}=\dfrac{2}{b}\\[4pt]\dfrac{1}{x}+\dfrac{1}{y}-\dfrac{1}{z}=\dfrac{2}{c}\end{array}\right|$ 729. $\left|\begin{array}{l}\dfrac{x\cdot y}{x+y}=\dfrac{1}{5}\\[4pt]\dfrac{x\cdot z}{x+z}=\dfrac{1}{6}\\[4pt]\dfrac{y\cdot z}{y+z}=\dfrac{1}{7}\end{array}\right|$ 730. $\left|\begin{array}{l}\dfrac{x\cdot y}{4y-3x}=20\\[4pt]\dfrac{x\cdot z}{2x-3z}=15\\[4pt]\dfrac{y\cdot z}{4y-5z}=12\end{array}\right|$

731. $\left|\begin{array}{l}(x+2)(2y+1)=(2x+7)y\\(x-2)(3z+1)=(x+3)(3z-1)\\(y+1)(z+2)=(y+3)(z+1)\end{array}\right|$

732. $\left|\begin{array}{l}(x+1)(5y-3)=(7x+1)(2y-3)\\(4x-1)(z+1)=(x+1)(2z-1)\\(y+3)(z+2)=(3y-6)(3z-1)\end{array}\right|$

733. $\left|\begin{array}{l}\dfrac{15}{x}-\dfrac{12}{y}+\dfrac{8}{z}=6\\[4pt]-\dfrac{9}{x}+\dfrac{16}{y}+\dfrac{12}{z}=7\\[4pt]\dfrac{21}{x}+\dfrac{4}{y}-\dfrac{18}{z}=-1\end{array}\right|$ 734. $\left|\begin{array}{l}\dfrac{2}{x}+\dfrac{5}{y}-\dfrac{6}{z}=1\\[4pt]\dfrac{3}{x}-\dfrac{5}{y}+\dfrac{4}{z}=2\\[4pt]-\dfrac{6}{x}+\dfrac{7}{y}-\dfrac{3}{z}=-2\end{array}\right|$

735. $\left|\begin{array}{l}u+x+y+z=60\\4u+x+2y+3z=100\\10u+x+3y+6z=150\\20u+x+4y+10z=210\end{array}\right|$ 736. $\left|\begin{array}{l}2x+3y+2z=21\\2u+3x+2y=23\\3u+x+2z=33\\2u+y+3z=35\end{array}\right|$

Aufgaben

737.
$$\begin{vmatrix} \frac{1}{2}x + \frac{1}{4}y - \frac{1}{3}z = 1 \\ \frac{1}{9}u + \frac{1}{3}x - \frac{1}{4}y = 1 \\ -\frac{1}{2}u + \frac{1}{6}x + \frac{3}{5}z = 1 \\ -\frac{1}{3}u + \frac{3}{4}y - \frac{1}{5}z = 0 \end{vmatrix}$$

738.
$$\begin{vmatrix} -4u + x - 2y + 3z = -2 \\ -6u + x - 3y + 5z = -4 \\ -8u + x - 4y + 6z = -9 \\ -10u + x - 7y + 10z = -13 \end{vmatrix}$$

739.
$$\begin{vmatrix} 2\frac{1}{2}x - 1\frac{2}{3}y + 2z = 4 \\ 3u + 1\frac{3}{4}x - 1\frac{1}{2}y = 1 \\ u + 2x - 3\frac{1}{2}z = 2 \\ 4u + 1\frac{1}{3}y - 4\frac{1}{2}z = 3 \end{vmatrix}$$

740.
$$\begin{vmatrix} 3u - 4x + 2y + 5z = -5 \\ 6u - 6x - 3y - 10z = -14 \\ 8x + 4y + 10z = -20 \\ 9u + 10y + 20z = -50 \end{vmatrix}$$

741.
$$\begin{vmatrix} -\frac{1}{7}u + \frac{1}{2}x - \frac{1}{3}y + \frac{1}{5}z = 47 \\ -\frac{1}{2}u + \frac{1}{3}x + \frac{1}{5}y + \frac{1}{7}z = 37 \\ -\frac{1}{3}u + \frac{1}{5}x - \frac{2}{7}y + \frac{1}{2}z = 17 \\ \frac{1}{5}u + \frac{5}{7}x - \frac{1}{2}y - \frac{1}{3}z = 17 \end{vmatrix}$$

742.
$$\begin{vmatrix} 4x_1 + 2x_2 + 2x_3 - 2x_4 - 14 = 0 \\ x_1 + x_2 + 4x_3 - 4x_4 - 10 = 0 \\ x_1 - x_2 + 3x_3 - x_4 - 7 = 0 \\ 2x_1 - 2x_2 + 4x_3 - 8x_4 - 25 = 0 \end{vmatrix}$$

743.
$$\begin{vmatrix} u + v + y + z = 2 \\ u + v + x + z = 4 \\ u + v + x + y = 6 \\ v + x + y + z = 8 \\ u + x + y + z = 10 \end{vmatrix}$$

744.
$$\begin{vmatrix} u + v - x + y + z = 1 \\ u + v + x - y + z = 4 \\ u + v + x + y - z = 3 \\ -u + v + x + y + z = 7 \\ u - v + x + y - z = 6 \end{vmatrix}$$

745.
$$\begin{vmatrix} x_1 + x_2 + x_3 - x_4 - x_5 = 6 \\ x_1 + x_2 + x_3 - x_4 + x_5 = 4 \\ x_1 - x_2 + x_3 + x_4 + x_5 = 8 \\ x_1 - x_2 - x_3 + x_4 + x_5 = 2 \\ -x_1 + x_2 - x_3 + x_4 - x_5 = 10 \end{vmatrix}$$

746.
$$\begin{vmatrix} 2x_1 - x_2 - x_3 + 2x_4 - x_5 = 3 \\ -x_1 + 2x_2 - x_3 - x_4 + x_5 = 9 \\ 2x_1 - x_2 + 2x_3 - x_4 - x_5 = 15 \\ -x_1 + 2x_2 - x_3 - 2x_4 - x_5 = -47 \\ -x_1 - x_2 + 2x_3 - x_4 + 2x_5 = 27 \end{vmatrix}$$

747.
$$\begin{vmatrix} -2M_1 - 2M_2 + M_3 + 3M_4 + M_5 = 3 \\ M_1 - 2M_2 - 2M_3 + M_4 + 3M_5 = 4 \\ 3M_1 + M_2 - 2M_3 - 2M_4 + M_5 = 2 \\ M_1 + 3M_2 + M_3 - 2M_4 - 2M_5 = 1 \\ -2M_1 + M_2 + 3M_3 + M_4 - 2M_5 = 5 \end{vmatrix}$$

748.
$$\begin{vmatrix} u + v + x + y + z = 15 \\ 8u + 16v + x + 2y + 4z = 57 \\ 27u + 81v + x + 3y + 9z = 179 \\ 64u + 256v + x + 4y + 16z = 453 \\ 125u + 625v + x + 5y + 25z = 975 \end{vmatrix}$$

749.
$$\begin{vmatrix} x_1 + 2x_2 + 3x_3 - 4x_4 - 2x_5 + 5x_6 - 3 = 0 \\ -2x_1 + 6x_2 + 15x_3 + 4x_4 - 2x_5 + 10x_6 - 6 = 0 \\ 4x_1 - 4x_2 + 6x_3 + 2x_4 + 4x_5 + 15x_6 - 4 = 0 \\ 2x_1 + 2x_2 - 9x_3 - 6x_4 + 2x_5 - 5x_6 - 22 = 0 \\ x_1 + 8x_2 + 3x_3 + 10x_4 - 2x_5 + 10x_6 + 3 = 0 \\ -x_1 - 2x_2 + 12x_3 - 8x_4 + 10x_5 + 20x_6 - 5 = 0 \end{vmatrix}$$

750. Das Vierfache einer ersten Zahl und das Siebenfache einer zweiten Zahl gibt zusammen 79; das Siebenfache der ersten und das Vierfache der zweiten gibt zusammen 97. Wie heißen die Zahlen?

751. Man zerlege die Zahl 101 so in zwei Teile, daß der Unterschied zwischen dem Elffachen des ersten Teils und dem Neunfachen des zweiten Teils 111 beträgt. Wie groß sind beide Teile?

752. Vermehrt man von 2 Zahlen jede um 5, so ist ihr Quotient $3/4$; vermindert man jede um 1, so nimmt ihr Quotient den Wert $2/3$ an. Wie heißen die beiden Zahlen?

753. Die Summe zweier Zahlen beträgt 13. Dividiert man die erste durch die zweite, so erhält man als Quotient 1 und 1 als Rest. Wie heißen beide Zahlen?

754. Zwei Beträge zu 5000 DM und 3000 DM sind zu verschiedenen Zinsfüßen geliehen und erfordern jährlich 385 DM Zinsen. Später werden sie als Hypotheken von der Bauernbank übernommen, die einen neuen Zinsfuß für beide Beträge festsetzt, wodurch jährlich 65 DM Zinsen eingespart werden. Der alte Zinsfuß für 5000 DM lag um $1/2\%$ höher als beim anderen Betrag von 3000 DM. Wie groß waren die Zinsfüße?

755. 60 kg einer Ware, deren Verkaufspreis 12,5% über dem Einkaufspreis liegt, und 100 kg einer anderen Ware, deren Verkaufspreis 15% über dem Einkaufspreis liegt, kosten beim Einkauf 680 DM und bringen beim Verkauf einen Überschuß von 97,50 DM. Wieviel DM/kg kostet jede Ware im Einkauf und Verkauf?

756. Mischt man eine Flüssigkeit A von der Dichte 1,3 g/cm³ mit derselben Flüssigkeit B stärkerer Konzentration von der Dichte 1,6 g/cm³, so ist die Dichte der Mischung 1,5 g/cm³. Nähme man von A 8 Teile mehr und von B 14 Teile weniger, so wäre die Dichte der Mischung nur 1,4 g/cm³. Wieviel Teile jeder Sorte sind in jeder Mischung?

757. Mischt man 4 l und 6 l von zwei verschieden starken Kochsalzlösungen, so erhält man eine 12%-Mischung. Nimmt man dagegen von der ersten 6 l und von der zweiten 4 l, so hat die Mischung 13%. Wieviel % Kochsalz enthält jede Lösung?

758. Ein m² eines 5,5 mm dicken Messingblechs hat die Masse 47,025 kg. Wieviel Cu ($\varrho = 8{,}9$ kg/dm³) und wieviel Zn ($\varrho = 7{,}14$ kg/dm³) sind darin enthalten?

759. Wieviel Schwefelsäure von $\varrho = 1{,}15$ kg/dm³ und wieviel Schwefelsäure von $\varrho = 1{,}2$ kg/dm³ ergeben zusammen 60 dm³ Säure von der Dichte $\varrho = 1{,}17$ kg/dm³?

760. Eine Silberlegierung aus 1,4 kg und 3,5 kg Silber verschiedenen Feingehalts ergibt einen Feingehalt von 825⁰/₀₀. Nimmt man 3,2 kg von der ersten und 2,4 kg von der zweiten Sorte, so erhält man 775⁰/₀₀. Welchen Feingehalt haben beide Legierungsbestandteile?

761. 24 große und 8 kleinere Schlösser kosten 264 DM. Vor einem Jahr waren die großen Schlösser 1 DM und die kleineren 0,50 DM je Stück teurer. Es kosteten 28 große und 10 kleinere 345 DM. Wieviel kostet jedes Schloß jetzt, und wieviel kostete es früher?

762. 5 cm³ und 3 cm³ zweier Metalle ergeben geschmolzen eine Legierung von der Dichte $\varrho = 16$ g/cm³. Schmilzt man aber umgekehrt beide Metalle im Verhältnis 3 : 5, so wird die Dichte der Legierung $\varrho = 14$ g/cm³. Wie groß sind die Dichten beider Metalle?

763. Von 3 Kesseln ist nur der dritte leer. Um ihn zu füllen, braucht man den ganzen Inhalt des ersten und 20% vom zweiten Kessel oder den ganzen Inhalt des zweiten und 1/3 vom Inhalt des ersten Kessels. Welches Fassungsvermögen hat jeder Kessel, wenn sie zusammen 1 440 Liter aufnehmen können?

764. Ein Gefäß von 390 l Inhalt kann durch eine Warmwasser- und durch eine Kaltwasserleitung gefüllt werden. Läßt man den Warmwasserhahn 3 min und den Kaltwasserhahn 1 min offen, so sind 50 l eingeflossen. Sind der Warmwasserhahn 1 min und der Kaltwasserhahn 2 min offen, so sind 40 l eingeflossen. Wieviel Wasser liefert jeder Hahn in der Minute? In welcher Zeit füllen sie gemeinsam das Gefäß?

765. Ein Benzinkessel wird durch zwei Zuleitungen gefüllt. Ist die erste 6 min und die zweite 3 min offen, so werden 5/6 des Behälters gefüllt. Ist die erste 3 min und die zweite 6 min offen, so bleibt 1/12 des Behälters leer. Wie lange muß jede Röhre offen sein, damit sie einzeln den Behälter füllt, und wie lange müssen sie zusammen geöffnet werden, um den Kessel zu füllen?

766. Ein Rohölbehälter wird durch 3 Pumpen gefüllt, und zwar durch die erste und zweite in 36 min, durch die zweite und dritte in 24 min oder dadurch, daß die erste 36 min und zugleich die dritte 24 min lang fördert. Wie lange muß jede Pumpe einzeln fördern, und wie lange fördern sie gemeinsam, um den Behälter zu füllen?

13. Gleichungen 1. Grades mit mehreren Unbekannten

767. Zwei Arbeiter erhalten zusammen 228 DM Wochenlohn. Wieviel erhält jeder wöchentlich, wenn der erste in 15 Tagen 70 DM mehr verdient, als der andere für 10 Tage ausgezahlt erhält?

768. Drei Arbeiter erhalten zusammen 384 DM Wochenlohn. Der erste verdient in 4 Wochen ebensoviel wie der zweite in 5 Wochen. Der zweite verdient in 3 Wochen ebensoviel wie der dritte in 4 Wochen. Wieviel verdient jeder?

769. Wie groß sind die Durchmesser zweier Kreise, wenn die Summe der Umfänge 109,96 cm beträgt und die Durchmesser sich um 5 cm unterscheiden?

770. Die Produktionsauflage eines städtischen Maschinenbaubetriebes lag im 1. Quartal des neuen Jahres um 40 Maschinen höher als die Produktion im letzten Quartal des Vorjahres. Sie wurde um $1/3$ übererfüllt. Dadurch wurde eine Produktion erreicht, die 60% über der im letzten Quartal des Vorjahres lag. Wie groß waren die Vorjahresproduktion und die Produktionsauflage des neues Jahres?

771. Zwei LKW eines städtischen Kraftverkehrsbetriebes sollten die Steine zur Ausbesserung einer Straße in 12 Tagen gemeinsam anfahren. Nach 8 Tagen wurde der eine Wagen anderweitig eingesetzt, und der andere Wagen fuhr noch 7 Tage allein. In wieviel Tagen hätte jeder LKW die Steine allein gefahren?

772. Wenn ein Zug auf einer Fahrt zwischen zwei Orten seine fahrplanmäßige Geschwindigkeit um 5 km/h erhöht, dann kommt er 20 min zu früh an. Verringert er sie um 5 km/h, so verspätet er sich um 25 min. Wie weit sind die Orte voneinander entfernt, und wie groß ist die fahrplanmäßige Geschwindigkeit?

773. Ein Rheindampfer braucht zur Talfahrt von Bingen nach Koblenz (60 km) 3 Stunden und zur Bergfahrt 5 Stunden. Wieviel km/h Geschwindigkeit haben Schiff und Strom?

774. Auf einer kreisrunden Bahn von 440 cm Länge treffen sich zwei Körper bei gleichgerichteter Bewegung alle 20 min, bei entgegengesetzter Bewegung alle 5 min. Wie groß sind die Geschwindigkeiten beider Körper?

775. Auf dem Umfang eines Kreises von 300 m Länge haben zwei Punkte eine Entfernung von 100 m. Sie bewegen sich auf dem längeren Bogen gegeneinander und treffen sich nach 5 s. Bewegten sich beide dauernd in gleicher Richtung, so träfen sie sich nach dem ersten Treffen jedesmal nach 50 s. Wie groß ist die Geschwindigkeit jedes Punktes?

776. Ein Hartholzbrett mit Kupferbeschlägen hat eine Masse von 3,3 kg, das Holz allein 2,1 kg. Das Brett schwimmt im Wasser so, daß 490 g außerhalb des Wassers bleiben. Wie verteilt sich die Masse des herausragenden Teiles auf Holz ($\varrho = 0,6$ kg/dm³) und Kupfer ($\varrho = 8,9$ kg/dm³)?

777. Ein Fichtenbrett mit Stahlbeschlägen hat die Masse 3,2 kg. Beim Schwimmen bleiben 0,1 kg Holz und 0,1 kg Stahl außer Wasser. Wie verteilt sich die gesamte Masse auf Holz ($\varrho = 0,5$ kg/dm³) und Stahl ($\varrho = 7,5$ kg/dm³)?

Aufgaben

778. Zwei Studentengruppen wandern aus 30 km Entfernung einander entgegen. Bricht die erste 2 Std. früher auf als die zweite, so treffen sie sich $2^1/_2$ Std. nach dem Aufbruch der zweiten Gruppe. Bricht die zweite Gruppe 2 Std. früher auf, so treffen sie sich 3 Std. nach dem Aufbruch der ersten Gruppe. Wieviel km in der Stunde legt jede Gruppe zurück?

779. Verlängert man in einem Rechteck die kleinere Seite um 3 cm und verkürzt man die größere um 2 cm, so entsteht ein Quadrat, dessen Flächeninhalt um 22 cm² größer ist als der Inhalt des Rechtecks. Wie groß sind die Seiten des Rechtecks?

780. Die Summe zweier Seiten eines Dreiecks beträgt 84 cm. Die Projektionen dieser Seiten auf die dritte sind 40 cm und 16 cm lang. Wie groß sind die Dreiecksseiten?

781. Drei Städte bilden die Eckpunkte eines Dreiecks. Von A über B nach C beträgt die Entfernung 246 km, von B über C nach A 291 km und von C über A nach B 267 km. Wie weit sind die Städte voneinander entfernt?

782. Zwei Seiten eines Dreiecks haben die Längen 15 cm und 13 cm. Die dritte Seite ist 14 cm lang. Wie groß sind die Projektionen auf die dritte Seite, und wie groß ist die zur dritten Seite gehörende Höhe?

783. Verkürzt man die Länge eines Rechtecks um 8,5 cm und die Breite um 6 cm, so wird die Fläche um 507 cm² kleiner. Vergrößert man dagegen die Länge um 7,5 cm und die Breite um 4 cm, so wächst die Fläche um 468 cm². Wie lang sind die Seiten?

784. Das Drehmoment einer Kraft bleibt unverändert, wenn man die Kraft um 240 N vergrößert und den Hebelarm um 10 cm verkürzt oder wenn man die Kraft um 240 N verringert und den Hebelarm um 20 cm verlängert. Wie groß sind die Kraft und ihr Hebelarm?

785. Das Übersetzungsverhältnis zweier Zahnräder eines Getriebes ist 7:11. Hätte jedes Rad 4 Zähne mehr, so würde das Verhältnis 2:3 sein. Wieviel Zähne hat jedes Rad?

786. Vermehrt man in einer Leitung mit unveränderlicher Spannung den Widerstand um 2 Ω, so verringert sich die Stromstärke um 1 A. Verringert man den Widerstand um 4 Ω, so vermehrt sich die Stromstärke um 3 A. Wie groß ist die Spannung?

787. Zwei Kräfte F_1 und F_2 wirken in der gleichen Geraden und haben bei gleichem Richtungssinn die Resultierende $F_{R1} = 310$ N und bei entgegengesetztem Richtungssinn die Resultierende $F_{R2} = 50$ N. Wie groß ist jede Kraft?

788. Drei Zahnräder eines Getriebes haben zusammen 80 Zähne. Bei 10 Umdrehungen des ersten Rades drehen sich das zweite 18- und das dritte 45mal. Wieviel Zähne hat jedes Rad?

789. Ein Schnellzug braucht auf einer Strecke $2^1/_2$ Std. weniger als ein Personenzug, da er stündlich 25 km mehr als dieser fährt. Ein Güterzug, der stündlich 15 km weniger als der Personenzug zurücklegt, braucht für die Strecke $3^1/_2$ Std. mehr als dieser. Wie lang ist die Strecke, und wie groß sind die Geschwindigkeiten der Züge?

790. Aus zwei Flüssigkeiten mit den Dichten 1,35 kg/dm³ und 0,93 kg/dm³ wurde eine Mischung mit der Dichte 1 kg/dm³ hergestellt. Gießt man zu der Mischung 5 l der ersten und 4 l der zweiten Flüssigkeit, so erhält die Mischung die Dichte 1,05 kg/dm³. Wieviel dm³ wurden zu der ersten Mischung von jeder Flüssigkeit genommen?

791. Von drei Pumpen hebt die zweite 3 m³ Wasser mehr, aber 4 m weniger hoch als die erste. Die dritte hebt in der gleichen Zeit 2 m³ Wasser weniger, aber 6 m höher als die erste. Welche Wassermenge bis zu welcher Höhe hebt jede Pumpe, wenn sie alle gleiche Leistung haben?

792. Drei Behälter enthalten zusammen 270 hl. Füllt man den Inhalt des ersten Behälters in den zweiten um, so bleiben im ersten $2/7$ zurück. Füllt man den Inhalt der letzten zwei Behälter in den ersten um, so fehlen noch 10 hl, um den ersten vollständig zu füllen. Wieviel Hektoliter faßt jeder Behälter?

793. Stellt man in einer dreistelligen Zahl mit der Quersumme 9 die dritte Ziffer an den Anfang, so nimmt die Zahl um 135 zu. Addiert man dagegen zur dritten Ziffer 3, so erhält man den fünften Teil der aus den beiden ersten Ziffern bestehenden Zahl. Wie heißt die Zahl?

794. Füllt man von 3 Fässern das erste, volle Faß in das zweite, leere Faß um, so bleiben im ersten noch $2/5$ zurück. Füllt man das zweite, volle Faß in das dritte, leere Faß um, so bleibt im zweiten noch $1/7$ zurück. Enthielte das erste, leere Faß 10 l mehr, so wäre es doppelt so groß wie das dritte. Wieviel l nimmt jedes Faß auf?

14. Quadratische Funktion und quadratische Gleichung

14.1. Die quadratische Funktion; Begriff; Funktionstypen

Eine Funktion der Form
$$y = ax^2 + bx + c,$$
wo a, b, c beliebige positive oder negative Zahlen bedeuten ($a \neq 0$), heißt eine *quadratische Funktion* von x. Um ihre Eigenschaften und ihre Kurve kennenzulernen, betrachten wir zunächst einige einfache Sonderfälle dieser Funktion.

Die Funktion $y = x^2$

Diese einfachste quadratische Funktion hat die Wertetabelle

x	—3	—2	—1	0	1	2	3
y	9	4	1	0	1	4	9

Ihre Kurve (Bild 68) liegt axialsymmetrisch zur y-Achse. Ihr tiefster Punkt („Scheitel") fällt in den Koordinatenanfangspunkt.

Die Kurve der Funktion $y = x^2$ heißt *quadratische Normalparabel*.

Die Funktion $y = x^2 + bx + c$

Bei dieser speziellen quadratischen Funktion ist also der Koeffizient des quadratischen Gliedes 1.

BEISPIEL
$$y = x^2 - 4x + 3$$

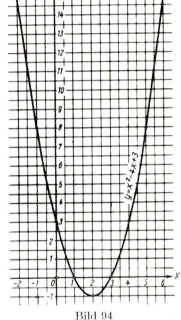

Bild 94

Wertetabelle

x	—2	—1	0	1	2	3	4	5	6
y	15	8	3	0	—1	0	3	8	15

Die Kurve dieser Funktion hat die gleiche Form wie die Normalparabel (Bild 94). Sie ist aber gegenüber der Normalparabel im Achsenkreuz parallel verschoben. In der analytischen Geometrie wird gezeigt, daß dieser Sachverhalt allgemein gilt:

▌ Die Kurve der Funktion $y = x^2 + bx + c$ stellt eine im Achsenkreuz parallel verschobene Normalparabel dar.

Die Funktion $y = ax^2$

Es sei hier a zunächst positiv.

BEISPIELE

$$y = 2x^2; \quad y = \frac{1}{2} x^2$$

x	—4	—3	—2	—1	0	1	2	3	4
$y = x^2$	16	9	4	1	0	1	4	9	16
$y = 2x^2$	32	18	8	2	0	2	8	18	32
$y = \frac{1}{2} x^2$	8	4,5	2	0,5	0	0,5	2	4,5	8

Der Vergleich der Wertetabelle und der Kurve dieser Funktion (Bild 95) mit der Normalparabel zeigt: Bei der Funktion $y = 2x^2$ ist jeder Punkt der Kurve senkrecht zur x-Achse im Verhältnis 2 : 1 gehoben; bei der Funktion $y = \frac{1}{2} x^2$ ist jeder Kurvenpunkt senkrecht zur x-Achse im Verhältnis 1 : 2 gesenkt. In beiden Fällen hat die Kurve gegenüber der Normalparabel ihre Form geändert.

Ist a negativ, so liegt die Kurve um die x-Achse herumgeklappt nach unten.

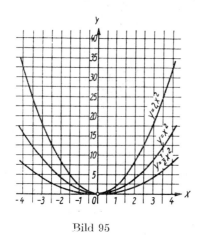
Bild 95

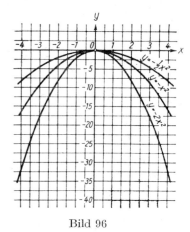
Bild 96

BEISPIELE $y = -x^2; \quad y = -2x^2; \quad y = -\frac{1}{2} x^2$ (Bild 96).

Die durch den Faktor a bedingte Formveränderung der Normalparabel hängt von dem absoluten Wert von a ab. Unter Benutzung der in 2.5. eingeführten Schreibweise für den absoluten Betrag einer Zahl kann man die bisherigen Überlegungen zusammenfassen:

Die Kurve der Funktion $y = ax^2$ ist für $|a| > 1$ eine gestreckte Normalparabel, für $|a| < 1$ eine gestauchte Normalparabel.

14.2. Nullstellen einer quadratischen Funktion

Die Funktion $y = ax^2 + bx + c$

BEISPIELE $y = 2x^2 - 4x - 6;\quad y = 0{,}5x^2 + x - 1{,}5$ (Bild 97a, b).

Als Kurve erhalten wir eine im Achsenkreuz verschobene gestreckte oder gestauchte Normalparabel. In der analytischen Geometrie wird gezeigt, daß dieser Sachverhalt allgemein gilt:

> Die Kurve der allgemeinen quadratischen Funktion $y = ax^2 + bx + c$ ist eine im Achsenkreuz verschobene gestreckte oder gestauchte Normalparabel ($a \neq 1$).

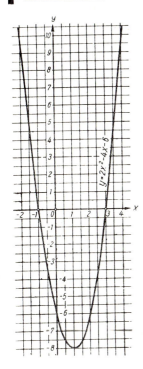
Bild 97a

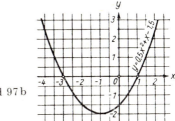
Bild 97b

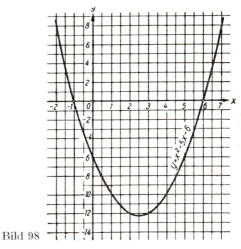
Bild 98

14.2. Nullstellen einer quadratischen Funktion

Eine Stelle x_0, an der die Kurve einer quadratischen Funktion die x-Achse schneidet, heißt eine *Nullstelle* dieser Funktion. Die Anzahl der Nullstellen hängt von der Lage der Parabel in dem Achsenkreuz ab. Es bestehen drei Möglichkeiten:

BEISPIELE

1. $y = x^2 - 5x - 6$ (Bild 98).

   Die Kurve schneidet die x-Achse in zwei Punkten $x_{01} = 6;\ x_{02} = -1$. Die Funktion hat also *zwei* Nullstellen.

2. $y = x^2 - 5x + 6{,}25$ (Bild 99).

Die Kurve berührt die x-Achse in dem einen Punkt $x_0 = 2{,}5$. Die Funktion hat also eine Nullstelle. Aus Gründen, die wir später übersehen werden (Seite 373), spricht man in diesem Fall nicht von einer Nullstelle, sondern von *zwei zusammenfallenden* Nullstellen.

3. $y = x^2 + 4x + 5$ (Bild 100).

Die Kurve schneidet die x-Achse nicht. Die Funktion hat also *keine reelle* Nullstelle.

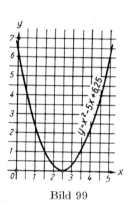

Bild 99

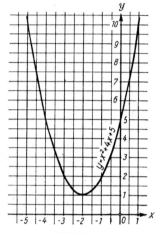

Bild 100

AUFGABEN

795. Zeichne in ein Achsenkreuz die Kurven der Funktionen

$$y = 3x^2; \quad y = -3x^2; \quad y = \frac{1}{3}x^2; \quad y = -\frac{1}{3}x^2$$

796. Zeichne die Kurven der Funktionen $y = (x-1)^2$ und $y = -(x-1)^2$.

797. Zeichne die Kurven der Funktionen $y = x^2 - 6x + 8$; $y = x^2 - 6x + 9$; $y = x^2 - 6x + 10$. Lies aus den Kurven für jede Funktion die Nullstellen ab.

798. Zeichne die Kurven der Funktionen $y = x^2 + 2x - 3$; $y = x^2 + 2x + 1$; $y = x^2 + 2x + 3$. Lies für jede Funktion die Nullstellen ab.

799. Das Weg-Zeit-Gesetz für den freien Fall lautet: $s = \dfrac{1}{2}gt^2$ ($g = 9{,}81$ m/s²). Zeichne die Kurve für $0 \text{ s} \leq t \leq 5 \text{ s}$ in einem geeigneten Maßstab.

800. Ein waagerecht geworfener Körper bewegt sich (ohne Berücksichtigung des Luftwiderstandes) auf einer Bahn, die der Gleichung $y = -\dfrac{g}{2v_0^2}x^2$ genügt (Fallbeschleunigung $g \approx 10$ m/s²; waagerechte Abwurfsgeschwindigkeit $v_0 = 5$ m/s). Zeichne die Bahn der Bewegung für $0 \text{ m} \leq x \leq 20 \text{ m}$.

14.3. Quadratische Gleichungen mit einer Unbekannten; Begriff; allgemeine Form und Normalform

Eine algebraische Gleichung zweiten Grades mit einer Unbekannten ist eine Bestimmungsgleichung, bei der die Unbekannte in zweiter, aber nicht in höherer Potenz vorkommt.

Durch Beseitigen der auftretenden Nenner, Ausmultiplizieren der Klammern und durch Zusammenfassen gleicher Potenzen der Unbekannten ist es möglich, jede quadratische Gleichung mit einer Unbekannten auf die *allgemeine Form*

$$\boxed{Ax^2 + Bx + C = 0} \quad \text{Allgemeine Form der quadratischen Gleichung} \tag{129}$$

zu bringen. Hierin bedeuten die „Koeffizienten" A, B, C beliebige positive oder negative Zahlen; die Zahl A darf jedoch nicht gleich Null sein, da die Gleichung dann nicht mehr quadratisch wäre.

Die drei Glieder der allgemeinen Form heißen

    Ax^2 das quadratische Glied,
    Bx das lineare Glied,
    C das absolute Glied.

Da sich jede quadratische Gleichung auf diese Form bringen läßt, ist mit der Lösung der allgemeinen Form der Lösungsweg für jede spezielle quadratische Gleichung gegeben.

Hat in der allgemeinen Form einer quadratischen Gleichung der Koeffizient des quadratischen Gliedes den speziellen Wert 1, so nennt man diese Form die *Normalform* der quadratischen Gleichung. Man prägt sie sich zweckmäßig in der Form ein:

$$\boxed{x^2 + px + q = 0} \quad \text{Normalform der quadratischen Gleichung} \tag{130}$$

Hierin bedeuten p und q beliebige positive oder negative Zahlen (einschließlich Null).

Es wird sich zeigen, daß man eine in der allgemeinen Form gegebene quadratische Gleichung stets auf die Normalform bringen kann.

14.4. Numerische Lösung der quadratischen Gleichung

Versucht man eine Gleichung zweiten Grades, z. B. $x^2 + 6x + 8 = 0$, auf dem gleichen Wege zu lösen, der bei der Gleichung ersten Grades beschritten wurde, so kommt man im allgemeinen über die Isolierung der Unbekannten nicht hinaus. Man erkennt daraus, daß die Lösung der quadratischen Gleichung im allgemeinen besonderer Rechenoperationen bedarf. Im folgenden behandeln wir schrittweise zunächst einfache, leicht lösbare Sonderfälle der quadratischen Gleichung. Zuletzt erfolgt die Lösung der Normalform und der allgemeinen Form.

14. Quadratische Funktion und quadratische Gleichung

Die reinquadratische Gleichung $Ax^2 + C = 0$

Eine quadratische Gleichung, in der das lineare Glied fehlt, heißt *reinquadratisch*.

BEISPIELE

1. $2x^2 - 32 = 0$

$$x^2 = 16$$

Lösung: Auf beiden Seiten der Gleichung wird die Quadratwurzel gezogen:

$$x = \pm \sqrt{16} = \pm 4$$

$$\underline{\underline{x_1 = 4}}; \quad \underline{\underline{x_2 = -4}}$$

Die Quadratwurzel ist nach 3.2.2. in bezug auf das Vorzeichen doppeldeutig. Daher mußte bei der beiderseitigen Radizierung der Gleichung $x^2 = 16$ das doppelte Vorzeichen berücksichtigt werden, also $x = \pm 4$. Man könnte hier einwenden: Da auf *beiden* Seiten der Gleichung die Quadratwurzel gezogen wird, muß das doppelte Vorzeichen auch auf *beiden* Seiten in Ansatz gebracht werden; also $\pm x = \pm 4$. In diesem Falle erhält man aber auch nur die Lösungen $x_1 = +4$; $x_2 = -4$. Wenn also in einer Gleichung beiderseits die Quadratwurzel gezogen wird, genügt es, das doppelte Vorzeichen auf *einer* Seite zu berücksichtigen; bei den folgenden Beispielen geschieht das stets auf der rechten Seite.

Probe: $\quad x_1 = +4 \qquad\qquad x_2 = -4$

$$2(+4)^2 - 32 = 0 \qquad 2(-4)^2 - 32 = 0$$

$$32 - 32 = 0 \qquad\qquad 32 - 32 = 0$$

$$0 = 0 \qquad\qquad\qquad 0 = 0$$

Die beiden erhaltenen Ergebnisse $x_1 = +4$ und $x_2 = -4$ erfüllen die Ausgangsgleichung. Beide sind also Lösungen und für die Mathematik völlig gleichberechtigt. Im Rahmen eingekleideter Aufgaben kann jedoch der Fall eintreten, daß einer negativen Lösung keine praktische Bedeutung zukommt. Das bedarf in jedem Fall einer besonderen Untersuchung.

In der Algebra ist für die Lösung einer Gleichung auch der Ausdruck „Wurzel" gebräuchlich. Dieser Sprachgebrauch gilt allgemein; es ist also für die Verwendung dieses Wortes nicht notwendig, daß bei der Ermittlung der Lösung radiziert werden mußte. Zum Beispiel hat die Gleichung $x + 2 = 5$ die Lösung oder die Wurzel $x = 3$.

2. $5x^2 + 20 = 0$

Lösung: $x^2 = -4$

$$x = \pm \sqrt{-4}$$

In diesem Falle gibt es keine reelle Lösung. Nach 4.1. gilt:

$$x = \pm \sqrt{-4} = \pm \sqrt{4}\sqrt{-1} = \pm 2i$$

$$\underline{\underline{x_1 = +2i}}; \quad \underline{\underline{x_2 = -2i}}$$

Die Gleichung hat also zwei imaginäre Lösungen.

14.4. Numerische Lösung der quadratischen Gleichung

Probe: $x_1 = +\,2i$ $\qquad\qquad x_2 = -\,2i$

$\qquad 5\,(+\,2i)^2 + 20 = 0 \qquad\quad 5\,(-\,2i)^2 + 20 = 0$

$\qquad 5 \cdot 4 \cdot i^2 + 20 = 0 \qquad\quad 5 \cdot 4 \cdot i^2 + 20 = 0$

$\qquad\qquad -20 + 20 = 0 \qquad\qquad\quad -20 + 20 = 0$

$\qquad\qquad\qquad\quad 0 = 0 \qquad\qquad\qquad\qquad\quad 0 = 0$

Die Gleichung ist richtig gelöst.

Die beiden behandelten Beispiele sind typisch für die Fälle, die bei der Lösung einer reinquadratischen Gleichung eintreten können.

| Die reinquadratische Gleichung hat entweder zwei reelle oder zwei imaginäre Lösungen.

Über die Bedeutung imaginärer Lösungen s. 14.6.

Die gemischtquadratische Gleichung ohne absolutes Glied $Ax^2 + Bx = 0$

Enthält eine quadratische Gleichung auch das lineare Glied der Unbekannten, so heißt sie *gemischtquadratisch*. Wir behandeln zunächst den Sonderfall, daß das absolute Glied gleich Null ist.

BEISPIEL

$3x^2 - 5x = 0$

Lösung: Hier läßt sich links x ausklammern:

$$x \cdot (3x - 5) = 0$$

Das nun links stehende Produkt kann nur dann den Wert Null haben, wenn entweder der erste oder der zweite Faktor gleich Null ist. Die erste Möglichkeit, daß also x gleich Null ist, liefert die erste Lösung

$$\underline{\underline{x_1 = 0}}$$

Aus der zweiten Möglichkeit, daß also

$$3x - 5 = 0$$

folgt:

$$x = \frac{5}{3} \approx 1{,}67$$

Das ist die zweite Lösung. Wir schreiben:

$$\underline{\underline{x_2 = \frac{5}{3} \approx 1{,}67}}$$

In Abschnitt 11.2. ist darauf hingewiesen worden, daß bei der Lösung einer Gleichung im allgemeinen nicht durch die Unbekannte dividiert werden darf. Würde man im vorstehenden Beispiel diesen unzulässigen Weg beschreiten, so erhielte man:

$$3x^2 - 5x = 0 \mid : x$$
$$3x - 5 = 0$$
$$x = \frac{5}{3} \approx 1{,}67$$

Das ist zwar eine richtige Lösung. Die andere Lösung $x = 0$ geht aber bei diesem nicht zulässigen Weg verloren.

Mit dem behandelten Beispiel ist die Lösung dieses Sonderfalles der gemischtquadratischen Gleichung erschöpft.

> Eine gemischtquadratische Gleichung ohne absolutes Glied $Ax^2 + Bx = 0$ hat stets zwei reelle Lösungen, von denen eine Null ist.

Die gemischtquadratische Gleichung in der Normalform $x^2 + px + q = 0$

BEISPIELE

1. Die linke Seite dieser Gleichung ist ein vollständiges Quadrat der Form

$$a^2 + 2ab + b^2 = (a + b)^2 \text{ z. B.}$$
$$x^2 + 6x + 9 = 0$$

Lösung: Man kann umformen in

$$(x + 3)^2 = 0$$

Beiderseits wird nun die Quadratwurzel gezogen:

$$x + 3 = 0$$
$$\underline{\underline{x = -3}}$$

Diese Gleichung zeigt gegenüber den bisher behandelten Beispielen insofern ein anderes Verhalten, als hier nur eine Lösung auftritt. Wir kommen darauf später noch einmal bei der Diskussion der quadratischen Gleichung zurück (Seite 373).

2. Im allgemeinen wird bei der gegebenen Gleichung die linke Seite kein vollständiges Quadrat sein, z. B.

$$x^2 + 6x + 8 = 0$$

Lösung: Nach Isolierung der Unbekannten erhält man

$$x^2 + 6x = -8$$

Es ist nun stets möglich, die beiden links stehenden Glieder durch Addition einer geeigneten Zahl zu einem vollständigen Quadrat zu ergänzen, also zu einem Ausdruck der Form

$$a^2 + 2ab + b^2 \qquad (I)$$

In der vorliegenden Gleichung sind links die Glieder

$$x^2 + 6x$$

oder $\qquad x^2 + 2 \cdot 3x \qquad (II)$

vorhanden. Der Zahl a^2 in (I) entspricht x^2 in (II); ferner entspricht der Zahl b in (I) die Zahl 3 in (II). Daher entspräche dem dritten Summanden b^2 in (I) eine Zahl 9 in (II), die hier jedoch fehlt. Damit ist als *quadratische Ergänzung* die Zahl 9 bestimmt. Wenn man in (II) beiderseits 9 addiert, wird an den Lösungen der Gleichung nichts geändert, aber die linke Seite der Gleichung wird ein vollständiges Quadrat:

$$x^2 + 2 \cdot 3x + 9 = -8 + 9$$

$$(x + 3)^2 = 1$$

Beiderseits wird die zweite Wurzel gezogen, wobei das zweifache Vorzeichen der Quadratwurzel zu berücksichtigen ist:

$$x + 3 = \pm \sqrt{1}$$

$$x = -3 \pm 1$$

$$\underline{\underline{x_1 = -2}} \qquad \underline{\underline{x_2 = -4}}$$

Probe!

14.5. Formelmäßige Lösung der Normalform

Da der Lösungsweg für jede in der Normalform gegebene quadratische Gleichung der gleiche ist, liegt es nahe, diesen Lösungsweg zu vereinfachen, indem man die Normalform selbst löst und alle in dieser Form anfallenden speziellen Gleichungen formelmäßig behandelt.

Aus der Normalform

$$x^2 + px + q = 0$$

folgt $\qquad x^2 + px = -q$

oder $\qquad x^2 + 2 \cdot \dfrac{p}{2} x = -q$

Die quadratische Ergänzung beträgt hier $\left(\dfrac{p}{2}\right)^2$; sie wird beiderseits addiert:

$$x^2 + 2 \cdot \dfrac{p}{2} x + \left(\dfrac{p}{2}\right)^2 = \left(\dfrac{p}{2}\right)^2 - q$$

oder
$$\left(x+\frac{p}{2}\right)^2 = \left(\frac{p}{2}\right)^2 - q$$

$$x + \frac{p}{2} = \pm\sqrt{\left(\frac{p}{2}\right)^2 - q}$$

$$x = -\frac{p}{2} \pm \sqrt{\left(\frac{p}{2}\right)^2 - q}$$

$$\boxed{\begin{aligned}x_1 &= -\frac{p}{2} + \sqrt{\left(\frac{p}{2}\right)^2 - q} \\ x_2 &= -\frac{p}{2} - \sqrt{\left(\frac{p}{2}\right)^2 - q}\end{aligned}} \qquad (131)$$

Beachte: Die vorstehende Lösungsformel der quadratischen Gleichung kann man nur dann mit Erfolg anwenden, wenn man berücksichtigt, daß sie zu der Normalform (130) gehört. Man präge sich daher die Lösungsformel zusammen mit der Normalform ein.

BEISPIEL

$x^2 - 3{,}6x - 2{,}52 = 0$

Lösung: Man vergleicht diese Gleichung mit der Normalform $x^2 + px + q = 0$. Die Koeffizienten p und q haben hier den Wert:

$$p = -3{,}6; \quad q = -2{,}52$$

folglich: $\quad \frac{p}{2} = -1{,}8$

Die Anwendung der Lösungsformel (131) ergibt:

$$x = -(-1{,}8) \pm \sqrt{(-1{,}8)^2 - (-2{,}52)}$$

$$x = 1{,}8 \pm \sqrt{3{,}24 + 2{,}52} = 1{,}8 \pm \sqrt{5{,}76}$$

$$x = 1{,}8 \pm 2{,}4$$

$$\underline{\underline{x_1 = 4{,}2}} \qquad \underline{\underline{x_2 = -0{,}6}}$$

Probe!

14.6. Imaginäre und komplexe Lösungen der quadratischen Gleichung

In Abschnitt 4. wurden die imaginären und komplexen Zahlen eingeführt und die für diese Zahlen gültigen Rechengesetze behandelt. Die Einführung dieser neuen Zahlen erfolgte dort zunächst aus rein formalen Gründen. Später – in 4.6.3. – wurde gezeigt, daß in der Elektrotechnik die Verwendung der komplexen Zahlen erhebliche rechnerische Vorteile bietet.
Die Bedeutung der komplexen Zahlen für die Algebra erkennen wir bei der Lösung quadratischer Gleichungen.

BEISPIELE

1. $x^2 - 4x + 13 = 0$

Lösung: Mit Hilfe der Lösungsformel (131) ergibt sich:

$$x = 2 \pm \sqrt{4 - 13}$$
$$x = 2 \pm \sqrt{-9}$$

Da der Radikand negativ ist, hat die Wurzel keinen reellen Wert; die Gleichung hat somit keine reellen Lösungen. Nach 4.1. gilt:

$$x = 2 \pm \sqrt{9}\sqrt{-1} = 2 \pm 3i$$

Man erhält also zwei komplexe Lösungen:

$$\underline{\underline{x_1 = 2 + 3i}}; \quad \underline{\underline{x_2 = 2 - 3i}}$$

Probe für x_1:

$$(2 + 3i)^2 - 4(2 + 3i) + 13 = 0$$
$$4 + 12i - 9 - 8 - 12i + 13 = 0$$
$$0 = 0$$

Probe für x_2:

$$(2 - 3i)^2 - 4(2 - 3i) + 13 = 0$$
$$2 - 12i - 9 - 8 + 12i + 13 = 0$$
$$0 = 0$$

x_1 und x_2 sind also Lösungen der Ausgangsgleichung.

2. Die Gleichung

$$x^2 + 25 = 0$$

hat die imaginären Lösungen

$$\underline{\underline{x_1 = +5i}}; \quad \underline{\underline{x_2 = -5i}}$$

Die Bestätigung erfolgt wieder durch die Einsetzprobe.

Infolge der Existenz der imaginären und komplexen Zahlen ist man also in der Lage, auch in Fällen, in denen eine quadratische Gleichung keine reellen Lösungen hat, noch imaginäre oder komplexe Lösungen anzugeben.

Hierin liegt die Bedeutung der imaginären und komplexen Zahlen für die Algebra. Durch die Erweiterung des Bereichs der reellen Zahlen um die imaginären und komplexen Zahlen wird erreicht, daß zunächst eine quadratische Gleichung stets Lösungen in diesem Bereich hat. Die Notwendigkeit, eine abermalige Erweiterung dieses Bereichs der reellen und komplexen Zahlen vorzunehmen, besteht zunächst nicht; es läßt sich nämlich zeigen (s. 17.2., Fundamentalsatz der Algebra, Seite 437), daß die Zahlen dieses Bereichs auch ausreichen, um *jede* algebraische Gleichung *beliebigen Grades* zu lösen.

Der Lernende lasse sich durch die Bezeichnungen „reell" und „imaginär" nicht verleiten, in den imaginären oder komplexen Lösungen einer Gleichung Zahlen zu sehen, die in irgendeiner Hinsicht „schlechter" sind als reelle Lösungen. Für die Mathematik sind die imaginären und komplexen Lösungen einer Gleichung den reellen Lösungen völlig gleichwertig.

Eine andere Frage ist, ob die imaginären und komplexen Lösungen einer Gleichung praktische Bedeutung haben können. Anders ausgedrückt: Hat es Sinn, imaginäre oder komplexe Zahlen mit Einheiten zu imaginären oder komplexen Größen zu verbinden? Als erste technische Wissenschaft hat die Elektrotechnik vor längerer Zeit diesen Weg mit Erfolg beschritten; in neuerer Zeit haben imaginäre und komplexe Zahlen Eingang in spezielle Gebiete der Mechanik gefunden. Diese Entwicklung muß, da sie praktisch auf Erleichterung von aufzuwendender Rechenarbeit hinausläuft, als eine Verbesserung der mathematischen Methoden gewertet werden.

14.7.   Lösung der allgemeinen gemischtquadratischen Gleichung

BEISPIEL

$5x^2 - 4x - 217 = 0$

Lösung: Wendet man auf beiden Seiten der Gleichung die gleiche Rechenoperation an, so erhält man formal eine andere Gleichung; diese hat jedoch die gleichen Lösungen wie die Ausgangsgleichung (s. 11.2.). Nach Division unserer Gleichung durch den Koeffizienten 5 des quadratischen Gliedes erhält man eine Gleichung in der Normalform

$$x^2 - 0{,}8x - 43{,}4 = 0$$

und daraus mit Hilfe der Lösungsformel (131):

$$x = 0{,}4 \pm \sqrt{0{,}16 + 43{,}4}$$

$$x = 0{,}4 \pm 6{,}6$$

$$\underline{\underline{x_1 = 7{,}0}} \qquad \underline{\underline{x_2 = -6{,}2}}$$

Probe!

Eine in der allgemeinen Form

$$Ax^2 + Bx + C = 0$$

vorliegende quadratische Gleichung läßt sich stets auf die Normalform zurückführen. Die Gleichung wird beiderseits durch A dividiert:

$$x^2 + \frac{B}{A}x + \frac{C}{A} = 0$$

Setzt man hier zur Abkürzung

$$\frac{B}{A} = p, \quad \frac{C}{A} = q,$$

so erhält man die Gleichung in der Normalform.

14.8. Graphische Lösung der quadratischen Gleichung

Für die graphische Lösung der quadratischen Gleichung gelten hinsichtlich des Prinzips und der praktischen Bedeutung des Verfahrens die gleichen Ausführungen wie für die lineare Gleichung (s. 11.4).

BEISPIEL

$2x^2 - 3x - 9 = 0$

Lösung: Man betrachtet an Stelle dieser Bestimmungsgleichung die entsprechende Funktionsgleichung

$$y = 2x^2 - 3x - 9$$

und zeichnet deren Kurve (Bild 101), aus der man die Nullstellen abliest:

$\underline{\underline{x_{01} = -1{,}5}}; \qquad \underline{\underline{x_{02} = +3{,}0}}$

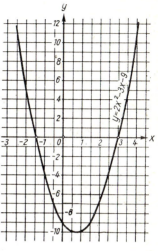

Bild 101

14.9. Diskussion der quadratischen Gleichung mit einer Unbekannten

Bei der Lösung der quadratischen Gleichung können drei verschiedene Fälle eintreten:

1. Der unter der Wurzel der Lösungsformel stehende Ausdruck $\left(\frac{p}{2}\right)^2 - q$ ist positiv. Dann läßt sich die Wurzel genau oder näherungsweise ziehen. Man erhält zwei verschiedene reelle Lösungen. Bei dem graphischen Verfahren erhält man entsprechend eine Parabel, die die x-Achse in zwei Punkten schneidet (Bild 94).

BEISPIEL

$x^2 - 5x - 6 = 0; \quad x_1 = 6; \quad x_2 = -1.$

Graphische Lösung Bild 98.

2. Der unter der Wurzel stehende Ausdruck $\left(\frac{p}{2}\right)^2 - q$ ist gleich Null. Dann wird

$$x = -\frac{p}{2} \pm \sqrt{0} = -\frac{p}{2}$$

Man spricht in diesem Falle nicht von einer, sondern von zwei zusammenfallenden reellen Lösungen. Diese doppelte Zählung der Lösung ist selbstverständlich nur eine Verabredung. Bei dieser Übereinkunft hat man den Vorteil, daß im Falle 1. und 2. stets zwei reelle Lösungen existieren. Die „Permanenz"[1] ist gewahrt. Bei dem graphischen Verfahren erhält man in diesem Falle eine Parabel, die die x-Achse in einem Punkt berührt.

BEISPIEL

$x^2 - 5x + 6{,}25 = 0; \quad x_1 = 2{,}5; \quad x_2 = 2{,}5$

Graphische Lösung Bild 99.

3. Der unter der Wurzel stehende Ausdruck $\left(\dfrac{p}{2}\right)^2 - q$ ist negativ. Dann hat die Wurzel keinen reellen Wert. In diesem Fall gibt es zwei verschiedene imaginäre oder komplexe Lösungen. Bei dem graphischen Verfahren erhält man eine Parabel, die mit der x-Achse keinen Punkt gemeinsam hat.

BEISPIEL

$x^2 + 4x + 5 = 0; \quad x_1 = -2 + i; \quad x_2 = -2 - i$

Diese komplexen Lösungen können nur rechnerisch, nicht aber mit Hilfe des graphischen Verfahrens (Bild 100) gefunden werden.

Diskriminante der quadratischen Gleichung

Das Verhalten einer quadratischen Gleichung hinsichtlich ihrer Lösungen wird also entscheidend durch den Ausdruck $\left(\dfrac{p}{2}\right)^2 - q$ bestimmt. Man nennt diesen Ausdruck daher die *Diskriminante*[2] der quadratischen Gleichung.

14.10. Zusammenhang zwischen den Koeffizienten und Lösungen der Gleichung; Wurzelsatz von VIETA

Die Normalform der quadratischen Gleichung

$$x^2 + px + q = 0$$

hat die Lösungen

$$x_1 = -\frac{p}{2} + \sqrt{\left(\frac{p}{2}\right)^2 - q}$$

$$x_2 = -\frac{p}{2} - \sqrt{\left(\frac{p}{2}\right)^2 - q}$$

---

[1] permanens (lat.) fortdauernd; gemeint ist hier der Fortbestand des Satzes, daß es stets zwei Lösungen gibt
[2] discrimen (lat.) Entscheidung

14.10. Zusammenhang zwischen den Koeffizienten und Lösungen der Gl.

Um den Zusammenhang zwischen den Koeffizienten und den Wurzeln der Gleichung zu ermitteln, bildet man zunächst die Summe der Lösungen $x_1 + x_2$, dann das Produkt der Lösungen $x_1 \cdot x_2$;

$$x_1 + x_2 = \left(-\frac{p}{2} + \sqrt{\left(\frac{p}{2}\right)^2 - q}\right) + \left(-\frac{p}{2} - \sqrt{\left(\frac{p}{2}\right)^2 - q}\right) = -2 \cdot \frac{p}{2} = -p$$

$$x_1 \cdot x_2 = \left(-\frac{p}{2} + \sqrt{\left(\frac{p}{2}\right)^2 - q}\right) \cdot \left(-\frac{p}{2} - \sqrt{\left(\frac{p}{2}\right)^2 - q}\right)$$

Das rechts stehende Produkt entspricht der Formel $(a+b)(a-b) = a^2 - b^2$; daher:

$$x_1 \cdot x_2 = \left(-\frac{p}{2}\right)^2 - \left(\sqrt{\left(\frac{p}{2}\right)^2 - q}\right)^2 = q$$

Somit

$$\boxed{\begin{aligned} x_1 + x_2 &= -p \\ x_1 \cdot x_2 &= q \end{aligned}} \qquad \text{(Wurzelsatz von Vieta)} \qquad (132)$$

In Worten:

Für die Lösungen x_1 und x_2 einer in der Normalform gegebenen quadratischen Gleichung gilt:

> Die Summe der Lösungen ist gleich dem Koeffizienten des linearen Gliedes mit umgekehrtem Vorzeichen.
> Das Produkt der Lösungen ist gleich dem absoluten Gliede.

Der Satz von Vieta findet Anwendung

a) bei der Probe für die richtige Lösung quadratischer Gleichungen;

b) zum schnellen Lösen quadratischer Gleichungen mit einfachen Koeffizienten;

c) in der Theorie algebraischer Gleichungen.

Anwendungen

a) Probe für die richtige Lösung quadratischer Gleichungen.

BEISPIELE

1. Für die Gleichung

$$x^2 + 1{,}3x - 7{,}14 = 0$$

hat man die Lösungen

$$x_1 = 2{,}1 \qquad x_2 = -3{,}4$$

erhalten. Die Richtigkeit ist mit Hilfe des Satzes von Vieta zu prüfen.

Probe: $2,1 + (-3,4) = -1,3 = -p$

$2,1 \cdot (-3,4) = -7,14 = q$

Beide Teile des Satzes von VIETA sind erfüllt. x_1 und x_2 sind daher Lösungen.

2. Prüfe entsprechend

$x^2 - 6,6x - 6,48 = 0$ mit $x_1 = 1,2$ und $x_2 = 5,4$.

Probe: $1,2 + 5,4 = 6,6 = -p$

$1,2 \cdot 5,4 = 6,48 \neq q$

Nur der erste Teil des Satzes von VIETA ist erfüllt; das Produkt hätte —6,48 ergeben müssen. Die Gleichung ist daher nicht richtig gelöst.

Selbstverständlich kann die Probe für eine quadratische Gleichung auch durch Einsetzen *beider* Lösungen in die Ausgangsgleichung vorgenommen werden. Die hierbei aufzuwendende Rechenarbeit ist aber im allgemeinen größer als bei Anwendung des Satzes von VIETA.

b) Schnelle Lösung einfacher quadratischer Gleichungen

Wenn eine in der Normalform gegebene quadratische Gleichung mit ganzzahligen Koeffizienten ganzzahlige Lösungen besitzt, ist es häufig möglich, diese Lösungen sofort zu übersehen.

BEISPIELE

1. Die Lösungen der Gleichung

$$x^2 + 7x + 12 = 0$$

sollen mit Hilfe des Satzes von VIETA ermittelt werden.

Lösung: In der vorliegenden Gleichung ist

$p = +7; \qquad q = +12$

Da $x_1 \cdot x_2 = +12$, müssen x_1 und x_2 gleiches Vorzeichen haben. Ferner ist $x_1 + x_2 = -7$; folglich sind x_1 und x_2 beide negativ. Da $x_1 \cdot x_2 = 12$, kommen, wenn die Gleichung ganzzahlige Lösungen hat, nur die Zahlen

-1 und -12; -2 und -6; -3 und -4

in Betracht. Da aber $x_1 + x_2 = -7$, bleiben von den angeführten Möglichkeiten nur

$\underline{\underline{x_1 = -3}}; \qquad \underline{\underline{x_2 = -4}}$

2. Desgl. für die Gleichung

$$x^2 - 3x - 18 = 0$$
$$p = -3; \quad q = -18$$

Lösung: Da $x_1 \cdot x_2 = -18$, haben x_1 und x_2 verschiedene Vorzeichen. Ferner ist $x_1 + x_2 = +3$; die größere der Zahlen x_1 und x_2 ist also positiv. Da $x_1 \cdot x_2 = -18$, kommen, wenn ganzzahlige Lösungen vorhanden sind, nur folgende Zahlen in Betracht:

$$-1 \text{ und } +18; \; -2 \text{ und } +9; \; -3 \text{ und } +6$$

Wegen $x_1 + x_2 = +3$ bleiben von den angeführten Zahlen nur

$$\underline{\underline{x_1 = -3}}; \qquad \underline{\underline{x_2 = +6}}$$

14.11. Produktform der quadratischen Gleichung

Der folgende Abschnitt bildet die Grundlage, auf der später die Theorie der Gleichungen höheren Grades entwickelt wird.

Die quadratische Gleichung in der Normalform lautet:

$$x^2 + px + q = 0. \tag{I}$$

Es sei x_1 eine Lösung dieser Gleichung; dann gilt also:

$$x_1^2 + px_1 + q = 0, \tag{II}$$

und zwar ist dieses eine *identische* Gleichung, bei der auch die linke Seite nach Zusammenfassung aller Summanden die Zahl Null ergibt. Man subtrahiert nun die zweite Gleichung von der ersten und erhält nach Zusammenfassung der Glieder gleichen Grades

$$(x^2 - x_1^2) + p(x - x_1) = 0. \tag{III}$$

Die Gleichung (III) ist dadurch entstanden, daß von der Bestimmungsgleichung (I) die identische (II), die eigentlich $0 = 0$ lautet, subtrahiert wurde. Daraus folgt, daß die so entstandene Gleichung (III) nichts anderes sein kann als eine andere Form der Ausgangsgleichung (I); daher

$$x^2 + px + q = (x^2 - x_1^2) + p(x - x_1).$$

Auf der rechten Seite der Gleichung läßt sich der Faktor $(x - x_1)$ abspalten:

$$x^2 + px + q = (x - x_1)(x + x_1 + p). \tag{IV}$$

Dieses wichtige Ergebnis, das sich auch auf Gleichungen höheren Grades übertragen läßt, lautet in Worten:

> Ist x_1 Lösung einer quadratischen Gleichung, so läßt sich von der Gleichung der Faktor $(x - x_1)$ abspalten;

oder anders ausgedrückt:

> Ist x_1 Lösung einer quadratischen Gleichung, so ist die Gleichung ohne Rest durch $(x - x_1)$ teilbar.

Welche Bedeutung hat auf der rechten Seite der Gleichung (IV) der Faktor $(x + x_1 + p)$?

Es sei x_2 die andere Lösung der Gleichung (I); dann gilt nach VIETA:

$$x_1 + x_2 = -p$$

oder $\quad x_1 + p = -x_2.$

Mit Hilfe dieser Beziehung läßt sich der Faktor $(x + x_1 + p)$ umformen:

$$x + x_1 + p = x - x_2\,.$$

Also geht Gleichung (IV) über in

$$x^2 + px + q = (x - x_1)(x - x_2) = 0\,.$$

In Worten:

> Sind x_1 und x_2 Lösungen einer quadratischen Gleichung in der *Normalform*, so läßt sich die Gleichung in der Form
>
> $$(x - x_1) \cdot (x - x_2) = 0 \qquad (133)$$
>
> schreiben (*Produktform* der quadratischen Gleichung).

BEISPIEL

Die quadratische Gleichung $x^2 - 2x - 3 = 0$ hat die Lösungen $x_1 = 3$ und $x_2 = -1$. Die Produktform dieser Gleichung lautet:

$$(x - 3) \cdot (x + 1) = 0$$

Man überzeuge sich, daß man durch Ausmultiplizieren wieder die Normalform erhält. Beide Formen sind also verschiedene Schreibweisen für dieselbe Gleichung.

Produktform einer in der Allgemeinform gegebenen quadratischen Gleichung:

Hat die quadratische Gleichung $Ax^2 + Bx + C = 0$ die Lösungen x_1 und x_2, so läßt sich die Gleichung auch in der Form $A(x - x_1)(x - x_2) = 0$ schreiben.

14.12. Gleichungen höheren Grades, die sich auf quadratische Gleichungen zurückführen lassen

BEISPIEL

$x^4 - 8x^2 + 15 = 0$

14.12. Gleichungen höheren Grades

Lösung: Die Gleichung ist eine Bestimmungsgleichung vierten Grades. Sie hat die Besonderheit, daß die dritte und die erste Potenz der Unbekannten nicht vorkommen. In diesem Falle ist es stets möglich, die Gleichung vierten Grades auf eine quadratische Gleichung zurückzuführen und damit zu lösen. Man führt eine neue Unbekannte y durch die Substitution[1]

$$y = x^2$$

ein. Dadurch geht die Ausgleichsgleichung über in die Gleichung

$$y^2 - 8y + 15 = 0$$

Hieraus erhält man auf dem üblichen Wege

$$y_1 = 5 \qquad y_2 = 3$$

Da allgemein $x = \pm \sqrt{y}$, erhält man

$$x_{11} = + \sqrt{5} = +2{,}24\cdots; \qquad x_{21} = + \sqrt{3} = +1{,}73\cdots$$

$$x_{12} = - \sqrt{5} = -2{,}24\cdots; \qquad x_{22} = - \sqrt{3} = -1{,}73\cdots$$

Man erhält also in diesem Fall für die Unbekannte x vier Lösungen.

Eine derartige Gleichung vierten Grades, bei der nur die geraden Potenzen der Unbekannten auftreten und die sich durch die Substitution $y = x^2$ in eine quadratische Gleichung überführen läßt, heißt *biquadratische*[2] *Gleichung*:

$$x^4 + ax^2 + b = 0 \quad \text{(biquadratische Gleichung)}$$

Hinsichtlich der Anzahl der Lösungen gibt es drei Möglichkeiten:

Die biquadratische Gleichung hat

entweder a) 4 reelle Lösungen;

z. B. $\quad x^4 - 13x^2 + 42 = 0;$

oder b) 2 reelle und 2 nicht reelle (imaginäre oder komplexe) Lösungen;

z. B. $\quad x^4 - x^2 - 6 = 0;$

oder c) 4 nicht reelle (imaginäre oder komplexe) Lösungen;

z. B. $\quad x^4 + 10x^2 + 21 = 0.$

---

[1] substituere (lat.) ersetzen
[2] bi (lat.) doppelt

Weitere Typen von Gleichungen höheren Grades, die sich durch eine geeignete Substitution auf quadratische Gleichungen zurückführen lassen, sind

$$x^6 + ax^3 + b = 0 \quad \text{(triquadratische[1] Gleichung)};$$

allgemein

$$x^{2n} + ax^n + b = 0 \quad (n \text{ beliebig ganzzahlig})$$

AUFGABEN

Reinquadratische Gleichungen:

801. $x^2 = 169$　　　802. $x^2 = 0{,}074\,529$

803. $x^2 = 5$　　　804. $19x^2 = 5491$

805. $ax^2 = b$　　　806. $\dfrac{ax^2}{b} = \dfrac{c}{d}$

807. $ax^2 - b = c$　　　808. $17x^2 - 7 = 418$

809. $13x^2 - 19 = 7x^2 + 5$　　　810. $ax^2 - b = cx^2 + d$

811. $\left(x + \dfrac{1}{2}\right)\left(x - \dfrac{1}{2}\right) = \dfrac{5}{16}$

812. $(7 + x)(9 - x) + (7 - x)(9 + x) = 76$

813. $(1 + x)(2 + x)(3 + x) + (1 - x)(2 - x)(3 - x) = 120$

814. $(a + bx)^2 + (ax - b)^2 = 2(a^2x^2 + b^2)$

815. $\dfrac{x - 2}{3x + 14} = \dfrac{3(8 - x)}{28 - x}$

Gemischtquadratische Gleichungen:

816. $x^2 + 2x = 63$　　　817. $x^2 + x - 56 = 0$

818. $x^2 - 8x + 15 = 0$　　　819. $x^2 - 11x + 10 = 0$

820. $x^2 + 6x = 91$　　　821. $x^2 - 7x = 30$

822. $x^2 - 40x + 111 = 0$　　　823. $x^2 - 17x + 60 = 0$

824. $x^2 + 2x = 1$　　　825. $x^2 + x = 1$

826. $x^2 - 6x + 4 = 0$　　　827. $x^2 - 7x + 11\dfrac{1}{2} = 0$

828. $x^2 - 2x + 2 = 0$　　　829. $x^2 - \dfrac{1}{2}x = \dfrac{1}{2}$

830. $x^2 - 10x + 32 = 0$　　　831. $x^2 - \dfrac{3}{4}x + \dfrac{1}{8} = 0$

832. $x^2 + 2ax = b$　　　833. $x^2 - \dfrac{x}{3} = 8$

---

[1] tri (lat.) drei

Aufgaben

834. $x^2 - 2ax + b = 0$
835. $x^2 + \dfrac{x}{7} = 50$

836. $x^2 + ax = b$
837. $x^2 - 1\dfrac{1}{2}x = 1$

838. $x^2 - ax + b = 0$
839. $x^2 + \dfrac{116}{3} = 12\dfrac{7}{12}x$

840. $ax^2 - 2bx + c = 0$
841. $6x^2 + 7x = 3$

842. $ax^2 - 2bx = c$
843. $6x^2 + 5x = 56$

844. $3x^2 - 22x + 35 = 0$
845. $20x^2 + x = 12$

846. $91x^2 - 2x = 45$
847. $7x^2 + 9x = 100$

848. $15x^2 + 21 = 44x$
849. $3x^2 - 7x = 16$

850. $14x^2 - 33 = 71x$
851. $\dfrac{6}{5}x^2 + 10 = 7x$

852. $25x^2 + 2 = 30x$
853. $6x^2 + 26\dfrac{1}{4} = \dfrac{51}{2}x$

854. $15x^2 + 527 = 178x$
855. $x^2 + 6{,}51 = 5{,}2x$

856. $ax^2 - bx = c$
857. $a^2x^2 - 2a^3x + a^4 = b^2c^2$

858. $ax^2 + bx + c = 0$
859. $(cdx)^2 - 2acd^2x + a^2d^2 = a^2b^2c^2$

860. $ax^2 + d(ad+b) = a(c-2dx)$
861. $2x^2 - 2\sqrt{2a}\,x + a = \sqrt{3a}$

862. $7056x^2 - 8232bx + 2401b^2 = 2304a^2b^2c^2$

863. $x^2 + \dfrac{b}{2}\sqrt[3]{2b} = \sqrt[3]{4b^2}\,x + \dfrac{1}{2}\sqrt[3]{4(a-d)}$

864. $(a_1a_2x)^2 + (a_1^2b_1 + a_2^2b_2)(a_1^2b_1 - a_2^2b_2) = 2a_1^3a_2b_1x$

865. $c^2x^2 - 2acx + 2a^2 = 0$
866. $m(m+n) = n(2m-nx)x$

867. $(x-7)(x-5) = 0$
868. $(x+3)(x-13) = 0$

869. $(x-a+b)(x-b+c) = 0$
870. $(x-\sqrt{7})(x-\sqrt{5}) = 0$

871. $(x-1)^2 = 1 - x^2$
872. $x^2 + (a-x)^2 = (a-2x)^2$

873. $a^2(b-x)^2 = b^2(a-x)^2$
874. $(a-x)^2 + (x-b)^2 = a^2 + b^2$

875. $a^2 - x^2 = (a-x)(b+c-x)$
876. $(a-x)(x-b) = (a-x)(c-x)$

877. $(x-a+b)(x-a+c) = (a-b)^2 - x^2$

878. $(x-6)(x-5) + (x-7)(x-4) = 10$
879. $(2x-5)^2 - (x-6)^2 = 80$

880. $(33+10x)^2 + (56+10x)^2 = (65+14x)^2$

881. $2x + \dfrac{1}{x} = 3$
882. $\dfrac{x}{4} + \dfrac{25}{x} = 3$
883. $\dfrac{x+11}{x+3} = \dfrac{2x+1}{x+5}$

884. $\dfrac{7x-5}{10\,x-3} = \dfrac{5x-3}{6x+1}$

885. $\dfrac{5x-1}{9} + \dfrac{3x-1}{5} = \dfrac{2}{x} + x - 1$

886. $\dfrac{5x-7}{9} + \dfrac{14}{2x-3} = x - 1$

887. $\dfrac{16-x}{4} - \dfrac{2\,(x-11)}{x-6} = \dfrac{x-4}{12}$

888. $\dfrac{6x+4}{5} - \dfrac{15-2x}{x-3} = \dfrac{7\,(x-1)}{5}$

889. $\dfrac{2x+2}{18} + \dfrac{12}{x+4} = \dfrac{x-4}{4} + \dfrac{x-2}{6}$

890. $\dfrac{7}{2x-3} + \dfrac{5}{x-1} = 12$

891. $\dfrac{7-x}{11-2x} + \dfrac{4x-5}{3x-1} = 2$

892. $\dfrac{x^3 - 10\,x^2 + 1}{x^2 - 6x + 9} = x - 3$

893. $\dfrac{x^2 - x + 3}{x^2 - 4x + 5} = \dfrac{x+3}{x-1}$

894. $\dfrac{3x}{2} - \dfrac{3x - 20}{18 - 2x} = 2 + \dfrac{3x^2 - 80}{2\,(x-1)}$

895. $\dfrac{21}{x} - \dfrac{10}{x-2} - \dfrac{4}{x-3} = 0$

896. $\dfrac{5+x}{3-x} - \dfrac{8-3x}{x} = \dfrac{2x}{x-2}$

897. $\dfrac{2x-3}{x-2} + \dfrac{x+1}{x-1} = \dfrac{3x+11}{x+}$

898. $\dfrac{2x-1}{x-2} + \dfrac{3x+1}{x-3} = \dfrac{5x-14}{x-4}$

899. $\dfrac{4}{x-1} + \dfrac{1}{x-4} = \dfrac{3}{x-2} + \dfrac{2}{x-3}$

900. $\dfrac{5}{7-x} - \dfrac{4}{6-x} = \dfrac{3}{5-x} - \dfrac{2}{4-x}$

901. $\dfrac{ax+b}{bx+a} = \dfrac{mx-n}{nx-m}$

902. $\dfrac{(a-x)^2 + (x-b)^2}{(a-x)^2 - (x-b)^2} = \dfrac{a^2 + b^2}{a^2 - b^2}$

903. $4x^2 - 4ax + a^2 - b^2 = 0$

Man löse durch Zerlegen in Faktoren nach VIETA:

904. $x^2 - 7x + 12 = 0$
905. $x^2 + 13x + 30 = 0$

906. $x^2 + 12x + 27 = 0$
907. $x^2 + 2x - 35 = 0$

908. $x^2 + 4ax + 3a^2 = 0$
909. $x^2 - bx - 2b^2 = 0$

910. $x^2 + bx - 2b^2 = 0$
911. $2x^2 - 7x + 3 = 0$

912. $3x^2 - 17ax + 10a^2 = 0$
913. $6x^2 - 5bx - 6b^2 = 0$

914. $2x^2 - 5bx - 3b^2 = 0$

Gleichungen höheren Grades, die sich auf quadratische Gleichungen zurückführen lassen:

915. $x^4 - 13x^2 + 36 = 0$
916. $x^4 - 21x^2 = 100$

917. $(x^2 - 10)\,(x^2 - 3) = 78$
918. $(x^2 - 5)^2 + (x^2 - 1)^2 = 40$

919. $10x^4 - 21 = x^2$
920. $6x^4 - 35 = 11x^2$

921. $a^4 + b^4 + x^4 = 2a^2b^2 + 2a^2x^2 + 2b^2x^2$
922. $8x^{-6} + 999x^{-3} = 125$

923. Die Summe aus einer Zahl und ihrem reziproken Wert ergibt das Zehnfache der Zahl. Wie heißt sie?

924. Die Summe aus dem Quadrat einer Zahl und ihrem Dreizehnfachen ergibt 888. Wie heißt die Zahl?

925. Man soll 100 in zwei Teile zerlegen, deren Quadrate zusammen 5162 ergeben. Wie heißen die zwei Zahlen?

926. Die Summe zweier Zahlen beträgt 65, die Summe ihrer Quadratwurzeln ergibt 11. Wie heißen beide Zahlen?

927. Man zerlege 900 so in zwei Teile, daß der Unterschied der Quadratwurzeln der beiden Teile 6 beträgt. Wie heißen beide Teile?

928. Es gibt zwei Zahlen, von denen die eine ebensoviel über 205 liegt, wie die andere unter 205. Ihr Produkt beträgt 34969. Wie heißen beide Zahlen?

929. Eine deutsche Versicherungsanstalt zahlt nach Ablauf einer Lebensversicherung 16000 DM aus. Der Betreffende übergibt das Geld einer Sparkasse und hebt am Ende des ersten Jahres von den Zinsen 520 DM ab. Als er am Ende des zweiten Jahres noch 71 DM eingezahlt hatte, war der Betrag auf 17000 DM angewachsen. Zu wieviel Prozent war der Betrag verzinst? (Es wird jährliche Verzinsung vorausgesetzt.)

930. Nach einer Preissenkung im privaten Lebensmitteleinzelhandel zahlte man für 60 kg einer Ware 6 DM mehr als vorher für 45 kg. Wieviel kostete 1 kg vor und nach der Preissenkung, wenn man nach der Senkung für 6 DM 1 kg mehr erhält als vorher?

931. Ein Schlosser kauft für 3 DM Schrauben. 8 Wochen zuvor waren dieselben je Stück einen Pfennig teurer, so daß es für 3 DM 10 Stück weniger gab. Wie groß waren die Anzahl der Schrauben und der Stückpreis?

932. Eine Anzahl Arbeiter erhielten zusammen 1440 DM Wochenlohn. Wäre die Anzahl der Arbeiter um 2 geringer gewesen und der Lohn für jeden Arbeiter um 10 DM in der Woche höher, so hätte der gesamte Wochenlohn 1300 DM betragen. Wieviel Arbeiter waren es, und wieviel erhielt jeder wöchentlich?

933. Die Erzeugung eines Produkts in diesem Jahr übertraf die von vor 5 Jahren um 21%. Diese Steigerung soll durch 2 Kreisflächen graphisch dargestellt werden. Um wieviel % muß der Radius des die höhere Leistung anzeigenden Kreises größer genommen werden als der Radius des Kreises für die frühere Erzeugung?

934. Zwei Elektriker stellen zusammen eine Anlage in $6^2/_3$ Tagen fertig. Wie lange müßte jeder an derselben allein arbeiten, wenn der zweite 3 Tage mehr als der erste braucht?

935. Die Katheten eines rechtwinkligen Dreiecks verhalten sich wie 3 : 4. Wie groß sind sie, wenn die Hypotenuse 50 cm lang ist?

936. Die Hypotenuse eines rechtwinkligen Dreiecks ist 0,53 m lang. Wie groß sind die Katheten, wenn sie eine Summe von 0,686 m haben?

937. Der Inhalt eines Dreiecks, das einen rechten Winkel enthält, beträgt 24 cm². Die beiden Katheten unterscheiden sich um 2 cm. Wie groß sind sie?

938. Verlängert man die Seite eines Quadrats um 3 cm und verkürzt die benachbarte Seite um ebensoviel, so hat das aus den veränderten Seiten gebildete Rechteck eine Fläche von 55 cm². Wie lang ist die Seite des Quadrats?

939. Die Diagonale eines Rechtecks ist 65 m lang. Ihre Länge bleibt unverändert, wenn man die größere Seite um 7 m verlängert und die kleinere um 17 m verkürzt. Wie lang sind die Seiten?

940. In ein Rechteck mit den Seiten 49 cm und 30 cm ist ein zweites Rechteck gezeichnet, dessen Seiten von denen des ersten Rechtecks gleich weit entfernt sind und dessen Fläche $4/7$mal so groß ist wie die des ersten Rechtecks. Wie groß sind die Seiten des zweiten Rechtecks?

941. Der Umfang eines Rechtecks beträgt 82 cm, seine Diagonale 29 cm. Wie lang sind die Seiten?

942. Von einem Punkt aus sind eine Sekante und eine Tangente an einen Kreis gezogen. Die Tangente ist 42 mm lang, der Sehnenteil der Sekante 35 mm. Wie groß ist der äußere Sekantenabschnitt?

943. Wird der Durchmesser eines Kreises um 3 cm vergrößert, so verdoppelt sich damit der Flächeninhalt. Wie groß war der Durchmesser?

944. Wie groß ist die Spannweite eines kreisförmigen Brückenbogens mit dem Radius 26 m und der Pfeilhöhe 1,6 m?

945. Wie groß sind die Seiten einer rechteckigen Obstanlage eines landwirtschaftlichen Großbetriebes, die einen Umfang von 430 m und eine Fläche von 10881 m² hat?

946. Von den drei an einer Ecke zusammenstoßenden Kanten eines Quaders, dessen Gesamtoberfläche 568 cm² beträgt, ist die erste 4 cm länger als die zweite und um 4 cm kürzer als die dritte. Wie lang sind die Kanten?

947. Der Rauminhalt zweier Würfel unterscheidet sich um 9970 cm³. Der Unterschied zwischen je einer Kante des größeren und des kleineren Würfels beträgt 10 cm. Wie groß sind die Kanten?

948. Die Oberflächen zweier Kugeln betragen zusammen 15400 cm². Die Radien unterscheiden sich um 7 cm. Wie groß sind sie? (Man rechne mit $\pi = 3^{1}/_{7}$.)

949. Ein Maurer hätte an einer Mauer 9 Tage länger allein gearbeitet als ein anderer. Beide zusammen haben die Mauer in 20 Tagen ausgeführt. Wie lange hätte jeder allein gearbeitet?

950. Eine Last von 36000 N wird durch 2 Winden nacheinander gehoben. Die erste hebt 500 N/min mehr als die zweite und braucht zum alleinigen Heben der ganzen Last 1 min weniger als die zweite. Wieviel N/min hebt jede Winde?

951. Zwei Männer verrichten eine Arbeit in 12 Tagen, wenn sie gemeinsam arbeiten. Wie lange müßte jeder allein arbeiten, wenn der zweite dabei 7 Tage mehr braucht als der erste?

952. Ein Arbeiter verdient 72 DM und ein anderer 90 DM. Sie arbeiten gemeinsam, der zweite aber 2 Tage länger als der erste. Würde der erste zum täglichen Lohn des zweiten und der zweite zum täglichen Lohn des ersten arbeiten, so würden sie zusammen 6 DM mehr verdienen, als sie zur Zeit erhalten. Wieviel Tage benötigen sie für diese Arbeit und wieviel Lohn erhält jeder täglich?

953. Um einen Behälter zu füllen, braucht die eine von 2 Pumpen 24 Minuten mehr als die zweite. Beide gleichzeitig pumpen den Behälter in 35 Minuten voll. Wieviel Minuten benötigt die erste Pumpe, um allein den Behälter zu füllen?

954. Ein Behälter kann durch 2 Röhren gefüllt werden, durch die eine 2 Stunden früher als durch die andere. Durch beide Röhren gemeinsam erfolgt die Füllung in 1 Stunde 52 Minuten und 30 Sekunden. In welcher Zeit wird der Behälter gefüllt, wenn beide Röhren einzeln fließen?

955. Ein Kessel wird durch 2 Pumpen gefüllt. Arbeiten beide Pumpen zugleich, so dauert die Füllung 6 Stunden. Setzt man die Pumpen nacheinander in Betrieb, so daß der Kessel durch jede Pumpe allein gefüllt wird, so wird er in 25 Stunden zweimal voll. In wieviel Stunden wird er durch jede Pumpe allein gefüllt?

956. Durch Verbesserung im Betrieb kann ein Eisenbahnzug jetzt eine um 9 km/h höhere Durchschnittsgeschwindigkeit erreichen und erzielt dadurch auf einer Strecke von 180 km eine Zeiteinsparung von 40 min. Wieviel Stunden benötigte er für die Strecke?

957. Zum Durchfahren einer 225 km langen Strecke braucht ein Eilzug $3\frac{1}{2}$ Stunden weniger als ein Personenzug. Der Eilzug legt dabei 26,25 Kilometer in der Stunde mehr zurück als der Personenzug. Wie groß sind Geschwindigkeit und Fahrtdauer beider Züge?

958. Ein Fußgänger geht von A nach B mit 5 km/h. Er wird $1\frac{1}{2}$ Stunden nach seinem Aufbruch von einem Radfahrer überholt, der 30 Minuten nach dieser Begegnung in B ankommt, dort sofort wendet und in A zu derselben Zeit ankommt, in welcher der Fußgänger B erreicht. Wie groß ist die Entfernung zwischen A und B?

959. Auf dem einen Schenkel eines rechten Winkels befindet sich im Abstande 11 cm vom Scheitel ein Punkt P_1, auf dem anderen Schenkel ein Punkt P_2 im Scheitelabstand 3 cm. Beide Punkte bewegen sich mit gleicher Geschwindigkeit vom Scheitel fort. P_1 beginnt 6 Sekunden später als P_2 sich in Bewegung zu setzen, und hat nach 3 Sekunden einen Abstand von 130 cm von P_2 erreicht. Wie groß ist die Geschwindigkeit beider Punkte?

960. Auf dem Umfang eines Kreises von 420 m Länge bewegen sich zwei Körper A und B. B legt in der Minute 25 m mehr zurück als A und braucht daher, um den ganzen Kreis zu durchlaufen, 5 min weniger als A. Welche Geschwindigkeit haben A und B?

961. Auf den Schenkeln eines Winkels von 60° bewegen sich zwei Punkte A und B vom Scheitel fort. Ursprünglich sind A und B 2 m bzw. 10 m vom Scheitel entfernt. Wann werden die Punkte 30 m voneinander entfernt sein, wenn sie 7 m/s bzw. 5 m/s zurücklegen? (Man wende die trigonometrische Beziehung des Cosinussatzes an!)

14. Quadratische Funktion und quadratische Gleichung

962. Auf einem 225 m langen Wege bewegen sich 2 Körper gleichzeitig beginnend einander entgegen. Der erste führt eine gleichförmige Bewegung mit einer Geschwindigkeit 20 m/s aus, der zweite eine gleichförmig beschleunigte Bewegung mit der Beschleunigung 10 m/s². Wann werden sich beide Punkte treffen, und welchen Weg hat dann jeder zurückgelegt?

963. Ein Rheindampfer, der von Bingen um 12 Uhr mit 18 km/h Geschwindigkeit abgefahren ist, begegnet um 14 Uhr einem Dampfer, der Koblenz um 12 Uhr verlassen hat. Der erste kommt 1 Std. 40 min früher in Koblenz an als der zweite in Bingen. Wie lang ist die Fahrtstrecke?

964. Zwei Radfahrer treffen einander nach 42 Sekunden, wenn sie in einer kreisförmigen Bahn von derselben Stelle aus in entgegengesetzter Richtung abfahren. Wieviel Sekunden braucht der erste für die Strecke, wenn er 13 Sekunden mehr braucht als der zweite?

965. Um die Tiefe eines Brunnens zu bestimmen, läßt man einen Stein frei hineinfallen und hört ihn nach 6 Sekunden im Wasser aufschlagen. Wie tief ist der Brunnen? (Schallgeschwindigkeit 333 m/s; Fallbeschleunigung 9,81 m/s². Der Luftwiderstand wird vernachlässigt.)

966. Der Achsenschnitt eines Zylinders ist ein Rechteck von 26 cm Umfang. Die Oberfläche des Zylinders beträgt 138,23 cm². Wie groß ist das Volumen?

967. Das Abstecken einer kreisförmigen Bordsteinkante einer Stadtstraße soll von der Sehne aus erfolgen, die einen Mittelpunktsabstand von 39 m hat und 71 m länger ist als der Radius. Wie lang ist die Sehne?

968. Einer Kugel von 25 cm Radius soll ein Zylinder einbeschrieben werden, dessen Achsenschnitt einen Umfang von 140 cm hat. Wie groß sind Höhe und Grundkreisdurchmesser des Zylinders?

969. Die Höhe eines Kegels beträgt 12 cm, der Mantel 424,12 cm². Wie groß sind Oberfläche und Rauminhalt?

970. Die Oberfläche eines Kegelstumpfes von 8 cm Mantellinie beträgt 1 298 cm², der Mantel 528 cm². Wie groß sind die Halbmesser?

971. Eine Hohlkugel aus Stahl ($\varrho = 7{,}85$ kg/dm³) von 3 cm Wanddicke hat die Masse 39,360 kg. Wie groß sind ihre Durchmesser?

972. Die Resultierende zweier rechtwinklig aufeinander wirkender Kräfte ist 17 N. Vergrößert man die eine Kraft um 1 N und die andere um 4 N, so wächst die Resultierende um 3 N. Wie groß sind die Kräfte?

973. Wird in einem Stromkreis von 120 V Spannung der Widerstand um 10 Ω vergrößert, so sinkt die Stromstärke um 1 A. Wie groß sind Stromstärke und Widerstand?

974. Zwei Widerstände, die sich um 1 Ω unterscheiden, geben bei Parallelschaltung einen Gesamtwiderstand von 0,375 Ω. Wie groß sind die Einzelwiderstände?

975. Die Resultierende zweier rechtwinklig aufeinander wirkender Kräfte, die sich um 6 N unterscheiden, hat die Größe 30 N. Wie groß sind die Kräfte?

976. Zu einem Draht werden zwei weitere Drähte parallelgeschaltet, deren Widerstände um 4 Ω größer bzw. 5,6 Ω kleiner sind als der Widerstand des 1. Drahtes. Dadurch sinkt der Gesamtwiderstand auf den 5. Teil des 1. Drahtes. Welchen Widerstand haben die einzelnen Drähte?

977. Zwei Widerstände, die sich um 200 Ω unterscheiden, haben in Parallelschaltung einen Gesamtwiderstand von 24 Ω. Wie groß sind die Widerstände?

978. Der Gesamtwiderstand einer Reihenschaltung von zwei Widerständen beträgt 50 Ω, einer Parallelschaltung derselben zwei Widerstände 8 Ω. Wie groß sind die beiden Einzelwiderstände?

979. In einem Stromkreis mit 220 V fließt bei Parallelschaltung zweier Widerstände ein Strom von 4 A und bei Reihenschaltung derselben Widerstände ein Strom von 1 A. Wie groß sind die Widerstände?

980. In einem rechteckigen Hof von der Breite 48 m und der Länge 54 m soll ein gleichmäßig breiter Streifen mit quadratischen Fliesen von einer Kantenlänge 30 cm gepflastert werden. Die freie Fläche innen von einer Größe von 567 m² soll mit Rasen angesät werden. Wieviel Fliesen werden benötigt, und wie breit ist der Streifen?

981. Die Sehne eines Kreises hat den Mittelpunktsabstand 9 cm und ist 39 cm größer als der Halbmesser. Wie groß ist die Sehne?

982. Bei einer Brinellhärteprüfung eines Stahls verwendet man eine Stahlkugel von 10 mm Durchmesser und erhält nach der Prüfung, bei der die Stahlkugel auf die Oberfläche des zu prüfenden Werkstückes gedrückt wird, einen Kugeleindruck, dessen Durchmesser (auf der ebenen Oberfläche des Werkstückes gemessen) 5 mm ist. Wie tief ist die Kugel in das Werkstück eingedrungen?

14.13. Quadratische Gleichungen mit zwei Unbekannten

Begriff der quadratischen Gleichung mit zwei Unbekannten; Schwierigkeit der allgemeinen Lösung

Die quadratische Gleichung mit zwei Unbekannten hat die allgemeine Form

$$Ax^2 + Bxy + Cy^2 + Dx + Ey + F = 0,$$

in der die Koeffizienten A, B, C, D, E, F beliebige reelle Zahlen bedeuten und A, B, C nicht sämtlich 0 sein dürfen. Wie die lineare Gleichung mit zwei Unbekannten hat auch eine quadratische Gleichung mit zwei Unbekannten im allgemeinen unendlich viele Lösungen.

Ein System von zwei quadratischen Gleichungen mit zwei Unbekannten läßt sich numerisch im allgemeinen nicht mit Hilfe der Verfahren lösen, die bei den linearen Gleichungen mit zwei Unbekannten zum Ziel führen. Mit Hilfe des Additionsverfahrens gelingt es meist nicht, *alle* Potenzen einer Unbekannten zu beseitigen. Das Einsetzungsverfahren dagegen führt in der Regel auf eine recht komplizierte Wurzelgleichung und schließlich auf eine Gleichung 4. Grades. Die exakte Lösung eines all-

14. Quadratische Funktion und quadratische Gleichung

gemeinen derartigen Gleichungssystems ist eng mit der Theorie der algebraischen Kurven zweiten Grades verknüpft und macht besondere Rechenoperationen notwendig, die den Rahmen dieses Buches übersteigen. In der Praxis verdient das graphische Verfahren den Vorzug.

Für die Fachschulen sind nur bestimmte einfache Sonderfälle dieser Gleichungssysteme von Interesse.

Lösungsbeispiele

Das Einsetzungsverfahren ist unter anderem sofort anwendbar, wenn

a) eine der beiden Gleichungen linear ist;

b) in beiden Gleichungen die beiden Unbekannten nur im Quadrat vorkommen

BEISPIEL

$$\left| \begin{array}{l} 3x^2 - 2xy - 2y^2 - x + y = 2 \\ 2y - x = 3 \end{array} \right|$$

Lösung: Aus der zweiten Gleichung folgt

$$x = 2y - 3$$

Dieser Ausdruck wird für x in die erste Gleichung eingesetzt:

$$3(2y-3)^2 - 2y(2y-3) - 2y^2 - (2y-3) + y - 2 = 0$$

Nach einfachen Umformungen erhält man die Gleichung

$$6y^2 - 31y + 28 = 0$$

oder die Normalform

$$y^2 - \frac{31}{6}y + \frac{28}{6} = 0$$

Daraus $\quad y_1 = 4 \qquad y_2 = 1\frac{1}{6}$

Durch Einsetzen dieser Werte für y in die zweite Gleichung:

$$x_1 = 5 \qquad x_2 = -\frac{2}{3}$$

Man beachte, daß x_1 nur mit y_1, x_2 nur mit y_2 zu einer Lösung kombiniert werden darf. Es gibt also zwei Lösungen:

$$\underline{\underline{x_1 = 5}} \qquad \underline{\underline{x_2 = -\frac{2}{3}}}$$

$$\underline{\underline{y_1 = 4}} \qquad \underline{\underline{y_2 = 1\frac{1}{6}}}$$

14.13. Quadratische Gleichungen mit zwei Unbekannten

Das Einsetzverfahren ist ferner anwendbar, wenn es gelingt, aus einer Gleichung oder durch geeignete Kombination beider Gleichungen xy, $\frac{x}{y}$ (bzw. $\frac{y}{x}$), $x+y$ oder $x-y$ zu bestimmen, also Ausdrücke, die sich leicht nach x oder y umstellen lassen. Die folgenden Beispiele zeigen, wie man in diesen Fällen vorgeht.

BEISPIELE

1. $$\begin{vmatrix} x^2 - 2xy + 2y^2 = 5 \\ 2x^2 - 3xy + y^2 = 4 \end{vmatrix}$$

Lösung: Zunächst ermittelt man durch Kombinieren beider Gleichungen nach dem Additionsverfahren eine neue Gleichung, die kein absolutes Glied mehr enthält:

$$\begin{aligned} -4x^2 + 8xy - 8y^2 &= -20 \\ \underline{10x^2 - 15xy + 5y^2} &= \underline{20} \\ 6x^2 - 7xy - 3y^2 &= 0 \end{aligned}$$

In dem vorliegenden System ist $y=0$ sicher nicht Lösung, denn die Annahme, daß $y=0$ Lösung ist, führt auf einen Widerspruch. Wäre nämlich $y=0$ Lösung, so würde aus der ersten Gleichung des Systems folgen $x = \pm\sqrt{5}$, aus der zweiten Gleichung des Systems aber $x = \pm\sqrt{2}$. Da also y hier sicher nicht Null ist, darf man die letzte Gleichung durch y^2 teilen:

$$6\frac{x^2}{y^2} - 7\frac{x}{y} - 3 = 0$$

Man führt nun zweckmäßig eine neue Unbekannte $u = \frac{x}{y}$ ein; dann geht die letzte Gleichung über in:

$$6u^2 - 7u - 3 = 0$$

$$u^2 - \frac{7}{6}u - \frac{3}{6} = 0$$

$$u_1 = \frac{3}{2} \qquad u_2 = -\frac{1}{3}$$

Unter Benutzung des Wertes $u_1 = \frac{x}{y} = \frac{3}{2}$ setzt man zunächst $x = \frac{3}{2}y$ in die erste Gleichung ein:

$$\frac{9}{4}y^2 - 3y^2 + 2y^2 = 5$$

$$y^2 = 4$$

$$\underline{\underline{y_1 = +2}} \qquad \underline{\underline{y_2 = -2}}$$

Aus $\quad x = \frac{3}{2}y \quad$ folgt dann entsprechend

$$\underline{\underline{x_1 = +3}} \qquad \underline{\underline{x_2 = -3}}$$

Entsprechend unter Benutzung des Wertes $u_2 = \dfrac{x}{y} = -\dfrac{1}{3}$ setzt man $y = -3x$ zweckmäßigerweise in die erste Gleichung ein:

$$x^2 + 6x^2 + 18\,x^2 = 5$$

$$x^2 = \frac{1}{5}$$

$$\underline{\underline{x_3 = +\frac{1}{5}\sqrt{5}}} \qquad \underline{\underline{x_4 = -\frac{1}{5}\sqrt{5}}}$$

$$\underline{\underline{y_3 = -\frac{3}{5}\sqrt{5}}} \qquad \underline{\underline{y_4 = +\frac{3}{5}\sqrt{5}}}$$

Es gibt also diesmal vier Lösungen.

2.
$$\left| \begin{array}{l} x^2 + xy + y^2 = 19 \\ x + xy + y = 11 \end{array} \right|$$

Lösung: Durch Addition beider Gleichungen erhält man

$$(x+y)^2 + x + y = 30$$

Führt man hier die neue Unbekannte u ein durch die Substitution

$$u = x + y,$$

so geht die letzte Gleichung über in

$$u^2 + u - 30 = 0$$

$$u_1 = 5;\quad u_2 = -6$$

Aus $\quad u_1 = x + y = 5 \quad$ folgt $\quad x = 5 - y$.

Mit Hilfe des Einsetzverfahrens erhält man aus der zweiten Gleichung

$$y^2 - 5y + 6 = 0$$

$$\underline{\underline{y_1 = 3}} \qquad \underline{\underline{y_2 = 2}}$$

$$\underline{\underline{x_1 = 2}} \qquad \underline{\underline{x_2 = 3}}$$

Entsprechend erhält man aus $u_2 = x + y = -6$ durch Einsetzen in die zweite Gleichung

$$y^2 + 6y + 17 = 0$$

$$\underline{\underline{y_3 = -3 + 2i\sqrt{2}}} \qquad \underline{\underline{y_4 = -3 - 2i\sqrt{2}}}$$

$$\underline{\underline{x_3 = -3 - 2i\sqrt{2}}} \qquad \underline{\underline{x_4 = -3 + 2i\sqrt{2}}}$$

Es gibt auch in diesem Falle wieder vier Lösungen.

AUFGABEN

983. $\begin{vmatrix} 5x^2 + 2y^2 = 22 \\ 3x^2 - 5y^2 = 7 \end{vmatrix}$

984. $\begin{vmatrix} 2x^2 - 3y^2 = 6 \\ 3x^2 - 2y^2 = 19 \end{vmatrix}$

985. $\begin{vmatrix} xy = 12 \\ 2x + 3y = 18 \end{vmatrix}$

986. $\begin{vmatrix} x^2 + y^2 = 50 \\ 9x + 7y = 70 \end{vmatrix}$

987. $\begin{vmatrix} 3x^2 + 2y^2 - 5x - 4y = 0 \\ 3x + 4y = 10 \end{vmatrix}$

988. $\begin{vmatrix} x^2 + 2xy - y^2 = 7(x-y) \\ 2x - y = 5 \end{vmatrix}$

989. $\begin{vmatrix} \dfrac{3x-2}{y+5} + \dfrac{y}{x} = 2 \\ x - y = 4 \end{vmatrix}$

990. $\begin{vmatrix} \dfrac{2x-5}{x-2} + \dfrac{2y-3}{y-1} = 2 \\ 3x - 4y = 1 \end{vmatrix}$

991. $\begin{vmatrix} xy + x = 35 \\ xy + y = 32 \end{vmatrix}$

992. $\begin{vmatrix} 2xy - 5x - y - 3 = 0 \\ xy - 2x + y - 9 = 0 \end{vmatrix}$

993. $\begin{vmatrix} x^2 - y^2 - x + y + 18 = 0 \\ \dfrac{x}{y} = \dfrac{2}{3} \end{vmatrix}$

994. $\begin{vmatrix} x^2 + y^2 = a^2 \\ \dfrac{x}{y} = \dfrac{m}{n} \end{vmatrix}$

995. $\begin{vmatrix} x^2 + y^2 = 130 \\ \dfrac{x+y}{x-y} = 8 \end{vmatrix}$

996. $\begin{vmatrix} (3x-y)(3y-x) = 36 \\ \dfrac{x+y}{x-y} = \dfrac{5}{2} \end{vmatrix}$

997. $\begin{vmatrix} \dfrac{2}{x^2} + \dfrac{8}{y^2} = 1 \\ \dfrac{1}{x} + \dfrac{2}{y} = 1 \end{vmatrix}$

998. $\begin{vmatrix} \dfrac{x^2}{16} + \dfrac{y^2}{8} = 1 \\ \dfrac{4x+3y}{4x-3y} = 3 \end{vmatrix}$

999. $\begin{vmatrix} b(x+y) = xy \\ a(x-y) = xy \end{vmatrix}$

1000. $\begin{vmatrix} a(x-y) = x^2 + y^2 \\ b(x+y) = x^2 + y^2 \end{vmatrix}$

1001. $\begin{vmatrix} x^2 + y^2 = 130 \\ xy = 63 \end{vmatrix}$

1002. $\begin{vmatrix} x^2 - y^2 = 40 \\ xy = 21 \end{vmatrix}$

1003. $\begin{vmatrix} x^2 + y^2 = 250 \\ x - y = 4 \end{vmatrix}$

1004. $\begin{vmatrix} x^2 + xy + y^2 = 28 \\ x^2 - xy + y^2 = 12 \end{vmatrix}$

1005. $\begin{vmatrix} (2x+3y)(x-y) = 7 \\ (3x-2y)(x+y) = 12 \end{vmatrix}$

1006. $\begin{vmatrix} x + xy + y = 5 \\ x^2 + xy + y^2 = 7 \end{vmatrix}$

1007. $\begin{vmatrix} 4x^2 + 9y^2 = 36 \\ 9x^2 + 4(y-1)^2 = 36 \end{vmatrix}$

1008. $\begin{vmatrix} \dfrac{1}{x} + \dfrac{1}{y} = 5 \\ x - y = 0{,}3 \end{vmatrix}$ 1009. $\begin{vmatrix} \dfrac{x+1}{y+1} = 2 \\ \dfrac{x^2+1}{y^2+1} = 5 \end{vmatrix}$ 1010. $\begin{vmatrix} \dfrac{1}{x} + \dfrac{1}{y} = \dfrac{1}{3} \\ x^2 + y^2 = 160 \end{vmatrix}$

1011. $\begin{vmatrix} x + y^2 = 2x \\ x^2 + y = 9y \end{vmatrix}$

1012. $\begin{vmatrix} x^2 + 4y^2 = 16 \\ x^2 - 4y^2 - 12x = -32 \end{vmatrix}$ 1013. $\begin{vmatrix} x = 10\,\dfrac{y-1}{y+1} \\ x = \dfrac{2}{9}\,\dfrac{x-1}{x+1} \end{vmatrix}$

1014. $\begin{vmatrix} \dfrac{x}{y} + \dfrac{y}{x} = \dfrac{25}{12} \\ x^2 - y^2 = 28 \end{vmatrix}$ 1015. $\begin{vmatrix} \dfrac{x}{y} - \dfrac{y}{x} = \dfrac{16}{15} \\ 3x^2 - 5y^2 = 120 \end{vmatrix}$

1016. $\begin{vmatrix} x^2 - xy + y^2 = 37 \\ x^2 - y^2 = 40 \end{vmatrix}$ 1017. $\begin{vmatrix} (x+y)^2 = 3x^2 - 2 \\ (x-y)^2 = 3y^2 - 11 \end{vmatrix}$

1018. Beim Heben einer Last herrscht in einem Drahtseil eine Spannung von $\sigma = 1\,200$ N/cm². Wird ein anderes Seil genommen, dessen Durchmesser doppelt so groß ist, und erhöht man die Last um 1 400 N, so ergibt sich eine Spannung von 1 000 N/cm². Wie groß sind Last und Durchmesser des Seiles?

15. Wurzelgleichungen; Exponentialgleichungen; logarithmische Gleichungen

15.1. Wurzelgleichungen

15.1.1. Wurzelgleichungen mit einer Unbekannten

Begriff der Wurzelgleichung

Unter einer Wurzelgleichung versteht man eine Bestimmungsgleichung, bei der die Unbekannte (bzw. die Unbekannten) mindestens einmal unter einer Wurzel vorkommt.

BEISPIELE einfacher Wurzelgleichungen

$$3\sqrt{x} - 7 = 10 \qquad \sqrt{x+3} + \sqrt[3]{x+4} = \sqrt[4]{x+5}$$

$$\sqrt{5x+4} + \sqrt{3x+1} = 5 \qquad \sqrt{2x+3} + \sqrt{3y-4} = \sqrt{x+y}$$

Dagegen ist die Gleichung $\sqrt{3}x - \sqrt{2} = \sqrt{5}$ keine Wurzelgleichung.
Wir behandeln im folgenden die wichtigsten Typen von Wurzelgleichungen mit Quadratwurzeln.

Die Methode des Quadrierens; Notwendigkeit der Probe

Es liegt nahe, eine in einer Bestimmungsgleichung auftretende Quadratwurzel, unter der die Unbekannte vorkommt, dadurch fortzuschaffen, daß man die Gleichung beiderseits quadriert. Vor Anwendung dieser Methode muß untersucht werden, ob man durch Quadrieren einer Wurzelgleichung in jedem Falle zu einer neuen Gleichung gelangt, die die gleiche Lösung (bzw. die gleichen Lösungen) enthält wie die Ausgangsgleichung.

BEISPIEL

$$\sqrt{x+5} - 3 = 0$$

Lösung: Ein Quadrieren der Gleichung in dieser Form müßte nach der binomischen Formel $(a-b)^2 = a^2 - 2ab + b^2$ vorgenommen werden. Dabei würde das dem Mittelglied $2ab$ entsprechende Glied wieder eine Wurzel enthalten. Man stellt daher zunächst die Gleichung so um, daß die Wurzel allein steht.

$$\sqrt{x+5} = 3$$

Die Gleichung beiderseits quadriert, ergibt

$$x + 5 = 9$$
$$x = 4$$

Probe: $\sqrt{4+5} - 3 = 0$
$\sqrt{9} - 3 = 0$
$3 - 3 = 0$
$0 = 0$

Die Probe zeigt also, daß $x = 4$ auch Lösung der Ausgangsgleichung ist.

BEISPIEL

$$3 + \sqrt{x + 5} = 0$$

Lösung: Man übersieht bereits vor der Lösung, daß diese Gleichung einen Widerspruch enthält, denn die Summe zweier positiver Zahlen bzw. einer positiven und einer imaginären Zahl kann nicht Null sein. Die Gleichung kann also keine Lösung haben.

Versucht man trotzdem die Lösung, so ergibt sich folgender Rechnungsgang:

Isolierung der Wurzel: $\quad \sqrt{x+5} = -3$

Beiderseits quadriert: $\quad\quad x + 5 = \quad 9$

$$x = 4$$

Entgegen der Überlegung zu Anfang der Aufgabe erhält man auf diesem Wege scheinbar eine Lösung. Dieser Widerspruch kann nur durch die Probe entschieden werden.

Probe: $\quad 3 + \sqrt{4+5} = 0$

$$3 + \sqrt{9} = 0$$
$$3 + 3 = 0$$
$$6 = 0$$

Die Einsetzprobe ergibt also einen Widerspruch; daraus folgt in Übereinstimmung mit der anfangs durchgeführten Überlegung, daß $x = 4$ nicht Lösung ist.

Dieses Beispiel lehrt: Der Satz, daß auf beiden Seiten einer Bestimmungsgleichung gleiche Rechenoperationen vorgenommen werden dürfen, und der sich für die Operationen Addition, Subtraktion, Multiplikation und Division als richtig erwies, darf nicht ohne weiteres auf das *Quadrieren* ausgedehnt werden. Wird beim Auflösen einer Wurzelgleichung quadriert, so können dadurch die Lösungen der Ausgangsgleichung geändert werden, d. h., die quadrierte Gleichung kann Lösungen haben, die nicht Lösungen der Ausgangsgleichung sind. Jeder für die Unbekannte so ermittelte Wert muß daher nachträglich durch die Einsetzprobe überprüft werden.

> Wird beim Auflösen einer Wurzelgleichung quadriert, so ist die Probe ein notwendiger Teil der Lösung.
> Die Probe ist ebenfalls notwendig, wenn beim Auflösen einer Wurzelgleichung beiderseits mit einer geraden Zahl potenziert wurde. Sie ist nicht notwendig beim Potenzieren mit einer ungeraden Zahl.

Lösungsbeispiele für Wurzelgleichungen mit einer Unbekannten

Wurzelgleichungen können auf Gleichungen ersten, zweiten oder höheren Grades führen.

BEISPIELE

1. $5 + 3\sqrt{2x + 4} = 14$

15.1.1. Wurzelgleichungen mit einer Unbekannten

Lösung:
Wurzel isolieren: $\quad 3\sqrt{2x+4} = 9$
Beiderseits durch 3 teilen: $\quad \sqrt{2x+4} = 3$
Beiderseits quadrieren: $\quad 2x+4 = 9$
$$2x = 5$$
$$x = 2{,}5$$

Probe: $\quad 5 + 3\sqrt{5+4} = 14$
$$14 = 14$$
$$\underline{\underline{x = 2{,}5 \text{ ist Lösung.}}}$$

2. $5\sqrt{x+1} - 1 = 3\sqrt{x+1} + 3$

Lösung: Hier werden zunächst die gleichen Wurzelglieder zusammengefaßt:
$$2\sqrt{x+1} = 4$$
$$\sqrt{x+1} = 2$$
$$x = 3$$

Probe: $\quad 5\sqrt{3+1} - 1 = 3\sqrt{3+1} + 3$
$$9 = 9$$
$$\underline{\underline{x = 3 \text{ ist Lösung.}}}$$

3. $3\sqrt{4x+10} - 4\sqrt{2x+6} = 0$

Lösung:
Wurzeln isolieren: $\quad 3\sqrt{4x+10} = 4\sqrt{2x+6}$
Beiderseits quadrieren: $\quad 9(4x+10) = 16(2x+6)$
$$36x + 90 = 32x + 96$$
$$4x = 6$$
$$x = 1{,}5$$

Probe: $\quad 3\sqrt{6+10} - 4\sqrt{3+6} = 0$
$$0 = 0$$
$$\underline{\underline{x = 1{,}5 \text{ ist Lösung.}}}$$

4. $\sqrt{x-1} + \sqrt{x-4} - 3 = 0$

Lösung:
Umstellen: $\quad \sqrt{x-4} = 3 - \sqrt{x-1}$
Beiderseits quadrieren: $\quad x - 4 = 9 - 6\sqrt{x-1} + x - 1$
Wurzelglied isolieren: $\quad 6\sqrt{x-1} = 12$
Beiderseits durch 6 teilen: $\quad \sqrt{x-1} = 2$
Beiderseits quadrieren: $\quad x - 1 = 4$
$$x = 5$$

Probe: $\sqrt{5-1}+\sqrt{5-4}-3=0$

$0=0$

$x=5$ ist Lösung.

5. $\sqrt{x-3}+\sqrt{2x+1}=\sqrt{5x-4}$

Lösung:

Beiderseits quadrieren:

$$x-3+2\sqrt{(x-3)(2x+1)}+2x+1=5x-4$$

Wurzelglied isolieren: $2\sqrt{2x^2-5x-3}=2x-2$

Beiderseits durch 2 teilen: $\sqrt{2x^2-5x-3}=x-1$

Beiderseits quadrieren: $2x^2-5x-3=x^2-2x+1$

$$x^2-3x-4=0$$

$$x=+\frac{3}{2}\pm\sqrt{\frac{9}{4}+4}$$

$x_1=4;\quad x_2=-1$

Probe für x_1: $\sqrt{4-3}+\sqrt{8+1}=\sqrt{20-4}$

$4=4$

für x_2: $\sqrt{-1-3}+\sqrt{-2+1}=\sqrt{-5-4}$

$\sqrt{-4}+\sqrt{-1}=\sqrt{-9}$

$2i+i=3i$

$3i=3i$

$x_1=4$ und $x_2=-1$ sind Lösung.

6. Unter einer Wurzel können weitere Wurzeln auftreten:

Lösung: $\sqrt{x-1+\sqrt{2x+5}}-2=0$

Wurzelglied isolieren: $\sqrt{x-1+\sqrt{2x+5}}=2$

Beiderseits quadrieren: $x-1+\sqrt{2x+5}=4$

Wurzelglied isolieren: $\sqrt{2x+5}=5-x$

Beiderseits quadrieren: $2x+5=25-10x+x^2$

Gleichung in der Normalform: $x^2-12x+20=0$

$$x=6\pm\sqrt{36-20}$$

$x_1=10;\quad x_2=2$

Probe für x_1:
$$\sqrt{10-1+\sqrt{20+5}}-2=0$$
$$\sqrt{9+\sqrt{25}}-2=0$$
$$\sqrt{14}-2=0$$
$$1{,}74=0$$

$x_1=10$ ist nicht Lösung.

für x_2:
$$\sqrt{2-1+\sqrt{4+5}}-2=0$$
$$\sqrt{1+\sqrt{9}}-2=0$$
$$\sqrt{4}-2=0$$
$$0=0$$

$\underline{x_2=2}$ ist Lösung.

Die behandelten Lösungsbeispiele dürfen nicht zu dem Schluß verleiten, daß *alle* Wurzelgleichungen durch Potenzierung gelöst werden können. Zum Beispiel führt bei der Gleichung

$$\sqrt{x-2}+\sqrt[3]{x-4}-3{,}428=0$$

das Verfahren nicht zum Ziel. In derartigen Fällen müssen graphische oder numerische Näherungsverfahren herangezogen werden (s. Abschnitt 18., Seite 445 u. 447).

15.1.2. Wurzelgleichungen mit zwei Unbekannten

Bei Wurzelgleichungen mit zwei Unbekannten in allgemeinster Form ist die Entfernung einer Unbekannten rechnerisch meist schwierig, wenn nicht exakt unmöglich. In diesen Fällen lassen sich die Lösungen mit Hilfe von graphischen Näherungsverfahren (s. 13.1.5., Seite 344) bestimmen.
Im Rahmen dieses Buches liegen nur die einfachen Sonderfälle, bei denen das Einsetzungsverfahren oder das Additionsverfahren angewandt werden kann.
Das Einsetzungsverfahren ist stets anwendbar, wenn eine der Gleichungen des Systems linear ist.

BEISPIEL

$$\left|\begin{array}{l}\sqrt{5y+1}-\sqrt{x+3y}=1\\ 2y-x=10\end{array}\right|$$

Lösung: Die lineare Gleichung wird umgestellt: $x=2y-10$. Dieser Wert, für x in die Wurzelgleichung eingesetzt, ergibt eine Wurzelgleichung mit *einer* Unbekannten:

$$\sqrt{5y+1}-\sqrt{2y-10+3y}=1$$
$$\sqrt{5y+1}-\sqrt{5y-10}=1$$

Diese Gleichung wird in bekannter Weise gelöst:

$$y = 7$$

Durch Einsetzen dieses Wertes in die lineare Gleichung erhält man

$$x = 4$$

Probe: $\sqrt{36} - \sqrt{25} = 1 \qquad 14 - 4 = 10$

$\qquad\qquad\quad 6 - 5 = 1 \qquad\quad 10 = 10$

$\qquad\qquad\quad\quad 1 = 1$

$$\underline{\underline{x = 4;\quad y = 7}} \text{ ist Lösung.}$$

Das Additionsverfahren ist ebenfalls nur in bestimmten Sonderfällen anwendbar.

BEISPIEL

$$\left| \begin{array}{l} \sqrt{7x + y + 10} + \sqrt{2x + 3} = 9 \\ \sqrt{7x + y + 10} + \sqrt{3x - 5} = 8 \end{array} \right|$$

Lösung: Man erkennt, daß die Wurzel, die beide Unbekannten enthält, in beiden Gleichungen vorkommt und mit Hilfe des Additionsverfahrens entfernt werden kann. Die übrigen Wurzeln enthalten nur noch eine, und zwar die gleiche Unbekannte. Die Anwendung des Additionsverfahrens ergibt:

$$\sqrt{2x + 3} - \sqrt{3x - 5} = 1 \tag{I}$$

Diese Wurzelgleichung mit einer Unbekannten wird auf die übliche Weise gelöst; man erhält:

$$x_1 = 23; \qquad x_2 = 3$$

Es empfiehlt sich, bereits hier durch Einsetzen in Gleichung (I) die Probe zu machen, ob beide Ergebnisse x_1 und x_2 Lösung sein können.

Probe für $x_1 = 23$: $\qquad \sqrt{49} - \sqrt{64} = 1$

$\qquad\qquad\qquad\qquad\qquad 7 - 8 = 1 \qquad$ Widerspruch!

$\qquad\qquad\qquad\qquad x_1 = 23$ ist nicht Lösung von (I);

für $x_2 = 3$: $\qquad\qquad \sqrt{9} - \sqrt{4} = 1$

$\qquad\qquad\qquad\qquad\qquad 3 - 2 = 1$

$\qquad\qquad\qquad\qquad \underline{\underline{x_2 = 3}}$ ist Lösung von (I).

Für die weitere Rechnung scheidet das Ergebnis $x_1 = 23$ aus. y wird bestimmt durch Einsetzen des Wertes $x = 3$ in eine der beiden Ausgangsgleichungen, z. B. in die erste:

$$\sqrt{y + 31} + 3 = 9$$

$$\underline{\underline{y = 5}}$$

Aufgaben

Probe: $\sqrt{36} + \sqrt{9} = 9$ $\qquad$ $\sqrt{36} + \sqrt{4} = 8$
$\qquad\qquad 6 + 3 = 9 \qquad\qquad\quad 6 + 2 = 8$

$\underline{\underline{x = 3; \; y = 5}}$ ist Lösung.

AUFGABEN

Nicht bei allen nachstehenden Aufgaben erweisen sich die im Lösungsweg errechneten Werte der Unbekannten bei der Probe als Lösungen. Es ist daher in allen Fällen die Probe durchzuführen. Ein (l) bzw. (q) hinter der Aufgabennummer bedeutet, daß die Wurzelgleichung auf eine lineare bzw. quadratische Gleichung führt.

Wurzelgleichungen mit einer Unbekannten

1019. (l) $\sqrt{3x-5} + 4 = 5$ $\qquad$ 1020. (l) $\sqrt{x-a} - b = c$

1021. (l) $5 - 3\sqrt{2x-1} = 2$ $\qquad$ 1022. (l) $10 - 3\sqrt{\frac{1}{3}x+1} = 4$

1023. (l) $13 - 4\sqrt{2x-5} = 1$ $\qquad$ 1024. (l) $1 + 2\sqrt{6x+1} = 5$

1025. (l) $7 = 1 + 2\sqrt{3x+5}$ $\qquad$ 1026. (l) $5 = 3 + 4\sqrt{2x-1}$

1027. (l) $5 - 3\sqrt{x+6} = 2$ $\qquad$ 1028. (l) $a + b\sqrt{cx+d} = e$

1029. (l) $5\sqrt{x} - 7 = 3\sqrt{x} - 1$ $\qquad$ 1030. (l) $7\sqrt{3x} - 1 = 5\sqrt{3x} + 5$

1031. (l) $3\sqrt{3x-5} - 2 = 2\sqrt{3x-5} + 2$

1032. (l) $3\sqrt{\frac{1}{4}x+1} - 1 = 2\sqrt{\frac{1}{4}x+1} + 1$

1033. (l) $a + b\sqrt{cx+d} = e + f\sqrt{cx+d}$ $\qquad$ 1034. (l) $5 + \sqrt{x^2+5x+2} = x + 7$

1035. (l) $7 + \sqrt{x^2-11x+4} = x$ $\qquad$ 1036. (l) $\sqrt{21 + (3x+1)^2} + 3x = 20$

1037. (l) $10 - \sqrt{(x-3)(x+13)} = x - 1$ $\qquad$ 1038. (l) $\sqrt{x^2+7x+6} = x + 3$

1039. (q) $\sqrt{2x^2-x+3} - x - 1 = 0$ $\qquad$ 1040. (q) $x + 2 - \sqrt{2x^2-2x+12} = 0$

1041. (q) $\sqrt{2x^2+4x-6} - x - 3 = 0$ $\qquad$ 1042. (q) $x + 1 - \sqrt{2x^2+0{,}5x+1{,}5} = 0$

1043. (q) $\sqrt{2x^2 - bx + a\left(\dfrac{a}{4}+b\right)} - x - \dfrac{1}{2}a = 0$

1044. (l) $\sqrt{3x-7} - \sqrt{4x-9} = 0$ $\qquad$ 1045. (l) $\sqrt{\frac{1}{3}x+7} - \sqrt{\frac{1}{2}x+6} = 0$

1046. (l) $5\sqrt{3x-8} - \sqrt{7x+4} = 0$ $\qquad$ 1047. (l) $7\sqrt{15x+4} - 3\sqrt{50-3x} = 0$

1048. (l) $\dfrac{1}{2}\sqrt{x+9} - \dfrac{1}{3}\sqrt{x+14} = 0$ $\qquad$ 1049. (l) $a\sqrt{bx+c} - d\sqrt{ex+f} = 0$

15. Wurzelgleichungen; Exponentialgleichungen; logarithmische Gln.

1050. (l) $4\sqrt{2x+3} - 3\sqrt{19-x} = 0$

1051. (l) $3\sqrt{x+2} + 2\sqrt{2x+11} = 9\sqrt{x+2}$

1052. (l) $2\sqrt{\dfrac{1}{3}x+7} + 3\sqrt{\dfrac{1}{2}x+6} = 5\sqrt{\dfrac{1}{3}x+7}$

1053. (l) $3\sqrt{\dfrac{1}{2}x-4} - 2\sqrt{3-\dfrac{1}{5}x} = 4\sqrt{\dfrac{1}{2}x-4} - 3\sqrt{3-\dfrac{1}{5}x}$

1054. (l) $\sqrt{x+9} - \sqrt{x} = 1$

1055. (l) $\sqrt{4x-3} + 2\sqrt{x} = 3$

1056. (l) $\sqrt{x+6} + \sqrt{x-3} = 9$

1057. (l) $\sqrt{x+a^2} - \sqrt{x} = b$

1058. (l) $\sqrt{2(x+1)} + \sqrt{2x+15} = 13$

1059. (l) $\sqrt{3x-5} + \sqrt{3x+12} = 17$

1060. (l) $\sqrt{9x+10} - 3\sqrt{x-1} = 1$

1061. (l) $\sqrt{x+1} + \sqrt{x-1} = \sqrt{\dfrac{2a}{b}}$

1062. (q) $\sqrt{2x+15} - \sqrt{x+4} = 2$

1063. (q) $\sqrt{x+5} - \sqrt{2x+3} = 1$

1064. (q) $\sqrt{x+5} + \sqrt{2x-4} = 5$

1065. (q) $\sqrt{2x-1} - \sqrt{x-4} = 2$

1066. (q) $\sqrt{x+3} + \sqrt{2x-3} = 6$

1067. (q) $\sqrt{4x-3} + \sqrt{x-4} = 4$

1068. (q) $2\sqrt{2x-3} - \sqrt{3x-2} = 2$

1069. (q) $\sqrt{1+ax} - \sqrt{1-ax} = x$

1070. (l) $\sqrt{16x-15} - \sqrt{9x-11} = \sqrt{x}$

1071. (l) $\sqrt{x-3} + \sqrt{x+2} = \sqrt{4x-3}$

1072. (l) $\sqrt{4x+9} - \sqrt{x-1} = \sqrt{x+6}$

1073. (l) $\sqrt{x+60} - 2\sqrt{x+5} = \sqrt{x}$

1074. (l) $2\sqrt{x+5} + 3\sqrt{x-7} = \sqrt{25x-79}$

1075. (l) $\sqrt{9x-14} + 3\sqrt{x+2} = 2\sqrt{9x-2}$

1076. (l) $3\sqrt{x+3} - 2\sqrt{x-12} = 5\sqrt{x-9}$

1077. (l) $\sqrt{x+2a} - \sqrt{x+2b} = 2\sqrt{x}$

1078. (q) $\sqrt{x+8} - \sqrt{x+3} = \sqrt{x}$

1079. (q) $\sqrt{x+6} + \sqrt{x-1} = \sqrt{x-9}$

1080. (q) $\sqrt{5x-1} - \sqrt{8-2x} = \sqrt{x-1}$

1081. (q) $\sqrt{4x-3} + \sqrt{5x+1} = \sqrt{15x+4}$

1082. (q) $\sqrt{3x+1} + 2\sqrt{7x-10} = 7\sqrt{x-1}$

1083. (q) $\sqrt{a-x} + \sqrt{x-b} = \sqrt{a-b}$

1084. (l) $\sqrt{x-9} + \sqrt{x-12} = \sqrt{x-4} + \sqrt{x-13}$

1085. (l) $\sqrt{x-7} + \sqrt{x-2} - \sqrt{x-10} = \sqrt{x+5}$

1086. (*l*) $\sqrt{x+7} + \sqrt{x-5} - \sqrt{x-8} = \sqrt{x+16}$

1087. (*l*) $\sqrt{4x+1} + \sqrt{9x-17} = \sqrt{4x-7} + \sqrt{9x-9}$

1088. (*q*) $\sqrt{2x-1} + \sqrt{x+8} = \sqrt{2x+2} + \sqrt{x+3}$

1089. (*q*) $\sqrt{x+1} + \sqrt{3x-5} = \sqrt{x-2} + \sqrt{3x}$

1090. (*q*) $\sqrt{2x-1} + \sqrt{x-4} - \sqrt{2x-6} - \sqrt{x-1} = 0$

1091. (*q*) $\sqrt{2x+1} + \sqrt{6x-5} - \sqrt{2x-3} = \sqrt{6x+7}$

1092. (*l*) $\sqrt{13 + 4\sqrt{x-1}} = 5$ 1093. (*l*) $\sqrt{37 - 7\sqrt{5x+4}} = 4$

1094. (*l*) $\sqrt{6x+4} + \sqrt{x^4 + 10x^2 + 3x + 10} = x + 3$

1095. (*l*) $\sqrt{10x+32} + \sqrt{x^4 - 14x^2 + 5x - 1} = x + 5$

1096. (*l*) $\sqrt{x - 0{,}75} + \sqrt{x^4 + 2x^2 + 4x - 1} = x + 0{,}5$

1097. (*l*) $\sqrt{x+8} + \sqrt{x^4 + 10x^3 + 27x^2 + 12x - 3} = x + 3$

1098. (*q*) $\sqrt{x+2} + \sqrt{2x+7} = 4$ 1099. (*q*) $\sqrt{x+1} + \sqrt{3x+4} = 3$

1100. (*q*) $\sqrt{x+5} - \sqrt{9x^2 - 4x + 2} - 2 = 0$

1101. (*q*) $\sqrt{x+7} - \sqrt{5(x-2)} = 3$ 1102. (*q*) $\sqrt{x+1} - \sqrt{2x+3} = 1$

1103. (*l*) $(3\sqrt{x} + 2)(3\sqrt{x} - 2) = 5$ 1104. (*l*) $(2\sqrt{x} + 3)(2\sqrt{x} - 3) = 7$

1105. (*l*) $(\sqrt{x} - 7)(\sqrt{x} - 3) = (\sqrt{x} - 6)(\sqrt{x} - 5)$

1106. (*l*) $(9 - 2\sqrt{x})(21 + \sqrt{x}) = (11 - \sqrt{x})(3 + 2\sqrt{x})$

1107. (*l*) $\sqrt{7x+2} = \dfrac{5x+6}{\sqrt{7x+2}}$ 1108. (*l*) $2\sqrt{3x-1} = \dfrac{5x+8}{\sqrt{3x-1}}$

1109. (*l*) $\sqrt{x+2} = \dfrac{x-1}{\sqrt{x-3}}$ 1110. (*l*) $\sqrt{x+4} = \dfrac{x+1}{\sqrt{x-1}}$

1111. (*l*) $\sqrt{9x+10} = \dfrac{6x+10}{\sqrt{4x+9}}$ 1112. (*l*) $\sqrt{a-x} + \sqrt{b-x} = \dfrac{b}{\sqrt{b-x}}$

1113. (*q*) $\sqrt{x+3} + \sqrt{2x-8} = \dfrac{15}{\sqrt{x+3}}$ 1114. (*q*) $\sqrt{x+2} + \sqrt{4x+1} = \dfrac{10}{\sqrt{x+2}}$

1115. (*q*) $\sqrt{x+4} - \sqrt{5x-24} = \dfrac{6}{\sqrt{x+4}}$ 1116. (*q*) $\sqrt{2x-1} + \sqrt{x-1{,}5} = \dfrac{6}{\sqrt{2x-1}}$

1117. (q) $\sqrt{x+a} - \sqrt{x-a} = \dfrac{x+a-b}{\sqrt{x+a}}$ 1118. (q) $\dfrac{a-\sqrt{a^2-x^2}}{a+\sqrt{a^2-x^2}} = \dfrac{b}{a}$

1119. (l) $\sqrt[3]{5x-3} + 3 = 6$ 1120. (l) $\sqrt[3]{7x-6} + 6 = 1$

1121. (l) $\sqrt[3]{5x-7} - \sqrt[3]{4x+3} = 0$ 1122. (l) $4\sqrt[3]{5x-8} - 3\sqrt[3]{9x+1} = 0$

1123. (l) $\sqrt[4]{x^2-7x+19} - \sqrt{x-3} = 0$ 1124. (l) $\sqrt[4]{x^2+3x+9} - \sqrt{x+2} = 0$

1125. (l) $\sqrt[3]{8x^3+12x^2+8x-5} - 1 = 2x$

1126. (l) $\sqrt[3]{27x^3+54x^2+47x-113} - 2 = 3x$

Wurzelgleichungen mit zwei Unbekannten

1127. (l) $\begin{vmatrix} 2\sqrt{x} + 4\sqrt{y} = 14 \\ 2x - 3y = 6 \end{vmatrix}$ 1128. (l) $\begin{vmatrix} 4\sqrt{x} - 3\sqrt{y} = 13 \\ 3\sqrt{x} - 4\sqrt{y} = 8 \end{vmatrix}$

1129. (l) $\begin{vmatrix} 3\sqrt{2x} - 2\sqrt{3y} = 6 \\ 2\sqrt{x} + 3\sqrt{6y} = 13\sqrt{2} \end{vmatrix}$ 1130. (l) $\begin{vmatrix} x = 1 + \sqrt{y} \\ y = 4 - 3x + x^2 \end{vmatrix}$

1131. (l) $\begin{vmatrix} 2x - \sqrt{y} = 5 \\ (4x-7)(x-3) = y \end{vmatrix}$ 1132. (l) $\begin{vmatrix} 2\sqrt{x+5} - 3\sqrt{y-2} = 3 \\ 3\sqrt{x+5} - 4\sqrt{y-2} = 5 \end{vmatrix}$

1133. (l) $\begin{vmatrix} 4\sqrt{x+7} - 5\sqrt{y-7} = 7 \\ 3\sqrt{x+7} - 7\sqrt{y-7} = 2 \end{vmatrix}$ 1134. (l) $\begin{vmatrix} 5\sqrt{3x+1} - 6\sqrt{2y+3} = 2 \\ 2\sqrt{3x+1} + 3\sqrt{2y+3} = 17 \end{vmatrix}$

1135. (l) $\begin{vmatrix} 2\sqrt{4x+3} - 5\sqrt{2y-4} = 1 \\ 5\sqrt{4x+3} - 4\sqrt{2y-4} = 9 \end{vmatrix}$

1136. (l) $\begin{vmatrix} \dfrac{7}{\sqrt{x}} + \dfrac{4}{\sqrt{y}} = 4 \\ \dfrac{1}{\sqrt{x}} + \dfrac{2}{\sqrt{y}} = 1 \end{vmatrix}$ 1137. (l) $\begin{vmatrix} \dfrac{8}{\sqrt{x-3}} - \dfrac{3}{\sqrt{y+3}} = 1 \\ \dfrac{4}{\sqrt{x-3}} + \dfrac{9}{\sqrt{y+3}} = 4 \end{vmatrix}$

1138. (l) $\begin{vmatrix} \sqrt{x+6} + \sqrt{6-y} = 4 \\ x + y = 8 \end{vmatrix}$ 1139. (l) $\begin{vmatrix} 2\sqrt{9x+4} - 3\sqrt{6y-9} = 5 \\ 2x - 3y = 1 \end{vmatrix}$

1140. (q) $\begin{vmatrix} \sqrt{x-5} + \sqrt{y+2} = 5 \\ x + y = 16 \end{vmatrix}$ 1141. (q) $\begin{vmatrix} \sqrt{5-3x+x^2} + \sqrt{5-3y+y^2} = 6 \\ x + y = 3 \end{vmatrix}$

15.2. Exponentialgleichungen

Unter einer Exponentialgleichung versteht man eine Bestimmungsgleichung, bei der die Unbekannte (bzw. die Unbekannten) mindestens einmal in einem Exponenten (Potenz- oder Wurzelexponent) vorkommt.

BEISPIELE

$$a^{4x+5} = b; \quad \sqrt[x-a]{b} = c; \quad \sqrt[4]{p^{3x+1}} \cdot \sqrt[3]{p^{5x+3}} = \sqrt{p^{4x+3}}$$

Zur Lösung einfacher Exponentialgleichungen dienen folgende Rechenoperationen:

1. Exponentenvergleich

In den einfachsten Fällen lassen sich beide Seiten der Exponentialgleichung als eine Potenz mit gleicher Basis darstellen. Aus $a^x = a^p$ folgt $\underline{\underline{x = p}}$.

2. Logarithmieren

Sind beide Seiten der Exponentialgleichung Potenzen verschiedener Basis, z. B.

$$a^x = b^p,$$

so folgt durch beiderseitiges Logarithmieren

$$x \lg a = p \lg b$$

$$\underline{\underline{x = p \frac{\lg b}{\lg a}}}$$

Theoretisch ist es gleichgültig, in bezug auf welche Basis logarithmiert wird. Aus praktischen Gründen verwenden wir jedoch stets die Basis 10.

BEISPIELE

1. $a^{2x+3} = a^{13-3x}$

   Lösung: Durch Exponentenvergleich folgt:
   $$2x + 3 = 13 - 3x$$
   $$5x = 10$$
   $$\underline{\underline{x = 2}}$$

2. $\sqrt[3]{a^{5x+7}} \cdot \sqrt[4]{a^{3x+10}} = a^2 \sqrt{a^{5x}}$ oder in Potenzschreibweise

   $$a^{\frac{5x+7}{3}} \cdot a^{\frac{3x+10}{4}} = a^2 \cdot a^{\frac{5x}{2}}$$

   Lösung: Auch hier lassen sich beide Seiten als Potenzen mit gleicher Basis schreiben:

   $$a^{\frac{5x+7}{3} + \frac{3x+10}{4}} = a^{2 + \frac{5x}{2}}$$

Durch Exponentenvergleich folgt:

$$\frac{5x+7}{3} + \frac{3x+10}{4} = 2 + \frac{5x}{2}$$

$$x = 34$$

3. $3{,}111^x = 1{,}7497$

   Lösung: Die Gleichung wird beiderseits logarithmiert:

   $$x \lg 3{,}111 = \lg 1{,}7497$$

   $$x = \frac{\lg 1{,}7497}{\lg 3{,}111}$$

   $$x = \frac{0{,}24297}{0{,}49290} = \underline{0{,}49294}$$

Bemerkung: Erfahrungsgemäß werden hier von Anfängern häufig zwei Denkfehler begangen.
Die Gleichung $x = \dfrac{\lg 1{,}7497}{\lg 3{,}111}$ besagt, daß der $\lg 1{,}7497$ durch den $\lg 3{,}111$ zu teilen ist. Die Logarithmen werden also *nicht* etwa *subtrahiert*. Ferner ist nach Ausführung der Division auch *nicht* der *Numerus* zu *nehmen*!

4. $0{,}04^x = 0{,}007$

   Lösung: Die Gleichung wird beiderseits logarithmiert:

   $$x \lg 0{,}04 = \lg 0{,}007$$

   $$x = \frac{\lg 0{,}007}{\lg 0{,}04} = \frac{0{,}84510 - 3}{0{,}60206 - 2}$$

   Treten in einer Exponentialgleichung die Logarithmen von echten Brüchen auf, so ist die bei diesen Logarithmen übliche Schreibweise mit angehängter negativer Kennziffer zu ersetzen durch den eigentlichen negativen Wert der Logarithmen:

   $$x = \frac{-2{,}15490}{-1{,}39794} = \underline{1{,}5415}$$

5. $a^{mx-p} = b^{nx-q}$

   Lösung: Beiderseits wird logarithmiert:

   $$(mx - p) \cdot \lg a = (nx - q) \cdot \lg b$$

   Ausmultiplizieren, ordnen, zusammenfassen!

   $$(m \cdot \lg a - n \cdot \lg b)x = p \cdot \lg a - q \cdot \lg b$$

   $$x = \underline{\underline{\frac{p \cdot \lg a - q \cdot \lg b}{m \cdot \lg a - n \cdot \lg b}}}$$

15.2. Exponentialgleichungen

6. $3^x - 5^{x+2} = 3^{x+4} - 5^{x+3}$

   Lösung: Vor dem Logarithmieren müssen die algebraischen Summen in Produkte verwandelt werden. Man formt die Gleichung so um, daß jede Seite nur Potenzen *einer* Basis enthält.

   $$5^{x+3} - 5^{x+2} = 3^{x+4} - 3^x$$
   $$5^{x+2}(5-1) = 3^x(3^4 - 1)$$
   $$4 \cdot 5^{x+2} = 80 \cdot 3^x$$
   $$5^{x+2} = 20 \cdot 3^x$$

   Beiderseits wird logarithmiert:

   $$(x+2)\lg 5 = \lg 20 + x \cdot \lg 3$$
   $$(\lg 5 - \lg 3)x = \lg 20 - 2 \cdot \lg 5$$
   $$x = \frac{\lg 20 - 2\lg 5}{\lg 5 - \lg 3} = \frac{-0{,}09691}{0{,}22185}$$
   $$\underline{\underline{x = -0{,}43683}}$$

7. $2^{(3^x)} = 3^{(4^x)}$

   Lösung: Die beiderseitige Logarithmierung der Gleichung ergibt:

   $$3^x \lg 2 = 4^x \lg 3$$

   Die letzte Gleichung ist ebenfalls eine Exponentialgleichung; es muß daher ein zweites Mal logarithmiert werden:

   $$x\lg 3 + \lg(\lg 2) = x\lg 4 + \lg(\lg 3)$$

   [Das Symbol lg (lg 3) bedeutet also, daß von dem Logarithmus von 3 noch einmal der Logarithmus zu nehmen ist.]

   $$x(\lg 3 - \lg 4) = \lg(\lg 3) - \lg(\lg 2)$$
   $$x \lg 0{,}75 = \lg(\lg 3) - \lg(\lg 2)$$
   $$x = \frac{\lg(\lg 3) - \lg(\lg 2)}{\lg 0{,}75} = \frac{\lg 0{,}47712 - \lg 0{,}30103}{0{,}87506 - 1}$$
   $$x = \frac{0{,}67863 - 1 - (0{,}47861 - 1)}{0{,}87506 - 1} = \frac{+0{,}20002}{-0{,}12494}$$
   $$\underline{\underline{x = -1{,}6008}}$$

Nicht in allen Fällen lassen sich Exponentialgleichungen durch Logarithmieren lösen; bei der Gleichung

$$1{,}5^x + 3x - 20 = 0$$

führt das Verfahren z. B. nicht zum Ziel. In derartigen Fällen muß ein graphisches oder numerisches Näherungsverfahren angewandt werden (s. Abschnitt 18.).

AUFGABEN

1142. $a^{x+5} = a^{12}$ 1143. $b^{3-x} = b^8$ 1144. $p^{3x+5} = p^{2x+1}$

1145. $q^{2(4x-1)} = q^{3(2x+4)}$ 1146. $u \cdot u^{3(4x+1)} = u^0 \cdot u^{2(5x+3)}$

1147. $v^7 \cdot v^{3(x-2)} = v \cdot v^{2(x+1)} \, v^{4(x-2)}$ 1148. $(r^{x-3})^{x-4} = (r^{x-2})^{x-7}$

1149. $a\,(a^{x-2})^{x+3} = a^{3x+8}\,(a^{x+1})^{x-5}$ 1150. $\sqrt{p^{12-x}} = p^{2(x+3)}$

1151. $\sqrt[4]{q^{3x+2}} = \sqrt[3]{q^{2x+7}}$ 1152. $\sqrt[x-2]{u^{2x-1}} = \sqrt[x+1]{u^{x-3}}$

1153. $\sqrt[x-3]{v^{12-x}} = \sqrt[10-x]{v^{x+2}}$ 1154. $\sqrt[m]{a^{x-m}} = \sqrt[x-n]{a^n}$

1155. $\sqrt[n]{a^{x-m}} = \sqrt[x-n]{a^m}$ 1156. $\sqrt[1-x]{p^{1+x}} = \sqrt[b]{p^a}$

1157. $\sqrt{a^{7-3x}} \cdot \sqrt[3]{a^{x+1}} \cdot \sqrt[4]{a^{5x-7}} \cdot \sqrt[5]{a^{7-2x}} = 1$

1158. $\left(\dfrac{2}{3}\right)^x = \left(\dfrac{3}{2}\right)^5$ 1159. $\left(\dfrac{p}{q}\right)^x = \sqrt[3]{\left(\dfrac{q}{p}\right)^7}$ 1160. $\left(\dfrac{4}{5}\right)^{2x-3} = \left(\dfrac{5}{4}\right)^{3x+5}$

1161. $\left(\dfrac{7}{9}\right)^{3x+7} = \left(\dfrac{9}{7}\right)^{2x-5}$ 1162. $\sqrt[x]{a} = mn$ 1163. $a^x b^{mx} = c$

1164. $a^{n-x} = 2b^x$ 1165. $a^{mx-p} = b^{nx-q}$ 1166. $3^x = 10$

1167. $5^x = 100$ 1168. $0,025^x = 1000$ 1169. $10^x = 1,25^{10}$

1170. $10^{5x} = 2,3875$ 1171. $3,412^x = 2432$ 1172. $4,8321^x = 8,2137$

1173. $\sqrt[x]{6452} = 3,7824$ 1174. $\sqrt{5,738} = 2500$ 1175. $\sqrt[x]{4360,2} = 0,0011$

1176. $\sqrt{1,3311} = \sqrt[3]{7}$ 1177. $18^{-x}\,2436^x = 45^{x+1}$

1178. $4,278^{2x-3} = 3 \cdot (1,542)^{3x+5}$ 1179. $\left(\dfrac{3}{8}\right)^{3x+4} = \left(\dfrac{4}{5}\right)^{2x+1}$

1180. $25 \cdot \left(\dfrac{3}{4}\right)^{5x-2} = 37 \cdot \left(\dfrac{2}{3}\right)^{x+5}$ 1181. $12^{\frac{1}{x}} = 4,285$

1182. $100^{\frac{1}{x}} = 36,63^{\frac{1}{25}}$ 1183. $\sqrt[2x]{2^{3x+2}} = \sqrt[3x]{3^{2x+3}}$

1184. $\sqrt[7x]{75^{x+7}} = \sqrt[5x]{57^{x+5}}$ 1185. $3^{2x+1} - 5^{x-1} = 3^{2x+3} - 5^{x+1}$

1186. $2^x - 3^{x+1} = 2^{x+2} - 3^{x+3}$ 1187. $7^{2x-1} - 3^{3x-2} = 7^{2x+1} - 3^{3x+2}$

1188. $a^{x+p} - b^{x-v} = a^{x-q} - b^{x+u}$ 1189. $2^{(3^x)} = 3^{(2^x)}$

1190. $3^{(6^x)} = 5^{(4^x)}$

15.3. Logarithmische Gleichungen

1191. Bei einer gedämpften Schwingung mit Luftreibung bilden die Amplituden eine fallende geometrische Folge. Beträgt die Amplitudenabnahme von Schwingung zu Schwingung 0,5 %, so ist der Quotient der geometrischen Folge $q = 0,995$ und die Amplitude der n-ten Schwingung $A_n = A_1 q^{n-1}$, wo A_1 die Anfangsamplitude bedeutet. Bei der wievielten Schwingung unterschreitet die Amplitude 1 % des Anfangswertes?

1192. Für den Riementrieb (Bild 102) gilt auf Grund des Gesetzes für die Seilreibung, wenn das Rutschen des Riemens verhindert werden soll, die Forderung

$$\frac{F_{S1}}{F_{S2}} \leq e^{\mu_0 \alpha}$$

Hier bedeuten F_{S1} die Seilkraft in dem ziehenden Riementeil, F_{S2} die Seilkraft im gezogenen Riementeil, $\mu_0 = 0,25$ die Haftreibungszahl von Leder auf Grauguß und α den im Bogenmaß gemessenen Umschlingungswinkel. Wie groß muß α im Gradmaß sein bei einem Verhältnis von

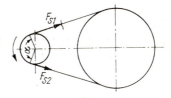

Bild 102

$$\frac{F_{S1}}{F_{S2}} = 2,5 ?$$

15.3. Logarithmische Gleichungen

Eine logarithmische Gleichung ist eine Bestimmungsgleichung, in der der Logarithmus der Unbekannten bzw. der Logarithmus eines Ausdrucks auftritt, der die Unbekannte enthält.

BEISPIELE (einfache Logarithmengleichungen)

$\lg x = 2,5$ $4,3^{\lg x} = 0,5$

$\lg (4x + 5) = 6,8$ $\lg x^2 + \lg x^5 = 5,7$

Die elementare Lösung einfacher Logarithmengleichungen beruht auf der geschickten Anwendung der Rechengesetze für Logarithmen.

BEISPIELE

1. $3 \cdot \lg (5x) = 2$

Lösung:

$$\lg (5x) = \frac{2}{3} \approx 0,666\,67$$

Auf beiden Seiten der Gleichung wird der Numerus genommen:

$$5x = 4,641\,6$$
$$x = 0,9283$$

Beachte: Der Schritt vom Logarithmus zum Numerus wird exakt folgendermaßen durchgeführt:

$$\lg (5x) = 0{,}66667 \qquad (I)$$

Nun wird in der identischen Gleichung

$$10 = 10$$

die linke Seite mit der linken Seite von Gleichung (I) potenziert, die rechte Seite mit der rechten Seite von (I):

$$10^{\lg(5x)} = 10^{0{,}66667}$$

Nach der Definitionsgleichung für den Logarithmus (62) Seite 159 gilt:

$$10^{\lg(5x)} = 5x$$

Somit:

$$5x = 10^{0{,}66667}$$

$$x = \frac{10^{0{,}66667}}{5} = 0{,}9283$$

Bei allgemeinen Zahlen ist der Schritt vom Logarithmus zum Numerus stets auf diesem Wege zu machen. Aus

$$\lg (ax) = b$$

folgt:

$$10^{\lg(ax)} = ax = 10^b$$

$$x = \frac{10^b}{a}$$

2. $\lg (x^3) + 2 \lg (x^2) = 6{,}426$

Lösung:
$$\lg (x^3 \cdot x^4) = 6{,}426$$
$$\lg (x^7) = 6{,}426$$
$$7 \cdot \lg x = 6{,}426$$
$$\lg x = 0{,}918$$
$$\underline{\underline{x = 8{,}2794}}$$

3. $3^{2 \cdot \lg x} = 12$

Lösung: Die Gleichung wird beiderseits zur Basis 10 logarithmiert:

$$2 \cdot \lg x \lg 3 = \lg 12$$
$$\lg x = \frac{\lg 12}{2 \lg 3} = \frac{1{,}07918}{0{,}95424} = 1{,}1309$$
$$\underline{\underline{x = 13{,}52}}$$

4. $a^{p\lg x} b^{q\lg x} = c^r$

Lösung: Die Gleichung wird zunächst beiderseits logarithmiert:

$$p \lg x \lg a + q \lg x \lg b = r \lg c$$

$$(p \lg a + q \lg b) \lg x = r \lg c$$

$$\lg x = \frac{r \lg c}{p \lg a + q \lg b}$$

$$10^{\lg x} = 10^{\frac{r \lg c}{p \lg a + q \lg b}}$$

$$x = 10^{\frac{r \lg c}{p \lg a + q \lg b}}$$

Bei der Lösung von logarithmischen Gleichungen führt nicht in allen Fällen die Anwendung der Logarithmengesetze zum Ziel. Zum Beispiel ist die Gleichung

$$\lg x^2 + 3x - 5{,}42 = 0$$

nicht auf diese Weise lösbar. In derartigen Fällen müssen graphische oder numerische Näherungsverfahren zur Anwendung kommen (s. Abschnitt 18.).

AUFGABEN

1193. $4 + 3 \lg x = 5{,}2$

1194. $5 - 2 \lg (3x) = 12{,}4$

1195. $\lg (x^3) + 2 \lg (x^2) = 20{,}4$

1196. $\lg \sqrt[3]{2x} = 0{,}876$

1197. $\frac{1}{3} \lg (x^2) + \frac{1}{3} \lg (x^3) = 0{,}0234$

1198. $\lg (2x + 3) - \lg (3x - 2) = 2$

1199. $\lg (3x) + \lg (4x) = 5 - \lg (2x)$

1200. $2 \lg (x + 1) = \lg (x - 1) + 1$

1201. $\lg (5^x) = \lg (2^x) + 2$

1202. $5^{\lg x} = 2 \cdot 3^{\lg x}$

1203. Stelle die Gleichung $A \cdot B^{C \cdot \lg D + E} = F$ nach A, B, C, D und E um!

16. Fortsetzung der Funktionenlehre

16.1. Entwickelte und unentwickelte Funktionen

Alle Funktionen, mit denen wir uns bisher beschäftigt haben, wie z. B.

$$y = mx + b$$

oder
$$y = ax^2 + bx + c$$

oder
$$y = \sqrt{x}$$

haben die gemeinsame Eigenschaft, daß die Funktionsgleichung, durch die die Zuordnung der Veränderlichen bewirkt wird, stets nach y aufgelöst ist.

Eine Funktion, deren Gleichung nach der abhängigen Veränderlichen aufgelöst ist, heißt *entwickelt* oder *explizit*[1]. Die allgemeine Form einer expliziten Funktion ist

$$y = f(x)$$

Der Zusammenhang zwischen den Veränderlichen x und y kann aber auch durch eine Funktionsgleichung hergestellt werden, die nicht nach y entwickelt ist; z. B.

1. $3x + 4y - 5 = 0$
2. $3x^2 + 6xy + y^2 + 2x + 4y + 1 = 0$
3. $y^5 + 2y^4 + 3x = 0$

Eine Funktion, deren Gleichung nicht nach der abhängigen Veränderlichen aufgelöst ist, heißt *unentwickelt* oder *implizit*[2]. Die allgemeine Form einer impliziten Funktion ist

$$f(x; y) = 0$$

Aus einer unentwickelten Funktion lassen sich ebenfalls die Wertetabelle und das Kurvenbild eindeutig ermitteln wie bei einer entwickelten Funktion. Mitunter wird es möglich sein, die unentwickelte Form der Funktionsgleichung in die entwickelte Form überzuführen, wie bei dem Beispiel 1. Man erhält entsprechend

1. $y = -\frac{3}{4}x + \frac{5}{4}$

Bei dem Beispiel 2 ist die Auflösung nach y ebenfalls möglich. Man erhält zunächst

$$y = -(3x + 2) \pm \sqrt{6x^2 + 10x + 3}$$

Dieser Ausdruck kann aber nicht als die explizite Form der Funktion gelten, da er nicht die Forderung nach Eindeutigkeit erfüllt (s. 10.2., Seite 259). Um die Eindeutigkeit der Funktion herzustellen, muß man unterscheiden

---

[1] explicitus (lat.) auseinandergewickelt
[2] implicitus (lat.) hineingewickelt

2a. $y = -(3x+2) + \sqrt{6x^2 + 10x + 3}$ und

2b. $y = -(3x+2) - \sqrt{6x^2 + 10x + 3}$

Man erhält also in diesem Falle 2 verschiedene explizite Funktionen, für die die gemeinsame implizite Form durch Beispiel 2 dargestellt wird.

Bei dem Beispiel 3 ist die Entwicklung nach y nicht möglich, da sich diese Gleichung 5. Grades nicht nach y auflösen läßt. Aber auch in diesem Falle wird zwischen den Veränderlichen x und y eine eindeutige Zuordnung hergestellt. Zu einem speziell gewählten Wert von x kann der zugehörige Wert von y mit Hilfe eines Näherungsverfahrens (s. 17.2. Regula falsi, Seite 440ff.) bestimmt werden, so daß man auch hier eine Wertetabelle und ein Kurvenbild unter Wahrung der Eindeutigkeit wie bei Beispiel 2 gewinnen kann.

AUFGABEN

Folgende unentwickelte Funktionen sollen nach y aufgelöst werden:

1204. $2x - 3y + 1 = 0$ 1205. $0,5x + 4y - 3 = 0$

1206. $1,2x - 0,7y + 4,5 = 0$ 1207. $3x^2 - 8xy + y^2 = 0$

1208. $5x^2 + 12xy + 2y^2 = 0$ 1209. $y^2 - 2xy + x^4 = 0$

1210. $2x^2 - 8xy + y^2 - 3x + 2y - 4 = 0$

1211. $4x^2 + 10xy - y^2 + 2x - 6y + 5 = 0$

16.2. Monotone Funktionen

Wenn eine Funktion $y = f(x)$ in einem Bereich der unabhängigen Veränderlichen x ständig steigt bzw. ständig fällt, so heißt sie in diesem Bereich *eigentlich monoton steigend* bzw. *monoton fallend*.

BEISPIELE

1. Die Funktion $y = 2x + 1$ (Kurve Bild 67 Seite 265) ist im gesamten Definitionsbereich $-\infty < x < +\infty$ eigentlich monoton steigend.

2. Die Funktion $y = -x + 1$ (Kurve Bild 77 Seite 277) ist im gesamten Definitionsbereich $-\infty < x < +\infty$ eigentlich monoton fallend.

3. Die Funktion $y = x^2$ (Kurve Bild 68 Seite 265) ist im Bereich $0 \leq x < +\infty$ eigentlich monoton steigend, im Bereich $-\infty < x \leq 0$ eigentlich monoton fallend.

4. Die Funktion $y = \sqrt{x}$ (Kurve Bild 69 Seite 266) ist im Bereich $0 \leq x < +\infty$ eigentlich monoton steigend; die Funktion $y = -\sqrt{x}$ (Kurve Bild 69) ist im Bereich $0 \leq x < +\infty$ eigentlich monoton fallend.

Der Begriff der Monotonie spielt eine Rolle bei der Behandlung der Grundlagen der Differentialrechnung; er ist aber auch für die elementare Mathematik nicht zu entbehren, da ohne ihn keine präzise Erklärung für den wichtigen Begriff der Umkehrfunktion (s. 16.3.) gegeben werden kann.

16.3. Die Umkehrfunktion

Begriff der Umkehrfunktion

Um einen neuen Begriff zu erläutern, gehen wir von der Funktion

$$f(x;y) = 2x - y + 1 = 0 \qquad \text{(I)}$$

oder in expliziter Form

$$y(x) = f(x) = 2x + 1 \qquad \text{(II)}$$

aus, die wir als *Urfunktion* bezeichnen wollen.

Wertteabelle

x	−2	−1,5	−1	−0,5	0	0,5	1	1,5	2
$y(x)$	−3	−2	−1	0	1	2	3	4	5

Die Kurve dieser Funktion s. Bild 67 Seite 265.

Es wird nun angenommen, daß entgegen der sonstigen Gepflogenheit in Gleichung (I) y die unabhängige Veränderliche und x die abhängige Veränderliche ist. Dann lautet die Gleichung (I) in expliziter Form

$$x(y) = \varphi(y) = \frac{1}{2}y - \frac{1}{2} \qquad \text{(III)}$$

Für die Wertetabelle erhält man den entsprechenden Ausschnitt:

y	−3	−2	−1	0	1	2	3	4	5
$x(y)$	−2	−1,5	−1	−0,5	0	0,5	1	1,5	2

Auch diese Funktion wird durch die Kurve Bild 67 dargestellt, worin jetzt allerdings entgegen der üblichen Bezeichnung die y-Achse als Abszissenachse, die x-Achse als Ordinatenachse gilt. Die so erhaltene Funktion $x(y) = \varphi(y) = \frac{1}{2}y - \frac{1}{2}$ heißt die *Umkehrfunktion* der Funktion $y(x) = f(x) = 2x + 1$ oder die zu der Funktion $y = 2x + 1$ *inverse*[1] Funktion. Meist behält man die unübliche Bezeichnung der Veränderlichen nicht bei, sondern schreibt in Gleichung (III) für die unabhängige Veränderliche x, für die abhängige Veränderliche y:

$$y(x) = \varphi(x) = \frac{1}{2}x - \frac{1}{2} \qquad \text{(IV)}$$

Die Gleichung (IV) stellt also zu der Urfunktion (I) bzw. (II) die Umkehrfunktion nach geänderter Bezeichnung der Veränderlichen dar.

Bei der Bildung der Umkehrfunktion muß darauf geachtet werden, daß die Eindeutigkeit der funktionalen Zuordnung (s. 10.2., Seite 259) gewahrt bleibt.

---

[1] inversus (lat.) umgewendet

16.3. Die Umkehrfunktion

BEISPIEL

$$y(x) = f(x) = x^2$$

Wertetabelle und Kurve s. Bild 68 Seite 265.

Bei dieser Funktion ist den Werten $x = +a$ und $x = -a$ der gleiche Wert $y(x) = a^2$ zugeordnet. Es ist aber nicht möglich, den Ausdruck $y(x) = \varphi(x) = \pm\sqrt{x}$ als Umkehrfunktion der Funktion $y(x) = x^2$ anzusehen. Durch diesen Ausdruck würde zwar eine Umkehrung der Zuordnung bewirkt werden, denn dem Wert $x = a^2$ wären nun die Werte $y = +a$ und $y = -a$ zugeordnet. Damit würde aber gegen die Forderung der Eindeutigkeit verstoßen, da einem Wert der unabhängigen Veränderlichen x immer nur *ein* Wert der abhängigen Veränderlichen zugeordnet sein darf. Beschränken wir uns aber bei der Urfunktion auf einen Bereich, in dem sie eigentlich monoton steigend oder fallend ist, so tritt diese Schwierigkeit nicht auf, da sich für einen derartigen Bereich die Umkehrfunktion eindeutig bilden läßt.

Die Funktion $y(x) = f(x)$ hat

im Bereich $0 \leq x < +\infty$ die Umkehrfunktion $y(x) = \varphi_1(x) = \sqrt{x}$,

im Bereich $-\infty < x \leq 0$ die Umkehrfunktion $y(x) = \varphi_2(x) = -\sqrt{x}$.

Kurve Bild 105.

Zusammenfassung:

Zu einer Funktion, die in einem Bereich eigentlich monoton steigend oder fallend ist, wird die Umkehrfunktion bei geänderter Bezeichnung der Veränderlichen formal nach folgender Regel gebildet:

> Man erhält zu einer Funktion die Umkehrfunktion, indem man in der Funktionsgleichung die Veränderlichen vertauscht und, wenn möglich, die so erhaltene Gleichung nach der abhängigen Veränderlichen auflöst.

Wesentlich bei der Bildung der Umkehrfunktion ist, daß die unabhängige Veränderliche zur abhängigen Veränderlichen, die abhängige Veränderliche zur unabhängigen Veränderlichen wird, was formal durch die Vertauschung der Veränderlichen in der Funktionsgleichung bewirkt wird. Die Auflösung nach y dagegen ist nicht immer möglich. Ist z. B. zu der Funktion

$$y = x^5 + x^4$$

die Umkehrfunktion zu bilden, so ergibt die Vertauschung der Veränderlichen

$$x = y^5 + y^4$$

Da sich diese Gleichung nicht explizit nach y auflösen läßt, muß man sich für die Umkehrfunktion mit der impliziten Form der Funktionsgleichung begnügen:

$$f(x; y) = y^5 + y^4 - x = 0$$

BEISPIELE

1. Bilde zu der Funktion $y = x^3$ die Umkehrfunktion.

Kurve der Urfunktion s. Bild 106. Diese Funktion ist im gesamten Definitionsbereich $-\infty < x < +\infty$ eigentlich monoton steigend; es gibt daher eine für den gesamten Bereich gültige Gleichung der Umkehrfunktion:

Vertauschung der Veränderlichen: $x = y^3$

Auflösung nach y: $\quad\quad\quad\quad\quad\quad \underline{y = \sqrt[3]{x}}$

2. Desgl. zu der Funktion $y = x^4$.

Kurve der Urfunktion s. Bild 107. Diese Funktion ist im Bereich $-\infty < x \leqq 0$ eigentlich monoton fallend, im Bereich $0 \leqq x < +\infty$ eigentlich monoton steigend. Die Gleichung der Umkehrfunktion muß für die beiden Bereiche getrennt angegeben werden:

Vertauschung der Veränderlichen: $x = y^4$

Auflösung nach y: $\quad\quad\quad\quad\quad\quad \underline{y = \pm\sqrt[4]{x}}$

Die Funktion $y = x^4$ hat

im Bereich $-\infty < x \leqq 0$ die Umkehrfunktion $\underline{y = -\sqrt[4]{x}}$,

im Bereich $0 \leqq x < +\infty$ die Umkehrfunktion $\underline{y = \sqrt[4]{x}}$.

3. Desgl. zu der Funktion $y = e^x$

Kurve der Urfunktion Bild 108. Diese Funktion ist im gesamten Definitionsbereich $-\infty < x < +\infty$ eigentlich monoton steigend; es gibt also eine für den gesamten Bereich gültige Gleichung der Umkehrfunktion.

Vertauschung der Veränderlichen: $x = e^y$

Auflösung nach y [vgl. 5.3. (75)] $\underline{y = \ln x}$

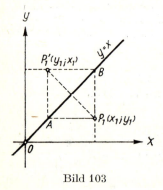

Bild 103

Die Kurve einer Funktion und ihrer Umkehrfunktion

Für die graphische Darstellung bedeutet eine Vertauschung der Veränderlichen eine Vertauschung der Koordinaten. Um die Beziehung, die zwischen den *Kurven* einer Funktion und ihrer Umkehrfunktion besteht, zu erkennen, untersuchen wir zunächst, wie sich *ein Punkt* verhält, wenn man seine Koordinaten vertauscht. Der Punkt P_1 habe die Koordinaten x_1 und y_1; der durch Vertauschung der Koordinaten entstehende Punkt ist P_1' $(y_1; x_1)$. Aus Bild 103 folgt: In dem Quadrat $AP_1'BP_1$ halbieren die Diagonalen einander

16.3. Die Umkehrfunktion

und stehen aufeinander senkrecht. Die Punkte P_1 und P_1' liegen daher symmetrisch zur Strecke $\overline{OB}$, die in die Gerade $y = x$ fällt.

Anders ausgedrückt:
Bei Vertauschung der Koordinaten geht ein Punkt in sein Spiegelbild in bezug auf die Gerade $y = x$ über.

Bildet man zu einer Funktion durch Vertauschung der Veränderlichen die Umkehrfunktion, so geht *jeder* Punkt der Kurve der Urfunktion in sein an der Geraden $y = x$ gespiegeltes Bild über.

| Man erhält die Kurve der Umkehrfunktion, indem man die Kurve der Urfunktion an der Geraden $y = x$ spiegelt.

BEISPIELE

1. Urfunktion $y = 2x + 1$; Umkehrfunktion $y = \frac{1}{2}x - \frac{1}{2}$; Kurven Bild 104.
2. Urfunktion $y = x^2$; Umkehrfunktion $y = \sqrt{x}$ und $y = -\sqrt{x}$; Kurven Bild 105.

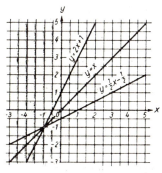

Bild 104

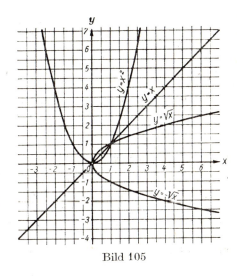

Bild 105

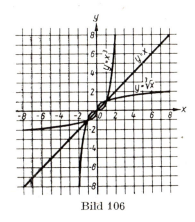

Bild 106

3. Urfunktion $y = x^3$; Umkehrfunktion $y = \sqrt[3]{x}$; Kurven Bild 106.
4. Urfunktion $y = x^4$; Umkehrfunktion $y = \sqrt[4]{x}$ und $y = -\sqrt[4]{x}$; Kurven Bild 107.
5. Urfunktion $y = e^x$; Umkehrfunktion $y = \ln x$; Kurven Bild 108.

16. Fortsetzung der Funktionenlehre

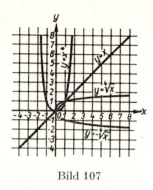

Bild 107   Bild 108

AUFGABEN

1212. Bilde zu den folgenden Funktionen die Umkehrfunktionen. Zeichne für jede Funktion die Kurven der Urfunktion und der inversen Funktion in ein Achsenkreuz:

a) $y = 3x - 2$ b) $y = \frac{1}{2}x - 3$ c) $y = -0{,}75x + 1{,}75$

d) $y = 4x^2$ e) $y = x^2 - 6x + 8$ f) $y = x^2 + 2x - 8$ g) $y = x^5$

1213. Bei der Spiegelung der Kurve einer Funktion $y = f(x)$ an der Geraden $y = x$ kann es Punkte geben, die in sich selbst gespiegelt werden. Die Abszissen dieser Punkte erfüllen die Gleichung $x = f(x)$. Berechne die Koordinaten dieser Punkte für die Funktionen der vorigen Aufgabe.

16.4. Einteilung der Funktionen

Die übliche Einteilung der Funktionen erfolgt unter dem Gesichtspunkt der Rechenoperationen, die in der Funktionsgleichung vorkommen.
Wird in der Funktionsgleichung die unabhängige Veränderliche nur addiert und subtrahiert oder wird mit ihr multipliziert, so heißt die Funktion *ganz rational*.

BEISPIELE ganzer rationaler Funktionen:

$$y = 3x^2 - 2x + 4; \quad y = \frac{1}{4}x^3 - \frac{2}{3}x^2 + \frac{3}{7}x - \frac{1}{2}$$

Man beachte, daß zwar in dem zweiten Beispiel bei den Koeffizienten Brüche auftreten. Wesentlich ist, daß die unabhängige *Veränderliche* nicht im Nenner vorkommt; daher handelt es sich hier um eine ganze rationale Funktion.

Tritt in der Funktionsgleichung die unabhängige Veränderliche in Verbindung mit den Operationen Addition, Subtraktion, Multiplikation und in einem Divisor auf, so spricht man von einer *gebrochenen rationalen* Funktion oder schlechthin von einer rationalen Funktion.

16.4. Einteilung der Funktionen

BEISPIELE gebrochener rationaler Funktionen:

$$y = \frac{2x^3 - 3x + 4}{x^2 + 5x - 2}; \quad y = x^3 + 2x^2 - 5x + 3 - \frac{4}{x}$$

Kommt in der Funktionsgleichung die unabhängige Veränderliche in einem Radikanden vor, so heißt die Funktion *algebraisch*.

BEISPIELE algebraischer Funktionen:

$$y = \sqrt{2x - 5}; \quad y = \frac{x^3 - 3\sqrt{x-1}}{5x + 2}$$

Die Funktion $y = \sqrt{2x^2 + 3x} - \sqrt{5}$ ist, da die unabhängige *Veränderliche* nicht unter einer Wurzel auftritt, ganz rational.

Kommt in einer Funktionsgleichung die unabhängige Veränderliche in Verbindung mit anderen Rechenoperationen als Addition, Subtraktion, Multiplikation, Division und Radizierung vor, so heißt die Funktion *transzendent*[1].

BEISPIELE transzendenter Funktionen:

$$y = \tan(\pi + 2x); \quad y = \frac{\sin x}{x}; \quad y = \lg\left(\frac{x+1}{x-1}\right)$$

Die wichtigsten transzendenten Funktionen sind:
1. die trigonometrischen Funktionen $y = \sin x$, $y = \cos x$, $y = \tan x$, $y = \cot x$;
2. die zyklometrischen Funktionen (Umkehrfunktionen der trigonometrischen Funktionen) $y = \arcsin x$, $y = \arccos x$, $y = \arctan x$, $y = \text{arccot}\, x$;
3. die Exponentialfunktionen $y = a^x$ (insbes. $y = e^x$);
4. die logarithmischen Funktionen (Umkehrfunktionen der Exponentialfunktionen) $y = \log_a x$ (insbes. $y = \ln x$).

Beachte:

$y = x^2$ ist ganz rational, da hier mit der Veränderlichen x multipliziert wird;
$y = 2^x$ ist transzendent, da hier mit der Veränderlichen x potenziert wird.

Folgende Aufstellung gibt eine Übersicht über die analytischen Funktionen:

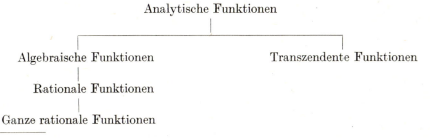

---

[1] transcendere (lat.) hinübersteigen; es bedeutet hier, daß die in der Funktionsgleichung auftretenden Rechenoperationen über die algebraischen Operationen Addition, Subtraktion, Multiplikation, Division und Radizierung hinausgehen

16.5. Die ganze rationale Funktion

Die bisher behandelte lineare Funktion und die quadratische Funktion sind Sonderfälle der ganzen rationalen Funktion. Die allgemeine ganze rationale Funktion n-ten Grades hat die Form:

$$y(x) = A_n x^n + A_{n-1} x^{n-1} + A_{n-2} x^{n-2} + \cdots + A_1 x + A_0 \qquad (134)$$

Hier bedeuten die Koeffizienten A_n, A_{n-1}, ..., A_1, A_0 beliebige reelle Zahlen; der Koeffizient A_n des Gliedes n-ten Grades darf jedoch nicht gleich Null sein, da die Funktion dann nicht mehr vom Grade n wäre.

Alle ganzen rationalen Funktionen, die nicht die Form (134) haben, lassen sich durch Auflösen etwa auftretender Klammern und durch Zusammenfassen der Glieder, die die Veränderliche in gleicher Potenz enthalten, auf diese Form bringen.

Die ganzen rationalen Funktionen sind für die Technik von besonderer Wichtigkeit; ihre Bedeutung liegt in folgenden Eigenschaften:

1. Sie sind die am leichtesten zu behandelnden Funktionen.
2. Jede beliebige (also nicht ganz rationale) Funktion kann unter bestimmten Voraussetzungen mit jeder gewünschten Genauigkeit durch eine ganze rationale Funktion ersetzt werden. (Siehe Differential- und Integralrechnung: Entwicklung analytischer Funktionen in Potenzreihen.)

16.6. Numerische Berechnung von Funktionswerten einer ganzen rationalen Funktion (Hornersches Schema)

Eine häufig vorkommende Aufgabe ist es, den Funktionswert einer ganzen rationalen Funktion $y(x)$ für einen speziellen Wert x_1 der unabhängigen Veränderlichen zu berechnen. Das Verfahren soll an einer Funktion 3. Grades erläutert werden. Für Funktionen höheres Grades ist es in entsprechender Weise anwendbar.

Die allgemeine Funktion 3. Grades hat die Form:

$$y(x) = A_3 x^3 + A_2 x^2 + A_1 x + A_0 \qquad (A_3 \neq 0) \qquad (135)$$

Es soll der Funktionswert an der Stelle x_1 ermittelt werden. Nach (135) ist

$$y(x_1) = A_3 x_1^3 + A_2 x_1^2 + A_1 x_1 + A_0$$

Selbstverständlich läßt sich der Funktionswert $y(x_1)$ bestimmen, indem man nacheinander die Glieder $A_3 x_1^3$, $A_2 x_1^2$ usw. berechnet und dann die obige Summe bildet. Das liegt besonders nahe, da man zur Berechnung der Summanden $A_3 x_1^3$ und $A_2 x_1^2$ die Kubik- und Quadrattafel heranziehen kann. Trotzdem verdient ein anderer Weg den Vorzug, der besonders bei den Funktionen höheren Grades eine erhebliche Erleichterung der Rechenarbeit gestattet. Man geht wie folgt vor:

16.6. Numerische Berechnung von Funktionswerten

Zunächst bildet man das
Produkt von A_3 und x_1: $\qquad A_3 x_1$
Dazu wird A_2 addiert: $\qquad A_3 x_1 + A_2$
Diese Summe wird mit x_1 multipliziert: $\qquad A_3 x_1^2 + A_2 x_1$
Dazu wird A_1 addiert: $\qquad A_3 x_1^2 + A_2 x_1 + A_1$
Diese Summe wird mit x_1 multipliziert: $\qquad A_3 x_1^3 + A_2 x_1^2 + A_1 x_1$
Zum Schluß wird dazu A_0 addiert: $\qquad A_3 x_1^3 + A_2 x_1^2 + A_1 x_1 + A_0$

Damit hat man den Funktionswert an der Stelle x_1 erhalten. Der Vorteil, den dieser Gang der Rechnung bietet, liegt darin, daß sämtliche vorkommenden Multiplikationen mit dem *gleichen Faktor* x_1 erfolgen. Beim Durchführen der Rechnung mit dem Taschenrechner wird dieser Faktor zu Anfang eingegeben.

In der Praxis hat es sich bewährt, diesen Rechnungsgang in ein Schema („HORNER-Schema") einzuordnen, das durch seine Übersichtlichkeit gestattet, die notwendigen Rechenoperationen schnell und sicher durchzuführen.

BEISPIEL

Der Funktionswert der ganzen rationalen Funktion
$$y(x) = 3{,}23 x^3 - 2{,}59 x^2 + 1{,}26 x + 5{,}34$$
soll für die Stelle $x_1 = 1{,}85$ berechnet werden.

Lösung: Zunächst wird das Schema vorbereitet. Dazu werden die Koeffizienten der Funktion, nach Potenzen von x geordnet, unter Berücksichtigung ihrer Vorzeichen in eine Zeile geschrieben. Dann wird eine Zeile frei gelassen; dann folgt der Strich, über den die vorkommenden Additionen geschrieben werden. Schließlich wird in die dritte Zeile ganz links vor das Schema der spezielle Wert $x_1 = + 1{,}85$ hingeschrieben, für den der Funktionswert berechnet werden soll:

	$+3{,}23$	$-2{,}59$	$+1{,}26$	$+5{,}34$
$+1{,}85$				

Die Stelle in der zweiten Zeile unter dem ersten Koeffizienten $+ 3{,}23$ bleibt frei. Nun werden die Zahlen der ersten Spalte des Schemas addiert. Hier steht bei uns nur $+ 3{,}23$. Die Summe $+ 3{,}23$ kommt unter den Strich. Diese Zahl wird mit $x_1 = + 1{,}85$ multipliziert; das Produkt $+ 5{,}98$ kommt in die zweite Zeile unter den zweiten Koeffizienten $- 2{,}59$:

	$+3{,}23$	$-2{,}59$	$+1{,}26$	$+5{,}34$
		$+5{,}98$		
$+1{,}85$	$+3{,}23$			

Beim nächsten Schritt werden im Schema die Zahlen der zweiten senkrechten Spalte
— 2,59 und + 5,98 addiert. Die Summe + 3,39 wird wieder mit + 1,85 multipliziert;
das Produkt + 6,27 kommt in die zweite Zeile des Schemas unter den dritten Koeffizienten + 1,26:

$$
\begin{array}{c|cccc}
 & +3{,}23 & -2{,}59 & +1{,}26 & +5{,}34 \\
 & & +5{,}98 & +6{,}27 & \\
\hline
+1{,}85 & +3{,}23 & +3{,}39 & & \\
\end{array}
$$

In gleicher Weise wird fortgefahren, bis nach Addition der Zahlen der vierten senkrechten Spalte des Schemas der Funktionswert $y(1,85) = +\ 19,27$ erscheint:

$$
\begin{array}{c|cccc}
 & +3{,}23 & -2{,}59 & +1{,}26 & +\ 5{,}34 \\
 & & +5{,}98 & +6{,}27 & +13{,}93 \\
\hline
+1{,}85 & +3{,}23 & +3{,}39 & +7{,}53 & +19{,}27 = y\,(1{,}85) \\
\end{array}
$$

Dieses Ergebnis ist natürlich ein gerundeter Wert.

Bei der Anwendung des HORNER-Schemas erfordert ein Sonderfall besondere Aufmerksamkeit. Fehlen in einer Funktionsgleichung irgendwelche Potenzen der unabhängigen Veränderlichen, so werden die zu diesen Potenzen gehörigen Koeffizienten mit Null angesetzt.

BEISPIEL

Der Funktionswert der Funktion $y(x) = 2{,}4\,x^4 - 6{,}2\,x^2 - 4{,}25$ ist für die Stelle $x_1 = -\ 1{,}25$ zu berechnen.

Lösung: Das folgende Schema zeigt den Gang der Rechnung:

$$
\begin{array}{c|ccccc}
 & +2{,}4 & 0 & -6{,}2 & 0 & -4{,}25 \\
 & & -3{,}00 & +3{,}75 & +3{,}06 & -3{,}83 \\
\hline
-1{,}25 & +2{,}4 & -3{,}00 & -2{,}45 & +3{,}06 & -\ 8{,}08 = y\,(-1{,}25) \\
\end{array}
$$

Das Hornersche Schema läßt sich noch erweitern. Es liefert dann für eine ganze rationale Funktion in einem Rechnungsgang nicht nur den Funktionswert, sondern auch den Wert der Ableitungen für eine Stelle x_1. Daher ist es für die Analysis ein wichtiges Hilfsmittel bei der praktischen Anwendung von Näherungsverfahren zur Lösung algebraischer Gleichungen und bei Reihenentwicklungen.

AUFGABEN

1214. Berechne den Funktionswert der ganzen rationalen Funktion
$$y(x) = 3{,}7x^2 - 4{,}56x + 7{,}92 \text{ an den Stellen } x_1 = 2{,}8 \text{ und } x_2 = -\ 4{,}2.$$
1215. Desgl. für $y(x) = 0{,}38x^2 - 0{,}564x + 0{,}692$; $x_1 = 1{,}8$ und $x_2 = -\ 4{,}7$.
1216. Desgl. für $y(x) = 4{,}9x^3 - 3{,}87x^2 + 5{,}694x - 2{,}687$; $x_1 = 1{,}3$ und $x_2 = -\ 2{,}7$.

1217. Desgl. für $y(x) = 0{,}8x^3 + 1{,}354x - 2{,}394$; $x_1 = 1{,}7$ und $x_2 = -1{,}9$.

1218. Desgl. für $y(x) = 1{,}2x^4 - 2{,}74x^3 + 3{,}98x^2 - 4{,}561x - 4{,}5618$; $x_1 = 2{,}7$ und $x_2 = -4{,}3$.

1219. Desgl. für $y(x) = 3{,}6x^4 - 2{,}54x^2 - 2{,}19736$; $x_1 = 1{,}1$ und $x_2 = -1{,}5$.

1220. Stelle für die Funktion $y(x) = x^3 - 3x^2 - 24x + 1$ die Wertetabelle auf für die Stellen $x = -3, -2, -1, \ldots, 4, 5$. Zeichne die Kurve der Funktion.

1221. Desgl. für die Funktion $y(x) = x^3 - 9x^2 + 24x - 1$; $x = -1, 0, 1, \ldots, 6, 7$.

16.7. Graphische Ermittlung von Funktionswerten einer ganzen rationalen Funktion

Das Prinzip des HORNER-Schemas läßt sich in eine graphische Form übertragen. In bestimmten Fällen ist dieses graphische Verfahren dem numerischen Verfahren vorzuziehen. Das Verfahren soll wieder an einer Funktion 3. Grades erläutert werden:

$$y(x) = A_3 x^3 + A_2 x^2 + A_1 x + A_0$$

Es soll der Wert dieser Funktion für die Stelle x_1 ermittelt werden. Zuerst wird ein sogenanntes Umlaufschema (Bild 109) gezeichnet. Es dient dazu, im voraus Richtung und Richtungssinn der später graphisch als Strecken darzustellenden Koeffizienten A_3, A_2, A_1, A_0 festzulegen. Die im Umlaufschema auftretenden Strecken A_3, A_2, A_1, A_0 sind hinsichtlich ihrer Größe völlig willkürlich und stehen größen-

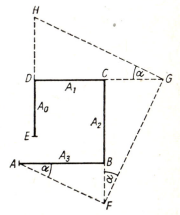

Bild 110

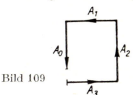

Bild 109

mäßig mit den Koeffizienten A_3, A_2, A_1, A_0 in keiner Beziehung. Danach werden die Koeffizienten der Funktion als fortlaufender Streckenzug in einem geeigneten Maßstab gezeichnet. Man beginnt mit A_3 (Bild 110); Richtung und Richtungssinn sind durch das Umlaufschema bestimmt. Ist A_3 positiv, so wird der gleiche Richtungssinn wie im Schema gewählt (also von links nach rechts); bei negativem A_3 kommt der entgegengesetzte Richtungssinn in Anwendung. Im Endpunkt B der Strecke A_3 wird rechtwinklig zu A_3 die den Koeffizienten A_2 darstellende Strecke maßstabgetreu angesetzt. Der Richtungssinn wird wieder dem Umlaufschema entnommen. Ist A_2 positiv, so hat die A_2 darstellende Strecke den gleichen Richtungssinn wie im Schema, wenn negativ, den entgegengesetzten Richtungssinn. So fährt man fort, bis alle Koeffizienten der Funktion als Strecken aufgetragen sind. Dabei kann unter Umständen eine Überschneidung des Streckenzuges eintreten. Es wird nun zunächst angenommen, daß in unserer Funktionsgleichung alle Koeffizienten positiv sind. Dann hat der entstehende

Streckenzug die Form wie in Bild 110. Um den Funktionswert an der positiven Stelle x_1 zu ermitteln, wird an die Strecke A_3 in A ein Winkel α nach unten angetragen, derart, daß $\tan \alpha = x_1$. Der freie Schenkel von α schneidet A_2 oder die Verlängerung von A_2 in F. Das Antragen des Winkels α geschieht in der Weise, daß man $\overline{FB} = A_3 \cdot x_1$ macht. In diesem Fall ist nämlich $\tan \alpha = \overline{FB} : \overline{AB} = A_3 \cdot x_1 : A_3 = x_1$. Auf $\overline{AF}$ in F errichtet man die Senkrechte. Diese schneidet A_1 oder die Verlängerung von A_1 in G. Schließlich errichtet man auf $\overline{FG}$ in G die Senkrechte. Diese schneidet A_0 oder die Verlängerung von A_0 in H. Die Länge der Strecke $\overline{HE}$ stellt, gemessen in dem angewandten Maßstab, den Funktionswert $y(x_1)$ dar. Das Vorzeichen ist positiv zu nehmen, wenn der Richtungssinn von $\overline{HE}$ mit dem Richtungssinn von A_0 im Umlaufschema übereinstimmt. Es ist negativ bei entgegengesetztem Richtungssinn.

Beweis: Nach Konstruktion ist

$$\overline{FB} = A_3 x_1$$

Daher ist $\overline{FC} = A_3 x_1 + A_2$

In dem Dreieck CFG ist der Winkel CFG ebenfalls gleich α. Daher gilt in diesem Dreieck: $\overline{GC} = \overline{FC} \tan \alpha$ oder, da $\overline{FC} = A_3 x_1 + A_2$ und $\tan \alpha = x_1$:

$$\overline{GC} = A_3 x_1^2 + A_2 x_1$$

und $\overline{GD} = A_3 x_1^2 + A_2 x_1 + A_1$

In dem Dreieck DGH ist der Winkel DGH wieder gleich α. Daher ist $\overline{HD} = \overline{GD} \tan \alpha$

oder $\overline{HD} = (A_3 x_1^2 + A_2 x_1 + A_1) x_1$,

also $\overline{HD} = A_3 x_1^3 + A_2 x_1^2 + A_1 x_1$

Schließlich ist $\overline{HE} = A_3 x_1^3 + A_2 x_1^2 + A_1 x_1 + A_0 = y(x_1)$

Für die Anwendung dieses Verfahrens seien noch drei Hinweise gegeben:

1. Die bei der Begründung des HORNER-Schemas durchgeführten Überlegungen geben Aufschluß darüber, wie der Winkel α zu Beginn des Verfahrens anzutragen ist.

Der Winkel α wird angetragen,

   wenn $A_3 \cdot x_1$ positiv, nach unten,

   wenn $A_3 \cdot x_1$ negativ, nach oben.

2. Bei Gleichungen von höherem als drittem Grade wird das Umlaufschema entsprechend fortgesetzt; Bild 111 zeigt das Schema für eine Funktion 5. Grades.

3. Fehlende Potenzen werden in entsprechender Weise berücksichtigt wie beim numerischen Verfahren mit Hilfe des HORNER-Schemas.

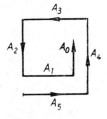

Bild 111

16.7. Graph. Ermittlung von Funktionswerten einer ganzen rat. Funktion

Die Vorbereitungen zu diesem Verfahren, nämlich das Zeichnen des Streckenzuges $ABCDE$, erfordern Zeit. Sind zu einer Funktion nur wenige Funktionswerte zu ermitteln, so ist das numerische Verfahren vorzuziehen. Werden aber zu der gleichen Funktion viele Funktionswerte gesucht, so ist das graphische Verfahren vorteilhaft. In diesem Falle legt man auf den gezeichneten Streckenzug (Bild 110) ein Blatt transparentes Millimeterpapier, das um A drehbar mit einer Nadel befestigt wird. Der Streckenzug $AFGH$ wird nun nicht eingezeichnet; nach Drehung des transparenten Millimeterpapierblattes um einen geeigneten Winkel α läßt sich der Streckenzug $AFGH$ längs der Millimeternetzlinien bis zum Ende H verfolgen.

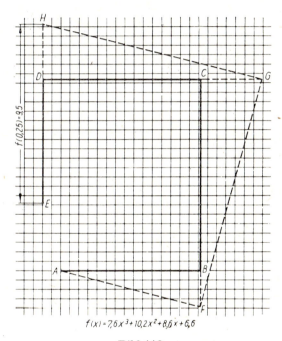

Bild 112

BEISPIELE

1. Der Wert der Funktion $y(x) = 7{,}6\,x^3 + 10{,}2x^2 + 8{,}6x + 6{,}6$ soll für die Stelle $x_1 = 0{,}25$ graphisch ermittelt werden.

   Lösung: Aus Bild 112 (Maßstab 1 : 2) entnimmt man: $y(0{,}25) = 9{,}5$.

2. Desgl. für die Funktion $y(x) = 5{,}8x^4 + 4{,}5x^3 + 4{,}2x^2 - 8{,}5x + 10{,}8$ und die Stelle $x_1 = 0{,}7$.

   Lösung: s. Bild 113 (Maßstab 1 : 2): $y(0{,}7) = 9{,}8$.

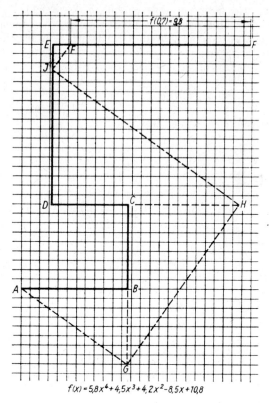

Bild 113

AUFGABEN

1222. Ermittle graphisch für die Funktion $y(x) = 4{,}5x^3 + 5{,}7x^2 + 7{,}3x + 2{,}6$ die Funktionswerte an den Stellen $x = -1{,}0; -0{,}8; -0{,}6; \ldots; 0{,}6; 0{,}8; 1{,}0$.

1223. Desgl. für die Funktion $y(x) = 5{,}4x^4 + 3{,}8x^3 - 2{,}7x^2 - 6{,}2x + 4{,}8$ und die Stellen $x = -1{,}0; -0{,}8; -0{,}6; \ldots; 0{,}6; 0{,}8; 1{,}0$.

16.8. Das Interpolationsproblem; Verfahren von NEWTON

Der Zusammenhang zwischen zwei veränderlichen Größen x und y sei empirisch durch n Messungen ermittelt worden. Auf Grund dieser Messungen liegt dann eine Wertetabelle vor, die allgemein folgende Form hat:

x	x_1	x_2	x_3	x_4	x_5	$\ldots$	x_n
$y(x)$	y_1	y_2	y_3	y_4	y_5	$\ldots$	y_n

16.8. Das Interpolationsproblem; Verfahren von Newton

Es soll nun eine ganze rationale Funktion $y(x)$ von niedrigerem als n-tem Grade ermittelt werden, die an den Stellen $x_1, x_2, x_3, \ldots, x_n$ die Werte $y_1, y_2, y_3, \ldots, y_n$ annimmt. Diese Aufgabe heißt das *Interpolationsproblem*[1].

Von den verschiedenen Lösungswegen, die für diese Aufgabe gegeben worden sind, ist das Verfahren von NEWTON für praktische Zwecke am geeignetsten.

Die gesuchte Funktion hat die Gleichung:

$$y(x) = y_1 + c_1(x - x_1) + c_2(x - x_1)(x - x_2) + c_3(x - x_1)(x - x_2)(x - x_3) +$$
$$+ \cdots + c_{n-1}(x - x_1)(x - x_2)(x - x_3) \cdots (x - x_{n-1}) \quad (136)$$

Es wird sich zeigen, daß diese Funktion die verlangten Eigenschaften besitzt.

In (136) bedeuten die $c_1, c_2, c_3, \ldots, c_{n-1}$ gewisse Konstanten, die folgendermaßen bestimmt werden:

Setzt man in Gleichung (135) für x den Wert x_1 ein, so erhält man

$$y(x_1) = y_1$$

Die angegebene Funktion nimmt also, wie verlangt, an der Stelle x_1 den Wert y_1 an.

Setzt man in $y(x)$ nun $x = x_2$ und berücksichtigt, daß $y(x_2) = y_2$ sein soll, so erhält man

$$y(x_2) = y_2 = y_1 + c_1(x_2 - x_1)$$

Hieraus läßt sich c_1 bestimmen:

$$c_1 = \frac{y_2 - y_1}{x_2 - x_1}$$

Nun wird c_2 bestimmt. Man setzt dazu in $y(x)$ für x den Wert x_2 ein und berücksichtigt, daß $y(x_3) = y_3$ sein soll:

$$y(x_3) = y_3 = y_1 + c_1(x_3 - x_1) + c_2(x_3 - x_1)(x_3 - x_2)$$

Daraus erhält man

$$c_2 = \frac{y_3 - y_1 - c_1(x_3 - x_1)}{(x_3 - x_1)(x_3 - x_2)}$$

So fährt man fort, bis schließlich c_{n-1} bestimmt ist. Nach Einsetzen der nun bekannten Konstanten $c_1, c_2, \ldots, c_{n-1}$ in die Funktionsgleichung $y(x)$ wird diese noch durch Ausmultiplizieren und durch Zusammenfassen gleicher Potenzen der Veränderlichen vereinfacht.

---

[1] interpolare (lat.) dazwischenschalten

BEISPIEL

In der Beizanlage eines Stahlwerkes wird zwischen dem prozentualen Schwefelsäuregehalt und der Dichte der Beizflüssigkeit folgender Zusammenhang gemessen:

H_2SO_4-Gehalt (in %) ($= x$)	0	5	10	20
Dichte (in kg/dm³) ($= y$)	1,0000	1,0355	1,0718	1,1468

Bestimme die ganze rationale Funktion niedrigsten Grades, die diesen Zusammenhang herstellt.

Lösung: Da die Wertetabelle vier Messungen umfaßt, ist zunächst mit einer Funktion 3. Grades zu rechnen.

$$y(x) = y_1 + c_1(x - x_1) + c_2(x - x_1)(x - x_2) + \\ + c_3(x - x_1)(x - x_2)(x - x_3)$$

$$y(0) = y_1 = 1$$

Bestimmung von c_1:

$$y(5) = 1 + c_1(5 - 0) = 1,0355$$
$$c_1 = 0,0071$$

Bestimmung von c_2:

$$y(10) = 1 + 0,0071(10 - 0) + c_2(10 - 0)(10 - 5) = 1,0718$$
$$c_2 = 0,000016$$

Bestimmung von c_3:

$$y(20) = 1 + 0,0071(20 - 0) + 0,000016(20 - 0)(20 - 5) + \\ + c_3(20 - 0)(20 - 5)(20 - 10) = 1,1468$$
$$c_3 = 0$$

Dieses letzte Ergebnis bedeutet, daß der geforderte Zusammenhang bereits durch eine Funktion 2. Grades hergestellt wird. Für diese Funktion erhält man:

$$y(x) = 1 + 0,0071(x - 0) + 0,000016(x - 0)(x - 5)$$

und nach Auflösen der Klammern und Zusammenfassen gleicher Potenzen der Veränderlichen:

$$\underline{\underline{y(x) = 0,000016 x^2 + 0,00702 x + 1}}$$

AUFGABEN

1224. Ermittle die ganze rationale Funktion niedrigsten Grades, die an den angegebenen Stellen x die zugeordneten Werte y annimmt:

x	$+1,0$	$+2,0$	$+3,0$
y	$+1,3$	$-1,3$	$-3,1$

Aufgaben

1225. Desgl. für

x	$-0,5$	$+1,5$	$+2,5$
y	$-6,30$	$+7,38$	$+17,82$

1226. Desgl. für

x	$-1,6$	$-0,4$	$+0,8$	$+2,5$
y	$+14,176$	$+3,616$	$+3,424$	$+20,9$

1227. Desgl. für

x	$-0,4$	$+0,8$	$+1,2$	$+2,4$
y	$-6,3$	$-1,38$	$+1,86$	$+29,82$

1228. Desgl. für:

x	$+1,0$	$+2,0$	$+3,0$	$+4,0$	$+5,0$
y	$-2,2$	$-10,0$	$-13,0$	$-4,0$	$+24,2$

17. Algebraische Gleichungen höheren Grades mit einer Unbekannten

17.1. Algebraische Gleichungen 3. Grades (Kubische Gleichungen)

Allgemeine Form und Normalform

Unter einer algebraischen Gleichung 3. Grades mit einer Unbekannten versteht man eine Bestimmungsgleichung, in der die Unbekannte in dritter, aber nicht in höherer Potenz vorkommt. In allgemeiner Form lautet die kubische Gleichung:

$$A_3 x^3 + A_2 x^2 + A_1 x + A_0 = 0 \quad \text{(Allg. Form der kubischen Gleichung)} \qquad (137)$$

Hierin bedeuten die Koeffizienten A_3, A_2, A_1, A_0 beliebige reelle Zahlen. Der Koeffizient des Gliedes dritten Grades in x, also A_3, muß von Null verschieden sein.
Die Lösungen dieser Gleichung werden nicht geändert, wenn man die ganze Gleichung durch A_3 teilt:

$$x^3 + \frac{A_2}{A_3} x^2 + \frac{A_1}{A_3} x + \frac{A_0}{A_3} = 0$$

Setzt man hier zur Abkürzung

$$\frac{A_2}{A_3} = a_1, \quad \frac{A_1}{A_3} = a_2, \quad \frac{A_0}{A_3} = a_3,$$

so erhält man

$$x^3 + a_1 x^2 + a_2 x + a_3 = 0 \quad \text{(Normalform der kubischen Gleichung)} \qquad (138)$$

Die Lösungen dieser Bestimmungsgleichung sind gleich den Nullstellen der zugeordneten ganzen rationalen Funktion

$$y(x) = x^3 + a_1 x^2 + a_2 x + a_3$$

Wir werden daher bei den Ableitungen dieses Kapitels von der algebraischen zu der funktionalen Betrachtungsweise übergehen, sobald uns das Vorteil gewährt.

Anzahl der Lösungen einer kubischen Gleichung

Gegeben ist eine kubische Gleichung in der Normalform

$$x^3 + a_1 x^2 + a_2 x + a_3 = 0$$

Es soll untersucht werden:

a) Sind stets Lösungen vorhanden?
b) Wieviel Lösungen gibt es?
c) Welcher Art (reell oder komplex) sind die Lösungen?

Die Frage, wie diese Lösungen praktisch ermittelt werden können, soll vorläufig noch zurückgestellt werden.

An Stelle der kubischen Bestimmungsgleichung mit ihren Lösungen betrachten wir die zugeordnete Funktionsgleichung

$$y(x) = x^3 + a_1 x^2 + a_2 x + a_3$$

mit ihren Nullstellen. Aufschluß über die Existenz von Nullstellen gibt das Verhalten dieser Funktion für sehr große positive und negative Werte der unabhängigen Veränderlichen x. Für diese Untersuchung muß die Funktion umgeformt werden:

$$y(x) = x^3 \left(1 + \frac{a_1}{x} + \frac{a_2}{x^2} + \frac{a_3}{x^3}\right)$$

Man läßt nun die Veränderliche x immer größere positive Werte annehmen und schließlich über alle Grenzen wachsen. Dieser Vorgang wird durch das Symbol ausgedrückt: $x \to +\infty$.

Die Untersuchung der rechten Seite der Funktionsgleichung ergibt: x^3 wächst ebenfalls über alle Grenzen ($x^3 \to +\infty$); die Zahl 1 ändert ihren Wert nicht, da sie nicht von x abhängt; die Summanden $\frac{a_1}{x}$, $\frac{a_2}{x^2}$, $\frac{a_3}{x^3}$ nähern sich, wenn x über alle Grenzen wächst, unbegrenzt dem Wert Null $\left(\frac{a_1}{x} \to 0, \frac{a_2}{x^2} \to 0, \frac{a_3}{x^3} \to 0\right)$. Der Ausdruck $\left(1 + \frac{a_1}{x} + \frac{a_2}{x^2} + \frac{a_3}{x^3}\right)$ strebt also dem Wert 1 zu. Die Funktion $y(x)$ nimmt somit sehr große positive Werte an und wächst schließlich über alle Grenzen. Eine derartige Abschätzung wird kurz nach folgendem Schema durchgeführt:

Wenn $x \to +\infty$
dann

$x^3 \to +\infty$

$\dfrac{a_1}{x} \to 0$

$\dfrac{a_2}{x^2} \to 0$

$\dfrac{a_3}{x^3} \to 0$

$\left(1 + \dfrac{a_1}{x} + \dfrac{a_2}{x^2} + \dfrac{a_3}{x^3}\right) \to 1$

$y(x) \to +\infty$

Nimmt die unabhängige Veränderliche x sehr große negative Werte an, so verläuft die Abschätzung folgendermaßen:

Wenn $\quad x \to -\infty$
dann $\quad x^3 \to -\infty$

$$\frac{a_1}{x} \to 0$$

$$\frac{a_2}{x^2} \to 0$$

$$\frac{a_3}{x^3} \to 0$$

$$\left(1 + \frac{a_1}{x} + \frac{a_2}{x^2} + \frac{a_3}{x^3}\right) \to 1$$

$$y(x) \to -\infty$$

Folgerung: Für sehr große positive Werte von x ist $y(x)$ positiv; für sehr große negative Werte von x ist $y(x)$ negativ. Die Kurve der Funktion $y(x)$ muß daher mindestens einmal die x-Achse schneiden. Eine ganze rationale Funktion 3. Grades hat also mindestens eine Nullstelle, oder:

■ Eine algebraische Gleichung 3. Grades hat mindestens eine reelle Wurzel.

Vor der Abschätzung der Funktion $y(x) = x^3 + a_1 x^2 + a_2 x + a_3$ wurde eine Umformung vorgenommen. Die Notwendigkeit dieses Schrittes erkennt man an einem speziellen Beispiel:

Ist $y(x) = x^3 - 2x^2 - 3x + 4$ und läßt man, ohne vorher umzuformen, $x \to +\infty$ gehen, so gehen $x^3 \to +\infty$, $-2x^2 \to -\infty$, $-3x \to -\infty$; 4 bleibt konstant. Daher geht $y(x) \to +\infty - \infty - \infty$. Dieser Ausdruck ist unbestimmt. Formt man dagegen vor der Abschätzung in der beschriebenen Weise um, so erhält man: Wenn $x \to +\infty$, dann $y(x) \to +\infty$.

Die allgemeine kubische Gleichung in der Normalform

$$x^3 + a_1 x^2 + a_2 x + a_3 = 0 \tag{I}$$

hat stets mindestens eine reelle Lösung; diese sei x_1. Dann gilt also:

$$x_1^3 + a_1 x_1^2 + a_2 x_1 + a_3 = 0 \tag{II}$$

Die Gleichung (II) stellt eine Identität dar. Nach Ausführung der Additionen auf der linken Seite geht sie in die einfachere Identität $0 = 0$ über.

Subtrahiert man Gleichung (II) von Gleichung (I), so erhält man nach Zusammenfassen gleicher Potenzen von x und x_1:

$$(x^3 - x_1^3) + a_1 (x^2 - x_1^2) + a_2 (x - x_1) = 0 \tag{III}$$

17.1. Algebraische Gleichungen 3. Grades (Kubische Gleichungen)

Die Gleichung (III) ist also dadurch entstanden, daß von der *Bestimmungsgleichung* (I) die *identische* Gleichung (II) $0 = 0$ subtrahiert wurde. Daher kann Gleichung (III) nichts anderes sein als eine andere Form der Ausgangsgleichung (I). Somit gilt:

$$x^3 + a_1 x^2 + a_2 x + a_3 = (x^3 - x_1^3) + a_1 (x^2 - x_1^2) + a_2 (x - x_1)$$

Alle Summanden der rechten Seite dieser Gleichung enthalten den Faktor $(x - x_1)$; dieser Faktor läßt sich daher ausklammern:

$$x^3 + a_1 x^2 + a_2 x + a_3 =$$
$$= (x - x_1) [(x^2 + x x_1 + x_1^2) + a_1 (x + x_1) + a_2] = 0 \qquad \text{(IV)}$$

■ Ist x_1 Wurzel einer kubischen Gleichung, so läßt sich von der Gleichung der Faktor $(x - x_1)$ abspalten.

Aus Gleichung (IV) ziehen wir eine wichtige Folgerung:

Damit die Gleichung (IV) erfüllt ist, ist es nötig, daß ein Faktor der Produktzerlegung Null ist. Es gibt also zwei Möglichkeiten. Entweder muß

$$x - x_1 = 0$$

sein; dann ist $x = x_1$. Dieser Fall liefert uns keine neue Erkenntnis, da uns x_1 bereits als Wurzel bekannt ist. Oder es muß

$$(x^2 + x x_1 + x_1^2) + a_1 (x + x_1) + a_2 = 0$$

sein. Diese quadratische Gleichung hat stets zwei reelle oder komplexe Lösungen. Zusammenfassend folgt:

■ Eine algebraische Gleichung 3. Grades hat entweder drei reelle oder eine reelle und zwei komplexe Wurzeln.

Praktische Anwendung der Produktzerlegung

Durch irgendeinen Umstand sei bei einer kubischen Gleichung eine Wurzel bekannt, z. B. bei der Gleichung $x^3 - 2x^2 - x + 2 = 0$ die Wurzel $x_1 = 1$. Dann lassen sich auf einfache Weise die übrigen Wurzeln der Gleichung ermitteln. Zunächst läßt sich von der Gleichung der Faktor $(x - x_1) = (x - 1)$ abspalten, d. h., die Gleichung ist ohne Rest durch $(x - 1)$ teilbar:

$$(x^3 - 2x^2 - x + 2) : (x - 1) = x^2 - x - 2$$

Die Wurzeln des quadratischen Quotienten $x^2 - x - 2$ sind die übrigen Lösungen der kubischen Gleichung:

$$x^2 - x - 2 = 0$$
$$x_2 = +0{,}5 + \sqrt{2{,}25} = 2$$
$$x_3 = +0{,}5 - \sqrt{2{,}25} = -1$$

Produktform der Gleichung 3. Grades

Im vorigen Abschnitt erhielten wir unter (IV):

$$x^3 + a_1 x^2 + a_2 x + a_3 = (x - x_1)\left[(x^2 + xx_1 + x_1^2) + a_1(x + x_1) + a_2\right]$$

Der hier in der rechten Seite der Gleichung auftretende quadratische Faktor hat zwei reelle oder komplexe Wurzeln; diese seien x_2 und x_3. Dann gilt nach 14.11., Seite 377 (Produktform der quadratischen Gleichung):

$$(x^2 + xx_1 + x_1^2) + a_1(x + x_1) + a_2 = (x - x_2)(x - x_3)$$

und schließlich

$$x^3 + a_1 x^2 + a_2 x + a_3 = (x - x_1)(x - x_2)(x - x_3) = 0 \tag{139}$$

In Worten:

> Sind x_1, x_2, x_3 Lösungen einer kubischen Gleichung in der Normalform, so läßt sich die Gleichung in der Form schreiben:
> $(x - x_1)(x - x_2)(x - x_3) = 0$ (Produktform der kubischen Gleichung). (139)

BEISPIEL

$x^3 - 6x^2 + 11x - 6 = 0$ hat die Wurzeln $x_1 = 1$; $x_2 = 2$; $x_3 = 3$ (Probe!).

Wie lautet die Produktform?

Lösung: $(x - 1)(x - 2)(x - 3) = 0$

Man überzeuge sich davon, daß man durch Ausmultiplizieren der Klammern wieder die ursprüngliche Gleichung erhält. Beide Formen sind daher als verschiedene Schreibweisen derselben Gleichung anzusehen, sind also miteinander identisch.

Der Wurzelsatz von Vieta

Die Gleichung

$$x^3 + a_1 x^2 + a_2 x + a_3 = (x - x_1)(x - x_2)(x - x_3)$$

ist, wie im vorigen Abschnitt gezeigt wurde, eine Identität. Man multipliziert auf der rechten Seite dieser Gleichung sämtliche Klammern aus und faßt alle Glieder, die die Unbekannte in gleicher Potenz enthalten, zusammen:

$$x^3 + a_1 x^2 + a_2 x + a_3 = x^3 - (x_1 + x_2 + x_3) x^2 + (x_1 x_2 + x_1 x_3 + x_2 x_3) x - x_1 x_2 x_3$$

Da auch diese Gleichung eine Identität, also zwei verschiedene Schreibweisen für dieselbe Gleichung darstellt, müssen auf beiden Seiten die Koeffizienten gleicher Potenzen der Unbekannten gleich sein. Für die dritte Potenz der Unbekannten, die auf beiden Seiten mit dem Koeffizienten 1 auftritt, ist das unmittelbar ersichtlich. Darüber hinaus müssen zwischen den Koeffizienten beiderseits die Gleichungen bestehen:

17.1. Algebraische Gleichungen 3. Grades (Kubische Gleichungen)

$$\left.\begin{array}{ll} x_1 + x_2 + x_3 = -a_1 \\ x_1 x_2 + x_1 x_3 + x_2 x_3 = a_2 \\ x_1 x_2 x_3 = -a_3 \end{array}\right\} \text{(Wurzelsatz von VIETA)} \quad (140)$$

BEISPIEL

Die Gleichung $x^3 - 6x^2 + 11x - 6 = 0$ hat die Wurzeln $x_1 = 1$; $x_2 = 2$; $x_3 = 3$. Das ist mit dem Wurzelsatz von VIETA zu überprüfen.

Lösung: In dieser Gleichung sind: $a_1 = -6$; $a_2 = 11$; $a_3 = -6$. In der Tat gilt hier
$$x_1 + x_2 + x_3 = 1 + 2 + 3 = 6 \quad = -a_1$$
$$x_1 x_2 + x_1 x_3 + x_2 x_3 = 1 \cdot 2 + 1 \cdot 3 + 2 \cdot 3 = 11 = a_2$$
$$x_1 x_2 x_3 = 1 \cdot 2 \cdot 3 = 6 \quad = -a_3$$

Anwendung des Wurzelsatzes von VIETA:

Es ist rechnerisch nicht von Vorteil, die Probe bei einer kubischen Gleichung mit Hilfe des Wurzelsatzes vorzunehmen (zweckmäßigster Weg: Hornersches Schema; s. S. 418ff.). Dagegen lassen sich wie bei der quadratischen Gleichung auch bei einfachen kubischen Gleichungen ganzzahlige Lösungen mit Hilfe des Wurzelsatzes finden.

Ganzzahlige Lösungen einer kubischen Gleichung mit ganzzahligen Koeffizienten

Hat eine kubische Gleichung mit ganzzahligen Koeffizienten
$$x^3 + a_1 x^2 + a_2 x + a_3 = 0$$
eine ganzzahlige Lösung x_1, so ist diese als Teiler in dem absoluten Glied a_3 enthalten (d. h., der Quotient $a_3 : x_1$ ist wieder eine ganze Zahl).

Beweis: Nach dem Satz von VIETA (3. Gleichung) gilt:
$$\frac{a_3}{x_1} = -x_2 x_3$$

Ferner ist nach dem Satz von VIETA (2. Gleichung)
$$-x_2 x_3 = x_1 x_2 + x_1 x_3 - a_2 = x_1 (x_2 + x_3) - a_2$$

Schließlich gilt nach demselben Satz (1. Gleichung)
$$x_2 + x_3 = -x_1 - a_1$$

Zusammenfassend:
$$\frac{a_3}{x_1} = x_1 (-x_1 - a_1) - a_2 = -(x_1^2 + a_1 x_1 + a_2)$$

Da a_1, a_2 und x_1 ganzzahlig sind, ist die rechte Seite und damit auch die linke Seite dieser Gleichung ganzzahlig.

Dieser Sachverhalt gestattet, in manchen Fällen eine Wurzel der kubischen Gleichung zu erraten.

BEISPIEL

Von der Gleichung $x^3 - 3x^2 - 3x + 5 = 0$ mit ganzzahligen Koeffizienten sollen mit Hilfe des vorangehenden Satzes die Wurzeln bestimmt werden.

Lösung: Wenn überhaupt eine ganzzahlige Wurzel vorhanden ist, muß sie in dem absoluten Glied als ganzzahliger Faktor enthalten sein. Als ganzzahlige Wurzeln kommen daher nur die Zahlen $+1, -1, +5, -5$ in Frage. Die Einsetzungsprobe zeigt, daß $x_1 = +1$ Wurzel ist. Weiter schließt man nun: Die Gleichung ist ohne Rest durch $(x - 1)$ teilbar; die Division ergibt $x^2 - 2x - 5$. Dieser quadratische Ausdruck hat die Wurzeln $x_2 = +1 + \sqrt{6}$ und $x_3 = +1 - \sqrt{6}$. Die Lösungen der quadratischen Gleichung x_2 und x_3 sind die übrigen Wurzeln der kubischen Gleichung.

Obwohl die Verwendbarkeit dieses Verfahrens recht beschränkt ist, gewährt es doch gelegentlich rechnerische Erleichterungen bei der Lösung kubischer Gleichungen.

Lösungsverfahren für kubische Gleichungen

Kubische Gleichungen mit reellen und komplexen Koeffizienten lassen sich in jedem Fall exakt lösen. Wie bei der quadratischen Gleichung gibt es auch hier eine Lösungsformel (Cardanische Formel sowie Zusatzformel für trigonometrische Lösung bei komplexen Wurzeln). In der praktischen Anwendung ist dieses exakte Lösungsverfahren jedoch so schwerfällig, daß man in der Technik stets zu den eleganten *Näherungsverfahren* greift (s. 17.2. Graphische Lösung und Regula falsi, Seite 438 ff.).

17.2. Algebraische Gleichungen n-ten Grades

Unter einer algebraischen Gleichung n-ten Grades versteht man eine Bestimmungsgleichung, in der die Unbekannte in n-ter, aber nicht in höherer Potenz vorkommt.

$$A_n x^n + A_{n-1} x^{n-1} + A_{n-2} x^{n-2} + \cdots + A_1 x + A_0 = 0 \qquad (141)$$
(Allgem. Form der Gleichung n-ten Grades)

Hierin bedeuten die Koeffizienten $A_n, A_{n-1}, \ldots, A_1, A_0$ beliebige reelle Zahlen. Der Koeffizient A_n des Gliedes n-ten Grades muß von Null verschieden sein. Teilt man die Gleichung durch A_n:

$$x^n + \frac{A_{n-1}}{A_n} x^{n-1} + \frac{A_{n-2}}{A_n} x^{n-2} + \cdots + \frac{A_1}{A_n} x + \frac{A_0}{A_n} = 0$$

und setzt abkürzend

$$\frac{A_{n-1}}{A_n} = a_1; \quad \frac{A_{n-2}}{A_n} = a_2; \quad \ldots; \quad \frac{A_1}{A_n} = a_{n-1}; \quad \frac{A_0}{A_n} = a_n,$$

17.2. Algebraische Gleichungen n-ten Grades

so erhält man die Normalform der algebraischen Gleichung n-ten Grades:

$$x^n + a_1 x^{n-1} + a_2 x^{n-2} + \cdots + a_{n-1} x + a_n = 0 \tag{142}$$
(Normalform der Gleichung n-ten Grades)

Die Wurzeln dieser Bestimmungsgleichung sind gleich den Nullstellen der zugeordneten Funktion:

$$y(x) = x^n + a_1 x^{n-1} + a_2 x^{n-2} + \cdots + a_{n-1} x + a_n$$

Anzahl der Lösungen der algebraischen Gleichungen n-ten Grades; Fundamentalsatz der Algebra

Es soll in diesem Abschnitt untersucht werden:

a) Hat die algebraische Gleichung n-ten Grades stets Lösungen?
b) Wieviel Lösungen gibt es?
c) Welcher Art (reell oder komplex) sind die Lösungen?

Die Frage, wie eventuell Lösungen praktisch ermittelt werden können, soll jedoch vorläufig noch zurückgestellt werden (s. 17.2. Graphische Lösung und Regula falsi, Seiten 438ff.).
An Stelle der Bestimmungsgleichung n-ten Grades betrachten wir die zugeordnete Funktionsgleichung

$$y(x) = x^n + a_1 x^{n-1} + a_2 x^{n-2} + \cdots + a_{n-1} x + a_n$$

Aufschluß über die Nullstellen gibt in manchen Fällen das Verhalten dieser Funktion für sehr große positive und negative Werte der unabhängigen Veränderlichen x. Für diese Untersuchung muß die Funktion umgeformt werden (s. 17.1.):

$$y(x) = x^n \left(1 + \frac{a_1}{x} + \frac{a_2}{x^2} + \cdots + \frac{a_n}{x^n} \right)$$

Man läßt nun die Veränderliche x immer größere positive Werte annehmen und schließlich über alle Grenzen wachsen (s. 17.1.) und beobachtet das Verhalten der einzelnen Glieder auf der rechten Seite der Funktionsgleichung:

Wenn $\quad\quad\underline{x \to +\infty}$

dann $\quad\quad x^n \to +\infty$

$\quad\quad\quad\quad \dfrac{a_1}{x} \to 0$

$\quad\quad\quad\quad \dfrac{a_2}{x^2} \to 0$

$\quad\quad\quad\quad \dots$

$\quad\quad\quad\quad \dfrac{a_n}{x^n} \to 0$

$\quad\quad\underline{\left(1 + \dfrac{a_1}{x} + \dfrac{a_2}{x^2} + \cdots + \dfrac{a_n}{x^n}\right) \to 1}$

$\quad\quad\quad\quad y(x) \to +\infty$

Wächst hingegen die Veränderliche x über große negative Werte unbegrenzt, so verläuft die Abschätzung folgendermaßen:

Wenn
$$x \to -\infty$$
$$x^n \to \begin{cases} +\infty, \text{ wenn } n \text{ gerade} \\ -\infty, \text{ wenn } n \text{ ungerade} \end{cases}$$
$$\frac{a_1}{x} \to 0$$
$$\frac{a_2}{x^2} \to 0$$
$$\cdots$$
$$\frac{a_n}{x^n} \to 0$$
$$\left(1 + \frac{a_1}{x} + \frac{a_2}{x^2} + \cdots + \frac{a_n}{x^n}\right) \to 1$$
$$y(x) \to \begin{cases} +\infty, \text{ wenn } n \text{ gerade} \\ -\infty, \text{ wenn } n \text{ ungerade} \end{cases}$$

Folgerung a): Für ungerades n gilt: Für sehr große positive Werte von x ist $y(x)$ positiv; für sehr große negative Werte von x ist $y(x)$ negativ. Die Kurve der Funktion $y(x)$ muß daher mindestens einmal die x-Achse schneiden. Eine ganze rationale Funktion ungeraden Grades hat also mindestens eine reelle Nullstelle; oder

> Eine algebraische Gleichung ungeraden Grades hat mindestens eine reelle Wurzel.

Folgerung b): Für gerades n läßt sich auf diese Weise nicht auf das Vorhandensein einer Wurzel schließen. In diesem Falle gibt Aufschluß der

Fundamentalsatz der Algebra

> Jede algebraische Gleichung beliebigen Grades mit einer Unbekannten besitzt (mindestens) eine reelle oder komplexe Wurzel.

Durch diesen wichtigen Lehrsatz, auf dessen Beweis hier verzichtet werden muß, ist für jede algebraische Gleichung die Existenz einer Lösung garantiert. Eine Aussage, ob in jedem Falle eine *reelle* Lösung vorhanden ist, läßt sich in dieser Allgemeinheit nicht machen.

Der Fundamentalsatz der Algebra wurde erstmalig von C. F. GAUSS im Jahre 1799 im Rahmen seiner Doktor-Dissertation bewiesen.

Produktform der Gleichung n-ten Grades

Die algebraische Gleichung n-ten Grades
$$x^n + a_1 x^{n-1} + a_2 x^{n-2} + \cdots + a_{n-1} x + a_n = 0 \tag{I}$$

17.2. Algebraische Gleichungen n-ten Grades

hat stets eine reelle oder komplexe Wurzel; diese sei x_1. Dann gilt:

$$x_1^n + a_1 x_1^{n-1} + a_2 x_1^{n-2} + \cdots + a_{n-1} x_1 + a_n = 0 \qquad \text{(II)}$$

Subtrahiert man von der Bestimmungsgleichung (I) die Identität (II), so erhält man nach Zusammenfassung der Glieder gleichen Grades

$$(x^n - x_1^n) + a_1 (x^{n-1} - x_1^{n-1}) + a_2 (x^{n-2} - x_1^{n-2}) + \cdots + \\ + a_{n-1}(x - x_1) = 0 \qquad \text{(III)}$$

Die Gleichung (III) stellt eine andere Form der Gleichung (I) dar; in ihr enthalten sämtliche Summanden den Faktor $(x - x_1)$, der sich daher abspalten läßt:

$$(x - x_1)[x^{n-1} + \cdots + a_{n-1}] = 0 \qquad \text{(IV)}$$

■ Ist x_1 (reelle oder komplexe) Wurzel einer Gleichung n-ten Grades, so läßt sich von der Gleichung der Faktor $(x - x_1)$ abspalten.

Nach Abspaltung des Faktors $(x - x_1)$ bleibt in der eckigen Klammer der Gleichung (IV) ein Ausdruck $(n - 1)$-ten Grades zurück. Dieser hat ebenfalls mindestens eine Wurzel x_2; daher läßt sich von der eckigen Klammer der Faktor $(x - x_2)$ abspalten. So fortfahrend erhält man schließlich die Gleichung n-ten Grades in der Form:

■ $$(x - x_1)(x - x_2)(x - x_3) \ldots (x - x_n) = 0 \qquad (143)$$
(Produktform der Gleichung n-ten Grades)

Aus dieser Form erkennt man:

■ Eine algebraische Gleichung n-ten Grades mit einer Unbekannten hat stets n Wurzeln.

Aus der Gleichung (143) folgt nicht, daß alle n Wurzeln verschieden sein müssen. Kommt eine Wurzel x_k in der Produktform öfter als einmal vor, so spricht man von einer mehrfachen Wurzel.

Der Wurzelsatz von V<small>IETA</small>

Die Gleichungen (142) und (143) sind miteinander identisch. Multipliziert man in (143) auf der linken Seite die Klammern aus, so ergibt sich nach Zusammenfassung aller Glieder, die die Unbekannte in gleicher Potenz enthalten:

$$x^n - (x_1 + x_2 + \cdots + x_n) x^{n-1} + (x_1 x_2 + x_1 x_3 + \cdots + x_{n-1} x_n) x^{n-2} - \\ - (x_1 x_2 x_3 + x_1 x_2 x_4 + \cdots + x_{n-2} x_{n-1} x_n) x^{n-3} + \cdots + \\ + (-1)^n x_1 x_2 x_3 \cdots x_n = 0 \qquad \text{(V)}$$

Da auch die Gleichung (V) mit der Gleichung (142) identisch ist, müssen die Koeffizienten gleicher Potenzen in beiden Gleichungen übereinstimmen.

$$\left.\begin{array}{r}x_1 + x_2 + \cdots + x_n = -a_1 \\ x_1x_2 + x_1x_3 + \cdots + x_{n-1}x_n = a_2 \\ x_1x_2x_3 + x_1x_2x_4 + \cdots x_{n-2}x_{n-1}x_n = -a_3 \\ \cdots \cdots \cdots \cdots \cdots \\ x_1x_2x_3 \cdots x_n = (-1)^n a_n\end{array}\right\} \begin{array}{c}\text{Wurzelsatz} \\ \text{von Vieta}\end{array} \quad (144)$$

Ganzzahlige Lösungen einer Gleichung n-ten Grades mit ganzzahligen Koeffizienten

Wie für die kubische Gleichung läßt sich auch hier aus dem Satz von Vieta folgern:

> Hat eine Gleichung n-ten Grades mit ganzzahligen Koeffizienten eine ganzzahlige Lösung x_1, so ist diese als Teiler in dem absoluten Glied enthalten (d. h., der Quotient $a_n : x_1$ ist wieder eine ganze Zahl).

Wie bei der kubischen Gleichung (s. 17.1., Seite 432) ist es bei der Gleichung n-ten Grades mit Hilfe dieses Satzes möglich, bei ganzzahligen Koeffizienten ganzzahlige Lösungen durch systematisches Probieren zu ermitteln.

Praktische Lösung algebraischer Gleichungen n-ten Grades mit einer Unbekannten

Algebraische Gleichungen 1. bis 4. Grades sind *exakt* lösbar. Wie für die quadratische Gleichung gibt es auch für die Gleichung 3. und 4. Grades Lösungsformeln. Die Lösung der Gleichungen höheren Grades muß im allgemeinen mit Hilfe von Näherungsverfahren erfolgen. Aber auch für Gleichungen 3. und 4. Grades bietet die Anwendung dieser Verfahren gegenüber den exakten Lösungsformeln rechnerische Vorteile.

I. Graphische Verfahren

Ermittlung der Lösungen einer algebraischen Gleichung aus der Kurve der zugeordneten Funktionsgleichung

An Stelle der Bestimmungsgleichung

$$A_n x^n + A_{n-1} x^{n-1} + \cdots + A_0 = 0$$

betrachten wir die zugeordnete Funktionsgleichung

$$y(x) = A_n x^n + A_{n-1} x^{n-1} + \cdots + A_0$$

Die Nullstellen dieser Funktionsgleichung sind gleich den Lösungen der Bestimmungsgleichung. Man zeichnet daher mit Hilfe einer Wertetabelle die Kurve dieser Funktion und liest die Nullstellen ab.

BEISPIEL

Löse die Gleichung $x^3 - 1{,}5x^2 - 1{,}5x - 2{,}5 = 0$

Lösung: Für die zugeordnete Funktion

$$y(x) = x^3 - 1{,}5x^2 - 1{,}5x - 2{,}5$$

17.2. Algebraische Gleichungen n-ten Grades

wird mit Hilfe des Hornerschen Verfahrens die Wertetabelle ermittelt:

x	-2	-1	0	1	2	3	4
$y(x)$	$-13,5$	$-3,5$	$-2,5$	$-4,5$	$-3,5$	6,5	31,5

Aus dem Kurvenbild 114 liest man ab: $\underline{\underline{x_0 = 2,5}}$

Mit diesem Ergebnis hat man den *genauen* Wert der Nullstelle erhalten, denn $f(2,5)$ ist, wie man leicht mit Hilfe des HORNER-Schemas nachprüft, genau Null.

Das Verfahren arbeitet nicht in allen Fällen mit der gleichen Genauigkeit. Gelegentliche Abweichungen sind darin begründet, daß die auf Grund einer willkürlich gewählten Wertetabelle gezeichnete Kurve nur eine grobe Annäherung für den wirklichen Verlauf der Funktion darstellt. Außerdem besteht bei einer willkürlich gewählten Wertetabelle keine Gewähr, daß wirklich *alle* Nullstellen gefunden werden. Erst die Konstruktion der Kurve auf Grund einer analytischen Untersuchung, wie sie in der Differentialrechnung als sogenannte Kurvendiskussion durchgeführt wird, vermeidet diese Schwächen.

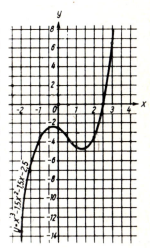

Bild 114

Ermittlung der Lösungen als Schnittpunkte zweier geeigneter Kurven

Das folgende Verfahren führt stets bei kubischen Gleichungen, in manchen Fällen auch bei Gleichungen höheren Grades zum Ziel.

BEISPIEL

1. Löse die Gleichung $0,5x^3 - x^2 + 4x - 5,5 = 0$.

   Lösung: Die Gleichung wird umgeformt:

   $$0,5x^3 = x^2 - 4x + 5,5$$

   An Stelle dieser Bestimmungsgleichung betrachtet man die beiden Funktionsgleichungen

   $$y_1(x) = 0,5x^3$$
   $$y_2(x) = x^2 - 4x + 5,5$$

   und zeichnet deren Kurven in das gleiche Achsenkreuz (Bild 115). Die Kurven schneiden einander im Punkt P_s mit den Koordinaten x_s; y_s. An der Stelle x_s haben $y_1(x)$ und $y_2(x)$ den gleichen Funktionswert; es gilt also die Gleichung:

   $$y_1(x_s) = y_2(x_s)$$

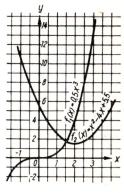

Bild 115

oder $\quad 0,5x_s^3 = x_s^2 - 4x_s + 5,5$

oder $\quad 0,5x_s^3 - x_s^2 + 4x_s - 5,5 = 0$

d. h. aber, x_s ist Lösung der gegebenen Bestimmungsgleichung. Aus Bild 115 lesen wir ab: $\underline{x_s = 1,5}$ ist Lösung (genauer: $x_s = 1,52$).

2. Löse die Gleichung $x^3 - 1,2x^2 - 3,4x - 9,6 = 0$.

Lösung: Man bringt die Kurven der Funktionen

$$y_1(x) = x^3$$

und $\quad y_2(x) = 1,2x^2 + 3,4x + 9,6$

zum Schnitt (Bild 116) und liest ab: $\underline{x_s = 3,2}$.

3. Löse die Gleichung $0,2x^4 - 5x - 20 = 0$.

Lösung: $y_1(x) = 0,2x^4$; $x_2(x) = 5x + 20$. Aus Bild 117 erkennt man, daß es hier zwei Schnittpunkte gibt: $\underline{x_{s1} = 3,7}$; $\underline{x_{s2} = -2,5}$.

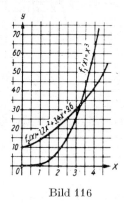

Bild 116

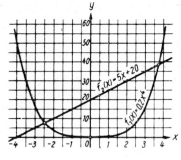

Bild 117

II. Numerisches Lösungsverfahren

Die wichtigsten numerischen Lösungsverfahren für Bestimmungsgleichungen sind die Regula falsi[1] und das Näherungsverfahren von NEWTON; letzteres wird in der Differentialrechnung behandelt.

Die Regula falsi

An Stelle der zu lösenden Gleichung n-ten Grades betrachtet man die zugeordnete ganze rationale Funktion $y(x)$. Durch Probieren sucht man zwei Stellen x_1 und x_2, an denen die Funktion $y(x)$ verschiedenes Vorzeichen hat (Bild 118). Dann liegt

---

[1] Regula falsi (lat.) Regel vom Falschen. Diese Bezeichnung bedeutet, daß aus der Abweichung von dem Funktionswert Null auf die notwendige Korrektur geschlossen wird.

zwischen x_1 und x_2 mindestens eine Nullstelle. Legt man durch die Kurvenpunkte $P_1[x_1; y(x_1)]$ und $P_2[x_2; y(x_2)]$ die Sekante, so schneidet diese die x-Achse in einem Punkte x_0. Dieser Wert x_0 liegt in der Nähe der gesuchten Nullstelle und ist der erste Näherungswert für die Nullstelle.

Nach dem Strahlensatz findet man:

$$|y(x_2)| : |y(x_1)| = (x_2 - x_0) : (x_0 - x_1)$$

[vgl. Fußnote[1]]

Daraus erhält man für x_0

$$x_0 = \frac{x_1|y(x_2)| + x_2|y(x_1)|}{|y(x_1)| + |y(x_2)|} \qquad (145)$$

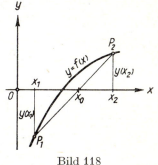

Bild 118

Durch wiederholte Anwendung dieses Verfahrens läßt sich die Nullstelle mit jeder gewünschten Genauigkeit bestimmen. Wesentlich für die schnelle Ermittlung der Nullstelle ist, daß zu Beginn des Verfahrens zwischen x_1 und x_2 nicht mehr als eine Nullstelle liegt. Diese Forderung läßt sich stets erfüllen, indem man x_1 und x_2 hinreichend dicht beieinander wählt.

BEISPIEL 1

Löse die Gleichung $x^3 - x^2 + x - 4{,}5 = 0$.

Lösung: An Stelle dieser Bestimmungsgleichung untersucht man die Funktionsgleichung

$$y(x) = x^3 - x^2 + x - 4{,}5$$

in bezug auf ihre Nullstellen. Durch Probieren findet man:

$$y(1) = -3{,}5; \quad y(2) = +1{,}5$$

Zwischen den Stellen $x_1 = 1$ und $x_2 = 2$ liegt also eine Nullstelle der Funktion. Die Berechnung für den ersten Näherungswert x_0 der Nullstelle nach (145) wird zweckmäßigerweise in folgendes Schema eingeordnet:

x_1	x_2	$y(x_1)$	$y(x_2)$	$x_1\|y(x_2)\| + x_2\|y(x_1)\|$	$\|y(x_1)\| + \|y(x_2)\|$	x_0
1	2	$-3{,}5$	$+1{,}5$	$+8{,}5$	$+5$	$1{,}7$

---

[1] Die Absolutzeichen sind notwendig, denn die rechte Seite der Gleichung ist, wie auch die Stellen x_1 und x_2 liegen, stets positiv; andererseits ist, da nach Voraussetzung $y(x_1)$ und $y(x_2)$ verschiedenes Vorzeichen haben, der Quotient $y(x_2) : y(x_1)$ stets negativ. Man könnte beiderseits die Übereinstimmung der Vorzeichen auch dadurch bewirken, daß man die Gleichung in der Form ansetzt:
$-y(x_2) : (x_1) = y(x_2 - x_0) : (x_0 - x_1)$. Dann aber gelangt man nicht zu einer in bezug auf die Vorzeichen so leicht zu merkenden Endformel.

Man erhält als ersten Näherungswert $x_0 = 1{,}7$. Zur Kontrolle bestimmt man nun den Funktionswert an dieser Stelle: $y(1{,}7) = -0{,}78$. (Wäre 1,7 der genaue Wert der Nullstelle, so müßte sich $y(1{,}7) = 0$ ergeben.) Der Wert $x_0 = 1{,}7$ bedarf daher noch der Verbesserung[1].

Bei der zweiten Anwendung des Näherungsverfahrens wählt man $x_1 = 1{,}7$ und $x_2 = 2$:

x_1	x_2	$y(x_1)$	$y(x_2)$	$x_1\|y(x_2)\|+x_2\|y(x_1)\|$	$\|y(x_1)\|+\|y(x_2)\|$	x_0
1	2	$-3{,}5$	$+1{,}5$	8,5	5	1,7
1,7	2,0	$-0{,}78$	$+1{,}5$	4,11	2,28	1,80

Da $y(1{,}80)$ erst $-0{,}108$ ergibt, wird das Verfahren ein drittes Mal angewandt mit den Werten $x_1 = 1{,}80$ und $x_2 = 2{,}00$:

x_1	x_2	$y(x_1)$	$y(x_2)$	$x_1\|y(x_2)\|+x_2\|y(x_1)\|$	$\|y(x_1)\|+\|y(x_2)\|$	x_0
1	2	$-3{,}5$	$+1{,}5$	8,5	5	1,7
1,7	2,0	$-0{,}78$	$+1{,}5$	4,11	2,28	1,80
1,80	2,00	$-0{,}108$	$+1{,}5$	2,28	1,608	1,813

Als dritten Näherungswert erhält man $x_0 = 1{,}813$. Da $y(1{,}813) = -0{,}014$, dürfte diese Annäherung in den meisten Fällen genügen.

Nachdem nun eine Wurzel bekannt ist, können die übrigen Wurzeln durch Reduzierung der kubischen Gleichung auf eine quadratische Gleichung bestimmt werden (s. 17.1.):

$$(x^3 - x^2 + x - 4{,}5) : (x - 1{,}813) \approx x^2 + 0{,}813x + 2{,}474$$

Da die Gleichung $x^2 + 0{,}813x + 2{,}474 = 0$ keine reellen Lösungen hat, ist $x = 1{,}813$ die einzige reelle Lösung der kubischen Gleichung.

BEISPIEL 2

Löse die Gleichung $\qquad x^4 - 5x^3 + 5x^2 - 7x - 2 = 0$.

Zugeordnete Funktion: $\qquad y(x) = x^4 - 5x^3 + 5x^2 - 7x - 2$.

x	-2	-1	0	1	2	3	4	5
$y(x)$	$+88$	$+16$	-2	-8	-20	-32	-14	$+88$

---

[1] Für die Beurteilung, ob der Näherungswert $x_0 = 1{,}7$ hinreichend dicht bei der gesuchten Nullstelle liegt, ist nicht nur der Funktionswert an dieser Stelle, $y(1{,}7) = -0{,}78$, ausschlaggebend, sondern auch der Winkel, unter dem die Kurve der Funktion die x-Achse schneidet.

17.2. Algebraische Gleichungen n-ten Grades

Zwischen -1 und 0 sowie zwischen 4 und 5 liegt eine Nullstelle. Zur Ermittlung der ersten Nullstelle wählt man $x_1 = -1$, $x_2 = 0$. Die einmalige Anwendung der Regula falsi ergibt:

x_1	x_2	$y(x_1)$	$y(x_2)$	$x_1\,\|y(x_2)\| + x_2\,\|y(x_1)\|$	$\|y(x_1)\| + \|y(x_2)\|$	x_0
-1	0	$+16$	-2	-2	18	$-0{,}1$

Für den Funktionswert an der Stelle $-0{,}1$ erhält man $y(-0{,}1) = -1{,}245$. Das Verfahren kann nun mit $x_1 = -1$ und $x_2 = -0{,}1$ fortgesetzt werden; man kommt aber schneller zum Ziel, wenn man an Stelle von $x_1 = -1$ einen Wert wählt, der bereits näher an der Nullstelle liegt, etwa $x_1 = -0{,}5$. Nach viermaliger Anwendung des Verfahrens hat man erhalten:

x_1	x_2	$y(x_1)$	$y(x_2)$	$x_1\,\|y(x_2)\| + x_2\,\|y(x_1)\|$	$\|y(x_1)\| + \|y(x_2)\|$	x_0
-1	0	$+16$	-2	-2	18	$-0{,}1$
$-0{,}5$	$-0{,}1$	$+3{,}438$	$-1{,}245$	$-0{,}966$	$4{,}68$	$-0{,}21$
$-0{,}30$	$-0{,}21$	$+0{,}6931$	$-0{,}2613$	$-0{,}2239$	$0{,}9544$	$-0{,}235$
$-0{,}238$	$-0{,}235$	$+0{,}01984$	$-0{,}01095$	$-0{,}007269$	$0{,}03077$	$-0{,}2361$

Die Probe ergibt: $y(-0{,}2361) = 0{,}00033$.

Der Näherungswert für die erste Lösung der Gleichung ist: $\underline{\underline{x = -0{,}236}}$.

Das Verfahren zur Ermittlung der zweiten Nullstelle wird begonnen mit $x_1 = 4$ und $x_2 = 5$. Nach viermaliger Anwendung der Regula falsi hat man erhalten:

x_1	x_2	$y(x_1)$	$y(x_2)$	$x_1\,\|y(x_2)\| + x_2\,\|y(x_1)\|$	$\|y(x_1)\| + \|y(x_2)\|$	x_0
4	5	-14	$+88$	422	102	$4{,}1$
$4{,}1$	$4{,}4$	$-8{,}68$	$+12{,}87$	$90{,}96$	$21{,}55$	$4{,}22$
$4{,}22$	$4{,}25$	$-1{,}1163$	$+0{,}9883$	$8{,}9149$	$2{,}1046$	$4{,}236$
$4{,}236$	$4{,}237$	$-0{,}00470$	$+0{,}06552$	$0{,}29746$	$0{,}07022$	$4{,}2361$

Die Probe ergibt: $y(4{,}2361) = +0{,}002$.

Der Näherungswert für die zweite Lösung der Gleichung ist: $\underline{\underline{x = 4{,}236}}$.

Das Verfahren der Regula falsi ist nicht auf algebraische Gleichungen bzw. auf ganze rationale Funktionen beschränkt. Es ist vielmehr anwendbar zur Ermittlung der Lösungen beliebiger Gleichungen bzw. der Nullstellen beliebiger Funktionen.
Der Lernende macht sich die praktische Bedeutung dieser Tatsache klar: Für *alle* Bestimmungsgleichungen mit einer Unbekannten gilt zwar die Regel, daß bei der Lösung auf beiden Seiten der Gleichung gleiche Rechenoperationen angewandt werden dürfen; darüber hinaus kommen jedoch für die verschiedenen Arten der Gleichungen (algebraische Gleichungen, Wurzelgleichungen, Exponentialgleichungen und logarithmische Gleichungen, goniometrische Gleichungen) *besondere* Verfahren zur Anwendung, die jedoch nicht immer zum Erfolg führen. In allen diesen Fällen, wo die behandelten exakten Verfahren versagen, hilft die Regula falsi weiter. Dieses Näherungsverfahren ist also ein Universalverfahren.

AUFGABEN

1229. Die Lösungen einer kubischen Gleichung sind $x_1 = 2$; $x_2 = -3$; $x_3 = 4$. Wie lauten Produktform und Normalform der Gleichung?

1230. Desgl. für $x_1 = \frac{1}{2}$; $x_2 = \frac{1}{3}$; $x_3 = \frac{1}{4}$

1231. Desgl. für $x_1 = 1,5$; $x_2 = -2,4$; $x_3 = -3,2$

1232. Die Gleichung $x^3 - x^2 - 41x + 105 = 0$ hat die erste Lösung $x_1 = 5$. Ermittle die übrigen Lösungen

1233. Desgl. für die Gleichung $x^3 - 7,8x^2 + 19,64x - 15,912 = 0$ und $x_1 = 1,8$

1234. Desgl. für die Gleichung $x^3 - 7,25x^2 + 14,5x - 8,75 = 0$ und $x_1 = 1,25$

1235. Ermittle die reellen Lösungen der Gleichung $x^3 + x - 33 = 0$

1236. Desgl. für die Gleichung $x^3 + 5x - 3 = 0$

1237. Desgl. für die Gleichung $x^3 + x^2 - 10 = 0$

1238. Desgl. für $x^3 - 0,5x^2 - 0,5x - 1,5 = 0$

1239. Desgl. für $x^3 + 1,8x^2 - 0,8x + 5,6 = 0$

1240. Desgl. für $x^3 - 3,75x^2 + 6,5x - 5,25 = 0$

1241. Desgl. für $2x^3 - 1,28x^2 + 0,096x - 3,456 = 0$

1242. Desgl. für $1,5x^3 - 12,313x^2 + 20,855x - 29,439 = 0$

1243. Desgl. für $x^3 - 6,9x^2 + 14,66x - 9,384 = 0$

1244. Desgl. für $x^3 - 11,7x^2 - 11,28x + 16 = 0$

1245. Desgl. für $x^3 - 12x^2 + 36x - 24 = 0$

1246. Desgl. für $x^3 - 20x^2 + 96x - 40 = 0$

1247. Desgl. für $x^3 - 5,348x^2 + 9,294x - 5,283 = 0$

1248. Desgl. für $x^4 - 5,1x^3 + 5,9x^2 - 9,3x + 27 = 0$

1249. Desgl. für $x^4 + 3x^3 + 2x^2 + x - 1 = 0$

1250. Desgl. für $x^4 - 9x^3 + 24,25x^2 - 25,5x + 9 = 0$

1251. Desgl. für $x^4 - 11x^3 + 44,75x^2 - 79,75x + 52,5 = 0$

1252. Desgl. für $x^4 - 8,9x^3 + 28,86x^2 - 40,464x + 20,736 = 0$

1253. Desgl. für $x^4 - 12x^3 + 45x^2 - 54x + 18 = 0$

18. Allgemeine (nicht algebraische) Gleichungen mit einer Unbekannten

Von den nicht algebraischen Gleichungen wurden bereits behandelt:

a) Wurzelgleichungen;

b) Exponentialgleichungen;

c) logarithmische Gleichungen.

Die exakte Lösung dieser Gleichungen war nur in gewissen einfachen Sonderfällen möglich; in schwierigeren Fällen müssen Näherungsverfahren zur Anwendung kommen.
Die bei der Lösung algebraischer Gleichungen behandelten graphischen und numerischen Näherungsverfahren (s. 17.2.) sind sämtlich auch auf beliebige nicht algebraische Gleichungen anwendbar. Die Behandlung nicht algebraischer Gleichungen kann daher auf die Durchführung einiger typischer Lösungsbeispiele beschränkt werden.

I. Graphische Lösungsverfahren

1. Ermittlung der Lösungen einer Gleichung aus der Kurve der zugeordneten Funktionsgleichung.
   (Vgl. 17.2.)

BEISPIEL

$1{,}5^x + 3x - 20 = 0.$

An Stelle dieser Bestimmungsgleichung betrachten wir die zugeordnete Funktionsgleichung

$$y(x) = 1{,}5^x + 3x - 20;$$

die gesuchte Lösung der Bestimmungsgleichung ist gleich der Nullstelle der zugeordneten Funktionsgleichung.

Wertetabelle der Funktion:

x	0	1	2	3	4	5
$y(x)$	—19	—15,5	—11,75	—7,63	—2,94	+2,59

Die Nullstelle liegt also im Bereich $4 < x < 5$.

Aus der Kurve (Bild 119) liest man als Näherungswert ab: $x = 4{,}6$.

Die Genauigkeit des Verfahrens läßt sich erhöhen, wenn man für den Bereich 4...5 eine feiner unterteilte Wertetabelle aufstellt und den Funktionswert etwa an den Stellen 4,2; 4,4; 4,6; 4,8 berechnet. Aus der in größerem Maßstab gezeichneten Kurve kann man die Nullstelle auf etwa 3 Stellen genau ablesen.

2. Ermittlung der Lösungen als Schnittpunkte zweier geeigneter Kurven.
(Vgl. 17.2.)

BEISPIEL

$$\lg x^2 + 3x - 5{,}42 = 0$$

Die Gleichung wird umgestellt:

$$\lg x^2 = -3x + 5{,}42$$

An Stelle dieser Bestimmungsgleichung betrachtet man die beiden Funktionsgleichungen

$$y_1(x) = \lg x^2 = 2 \lg x$$
$$y_2(x) = -3x + 5{,}42$$

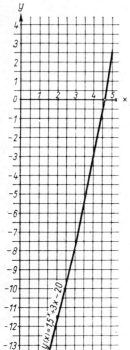

Bild 119

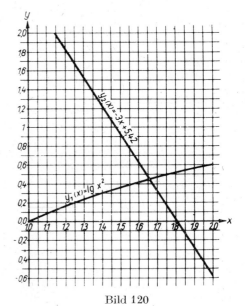

Bild 120

Wertetabelle:

x	1,0	1,2	1,4	1,6	1,8	2,0
$y_1(x)$	0,00	0,16	0,29	0,41	0,51	0,60
$y_2(x)$	2,42	1,82	1,22	0,62	0,02	—0,58

Man zeichnet die Kurven der Funktionen $y_1(x)$ und $y_2(x)$ in ein gemeinsames Achsenkreuz (Bild 120); als Abszisse des Schnittpunkts beider Kurven liest man ab: $x = 1{,}66$. Der Näherungswert für die Lösung der Gleichung ist $\underline{\underline{x = 1{,}66}}$.

18. Allgemeine (nichtalgebraische) Gleichungen mit einer Unbekannten

II. Numerisches Lösungsverfahren

Die Regula falsi
(Vgl. 17.2.)

BEISPIEL 1

$$\sqrt{x-2} + \sqrt[3]{x-4} - 3{,}428 = 0$$

An Stelle dieser Bestimmungsgleichung betrachtet man die zugeordnete Funktionsgleichung

$$y(x) = \sqrt{x-2} + \sqrt[3]{x-4} - 3{,}428$$

Eine erste Schätzung ergibt: Unterhalb von $x = 2$ ist der Funktionswert komplex, oberhalb von $x = 10$ positiv; die Nullstelle liegt zwischen 2 und 10.

Man probiert: $y(2) = -4{,}688$
$y(4) = -2{,}014$
$y(6) = -0{,}168$
$y(7) = +0{,}250$

Die Nullstelle liegt also zwischen $x_1 = 6$ und $x_2 = 7$. Die zweimalige Anwendung der Regula falsi ergibt:

x_1	x_2	$y(x_1)$	$y(x_2)$	$x_1\|y(x_2)\| + x_2\|y(x_1)\|$	$\|y(x_1)\| + \|y(x_2)\|$	x_0
6	7	−0,168	+0,250	2,676	0,418	6,4
6,3	6,4	−0,0344	+0,0085	0,2737	0,0429	6,38

Die Probe ergibt: $y(6{,}38) = 0{,}0000$.

Die Lösung der Gleichung ist annähernd: $\underline{\underline{x = 6{,}38}}$.

BEISPIEL 2

$3x - \tan x = 0$ (Der Winkel x ist im Bogenmaß einzusetzen.) Die Gleichung hat die Lösung $x = 0$; außerdem gibt es im 1. und 3. Quadranten je eine weitere Lösung. Es soll die im 1. Quadranten gelegene Lösung gefunden werden.

Zugeordnete Funktionsgleichung:

$$y(x) = 3x - \tan x$$

Man probiert:

x (im Gradmaß)	50°	60°	70°	80°
x (im Bogenmaß)	0,8727	1,0472	1,2217	1,3963
$y(x)$	+1,4263	+1,4095	+0,9176	−1,4824

Zwischen 1,2217 und 1,3963 liegt die gesuchte Nullstelle der Funktion. Die viermalige Anwendung der Regula falsi ergibt:

x_1	x_2	$y(x_1)$	$y(x_2)$	$x_1|y(x_2)| + x_2|y(x_1)|$	$|y(x_1)| + |y(x_2)|$	x_0
1,2217	1,3963	+0,9176	—1,4824	3,09229	2,4000	1,2885
1,2885	1,3500	+0,4167	—0,4055	1,08503	0,8222	1,3197
1,3197	1,3300	+0,0606	—0,0732	0,17726	0,1338	1,32481
1,32481	1,32500	+0,0095	—0,0111	0,027293	0,0206	1,32490

Die Probe ergibt: $y(1{,}32490) = 0{,}001$

Lösung der Gleichung ist $x \approx 1{,}3249$

AUFGABEN

1254. $\sqrt{x-4{,}5} + \sqrt[3]{x+2{,}35} - 3{,}9292 = 0$

1255. $\sqrt{x-1{,}1} - \sqrt[3]{x+0{,}75} + x - 5{,}4701 = 0$

1256. $10^x + x - 3{,}429 = 0$ 1257. $e^x - 5x + 1{,}633 = 0$

1258. $x - \lg x - 7{,}489 = 0$ 1259. $x + \lg(x^2) - 22{,}7429 = 0$

1260. $2x - 5\sin x + 0{,}1575 = 0$ 1261. $3x - \cos x - 5{,}2357 = 0$

19. Determinanten

Aufgabe der Lehre von Determinanten[1]

Die Lehre von den Determinanten beschäftigt sich mit der Untersuchung von Systemen linearer Gleichungen mit beliebig vielen Unbekannten. Sie liefert die Kriterien darüber, ob ein vorgelegtes Gleichungssystem eine eindeutige Lösung hat. Sie gibt ferner die mathematischen Hilfsmittel, gegebenenfalls die Lösung eines derartigen Gleichungssystems mit einem Mindestmaß an Rechenarbeit zu ermitteln.

19.1. Zweireihige Determinanten (Determinanten 2. Grades)

19.1.1. Definition der zweireihigen Determinante; Lösung eines Systems von zwei Gleichungen 1. Grades mit zwei Unbekannten

Die Lösung eines Systems von zwei linearen Gleichungen mit zwei Unbekannten bereitet keine Schwierigkeiten, so daß es sich in praktischer Hinsicht erübrigen würde, diese Systeme noch einmal unter einem neuen Gesichtspunkt zu untersuchen. Aus methodischen Gründen soll jedoch die Behandlung dieser Systeme noch einmal erfolgen, da die für Gleichungssysteme mit zwei Unbekannten geltenden Sätze sich wörtlich oder zumindest sinngemäß auch auf Systeme von linearen Gleichungen mit mehr als zwei Unbekannten übertragen lassen.

Für die folgenden Untersuchungen schreibt man zweckmäßigerweise ein System von zwei linearen Gleichungen mit zwei Unbekannten in der Form

$$\left.\begin{array}{l} a_{11}x_1 + a_{12}x_2 = k_1 \\ a_{21}x_1 + a_{22}x_2 = k_2 \end{array}\right| \tag{146}$$

Diese Schreibweise erfolgt unter dem Gesichtspunkt, daß sie sich auf Gleichungssysteme mit beliebig vielen Unbekannten ausdehnen läßt. Man gibt also jedem Koeffizienten zwei Indizes; der erste Index gibt die waagerechte Reihe (Zeile), der zweite Index die senkrechte Reihe (Spalte) an, in der der Koeffizient steht; z. B. bedeutet a_{21} den Koeffizienten, der in der zweiten Zeile an erster Stelle steht. Daher liest man a_{21} auch „a-zwei-eins" und nicht etwa „a-einundzwanzig".

Zur Lösung dieses Systems (146) wendet man in bekannter Weise das Additionsverfahren an:

a) Berechnung von x_1

$$\begin{array}{|rl|} \hline a_{11}a_{22}x_1 + a_{12}a_{22}x_2 = k_1 a_{22} \\ - a_{21}a_{12}x_1 - a_{12}a_{22}x_2 = -k_2 a_{12} \\ \hline \end{array}$$
$$(a_{11}a_{22} - a_{21}a_{12})x_1 = k_1 a_{22} - k_2 a_{12}$$
$$x_1 = \frac{k_1 a_{22} - k_2 a_{12}}{a_{11}a_{22} - a_{21}a_{12}} \tag{Ia}$$

---

[1] determinare (lat.) bestimmen

b) Berechnung von x_2

$$\begin{vmatrix} -a_{11}a_{21}x_1 - a_{12}a_{21}x_2 = -a_{21}k_1 \\ a_{11}a_{21}x_1 + a_{11}a_{22}x_2 = a_{11}k_2 \end{vmatrix}$$

$$(a_{11}a_{22} - a_{21}a_{12})\,x_2 = a_{11}k_2 - a_{21}k_1$$

$$x_2 = \frac{a_{11}k_2 - a_{21}k_1}{a_{11}a_{22} - a_{21}a_{12}} \tag{Ib}$$

In der allgemeinen Lösung für x_1 und x_2 (Ia) und (Ib) tritt im Nenner beide Male der Ausdruck $a_{11}a_{22} - a_{21}a_{12}$ auf. Dieser Ausdruck heißt die *Determinante* des Gleichungssystems (146). Man bezeichnet sie kurz mit D oder auch, wenn man die Koeffizienten angeben will, aus denen sie sich aufbaut, symbolisch mit

$$\begin{vmatrix} a_{11} & a_{12} \\ a_{21} & a_{22} \end{vmatrix}$$

Die Zahlen a_{11}, a_{12}, a_{21}, a_{22}, also die ursprünglichen Koeffizienten des Gleichungssystems, heißen die *Elemente* der Determinante. Eine waagerechte Reihe heißt *Zeile*, eine senkrechte Reihe *Spalte*. Die Diagonale, die in der quadratischen Anordnung der Determinante von links oben nach rechts unten verläuft, heißt die *Hauptdiagonale*; die andere Diagonale heißt die *Nebendiagonale*.

Unter Verwendung dieser Bezeichnungen gilt die Regel:

Die Determinante eines Systems von zwei linearen Gleichungen mit zwei Unbekannten wird berechnet, indem man von dem Produkt der in der Hauptdiagonale stehenden Glieder das Produkt der in der Nebendiagonale stehenden Glieder subtrahiert.

Diese Regel gilt nur für Determinanten von linearen Gleichungssystemen mit zwei Unbekannten.

Zusammenfassend:

$$D = \begin{vmatrix} a_{11} & a_{12} \\ a_{21} & a_{22} \end{vmatrix} = a_{11}a_{22} - a_{21}a_{12} \tag{147}$$

Auch die in den allgemeinen Lösungen für x_1 und x_2 (Ia) und (Ib) in den Zählern auftretenden Ausdrücke $k_1 a_{22} - k_2 a_{12}$ und $a_{11}k_2 - a_{21}k_1$ lassen sich als Determinanten schreiben. Der im Zähler von (Ia) stehende Ausdruck heißt die *Zählerdeterminante* D_{x_1}:

$$D_{x_1} = k_1 a_{22} - k_2 a_{12}$$

Sie geht aus der Determinante D hervor, wenn man in der quadratischen Anordnung der Determinante die Glieder der ersten Spalte, also a_{11} und a_{21}, durch die gleichstelligen absoluten Glieder des Gleichungssystems k_1 und k_2 ersetzt.

$$D_{x_1} = \begin{vmatrix} k_1 & a_{12} \\ k_2 & a_{22} \end{vmatrix}$$

Entwickelt man D_{x1} nach der Regel „Produkt der Elemente der Hauptdiagonale minus Produkt der Elemente der Nebendiagonale", so erhält man, wie gefordert:

$$D_{x1} = \begin{vmatrix} k_1 & a_{12} \\ k_2 & a_{22} \end{vmatrix} = k_1 a_{22} - k_2 a_{12}$$

Entsprechend heißt der im Zähler der Lösung (Ib) stehende Ausdruck die Zählerdeterminante D_{x2}. Man erhält sie, wenn man in der Determinante D die Elemente der zweiten Spalte, also a_{12} und a_{22}, durch die absoluten Glieder k_1 und k_2 ersetzt.

$$D_{x2} = \begin{vmatrix} a_{11} & k_1 \\ a_{21} & k_2 \end{vmatrix} = a_{11} k_2 - a_{21} k_1$$

Danach lassen sich die allgemeinen Lösungen (Ia und Ib) schließlich in folgender Form schreiben, die man als Cramersche Regel[1] bezeichnet:

$$x_1 = \frac{D_{x1}}{D} = \frac{\begin{vmatrix} k_1 & a_{12} \\ k_2 & a_{22} \end{vmatrix}}{\begin{vmatrix} a_{11} & a_{12} \\ a_{21} & a_{22} \end{vmatrix}} \qquad x_2 = \frac{D_{x2}}{D} = \frac{\begin{vmatrix} a_{11} & k_1 \\ a_{21} & k_2 \end{vmatrix}}{\begin{vmatrix} a_{11} & a_{12} \\ a_{21} & a_{22} \end{vmatrix}} \tag{148}$$

19.1.2. Diskussion eines Systems von zwei Gleichungen 1. Grades mit zwei Unbekannten

Bei der Lösung eines Gleichungssystems (146) mit Hilfe von Determinanten sind zwei Fälle zu unterscheiden, je nachdem, ob die in (148) auftretende Koeffizientendeterminante

$$D = \begin{vmatrix} a_{11} & a_{12} \\ a_{21} & a_{22} \end{vmatrix} = a_{11} a_{22} - a_{12} a_{21}$$

von Null verschieden oder gleich Null ist.

Hauptfall I

Es sei $D \neq 0$. Dann lassen sich x_1 und x_2 gemäß den Gleichungen (148), die ja nur eine andere Schreibweise der Lösungen (Ia) und (Ib) sind, stets eindeutig bestimmen.

> Ist die Determinante eines Systems von zwei linearen Gleichungen mit zwei Unbekannten von Null verschieden, so hat das System eine, aber auch nur eine Lösung.

Hauptfall II

Es sei $D = 0$. Da eine Division durch Null nicht erlaubt ist, lassen sich x_1 und x_2, wenn überhaupt Lösungen vorhanden sind, nicht durch die Gleichungen (148) ermitteln.

---

[1] GABRIEL CRAMER, 1704 bis 1752, Professor der Mathematik an der Akademie in Genf

Es müssen nun zwei Unterfälle unterschieden werden, je nachdem D_{x1} und D_{x2} beide gleich Null oder nicht beide gleich Null sind.

Unterfall 1. Es sei $D_{x1} = 0$ und $D_{x2} = 0$. Man darf nun voraussetzen, daß zumindest eins der Elemente $a_{11}, a_{12}, a_{21}, a_{22}$ von Null verschieden ist, denn ein Gleichungssystem, in dem alle diese Koeffizienten gleich Null sind, hätte praktisch keine Bedeutung. Es sei, was sich durch Ändern der Reihenfolge der Gleichungen und durch Umnumerieren der Unbekannten stets erreichen läßt, $a_{11} \neq 0$.[1]

Dann darf man die beiden Gleichungen

$$D = a_{11}a_{22} - a_{21}a_{12} = 0$$

und $$D_{x2} = a_{11}k_2 - a_{21}k_1 = 0$$

durch a_{11} dividieren und erhält

$$a_{22} - \frac{a_{21}a_{12}}{a_{11}} = 0 \quad \text{oder} \quad a_{22} = \frac{a_{21}}{a_{11}} a_{12}$$

$$k_2 - \frac{a_{21}k_1}{a_{11}} = 0 \quad \text{oder} \quad k_2 = \frac{a_{21}}{a_{11}} k_1 \qquad \text{(II)}$$

Außerdem gilt die identische Gleichung $\quad a_{21} = \dfrac{a_{21}}{a_{11}} a_{11}$

Die Gleichungen (II) bedeuten, daß die Koeffizienten der zweiten Gleichung des Systems (146) aus denen der ersten Gleichung durch Multiplikation mit dem Faktor $\dfrac{a_{21}}{a_{11}}$ hervorgehen. Die zweite Gleichung des Systems (146) ist also nichts anderes als die erste Gleichung, lediglich multipliziert mit dem Faktor $\dfrac{a_{21}}{a_{11}}$. Beide Gleichungen sind also voneinander abhängig; da also praktisch nur eine Gleichung zur Bestimmung von x_1 und x_2 zur Verfügung steht, hat das System (146) *unendlich viele Lösungen.*

Unterfall 2. Es seien D_{x1} und D_{x2} nicht beide gleich Null. Dann darf angenommen werden, daß $D_{x1} \neq 0$ ist, was sich durch Umnumerierung der Unbekannten stets erreichen läßt (s. Fußnote). Dann kann das System keine Lösung haben. Gäbe es nämlich eine Lösung $x_1; x_2$, so müßte diese die Gleichungen des Systems und auch die durch Kombinieren beider Gleichungen entstandene Gleichung (s. 19.1.)

$$(a_{11}a_{22} - a_{21}a_{12}) x_1 = k_1 a_{22} - k_2 a_{12}$$

erfüllen. Diese Gleichung läßt sich auch in der Form schreiben:

$$D \cdot x_1 = D_{x1}$$

Da nach Voraussetzung $D = 0$ und $D_{x1} \neq 0$ ist, enthält diese Gleichung einen Widerspruch. Unter diesen Voraussetzungen gibt es also keine Lösung; die beiden Gleichungen des Systems stehen zueinander in Widerspruch.

---

[1] Es wird in 19.2.5., Seite 462, nachgewiesen, daß sich bei einer Änderung der Reihenfolge der Gleichungen (Vertauschung der Zeilen) und bei einer Umnumerierung der Unbekannten (Vertauschung der Spalten) nur das Vorzeichen, nicht aber der absolute Wert der Determinante ändern kann. Daraus folgt aber hier die Zulässigkeit dieser Operationen.

19.1.2. Diskussion eines Systems von zwei Gln. 1. Grades

> Ist die Determinante eines Systems von zwei linearen Gleichungen mit zwei Unbekannten gleich Null, so sind die Gleichungen entweder voneinander abhängig, und das System hat unendlich viele Lösungen; oder die Gleichungen des Systems stehen zueinander in Widerspruch, und es gibt daher keine Lösung.

Die folgende Tabelle gibt eine Übersicht über alle möglichen Fälle:

D	D_{x1}, D_{x2}	Lösbarkeit des Systems; Anzahl der Lösungen
$\neq 0$	beliebig	eindeutig lösbar (Normalfall)
0	beide 0	Gleichungen voneinander abhängig; unendlich viele Lösungen
0	nicht beide 0	Gleichungen zueinander in Widerspruch; keine Lösung

BEISPIELE

Folgende Gleichungssysteme sind mit Hilfe von Determinanten auf ihre Lösbarkeit zu untersuchen; gegebenenfalls ist die Lösung zu ermitteln.

1. $\begin{vmatrix} 7x_1 - 5x_2 = 15 \\ 5x_1 - 7x_2 = -3 \end{vmatrix}$

    Lösung: $D = \begin{vmatrix} 7 & -5 \\ 5 & -7 \end{vmatrix} = 7 \cdot (-7) - 5 \cdot (-5) = -24 \neq 0$

    Hauptfall I. Es gibt also eine eindeutige Lösung.

    $$D_{x1} = \begin{vmatrix} 15 & -5 \\ -3 & -7 \end{vmatrix} = 15 \cdot (-7) - (-3) \cdot (-5) = -120$$

    $$D_{x2} = \begin{vmatrix} 7 & 15 \\ 5 & -3 \end{vmatrix} = 7 \cdot (-3) - 5 \cdot 15 = -96$$

    $$x_1 = \frac{D_{x1}}{D} = \frac{-120}{-24} = \underline{5}$$

    $$x_2 = \frac{D_{x2}}{D} = \frac{-96}{-24} = \underline{4}$$

2. $\begin{vmatrix} 12x_1 - 18x_2 = 6 \\ 10x_1 - 15x_2 = 5 \end{vmatrix}$

    Lösung: $D = \begin{vmatrix} 12 & -18 \\ 10 & -15 \end{vmatrix} = 12 \cdot (-15) - 10 \cdot (-18) = 0$

    $D_{x1} = \begin{vmatrix} 6 & -18 \\ 5 & -15 \end{vmatrix} = 6 \cdot (-15) - 5 \cdot (-18) = 0$

    $D_{x2} = \begin{vmatrix} 12 & 6 \\ 10 & 5 \end{vmatrix} = 12 \cdot 5 - 10 \cdot 6 = 0$

Hauptfall II, Unterfall 1. Es gibt also unendlich viele Lösungen. Wählt man für x_1 einen beliebigen Wert, z. B. $x_1 = 1$, so läßt sich x_2 so bestimmen, daß beide Gleichungen erfüllt werden: $x_2 = \dfrac{1}{3}$.

3. $\quad \begin{vmatrix} 9x_1 + 12x_2 = 5 \\ 12x_1 + 16x_2 = 4 \end{vmatrix}$

Lösung: $\quad D = \begin{vmatrix} 9 & 12 \\ 12 & 16 \end{vmatrix} = 9 \cdot 16 - 12 \cdot 12 = 0$

$$D_{x1} = \begin{vmatrix} 5 & 12 \\ 4 & 16 \end{vmatrix} = 5 \cdot 16 - 4 \cdot 12 = 32 \neq 0$$

$$D_{x2} = \begin{vmatrix} 9 & 5 \\ 12 & 4 \end{vmatrix} = 9 \cdot 4 - 5 \cdot 12 = -24 \neq 0$$

Hauptfall II, Unterfall 2. Die Gleichungen stehen zueinander in Widerspruch. Es gibt also keine Lösung.

19.2. Dreireihige Determinanten (Determinanten 3. Grades)

19.2.1. Definition der dreireihigen Determinante

Die bisher für Gleichungssysteme von zwei linearen Gleichungen mit zwei Unbekannten entwickelten Sätze sollen nun auf Systeme von drei linearen Gleichungen mit drei Unbekannten übertragen werden. Ein derartiges Gleichungssystem hat allgemein die Form

$$\begin{vmatrix} a_{11}x_1 + a_{12}x_2 + a_{13}x_3 = k_1 \\ a_{21}x_1 + a_{22}x_2 + a_{23}x_3 = k_2 \\ a_{31}x_1 + a_{32}x_2 + a_{33}x_3 = k_3 \end{vmatrix} \tag{149}$$

Die Definition der Determinanten eines derartigen Gleichungssystems muß zweckmäßigerweise so erfolgen, daß die bisher für Gleichungssysteme von zwei linearen Gleichungen mit zwei Unbekannten entwickelten wörtlich oder in entsprechender Anpassung gültig bleiben. Im Hinblick auf diese Forderung wird festgesetzt:

Unter der Determinante des Gleichungssystems (149) versteht man einen arithmetischen Ausdruck, der aus den 3^2 Koeffizienten des Gleichungssystems $a_{11}, a_{12}, \ldots, a_{33}$ aufgebaut ist. Die Determinante wird symbolisch dargestellt durch

$$D = \begin{vmatrix} a_{11} & a_{12} & a_{13} \\ a_{21} & a_{22} & a_{23} \\ a_{31} & a_{32} & a_{33} \end{vmatrix} \tag{150}$$

19.2.2. Entwicklung einer Determinante nach d. Elementen einer Reihe

In der entwickelten Form versteht man unter der Determinante D den aus $3!^1$ Summanden bestehenden Ausdruck

$$D = a_{11}a_{22}a_{33} - a_{11}a_{23}a_{32} - a_{12}a_{21}a_{33} + a_{12}a_{23}a_{31} + a_{13}a_{21}a_{32} - a_{13}a_{22}a_{31} \qquad (151)$$

Es wird sich zeigen, daß bei dieser Definition der dreireihigen Determinante die für zweireihige Determinanten entwickelten Sätze gültig bleiben.

Der Ausdruck (151) ist schwer zu merken. Für die praktische Entwicklung der Determinante aus dem quadratischen Schema (150) benutzt man daher die

Regel von Sarrus

Man schreibt hinter die quadratische Determinante (150) noch einmal die ersten beiden Spalten (Bild 121).

Man erhält die Determinante in der entwickelten Form, wenn man alle Produkte aus drei Elementen bildet, die in dem rechteckigen Schema durch schräge Linien miteinander verbunden sind. Die Produkte in Richtung der ursprünglichen Hauptdiagonale sind mit positivem Vorzeichen anzusetzen, die Produkte in Richtung der ursprünglichen Nebendiagonale mit negativem Vorzeichen.

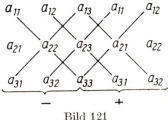

Bild 121

Man erhält nach dieser Regel in Übereinstimmung mit (151).

$$D = a_{11}a_{22}a_{33} + a_{12}a_{23}a_{31} + a_{13}a_{21}a_{32} - a_{13}a_{22}a_{31} - a_{11}a_{23}a_{32} - a_{12}a_{21}a_{33}$$

Man beachte, daß die Regel von Sarrus nur für die Entwicklung *dreireihiger* Determinanten gültig ist.

19.2.2. Entwicklung einer Determinante nach den Elementen einer Reihe; Unterdeterminanten

Da die Regel von Sarrus nur für die Entwicklung von Determinanten 3. Grades gültig ist, soll für die Entwicklung ein zweites Verfahren angegeben werden, das den Vorzug hat, für Determinanten *beliebigen* Grades gültig zu sein.

Entwicklung der Determinante nach den Elementen der ersten Spalte

Man erhält die Determinante D, wenn man nacheinander jedes Element der ersten Spalte mit einer ihm zugeordneten zweireihigen Determinante multipliziert, die sich ergibt, wenn man in der dreireihigen Determinante (150) die Zeile und die Spalte des zugeordneten Elements streicht. Die Produkte werden addiert; der erste und dritte Summand erhalten das Vorzeichen $+$, der zweite Summand das Vorzeichen $-$.

---

[1] Das Zeichen $n!$ bedeutet $1 \cdot 2 \cdot 3 \cdot 4 \ldots n$ (vgl. 7.1., Seite 237); somit $3! = 1 \cdot 2 \cdot 3 = 6$. Statt 6 schreibt man hier $3!$, weil in diesem Zeichen die Gesetzmäßigkeit für die Anzahl der Summanden bei der dreireihigen Determinante zum Ausdruck kommt.

Nach dieser Regel erhält man:

$$D = a_{11}\begin{vmatrix}a_{22} & a_{23}\\a_{32} & a_{33}\end{vmatrix} - a_{21}\begin{vmatrix}a_{12} & a_{13}\\a_{32} & a_{33}\end{vmatrix} + a_{31}\begin{vmatrix}a_{12} & a_{13}\\a_{22} & a_{23}\end{vmatrix} \qquad (152)$$

$$D = a_{11}(a_{22}a_{33} - a_{23}a_{32}) - a_{21}(a_{12}a_{33} - a_{13}a_{32}) + a_{31}(a_{12}a_{23} - a_{13}a_{22})$$

Durch Ausmultiplizieren erhält man für D einen mit (151) übereinstimmenden Ausdruck, womit die Richtigkeit der Regel erwiesen ist.

Die in Gleichung (152) auftretenden zweireihigen Determinanten heißen *Unterdeterminanten* der Determinante D. Die zu einem Element a_{11} gehörige Unterdeterminante wird mit α_{11} bezeichnet, entsprechend die zu den Elementen a_{21} und a_{31} gehörigen Unterdeterminanten mit α_{21} bzw. α_{31}. Die Vorzeichen der einzelnen Summanden in Gleichung (152) werden den Unterdeterminanten zugeordnet. Es gilt also:

$$\alpha_{11} = +\begin{vmatrix}a_{22} & a_{23}\\a_{32} & a_{33}\end{vmatrix} \qquad \alpha_{21} = -\begin{vmatrix}a_{12} & a_{13}\\a_{32} & a_{33}\end{vmatrix} \qquad \alpha_{31} = +\begin{vmatrix}a_{12} & a_{13}\\a_{22} & a_{23}\end{vmatrix}$$

Unter Verwendung dieser Bezeichnungen läßt sich die Formel (152) kurz in der Form schreiben:

$$D = a_{11}\alpha_{11} + a_{21}\alpha_{21} + a_{31}\alpha_{31}$$

Entwicklung der Determinanten nach den Elementen einer beliebigen Reihe

Die Entwicklung der Determinante kann entsprechend nach den Elementen einer beliebigen Reihe (Zeile oder Spalte) erfolgen. Hierfür gilt die Regel:

Man erhält die Determinante, wenn man nacheinander jedes Element einer Zeile (Spalte) mit einer ihm zugeordneten zweireihigen Unterdeterminante multipliziert, die sich ergibt, wenn man in der dreireihigen Determinante (150) die Zeile und Spalte des zugeordneten Elementes streicht. Die Produkte werden addiert. Die Bestimmung des Vorzeichens der auftretenden Unterdeterminanten erfolgt nach der durch Bild 122 gegebenen Festsetzung (Schachbrettregel).

α_{11} +	α_{12} −	α_{13} +
α_{21} −	α_{22} +	α_{23} −
α_{31} +	α_{32} −	α_{33} +

Bild 122

Für die Entwicklung nach den Elementen der ersten Spalte ist die Richtigkeit der Regel nachgewiesen. In entsprechender Weise läßt sich der Beweis für die Entwicklung nach den Elementen jeder Zeile oder Spalte erbringen. Auf den allgemeinen Beweis, der Hilfsmittel der Kombinatorik erfordert, muß hier verzichtet werden.

BEISPIEL

Die Entwicklung der Determinante nach den Elementen der zweiten Zeile ergibt

$$D = a_{21}\alpha_{21} + a_{22}\alpha_{22} + a_{23}\alpha_{23}$$

$$D = -a_{21}\begin{vmatrix}a_{12} & a_{13}\\a_{32} & a_{33}\end{vmatrix} + a_{22}\begin{vmatrix}a_{11} & a_{13}\\a_{31} & a_{33}\end{vmatrix} - a_{23}\begin{vmatrix}a_{11} & a_{12}\\a_{31} & a_{32}\end{vmatrix}$$

19.2.3. Lösung eines Systems von drei Gleichungen 1. Grades mit drei Unbekannten

Zur Lösung eines linearen Gleichungssystems mit drei Unbekannten mit Hilfe von Determinanten benötigt man die folgenden

Hilfssätze

a) Multipliziert man die Elemente einer Spalte (bzw. Zeile) mit ihren eigenen Unterdeterminanten und addiert die Produkte, so erhält man die Determinante.

b) Multipliziert man die Elemente einer Spalte (bzw. Zeile) mit den gleichstelligen Unterdeterminanten einer parallelen Spalte (bzw. Zeile) und addiert die Produkte, so erhält man Null.

Beweis a): Dieser Satz deckt sich mit der bereits bewiesenen Regel für die Entwicklung einer Determinante nach den Elementen einer beliebigen Spalte (bzw. Zeile).

Beweis b): Hier gibt es 12 verschiedene Möglichkeiten; es ist die Gültigkeit von 12 Gleichungen nachzuweisen. Der Beweis soll für den Fall durchgeführt werden, daß die Elemente der ersten Spalte mit den zu den Elementen der zweiten Spalte gehörigen Unterdeterminanten multipliziert werden.

Man erhält:

$$a_{11}\alpha_{12} + a_{21}\alpha_{22} + a_{31}\alpha_{32} = -a_{11}\begin{vmatrix}a_{21} & a_{23}\\ a_{31} & a_{33}\end{vmatrix} + a_{21}\begin{vmatrix}a_{11} & a_{13}\\ a_{31} & a_{33}\end{vmatrix} - a_{31}\begin{vmatrix}a_{11} & a_{13}\\ a_{21} & a_{23}\end{vmatrix} =$$

$$= -a_{11}(a_{21}a_{33} - a_{31}a_{23}) + a_{21}(a_{11}a_{33} - a_{31}a_{13}) - a_{31}(a_{11}a_{23} - a_{21}a_{13}) =$$

$$= -a_{11}a_{21}a_{33} + a_{11}a_{23}a_{31} + a_{11}a_{21}a_{33} - a_{13}a_{21}a_{31} - a_{11}a_{23}a_{31} + a_{13}a_{21}a_{31} = 0$$

Entsprechend werden die übrigen Fälle bewiesen. Auf den allgemeinen Beweis, der Hilfsmittel der Kombinatorik erfordert, muß hier verzichtet werden.
Beide Hilfssätze gelten wörtlich auch für Determinanten von höherem als 3. Grade.

Auflösung eines Systems von drei Gleichungen 1. Grades mit drei Unbekannten

Es liegt das allgemeine System

$$\begin{vmatrix} a_{11}x_1 + a_{12}x_2 + a_{13}x_3 = k_1 \\ a_{21}x_1 + a_{22}x_2 + a_{23}x_3 = k_2 \\ a_{31}x_1 + a_{32}x_2 + a_{33}x_3 = k_3 \end{vmatrix}$$

zur Lösung vor. Um zunächst die Unbekannte x_1 zu ermitteln, multipliziert man die erste Gleichung mit der Unterdeterminante α_{11}, die zweite Gleichung mit α_{21}, die dritte Gleichung mit α_{31}.

$$a_{11}\alpha_{11}x_1 + a_{12}\alpha_{11}x_2 + a_{13}\alpha_{11}x_3 = \alpha_{11}k_1$$

$$a_{21}\alpha_{21}x_1 + a_{22}\alpha_{21}x_2 + a_{23}\alpha_{21}x_3 = \alpha_{21}k_2$$

$$a_{31}\alpha_{31}x_1 + a_{32}\alpha_{31}x_2 + a_{33}\alpha_{31}x_3 = \alpha_{31}k_3$$

Die Addition der drei Gleichungen ergibt

$$(a_{11}\alpha_{11} + a_{21}\alpha_{21} + a_{31}\alpha_{31}) x_1 + (a_{12}\alpha_{11} + a_{22}\alpha_{21} + a_{32}\alpha_{31}) x_2 + \qquad\text{(I)}$$
$$+ (a_{13}\alpha_{11} + a_{23}\alpha_{21} + a_{33}\alpha_{31}) x_3 = \alpha_{11}k_1 + \alpha_{21}k_2 + \alpha_{31}k_3$$

Für die auf der linken Seite der Gleichung (I) stehenden Koeffizienten der Unbekannten x_1, x_2, x_3 erhält man:

$$a_{11}\alpha_{11} + a_{21}\alpha_{21} + a_{31}\alpha_{31} = D \quad \text{(Hilfssatz a)}$$
$$a_{12}\alpha_{11} + a_{22}\alpha_{21} + a_{32}\alpha_{31} = 0 \quad \text{(Hilfssatz b)}$$
$$a_{13}\alpha_{11} + a_{23}\alpha_{21} + a_{33}\alpha_{31} = 0 \quad \text{(Hilfssatz b)}$$

Daher geht die Gleichung (I) über in

$$D \cdot x_1 = \alpha_{11}k_1 + \alpha_{21}k_2 + \alpha_{31}k_3$$
$$x_1 = \frac{\alpha_{11}k_1 + \alpha_{21}k_2 + \alpha_{31}k_3}{D}$$

Auch der hier im Zähler der rechten Seite stehende Ausdruck $\alpha_{11}k_1 + \alpha_{21}k_2 + \alpha_{31}k_3$ läßt sich als Determinante schreiben. Man bezeichnet ihn mit D_{x1}. Er geht aus der Koeffizientendeterminante (150) hervor, indem man die Elemente der ersten Spalte, also a_{11}, a_{21}, a_{31}, durch die gleichstelligen absoluten Glieder k_1, k_2, k_3 ersetzt.

Demnach erhält man (Cramersche Regel, vgl. auch Seite 451) für x_1:

$$x_1 = \frac{D_{x1}}{D} = \frac{\begin{vmatrix} k_1 & a_{12} & a_{13} \\ k_2 & a_{22} & a_{23} \\ k_3 & a_{32} & a_{33} \end{vmatrix}}{\begin{vmatrix} a_{11} & a_{12} & a_{13} \\ a_{21} & a_{22} & a_{23} \\ a_{31} & a_{32} & a_{33} \end{vmatrix}} \qquad\text{(153 a)}$$

und entsprechend für x_2 und x_3:

$$x_2 = \frac{D_{x2}}{D} = \frac{\begin{vmatrix} a_{11} & k_1 & a_{13} \\ a_{21} & k_2 & a_{23} \\ a_{31} & k_3 & a_{33} \end{vmatrix}}{\begin{vmatrix} a_{11} & a_{12} & a_{13} \\ a_{21} & a_{22} & a_{23} \\ a_{31} & a_{32} & a_{33} \end{vmatrix}} \qquad x_3 = \frac{D_{x3}}{D} = \frac{\begin{vmatrix} a_{11} & a_{12} & k_1 \\ a_{21} & a_{22} & k_2 \\ a_{31} & a_{32} & k_3 \end{vmatrix}}{\begin{vmatrix} a_{11} & a_{12} & a_{13} \\ a_{21} & a_{22} & a_{23} \\ a_{31} & a_{32} & a_{33} \end{vmatrix}} \qquad\text{(153 b und c)}$$

19.2.4. Diskussion eines Systems von drei Gleichungen 1. Grades mit drei Unbekannten

Bei der Lösung eines Gleichungssystems (149) sind wieder zwei Hauptfälle zu unterscheiden, je nachdem, ob die in den Formeln (153a, b, c) auftretende Determinante D von Null verschieden oder gleich Null ist.

Hauptfall I

Es sei $D \neq 0$. Dann lassen sich x_1, x_2, x_3 gemäß den Formeln (153a, b, c) eindeutig bestimmen.

> Ist die Determinante eines Systems von drei linearen Gleichungen mit drei Unbekannten von Null verschieden, so hat das System eine, aber auch nur eine Lösung.

Hauptfall II

Es sei $D = 0$. Da eine Division durch Null nicht erlaubt ist, lassen sich x_1, x_2, x_3, wenn überhaupt Lösungen vorhanden sind, nicht mit Hilfe der Formeln (153a, b, c) ermitteln. In diesem Fall sind die Gleichungen entweder voneinander abhängig oder stehen zueinander in Widerspruch.

> Ist die Determinante eines Systems von drei linearen Gleichungen mit drei Unbekannten gleich Null, so sind die Gleichungen entweder voneinander abhängig, und das System hat unendlich viele Lösungen; oder die Gleichungen des Systems stehen zueinander in Widerspruch, und es gibt daher keine Lösung.

Für den Beweis müssen folgende Unterfälle unterschieden werden:

Unterfall 1. Die in (153a, b, c) auftretenden Zählerdeterminanten D_{x1}, D_{x2}, D_{x3} seien sämtlich gleich Null. Dieser Unterfall bedarf einer weiteren Unterteilung, je nachdem, ob die Unterdeterminanten α_{11}, α_{12}, ..., α_{33} nicht sämtlich gleich Null oder sämtlich gleich Null sind.

a) Die Unterdeterminanten α_{11}, α_{12}, ..., α_{33} seien nicht sämtlich gleich Null. Es sei $\alpha_{33} \neq 0$, was sich stets durch Änderung der Reihenfolge der Gleichung und durch Umnumerierung der Unbekannten erreichen läßt (s. Fußnote Seite 452). Aus den ersten beiden Gleichungen des Systems (149) folgt durch Umstellung:

$$\left| \begin{matrix} a_{11}x_1 + a_{12}x_2 = -a_{13}x_3 + k_1 \\ a_{21}x_1 + a_{22}x_2 = -a_{23}x_3 + k_2 \end{matrix} \right| \tag{II}$$

Die Determinante dieses Gleichungssystems (II) mit den Unbekannten x_1 und x_2 ist

$$a_{11}a_{22} - a_{21}a_{12} = \alpha_{33}.$$

Da α_{33} nach Voraussetzung $\neq 0$, hat das System (II) eine eindeutige Lösung x_1, x_2. Nimmt man also auf der rechten Seite der Gleichungen (II) für x_3 einen beliebigen Wert an, so lassen sich x_1 und x_2 immer noch so bestimmen, daß die erste und zweite Gleichung des Systems (II) und damit auch des Systems (149) erfüllt sind. Schwieriger ist es zu erkennen, daß in diesem Fall dann auch die dritte Gleichung des Systems (149) erfüllt ist. Nach den Hilfssätzen des Abschnitts 19.2.3. gilt:

$$a_{11}\alpha_{13} + a_{21}\alpha_{23} + a_{31}\alpha_{33} = 0 \quad \text{(Hilfssatz b)}$$
$$a_{12}\alpha_{13} + a_{22}\alpha_{23} + a_{32}\alpha_{33} = 0 \quad \text{(Hilfssatz b)}$$
$$a_{13}\alpha_{13} + a_{23}\alpha_{23} + a_{33}\alpha_{33} = D = 0 \quad \text{(Hilfssatz a)}$$

Ferner erhält man für die nach Elementen der dritten Spalte entwickelte Zählerdeterminante D_{x3}:

$$D_{x_3} = k_1\alpha_{13} + k_2\alpha_{23} + k_3\alpha_{33} = 0$$

Die Umstellung dieser vier Gleichungen nach a_{31}, a_{32}, a_{33} und k_3 ergibt:

$$a_{31} = -\frac{\alpha_{13}}{\alpha_{33}} a_{11} - \frac{\alpha_{23}}{\alpha_{33}} a_{21}$$

$$a_{32} = -\frac{\alpha_{13}}{\alpha_{33}} a_{12} - \frac{\alpha_{23}}{\alpha_{33}} a_{22}$$

$$a_{33} = -\frac{\alpha_{13}}{\alpha_{33}} a_{13} - \frac{\alpha_{23}}{\alpha_{33}} a_{23}$$

$$k_3 = -\frac{\alpha_{13}}{\alpha_{33}} k_1 - \frac{\alpha_{23}}{\alpha_{33}} k_2$$

Diese vier Gleichungen besagen: Multipliziert man in dem System (149) die erste Gleichung mit dem Faktor $-\frac{\alpha_{13}}{\alpha_{33}}$, die zweite Gleichung mit dem Faktor $-\frac{\alpha_{23}}{\alpha_{33}}$, so erhält man durch Addition dieser beiden Gleichungen die dritte Gleichung des Systems. Da also die dritte Gleichung des Systems von den ersten beiden abhängig ist, wird sie ebenfalls durch jedes Wertetripel x_1, x_2, x_3 erfüllt, das die ersten beiden Gleichungen erfüllt.

b) Die Unterdeterminanten $\alpha_{11}, \alpha_{12}, \ldots, \alpha_{33}$ seien sämtlich gleich Null. Man darf dann annehmen, daß nicht alle Elemente $a_{11}, a_{12}, \ldots, a_{33}$ gleich Null sind, da der Fall $a_{11}, a_{12}, \ldots, a_{33}$ sämtlich gleich Null praktisch bedeutungslos ist. Es seien $a_{11} \neq 0$, was sich stets durch Ändern der Reihenfolge der Gleichungen und durch Umnumerieren der Unbekannten erreichen läßt (s. Fußnote Seite 452). Nach Voraussetzung sind alle Unterdeterminanten $\alpha_{11}, \alpha_{12}, \ldots, \alpha_{33}$ gleich Null, insbesondere

$$\alpha_{33} = a_{11}a_{22} - a_{21}a_{12} = 0$$

und

$$\alpha_{32} = a_{21}a_{13} - a_{11}a_{23} = 0$$

Daraus folgt

$$a_{22} = \frac{a_{21}}{a_{11}} a_{12} \tag{IIIa}$$

$$a_{23} = \frac{a_{21}}{a_{11}} a_{13} \tag{IIIb}$$

Ferner gilt identisch: $a_{21} = \frac{a_{21}}{a_{11}} a_{11}$ \hfill (IIIc)

Multipliziert man in dem System (149) die erste Gleichung mit dem Faktor $\frac{a_{21}}{a_{11}}$, so erhält man:

$$a_{11} \frac{a_{21}}{a_{11}} x_1 + a_{12} \frac{a_{21}}{a_{11}} x_2 + a_{13} \frac{a_{21}}{a_{11}} x_3 = k_1 \frac{a_{21}}{a_{11}}$$

19.2.4. Diskussion eines Systems von drei Gleichungen 1. Grades

oder unter Benutzung der Gleichungen (IIIa, b, c)

$$a_{21}x_1 + a_{22}x_2 + a_{23}x_3 = k_1 \frac{a_{21}}{a_{11}} \qquad (IV)$$

Die linke Seite der Gleichung (IV) stimmt mit der linken Seite der zweiten Gleichung des Systems (149) überein. Stimmen auch die rechten Seiten überein, d. h., wenn

$$k_1 \frac{a_{21}}{a_{11}} = k_2,$$

dann folgt im System (149) die zweite Gleichung aus der ersten; die Gleichungen sind also voneinander abhängig.

Ist dagegen

$$k_1 \frac{a_{21}}{a_{11}} \neq k_2,$$

so stehen im System (149) die erste und die zweite Gleichung zueinander in Widerspruch.
Entsprechend schließt man, wenn zwischen der ersten und dritten bzw. zwischen der ersten und zweiten Gleichung des Systems Abhängigkeit oder Widerspruch besteht.

Unterfall 2. Die in (153a, b, c) auftretenden Zählerdeterminanten D_{x1}, D_{x2}, D_{x3} seien nicht sämtlich gleich Null. Angenommen $D_{x1} \neq 0$. Dann folgt aus (153a):

$$D \cdot x_1 = D_{x1}$$

In dieser Gleichung ist wegen $D = 0$ die linke Seite gleich Null; andererseits ist nach Voraussetzung die rechte Seite von Null verschieden. Die Gleichungen stehen also zueinander in Widerspruch. Entsprechend schließt man, wenn $D_{x2} \neq 0$ oder wenn $D_{x3} \neq 0$.

Die folgende Tabelle gibt eine Übersicht über alle möglichen Fälle:

D	Zählerdeterm. D_{x1}, D_{x2}, D_{x3}	Unterdeterm. $\alpha_{11}, \ldots, \alpha_{33}$	Lösbarkeit; Anzahl der Lösungen
$\neq 0$	beliebig	beliebig	eindeutig lösbar
0	sämtlich 0	nicht sämtlich 0	Gleichungen voneinander abhängig; unendlich viele Lösungen
0	sämtlich 0	sämtlich 0	Gleichungen voneinander abhängig oder zueinander in Widerspruch; unendlich viele Lösungen oder keine Lösung
0	nicht sämtlich 0	beliebig	Gleichungen zueinander in Widerspruch; keine Lösung

19.2.5. Determinantengesetze

Bedeutung der Determinanten

Die Bedeutung der Determinanten liegt in den folgenden Eigenschaften:

1. Die Determinanten gestatten, die allgemeine Lösung von linearen Gleichungssystemen mit unbestimmten Koeffizienten anzugeben.
2. Die Determinanten geben sichere Entscheidung über eindeutige Lösbarkeit, Abhängigkeit oder Widerspruch eines vorgelegten Gleichungssystems.

Hinsichtlich der praktischen Verwendbarkeit der Determinanten zur numerischen Lösung linearer Gleichungssysteme ist der Aufwand an Rechenarbeit zu bedenken. Bei der Lösung eines Systems von drei Gleichungen mit drei Unbekannten sind vier Determinanten zu berechnen; jede enthält sechs Summanden; jeder Summand stellt ein Produkt aus drei Faktoren dar. Bei der Lösung eines Systems von fünf Gleichungen mit fünf Unbekannten enthält jede der sechs benötigten Determinanten bereits einhundertzwanzig Summanden; jeder Summand ist ein Produkt aus fünf Faktoren. Bei mehr als drei Unbekannten ist der Aufwand an Rechenarbeit so groß, daß sich die numerische Lösung derartiger Gleichungssysteme mit Hilfe von Determinanten verbieten würde, wenn es nicht möglich wäre, diese Rechenarbeit in vielen (jedoch nicht in allen) Fällen ganz erheblich zu vereinfachen. Diesem Zweck dienen die folgenden Gesetze.

Determinantengesetze

Der allgemeine Beweis der Gesetze 2, 4, 5 und 6 erfordert Hilfsmittel der Kombinatorik, die uns hier nicht zur Verfügung stehen. Daher wird auf den Beweis in allgemeinster Form verzichtet. Die Gültigkeit jedes Gesetzes wird für einen speziellen Fall nachgewiesen; der Nachweis für die übrigen Fälle kann entsprechend geführt werden.

> 1. Die Determinante behält ihren Wert, wenn man die Zeilen mit den gleichstelligen Spalten vertauscht.

Nach diesem Gesetz gilt also:

$$\begin{vmatrix} a_{11} & a_{12} & a_{13} \\ a_{21} & a_{22} & a_{23} \\ a_{31} & a_{32} & a_{33} \end{vmatrix} = \begin{vmatrix} a_{11} & a_{21} & a_{31} \\ a_{12} & a_{22} & a_{32} \\ a_{13} & a_{23} & a_{33} \end{vmatrix}$$

Man erkennt die Richtigkeit dieses Satzes, wenn man die erste Determinante nach Elementen der ersten Spalte, die zweite Determinante nach Elementen der ersten Zeile entwickelt.

Die Bedeutung dieses Gesetzes besteht darin, daß jeder Lehrsatz, dessen Gültigkeit für die Zeilen (Spalten) einer Determinante nachgewiesen ist, damit auch für die Spalten (Zeilen) gilt.

19.2.5. Determinantengesetze

2. Vertauscht man in einer Determinante zwei parallele Reihen miteinander, so ändert die Determinante nur ihr Vorzeichen.

Der Nachweis soll für den speziellen Fall erbracht werden, daß die erste und die zweite Zeile miteinander vertauscht werden. Zum Vergleich stehen also die Determinanten:

$$D_1 = \begin{vmatrix} a_{11} & a_{12} & a_{13} \\ a_{21} & a_{22} & a_{23} \\ a_{31} & a_{32} & a_{33} \end{vmatrix} \quad \text{und} \quad D_2 = \begin{vmatrix} a_{21} & a_{22} & a_{23} \\ a_{11} & a_{12} & a_{13} \\ a_{31} & a_{32} & a_{33} \end{vmatrix}$$

Man entwickelt D_1 nach Elementen der ersten Zeile, D_2 nach Elementen der zweiten Zeile:

$$D_1 = + a_{11} \begin{vmatrix} a_{22} & a_{23} \\ a_{32} & a_{33} \end{vmatrix} - a_{12} \begin{vmatrix} a_{21} & a_{23} \\ a_{31} & a_{33} \end{vmatrix} + a_{13} \begin{vmatrix} a_{21} & a_{22} \\ a_{31} & a_{32} \end{vmatrix}$$

$$D_2 = - a_{11} \begin{vmatrix} a_{22} & a_{23} \\ a_{32} & a_{33} \end{vmatrix} + a_{12} \begin{vmatrix} a_{21} & a_{23} \\ a_{31} & a_{33} \end{vmatrix} - a_{13} \begin{vmatrix} a_{21} & a_{22} \\ a_{31} & a_{32} \end{vmatrix}$$

Der Vergleich von D_1 und D_2 zeigt: $D_1 = - D_2$. Nachweis in den übrigen Fällen entsprechend.

3. Stimmen in einer Determinante zwei parallele Reihen überein, so hat die Determinante den Wert Null.

Vertauscht man nämlich die beiden übereinstimmenden Reihen miteinander, so bleibt die Determinante formal gleich; andererseits ändert sich nach 2. das Vorzeichen. In diesem Falle gilt also: $D = - D$; d. h., $D = 0$.

4. Enthalten in einer Determinante alle Elemente einer Reihe einen gemeinsamen Faktor c, so darf dieser Faktor vor die Determinante gezogen werden.

Der Nachweis soll für den Fall erbracht werden, daß alle Elemente der ersten Spalte den Faktor c enthalten:

$$D = \begin{vmatrix} c \cdot a_{11} & a_{12} & a_{13} \\ c \cdot a_{21} & a_{22} & a_{23} \\ c \cdot a_{31} & a_{32} & a_{33} \end{vmatrix}$$

Die Entwicklung nach den Elementen der ersten Spalte ergibt:

$$D = c \cdot a_{11}\alpha_{11} + c \cdot a_{21}\alpha_{21} + c \cdot a_{31}\alpha_{31} = c \left(a_{11}\alpha_{11} + a_{21}\alpha_{21} + a_{31}\alpha_{31} \right)$$

$$D = c \cdot \begin{vmatrix} a_{11} & a_{12} & a_{13} \\ a_{21} & a_{22} & a_{23} \\ a_{31} & a_{32} & a_{33} \end{vmatrix}$$

Nachweis in den übrigen Fällen entsprechend.

5. Sind in einer Determinante die Elemente einer Reihe den Elementen einer parallelen Reihe proportional, so hat die Determinante den Wert Null.

Der Nachweis soll für den Fall erbracht werden, daß die Elemente der dritten Spalte den Elementen der zweiten Spalte proportional sind. Es bestehen also die Gleichungen:

$$a_{13} = c \cdot a_{12}; \quad a_{23} = c \cdot a_{22}; \quad a_{33} = c \cdot a_{32}$$

wo c den Proportionalitätsfaktor bedeutet.

$$D = \begin{vmatrix} a_{11} & a_{12} & c \cdot a_{12} \\ a_{21} & a_{22} & c \cdot a_{22} \\ a_{31} & a_{32} & c \cdot a_{32} \end{vmatrix}$$

Nach 4. erhält man für D:

$$D = c \cdot \begin{vmatrix} a_{11} & a_{12} & a_{12} \\ a_{21} & a_{22} & a_{22} \\ a_{31} & a_{32} & a_{32} \end{vmatrix}$$

und nach 3.

$$D = 0$$

Nachweis in den übrigen Fällen entsprechend.

6. Addiert man in einer Determinante zu den Elementen einer Reihe die mit einem beliebigen Faktor c multiplizierten gleichstelligen Elemente einer parallelen Reihe, so ändert sich der Wert der Determinante nicht.

Nachweis für den Fall, daß zu den Elementen der ersten Spalte die mit dem Faktor c multiplizierten Elemente der zweiten Spalte addiert werden.

Es sei

$$D_1 = \begin{vmatrix} a_{11} & a_{12} & a_{13} \\ a_{21} & a_{22} & a_{23} \\ a_{31} & a_{32} & a_{33} \end{vmatrix} \quad \text{und} \quad D_2 = \begin{vmatrix} a_{11}+c \cdot a_{12} & a_{12} & a_{13} \\ a_{21}+c \cdot a_{22} & a_{22} & a_{23} \\ a_{31}+c \cdot a_{32} & a_{32} & a_{33} \end{vmatrix}$$

Die Entwicklung der Determinante D_2 nach den Elementen der ersten Spalte ergibt:

$$D_2 = (a_{11} + c \cdot a_{12}) \alpha_{11} + (a_{21} + c \cdot a_{22}) \alpha_{21} + (a_{31} + c \cdot a_{32}) \alpha_{31} =$$

$$= (a_{11} \alpha_{11} + a_{21} \alpha_{21} + a_{31} \alpha_{31}) + c (a_{12} \alpha_{11} + a_{22} \alpha_{21} + a_{32} \alpha_{31})$$

Nach den Hilfssätzen im Abschnitt 19.2.3. hat die erste Klammer den Wert D_1, die zweite Klammer den Wert Null; daher

$$D_1 = D_2$$

Nachweis in den übrigen Fällen entsprechend.

19.2.5. Determinantengesetze

Anwendung

Mit Hilfe der vorstehenden Gesetze (insbesondere des Gesetzes 6) ist es häufig möglich, Determinanten, deren Entwicklung einen erheblichen Aufwand an Rechenarbeit erfordern würde, auf leichter zu berechnende Determinanten zurückzuführen.

BEISPIELE

1. Entwickle
$$D = \begin{vmatrix} 2 & 5 & -2 \\ 1 & 4 & 3 \\ 3 & -3 & 6 \end{vmatrix}$$

Lösung I: Die Anwendung der Regel von SARRUS ergibt

$$\underline{\underline{D = 111}}$$

Lösung II: Man versucht unter Anwendung des Gesetzes 6 die Determinante so umzuformen, daß zwei Elemente einer Reihe Null werden. Dazu addiert man

a) zu den Elementen der ersten Zeile die mit (-2) multiplizierten Elemente der zweiten Zeile;

b) zu den Elementen der dritten Zeile die mit (-3) multiplizierten Elemente der zweiten Zeile.

Bei diesen Operationen ändert sich nach Gesetz 6 der Wert der Determinante nicht:

$$D = \begin{vmatrix} 0 & -3 & -8 \\ 1 & 4 & 3 \\ 0 & -15 & -3 \end{vmatrix}$$

Nun entwickelt man nach Elementen der ersten Spalte:

$$D = 0 \cdot a_{11} - 1 \cdot a_{21} + 0 \cdot a_{31} =$$

$$= -1 \cdot \begin{vmatrix} -3 & -8 \\ -15 & -3 \end{vmatrix} = \underline{\underline{111}}$$

2. Entwickle
$$D = \begin{vmatrix} 3 & 0{,}2 & 5 \\ 0{,}5 & 4 & 2 \\ 2 & 3 & 0{,}4 \end{vmatrix}$$

Lösung: Man addiert

a) zu den Elementen der zweiten Spalte die mit (-2) multiplizierten Elemente der dritten Spalte;

b) zu den Elementen der dritten Spalte die mit (-4) multiplizierten Elemente der ersten Spalte.

$$D = \begin{vmatrix} 3 & -9{,}8 & -7 \\ 0{,}5 & 0 & 0 \\ 2 & 2{,}2 & -7{,}6 \end{vmatrix}$$

Entwicklung nach den Elementen der zweiten Zeile:

$$D = -0{,}5 \cdot \begin{vmatrix} -9{,}8 & -7 \\ 2{,}2 & -7{,}6 \end{vmatrix} = -0{,}5 \cdot (74{,}48 + 15{,}4) = \underline{\underline{-44{,}94}}$$

Bei Determinanten 3. Grades bietet die Anwendung von Gesetz 6 gegenüber der Regel von SARRUS im allgemeinen nur geringe Vorteile. Der praktische Wert dieses Gesetzes kommt erst bei Determinanten höheren Grades zur Geltung.

19.3. n-reihige Determinanten (Determinanten n-ten Grades)

Definition der n-reihigen Determinante

Es liegt ein System von n linearen Gleichungen mit n Unbekannten zur Lösung vor:

$$\begin{vmatrix} a_{11}x_1 + a_{12}x_2 + \cdots + a_{1n}x_n = k_1 \\ a_{21}x_1 + a_{22}x_2 + \cdots + a_{2n}x_n = k_2 \\ \cdots \cdots \cdots \cdots \cdots \cdots \cdots \cdots \cdots \\ a_{n1}x_1 + a_{n2}x_2 + \cdots + a_{nn}x_n = k_n \end{vmatrix} \qquad (154)$$

Die Definition der Determinante eines derartigen Gleichungssystems muß zweckmäßigerweise so erfolgen, daß die bisher entwickelten Sätze wörtlich oder in entsprechender Anpassung gültig bleiben. Im Hinblick auf diese Forderung wird festgesetzt:

Unter der Determinante des Gleichungssystems (154) versteht man einen arithmetischen Ausdruck, der aus den n^2 Koeffizienten $a_{11}, a_{12}, \ldots, a_{nn}$ des Systems (154) aufgebaut ist. Die Determinante wird symbolisch dargestellt durch

$$D = \begin{vmatrix} a_{11} & a_{12} & \cdots & a_{1n} \\ a_{21} & a_{22} & \cdots & a_{2n} \\ \cdots & \cdots & \cdots & \cdots \\ a_{n1} & a_{n2} & \cdots & a_{nn} \end{vmatrix} \qquad (155)$$

19.3. n-reihige Determinanten (Determinanten n-ten Grades)

Entwicklung der n-reihigen Determinante

Man erhält die Determinante in entwickelter Form, indem man nacheinander jedes Element einer Zeile (Spalte) mit einer ihr zugeordneten $(n-1)$-reihigen Unterdeterminante multipliziert, die sich ergibt, wenn man in der n-reihigen Determinante (155) die Zeile und Spalte des zugeordneten Elementes streicht. Die Produkte werden addiert. Die Bestimmung des Vorzeichens der $(n-1)$-reihigen Unterdeterminanten erfolgt nach der durch Bild 123 gegebenen Festsetzung (Schachbrettregel).

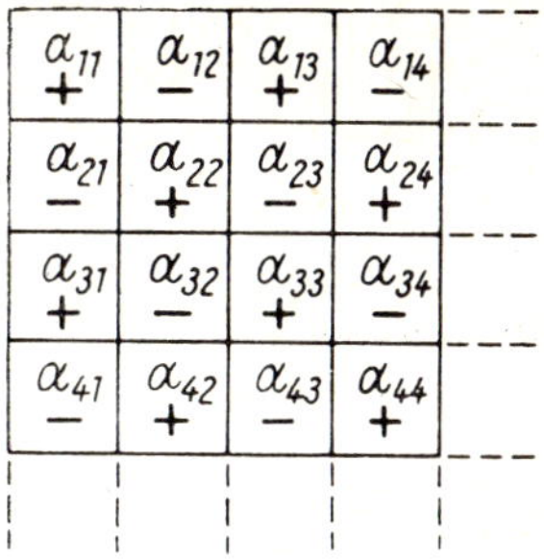

Bild 123

Nach dieser Festsetzung ergibt z. B. die Entwicklung einer Determinante vierten Grades nach den Elementen der ersten Spalte:

$$D = a_{11}\alpha_{11} + a_{21}\alpha_{21} + a_{31}\alpha_{31} + a_{41}\alpha_{41}$$

Hier bedeuten die $\alpha_{11}, \alpha_{21}, \alpha_{31}, \alpha_{41}$ dreireihige Unterdeterminanten, die zur Berechnung der Determinante weiterentwickelt werden müssen.

Lösung eines Systems von n Gleichungen 1. Grades mit n Unbekannten

Bei dieser Definition der n-reihigen Determinante bleiben die für dreireihige Determinanten entwickelten Sätze gültig.[1] Insbesondere gelten:

Ist die Determinante D eines Systems von n linearen Gleichungen mit n Unbekannten von Null verschieden, so hat das System eine, aber auch nur eine Lösung:

$$x_1 = \frac{D_{x_1}}{D}; \quad x_2 = \frac{D_{x_2}}{D}; \quad \cdots; \quad x_n = \frac{D_{x_n}}{D} \quad \text{(Cramersche Regel)} \qquad (156)$$

Hier bedeuten die Zählerdeterminanten

$$D_{x_1} = \begin{vmatrix} k_1 & a_{12} & \cdots & a_{1n} \\ k_2 & a_{22} & \cdots & a_{2n} \\ \cdots & \cdots & \cdots & \cdots \\ k_n & a_{n2} & \cdots & a_{nn} \end{vmatrix}; \quad D_{x_2} = \begin{vmatrix} a_{11} & k_1 & \cdots & a_{1n} \\ a_{21} & k_2 & \cdots & a_{2n} \\ \cdots & \cdots & \cdots & \cdots \\ a_{n1} & k_n & \cdots & a_{nn} \end{vmatrix}; \quad \cdots; \quad D_{x_n} = \begin{vmatrix} a_{11} & a_{12} & \cdots & k_1 \\ a_{21} & a_{22} & \cdots & k_2 \\ \cdots & \cdots & \cdots & \cdots \\ a_{n1} & a_{n2} & \cdots & k_n \end{vmatrix}$$

Ist die Determinante eines Systems von n linearen Gleichungen mit n Unbekannten gleich Null, so sind die Gleichungen entweder voneinander abhängig, und das System hat unendlich viele Lösungen; oder die Gleichungen des Systems stehen zueinander in Widerspruch, und es gibt keine Lösung.

---

[1] Die Beweise der Lehrsätze für n-reihige Determinanten gehen über den Rahmen eines Lehrbuches für Fachschulen hinaus. Der Leser, der sich auf diesem Gebiete vertiefte Kenntnisse aneignen will, sei auf das Werk: MANGOLDT-KNOPP „Einführung in die höhere Mathematik", Bd. 1 verwiesen.

19. Determinanten

Die exakte Unterscheidung dieser beiden Fälle ist nur auf Grund einer genauen Untersuchung der Zählerdeterminanten und der in der Determinante D enthaltenen Unterdeterminanten möglich (s. Fußnote S. 467).

Determinantengesetze

Die in 19.2.5. für dreireihige Determinanten entwickelten Gesetze 1 bis 6 gelten wörtlich auch für n-reihige Determinanten.

AUFGABEN

1262. Entwickle folgende Determinanten durch Reduzieren auf einfachere Determinanten:

a) $\begin{vmatrix} -1{,}5 & 3 & 0{,}5 \\ -2 & 2{,}8 & 1 \\ 5 & 4 & 1{,}3 \end{vmatrix}$
b) $\begin{vmatrix} -2{,}4 & -1{,}5 & 0{,}3 \\ 1{,}3 & 1 & -0{,}2 \\ 4{,}6 & 3 & -0{,}7 \end{vmatrix}$
c) $\begin{vmatrix} -0{,}8 & 2{,}4 & 3{,}2 \\ 0{,}4 & -0{,}7 & -3 \\ -0{,}3 & 0{,}2 & -1{,}5 \end{vmatrix}$

d) $\begin{vmatrix} 2 & -1 & 3 & -5 \\ -3 & 5 & -4 & 6 \\ 7 & -2 & 1 & 4 \\ 8 & 5 & -3 & 2 \end{vmatrix}$
e) $\begin{vmatrix} -3 & 2{,}4 & 1{,}6 & -2 \\ 1 & -0{,}8 & -1{,}2 & 0{,}5 \\ 4 & -1{,}5 & 0{,}6 & 0{,}2 \\ -2 & 0{,}8 & 1{,}4 & 0{,}3 \end{vmatrix}$

1263. Untersuche folgende Gleichungssysteme auf eindeutige Lösung, Abhängigkeit oder Widerspruch. Es ist anzugeben:

im Falle der eindeutigen Lösbarkeit die Lösung;

im Falle der Abhängigkeit, welche Gleichungen voneinander abhängig sind;

im Falle des Widerspruchs, welche Gleichungen zueinander in Widerspruch stehen.

a) $\begin{vmatrix} x + y + z = 8 \\ 3x + 2y + z = 49 \\ 5x - 3y + z = 0 \end{vmatrix}$
b) $\begin{vmatrix} 2x + y + 5z = -21 \\ x + 5y + 2z = 19 \\ 5x + 2y + z = 2 \end{vmatrix}$

c) $\begin{vmatrix} 1{,}2x - 0{,}9y + 1{,}5z = 2{,}4 \\ 0{,}8x - 0{,}5y + 2{,}5z = 1{,}8 \\ 1{,}6x - 1{,}2y + 2{,}0z = 3{,}2 \end{vmatrix}$
d) $\begin{vmatrix} 3{,}6x - 2{,}7y + 3{,}3z = 4{,}5 \\ 1{,}6x + 3{,}2y - 2{,}8z = 4{,}4 \\ 4{,}8x - 0{,}3y + 1{,}2z = 7{,}8 \end{vmatrix}$

e) $\begin{vmatrix} -3{,}6x + 1{,}2y - 2{,}4z = 5{,}7 \\ 1{,}7x - 3{,}1y - 2{,}3z = 4{,}3 \\ 4{,}8x - 1{,}6y + 3{,}2z = 2{,}5 \end{vmatrix}$
f) $\begin{vmatrix} 4{,}5x - 3{,}9y + 2{,}7z = 3{,}3 \\ 0{,}8x + 1{,}2y - 3{,}6z = 2{,}4 \\ 1{,}3x - 1{,}6y + 1{,}8z = 5{,}6 \end{vmatrix}$

Wiederholungsaufgaben

(ohne Lösungen)

Anwendung der vier Grundrechnungsarten

1. $3ab\,(a-c) - bc\,(2b-3a) - b^2\,(3a-2c) + 6ab^2$
2. $3\,(a+b-2y)\,x - 2\,(a-3b-3x)\,y - 3b\,(x+2y) + 2ay$
3. $(a-b)\,(a-2b) + (4a+5b)\,(3a-b) - (2a-b)\,(6a+7b)$
4. a) $(7y-9)^2 + (4y-8)\,(4y+8) - (17-12y)\,(1-5y)$
   b) $(3a-5b)\,(9a+2b) + (4a-11b)\,(4a+11b) - (5a-7b)^2$
   c) $(5p-3q)\,(4p+2q) - (9p+3q)\,(3p-9q) - (4p-7q)^2$
   d) $(4u+3v)^2 - (7u-5v)\,(5u+7v) - (9u-2v)^2 + (3u+8v)^2$
   e) $\left(\dfrac{1}{2}r - \dfrac{2}{3}s\right)^2 - \left(\dfrac{3}{4}r - \dfrac{1}{3}s\right)\left(\dfrac{3}{4}r + \dfrac{1}{3}s\right) + \left(\dfrac{2}{5}r + \dfrac{3}{4}s\right)^2$
   f) $(1{,}3x - 0{,}2y)\,(0{,}4x + 0{,}5y) - (1{,}6x - 0{,}7y)^2 - (0{,}4x + 0{,}3y)\,(0{,}4x - 0{,}3y)$
5. $(15a^2b^2 + 16a^2bc - 4ab^2c + 16abc^2 - 15a^2c^2 - 4b^2c^2) : (3ab + 5ac - 2bc)$
6. $(80bc + 18a - 64b^2 - 48b + 9a^2 + 30c - 25c^2) : (3a - 8b + 5c)$
7. $(50x^2 - 300ux - 128y^2 + 352yz + 450u^2 - 242z^2) : (11z - 8y + 5x - 15u)$
8. $(136a^2bc + 16b^2c^2 + 9a^4 - 64a^2c^2 - 100a^2b^2) : (3a^2 - 4bc - 8ac + 10ab)$
9. $[x^2 + (a+1)\,x + a] : (x+a)$
10. $[cx^2 - (abc+1)\,x + ab] : (x - ab)$
11. Zerlege in Faktoren:
    a) $30ax - 34bx - 15a + 17b$ b) $91x^2 - 112mx + 65nx - 80mn$
    c) $ax - bx + cx + ay - by + cy$
    d) $2ax - 5ay + a - 2bx + 5by - b$
    e) $x^2 - 5x + 6$ f) $x^2 - x - 12$ g) $a^2 - 3ab - 10b^2$
    h) $a^2 + 2ab - 15b^2$ i) $x^2 + (a-b)\,x - ab$ k) $x^2 - (n-3)\,x - 3n$
12. Kürze:
    a) $\dfrac{3xy + 2x + 3y + 2}{3xy + 2x - 6y - 4}$ b) $\dfrac{6a^2 + 15\,ab - 8ac - 20\,bc}{12\,a^2 - 9ab - 16\,ac + 12\,bc}$

c) $\dfrac{x^2+3x+2}{x^2+x-2}$ \qquad d) $\dfrac{x^2-8x+12}{x^2-7x+6}$

e) $\dfrac{a^3+9a^2b+21\,ab^2+4b^3}{a^3+2a^2b-14\,ab^2-3b^3}$ \qquad f) $\dfrac{6x^3+x^2y+5xy^2-2y^3}{3x^3-4x^2y+4xy^2-y^3}$

13. Mache gleichnamig und fasse zusammen:

a) $\dfrac{x-1}{2x+2} - \dfrac{3x-4}{3x+3} + \dfrac{2x-1}{6x+6}$ \qquad b) $\dfrac{2x-3}{3x-3} - \dfrac{3x-1}{4x+4} - \dfrac{x+2}{x^2-1}$

c) $\dfrac{5x+4}{x-2} - \dfrac{3x-2}{x-3} - \dfrac{x^2-2x-17}{x^2-5x+6}$

d) $\dfrac{x-4}{2x-1} - \dfrac{3x-5}{x+2} + \dfrac{5x^2+9x+14}{2x^2+3x-2}$

e) $\dfrac{1}{x-1} - \dfrac{4}{1-x} - \dfrac{8}{1+x} + \dfrac{3x+7}{x^2-1}$

f) $\dfrac{8}{2x-3} + \dfrac{5}{3-2x} - \dfrac{3x-4}{2x^2-x-3}$

g) $\dfrac{2}{x+1} + \dfrac{5}{x-1} - \dfrac{5}{x+2}$ \qquad h) $\dfrac{4}{x-1} - \dfrac{3}{x-2} - \dfrac{1}{x-3}$

i) $\dfrac{2}{2x-1} - \dfrac{9}{3x-1} + \dfrac{4}{2x-3}$ \qquad k) $\dfrac{7}{x-a} - \dfrac{4}{x-b} - \dfrac{2}{x-c}$

l) $\dfrac{1}{x+a} + \dfrac{2}{x+b} - \dfrac{3}{x+c}$ \qquad m) $\dfrac{1}{1+x} + \dfrac{1}{1-x} - \dfrac{2}{1+x^2}$

n) $\dfrac{2}{(x-1)^3} + \dfrac{1}{(x-1)^2} + \dfrac{2}{x-1} - \dfrac{1}{x}$

o) $\dfrac{1}{x-1} - \dfrac{1}{x+1} + \dfrac{1}{(x-1)^2} + \dfrac{2}{(x+1)^2} - \dfrac{4}{x^2-1} - \dfrac{4}{(x^2-1)^2}$

p) $\dfrac{1}{(a-b)^2} + \dfrac{3}{a^2-b^2} + \dfrac{a-b}{a^2b+ab^2} + \dfrac{1}{ab}$

q) $\dfrac{a^2+b^2}{a^3+b^3} - \dfrac{a+b^2}{2(a^2+b^2)} - \dfrac{1}{2(a+b)}$

r) $\dfrac{x+y}{x^3-y^3} + \dfrac{x-y}{x^3+y^3} - \dfrac{2(x^2-y^2)}{x^4+x^2y^2+y^4}$

14. Multipliziere aus:

a) $\left(\dfrac{xy}{ab} + \dfrac{ax}{b^2} - \dfrac{by}{a^2}\right)\left(\dfrac{xy}{ab} - \dfrac{ax}{b^2} + \dfrac{by}{a^2}\right)$

b) $\left(\dfrac{a^2}{4b^2} + \dfrac{9b^2}{a^2} + \dfrac{3}{2}\right)\left(\dfrac{a}{2b} - \dfrac{3b}{a}\right)$

c) $\left(\dfrac{4}{ax} + \dfrac{2x}{3a^2} - \dfrac{5a}{6x^2}\right)\left(\dfrac{3}{x^2} - \dfrac{1}{2a} + \dfrac{5a^2}{8x^3}\right)$

Wiederholungsaufgaben

d) $\left(\dfrac{8ax^2}{9b^2} + \dfrac{2y^3}{bx^2} + \dfrac{bxy^2}{4a^3}\right)\left(\dfrac{2a^2}{by} - \dfrac{9y^2}{2x^3} + \dfrac{9b^2y}{16a^3}\right)$

e) $\left(4\dfrac{1}{2} + \dfrac{3a}{2b} - \dfrac{a^2}{4b^2}\right)^2$

f) $\left(\dfrac{3ab}{5x^2} + \dfrac{ay}{2b^2} - \dfrac{5bx}{6a^2}\right)^2$

15. Berechne mit Hilfe der Partialdivision oder über einen Doppelbruch:

a) $\left(\dfrac{2x^2}{a} - \dfrac{11x}{18b} - \dfrac{2a}{3b^2}\right) : \left(\dfrac{4x}{3} - \dfrac{a}{b}\right)$

b) $\left(\dfrac{a^2}{4b} - \dfrac{3b}{a^2} - \dfrac{1}{4}\right) : \left(\dfrac{a}{3b} + \dfrac{1}{a}\right)$

c) $\left(\dfrac{5a^2}{9} - \dfrac{10ac}{3} + 4bc - \dfrac{4b^2}{5}\right) : \left(\dfrac{1}{3}a + \dfrac{2}{5}b - 2c\right)$

d) $\left(\dfrac{x^2}{y^2} + \dfrac{y^2}{x^2} - 7\right) : \left(\dfrac{x}{y} + \dfrac{y}{x} - 3\right)$

e) $\left(\dfrac{a^2b^2}{x^2} + 2 + \dfrac{x^2}{a^2b^2} - \dfrac{1}{x^2}\right) : \left(\dfrac{ab}{x} + \dfrac{x}{ab} + \dfrac{1}{x}\right)$

Potenzen

16. $\dfrac{5}{9}a^2bx \cdot \dfrac{6}{7}ab^3y^3 \cdot \dfrac{4}{5}a^nbx^ny$

17. $(x-y)^{n-2}(x-y)^{3-m}(x-y)^{m-1}$

18. $a(a-b)^3 a^{n-1}b(a-b)^{n-3}a^2b^{n-1}$

19. $(-3a^2b^{n-1})(-5a^{n-3}c^{n+1})(-4abc^{x-n})$

20. $(-a)^n b^{3-x} c (-a)^{2n-3} b^{4+x} c^{n-1} (-a)^{4-n} b$

21. $a^n b (-x)^3 a^2 b^n (-x)^n a^{n-2} b^{5-n} (-x)^{5-n}$

22. $(a-b)^3 (b-a)^4$

23. $(a-b)^4 (b-a)^3$

24. $(x-y)^n (y-x)^4$

25. $(x-y)^7 (y-x)^n$

26. $(a-b)(b-a)^{2n-3}$

27. $(a-b)^5 (b-a)^{2n-4}$

28. $(a-b-c)^{n-1}(b+c-a)^{2n+1}$

29. $(a^3 + 2a^2b + 2ab^2 + b^3)(a^3 - 2a^2b + 2ab^2 - b^3)$

30. $(a^{3n} + a^{2n}b + a^nb^2 + b^3)(a^n - b)$

31. $(a^{2m-n} + a^m + a^n + a^{2n-m})(a^m - a^n)$

32. $(3a^n b^{2-x} - 5a^{n-1}b + 9a^{n-2}b^x)(4a^2b + 7ab^x)$

33. $(2a^2b^{x+1} - 3a^nb^3 + 4a^{2n-2}b^{5-x})(5ab^x + 6a^{n-1}b^2)$

34. $\dfrac{9a^2b^3}{8x^3y^n} \cdot \dfrac{10a^{n-1}x^{n+2}}{21b^{m+3}y^{m-n}} \cdot \dfrac{x}{a}$

35. $\dfrac{3a^3c^n}{7x^3b^n} \cdot \dfrac{49x^{n-1}b^{n+2}}{9a^{n+5}c^{n+1}} \cdot \dfrac{a^2x^4}{c}$

Wiederholungsaufgaben

36. $\dfrac{5a^n b^{n-1} c^{n-2}}{6x^{n+1} y^{n+2} z^{n+3}} : \dfrac{3a^{n-1} bc^{n+1}}{2xy^n z^{n+1}}$ 37. $\dfrac{5a^5 b^3 c^{n+1}}{6x^3 y^n z^{n+4}} : \dfrac{3a^6 b^4 c}{8x^4 yz^{n-1}}$

38. $\dfrac{a^{2x-3y} a^{3y-5}}{a^{5-3x} a^{7-2y}} : \dfrac{a^{5x+3y-10}}{a^{x+y+10}}$ 39. $\dfrac{p^{3x-y} q^{2y-3x}}{p^{3y-2x} q^{5x-2y}} : \dfrac{p^{7x-3y} q^{7y-6x}}{p^{3x+2y} q^{3x+2y}}$

40. $(144a^4 - 289a^2 b^2 + 100b^4) : (12a^2 + 7ab - 10b^2)$

41. $(12a^4 - a^3 b - 32a^2 b^2 + ab^3 + 20b^4) : (4a^2 + ab - 5b^2)$

42. a) $(a^6 - b^6) : (a^3 - 2a^2 b + 2ab^2 - b^3)$

    b) $(u^6 - v^6) : (u^3 + u^2 v + uv^2 + v^3)$

43. $(x^{2m} - y^{2n}) : (x^m - y^n)$ 44. $(p^{3m} + q^{3n}) : (p^m + q^n)$

45. $(a^{4p} - b^{4q}) : (a^p - b^q)$ 46. $(a^n - b^n) : (a - b)$

47. Zerlege in Faktoren:

    a) $ax^n + bx^{n+1} + cx^{n+2}$ b) $ax^n + bx^{n+p} + cx^{n+r}$

    c) $ax^n + bx^{n-1} + cx^{n-2}$ d) $ax^n + bx^{n-p} + cx^{n-r}$

    e) $x^{n+1} - 2x^n + x^{n-1}$ f) $x^{n-p} - x^{n+p}$

    g) $x^{n+2} + x^n + x^{n-2}$ h) $5x^{n+4} - 7x^n + 3x^{n-3}$

    i) $3x^{p+n} - 10x^p + 3x^{p-n}$ k) $2x^{2n} + 5x^{n+p} + 2x^{2p}$

48. Kürze:

    a) $\dfrac{a^5 b - ab^5}{a^3 b^2 - a^2 b^3}$ b) $\dfrac{a^6 b^2 - a^2 b^6}{a^5 b^3 + a^3 b^5}$ c) $\dfrac{a^4 b + ab^4}{a^3 b^2 + a^2 b^3}$

    d) $\dfrac{x^4 + x^2 y^2 + y^4}{(x+y)(x^3 + y^3)}$ e) $\dfrac{x^4 + x^2 y^2 + y^4}{(x-y)(x^3 - y^3)}$ f) $\dfrac{a^{n+1} - a^{n-1}}{a^{p+1} - a^{p-1}}$

    g) $\dfrac{a^{x+2} - a^{x-2}}{a^{n+1} - a^{n-1}}$ h) $\dfrac{x^{n+2} + x^n + x^{n-2}}{x^{p+2} - x^{p+1} - x^{p-1} + x^{p-2}}$

    i) $\dfrac{x^{n+2} - 2x^n + x^{n-2}}{x^{n+2} - x^{n+1} + x^{n-1} - x^{n-2}}$

49. Mache gleichnamig und fasse zusammen:

    a) $\dfrac{1-x^2}{x^6} + \dfrac{1-x^2}{x^4} + \dfrac{1}{x^2}$ b) $\dfrac{1-x^2}{x^8} + \dfrac{1+x}{x^6} - \dfrac{1}{x^5}$

    c) $\dfrac{1}{x^n} - \dfrac{1}{x^{n-1}} + \dfrac{1}{x^{n-2}}$ d) $\dfrac{1}{x^n} - \dfrac{1}{x^{n-p}}$ e) $\dfrac{1+x}{x^n} - \dfrac{1-x}{x^{n-1}} + \dfrac{1}{x^{n-2}}$

    f) $\dfrac{1-2x^2}{x^p} + \dfrac{2-3x^2}{x^{p-2}} + \dfrac{3}{x^{p-4}}$ g) $\dfrac{y^2}{(x-y)^n} + \dfrac{x}{(x-y)^{n-1}} - \dfrac{1}{(x-y)^{n-2}}$

    h) $\dfrac{a^x - b^y}{a^x + b^y} + \dfrac{a^x + b^y}{a^x - b^y}$ i) $\dfrac{x^m + y^n}{x^m - y^n} - \dfrac{x^m - y^n}{x^m + y^n}$

Wiederholungsaufgaben

50. $\left(\dfrac{2a^3b^2}{3xy^4}\right)^2 \cdot \left(\dfrac{3x^2y}{5a^2b}\right)^3 \cdot \left(\dfrac{5ay^2}{2bx^2}\right)^2$ 　　51. $\dfrac{3\,(2a^2b^3)^2}{4\,(3x^3y^2)^3} \cdot \dfrac{7\,(3x^4y^3)^2}{5\,(2ab^2)^3}$

52. $\dfrac{2\,(4a^3b^2c^2)^2}{3\,(6x^2y^3z^4)^3} \cdot \dfrac{6\,(3xyz^3)^4}{5\,(2a^2bc)^3}$ 　　53. $\left(\dfrac{4a^{n-1}b^3c^{3-x}}{9x^2y^{3n-2}z^6}\right)^2 : \left(\dfrac{2a^nb^2c^{2-x}}{3xy^{2n-1}z^4}\right)^3$

54. $\dfrac{(a^{n-2}bc^{4n})^3}{(a^{n-3}b^{2n}c^{1+6n})^2}$ 　　55. $\left(\dfrac{a^{n+1}b^n}{x^{3n-2}}\right)^6 : \left(\dfrac{a^3b^4}{x^9}\right)^{2n-1}$

56. $\left(\dfrac{5a^5b^7}{3xy^2} - \dfrac{6x^2y^3}{5a^6b^8}\right)^2$ 　　57. $\left(\dfrac{x^{m-3}}{yz^{5n}} - \dfrac{y^nz^{1+n}}{x^{m-4}}\right)^2$

58. $(-ax)^{-5}(bx)^{n-3}[-(ab)^{4-n}]$

59. $3\dfrac{1}{2}(x-y)^{-2} \cdot \dfrac{4}{7}(y-x)^{-3}$ 　　60. $\left(\dfrac{a}{b}\right)^{-n} \cdot \left(\dfrac{bx}{ay}\right)^{-n}$

61. $\left(\dfrac{a+b}{a-b}\right)^{-2n} \cdot \left(\dfrac{b-a}{b+a}\right)^{-2n}$ 　　62. $(3a^{-4}b^2 + 5a^{-2}b^{-3}) \cdot (3a^{-4}b^2 - 5a^{-2}b^{-3})$

63. $(4a^{-5} - 7a^{-2} + 3a) \cdot (5a^{-6} + a^{-3} + 2)$

64. $\left(\dfrac{x+y}{x-y}\right)^{-4} \cdot \left(\dfrac{x-y}{x+y}\right)^{-3} : \left(\dfrac{x+y}{x-y}\right)^{-2}$ 　　65. $\left(\dfrac{a-b}{x-y}\right)^{-7} \cdot \left(\dfrac{1}{a-b}\right)^{8} : \left(\dfrac{b-a}{y-x}\right)^{-4}$

66. $(6x^{-5} + x^{-3} - 15x^{-1}) : (2x^{-2} - 3)$ 　　67. $(a^{-9} - b^6) : (a^{-3} - b^2)$

68. $(x^{-7} - x^{-3} + 16x) : (x^{-4} + 3x^{-2} + 4)$

69. $(-a^{-3})^{2n}$ 　　70. $(-a^{-7})^{-2n-1}$ 　　71. $[(-a)^{2n-1}]^{-3}$ 　　72. $[(-a^3)^{-4}]$

73. $\left(\dfrac{a^0b^{-3}c}{x^2}\right)^{-1}$ 　　74. $\left(\dfrac{a^mb^{-2n}c^{-8}}{x^{3m}y^{-4}}\right)^{-p}$ 　　75. $(xy^{-1} + x^{-1}y)^2$

76. $\left(x^2y^{-5} - \dfrac{1}{2}x^{-4}y\right)^2$ 　　77. $(2x + 3x^{-1}) \cdot (2x - 3x^{-1})$

78. $(5x^2 - 2x^{-3}) \cdot (7x^2 + 2x^{-3})$ 　　79. $(3x^{-1} + 5x) \cdot (3x - 5x^{-1})$

80. $(7x^{-3} + 8x^{-2}) \cdot (7x^{-2} - 8x^{-3})$

Wurzeln

81. Vereinfache den Radikanden:

a) $\sqrt{x^3 - 2x^2y + xy^2}$ 　　b) $\sqrt{5x^3 - 20x^2 + 20x}$

c) $\sqrt{3a^2c^3 - 6abc^3 + 3b^2c^3}$ 　　d) $\sqrt{18x^2y - 60xy^3 + 50y^5}$

e) $\sqrt{\dfrac{a^3 - 2a^2 + a}{ax^2 + bx^2}}$ 　　f) $\sqrt{\dfrac{a^3 - a^2b + ab^2 - b^3}{9(a-b)}}$ 　　g) $\sqrt{\dfrac{2a^3 - 8a^2 + 8a}{8x - 8x^2 + 2x^3}}$

h) $\sqrt{\dfrac{2x^3 - 12x^2 + 18x}{50y - 20y^2 + 2y^3}}$

82. $7\sqrt{12} - 5\sqrt{27} + 8\sqrt{48} - 6\sqrt{75} + 2\sqrt{108}$

Wiederholungsaufgaben

83. $4\sqrt{3a} - 7\sqrt{12a^2} + 5\sqrt{48a} + 6\sqrt{27a^2} - 5\sqrt{75a}$

84. $5\sqrt[3]{16} - 3\sqrt[3]{-54} - 6\sqrt[3]{-128} + 7\sqrt[3]{-250} + 2\sqrt[3]{432}$

85. $7\sqrt[3]{24} + 5\sqrt[3]{81} + 4\sqrt[3]{-192} + 2\sqrt[3]{-375} - \sqrt[3]{1029}$

86. $\sqrt{(a+b)^2 x} + \sqrt{(a-b)^2 x} - \sqrt{a^2 x} + \sqrt{(1-a)^2 x} - \sqrt{x}$

87. $\sqrt{4+4x^2} + \sqrt{9+9x^2} + \sqrt{a^2+a^2x^2} - 5\sqrt{1+x^2}$

88. $\sqrt{a-b} + \sqrt{16a-16b} + \sqrt{ax^2-bx^2} - \sqrt{9(a-b)}$

89. $\left(2\sqrt{6} + 5\sqrt{3} - 7\sqrt{2}\right) \cdot \left(\sqrt{6} + 2\sqrt{3} + 4\sqrt{2}\right)$

90. $\left(2\sqrt{30} - 3\sqrt{5} + 5\sqrt{3}\right) \cdot \left(\sqrt{8} + \sqrt{3} - \sqrt{5}\right)$

91. $\left(\sqrt[3]{3} + \sqrt[3]{2}\right) \cdot \left(2\sqrt[3]{9} - 3\sqrt[3]{4}\right)$ \quad 92. $\left(\sqrt[3]{24} - \sqrt[3]{4}\right) \cdot \left(\sqrt[3]{9} + \sqrt[3]{54}\right)$

93. $\left(\sqrt{x+y} + \sqrt{y}\right) \cdot \left(\sqrt{x+y} - \sqrt{y}\right)$ \quad 94. $\left(\sqrt{x} + \sqrt{x-y}\right) \cdot \left(\sqrt{x} - \sqrt{x-y}\right)$

95. $\left(\sqrt{x+y} + \sqrt{x-y}\right) \cdot \left(\sqrt{x+y} - \sqrt{x-y}\right)$

96. $\left(\sqrt{9x+5} + 3\sqrt{x}\right) \cdot \left(\sqrt{9x+5} - 3\sqrt{x}\right)$

97. $\left(\sqrt{\frac{a+1}{2}} + \sqrt{\frac{a-1}{2}}\right) \cdot \left(\sqrt{\frac{a+1}{2}} + \sqrt{\frac{a-1}{2}}\right)$

98. $\sqrt{9+\sqrt{17}} \cdot \sqrt{9-\sqrt{17}}$ \quad 99. $\sqrt{6+2\sqrt{5}} \cdot \sqrt{6-2\sqrt{5}}$

100. $\left(x + \frac{1}{\sqrt{x}}\right)^2$ \quad 101. $\left(\sqrt{\frac{x}{y}} + \sqrt{\frac{y}{x}}\right)^2$ \quad 102. $\left(\sqrt{\frac{2a}{2b}} - \sqrt{\frac{2b}{3a}}\right)^2$

103. $\left(\sqrt{\frac{a-x}{x-b}} - \sqrt{\frac{x-b}{a-x}}\right)^2$ \quad 104. $\left(\sqrt{3a-2b-5x} - \sqrt{3b-2a+5x}\right)^2$

105. $\left[\sqrt{(a+x)(x+b)} - \sqrt{(a-x)(x-b)}\right]^2$

106. $\left(\sqrt{7} + \sqrt{3} + \sqrt{10}\right)\left(\sqrt{7} - \sqrt{3} - \sqrt{10}\right)$

107. $\left(\sqrt{11} - \sqrt{13} - \sqrt{15}\right)\left(\sqrt{11} - \sqrt{13} + \sqrt{15}\right)$

108. $\sqrt[3]{x+\sqrt{x^2-1}} \cdot \sqrt[3]{x-\sqrt{x^2-1}}$

109. $\sqrt[3]{a\sqrt{a} + \sqrt{a^3-x^3}} \cdot \sqrt[3]{a\sqrt{a} - \sqrt{a^3-x^3}}$

110. $\sqrt{a^2-b^2} \cdot \sqrt{\frac{5a+5b}{ax^2-bx^2}}$ \quad 111. $\left(a+b+\sqrt[3]{ab^2}+\sqrt[3]{a^2b}\right)\left(\sqrt[3]{a}-\sqrt[3]{b}\right)$

112. Mache den Nenner rational:

a) $\dfrac{28}{3+\sqrt{2}+\sqrt{7}}$ b) $\dfrac{110}{4+\sqrt{5}+\sqrt{11}}$ c) $\dfrac{2\sqrt{15}}{\sqrt{3}+\sqrt{5}+2\sqrt{2}}$

d) $\dfrac{60\sqrt{2}+12\sqrt{3}}{5\sqrt{6}+3\sqrt{2}-2\sqrt{3}}$ e) $\dfrac{1}{2+\sqrt{2}+\sqrt{3}+\sqrt{6}}$ f) $\dfrac{\sqrt{6}-\sqrt{5}-\sqrt{3}+\sqrt{2}}{\sqrt{6}+\sqrt{5}-\sqrt{3}-\sqrt{2}}$

g) $\dfrac{\sqrt{a}+\sqrt{x}}{\sqrt{a}-\sqrt{x}}$ h) $\dfrac{\sqrt{a}+\sqrt{a^2-1}}{\sqrt{a}-\sqrt{a^2-1}}$ i) $\dfrac{a\sqrt{1-b^2}-b\sqrt{1-a^2}}{\sqrt{1-b^2}+\sqrt{1-a^2}}$

k) $\dfrac{x\sqrt{1-x^2}+y\sqrt{1-y^2}}{x\sqrt{1-y^2}+y\sqrt{1-x^2}}$

113. $(a+x)\sqrt{\dfrac{a-x}{a+x}}$ 114. $\dfrac{a+1}{a-1}\sqrt{\dfrac{a-1}{a+1}}$ 115. $\dfrac{x}{a}\sqrt{\dfrac{a^4-2a^3+a^2}{x^4+2x^3+x^2}}$

116. $(a-x)\sqrt{\dfrac{9a+9b}{4a^2-8ax+4x^2}}$ 117. $(a+b)\sqrt{\dfrac{ax^2-bx^2}{9a^2+18ab+9b^2}}$

118. $(\sqrt{5}-2)\sqrt{9+4\sqrt{5}}$ 119. $(\sqrt{10}+\sqrt{6})\sqrt{4-\sqrt{15}}$

120. $(2\sqrt{2}+\sqrt{6})\sqrt{7-4\sqrt{3}}$ 121. $(\sqrt{3}-\sqrt{2})\sqrt{12+5\sqrt{6}}$

122. Forme so um, daß nur noch eine Wurzel auftritt:

a) $\sqrt[n]{a\sqrt[n]{a}}$ b) $\sqrt[3]{a\sqrt[3]{b\sqrt[3]{c}}}$ c) $\sqrt[5]{q\sqrt[7]{q^3}}$ d) $x\sqrt{x^{-1}\sqrt{x^{-1}}}$

e) $y\sqrt[3]{y^{-2}\sqrt[3]{y^{-2}}}$ f) $\sqrt[4]{a^{-3}\sqrt[3]{a^{-3}}}$

Gleichungen 1. Grades mit einer Unbekannten

123. $\dfrac{5}{3}-\dfrac{2x-5}{3x-3}=\dfrac{2}{7}-\dfrac{2x+5}{7x-7}$ 124. $\dfrac{12}{x+5}+\dfrac{4}{3x+15}=\dfrac{5x+13}{2x+10}-\dfrac{8}{9}$

125. $\dfrac{11x+6}{8x+12}+\dfrac{23x+10}{16x+24}-\dfrac{4x+13}{6x+9}=1$

126. $\dfrac{13x+10}{28x-32}-\dfrac{2(10x+1)}{49x-56}-\dfrac{7-11x}{35x-40}=3$

127. $\dfrac{9x-0,1}{20x+6}+\dfrac{5x-2}{x+0,3}-\dfrac{0,8x+7}{9x+2,7}=0,97$

128. $\dfrac{x+3}{4}+\dfrac{2x-1}{3x-12}-\dfrac{7x+5}{8x-32}=\dfrac{x^2-25}{4x-16}$

129. $\dfrac{b+c}{bcx}+\dfrac{a+c}{acx}-\dfrac{a+b}{abx}=\dfrac{2}{c}$

130. $\dfrac{2a+3b}{4abx}-\dfrac{5b+3c}{6bcx}+\dfrac{4a-5c}{2acx}=7b(2a-3c)$

131. $\dfrac{x-\dfrac{a}{x}}{bx} - \dfrac{\dfrac{a}{x}-1}{b} = \dfrac{2}{b} - \dfrac{a}{x^2}$

132. $\dfrac{5-\dfrac{1}{x}}{5+\dfrac{1}{x}} - \dfrac{1}{x} = \dfrac{x-\dfrac{1}{5}}{x+\dfrac{1}{5}} - \dfrac{1}{5}$

133. $\dfrac{2x-b}{a} - \dfrac{x+a}{a+b} + \dfrac{x(a-b)}{ab+b^2} = \dfrac{b(x-a)}{a^2+ab}$

134. $\dfrac{a^2+b^2}{c^2+x} + \dfrac{a}{c} - \dfrac{2(a^2+b^2)}{x} = \dfrac{2ac}{x} + \dfrac{ax}{c^3+cx}$

135. $\dfrac{3x+13}{9x+6} + \dfrac{2}{3} = \dfrac{7(x+1)}{4x+4} - \dfrac{6x-5}{8x+8}$

136. $\dfrac{6x+1,9}{15x-9} + \dfrac{5(x+0,65)}{4x+7} = \dfrac{2(9x+5)}{12x+21} + 0,15$

137. $\dfrac{3x-1}{x+1} - \dfrac{x+9}{2(1-x)} = \dfrac{2(x+3)}{x^2-1} + 3\dfrac{1}{2}$

138. $\dfrac{3x-10}{x+4} - \dfrac{x-4}{x+5} = \dfrac{2x^2+1}{x^2+9x+20}$

139. $\dfrac{5(2x-5)}{25x^2-16} + \dfrac{4}{5x+4} + \dfrac{5x}{4-5x} = \dfrac{4(12-2x)}{16-25x^2} - 1$

140. $\dfrac{2(3x-1)}{3(x-7)} - \dfrac{2x-3}{x+3} = \dfrac{5(4x+1)}{x^2-4x-21}$

141. $\dfrac{7x+4}{25-10x} + \dfrac{3x+1}{4x-10} + \dfrac{5x-1}{6x-15} = \dfrac{14}{3}$

142. $\dfrac{x}{x+2} + \dfrac{5}{x-4} = \dfrac{x+7}{x+4}$

143. $\dfrac{7x}{x+9} - \dfrac{3}{3x-37} = \dfrac{7x+13}{x+11}$

144. $\dfrac{11}{x-14} - \dfrac{9}{x-6} + \dfrac{13}{x+10} = \dfrac{15}{x+2}$

145. $\dfrac{ax-b}{x-2a} + \dfrac{bx+a}{x+2a} = \dfrac{(a+b)(x^2+1)}{x^2-4a^2}$

146. $\dfrac{a}{x+b^2} + \dfrac{b}{x+a^2} = \dfrac{a+b}{x+2ab}$

147. $\dfrac{bcx-a}{a-b} + \dfrac{3a}{bc} + \dfrac{ab(cx+1)}{(a+b)^2} = \dfrac{x(3a-bc)}{a} + \dfrac{2a+b}{a+b}$

Gleichungen 1. Grades mit mehreren Unbekannten

148. $\left|\begin{array}{l}(a+b)x+(a-b)y=2a^2b\\(b+c)x-(b-c)y=2bc^2\end{array}\right.$

149. $\left|\begin{array}{l}(a-b)(x-a)+(a+b)(y-b)=2a-(a^2+b^2)\\(a+b)(x-1)+(a-b)(y-1)=\dfrac{8ab^2}{a^2-b^2}\end{array}\right.$

Wiederholungsaufgaben

150. $\left| \dfrac{3}{x+3} + \dfrac{4}{2y-3} = \dfrac{13}{6y-3x-9+2xy} \right.$

$\left. \dfrac{4x-2y+6}{5x-3y+5} = \dfrac{8}{7} \right|$

151. $\left| \dfrac{ax+1}{by+1} = \dfrac{a}{b} \right.$

$\left. \dfrac{ax+by}{ax-by} = \dfrac{a^2+b^2}{a^2-b^2} \right|$

152. $\left| \dfrac{x}{b+c} - \dfrac{y}{a+c} = a-c \right.$

$\left. \dfrac{x}{a+b} - \dfrac{y}{b+c} = b-a \right|$

153. $\left| \dfrac{x+a}{b+c} - \dfrac{y-a}{b-c} = 2 \right.$

$\left. \dfrac{x-b}{a-c} + \dfrac{y+b}{a+c} = 0 \right|$

154. $\left| \dfrac{a(x-a)}{a+b} + \dfrac{b(y+b)}{a-b} = \dfrac{2a^2b}{a^2-b^2} \right.$

$\left. \dfrac{b(x-b)}{a-b} + \dfrac{a(y-a)}{a+b} = \dfrac{2ab^2}{a^2-b^2} \right|$

155. $\left| \dfrac{x+ay+b^2}{x-ay+b^2} = \dfrac{2a^2+ab+2b^2}{b(2b-a)} \right.$

$\left. \dfrac{x-by+ab}{x+by-ab} = \dfrac{a^2}{a^2+2b^2} \right|$

156. $\left| \dfrac{a-b}{x} + \dfrac{a+b}{y} = 2c \right.$

$\left. \dfrac{a}{x} - \dfrac{b}{y} = \dfrac{c(a^2+b^2)}{a^2-b^2} \right|$

157. $\left| \dfrac{b}{ax} + \dfrac{c}{by} = b^2+c^2 \right.$

$\left. \dfrac{a}{bx} - \dfrac{b}{cy} = a^2-b^2 \right|$

158. $\left| \dfrac{x}{a+b} + \dfrac{y}{b-c} + \dfrac{z}{a+c} = 2a \right.$

$\dfrac{x}{a-b} - \dfrac{y}{b+c} - \dfrac{z}{a+c} = 2c$

$\left. \dfrac{x}{a-b} - \dfrac{y}{b-c} + \dfrac{z}{a+c} = 2a-2c \right|$

159. $\left| x + y + z = 2ab + 2ac + 2bc \right.$

$\dfrac{x}{a} + \dfrac{y}{b} + \dfrac{z}{c} = 2a + 2b + 2c$

$\left. \dfrac{ax}{b+c} + \dfrac{by}{a+c} + \dfrac{cz}{a+b} = a^2+b^2+c^2 \right|$

Gleichungen 2. Grades mit einer Unbekannten

160. $(a-x)(b-x) = (a+b-x)(b-cx) + ab$

161. $(a+b-2x)^2 = (2a-b+3x)^2 + (a-2b+5x)^2$

162. $\dfrac{a-x}{b} + \dfrac{b}{a-x} = 2 \cdot \dfrac{a^2+b^2}{a^2-b^2}$

163. $\dfrac{x-6}{3(5x-1)} - \dfrac{1-4x}{2x-5} = \dfrac{30x+1}{10x^2-27x+5} + 2$

164. $\dfrac{2(x+4)}{2x-3} - \dfrac{(x+10)(3x-10)}{4x^2-9} = \dfrac{17}{2x+3}$

165. $\dfrac{5x^2+7x+3}{3x^2+7x+5} = \dfrac{5x+17}{3x+15}$

166. $\dfrac{x+2}{x+3} + \dfrac{14}{x-3} = \dfrac{x+4}{x+5}$

167. $\dfrac{12-x}{2x+1} - \dfrac{31-2x}{3(x+7)} = \dfrac{15+x}{6x+5}$

168. $\dfrac{2x-3}{x-1} + \dfrac{x^2-5}{x^2-1} = 2$

169. $\dfrac{x-a}{2b} - \dfrac{x-2b}{x-b} = \dfrac{b}{a+b}$ 170. $\dfrac{b+c}{x-a} - \dfrac{a+b}{x+a} = \dfrac{(b-c)(b^2-ac)}{2abc}$

171. $\dfrac{a}{a-x} + \dfrac{b}{b-x} = \dfrac{2(a+b)}{a+b-x}$

Umstellen von Formeln

172. Stelle die Formel $\eta = \dfrac{p}{p+w}$ nach p und w um.

173. Desgl. $p_t = p_0(1 + \gamma \Delta t)$ nach p_0, γ, Δt.

174. Desgl. $v_2 = v_1[1 + \beta(t_2 - t_1)]$ nach v_1, β, t_1, t_2.

175. Desgl. $\dfrac{1}{R} = \dfrac{1}{R_1} + \dfrac{1}{R_2} + \dfrac{1}{R_3}$ nach R_1, R_2, R_3.

176. Desgl. $\eta_T = \dfrac{T_1 - T_2}{T_1}$ nach T_1 und T_2.

177. Desgl. $I_1 : I_3 = \dfrac{1}{R_1 + R_2} : \dfrac{1}{R_1}$ nach I_1, I_3, R_1, R_2.

178. Desgl. $I_1 : I_2 = \dfrac{1}{R + R_1} : \dfrac{1}{R + R_2}$ nach I_1, I_2, R, R_1, R_2.

179. Desgl. $\sin w = \dfrac{2z+1}{2} \cdot \dfrac{\lambda}{d}$ nach z, λ, d.

180. Desgl. $\dfrac{1}{f} = (n-1)\left(\dfrac{1}{r_1} + \dfrac{1}{r_2}\right)$ nach n, r_1, r_2, f.

181. Desgl. $r_a = r_i \sqrt{\dfrac{\sigma_{zul} + 0{,}4 p_i}{\sigma_{zul} - 1{,}3 p_i}}$ nach r_i, p_i, σ_{zul}.

182. Desgl. $\dfrac{m_1 v_1^2}{2} + \dfrac{m_2 v_2^2}{2} = \dfrac{m_1 u_1^2}{2} + \dfrac{m_2 u_2^2}{2}$ nach m_1, m_2, u_1, u_2, v_1, v_2.

183. Desgl. $A = \dfrac{\pi}{360}\left(\alpha R^2 - \beta r^2 - \dfrac{m \cdot s}{2}\right)$ nach m, s, R, r, α, β.

Exponentialgleichungen

184. $a^{(n^x)} = b$ 185. $a^{(n^x)} = b^m$ 186. $a^{(n^x)} = b^{(m^x)}$

187. $2^{x-1} + 3^{x-3} = 3^{x-2} + 2^{x-3}$

188. $7^{(8^x)} = 3^{(5^x)}$ 189. $a^{x+1} - a^{x-1} = b^x$

190. $a^{x-1} - b^{x-1} = a^{x+2}$

191. $a^{x+2} + q \cdot b^{x-1} + na^x = p \cdot b^{x+1} - m \cdot a^{x+1}$

192. $12^{x+3} - 12^x = 5^{x+2} - 5^{x+1}$

193. $3^{3x+4} - 7^{4x-2} + 7^{4x-1} - 3^{3x+5} = 7^{4x-3}$

194. $17 \cdot 5^{4-x} - 11 \cdot 4^{2-3x} = 10 \cdot 5^{-x} + 12 \cdot 4^{4-3x}$

195. $5 \cdot 10^{2x-3} + 6 \cdot 11^{3x+1} - 2 \cdot 10^{2x+1} = 3 \cdot 11^{3x-1} + 10^{2x}$

196. $8^{x+1} - 8^{2x-1} = 30$ 197. $6^{1+x} + 6^{1-x} = 13$

Numerische Berechnung von Funktionswerten einer ganzen rationalen Funktion nach HORNER

198. Ermittle für die Funktion $y(x) = 5x^3 - 6x^2 + 8x - 12$ die Funktionswerte an den Stellen $x_1 = 2{,}49$ und $x_2 = -3{,}82$.

199. Desgl. für die Funktion $y(x) = 4x^3 - 7x^2 - 9x + 11$ und die Stellen $x_1 = 3{,}47$ und $x_2 = -2{,}54$.

200. Desgl. für die Funktion $y(x) = 2{,}9x^3 - 3{,}4x^2 + 7{,}6x - 6{,}8$ und die Stellen $x_1 = 4{,}92$ und $x_2 = -3{,}68$.

201. Desgl. für die Funktion $y(x) = 3{,}5x^4 + 2{,}6x^3 - 1{,}9x^2 + 4{,}8x - 5{,}2$ und die Stellen $x_1 = 2{,}46$ und $x_2 = -4{,}28$.

202. Desgl. für die Funktion $y(x) = 1{,}5x^5 - 3{,}8x^3 + 4{,}2x - 2{,}5$ und die Stellen $x_1 = 0{,}556$ und $x_2 = -0{,}482$.

Interpolationsverfahren nach NEWTON

203. Ermittle die ganze rationale Funktion niedrigsten Grades, die an den angegebenen Stellen x die zugeordneten Werte y annimmt:

x	$+1{,}2$	$+1{,}8$	$+2{,}6$
y	$+0{,}8736$	$+0{,}876$	$+9{,}3184$

204. Desgl. für:

x	$+1{,}6$	$+2{,}4$	$+3{,}2$	$+4{,}0$
y	$+1{,}32$	$+2{,}32$	$+4{,}92$	$+5{,}12$

205. Desgl. für:

x	$+0{,}5$	$+1$	$+1{,}5$	$+2$
y	$-2{,}3$	$+0{,}5$	$+3{,}95$	$+8{,}8$

206. Desgl. für:

x	$+1$	$+1{,}5$	$+2$	$+2{,}5$	$+3$
y	$+4{,}1$	$+18{,}0125$	$+41{,}9$	$+57{,}5625$	$+170{,}9$

Gleichungen höheren Grades mit einer Unbekannten

207. Ermittle die reellen Lösungen der Gleichung $x^3 - 3{,}54x^2 + 4{,}54x - 5{,}08 = 0$

208. Desgl. für: $x^3 - 8{,}56x^2 + 12{,}24x + 27{,}36 = 0$

209. Desgl. für: $x^3 + 4{,}25x^2 + 6{,}25x + 9{,}75 = 0$

210. Desgl. für: $x^3 + 1{,}98x^2 - 1{,}115x + 2{,}175 = 0$

211. Desgl. für: $x^4 - 3{,}5x^3 + 1{,}5625x^2 + 0{,}5625x + 5{,}0525 = 0$

212. Desgl. für: $x^4 + 5x^3 + 7x^2 + 9x + 2 = 0$

213. Desgl. für: $x^4 + x^3 - 14{,}75x^2 - 30x - 6{,}25 = 0$

Das griechische Alphabet

A	α	Alpha	I	ι	Iota	P	ϱ		Rho
B	β	Beta	K	$\varkappa$	Kappa	Σ	σ	ς	Sigma
Γ	γ	Gamma	Λ	λ	Lambda	T	τ		Tau
Δ	δ	Delta	M	μ	My	Y	υ		Ypsilon
E	ε	Epsilon	N	ν	Ny	Φ	φ		Phi
Z	ζ	Zeta	Ξ	ξ	Xi	X	χ		Chi
H	η	Eta	O	o	Omikron	Ψ	ψ		Psi
Θ	ϑ	Theta	Π	π	Pi	Ω	ω		Omega

Einige Buchstaben des griechischen Alphabets werden vorwiegend zur Bezeichnung bestimmter Größen gebraucht:

α	Längenausdehnungskoeffizient	π	3,14159 ...
β	Raumausdehnungskoeffizient	ϱ	Radius, Dichte
Δ	Differenz (Symbol)	σ	Spannung (Festigkeitslehre)
ε	kleine Größe	τ	Spannung (Festigkeitslehre)
λ	Wellenlänge	ω	Winkelgeschwindigkeit

Mathematische Zeichen DIN 1302 (Auszug)

Nr.	Zeichen	Sprechweise	Erläuterungen
1. Ordnungszeichen			
1.1.	1.	erstens	
1.2.	( )		Benummerung von Formeln
1.3.	,	Komma	Dezimalzeichen. Zum Trennen von Gruppen bei größeren Zahlen sind weder Komma noch Punkt, sondern Zwischenräume zu verwenden.
1.4.	...	und so weiter bis	Drei Punkte in gleicher Höhe wie die Zeichen 3.1. und 3.2. oder auf der Zeile. Die Grenzen gelten als eingeschlossen (vgl. hierzu auch die Zeichen 6.2. u. 6.3.). Beispiele: $k = 1, 2, \ldots, n$ $p = 1 \cdot 2 \ldots n$
		und so weiter unbegrenzt	wenn auf ... kein Zeichen folgt Beispiele: $n = 1, 2, \ldots$ $\sqrt{2} = 1{,}41421 \ldots$ $\tfrac{1}{2} + \tfrac{1}{4} + \tfrac{1}{8} + \cdots$
1.5.	$a_1, a_2, \ldots, a_n$	a eins, a zwei, ..., a n	Unterscheidung durch Indizes
2. Gleichheit und Ungleichheit			
2.1.	=	gleich	
2.2.	≡	identisch gleich	Z. B. bedeutet $f(x) \equiv 0$, daß die Funktion $f(x)$ an jeder Stelle den Wert Null hat.
2.3.	≠	nicht gleich, ungleich	
2.4.	≢	nicht identisch gleich	

Nr.	Zeichen	Sprechweise	Erläuterungen
2.5.	~	proportional	Beispiel: $l \sim r$ Der Umfang l eines Kreises ist proportional dem Radius r des Kreises.
2.6.	≈	angenähert, nahezu gleich, (rund, etwa)	Beispiel: $\pi \approx 3{,}14$
2.7.	≙	entspricht	Beispiel: 1 cm ≙ 5 m/s bedeutet: 1 cm (z. B. einer Zeichnung) entspricht 5 m/s.
2.8.	<	kleiner als	
2.9.	>	größer als	
2.10.	≦	kleiner oder gleich, höchstens gleich	
2.11.	≧	größer oder gleich, mindestens gleich	

3. Elementare Rechenoperationen

Nr.	Zeichen	Sprechweise	Erläuterungen
3.1.	+	plus	
3.2.	−	minus	
3.3.	· ×	mal	Der Punkt steht in gleicher Höhe wie die Zeichen 3.1. und 3.2. Das Multiplikationszeichen darf beim Rechnen mit Buchstaben weggelassen werden.
3.4.	— / :	durch, geteilt durch, zu	In Formeln ist im allgemeinen für die Division der waagerechte Strich zu benutzen; die Zeichen / und : nur zur Platzersparnis. Bei dem Zeichen / wird auch die Sprechweise „je" benutzt, z. B. 5 m/s wird „5 Meter je Sekunde" gesprochen.
3.5.	%	Prozent, vom Hundert	$1\% = 10^{-2}$

Nr.	Zeichen	Sprechweise	Erläuterungen
3.6.	$^0/_{00}$	Promille, vom Tausend	$1^0/_{00} = 10^{-3}$
3.7.	( ) [ ] { } 〈 〉	Runde, eckige, geschweifte, spitze Klammer auf und zu	

5. Algebra und Elemente der Analysis

Nr.	Zeichen	Sprechweise	Erläuterungen
5.2.	$\|z\|$	Betrag von z	Betrag (absoluter Wert) einer reellen oder komplexen Zahl
5.3.	arc z	Arcus z	Arcus oder Bogen der komplexen Zahl z; arc z ist nur bis auf ein Vielfaches von 2π bestimmt. Durch $-\pi <$ arc $z \leqq \pi$ kann arc z eindeutig gemacht werden.
5.4.	z^*	Konjugierte von z	
5.7.	$n!$	n Fakultät	$n! = 1 \cdot 2 \cdots n$ (n natürliche Zahl)
5.8.	$\binom{n}{p}$	n über p	Binomialkoeffizient: $\binom{n}{p} = \dfrac{n(n-1)\cdots(n-p+1)}{1 \cdot 2 \cdots p}$
5.9.	Σ	Summe	Grenzbezeichnungen sind unter und über das Summenzeichen zu setzen. Die Summationsveränderliche wird unter das Zeichen gesetzt: $\sum_{k=1}^{n}$ oder $\sum_{k}$
5.11.	$\sqrt{}$; $\sqrt[n]{}$	Quadratwurzel aus; n-te Wurzel aus	Das Zeichen erhält einen oben angesetzten waagerechten Strich, an dessen Ende noch ein kurzer senkrechter Strich angesetzt werden kann.
5.12.	i oder j		Imaginäre Einheit, $i^2 = j^2 = -1$
5.13.	π	Pi	Verhältnis des Kreisumfanges zum Durchmesser, $\pi = 3{,}14159\ldots$

Nr.	Zeichen	Sprechweise	Erläuterungen
5.15.	| | oder det	Determinante	Beispiel einer dreireihigen Determinante: $$\det(a_{ik}) = \begin{vmatrix} a_{11}, a_{12}, a_{13} \\ a_{21}, a_{22}, a_{23} \\ a_{31}, a_{32}, a_{33} \end{vmatrix}$$ Wenn kein Mißverständnis zu befürchten ist, können die Kommata weggelassen werden.
5.16.	$f(x)$	f von x	Funktion der Veränderlichen x; an Stelle von f und x können auch andere Buchstaben verwendet werden, z. B. $\varphi(t)$.

6. Grenzwerte

Nr.	Zeichen	Sprechweise	Erläuterungen
6.1.	∞	unendlich	
6.4.	$\rightarrow$	gegen, nähert sich, strebt nach, konvergiert nach	$x \rightarrow a$ bedeutet: x nähert sich dem Werte a, wobei a eine endliche Zahl oder einer der Werte $+\infty$ oder $-\infty$ sein kann.
6.5.	lim	Limes	$\lim_{x \to a} f(x) = b$ bedeutet: $f(x)$ strebt gegen den Grenzwert b, wenn x sich in beliebiger Weise dem Wert a nähert

10. Exponential- und Logarithmusfunktion

Nr.	Zeichen	Sprechweise	Erläuterungen
10.2.	exp	Exponentialfunktion	$\exp x \equiv e^x$ zur Vermeidung eines unübersichtlichen Formelaufbaus, auch zur Raumersparnis im laufenden Text; $e = 2{,}71828\ldots$ ist die Basis der natürlichen Logarithmen.
10.3.	log	Logarithmus (allgemein)	
10.4.	$\log_a$	Logarithmus zur Basis a	

Nr.	Zeichen	Sprechweise	Erläuterungen
10.5.	lg	Zehnerlogarithmus (gewöhnlicher oder Briggsscher Logarithmus)	$\lg x = \log_{10} x$
10.7.	ln	Natürlicher Logarithmus	$\ln x = \log_e x$
10.8.	M_a		Modul des Logarithmensystems zur Basis a, $M_a = 1/\ln a$ $M_{10} = 0{,}43429\cdots = \lg e = 1/\ln 10$

11. Trigonometrische Funktionen

| 11.1. | sin
cos
tan
cot | Sinus
Cosinus
Tangens
Cotangens | Trigonometrische Funktionen
$\sin^n x = (\sin x)^n$

$\sec x = 1/\cos x$, $\operatorname{cosec} x = 1/\sin x$ |

Lösungen der Aufgaben zum Abschnitt 1.

1. a) $p \Leftrightarrow q$ b) $p \Rightarrow q$ c) $p \Rightarrow q$ d) $p \Rightarrow q$
   e) $p \Leftrightarrow q$ f) $(p \wedge q) \Rightarrow r$ g) $(p \wedge q) \Rightarrow r$ h) $(p \vee q) \Rightarrow r$
   i) $(p \wedge q) \Rightarrow r$ k) $(p \vee q) \Leftrightarrow r$

2. Da die Konjunktion nur dann wahr ist, wenn beide Ausgangsaussagen wahr sind, ist es gleichgültig, ob man x mit y oder ob man y mit x konjunktiv verbindet. In beiden Fällen erhält man das gleiche Ergebnis.
   Entsprechendes gilt für die Disjunktion.

3. a)

x	y	z	$x \wedge y$	$x \wedge z$	$x \wedge y \vee x \wedge z$	$y \vee z$	$x \wedge (y \vee z)$
w	w	w	w	w	w	w	w
w	w	f	w	f	w	w	w
w	f	w	f	w	w	w	w
f	w	w	f	f	f	w	f
w	f	f	f	f	f	f	f
f	w	f	f	f	f	w	f
f	f	w	f	f	f	w	f
f	f	f	f	f	f	f	f

Die Wahrheitswertetabellen in Spalte 6 und 8 stimmen überein. Mithin sind die beiden Ausdrücke $x \wedge y \vee x \wedge z$ und $x \wedge (y \vee z)$ einander gleichwertig.

b)

x	y	z	$x \vee y$	$x \vee z$	$(x \vee y) \wedge (x \vee z)$	$y \wedge z$	$x \vee y \wedge z$
w	w	w	w	w	w	w	w
w	w	f	w	w	w	f	w
w	f	w	w	w	w	f	w
f	w	w	w	w	w	w	w
w	f	f	w	w	w	f	w
f	w	f	w	f	f	f	f
f	f	w	f	w	f	f	f
f	f	f	f	f	f	f	f

Die Wahrheitstabellen der Spalten 6 und 8 stimmen überein. Mithin sind die beiden Ausdrücke $(x \vee y) \wedge (x \vee z)$ und $x \vee y \wedge z$ einander gleichwertig.

4. a)

x	y	$\bar{x}$	$\bar{x} \vee y$
w	w	f	w
w	f	f	f
f	w	w	w
f	f	w	w

Die letzte Spalte dieser Wahrheitswertetabellen entspricht genau der Wahrheitswertetabelle für die Implikation.

b)

x	y	$\bar{x}$	$\bar{y}$	$x \wedge y$	$\bar{x} \wedge \bar{y}$	$x \wedge y \vee \bar{x} \wedge \bar{y}$
w	w	f	f	w	f	w
w	f	f	w	f	f	f
f	w	w	f	f	f	f
f	f	w	w	f	w	w

Die letzte Spalte dieser Wahrheitswertetabellen entspricht genau der Wahrheitswertetabelle für die Äquivalenz.

5. a) $M = \{3; 4; 5; 6; 7\}$ \qquad b) $Z = \{2; 4; 8; 16; 32; \ldots\}$

   c) $B = \left\{1; \dfrac{1}{2}; \dfrac{1}{3}; \ldots; \dfrac{1}{10}\right\}$ \qquad d) $M = \{0; 20; 40; 60; \ldots\}$

   e) $M = \{0; 4; 5; 8; 10; 12; 15; 16; 20; 24; 25; 28; 30; 32; \ldots\}$

   f) $K = \{0; 1; 8; 27; 64; 125; \ldots\}$ \qquad h) $R = \left\{\dfrac{1}{2}; \dfrac{2}{3}; \dfrac{3}{4}; \dfrac{4}{5}; \dfrac{5}{6}; \dfrac{6}{7}; \ldots\right\}$

   g) $A = \{2; 5; 8; 11; 14; 17; \ldots\}$

   i) $L = \emptyset$ \qquad k) alle reellen Zahlen zwischen 5 und 6.

6. a) $A \subset B$ \qquad b) $M_1 = M_2$ \qquad c) $Q \subset R$

   d) keine Relation zwischen S und T \qquad e) $G = H$

   f) keine Relation zwischen A und B \qquad g) $S \subset T$

   h) $P \subset N$ \qquad i) $A = B$ \qquad k) $C = D$

   l) keine Relation zwischen E und F

   m) keine Relation zwischen G und H.

   Anmerkung: Die Elemente der Menge G sind die im Hause wohnenden Familien, während die Elemente von H die im Hause wohnenden Menschen sind. Die zu vergleichenden Elemente sind einander völlig wesensfremd; also kann weder $G = H$ noch $G \subset H$ bzw. $G \supset H$ gelten.

   n) $B \subset C \subset A$

7. a) $P \cup Q = \{1; 2; 3; \ldots; 15\}$ \qquad b) $P \cap Q = \{5; 6; 7; 8; 9; 10\}$

   c) $P \setminus Q = \{1; 2; 3; 4\}$ \qquad d) $Q \setminus P = \{11; 12; 13; 14; 15\}$

8. a) K_1 \qquad b) K_2 \qquad c) Kreisring \qquad d) $\emptyset$

9. a) K_1 bzw. K_2 (da $K_1 = K_2$) \qquad b) K_1 bzw. K_2 \qquad c) $\emptyset$ \qquad d) $\emptyset$

10. a) A \qquad b) A \qquad c) $\emptyset$ \qquad d) A \qquad e) $\emptyset$

    f) A \qquad g) $\emptyset$

Lösungen

11. $M = (M_1 \setminus M_2) \cup (M_2 \setminus M_1)$

12. a) $A \cup B = B$ b) $A \cap B = A$
    c) $\emptyset$ d) keine Vereinfachung möglich

13. a) $M_1 \subseteq M_2$ b) $M_1 \subseteq M_2$ c) M_1 disjunkt zu M_2
    d) $M_1 \subseteq M_2$ e) M_1 disjunkt zu M_2 f) $M_1 = M_2 = \emptyset$

14. $g_1 \cap g_2$ ist der Schnittpunkt der beiden Geraden g_1 und g_2.

15. $E_1 \cap E_2$ ist die Schnittgerade der beiden Ebenen E_1 und E_2.
    Im Falle $E_1 \parallel E_2$ ist $E_1 \cap E_2 = \emptyset$.

16. a) $A \cap (A \cup B) = A$ b) $A \cup (A \cap B) = A$

Lösungen der Aufgaben zu den Abschnitten 2. bis 19.

1. $5n$ ist gerade (ungerade), wenn n gerade (ungerade) ist. $7n + 1$ ist gerade (ungerade), wenn n ungerade (gerade) ist. $4n - 1$ ist immer eine ungerade Zahl.

2. a) $a + 2$, $a + 5$, $a + 11$ $(a - 2, a - 5, a - 11)$

    b) $a + 1$, $a + 4$, $a + 10$ $(a - 3, a - 6, a - 12)$

    c) $n - 3, n - 2, n - 1, n, n + 1, n + 2, n + 3, n + 4$

3. a) $2x$, $3\frac{1}{2}x$, $\frac{1}{2}x$ oder $\frac{x}{2}$ b) ny, $\frac{y}{n}$, $3y + a$

4. $a + b - c$, $b \cdot c - a$, $a \cdot c + b$, $b \cdot \frac{c}{a}$, $\frac{b}{c} : a$, $(a - b) : c$, $(c - b) \cdot a$,

    $(c + b) \cdot (a - b)$, $c + \frac{b}{a}$, $a + \frac{b}{c}$, $b + \frac{c}{a}$

5. a) $m = \dfrac{a + b + c + d}{4}$ b) $m = 2{,}55$

6. a) 40; 24; 0; 48; 104   b) 1920; 256; 144; 100; 190

    c) 2,5; 1,5; 4; 5; 12,4

7. a)

x	1	2	3	4	5	6	7	8	9	10
y	1	3	5	7	9	11	13	15	17	19

b)

x	1	2	3	4	5	6	7	8	9	10
y	42	39	36	33	30	27	24	21	18	15
y	3,5	4	4,5	5	5,5	6	6,5	7	7,5	8
y	24	12	8	6	4,8	4	$3\frac{3}{7}$	3	$2\frac{2}{3}$	2,4

8. a) $2a + 10b + 5c$ b) $5x + 4y + 2z$ c) $4r + 7s - t$

    d) $3{,}4u + 0{,}2v + 0{,}2w$

9. a) 49   b) 41   c) 49   d) 25

10. a) $(6a + 3d) - (8b + 5c)$ b) $(10u + 8w) - (12v + 2r + 4d)$

11. a) $21a + 10b$ b) $26f + 2g$ c) $12p + 2t$ d) $2a$ e) 10

    f) $2x + 3y$ g) $11p + 9q$ h) $12r - 10s$

Lösungen

12. a) $2a + 4$ b) $3u + v + 3w$ c) $51r + 9s + 13t$ d) $a + b + c$
    e) $18m + 20$ f) $98x + 68y + 15$

13. a) $7a + 17b - 7$ b) $5a + 9b + 3$

14. a) $4x - 6$ b) $5p - 5q - 7r + s$ c) $120 - 2b$ d) $4a - 2c$
    e) $a - 6b - x$ f) $3,2a - 0,5$ g) $78a - 18b$

15. a) 14 b) 4 c) -9 d) -124 e) 96 f) -25

16. a) $14\,K$ b) $38\,K$ c) $50\,K$ d) $124\,K$

17. a) -13 b) -3 c) 13 d) 3 e) 3 f) 3

18. a) -36 b) $47z$ c) $22u - 12v$

19. a) $+40;\ +8$ b) $-40;\ -8$ c) $+8;\ +40$ d) $-8;\ -40$
    e) $+41;\ -5$ f) $-41;\ +5$ g) $-5;\ +41$ h) $+5;\ -41$

20. a) $64x - 29y - 3z;\ -8x + y + 21z$
    b) $14a - 14b + 4c - d;\ 4a - 2b + 10c - 5d$
    c) $9x + y + 6u - 16v;\ -x - 7y + 12u$ d) $2m - 7n + 1;\ n + 2p - 15$

21. a) $96stw$ b) $-4xy$ c) $-27abc$ d) $-35\,(c^2 + d^2)$
    e) $4mn$ f) $-6ax^2$

22. a) $56p - 60q$ b) $x^3 + 9x^2$ c) $12a^2b - 21ab^2$ d) $15u - 24$
    e) $2s + 80t$ f) $15ax + 10ay - 5a$ g) $60x + 12$ h) $-5a$

23. a) $2\pi r(r + h)$ b) $24x(3x^2 + 2x - 4)$ c) $3a[19a - 7\,(b + 2c)]$
    d) $(x - 3)\,(x + y)$

24. a) $mn + 3n - 4m - 12$ b) $xy + 3x - 5y - 15$ c) $x^2 - 7x + 6$
    d) $3ac + 24a + bc + 8b$ e) $2uw + 4uz - 6vw - 12vz$
    f) $-14s^2 - st + 30t^2$ g) $18p^2 + 41pq - 10q^2 + 2rp + 5qr$
    h) $32c^2 - 48cd + 32c + 10d^2 - 24d + 8$ i) $x^3 - 4x^2y + 0,6xy^2 - 2,4y^3$
    k) $28p^2 - 13pq + 9pr - 63q^2 + 48qr - 9r^2$

25. a) $16a^2 + 8ab + b^2$ b) $9c^2 - 6cd + d^2$ c) $25x^2 + 20xy + 4y^2$
    d) $64u^2 - 80u + 25$ e) $m^2 - 2m + 1$ f) $81 - 18z + z^2$
    g) $0,04a^2 + 0,12a + 0,09$ h) $9x^4 - 12x^2 + 4$ i) $4a^2 - 9$
    k) $16u^2 - 4p^2$ l) $0,01x^2 - 0,16y^2$ m) $r^4 - s^4$
    n) $x^2y^2 - 4$ o) $1 - a^4$

Lösungen

26. a) $2ab$ b) $2b(b-a)$ c) $4ab$ d) $2x^2 + 2y^2$
  e) $-16a^2 + 42a - 5$ f) $45u^2 - 58uv + 16v^2$ g) $16x^4 - 625y^4$
  h) $-a^3 + a^2b + ab^2 - b^3$

27. a) 2601 b) 5329 c) $11\,025$ d) 9604 e) $994\,009$ f) 2496

28. a) $(x+1)^2$ b) $(4u-5v)^2$ c) $(2x+3)^2$ d) $(8a+5b)(8a-5b)$
  e) $(3r+1)(3r-1)$ f) $2(x+4)(x-4)$ g) $(4a^2+9b^2)(4a^2-9b^2)$

29. a) 60 b) 109 c) $2{,}2$ d) $2n-1$

30. a) $x^2 + 8x + 16$ b) $x^2 - 10x + 25$ c) $4x^2 + 8x + 4$
  d) $9x^2 - 27x + 20{,}25$ e) $0{,}16a^2 + 0{,}4a + 0{,}25$
  f) $4a^2 - 24ab + 36b^2$ g) $25u^2 + 49v^2 + 70uv$

31. $10{,}66 \text{ m}^2$ 32. 9 cm^2 33. 239 mm^2 34. $1{,}015$

35. a) -16 b) -8 c) $+4$ d) $-9a$ e) -9 f) $-\dfrac{6x}{y}$
  g) $-2v$ h) $-9z$ i) $1{,}6a$ k) $-9xyz$ l) $-4ab^2$ m) $0{,}7yz$

36. a) -19 b) -19 c) 19 d) $-0{,}4x$ e) $6qr$

37. a) $-5ac$ b) $7xy$ 38. $a-b$ 39. $2x+3y$ 40. $2p-3q$

41. $-8r + 7s - 3$

42. $\dfrac{4}{c} - \dfrac{3}{b} + \dfrac{3}{5a}$

43. a) $5x(4a - 7b - 8x)$ b) $7y(9x - 12y + 14z)$
  c) $(5n - 7x)(2n - 3y)$ d) $(8x+1)(5x-2p)$
  e) $(13x - 16m)(7x + 5n)$ f) $(18x - 5a)(5x - 16b)$
  g) $(p+q+r)(x-y)$ h) $(a-b)(2x-5y+1)$
  i) $(a-3)^2$ k) $(x+2)^2$
  l) $x(x+1)^2$ m) $(6x+5y)(6x-5y)$
  n) $(x - 13y + 2z)(x - 13y - 2z)$
  o) $\left(\dfrac{1}{2}a - \dfrac{1}{3}b + \dfrac{1}{4}c\right)\left(\dfrac{1}{2}a - \dfrac{1}{3}b - \dfrac{1}{4}c\right)$
  p) $(x+5)(x+7)$ q) $(x+5)(x-4)$
  r) $(x-8)(x+3)$ s) $(a-3b)(a-4b)$
  t) $(a-2b)(a-5b)$ u) $(x+a)(x-b)$
  v) $(x+3)(x-n)$ w) $(a-5b)(a+2b)$
  x) $(a+5b)(a-3b)$ y) $(x^3+1)(x+1)$
  z) $x(x-3y)(x-8y)$

Lösungen

44. a) $3b - 2a$ b) $3v - 4x + 7u$ c) 4 d) $3(a + 3)$
    e) $4(2x - y)$ f) $u + 0{,}5v$ g) $3(a - 5b)$

45. a) $a^2 + a + 1$ b) $a^2 - 2a + 3$ c) $x + y$ d) $2x - 4y$
    e) $2x + 3y$ f) $z - 4$ g) $\dfrac{a}{2} - 1$ h) $4a + 3b$ i) $4x - y + 3z$
    k) $2a - 3b - \dfrac{2b^2}{3a + 4b}$

46. a) $\dfrac{4a}{b}$ b) $\dfrac{3x}{10}$ c) $\dfrac{6}{7}$ d) $\dfrac{3x - 2a}{2x - 3a}$ e) $-\dfrac{3}{4}$ f) $-\dfrac{ax}{x + a}$
    g) $\dfrac{x + 1}{m + 1}$ h) -1

47. a) $\dfrac{abc\,(a - b)}{ab\,(a^2 - b^2)}$ b) $\dfrac{a^2\,(a + b)}{ab\,(a^2 - b^2)}$ c) $\dfrac{b^2\,(a - b)}{ab\,(a^2 - b^2)}$ d) $\dfrac{a^2 - b^2}{ab\,(a^2 - b^2)}$

48. a) $\dfrac{y}{a}$ b) 2 c) $x + y$ d) $\dfrac{3r^2 - r + 1}{m}$

49. a) $\dfrac{a + b}{ab}$ b) $\dfrac{bc + ac - ab}{abc}$ c) $\dfrac{2a}{a^2 - b^2}$ d) $\dfrac{x^2 - y^2}{y}$
    e) $\dfrac{u\,(u + x - x^2)}{x^2}$ f) $\dfrac{25a}{6x}$ g) $\dfrac{nx + my + mnr + 1}{mn}$
    h) $\dfrac{2y}{x^2 - y}$ i) $\dfrac{2}{r - 1}$ k) 1 l) $\dfrac{1}{x}$ m) $\dfrac{3\,(2a^2 - b^2)}{4ab\,(2a - b)}$
    n) $-\dfrac{x^2 + 4x + 39}{12\,(x^2 - 1)}$ o) $\dfrac{20}{a^2 - 1}$ p) $\dfrac{a^3 + 1}{a\,(a - 1)^3}$ q) $\dfrac{a - 13}{24}$
    r) $\dfrac{45x - 26y + 19}{90}$ s) $\dfrac{33b - 10a}{24}$ t) $\dfrac{uv + vw + uw}{uvw}$
    u) $\dfrac{1}{b}$ v) $\dfrac{a^2 + b^2}{ab}$

50. a) $\dfrac{2x}{3}$ b) $-\dfrac{3a^2}{2}$ c) $\dfrac{4ab}{c}$ d) $2 - \dfrac{n}{m} - \dfrac{m}{n}$ e) $a^2 - 16b^2$
    f) $\dfrac{x^3}{y} - \dfrac{y^3}{x}$ g) $(2a - b)\,b^2$ h) $\dfrac{1}{4}$ i) $\dfrac{2abx}{3}$ k) $99\,vr$
    l) $\dfrac{abxy}{x^2 - y^2}$ m) $\dfrac{1}{(x - 4)^2}$ n) $\dfrac{u + v}{2}$ o) $\dfrac{a^2}{b^2} + \dfrac{b^2}{a^2} + 2 = \dfrac{(a^2 + b^2)^2}{a^2 b^2}$
    p) $\dfrac{16x^2}{9a^2} - \dfrac{9y^2}{25b^2}$ q) $\dfrac{1}{x^2} + \dfrac{1}{y^2} + \dfrac{1}{z^2} + \dfrac{2}{xy} + \dfrac{2}{xz} + \dfrac{2}{yz} = \left(\dfrac{xy + yz + zx}{xyz}\right)^2$

51. a) $\dfrac{2x}{15ab}$ b) $-\dfrac{5}{2rn}$ c) $-\dfrac{4}{5bc} + \dfrac{3}{7ad}$ d) $\dfrac{2}{5vx} - \dfrac{3}{14ux} + \dfrac{1}{uv}$
    e) $\dfrac{a - 5}{5a}$

52. a) 36 b) $36xz$ c) $\dfrac{p^2r}{2} - pr^2$ d) $\dfrac{6}{x}$ e) $\dfrac{8n}{m}$ f) $\dfrac{4ac}{9b}$

g) $\dfrac{5(p+q)}{ab}$ h) $\dfrac{2(1-x)}{5}$ i) $x^2 - xy + y^2$ k) $-\dfrac{x}{y} - \dfrac{y}{x} - 1$

l) $\dfrac{2(a+b)}{a}$

53. a) $\dfrac{5a-3b}{3a-5b}$ b) $\dfrac{1}{a}$ c) $\dfrac{x}{y}$ d) $\dfrac{b-a}{b+a}$ 54. $\dfrac{22}{7}$

55. $\dfrac{ab}{a^2+b^2}$ 56. a) x^{n+1} b) a^{n+1} c) b^{2n} d) p^{n-1} e) q^{7-x}

f) z^{2n} g) x^{m+n} h) c^{2x-3} i) y^4

57. a) $24a^2b^3c^4$ b) $10x^8$ c) $36a^7b^2$ d) a^5b^6 e) $x^n y^{n-1}$

f) a^{2m-7} g) $-x^7$ h) $-a^{13}$ i) b^{3n}

58. a) q^n b) $q^{n+1} - 1$ c) $q^{n+1} - q$ d) $q^{n+1} - q^n$

59. a) $x^4 - 2x^3 + 2x^2 - 2x + 1$ b) $a^6 + 2a^4b^2 + 2a^2b^4 + b^6$

c) $x^5 - x^3y^2 - x^2y^3 + y^5$ d) $x^4 - y^4$

60. a) $x^4(x^4 + x^2 - 1)$ b) $a^3b^2(b^4 - ab + a^2)$ c) $2a(a-b)$

61. a) 100^4 b) $(0{,}4 \cdot 5)^4 = 16$ c) 3^x d) $\dfrac{25}{4}$ e) 6^3

f) $a^n b^n x^n y^n$ g) $\dfrac{c}{a}$ h) $\left(\dfrac{3}{5}\right)^n$ i) $\left(-\dfrac{7}{10}\right)^m$ k) $\dfrac{(a-b)^2}{(x+y)^2}$

62. a) a^{n-3} b) a^{2-n} oder $\dfrac{1}{a^{n-2}}$ c) a^{1-n} oder $\dfrac{1}{a^{n-1}}$ d) a^2

e) $\dfrac{1}{a^4}$ f) a^{x-2} g) a^{x-5} h) $\dfrac{1}{a^{x-5}}$ i) a^{2n-2} k) $\dfrac{1}{a^{3m-3}}$

63. a) $\dfrac{1}{x^3}$ b) $\dfrac{1}{x^{2n+2}}$ c) x^{3n-13} d) x^{2n-2} e) $\dfrac{a^2}{b^2}$ f) $\dfrac{a^{n-1}}{b^{n-1}}$

g) $\dfrac{1}{ab}$ h) $\dfrac{a^{2n}}{b^{2m}}$ 64. a) $(a-1)(x-1)$ b) $\dfrac{a^2b^2(x-y)^2}{a^2+b^2}$

c) $\dfrac{a^4}{(y-x)^3}$ 65. a) $\dfrac{a^2b^2d}{c^2}$ b) $\dfrac{4a^2c^n xy^{n-1}}{bz^{n-1}}$

66. a) $ax^2 + bx - c + \dfrac{d}{x} - \dfrac{e}{x^2}$ b) $ax^n + bx^{2n-m} + cx^{2n}$

c) $\dfrac{a^3}{b} - a^2 + ab - b^2 + \dfrac{b^3}{a}$

Lösungen

67. a) $x^m + y^n$ b) $x^3 + x^2 + x + 1$ c) $a^3 - a^2b + ab^2 - b^3$

d) $3a^2 + 2ab - 5b^2$ e) $2a^4 - 3ab^3 + 5b^2$

f) $2x^3 + 3xy^2 + 4y^3$ g) $a^3 + 2a^2b + 2ab^2 + b^3$

68. a) $\dfrac{x^5 + x^2 + 1}{x^6}$ b) $\dfrac{1}{x^4}$ c) $\dfrac{1}{x^5}$ d) $\dfrac{1}{x^n}$ e) $\dfrac{1 - 3x^3 + 3x^4}{x^n}$

f) $\dfrac{n^2}{n-1}$ g) $\dfrac{n^2(n+1)^2}{n^2+1}$

69. a) 81 b) $\dfrac{27}{8}$ c) 64

70. a) $\dfrac{4}{9}$ b) $\left(\dfrac{12y}{xz}\right)^n$ c) $\left(\dfrac{a-b}{2}\right)^n$ d) $\dfrac{8}{(3x+2y)^3}$

71. a) $2; \dfrac{9}{4}; \dfrac{64}{27}; \dfrac{625}{256}$ b) $-2\dfrac{7}{8}; -5\dfrac{1}{8}; -3\dfrac{21}{64}; -7\dfrac{11}{64}$

72. a) $\dfrac{5}{4}$ b) $\dfrac{1}{5^3 \cdot 2^5} = \dfrac{1}{10^3 \cdot 2^2} = \dfrac{1}{4000}$ c) $\dfrac{(x+y)^3}{(a-b)^2}$

73. a) x^{3n+3} b) a^{3n-3} c) $81\,x^4y^8$ d) a^5b^6

74. a) 729 b) $\dfrac{b^4y^6}{ax^3}$ c) $\dfrac{16y}{3}$ d) $\dfrac{(2a+3b)^3(2x-3y)^3}{b^3x^3}$

75. a) $(x^{2m} - y^{2n}) : (x^m + y^n) = x^m - y^n$

b) $(x^{3m} - y^{3n}) : (x^m - y^n) = x^{2m} + x^m y^n + y^{2n}$

76. a) 1 b) $\dfrac{1}{3}$ c) 192 d) 25 e) $\dfrac{25}{4}$ f) $-\dfrac{27}{125}$ g) 2 h) $\dfrac{4}{3}$

77. a) $\dfrac{10}{81}$ b) $\dfrac{1}{729}$ c) $\dfrac{1}{9}$ d) $3^8 - 9^4 = 81^2 = 6561$

78. $1; \dfrac{1}{2}; \dfrac{1}{4}; \dfrac{1}{8}; \dfrac{1}{16}$ 79. $\dfrac{1}{2}; \dfrac{4}{9}; \dfrac{27}{64}$

80. a) x^{-5} b) $b \cdot a^{-1}$ c) $3x^{-2}$ d) $y^2 x^{-4}$ e) $2 \cdot 10^4$

81. a) 2 und $e + \dfrac{1}{e}$ b) 0 und $e - \dfrac{1}{e}$

82. a) $\dfrac{3}{x^3}$ b) $\dfrac{a^2b^2}{x^5}$ c) a d) $\left(\dfrac{b}{a}\right)^3$ e) $\dfrac{1}{m^2}$

83. a) a^{10} b) b^2 c) x^{m-n+1} d) $ab^{-2}x^{-3}y^2$ e) $ab^{-1}x^{-2}y^5$

f) $a^{-1}x^9$ g) $3 \cdot 10^{-4}$ h) $6 \cdot 10^{-5}$ i) $128 \cdot 10^{-5}$ k) $64 \cdot 10^{-2}$

84. a) $\dfrac{8a^2b^2}{c^5}$ b) $\dfrac{3a^2b}{x^2}$ c) $\dfrac{1}{y-x}$ d) $\dfrac{ab^2x}{cz^2}$ e) $16a$ f) $\dfrac{1}{a^6}$

g) $-a^6$ h) $\dfrac{1}{x^6}$ i) $-\dfrac{1}{x^6}$ k) $\dfrac{x^8}{y^6}$ l) $\dfrac{a^2x^4}{b^6y^6}$

85. a) 1 u. 64 b) $\dfrac{1}{64}$ c) 8 d) $6a^{-1}-18a^2+10a^{-2}-30a$

e) $8x^{-n-1}\cdot y^{-2n-3}$ f) a^2+ab+b^2

86. a) $x^5+15x^4+90x^3+270x^2+405x+243$

b) $y^6-1{,}2y^5+0{,}6y^4-0{,}16y^3+0{,}024y^2-0{,}00192y+0{,}000064$

c) $6m^2n+2n^3$ d) $a^6-2a^4+a^2$

e) $125a^3-225a^2x^2+135ax^4-27x^6$ f) $2(a^4+6a^2x^2+x^4)$

g) $40a^3+1000a$ h) $480x^4+2160x^2+486$

87. a) 243 b) 734

88. a) 19,52 b) 1,95 c) 6,17 d) 36,61 e) 2,65 f) 0,71

89. a) $a^{\frac{3}{4}}$ b) $x^{\frac{n}{2}}$ c) $(2+a)^{\frac{2}{3}}$ d) $(2a)^{\frac{1}{3}}$ e) $a^{-\frac{2}{3}}$

f) $(4+a^2)^{\frac{1}{3}}$ g) $b^{-\frac{1}{2}}$ h) $3^{-\frac{4}{3}}$ i) $3^{-\frac{3}{2}}$ k) $10^{-\frac{2}{3}}$

l) $x^{\frac{1}{6}}$ m) $x^{\frac{3}{4}}$

90. a) $\sqrt[6]{x^5}$ b) $\sqrt[5]{\dfrac{1}{a^4}}$ c) $\sqrt[n]{b}$ d) $x^3\sqrt{x}$ e) $a^3\cdot\sqrt[10]{a}$ f) $\dfrac{1}{\sqrt[5]{a^2}}$

91. a) 6 b) 14 c) $5\sqrt{2}$ d) $2\sqrt{ax}$ e) $a\sqrt{3}$ f) abx

g) 30 h) $4\sqrt{xy}$ i) 12 k) $\sqrt{2}$ l) q^n m) a^3 n) $c^2\sqrt{3}$

o) $\sqrt{6}$ p) 3 q) $5\sqrt{15}-1$ r) $2\sqrt{15}-6$

92. a) -3 b) $4a$ c) $3x\sqrt[3]{3}$ d) $5y\sqrt[3]{10y}$

e) $4a-2\sqrt[3]{2a^2b^2}+2\sqrt[3]{4ab}-2b$

93. a) $5\sqrt{2}$ b) $10\sqrt{5}$ c) $8\sqrt{5}$ d) $2\sqrt[3]{9}$ e) $40\sqrt[3]{3}$ f) $-3\sqrt[3]{3}$

g) $2b\sqrt{a}$ h) $3a^2b\sqrt{c}$ i) $2b\sqrt{2ab}$ k) $2b\sqrt[3]{a}$ l) $z\sqrt{z}$

m) $z\sqrt[3]{z^2}$ n) $z\sqrt[4]{z^3}$ o) $x^n\sqrt{x}$ p) $x^n\sqrt{\dfrac{1}{x}}$ q) $xy^2z^3\sqrt[3]{9y^2}$

Lösungen

94. a) $2\sqrt{5}$ b) $2\sqrt{3}$ c) 8 d) 2

95. a) $\sqrt{6}$ b) $\sqrt{ab}$ c) 1 d) $\sqrt[3]{3}$ e) $\sqrt[4]{48}$ f) $\sqrt{x^2-y^2}$

g) $\sqrt{\dfrac{a}{b}}$ h) $\sqrt{3a^2bc}$ i) $\sqrt{\dfrac{a+1}{a-1}}$ k) $\sqrt[3]{ab^3-a^3b}$ l) $\sqrt[3]{\dfrac{1}{a^2}+\dfrac{1}{a}-1}$

96. a) $2\sqrt{2}$ b) $(a+b)\sqrt[3]{a-b}$ 97. a) $\sqrt{2}$ b) 2 98. a) 7,07 b) 3,78

99. a) 58,3780 b) 7,58948 c) 16,1854 d) 2,78496

100. a) $\sqrt{2}$ b) $\sqrt{3}$ c) $x\sqrt{\dfrac{a}{b}}$ d) $2\sqrt{2}$ e) 2 f) $\sqrt{5}$

g) $\sqrt{a}$ h) $\dfrac{1}{3}\sqrt{3}$ i) $3\sqrt{6}$ k) $4\sqrt{2x}$ l) $\dfrac{3}{2}\sqrt{15}$ m) $\sqrt[3]{z}$

n) $12\sqrt[3]{4x^2}$ o) $\dfrac{2}{5}\sqrt{10}$ p) $\dfrac{8}{3}\sqrt{3}$ q) $\sqrt{ab}$ r) $z\sqrt{az}$ s) $\dfrac{\sqrt{ax}}{x^2}$

t) $2\sqrt{5}$ u) $\dfrac{1}{5}\sqrt{10}$ v) $\dfrac{1}{\sqrt{ab}}$ w) $\sqrt{ab}$ x) $\dfrac{a}{b}$

101. a) $\dfrac{1}{2}\sqrt{2}$ b) $\dfrac{1}{5}\sqrt{15}$ c) $\dfrac{1}{4}\sqrt{14}$ d) $\dfrac{1}{9}\sqrt{30}$ e) $\dfrac{2}{3}\sqrt{3}$

f) $\sqrt[3]{xc^2}$ g) $\dfrac{1}{6}\sqrt[3]{180}$ h) $\dfrac{1}{6a}\sqrt{a}$ i) $\dfrac{3}{2b}\sqrt{ab}$ k) $\dfrac{3}{b}\sqrt{2abx}$

l) $\dfrac{1}{a-1}\sqrt{a^2-1}$ m) $\dfrac{n}{n-1}\sqrt{n-1}$ n) $\dfrac{x}{2x+4}\sqrt{2x+4}$

o) $\dfrac{1}{r}\sqrt[3]{r^2(r^2+1)}$ 102. $\dfrac{1}{4}\sqrt{2}\approx 0{,}3536$

103. a) $\dfrac{3}{2}(\sqrt{5}-1)$ b) $9+3\sqrt{5}$ c) $\sqrt{6}+\sqrt{5}$ d) $\sqrt{3}$ e) $\dfrac{a+b-2\sqrt{ab}}{a-b}$

f) $\dfrac{a(a+\sqrt{3})}{a^2-3}$ g) $\dfrac{\sqrt{3}+\sqrt{2}}{a}$ h) $\dfrac{(a+\sqrt{b})(b-\sqrt{a})}{b^2-a}$ i) $\dfrac{15+\sqrt{x}-6x}{25-9x}$ k) 1

l) $4\sqrt{5}-5\sqrt{3}$ m) $\sqrt{2}$ n) $2\sqrt{10}-\sqrt{30}$ o) $4-\sqrt{3}+\sqrt{2}$

p) $\sqrt{7}+\sqrt{5}-\sqrt{3}$ q) $\left(1-\sqrt{3}-\sqrt{5}\right)^2\cdot(\sqrt{5}+2)$

104. a) $a-b$ b) $a+b+2\sqrt{ab}$ c) $3+2\sqrt{2}$ d) $x+\dfrac{1}{x}-2$

e) $\sqrt{b}+\sqrt{ab}-b$ f) $1+\sqrt{a}$ g) $\dfrac{2}{5}\sqrt{5a}$

105. a) $\sqrt{5}$ b) $\sqrt{2}$ c) 9   d) $\sqrt[3]{a}$ e) $\sqrt[3]{a^2x}$ f) $\sqrt[3]{2x^2}$

106. a) 25   b) 64   c) 1000   d) 0,04   e) 3

107. a) $\sqrt[6]{2^5}$ b) $\sqrt[6]{3^3\cdot 4^2}$ c) $\sqrt[12]{4^4\cdot 3^3}$ d) $a\sqrt[6]{a}$ e) $\sqrt[6]{c}$ f) $\sqrt[4]{ab}$

g) $\sqrt[3]{\dfrac{m}{n}}$ h) $\sqrt[12]{\dfrac{x}{y}}$ i) $\sqrt[6]{2}$ k) $\sqrt[6]{10}$ l) $a\sqrt[12]{a}$

m) $\dfrac{1}{\sqrt[6]{a^5}}$ n) $\sqrt[6]{m}$

108. a) $\sqrt[3]{10}$ b) 4   c) $\sqrt{10}$ d) $\sqrt{2}$ e) $\sqrt[3]{3}$ f) $\sqrt[6]{a}$

g) $\sqrt[6]{a}$ h) $\sqrt[4]{45}$ i) $\sqrt[4]{x^3}$ k) $\sqrt{x}$ l) $\sqrt[3]{x^2}$ m) $\sqrt[3]{3}$

n) 2   o) $\sqrt{a}$ p) $\sqrt[3]{4a^2}$

109. a) $x^{\frac{3}{4}} = \sqrt[4]{x^3}$ b) $x^{\frac{5}{6}} = \sqrt[6]{x^5}$ c) $x\cdot x^{\frac{7}{20}} = x\cdot \sqrt[20]{x^7}$ d) $a^{\frac{1}{6}} = \sqrt[6]{a}$

e) $a^{-\frac{3}{20}} = \dfrac{1}{\sqrt[20]{a^3}}$ f) $a^{\frac{1}{3}} = \sqrt[3]{a}$ g) $a^{\frac{m+n}{mn}} = \sqrt[mn]{a^{m+n}}$

h) $a^{\frac{m+n}{2}} = \sqrt{a^{m+n}}$ i) $6\cdot 6^{\frac{3}{4}} = 6\cdot \sqrt[4]{6^3}$ k) $5^{\frac{5}{8}} = \sqrt[8]{5^5}$

l) $2^{-\frac{5}{2}} = \dfrac{1}{8}\cdot\sqrt{2}$ m) $-2^{2,5} = -4\sqrt{2}$

110. a) $a^{\frac{1}{2}} = \sqrt{a}$ b) $a^{\frac{1}{3}} = \sqrt[3]{a}$ c) $a^{-\frac{1}{6}} = \dfrac{1}{\sqrt[6]{a}}$ d) $c^{\frac{1}{8}} = \sqrt[8]{c}$ e) $c^{-\frac{1}{2}} = \dfrac{1}{\sqrt{c}}$

f) $c^{-0,5} = \dfrac{1}{\sqrt{c}}$ g) $x^{-\frac{2}{5}} = \dfrac{1}{\sqrt[5]{x^2}}$ h) $\dfrac{1}{z}$ i) $3^{\frac{1}{4}} = \sqrt[4]{3}$ k) $8^{\frac{1}{2}} = 2\sqrt{2}$

111. a) $(ab)^{\frac{1}{2}} = \sqrt{ab}$ b) $y(x^3y)^{\frac{1}{4}} = y\cdot \sqrt[4]{x^3y}$ c) $(xy)^{\frac{1}{5}} = \sqrt[5]{xy}$

d) $\left(\dfrac{x}{y}\right)^{\frac{1}{3}} = \sqrt[3]{\dfrac{x}{y}}$ e) $\left(\dfrac{a^2}{b}\right)^{\frac{1}{3}} = \sqrt[3]{\dfrac{a^2}{b}}$ f) $(a^2b)^{\frac{1}{4}} = \sqrt[4]{a^2b}$ g) $\left(\dfrac{m^3}{n}\right)^{\frac{1}{2}} = m\sqrt{\dfrac{m}{n}}$

h) $\left(\dfrac{x^3}{y^2}\right)^{\frac{1}{5}} = \sqrt[5]{\dfrac{x^3}{y^2}}$

Lösungen

112. a) $a^{\frac{3}{2}} = a\sqrt{a}$ b) $c^{-\frac{2}{3}} = \sqrt[3]{\frac{1}{c^2}}$ c) $x^{\frac{1}{6}} = \sqrt[6]{x}$ d) $x^{\frac{3}{10}} = \sqrt[10]{x^3}$

113. a) $\frac{2}{3}$ b) $\frac{25}{4}$ c) 3 d) 4 e) $\frac{3}{2}\sqrt{3}$

   f) $-5\sqrt[5]{625}$

114. a) $1{,}6 \cdot \sqrt{2}$ bar b) $0{,}8 \cdot \sqrt[4]{2}$ bar

115. a) 7i b) xi c) $\frac{1}{3}$i d) $5\mathrm{i}\sqrt{2}$

   e) xyi f) $4a\mathrm{i}\sqrt{2}$ g) $6\mathrm{i}\sqrt{3}$ h) $(2\sqrt{3} - 2\sqrt{2} + \sqrt{0{,}6})\,\mathrm{i}$

116. a) -3 b) -4 c) $\mathrm{i}\sqrt{ab}$ d) $5\mathrm{i}\sqrt{3}$ e) $10\mathrm{i}$

   f) $-12\mathrm{i}$ g) $10\mathrm{i}$ h) $-\mathrm{i}$ i) 4 k) $\mathrm{i}\sqrt{2}$

   l) $-3\mathrm{i}$ m) i n) $-\mathrm{i}$ o) $-2\sqrt{3}$ p) $\frac{1}{\sqrt{a}}$

   q) 0 r) i für $y > x$, $-\mathrm{i}$ für $x > y$ s) $(a-b)\,\mathrm{i}$ für $a > b$, $(b-a)\,\mathrm{i}$ für $b > a$

   t) $-\frac{6\mathrm{i}}{a}$

117. a) $13(\cos 67°23' + \mathrm{i} \cdot \sin 67°23')$ b) $5(\cos 306°52' + \mathrm{i} \cdot \sin 306°52')$

   c) $3{,}4(\cos 151°56' + \mathrm{i} \cdot \sin 151°56')$ d) $3(\cos 228°11' + \mathrm{i} \cdot \sin 228°11')$

   e) $\cos 180° + \mathrm{i} \cdot \sin 180°$ f) $2(\cos 90° + \mathrm{i} \cdot \sin 90°)$

   g) $8(\cos 270° + \mathrm{i} \cdot \sin 270°)$ h) $2(\cos 300° + \mathrm{i} \cdot \sin 300°)$

   i) $2(\cos 120° + \mathrm{i} \cdot \sin 120°)$

118. a) $-6\sqrt{3} - 6\mathrm{i}$ b) $-4\sqrt{2} + 4\mathrm{i}\sqrt{2}$ c) $-3 - 3\mathrm{i}\sqrt{3}$

119. a) $6 - 18\mathrm{i}$ b) $\sqrt{6} + 3\mathrm{i}\sqrt{2}$ c) $7 + 26\mathrm{i}$ d) $23 + 2\mathrm{i}$

   e) $3 + \sqrt{6} + (3\sqrt{3} - \sqrt{2})\,\mathrm{i}$

120. a) $4\sqrt{2} + \frac{1}{2}\mathrm{i}$ b) $-\frac{1}{2}\sqrt{3} - 2\mathrm{i}$ c) $-0{,}24 + 0{,}68\mathrm{i}$ d) $\frac{1}{2} - \frac{1}{2}\mathrm{i}$

   e) $4 + 2\mathrm{i}\sqrt{7}$ f) $2{,}08 - 0{,}44\mathrm{i}$ g) $2\mathrm{i}$ h) $8 + 4\mathrm{i}\sqrt{3}$

121. a) 10 b) $6\mathrm{i}$ c) 34 d) $\frac{8}{17} + \frac{15}{17}\mathrm{i}$

   e) $-1 + 2\mathrm{i}\sqrt{2}$ f) $4 - 6\mathrm{i}\sqrt{5}$

122. a) $(2x + 3y\mathrm{i})(2x - 3y\mathrm{i})$ b) $(\sqrt{a} + \mathrm{i}\sqrt{b})(\sqrt{a} - \mathrm{i}\sqrt{b})$ c) $(4 + \mathrm{i})(4 - \mathrm{i})$

123. a) $14 + 8\mathrm{i}$ und $14 - 8\mathrm{i}$ b) $0{,}1 + 0{,}8\mathrm{i}$ und $0{,}1 - 0{,}8\mathrm{i}$

124. a) $z = 6 (\cos 60° + i \cdot \sin 60°) = 3 + 3i \sqrt{3}$

b) $z = 5 (\cos 120° + i \cdot \sin 120°) = -\dfrac{5}{2} + \dfrac{5}{2} i \sqrt{3}$

125. a) $z = \cos 45° + i \cdot \sin 45° = \dfrac{1}{2} \sqrt{2} + \dfrac{i}{2} \sqrt{2}$

b) $z = 2 (\cos 150° + i \cdot \sin 150°) = -\sqrt{3} + i$

c) $z = \cos 330° + i \cdot \sin 330° = \dfrac{1}{2} \sqrt{3} - \dfrac{1}{2} i$

126. Die Multiplikation (Division) mit —i bedeutet eine positive (negative) Drehung um 270°.

127. a) $z_1 = 3 \sqrt{3} + 3i$; $r_1 = 6$; $\tan \varphi_1 = \dfrac{1}{\sqrt{3}}$; $\varphi_1 = 30°$

$r = 12$; $\varphi = 75°$; $z = 12 (\cos 75° + i \cdot \sin 75°) = 3{,}1058 + 11{,}5912i$

b) $z = 3 (\cos 150° + i \cdot \sin 150°) = -1{,}5 \sqrt{3} + 1{,}5i$

128. Bedingung: $r_1 = r_2$ und $\varphi_1 + \varphi_2 = 360°$

129. a) $-4 + 4i$ b) 16 c) $-8 - 8i \sqrt{3}$ d) $\dfrac{1}{2} - \dfrac{i}{2} \sqrt{3}$ e) -1

130. a) $(\cos 50° - i \cdot \sin 50°)^4 = [\cos (-50°) + i \cdot \sin (-50°)]^4 =$

$= \cos (-200°) + i \cdot \sin (-200°) = \cos 200° - i \cdot \sin 200°$

b) $(\cos \varphi - i \cdot \sin \varphi)^n = \cos n\varphi - i \cdot \sin n\varphi$

131. a) $z_1 = 2 + 3i$

$z_2 = -2 - 3i$

b) $z_1 = 2{,}331 + 0{,}3083i$

$z_2 = -1{,}433 + 1{,}865i$

$z_3 = -0{,}8985 - 2{,}173i$

c) $z_1 = -0{,}364 + 1{,}6707i$

$z_2 = -1{,}265 - 1{,}1505i$

$z_3 = 1{,}629 - 0{,}5202i$

d) $z_1 = \dfrac{1}{2} \sqrt{2} + \dfrac{i}{2} \sqrt{2}$

$z_2 = -0{,}9659 + 0{,}2588i$

$z_3 = 0{,}2588 - 0{,}9659i$

e) $z_1 = 0{,}9659 + 0{,}2588i$

$z_2 = -0{,}2588 + 0{,}9659i$

$z_3 = -0{,}9659 - 0{,}2588i$

$z_4 = 0{,}2588 - 0{,}9659i$

f) $z_1 = 0{,}679 + 1{,}432i$

$z_2 = -1{,}152 + 1{,}088i$

$z_3 = -1{,}391 - 0{,}759i$

$z_4 = 0{,}292 - 1{,}558i$

$z_5 = 1{,}572 - 0{,}203i$

g) $z_1 = \dfrac{1}{2} + \dfrac{i}{2} \sqrt{3}$ $z_2 = -1$ $z_3 = \dfrac{1}{2} - \dfrac{i}{2} \sqrt{3}$

Lösungen 501

132. a) $z = 7{,}0711\, e^{-0{,}7854\, i}$ oder $z = 7{,}0711\, e^{-i\, 45°}$

     b) $z = 8{,}9443\, e^{-5{,}17603\, i}$ oder $z = 8{,}9443\, e^{-i\, 63°26{,}1'}$

     c) $z = 19{,}8494\, e^{-0{,}71413\, i}$ oder $z = 19{,}8494\, e^{-i\, 40°55'}$

133. a) $z = 1{,}813425 + 1{,}720875\, i$ b) $a = 3{,}22576 \quad b = -2{,}36524$

     c) $z = 0{,}43837 + 0{,}89879\, i$

134. a) $-\sqrt{3} + i$ b) $2 \cdot e^{i\, 150°}$

135. a) $a = -1, \quad b = +1$ b) $z = \sqrt{2}\,(\cos 135° + i \sin 135°)$

136. a) 3   b) 7   c) 1   d) 0   e) $\dfrac{1}{3}$ f) -1

     g) -3 h) -1 i) -4 k) 3

137. a) 81   b) 3   c) 4   d) 9   e) 5   f) 12

138. a) $\lg a + \lg b + \lg c$ b) $\lg a + \lg b - \lg c - \lg d$

     c) $1 + \lg a + \lg(b - c)$ d) $-\lg(x + y)$ e) $3\,(\lg a + \lg b)$

     f) $5 \cdot \lg a + 4 \cdot \lg b$ g) $\lg(a + 1) + \lg(a - 1)$

     h) $\lg a + \dfrac{1}{3} \cdot \lg b$ i) $\dfrac{2}{3} \cdot \lg a + \dfrac{4}{3} \cdot \lg b$

     k) $\lg 9 + \lg x + 2\lg y + \dfrac{1}{2} \cdot \lg(x^2 + y^2) + \dfrac{1}{2}\lg c$

     l) $2 \lg x + \dfrac{1}{2}\lg a - 3\lg c$ m) $\dfrac{1}{4}\,(\lg a + 2 \lg x - \lg b - \lg y)$

     n) $-2\,(\lg u + \lg v)$ o) $2\,(\lg b - \lg a)$

     p) $\dfrac{4}{3}\lg a - \dfrac{2}{3}\lg b$ q) $-\dfrac{1}{2}\lg x - 3\lg y$

139. a) $\lg 5 + 2$ b) $\lg 3 - 1$ c) $\dfrac{3}{4}$ d) $-\lg 6 - 2$ e) 0

     f) $\lg 3291 + \lg 1{,}835$

140. a) $\lg \dfrac{ab}{cd}$ b) $\lg \dfrac{x^2}{\sqrt{y}}$ c) $\lg \sqrt[3]{u^2 - v^2}$ d) $\lg \dfrac{1}{a^2 \sqrt{b}}$

     e) $\lg \sqrt{x^3 + y^3}$ f) $\lg 100 = 2$ g) $\lg \dfrac{x^2}{(x - y)^3}$ h) $\lg \dfrac{x}{\sqrt{y}}$

141. a) $0{,}77815$ b) $0{,}95424$ c) $0{,}90309$ d) $1{,}07918$

     e) $0{,}23856$ f) $0{,}15904$ g) $-0{,}17609$ h) $2{,}30103$

     i) $0{,}47712 - 2$

Lösungen

142. a) 2   b) 4   c) —3   d) 0   e) —1   f) 0   g) —1

143. a) 3,60239   b) 1,40586   c) 0,83155 — 3   d) 2,43136
     e) 4,69897   f) 0,90091   g) 0,85248 — 1   h) 2,51322
     i) 2,78376   k) 1,23045   l) 5,98905   m) 0,68124

144. a) 8,308   b) 79,71   c) 0,0000111   d) 43710   e) 0,005995
     f) 2,023   g) 1,073   h) 1000   i) 3,005   k) 243900
     l) 0,08583   m) 549,7   n) 12,58   o) 25160   p) 1,020
     q) 999,5   r) 0,5131   s) 5620   t) 16,26

145. a) 0,64781 — 3   b) 5,05223   c) 1,99460   d) 0,50726
     e) 1,32999   f) 0,62626 — 1   g) 2,12694   h) 3,74913
     i) 0,44556 — 2   k) 0,40744   l) 0,89331 — 1   m) 1,15752
     n) 1,97319   o) 0,01305   p) 0,30186 — 2

146. a) 3,5190   b) 0,0010233   c) 630960   d) 27826
     e) 7954,8   f) 5,2840   g) 908,66   h) 0,20626
     i) 40,835   k) 0,010465   l) 5,4993   m) 4518,2
     n) 10141   o) 0,00088968   p) 29,920   q) 0,00099165

147. a) 862600   b) 1751,5   c) 2692,4   d) 0,029881
     e) 0,61266   f) 0,75243   g) 829,40

148. a) 1,7670   b) 0,37147   c) 60,317   d) 406,60
     e) 0,020139   f) 202,25   g) 26,043   h) 8,9724
     i) 2,7153   k) 0,086504

149. a) 0,94613   b) 26,460   c) 560,04   d) 0,29969
     e) 0,074077   f) 2,0142

150. a) 0,1201   b) 752,4   c) $1,869 \cdot 10^{-6}$ d) 1,553   e) 270460
     f) 0,4985   g) 3,2169   h) 3,5132   i) 0,69998

151. a) 8,5691   b) 2,6265   c) 1,4096   d) 0,12231
     e) 0,47120   f) 0,59351   g) 0,45082   h) 2,3137
     i) 0,6869   k) 0,18443

152. a) 3,2405   b) 0,80824   c) 1,4141   d) 5,648   e) 8,260
     f) 1,547   g) 0,5078   h) 0,50004   i) 305,3

Lösungen

153. a) 40,086 m   b) 127,88 m²   154. 12,195 kg   155. 160,2 g

156. a) 0,6313   b) 6,35611   c) 4,05352   d) 7,75790

e) —0,7550   f) —2,32688

157. a) $\lg x = 0,3807$ b) $\lg x = 0,31382 - 1$

$x = 2,403$ $x = 0,20598$

c) $\lg x = 0,57287 - 1$

$x = 0,374$

158. a) $\ln x = 8,6690$ b) $\ln x = 0,95166$

159. a) 20,086   b) 0,2231   c) 1,64872   d) 2,79   e) 0,4493

f) 11,7

160. 1444; 7,3; 105000; 1,057; 39000000; 0,00242

161. a) 1,732; 2,24; 5,48; 7,07   b) 0,837; 0,264; 1,34; 0,424

c) 18,6; 5,88; 16,3; 51,7   d) 86,9; 6,8; 0,229

162. a) 26,0   b) 34,2   c) 13,18   d) 0,1377   e) 0,608

f) 7070   g) 1937000   h) 357600   i) 20,98   k) 486

l) 0,345   m) 16,48   n) 5,6   o) 1,59   p) 14,7

q) 6,22

163. a) 5,5   b) 1,167   c) 3,75   d) 3,555   e) 68,2

f) 16,65   g) 0,00392   h) 0,961   i) 2540   k) 166

l) 0,673   m) 3,245   n) 38,0   o) 4,88

164. a) 977   b) 113,5   c) 7,51   d) 4940   e) 4,91

f) 1,653   g) 47,0   h) 4,84

165. a) 1,44   b) 3,48   c) 0,641   d) 1,392   e) 13,92

f) 2,04   g) 0,947   h) 9,47   i) 2,90   k) 3,81

l) 1,90   m) 3,05

166. a) 15,10   b) 2,260   c) 787   d) 5,44   e) 18,13

f) 0,0935

167. a) 51,8   b) 61,0   c) 22,1   d) 7,20   e) 123,1

f) 0,0909   g) 2,205   h) 6,49   i) 13,72   k) 4,56

l) 0,0311   m) 15,74   n) 19,39

168.

64	60	53	41	72		St.
100	93,8	82,8	64,1	113		%

169.

n_2	15	18	21	25	30	36
n_1	45	54	63	75	90	108

170. a) B 4 — 2 unter A 1 — 0 — 5 (oder B 8 — 4 unter A 2 — 1)

b)

a	10,5	24	30	62	86	98	mm
b	4,2	9,6	12	24,8	34,4	39,2	mm

171. B 1 — 2 — 5 unter A 3 — 5 (oder B 2 — 5 unter A 7)

m	3,5	1,4	4,2	18,2	37,0	43,2	51,0	kg
V	1,25	0,50	1,50	65,0	132	154	182	dm³

172. a) g_2 und g_3 b) g_1 und g_4 fallen, g_2 und g_3 steigen

c) g_1 in $P(0; 2)$, g_2 in $P(0; 3)$, g_3 in $P(0; 5)$, g_4 in $P(0; 0,3)$

173. a) $y = x^2$ b) $y = \sqrt{x}$ c) $y = \dfrac{1}{x}$

174. a) $a_n = 32$; $s = 185$ b) $a_n = 5$; $s = 377$

c) $n = 16$; $a_n = 72$ d) $n = 61$; $a_n = 16$

e) $a_1 = 7$; $n = 9$ f) $a_1 = -.2$; $n = 13$

175. a) $s = n^2$ b) $\sum\limits_{v=1}^{v=n}(2v-1)$

176. a) $a_{10} = 93{,}1$ m   b) $s_{10} = 490$ m; $s_{20} - s_{10} = 1\,470$ m

177. a) $a_{10} = 5{,}5 \cdot \pi$ cm   b) $s_{10} = 32{,}5 \cdot \pi$ cm

178. 35°, 45°, 55°, 65°, 75°, 85°   179. $a_1 = 11$; $a_n = 99$; $n = 9$; $s = 495$

180. a) 7; 8,5; 10; 11,5; 13; 14,5; 16   b) $s = 80{,}5$ 181. $s = 355$ 182. 0

183. a) $s = 2046$ b) $s = \sum\limits_{n=1}^{n=10} 2^n$ oder $\sum\limits_{1}^{10} 2^n$

184. a) $s = \dfrac{1 - x^6}{1 + x}$ b) $s = \dfrac{a^5 + b^5}{a + b}$

185. $2 + 6 + 18 + 54$ und $-1{,}5 + 6 - 24 + 96$

186. $q_1 = \sqrt[5]{\dfrac{90}{16}} \approx 1{,}413$;   Drehzahlreihe: 16; 22,6; 31,9; 45,1; 63,7; 90 min⁻¹

187. $R_1 = 128\ \Omega$; $R_2 = 64\ \Omega$; $R_3 = 32\ \Omega$; $R_4 = 16\ \Omega$

Lösungen

188. a) 54   b) 2,5   c) -12 d) $\dfrac{9+3\sqrt{3}}{2}$ e) 1,62

   f) $\sqrt{20} - \sqrt{10}$

189. a) $\dfrac{4}{3}$ b) $\dfrac{4}{5}$ c) $\dfrac{5}{4}$ d) $\dfrac{5}{6}$ e) $\dfrac{n}{n-1}$ f) $\dfrac{n}{n+1}$

190. $s = \dfrac{b^2}{a+b}$, $q = -\dfrac{b}{a}$, $|b| < |a|$

191. a) $s = a\left(1 + \sqrt{2}\right)$ b) $s = u$

192. 5960 DM   193. 3586,6 DM   194. 20 Jahre   195. 5,65 %

196. 3682 DM   197. 8786 DM   198. 12 Jahre

199. 1374 DM   200. 13 Jahre   201. 1529 DM

202. a) 10   b) $\binom{n(n-1)}{2}$ c) 0   d) 0   e) 0   f) 1   g) 0   h) 1

203. a) $\binom{12}{4} a^8 b^4$ und $\binom{12}{9} a^3 b^9$ b) $\binom{n}{k-1} a^{n-k+1} b^{k-1}$

204. a) $x^6 + 6x^5 y + 15x^4 y^2 + 20x^3 y^3 + 15x^2 y^4 + 6xy^5 + y^6$

   b) $a^7 - 14a^6 b + 84a^5 b^2 - 280a^4 b^3 + 560a^3 b^4 - 672a^2 b^5 + 448ab^6 - 128b^7$

   c) $x^8 - 8x^7 + 28x^6 - 56x^5 + 70x^4 - 56x^3 + 28x^2 - 8x + 1$

   d) $\dfrac{a^4}{b^4} - \dfrac{4a^2}{b^2} + 6 - \dfrac{4b^2}{a^2} + \dfrac{b^4}{a^4}$

205. a) 3,1384   b) 0,5905   c) 1,1717

206. a) $2a^4 + 12a^2 b^2 + 2b^4$ b) $8x + 8x^3$

207. $2^n = 1 + n + \binom{n}{2} + \binom{n}{3} + \cdots + \binom{n}{n-1} + 1$

   d. h.: Die Summe der Binomialkoeffizienten in der Entwicklung von $(a+b)^n$ ist gleich 2^n.

208. 417,92 DM

209. a) -1 b) -6 c) 15   d) $\dfrac{n^2 + n}{2}$ e) $-\dfrac{5}{128}$

   f) $\dfrac{33}{2048}$ g) $\dfrac{22}{729}$ h) $\dfrac{4}{81}$ i) $\dfrac{3}{8}$ k) $-\dfrac{5}{16}$ l) $\dfrac{44}{625}$ m) $-\dfrac{140}{81}$

210. a) $1 + \dfrac{1}{3}x - \dfrac{2}{2!3^2}x^2 + \dfrac{2 \cdot 5}{3!3^3}x^3 - \dfrac{2 \cdot 5 \cdot 8}{4!3^4}x^4 + - \cdots$

   b) $1 + \dfrac{1}{5}x - \dfrac{4}{2!5^2}x^2 + \dfrac{4 \cdot 9}{3!5^3}x^3 - \dfrac{4 \cdot 9 \cdot 14}{4!5^4}x^4 + - \cdots$

c) $1 + 2x + 3x^2 + 4x^3 + 5x^4 + \cdots$

d) $1 + \dfrac{2}{3}x - \dfrac{1}{3^2}x^2 + \dfrac{2}{3!} \cdot \dfrac{1 \cdot 4}{3^3}x^3 - \dfrac{2}{4!} \cdot \dfrac{1 \cdot 4 \cdot 7}{3^4}x^4 + - \cdots$

e) $1 - \dfrac{1}{3}x + \dfrac{1 \cdot 4}{2!3^2}x^2 - \dfrac{1 \cdot 4 \cdot 7}{3!3^3}x^3 + - \cdots$

211. a) 1,0323   b) 4,1231   c) 4,0207   d) 2,0598   e) 3,9969
     f) 20,075   g) 4,9324   h) 0,9980

212. a) 1,00050   b) 1,04881   c) 0,99995   d) 0,99950   e) 3,16228
     f) 5,09902   g) 10,0995   h) 11,9583   i) 4,02073   k) 10,0991

213. $e \approx 2{,}718281$

214. a) $\dfrac{\Delta s}{s} = \pm 0{,}4\,\%;\quad s = (51{,}0 \pm 0{,}2)\text{ mm}$

    b) $\dfrac{\Delta d}{d} = \pm 1{,}4\,\%;\quad d = (14{,}2 \pm 0{,}2)\text{ mm}$

    c) $\dfrac{\Delta P}{P} = \pm 0{,}85\,\%;\quad P = (600 \pm 5)\text{ mm}^2$

    d) $\dfrac{\Delta Q}{Q} = \pm 0{,}85\,\%;\quad Q = 1{,}77 \pm 0{,}02$

215. $\dfrac{\Delta A}{A} = \pm 0{,}22\,\%;\quad A = (1904 \pm 4)\text{ mm}^2$

216. $m = (65{,}5 \pm 0{,}5)\text{ mm};\quad \dfrac{\Delta m}{m} = \pm 0{,}76\,\%;\quad \dfrac{\Delta h}{h} = \pm 0{,}57\,\%;$

     $\dfrac{\Delta A}{A} = \dfrac{\Delta m}{m} + \dfrac{\Delta h}{h} = \pm 1{,}3\,\%;\quad A = (5764 \pm 80)\text{ mm}^2$

217. a) $1 + 2a + 2b$ b) $-0{,}12\,\%$

218. a) $132{,}5;\ -0{,}1\,\%$ b) $61{,}6;\ -0{,}05\,\%$

219. a) $0{,}46\,\%$ b) $1{,}7\,\%$

220. Der errechnete Wert ist um $0{,}0004\,\%$ zu klein.

Hinweis zu den Aufgaben 221 bis 238:

Einfache Aufgaben von ausschließlich graphischem Charakter sind nicht behandelt. Wo es sich darum handelt, zu einer gegebenen Funktionsgleichung die Kurve zu zeichnen, ist die Wertetabelle angegeben.

221. graphisch   222. graphisch   223. graphisch   224. graphisch

Lösungen 507

225.

x	−4	−3	−2	−1	0	1	2	3	4
$y(x)$	−3	−2,5	−2	−1,5	−1	−0,5	0	0,5	1

226.

x	−6	−3	0	3	6
$y(x)$	−3	−1	1	3	5

227.

x	−1	0	1	2	3	4	5
$y(x)$	8	3	0	−1	0	3	8

Minimum bei $x = 2$

228.

x	−4	−3	−2	−1,5	−1	0	1
$y(x)$	6	2	0	−0,25	0	2	6

Minimum bei $x = -1,5$

229.

x	4	5	6	7	8	9	10
$y(x)$	8	3	0	−1	0	3	8

Minimum bei $x = 7$

230.

x	−7	−6	−5	−4,5	−4	−3	−2
$y(x)$	6	2	0	−0,25	0	2	6

Minimum bei $x = -4,5$

231.

x	0	1	2	3	4
$y(x)$	−2	2	0	−2	2

232.

d	0	1	2	4	6	8	10
A	0	0,79	3,14	12,57	28,57	50,27	78,54

233.

$\varphi/°$	0	10	20	30	40	50	60	70	80	90	100	110	120
$r/$cm	1,00	1,06	1,12	1,19	1,26	1,34	1,42	1,51	1,60	1,69	1,79	1,90	2,01
$\varphi/°$	130	140	150	160	170	180	190	200	210	220	230	240	
$r/$cm	2,19	2,25	2,38	2,53	2,69	2,84	3,00	3,19	3,38	3,59	3,81	4,03	
$\varphi/°$	250	260	270	280	290	300	310	320	330	340	350	360	
$r/$cm	4,28	4,54	4,81	5,10	5,41	5,74	6,08	6,44	6,82	7,23	7,67	8,12	

234. graphisch

235.

$t/$s	0	1	2	3	4	5
$x/$m	0	21,21	42,42	63,63	84,84	106,05
$y/$m	0	16,11	22,42	18,63	4,84	−18,95

Wurfweite 90 m

236.

$p/$bar	1	2	3	4	5	6	7	8	9	10
$V/$dm³	10	5	3,33	2,5	2	1,67	1,43	1,25	1,11	1

237. P_1, P_2, P_3 nicht auf der Kurve; P_4 auf der Kurve

238. P_1, P_2 auf der Kurve; P_3, P_4 nicht auf der Kurve

239.
x	—4	0	4
y	3,5	1,5	—0,5

240.
x	—4	0	4
y	—8,5	—2,5	3,5

241.
x	—4	0	4
y	—51	—3	45

242.
x	—50	0	50
y	6	2	—2

243. graphisch   244. graphisch

245. Gleichung der x-Achse: $y = 0$
Gleichung der y-Achse: $x = 0$

246.
	t (in s)	0	10
Pferdefuhrwerk	s_1 (in m)	0	8,5
Fußgänger	s_2 (in m)	0	15
Pferd im Trab	s_3 (in m)	0	21
Straßenbahn	s_4 (in m)	0	60
Güterzug	s_5 (in m)	0	150
Personenzug	s_6 (in m)	0	200

247.
Feder-Nr.	Zugkraft in N bei Verlängerung	
	0 mm	20 mm
1 ($c_1 = 12$ N/mm)	0	240
2 ($c_2 = 28$ N/mm)	0	560

248. g_1) $y = 2,5x + 5$ g_2) $y = -0,75x + 3$ g_3) $y = 0,5x - 2,5$

249. 3   250. 1   251. 10   252. 2

253. $\dfrac{2}{3}$ 254. -12 255. -1 256. $-\dfrac{7}{5}$

257. $-9\dfrac{1}{11}$ 258. $\dfrac{3}{2}$ 259. $b-a$ 260. $\dfrac{c-b}{a}$

261. $\dfrac{a+b}{2}$ 262. $\dfrac{a+b}{m}$ 263. $\dfrac{a-b+c}{n}$ 264. $\dfrac{a}{m+n}$

Lösungen

265. $\dfrac{m}{a+b+2}$ 266. $\dfrac{b-d}{a-c}$ 267. $\dfrac{a}{2}\sqrt{5}$ 268. $2+\sqrt{3}$

269. $2+2\sqrt{7}$ 270. $\sqrt{a}+\sqrt{b}$ 271. $4\dfrac{1}{2}$ 272. 4

273. 8   274. 3   275. 0   276. -1

277. $\dfrac{3}{2}$ 278. $\dfrac{b}{a-n}$ 279. $\dfrac{a+c-bn}{m-2n}$ 280. $c-\dfrac{4}{3}a$

281. p 282. 4   283. 5   284. $4\dfrac{1}{2}$

285. 4   286. 0   287. 1   288. 4

289. 1,234   290. 0,25   291. 5   292. 3

293. 600   294. 0,1   295. 62   296. 5

297. 1   298. $b+\dfrac{c}{a}$ 299. $b-\dfrac{c}{a}$ 300. $3a-5b$

301. $\dfrac{b}{a}$ 302. a 303. $\dfrac{3}{2}(a-b)$ 304. $-b$

305. 0   306. $\dfrac{m}{a+b+c}$ 307. $\dfrac{b\cdot c}{a+c}$ 308. $\dfrac{2ab}{2a-3b}$

309. $\dfrac{a+c}{b}$ 310. $\dfrac{a+b}{a+1}$ 311. a 312. 1

313. a 314. 0   315. $\dfrac{a^2-ab+b^2}{a^2+ab+b^2}$ 316. a

317. b 318. $\dfrac{abc}{ab+ac+bc}$ 319. c 320. $\dfrac{a^2+bc}{b+c}$

321. a^2+ab+b^2 322. 1   323. 4   324. 1

325. 2   326. 3   327. 2   328. $-\dfrac{1}{6}$

329. 0   330. 1   331. 28   332. 25

333. -7 334. 6   335. 1   336. 5

337. 24   338. 6   339. 30   340. 111

341. 60   342. 100   343. 1   344. 12

345. 55,55   346. 7,77   347. $-5,5$ 348. 45

349. 100   350. 6   351. 2,2   352. 1

353. 3   354. 10   355. 9   356. -1

357. 4 358. $0,\overline{3}$ 359. 3 360. 2

361. 7 362. 5 363. 1 364. 3,5

365. 6 366. $\dfrac{1}{13}$ 367. 0,1 368. 0,2

369. 3 370. 9 371. 1,5 372. 5

373. $\dfrac{abcd}{ab+ac+bc}$ 374. $\dfrac{bdgh}{adg+bcg+bdf}$ 375. $\dfrac{a^2+b^2}{a+b}$

376. 0 377. b 378. $\dfrac{2ab}{a+b}$ 379. $\dfrac{a^2+b^2+c^2}{a+b+c}$

380. $\dfrac{a+b+c}{a^2+b^2+c^2}$ 381. $\dfrac{a^2+b^2+c^2}{ab+ac+bc}$ 382. mn

383. $\dfrac{ab}{a-1}$ 384. $\dfrac{ab(n-m)}{a-b}$ 385. $\dfrac{abc}{a+b}$

386. $\dfrac{bdm}{ad-bc}$ 387. $\dfrac{ap-cm}{an-bm}$ 388. $\sqrt{a}+\sqrt{b}$

389. $\dfrac{c^2+d^2}{2cd}$ 390. $-\dfrac{b}{a}$ 391. a 392. c

393. $a+b$ 394. -5 395. 14,8 396. -296

397. 18 398. 5 399. 4 400. 2

401. $\dfrac{b-a}{8}$ 402. $\dfrac{2a}{c+d}$ 403. a 404. $1\dfrac{1}{3}$

405. $\dfrac{a}{m}-\dfrac{c}{n}$ 406. $b+1$ 407. 100 408. 10

409. 17 410. 0,5 411. 1 412. 10

413. 24 414. -1 415. 9 416. 5

417. 4 418. 17 419. 19 420. 3

421. 10 422. 9 423. 2 424. 7

425. 4 426. 5 427. 4,9 428. 2

429. 11 430. 2 431. 10 432. 7

433. 2 434. 10 435. 33 436. 99

437. 11 438. 17 439. 111 440. 10

441. $1\dfrac{2}{7}$ 442. -37 443. $\dfrac{1}{3}$ 444. 13

Lösungen

445. 3   446. 17   447. 10   448. 11

449. 5   450. 8   451. 7   452. 1,4

453. 10   454. 0,3   455. 3   456. 9

457. 7   458. $4\frac{10}{17}$ 459. 5   460. 2

461. 1   462. 8   463. 2   464. 10

465. 5   466. 1   467. 1   468. 11

469. 1   470. 2   471. 1   472. 3

473. 1,4142   474. 24   475. 0,25   476. $\frac{1}{3}$

477. a 478. 0   479. $\frac{a}{b}$ 480. b

481. $\frac{b \cdot c}{a}$ 482. $\frac{a-c}{m-n} - b$ 483. 0   484. $\frac{a \cdot c}{b}$

485. $\frac{2mn}{r+m}$ 486. $\frac{a \cdot b}{b-c}$ 487. $4a$ 488. $\frac{a+b}{\sqrt{ab}}$

489. $a\sqrt{b} + b\sqrt{a}$ 490. $a-b$ 491. b 492. $\frac{p \cdot q}{p+q}$

493. 1   494. $6a^2 b^2 c^2$ 495. $\frac{c-an-bm}{a+b}$ 496. $\frac{3}{5}$

497. $\frac{(7b+1)^2}{2a+3}$ 498. 10   499. $\sqrt{a} + \sqrt{b} + \sqrt{c}$ 500. $a^2 - b^2$

501. $a-b$ 502. $a^2 - b^2$ 503. $\frac{a-b}{3}$ 504. $\frac{a+b}{2}$

505. $V = \frac{V_0 p_0}{p}(1 + \alpha \Delta t)$ $p = \frac{V_0 p_0}{V}(1 + \alpha \Delta t)$ $V_0 = \frac{Vp}{p_0(1+\alpha \Delta t)}$

$p_0 = \frac{Vp}{V_0}(1 + \alpha \Delta t)$ $\alpha = \frac{Vp - V_0 p_0}{V_0 p_0 \Delta t}$ $\Delta t = \frac{Vp - V_0 p_0}{\alpha V_0 p_0}$

506. $U_1 = IR + U_2$ $U_2 = U_1 - IR$ $R = \frac{U_1 - U_2}{I}$

507. $U = \frac{I(nR_i + R_a)}{n}$ $R_i = \frac{nU - IR_a}{nI}$

$R_a = \frac{n(U - IR_i)}{I}$ $n = \frac{IR_a}{U - IR_i}$

508. $U = \dfrac{I(R_i + nR_a)}{n}$ $\qquad R_a = \dfrac{nU - IR_i}{In}$

$R_i = \dfrac{n(U - IR_a)}{I}$ $\qquad n = \dfrac{IR_i}{U - IR_a}$

509. $a = \dfrac{bf}{b-f}$ $\qquad b = \dfrac{af}{a-f}$ $\qquad f = \dfrac{ab}{a+b}$ $\qquad$ 510. $\dfrac{55}{56}$

511. 3,75 $\qquad$ 512. 5,81 $\qquad$ 513. 20 $\qquad$ 514. 75

515. 60 $\qquad$ 516. 359 DM $\qquad$ 517. 40 Stck. $\qquad$ 518. 1,60 DM; 1,30 DM

519. A) 72 DM; 3600 DM $\quad$ B) 36 DM; 1800 DM $\quad$ C) 24 DM; 1200 DM
$\qquad$ D) 18 DM; 900 DM

520. Ges. 18000 DM $\quad$ A) 7200 DM $\quad$ B) 5800 DM $\quad$ C) 5000 DM

521. 68600 DM; 109760 DM $\qquad$ 522. 1000 l; 10 l/min $\qquad$ 523. 15 Tage

524. 18000 m³/Tag $\quad$ 8000 m³/Tag $\quad$ 6000 m³/Tag $\quad$ 12000 m³/Tag

525. 15 Tage 3 h 25 min $\quad$ 15 m³/h u. 20 m³/h $\quad$ 4320 m³

526. $5\dfrac{3}{4}$ Tage $\qquad$ 527. 4 Tage $\qquad$ 528. a) $2\dfrac{2}{3}$ Tage $\quad$ b) 4 Tage $\quad$ c) $1\dfrac{2}{3}$ Tage

529. 6710 kg $\qquad$ 530. 5,940 km; $\quad$ 38360 DM; $\quad$ 37240 DM

531. 80 DM und 60 DM $\qquad$ 532. 24 min $\qquad$ 533. 14,42 min

534. 3 h 20 min $\qquad$ 535. 18 l/min und 33 l/min $\qquad$ 536. 6000 l

537. Pumpe 1: 6 h $\qquad$ Pumpe 2: 7,5 h $\qquad$ Pumpe 3: 5 h

538. a) 250 h $\quad$ b) 249 h 57 min 30 s

539. 1477 Bäume $\qquad$ 540. 594 Stck.; 3,570 km $\qquad$ 541. 42 min; 37 min

542. $d_1 = 178$ mm; $d_2 = 668$ mm $\qquad$ 543. $n \approx 19$ min^{-1} $\qquad$ 544. Nach 6 h

545. 28 km $\qquad$ 546. Nach 40 min; 24 km vom Start des ersten **Fahrzeugs** entfernt

547. 40 s $\qquad$ 548. 120 m $\qquad$ 549. a) 100 s; $\quad$ b) 20 s

550. 10 m/s $\qquad$ 551. 0,5 km/min² $\qquad$ 552. 0,5 km/min²; 1 km

553. 67,5 km $\qquad$ 554. 45 km/h; 210 km $\qquad$ 555. 180 km

556. 15 h; 16 h 40 min $\qquad$ 557. 43,6 min; 49,1 min; 10,9 min

Lösungen

558. a) 1. 6 m 2. $U = 15$ m $d = 4,78$ m 3. $n_1 = 2$ min^{-1} $n_2 = \dfrac{4}{5}$ min^{-1}

b) 1. 14 m 2. $U = 35$ m $d = 11,15$ m 3. $n_1 = \dfrac{6}{7}$ min^{-1} $n_2 = \dfrac{12}{35}$ min^{-1}

559. 1 m/s   560. $v_{\text{Schiff}} = 20$ km/h $v_{\text{Strom}} = 5$ km/h $\Delta v = 3$ km/h

561. $U = 480$ m $d = 152,79$ m $v_1 = 9$ m/s $v_2 = 6$ m/s

$n_1 = \dfrac{9}{8}$ min^{-1} $n_2 = \dfrac{3}{4}$ min^{-1}

562. $4\dfrac{3}{8}$ l   563. $7\dfrac{7}{9}$ l   564. $82\dfrac{11}{12}$ %

565. 760 ‰   566. 8,27 kg/dm³   567. 8,783 kg/dm³   568. 7,983 kg/dm³

569. 75,511 kg Cu;   44,489 kg Zn   570. 798 g Cu;   130 g Sn

571. 12,136 kg Cu und 2,864 kg Zn   572. 50 kg Cu; 20 kg Cu

573. 38,6 kg Zn;   39,9 kg Zn   574. 3000 l

575. a) 10 g Salpeter zusetzen oder $3\dfrac{7}{11}$ g Schwefel entziehen

b) $5\dfrac{5}{7}$ g Salpeter und $5\dfrac{5}{7}$ g Schwefel entziehen

c) $2\dfrac{2}{3}$ g Salpeter zusetzen und $2\dfrac{2}{3}$ g Schwefel entziehen

576. a) 12 kg H$_2$O bzw. $2\dfrac{2}{7}$ kg Salz

b) 19,2 kg H$_2$O bzw. $4\dfrac{4}{5}$ kg Salz

577. 120 l   578. 75 l zu 58 % und 120 l zu 84 %   579. 140 l

580. 17,5 m³ zu 90 %   2,5 m³ zu 50 %

581. $51\dfrac{2}{3}$ %   582. 15 °C   583. 6,46 K; 14 Stücke

584. 43,1 t   585. 3,125 %   586. 200 N

587. 0,163 m vom Angriffspunkt der Last entfernt

588. 1,60 m vom vorderen Ende der Stange entfernt

589. 3,1 bar   590. 3000 N:$g \approx 300$ kg   591. 48 kg   592. 18,75 cm; 23,44 cm

593. 40,8 kg Sn; 95,2 kg Pb   594. 205,406 g Ag; 66,194 g Cu   595. 6,079 kg

596. 1,479 kg   597. 80 kg · $g = 785$ N   598. 245 kg · $g \approx 2400$ N   599. 0,02 m

600. 11 cm   601. 11 cm; 22 cm   602. 16 cm; 256 cm²

603. 14,5 cm; 130,5 cm³   604. 21 cm und 18 cm

605. $g_1 = \dfrac{150}{8}$ cm $g_2 = \dfrac{250}{8}$ cm

606. 6 cm; 8 cm

(Eine Winkelhalbierende teilt die dritte Seite im Verhältnis der beiden anderen Seiten.)

607. 46 cm; 49 cm   608. 1,2 cm   609. 25,5 m

610. a) $2:3; 3:5; 4:7; 7:9$ b) $4:5; 4:3; 2:7; 9:10$ c) $5:6; 3:10; 3:1000; 4:30$
   d) $7:13; 7:9; 323:342$ e) $7:9; 13:14; 55:16$

611. a) $a:b = 7:4$ b) $u:v = 6:5$ c) $1:x = 1:6$ d) $3:1 = 4y:1$
   e) $1:1 = a:5c$ f) $1:1 = x^2:25$

612. a) $0{,}234 = 0{,}234$ (Richtig)   b) $26{,}1 = 26{,}1$ (Richtig)
   c) $42{,}63 = 42{,}63$ (Richtig)   d) $6 = 6$ (Richtig)

613. a) $3:9 = 5:15$; $3:5 = 9:15$; $15:5 = 9:3$; $15:9 = 5:3$
   $5:15 = 3:9$; $9:15 = 3:5$; $9:3 = 15:5$; $5:3 = 15:9$
   b) $2:1{,}5 = 10:7{,}5$; $2:10 = 1{,}5:7{,}5$;
   $7{,}5:10 = 1{,}5:2$; $7{,}5:1{,}5 = 10:2$;
   $10:7{,}5 = 2:1{,}5$; $1{,}5:7{,}5 = 2:10$;
   $1{,}5:2 = 7{,}5:10$; $10:2 = 7{,}5:1{,}5$
   c) $5a:10b = 2a:4b$; $5a:2a = 10b:4b$;
   $4b:2a = 10b:5a$; $4b:10b = 2a:5a$;
   $2a:4b = 5a:10b$; $10b:4b = 5a:2a$;
   $10b:5a = 4b:2a$; $2a:5a = 4b:10b$
   d) $6p^3:16pq^2 = 3p^2q:8q^3$; $6p^3:3p^2q = 16pq^2:8q^3$;
   $8q^3:3p^2q = 16pq^2:6p^3$; $8q^3:16pq^2 = 3p^2q:6p^3$;
   $3p^2q:8q^3 = 6p^3:16pq^2$; $16pq^2:8q^3 = 6p^3:3p^2q$;
   $16pq^2:6p^3 = 8q^3:3p^2q$; $3p^2q:6p^3 = 8q^3:16pq^2$

614. a) $6:15 = 10:25$; $25:15 = 10:6$; $25:10 = 15:6$;
   $15:25 = 6:10$; $10:25 = 6:15$; $10:6 = 25:15$;
   $15:6 = 25:10$

Lösungen

b) $(-4) : 2 = 9 : (-4,5)$; $(-4,5) : 2 = 9 : (-4)$;
$(-4,5) : 9 = 2 : (-4)$; $2 : (-4,5) = (-4) : 9$;
$2 : (-4) = (-4,5) : 9$;
$9 : (-4,5) = (-4) : 2$;
$9 : (-4) = (-4,5) : 2$

c) $p : r = q : s$; $s : r = q : p$; $s : q = r : p$; $r : s = p : q$;
$q : s = p : r$; $q : p = s : r$; $r : p = s : q$

d) $(u + v) : (u + v)^2 = (u - v) : (u^2 - v^2)$;
$(u^2 - v^2) : (u + v)^2 = (u - v) : (u + v)$;
$(u^2 - v^2) : (u - v) = (u + v)^2 : (u + v)$;
$(u + v)^2 : (u^2 - v^2) = (u + v) : (u - v)$;
$(u - v) : (u^2 - v^2) = (u + v) : (u + v)^2$;
$(u - v) : (u + v) = (u^2 - v^2) : (u + v)^2$;
$(u + v)^2 : (u + v) = (u^2 - v^2) : (u - v)$

615. $ap : bq = 15 : 24$; $aq : bp = 18 : 20$

616. a) $5 : p = 3 : 2$; b) $q : (-2) = 4 : (-1)$; c) $r : 3 = 11 : 1$; d) $x : y = u : v$;
e) $2x : 3y = 5a : (3b - 4c)$; f) $x : y = a : b$; g) $x : y = (3a + 4b) : (5a - 6b)$

617. a) 20 b) 12 c) $142\frac{8}{21}$ d) 35 e) 2,5 f) $14a^2$

g) $\frac{b}{d}$ h) $\frac{a}{c}$ i) $\frac{1}{3}$ k) $\frac{b}{c}$ l) 10 m) 8

n) 3 o) $\frac{ab}{a+b}$ p) $\frac{b^2 - ab}{a}$ q) $\frac{2a - b}{a - b}$

618. a) 12 b) 77 c) 21 d) 7,6 e) 1,05 f) $\frac{v \cdot w}{u}$

619. a) 7,35 b) 13,86 c) 11,62 d) $\sqrt{xy}$

620. a) $a : b : c = 6 : 1 : 15$ b) $a : b : c = 30 : 56 : 63$ c) $a : b : c = 10 : 18 : 13$
d) $a : b : c = 24 : 45 : 70$ e) $a : b : c : d = 84 : 90 : 68 : 75$
f) $a : b : c : d = 126 : 231 : 91 : 120$

621. 3 : 2   622. 1 : 1   623. 2 : 3   624. a) Bauer B b) 4 : 5 c) 25%

625. 6000 Steine   626. 4 : 1   627. 4 : 5   628. 2,25 : 1

629. 1,775 kg   630. 1,583 : 1   631. 1 : 6,25   632. $\varrho_1 : \varrho_2 = h_2 : h_1$

633. 2,9 l   634. a) 1500 l; b) 1000 l; 750 l; 500 l; 250 l

Lösungen

635. $625 : 4 = 156{,}25 : 1$

Hinweis zu den Aufgaben 636 bis 794:

Bei jeder Aufgabe bedeuten die Zahlen die Werte der Unbekannten in ihrer alphabetischen Reihenfolge.

636. 250; 97   637. 21; 10   638. 17; 13   639. 71; 14

640. 11; 10   641. 12; 8   642. 12; 15   643. 7; 3

644. 2,2; 1,1   645. 0,7; —0,5   646. 0,5; 0,8   647. 7; 3

648. 2; 3   649. 3; 4   650. 0,8; 0,9   651. $\frac{3}{10}; \frac{1}{7}$

652. 5; 3   653. —8,65; —7,97   654. 8; 9   655. —2,363; —1,79

656. 3; 1   657. —4,498; —4,434   658. 7; 8   659. 11; 7

660. 17; 13   661. —7; —3   662. 9,99; 7,77   663. 7,3; 3,7

664. 11; 6   665. 7; 5   666. 3; 2   667. 4; 3

668. 2; 3   669. 5; 3   670. 13; 11   671. 7; 5

672. 3; 1   673. $2a - 3b; 3a - 2b$ 674. $\frac{a+b}{2}; \frac{a-b}{2}$

675. $7a - 5b; 5a - 7b$ 676. $a^2 + ab + b^2; a^2 - ab + b^2$

677. $\frac{m+n}{a+1}; \frac{m-an}{a+1}$ 678. $\frac{ac}{am+bn}; \frac{bc}{am+bn}$

679. 1; 1   680. $\frac{b(b-2a)}{a+2b}; \frac{a(a+2b)}{b-2a}$ 681. $\frac{a+b}{a}; \frac{a-b}{b}$

682. $\frac{a}{a+b}; \frac{b}{a-b}$ 683. $\frac{aa_1(b_1c_1-bc)}{ab_1-a_1b}; \frac{bb_1(ac-a_1c_1)}{ab_1-a_1b}$

684. $\frac{a(c-d)}{ad-bc}; \frac{b(c-d)}{ad-bc}$ 685. $\sqrt{6}; 1$ 686. $\sqrt{a}+\sqrt{b}; \sqrt{a}-\sqrt{b}$

687. 13; 15; 17   688. $\frac{1}{2}(b+c-a); \frac{1}{2}(a+c-b); \frac{1}{2}(a+b-c)$

689. 7; 5; 2   690. 3; 2; 1   691. 18; 15; 5   692. 1,7; 1,8; 1,9

693. $a; b; c$ 694. 28; 32; 40   695. 10; 6; 2   696. 21; 22; 23

697. 15; 12; 8   698. 15; 6; 8   699. 3; —2; —5   700. 15; 12; 10

701. —1; 3; 2,5   702. $\frac{b+c}{2}; \frac{a+c}{2}; \frac{a+b}{2}$

Lösungen

703. 5; 2; 8   704. 55; 33; 11   705. $\dfrac{am}{a+b+c}$; $\dfrac{bm}{a+b+c}$; $\dfrac{cm}{a+b+c}$

706. 6; 12; 9   707. 5; 3; 1   708. 7; 3; 1   709. $\dfrac{5}{6}$; $\dfrac{3}{2}$; $\dfrac{2}{3}$

710. 3; 5; 7   711. 11; 13; 17   712. 5; 3; 1   713. $\dfrac{22}{7}$; $\dfrac{15}{7}$; $\dfrac{8}{7}$

714. $\dfrac{1}{14}(2a+b-c)$; $\dfrac{1}{14}(2b+c-a)$; $\dfrac{1}{14}(2c+a-b)$

715. $\dfrac{1}{38}(a-2b+3c)$; $\dfrac{1}{38}(b-2c+3a)$; $\dfrac{1}{38}(c-2a+3b)$

716. 2,3; 3,4; 4,5   717. 4; 7; 3   718. 20; 30; 40   719. 30; 20; 70

720. 30; 12; 70   721. 6; 12; 20   722. 5; 2; 0   723. 1; 1; 1

724. 5; 3; 1   725. 3; 4; 5   726. 2; 3; 1

727. $\dfrac{1}{b+c-a}$; $\dfrac{1}{a+c-b}$; $\dfrac{1}{a+b-c}$ 728. $\dfrac{bc}{b+c}$; $\dfrac{ac}{a+c}$; $\dfrac{ab}{a+b}$ 729. $\dfrac{1}{2}$; $\dfrac{1}{3}$; $\dfrac{1}{4}$

730. 5; 4; 3   731. 7; 3; 1   732. 1; 3; 5   733. 3; 4; 2

734. 1; 1; 1   735. 0; 30; 20; 10   736. $\dfrac{194}{23}$; $-\dfrac{27}{23}$; $\dfrac{111}{23}$; $\dfrac{102}{23}$

737. 18; 6; 12; 15   738. 2; 5; 4; 3   739. 1; 4; 6; 2

740. $-4\dfrac{1}{3}$; $-2{,}25$; $-3{,}5$; $1{,}2$ 741. 210; 210; 210; 210

742. 1,5; 2,5; 3,25; 1,75   743. $-0{,}5$; $-2{,}5$; $5{,}5$; $3{,}5$; $1{,}5$

744. 0; 0,5; 3; 1,5; 2   745. 4; 7; 3; 9; -1 746. 15,5; 21,5; 21; 17; 19,5

747. 4; -4; 13; -6; 8   748. 2; 1; 5; 4; 3   749. 5; 3; 2; -1; 4; -2

750. 11; 5   751. 51; 50   752. 13; 19   753. 7; 6   754. 5%; 4,5%; 4%

755. Im Einkauf: 3 DM/kg; 5 DM/kg;   im Verkauf: 3,375 DM/kg; 5,75 DM/kg

756. In der ersten Mischung 10,25 Teile und 25,23 Teile; in der zweiten Mischung 18,25 Teile und 11,23 Teile

757. 15%; 10%   758. 39,216 kg Cu   759. 36 dm³ ($\varrho = 1{,}15$ kg/dm³)

7,809 kg Zn   24 dm³ ($\varrho = 1{,}2$ kg/dm³)

760. 1. Sorte 700⁰/₀₀   2. Sorte 875⁰/₀₀

761. Jetzt: 9 DM und 6 DM; früher 10 DM und 6,50 DM

762. 19 g/cm³; 11 g/cm³

763. 480 l
400 l
560 l

764. warm: 12 l/min
kalt: 14 l/min
beide: 15 min

765. 12 min
9 min
beide: $5\frac{1}{7}$ min

766. 90 min
60 min
40 min
gemeinsam: $18\frac{18}{19}$ min

767. 108 DM/Woche
120 DM/Woche

768. 160 DM/Woche
128 DM/Woche
96 DM/Woche

769. 20 cm; 15 cm

770. Vorjahrsproduktion 800 Maschinen, Produktionsauflage des neuen Jahres 960 Maschinen

771. 28 Tage
21 Tage

772. 150 km
45 km/h

773. Schiff: 16 km/h
Strom: 4 km/h

774. 55 cm/min
33 cm/min

775. 23 m/s
17 m/s

776. 180 g Holz
310 g Cu

777. 1,6 kg Holz
1,6 kg Fe

778. 5 km/h
3 km/h

779. 19 cm
18 cm

780. 34 cm
50 cm

781. $\overline{AB} = 111$ km
$\overline{BC} = 135$ km
$\overline{AC} = 156$ km

782. $p_1 = 9$ cm
$p_2 = 5$ cm
$h = 12$ cm

783. 42 cm
36 cm

784. 720 N
40 cm

785. 44 Zähne
28 Zähne

786. 144 V

787. $F_1 = 180$ N
$F_2 = 130$ N

788. 45 Zähne
25 Zähne
10 Zähne

789. 315 km; $v_s = 70$ km/h
$v_p = 45$ km/h; $v_g = 30$ km/h

790. 3,4 dm³ (Dichte 1,35 kg/dm³)
17 dm³ (Dichte 0,93 kg/dm³)

791. 6 m³; 12 m
9 m³; 8 m
4 m³; 18 m

792. 140 hl
100 hl
30 hl

793. 405

794. 350 l
210 l
180 l

Lösungen 519

Hinweis zu den Aufgaben 795 bis 800:

Wo es sich darum handelt, zu einer gegebenen Funktionsgleichung die Kurve zu zeichnen, ist die Wertetabelle angegeben.

795.

x	—3	—2	—1	0	1	2	3
$y = 3x^2$	27	12	3	0	3	12	27
$y = -3x^2$	—27	—12	—3	0	—3	—12	—27
$y = \frac{1}{3}x^2$	3	1,33	0,33	0	0,33	1,33	3
$y = -\frac{1}{3}x^2$	—3	—1,33	—0,33	0	—0,33	—1,33	—3

796.

x	—3	—2	—1	0	1	2	3	4	5
$y = (x-1)^2$	16	9	4	1	0	1	4	9	16
$y = -(x-1)^2$	—16	—9	—4	—1	0	—1	—4	—9	—16

797.

x	0	1	2	3	4	5	6
$y = x^2 - 6x + 8$	8	3	0	—1	0	3	8
$y = x^2 - 6x + 9$	9	4	1	0	1	4	9
$y = x^2 - 6x + 10$	10	5	2	1	2	5	10

Nullstellen: a) $x = 2$ und $x = 4$; b) $x = 3$; c) nicht vorhanden

798.

x	—4	—3	—2	—1	0	1	2
$y = x^2 + 2x - 3$	5	0	—3	—4	—3	0	5
$y = x^2 + 2x + 1$	9	4	1	0	1	4	9
$y = x^2 + 2x + 3$	11	6	3	2	3	6	11

Nullstellen: a) $x = -3$ und $x = 1$; b) $x = -1$; c) nicht vorhanden.

799.

t (in s)	0	1	2	3	4	5
s (in m)	0	4,905	19,62	44,145	78,48	122,625

800.

x (in m)	0	2	4	6	8	10	12	14	16	18	20
$-y$ (in m)	0	0,8	3,2	7,2	12,8	20,0	28,8	39,2	51,2	64,8	80,0

801. $+13$; -13 802. $+0,273$; $-0,273$ 803. $+2,236$; $-2,236$

804. $+17$; -17 805. $+\sqrt{\frac{b}{a}}$; $-\sqrt{\frac{b}{a}}$ 806. $+\sqrt{\frac{bc}{ad}}$; $-\sqrt{\frac{bc}{ad}}$

807. $+\sqrt{\frac{b+c}{a}}$; $-\sqrt{\frac{b+c}{a}}$ 808. $+5$; -5 809. $+2$; -2

810. $+\sqrt{\frac{b+d}{a-c}}$; $-\sqrt{\frac{b+d}{a-c}}$ 811. $+\frac{3}{4}$; $-\frac{3}{4}$ 812. $+5$; -5

813. $+3$; -3 814. $+1$; -1 815. $+7$; -7 816. 7; -9

817. 7; -8 818. 5; 3 819. 10; 1 820. 7; -13

821. 10; -3 822. 37; 3 823. 12; 5 824. $0{,}41$; $-2{,}41$

825. $0{,}618$; $-1{,}618$ 826. $5{,}236$; $0{,}764$ 827. $4{,}366$; $2{,}634$

828. $1+i$; $1-i$ 829. 1; $-0{,}5$ 830. $5+i\sqrt{7}$; $5-i\sqrt{7}$

831. $0{,}5$; $0{,}25$ 832. $-a+\sqrt{a^2+b}$; $-a-\sqrt{a^2+b}$

833. 3; $-2\frac{2}{3}$ 834. $a+\sqrt{a^2-b}$; $a-\sqrt{a^2-b}$

835. 7; $-7\frac{1}{7}$ 836. $-\frac{a}{2}+\sqrt{\frac{a^2}{4}+b}$; $-\frac{a}{2}-\sqrt{\frac{a^2}{4}+b}$

837. 2; $-0{,}5$ 838. $\frac{a}{2}+\frac{1}{2}\sqrt{a^2-4b}$; $\frac{a}{2}-\frac{1}{2}\sqrt{a^2-4b}$

839. $7\frac{1}{4}$; $5\frac{1}{3}$ 840. $\frac{b}{a}+\frac{1}{a}\sqrt{b^2-ac}$; $\frac{b}{a}-\frac{1}{a}\sqrt{b^2-ac}$

841. $\frac{1}{3}$; $-\frac{3}{2}$ 842. $\frac{b}{a}+\frac{1}{a}\sqrt{b^2+ac}$; $\frac{b}{a}-\frac{1}{a}\sqrt{b^2+ac}$

843. $2\frac{2}{3}$; $-3\frac{1}{2}$ 844. 5; $2\frac{1}{3}$ 845. $\frac{3}{4}$; $-\frac{4}{5}$ 846. $\frac{5}{7}$; $-\frac{9}{13}$

847. $3{,}19$; $-4{,}48$ 848. $2\frac{1}{3}$; $\frac{3}{5}$ 849. $3{,}75$; $-1{,}42$ 850. $5\frac{1}{2}$; $-\frac{3}{7}$

851. $3\frac{1}{3}$; $2\frac{1}{2}$ 852. $1{,}13$; $0{,}07$ 853. $2{,}5$; $1{,}75$ 854. $6\frac{1}{5}$; $5\frac{2}{3}$

855. $3{,}1$; $2{,}1$ 856. $\frac{1}{2a}(b+\sqrt{b^2+4ac})$; $\frac{1}{2a}(b-\sqrt{b^2+4ac})$

857. $a+\frac{bc}{a}$; $a-\frac{bc}{a}$ 858. $\frac{1}{2a}(-b+\sqrt{b^2-4ac})$; $\frac{1}{2a}(-b-\sqrt{b^2-4ac})$

859. $\frac{a}{c}+\frac{ab}{d}$; $\frac{a}{c}-\frac{ab}{d}$ 860. $-d+\sqrt{c-\frac{bd}{a}}$; $-d-\sqrt{c-\frac{bd}{a}}$

861. $\sqrt{\frac{a}{2}}+\sqrt[4]{\frac{3}{4}a}$; $\sqrt{\frac{a}{2}}-\sqrt[4]{\frac{3}{4}a}$ 862. $\frac{7}{12}b+\frac{4}{7}abc$; $\frac{7}{12}b-\frac{4}{7}abc$

863. $\sqrt[3]{\frac{b^2}{2}}+\sqrt[6]{\frac{a-d}{1}}$; $\sqrt[3]{\frac{b^2}{2}}-\sqrt[6]{\frac{a-d}{2}}$ 864. $\frac{a_1b_1}{a_2}+\frac{a_2b_2}{a_1}$; $\frac{a_1b_1}{a_2}-\frac{a_2b_2}{a_1}$

865. $\frac{a}{c}+i\cdot\frac{a}{c}$; $\frac{a}{c}-i\cdot\frac{a}{c}$ 866. $\frac{m}{n}+i\cdot\sqrt{\frac{m}{n}}$; $\frac{m}{n}-i\cdot\sqrt{\frac{m}{n}}$

867. 7; 5 868. 13; -3 869. $a-b$; $b-c$ 870. $\sqrt{7}$; $\sqrt{5}$

Lösungen

871. 0; 1   872. 0; a 873. 0; $\dfrac{2ab}{a+b}$ 874. 0; $a+b$

875. a; $\dfrac{b+c-a}{2}$ 876. a; $\dfrac{b+c}{2}$ 877. $a-b$; $\dfrac{b-c}{2}$ 878. 8; 3

879. 7; $-4\dfrac{1}{3}$ 880. 0; 10   881. 1; 0,5   882. $6+8i$; $6-8i$

883. 13; -4 884. 1,75; 1   885. 2; $-6\dfrac{3}{7}$ 886. 5; -3

887. 12; 1   888. 18; 6   889. 8; $-7\dfrac{3}{11}$ 890. 2; $\dfrac{29}{24}$

891. 4; -10 892. 1; -28 893. 9; 2   894. 23; 8

895. 7; $2\dfrac{4}{7}$ 896. 1; $2\dfrac{2}{5}$ 897. 3; $1\dfrac{2}{5}$ 898. 5; $2\dfrac{2}{7}$

899. 5; $2\dfrac{1}{2}$ 900. 2; $5\dfrac{1}{2}$

901. $\dfrac{am-bn+\sqrt{(a^2-b^2)(m^2-n^2)}}{an-bm}$;

$\dfrac{am-bn-\sqrt{(a^2-b^2)(m^2-n^2)}}{an-bm}$

902. 0; $\dfrac{2ab}{a+b}$ 903. $\dfrac{a+b}{2}$; $\dfrac{a-b}{2}$

904. $(x-3)(x-4)=0$ 905. $(x+10)(x+3)=0$

906. $(x+9)(x+3)=0$ 907. $(x+7)(x-5)=0$

908. $(x+3a)(x+a)=0$ 909. $(x-2b)(x+b)=0$

910. $(x+2b)(x-b)=0$ 911. $(2x-1)(x-3)=0$

912. $(3x-2a)(x-5a)=0$ 913. $(3x+2b)(2x-3b)=0$

914. $(2x+b)(x-3b)=0$ 915. $+3$; -3; $+2$; -2

916. $+5$; -5; $+2i$; $-2i$ 917. $+4$; -4; $+1,732i$; $-1,732i$

918. $+2,646$; $-2,646$; $+i$; $-i$

919. $+1,225$; $-1,225$; $+1,183i$; $-1,183i$

920. $+1,871$; $-1,871$; $+1,291i$; $-1,291i$

921. $+(a+b)$; $-(a+b)$; $+(a-b)$; $-(a-b)$

922. $+2; -0.2$ $-1+i\sqrt{3}; -1-i\sqrt{3}$ $\frac{1+i\sqrt{3}}{10}; \frac{1-i\sqrt{3}}{10}$

923. $\frac{1}{3}; -\frac{1}{3}$ 924. $24; -37$ 925. $59; 41$

926. $49; 16$ 927. $324; 576$ 928. 289 und 121

929. $4,5\%$ 930. Vor der Preissenkung 1,20 DM bzw. 0,67 DM, nach der Preissenkung 1,00 DM bzw. 0,60 DM

931. 60 Stck; 0,05 DM   932. 12 Arb.; 120 DM   933. 10% größer

934. 12 Tage; 15 Tage   935. 30 cm; 40 cm   936. 0,494 m; 0,192 m

937. 8 cm; 6 cm   938. 8 cm   939. 56 m; 33 m   940. 40 cm; 21 cm

941. 21 cm; 20 cm   942. 28 mm   943. 7,24 cm   944. 17,960 m

945. 133,5 m; 81,5 m   946. 10 cm; 6 cm; 14 cm   947. 23 cm; 13 cm

948. 28 cm; 21 cm   949. 36 Tage   950. a) 4500 N/min, in 8 min
                         45 Tage   b) 4000 N/min, in 9 min

951. 21 Tage   952. 4 Tage; 18 DM/Tag   953. 84 min
     28 Tage   6 Tage; 15 DM/Tag

954. 3 h; 5 h   955. 15 h und 10 h   956. 4 h

957. Eilzug: 56,25 km/h; 4 h   958. 15 km   959. 13 cm/s
     Personenzug: 30 km/h; 7,5 h

960. 35 m/min   961. 4 s   962. 5 s; 1) 100 m; 2) 125 m
     60 m/min

963. 60 km   964. 91 s   965. 151 m   966. 113,098 cm³

967. 160 m   968. $d_1 = 40$ cm; $h_1 = 30$ cm   969. 678,6 cm²; 1018 cm³
             $d_2 = 30$ cm; $h_2 = 40$ cm

970. $R = 14$ cm; $r = 7$ cm   971. $D = 26$ cm; $d = 20$ cm

972. 8 N; 15 N   973. 4 A; 30 Ω   974. 0,5 Ω; 1,5 Ω   975. 18 N; 24 N

976. 8 Ω; 12 Ω, 2,4 Ω   977. 26,8 Ω; 226,8 Ω   978. 40 Ω; 10 Ω   979. $R_1 = R_2 = 110$ Ω

980. $\approx 22\,500$ Fl.   981. 80 cm   982. 0,67 mm

Lösungen

983. $x_1 = 2; \quad y_1 = 1$

$x_2 = -2; \quad y_2 = 1$

$x_3 = 2; \quad y_3 = -1$

$x_4 = -2; \quad y_4 = -1$

984. $x_1 = 3; \quad y_1 = 2$

$x_2 = -3; \quad y_2 = 2$

$x_3 = 3; \quad y_3 = -2$

$x_4 = -3; \quad y_4 = -2$

985. $x_1 = 3; y_1 = 4$

$x_2 = 6; y_2 = 2$

986. $x_1 = 7; \quad y_1 = 1$

$x_2 = 2\frac{9}{13}; \quad y_2 = 6\frac{7}{13}$

987. $x_1 = 2 \quad y_1 = 1$

$x_2 = \frac{10}{33}; \quad y_2 = 2\frac{3}{11}$

988. $x_1 = 3; y_1 = 1$

$x_2 = -20; y_2 = -45$

989. $x_1 = 4; y_1 = 0$

$x_2 = -0{,}5; y_2 = -4{,}5$

990. $x_1 = 3; y_1 = 2$

$x_2 = 1\frac{5}{6}; y_2 = 1\frac{1}{8}$

991. $x_1 = 7; y_1 = 4$

$x_2 = -5; y_2$

992. $x_1 = 2; y_1 = 4\frac{1}{3}$

$x_2 = 6; y_2 = 3$

993. $x_1 = 4; y_1 = 6$

$x_2 = -3{,}6;$

$y_2 = -5{,}4$

994. $x_1 = +\dfrac{am}{\sqrt{m^2+n^2}}; y_1 = +\dfrac{an}{\sqrt{m^2+n^2}}$

$x_2 = -\dfrac{am}{\sqrt{m^2+n^2}}; y_2 = -\dfrac{an}{\sqrt{m^2+n^2}}$

995. $x_1 = 9; y_1 = 7$

$x_2 = -9; y_2 = -7$

996. $x_1 = 7; y_1 = 3$

$x_2 = -7; y_2 = -3$

997. $x = 2; y = 4$

998. $x_1 = \dfrac{12}{17}\sqrt{17}; \quad y_1 = \dfrac{8}{17}\sqrt{17}$

$x_2 = -\dfrac{12}{17}\sqrt{17}; y_2 = -\dfrac{8}{17}\sqrt{17}$

999. $x_1 = 0; \quad y_1 = 0$

$x_2 = \dfrac{2ab}{a-b}; \quad y_2 = \dfrac{2ab}{a+b}$

1000. $x_1 = 0; y_1 = 0$

$x_2 = \dfrac{ab(a+b)}{a^2+b^2}; \quad y_2 = \dfrac{ab(a-b)}{a^2+b^2}$

1001. $x_1 = 9; y_1 = 7$

$x_2 = 7; y_2 = 9$

$x_3 = -9; y_3 = -7$

$x_4 = -7; y_4 = -9$

1002. $x_1 = 7; \quad y_1 = 3$

$x_2 = -7; y_2 = -3$

$x_3 = 3i; \quad y_3 = -7i$

$x_4 = -3i; y_4 = 7i$

1003. $x_1 = 13; \quad y_1 = 9$

$x_2 = -9; y_2 = -13$

1004. $x_1 = 2; \quad y_1 = 4$

$x_2 = -2; y_2 = -4$

$x_3 = 4; \quad y_3 = 2$

$x_4 = -4; y_4 = -2$

1005. $x_1 = 5; y_1 = 7$
$x_2 = -5; y_2 = -7$
$x_3 = 7; y_3 = 5$
$x_4 = -7; y_4 = -5$

1006. $x_1 = 1; y_1 = 2$
$x_2 = 2; y_2 = 1$
$x_3 = -2 + i\sqrt{5}; y_3 = -2 - i\sqrt{5}$
$x_4 = -2 - i\sqrt{5}; y_4 = -2 + i\sqrt{5}$

1007. $x_1 = x_2 = 0; y_1 = y_2 = -2$
$x_3 = 1,9711; y_3 = 1,5077$
$x_4 = 1,9711; y_4 = -1,5077$

1008. $x_1 = 0,6; y_1 = 0,3$
$x_2 = 0,1; y_2 = -0,2$

1009. $x_1 = 7; y_1 = 3$
$x_2 = 3; y_2 = 1$

1010. $x_1 = 4; y_1 = 12$
$x_2 = 12; y_2 = 4$
$x_3 = -5 + \sqrt{55}; y_3 = -5 - \sqrt{55}$
$x_4 = -5 - \sqrt{55}; y_4 = -5 + \sqrt{55}$

1011. $x_1 = 0; y_1 = 0$
$x_2 = 4; y_2 = 2$
$x_3 = -2 + 2i\sqrt{3}; y_3 = -1 - i\sqrt{3}$
$x_4 = -2 - 2i\sqrt{3}; y_4 = -1 + i\sqrt{3}$

1012. $x_1 = x_2 = 4; y_1 = y_2 = 0$
$x_3 = 2; y_3 = 1,7321$
$x_4 = 2; y_4 = -1,7321$

1013. $x_1 = 5; y_1 = 3$
$x_2 = 2; y_2 = 1,5$

1014. $x_1 = 8; y_1 = 6$
$x_2 = -8; y_2 = -6$
$x_3 = 6i; y_3 = 8i$
$x_4 = -6i; y_4 = -8i$

1015. $x_1 = 10; y_1 = 6$
$x_2 = -10; y_2 = -6$
$x_3 = -\frac{6}{7} i\sqrt{15}; y_3 = \frac{10}{7} i\sqrt{15}$
$x_4 = \frac{6}{7} i\sqrt{15}; y_4 = -\frac{10}{7} i\sqrt{15}$

1016. $x_1 = 7; y_1 = 3$
$x_2 = -7; y_2 = -3$
$x_3 = \frac{11}{3}\sqrt{3}; y_3 = \frac{1}{3}\sqrt{3}$
$x_4 = -\frac{11}{3}\sqrt{3}; y_4 = -\frac{1}{3}\sqrt{3}$

1017. $x_1 = 3; y_1 = 2$
$x_2 = -3; y_2 = -2$
$x_3 = \frac{5}{13}\sqrt{13}; y_3 = -\frac{12}{13}\sqrt{13}$
$x_4 = -\frac{5}{13}\sqrt{13}; y_4 = \frac{12}{13}\sqrt{13}$

1018. 600 N; 7,98 mm

Hinweis zu den Aufgaben 1019 bis 1141:

Bei den Wurzelgleichungen sind sämtliche Ergebnisse angegeben. Sofern wegen der Eigenart der Aufgabe eine Probe notwendig ist, hat jedes Ergebnis, das durch die Probe als Lösung bestätigt bzw. nicht bestätigt wird, den Vermerk: (Lsg) bzw. (Nicht Lsg).

Lösungen

1019. 2 (Lsg)   1020. $a + (b + c)^2$ (Lsg)   1021. 1 (Lsg)

1022. 9 (Lsg)   1023. 7 (Lsg)   1024. 0,5 (Lsg)

1025. $\frac{4}{3}$ (Lsg)   1026. $\frac{5}{8}$ (Lsg)   1027. —5 (Lsg)

1028. $\frac{(e-a)^2 - b^2 d}{b^2 c}$ (Lsg), wenn a, b, c, d, e positiv

1029. 9 (Lsg)   1030. 3 (Lsg)   1031. 7 (Lsg)   1032. 12 (Lsg)

1033. $\frac{(e-a)^2 - d(b-f)^2}{(b-f)^2 c}$ (Lsg), wenn a, b, c, d, e, f positiv

1034. 2 (Lsg)   1035. 15 (Lsg)   1036. 3 (Lsg)   1037. 5 (Lsg)

1038. 3 (Lsg)   1039. 2 (Lsg); 1 (Lsg)   1040. 4 (Lsg); 2 (Lsg)

1041. 5 (Lsg); —3 (Lsg)   1042. 1 (Lsg); 0,5 (Lsg)   1043. a (Lsg); b (Lsg)

1044. 2 (Lsg)   1045. 6 (Lsg)   1046. 3 (Lsg)   1047. $\frac{1}{3}$ (Lsg)

1048. —5 (Lsg)   1049. $\frac{d^2 f - a^2 c}{a^2 b - d^2 e}$ (Lsg)   1050. 3 (Lsg)

1051. —1 (Lsg)   1052. 6 (Lsg)   1053. 10 (Lsg)   1054. 16 (Lsg)

1055. 1 (Lsg)   1056. 19 (Lsg)   1057. $\left(\frac{a^2 - b^2}{2b}\right)^2$ (Lsg)

1058. 17 (Lsg)   1059. 23 (Lsg)   1060. 10 (Lsg)

1061. $\frac{a^2 + b^2}{2ab}$ (Lsg)   1062. 5 (Lsg); —3 (Lsg)

1063. —1 (Lsg); 11 (Nicht Lsg)   1064. 4 (Lsg); 164 (Nicht Lsg)

1065. 5 (Lsg); 13 (Nicht Lsg)   1066. 6 (Lsg); 222 (Nicht Lsg)

1067. 4,11 (Lsg); 13 (Nicht Lsg)   1068. 6 (Lsg); $\frac{38}{25}$ (Nicht Lsg)

1069. 0 (Lsg); $\pm 2\sqrt{1-a^2}$ (Nicht Lsg)   1070. 4 (Lsg)   1071. 7 (Lsg)

1072. 10 (Lsg)   1073. 4 (Lsg)   1074. 11 (Lsg)   1075. 2 (Lsg)

1076. 13 (Lsg)   1077. $\frac{(a-b)^2}{4(a+b)}$ (Lsg)   1078. 1 (Lsg); $-8\frac{1}{3}$ (Nicht Lsg)

1079. $-7\frac{1}{3}$ (Lsg); 10 (Nicht Lsg)   1080. 2 (Lsg); $1\frac{1}{11}$ (Nicht Lsg)

1081. 3 (Lsg); $-\frac{4}{11}$ (Nicht Lsg)   1082. 5 (Lsg); $-4\frac{1}{3}$ (Nicht Lsg)

1083. a (Lsg); b (Lsg)   1084. 13 (Lsg)   1085. 11 (Lsg)   1086. 9 (Lsg)

1087. 2 (Lsg) 1088. 1 (Lsg); $\frac{201}{41}$ (Nicht Lsg) 1089. 3 (Lsg)

1090. 5 (Lsg); $\frac{3}{7}$ (Nicht Lsg) 1091. 1,5 (Lsg); $-\frac{7}{6}$ (Nicht Lsg)

1092. 10 (Lsg) 1093. 1 (Lsg) 1094. 5 (Lsg) 1095. 10 (Lsg)

1096. 0,5 (Lsg) 1097. 2 (Lsg) 1098. 9 (Lsg); 21 (Nicht Lsg)

1099. 4 (Lsg); 15 (Nicht Lsg) 1100. $\frac{1}{2}$ (Lsg); $\frac{1}{4}$ (Lsg)

1101. 7 (Lsg); 2 (Lsg) 1102. 3 (Lsg); —1 (Nicht Lsg)

1103. 1 (Lsg) 1104. 4 (Lsg) 1105. 81 (Lsg) 1106. 9 (Lsg)

1107. 2 (Lsg) 1108. 10 (Lsg) 1109. 7 (Lsg) 1110. 5 (Lsg)

1111. 10 (Lsg) 1112. $\frac{ab}{a+b}$ (Lsg)

1113. 6 (Lsg); —28 (Nicht Lsg) 1114. 2 (Lsg)-; $-10\frac{1}{3}$ (Nicht Lsg)

1115. 5 (Lsg); —5 (Lsg) 1116. 2,5 (Lsg); 9,5 (Nicht Lsg)

1117. $+\sqrt{a^2+b^2}$ (Lsg); $-\sqrt{a^2+b^2}$ (Lsg)

1118. $+\frac{2\sqrt{a^3b}}{a+b}$ (Lsg); $-\frac{2\sqrt{a^3b}}{a+b}$ (Lsg)

1119. 6 1120. —17 1121. 10 1122. 7

1123. 10 (Lsg) 1124. 5 (Lsg) 1125. 3 1126. 11

1127. $x = 9$; $y = 4$ (Lsg) 1128. $x = 16$; $y = 1$ (Lsg)

1129. $x = 8$; $y = 3$ (Lsg) 1130. $x = 3$; $y = 4$ (Lsg)

1131. $x = 4$; $y = 9$ (Lsg) 1132. $x = 4$; $y = 3$ (Lsg)

1133. $x = 2$; $y = 8$ (Lsg) 1134. $x = 5$; $y = 3$ (Lsg)

1135. $x = 1,5$; $y = 2,5$ (Lsg) 1136. $x = 6\frac{1}{4}$; $y = 11\frac{1}{9}$ (Lsg)

1137. $x = 19$; $y = 6$ (Lsg) 1138. $x = 3$; $y = 5$ (Lsg)

1139. $x = 5$; $y = 3$ (Lsg) 1140. $x_1 = 14$; $y_1 = 2$ (Lsg)
$x_2 = 9$; $y_2 = 7$ (Lsg)

1141. $x_1 = 4$; $y_1 = -1$ (Lsg) 1142. 7 1143. —5
$x_2 = -1$; $y_2 = 4$ (Lsg)

1144. —4 1145. 7 1146. 1 1147. 2

Lösungen 527

1148. 1   1149. 4   1150. 0   1151. 22

1152. —7; 1   1153. 6   1154. 0; $m+n$ 1155. 0; $m+n$

1156. $\dfrac{a-b}{a+b}$ 1157. 11   1158. —5   1159. $-\dfrac{7}{3}$

1160. —0,4   1161. —0,4   1162. $\dfrac{\lg a}{\lg m+\lg n}$

1163. $\dfrac{\lg c}{\lg a+m\lg b}$ 1164. $\dfrac{n\lg a-\lg 2}{\lg a+\lg b}$ 1165. $\dfrac{p\lg a-q\lg b}{m\lg a-n\lg b}$

1166. 2,0959   1167. 2,8613   1168. —1,8726   1169. 0,9691

1170. 0,075588   1171. 6,3524   1172. 1,3368   1173. 6,5937

1174. 0,2233   1175. —1,2301   1176. 0,44094   1177. 3,4571

1178. 4,7424   1179. —1,4823   1180. 2,1401   1181. 1,7077

1182. 31,974   1183. 1,3194   1184. 0,38976   1185. —2,7382

1186. —5,1286   1187. 0,43544   1188. $\dfrac{\lg(b^{-v}-b^u)-\lg(a^p-a^{-q})}{\lg a-\lg b}$

1189. 1,1358   1190. 0,94172   1191. Bei der 919. Schwingung

1192. 210°   1193. 2,5119   1194. 0,0006651   1195. 820,9

1196. 212,31   1197. 1,0252   1198. 0,68121   1199. 16,091

1200. 6,2361; 1,7639   1201. 5,026   1202. 22,746

1203. $A=\dfrac{F}{B^{C\lg D+E}}$ $B=\left(\dfrac{F}{A}\right)^{\frac{1}{C\lg D+E}}$

$C=\dfrac{\lg F-\lg A-E\lg B}{\lg B\lg D}$ $D=10^{\frac{\lg F-\lg A-E\lg B}{C\lg B}}$

$E=\dfrac{\lg F-\lg A-C\lg B\lg D}{\lg B}$

1204. $y=\dfrac{2}{3}x+\dfrac{1}{3}$ 1205. $y=-0{,}125\,x+0{,}75$ 1206. $y=1{,}71\,x+6{,}43$

1207. $y=4x+\sqrt{13}\,x$ $y=4x-\sqrt{13}\,x$

1208. $y=-3x+\sqrt{\dfrac{13}{2}}\,x$ $y=-3x-\sqrt{\dfrac{13}{2}}\,x$

1209. $y=x+x\sqrt{1-x^2}$ $y=x-x\sqrt{1-x^2}$

1210. $y=4x-1+\sqrt{14x^2-5x+5}$; $y=4x-1-\sqrt{14x^2-5x+5}$

1211. $y = 5x - 3 + \sqrt{29x^2 - 28x + 14}$; $y = 5x - 3 - \sqrt{29x^2 - 28x + 14}$

1212. a) $y = \dfrac{1}{3}x + \dfrac{2}{3}$ b) $y = 2x + 6$ c) $y = -1{,}33x + 2{,}33$

d) im Bereich $-\infty < x \leqq 0$ $\qquad y = -\dfrac{1}{2}\sqrt{x}$

im Bereich $0 \leqq x < \infty$ $\qquad y = \dfrac{1}{2}\sqrt{x}$

e) im Bereich $-\infty < x \leqq 3$ $\qquad y = 3 - \sqrt{x+1}$

im Bereich $3 \leqq x < \infty$ $\qquad y = 3 + \sqrt{x+1}$

f) im Bereich $-\infty < x \leqq -1$ $\qquad y = -1 - \sqrt{x+9}$

im Bereich $-1 \leqq x < \infty$ $\qquad y = -1 + \sqrt{x+9}$

g) $y = \sqrt[5]{x}$

1213. a) $(1; 1)$ b) $(-6; -6)$ c) $(1; 1)$

d) $(0; 0)$ und $(0{,}25; 0{,}25)$ e) $(5{,}56; 5{,}56)$ und $(1{,}44; 1{,}44)$

f) $(2{,}37; 2{,}37)$ und $(-3{,}37; -3{,}37)$ g) $(0; 0)$ und $(1; 1)$ und $(-1; -1)$

1214. $y(2{,}8) = 24{,}16$; $y(-4{,}2) = 92{,}34$

1215. $y(1{,}8) = 0{,}908$; $y(-4{,}7) = 11{,}737$

1216. $y(1{,}3) = 8{,}9402$; $y(-2{,}7) = -142{,}7198$

1217. $y(1{,}7) = 3{,}838$; $y(-1{,}9) = -10{,}4538$

1218. $y(2{,}7) = 21{,}9792$; $y(-4{,}3) = 716{,}7460$

1219. $y(1{,}1) = 0$; $y(-1{,}5) = 10{,}31264$

1220.

x	-3	-2	-1	0	1	2	3	4	5
$y(x)$	$+19$	$+29$	$+21$	$+1$	-25	-51	-71	-79	-69

1221.

x	-1	0	1	2	3	4	5	6	7
$y(x)$	-35	-1	$+15$	$+19$	$+17$	$+15$	$+19$	$+35$	$+69$

1222.

x	$-1{,}0$	$-0{,}8$	$-0{,}6$	$-0{,}4$	$-0{,}2$	0	$0{,}2$	$0{,}4$	$0{,}6$	$0{,}8$	$1{,}0$
$y(x)$	$-3{,}5$	$-1{,}9$	$-0{,}7$			$0{,}3$	$1{,}3$	$2{,}6$	$4{,}3$	$6{,}7$	$10{,}0$	$14{,}4$	$20{,}1$

1223.

x	$-1{,}0$	$-0{,}8$	$-0{,}6$	$-0{,}4$	$-0{,}2$	0	$0{,}2$	$0{,}4$	$0{,}6$	$0{,}8$	$1{,}0$
$y(x)$	$9{,}9$	$8{,}3$	$7{,}4$	$6{,}7$	$5{,}9$	$4{,}8$	$3{,}5$	$2{,}3$	$1{,}6$	$2{,}3$	$5{,}1$

1224. $y(x) = 0{,}4x^2 - 3{,}8x + 4{,}7$

1225. $y(x) = 1{,}2x^2 + 5{,}64x - 3{,}78$

Lösungen

1226. $y(x) = 3{,}6x^2 - 1{,}6x + 2{,}4$

1227. $y(x) = 2{,}5x^3 - 1{,}5x^2 + 3{,}5x - 4{,}5$

1228. $y(x) = 1{,}2x^3 - 4{,}8x^2 - 1{,}8x + 3{,}2$

1229. $x^3 - 3x^2 - 10x + 24 = 0$
$(x-2)(x+3)(x-4) = 0$

1230. $x^3 - \dfrac{13}{12}x^2 + \dfrac{9}{24}x - \dfrac{1}{24} = 0$ $\qquad \left(x - \dfrac{1}{2}\right)\left(x - \dfrac{1}{3}\right)\left(x - \dfrac{1}{4}\right) = 0$

1231. $x^3 + 4{,}1x^2 - 0{,}72x - 11{,}52 = 0$
$(x - 1{,}5)(x + 2{,}4)(x + 3{,}2) = 0$

1232. $x_2 = 3; \; x_3 = -7$ $\qquad\qquad$ 1233. $x_2 = 2{,}6; \; x_3 = 3{,}4$

1234. $x_2 = 4{,}4142\ldots; \; x_3 = 1{,}5858\ldots$ $\quad$ 1235. $x_1 = 3{,}104\ldots$

1236. $x_1 = 0{,}5642$ $\qquad$ 1237. $x_1 = 1{,}867$ $\qquad$ 1238. $x_1 = 1{,}5$

1239. $x_1 = -2{,}8$ $\qquad$ 1240. $x_1 = 1{,}75$ $\qquad$ 1241. $x_1 = 1{,}44$

1242. $x_1 = 6{,}542$ $\qquad$ 1243. $x_1 = 1{,}2; \; x_2 = 2{,}3; \; x_3 = 3{,}4$

1244. $x_1 = 12{,}5; \; x_2 = 0{,}8; \; x_3 = -1{,}6$

1245. $x_1 = 0{,}936\ldots; \; x_2 = 3{,}305\ldots; \; x_3 = 7{,}75\ldots$

1246. $x_1 = 0{,}456\ldots; \; x_2 = 6{,}866\ldots; \; x_3 = 12{,}679\ldots$

1247. $x_1 = 2{,}345; \; x_2 = 1{,}5; \; x_3 = 1{,}5$

1248. $x_1 = 2{,}5; \; x_2 = 3{,}6$

1249. $x_1 = 0{,}4142\ldots; \; x_2 = -2{,}4142\ldots$

1250. $x_1 = 1{,}5; \; x_2 = 1{,}5; \; x_3 = 5{,}23606\ldots, \; x_4 = 0{,}76393\ldots$

1251. $x_1 = 2; \; x_2 = 2{,}5; \; x_3 = 3; \; x_4 = 3{,}5$

1252. $x_1 = 1{,}5; \; x_2 = 1{,}8; \; x_3 = 2{,}4; \; x_4 = 3{,}2$

1253. $x_1 = 4{,}73205\ldots; \; x_2 = 1{,}26795\ldots;$
$x_3 = 5{,}44948\ldots; \; x_4 = 0{,}55051\ldots$

1254. 7,65 $\qquad$ 1255. 5,25 $\qquad$ 1256. 0,471 $\qquad$ 1257. 0,75 $\qquad$ 1258. 8,414

Lösungen

1259. 20,135   1260. 2,0908   1261. 1,7017

1262. a) $D = 12{,}34$; b) $D = 0{,}045$; c) $D = 1{,}864$; d) $D = 766$; e) $D = 0{,}23$

1263. a) $D = -12$; $D_x = -156$; $D_y = -180$;
$D_z = 240$; $x = 13$; $y = 15$; $z = -20$

b) $D = -104$; $D_x = 104$; $D_y = -624$;
$D_z = 520$; $x = -1$; $y = 6$; $z = -5$

c) $D = 0$; erste und dritte Gleichung voneinander abhängig.

d) $D = 0$; jede Gleichung von den beiden anderen zusammen abhängig.

e) $D = 0$; erste und dritte Gleichung zueinander in Widerspruch.

f) $D = 0$; jede Gleichung zu den beiden anderen in Widerspruch.

Sachwortverzeichnis

Abschnittskonstante 278
Absoluter Betrag 51
— — einer komplexen Zahl 135
— Fehler 248
Abstimmung der Einheiten 205
Abszisse 262
Achsparallelen 279
Addition 44f., 50
—, assoziatives Gesetz 46
—, kommutatives Gesetz 45
—, korrespondierende 324ff.
— von Brüchen 70
— von imaginären Zahlen 130
— von komplexen Zahlen 138, 141
— von Potenzen 78
— von Wurzeln 109
Additionsverfahren 343, 348
Algebra 255
Algebraische Funktion 417
Allgemeine Form einer Gleichung mit einer Unbek. 282, 365, 428, 434
Allgemeine Zahl 41
Alternierende Folge und Reihe 216
Analytische Funktion 260
Anstieg einer Geraden 277
Anstiegsdreieck 279
Archimedische Spirale 266
Argument 135
Arithmetik 41
Arithmetische Folge und Reihe 209ff.
— Interpolation 212
— Stufung 222
Arithmetisches Mittel 43, 210
Assoziatives Gesetz der Addition 46
— — der Multiplikation 55
Auflösen von Klammern 48, 58
Ausklammern 46ff., 58

Basis 77
Bestimmungsgleichung 256
Bewegungsaufgaben 297ff.
Binom 59
—, Potenzen 91ff., 235ff.
Binomialkoeffizient 235ff.

Binomische Formeln 60ff.
— Reihe 239ff.
Binomischer Lehrsatz 235ff., 244
Briggssche Logarithmen 160
Bruchgleichungen 288ff.
Brüche 69ff.
—, Addition 70
—, Division 72ff.
—, Erweitern 69
—, gleichnamige 70
—, Hauptnenner 70
—, Kürzen 69
—, Multiplikation 71
—, Potenzierung 84
—, Radizierung 114
—, Subtraktion 70
—, ungleichnamige 70

Cartesische Koordinaten 262ff.
Cramersche Regel 451, 458, 467

Darstellung, graphische 257ff., 264ff.
Definitionsbereich 261
Dekadische Ergänzung 179ff.
Dekadischer Logarithmus 162
Determinante 449ff.
—, Begriff 449
—, dreireihige 454
—, Entwicklung nach Elementen einer Reihe 455ff.
—, n-reihige 466
—, zweireihige 449
Determinantengesetze 462ff.
Dezimalbrüche 98
Diagramm 257
Differenz 45
Direkte Proportionalität 330ff.
Diskriminante 374
Divergenz 221
Dividend 62
Division 62
— durch Null 63
— von Brüchen 72ff.
— von komplexen Zahlen 139ff., 144, 152

Division von Potenzen 81ff.
— von Summen und Differenzen 64ff.
— von Wurzeln 113ff.
—, Vorzeichenregeln 63
Divisor 62
Doppelbrüche 73ff.
Doppelklammern 49
Doppelwurzeln 121ff.
Dreher 151
Dreieck, Pascalsches 92

e 182, 232ff., 244
Einfluß von Fehlern 249ff.
Eingekleidete Gleichungen 293ff.
Einheit, imaginäre 130
Einheiten, Abstimmung 205
Einheitengleichung 205
Einsetzungsverfahren 341ff., 348
Empirische Funktion 260
Entwickelte Funktion 410ff.
Ergänzung, dekadische 179ff.
—, quadratische 62, 369
Erweitern von Brüchen 69
— von Proportionen 321
Eulersche Gleichung 140ff.
Explizite Funktion 410ff.
Exponent 77
Exponentialform der komplexen Zahl 150ff.
Exponentialfunktion, Darstellung auf logarithm. Papier 202
Exponentialgleichung 403ff.

Faktor 55
Faktorenzerlegung 65ff.
Federkennlinie 258
Fehler 245ff.
—, absoluter 248
— einer Differenz 249
— einer Summe 249
— eines Produkts 251
— eines Quotienten 252
—, prozentualer 248
—, relativer 248
Fehlereinfluß 249ff.
Fehlerfortpflanzung 249ff.
Fehlerrechnung 245ff.

Folge 209
—, alternierende 216
—, arithmetische 209ff.
—, geometrische 209ff.
Formel 41
—, binomische 60ff.
Fortlaufende Proportion 329ff.
Fortpflanzung des Fehlers 249ff.
Fundamentalsatz der Algebra 436
Funktion, algebraische 417
—, analytische 260
—, Begriff 259, 274
—, Definitionsbereich 261
— 3. Grades 418
—, Einteilung 416ff.
—, empirische 260
—, entwickelte 410ff.
— 1. Grades 276ff.
—, explizite 410ff.
—, ganze rationale 416, 418ff.
—, gebrochene rationale 417
—, implizite 410
—, inverse 412ff.
—, kubische 418
—, Kurve 264ff.
—, lineare 276ff.
—, monotone 411
— n-ten Grades 435
—, Parameterdarstellung 270ff.
—, quadratische 361ff.
—, rationale 416
—, transzendente 417
—, unentwickelte 410
— 2. Grades 361ff.
Funktionsgleichung 260
$f(x)$ 260

Ganze rationale Funktion 416, 418
— — —, Ermittlung von Funktionswerten 418ff.
— — —, Interpolationsverfahren 418ff.
Ganzlogarithmisches Papier 203
Gaußsche Zahlenebene 133
Gebrochene rationale Funktion 417
Gemischtperiodische Dezimalbrüche 98
Gemischtquadratische Gleichung 367ff.

Geometrische Folge 215 ff.
— Reihe 215 ff.
— —, unendliche 220 ff.
— Stufung 222 ff.
Geometrisches Mittel 112, 216, 328
Geradengleichung 276 ff.
Gesetz, assoziatives 46
—, kommutatives 45, 55
Gleichnamige Brüche 70
Gleichung, Begriff 255
—, Achsparallelen- 279
—, Bestimmungs- 256
— 3. Grades mit einer Unbek. 428 ff., 438 ff.
—, Einteilung 255
— 1. Grades mit einer Unbek. 282 ff.
— 1. Grades mit zwei Unbek. 339 ff., 449 ff.
— 1. Grades mit drei Unbek. 347 ff., 459 ff.
— 1. Grades mit n Unbek. 467
—, Eulersche 150 ff.
—, Exponential- 403
—, Funktions- 260
—, Geraden- 276 ff.
—, identische 255
—, kubische 428 ff., 438 ff.
—, logarithmische 407 ff.
— n-ten Grades 428 ff.
—, quadratische, mit einer Unbek. 365 ff.
—, quadratische, mit zwei Unbek. 387 ff.
—, transzendente 226, 403, 445
—, Wurzel-, mit einer Unbek. 393 ff.
—, Wurzel-, mit zwei Unbek. 397 ff.
— 2. Grades mit einer Unbek. 365 ff.
— 2. Grades mit zwei Unbek. 387 ff.
Goniometrische Darstellung komplexer Zahlen 134 ff.
Graphische Darstellung 257 ff., 264 ff.
— — der linearen Funktion 279
— — im logarithmischen Koordinatensystem 200 ff.
Graphisches Lösungsverfahren für Gleichungen mit einer Unbek. 292, 373, 438
Graphisches Lösungsverfahren für Gleichungen mit zwei Unbek. 344
Grenzwert 220, 234
Größe, konstante 259
—, veränderliche 259 ff.
Größengleichung 205

Größengleichung, zugeschnittene 205 ff.
Größenordnung 245 ff.
Grundrechenarten mit allgemeinen Zahlen 44 ff.
Grundrechnungsarten mit imaginären Zahlen 130 ff.
— mit komplexen Zahlen 138 ff., 141 ff.
Grundzahl 77

Halblogarithmisches Koordinatensystem 200 ff.
Hauptnenner 70 ff., 288 ff.
Hochzahl 77
Horner-Schema 418 ff.

Identische Gleichung 255
Imaginäre Einheit 130
— Lösung einer Gleichung 370 ff.
— Zahl 129 ff.
Implizite Funktion 410
Innenglieder 320
Interpolation, arithmetische 212
—, geometrische 219
— bei Logarithmen 170 ff.
Interpolationsverfahren von Newton 424 ff.
Inverse Funktion 412 ff.
Irrationalzahl 102 ff.

Kennziffer 168
Klammern, Auflösen 48, 58 ff.
—, Bedeutung 46 ff.
—, Doppel- 49
—, Setzen 26 ff., 58 ff.
Kleine Größen 245 ff.
Koeffizient 45
— einer Gleichung 282
Kommutatives Gesetz der Addition 45
— — der Multiplikation 55
Komplexe Lösungen 370 ff.
— Zahl 129 ff.
— —, absoluter Betrag 135
— —, Addition 138, 141
— —, Argument 135
— —, Begriff 133
— —, Darstellung in der Gaußschen Zahlenebene 133 ff.

Komplexe Zahl, Division 139ff., 144, 152
— —, Exponentialform 150ff.
— —, goniometrische Darstellung 134ff.
— —, Modul 135
— —, Multiplikation 139, 143, 152
— —, Potenzierung 144ff., 152
— —, Subtraktion 138, 44
— —, Radizierung 147ff., 152
— —, Umwandlung einer Form in die andere 153ff.
Konvergenz 221
Konstante 259
Koordinatensystem 262ff.
—, Cartesisches 262ff.
—, logarithmisches 200ff.
—, Polar- 263ff.
Korrespondierende Addition und Subtraktion 324ff.
Kubische Funktion 4 8
— Gleichungen 428ff., 438ff.
Kürzen von Brüchen 69
— von Proportionen 321
Kurve einer Funktion 264ff.
— der Umkehrfunktion 414ff.

Lehrsatz, binomischer 235ff., 244
— von MOIVRE 145ff.
Limes 220
Lineare Funktion 276ff.
Lösung einer Gleichung 256, 282, 366
— eines Gleichungssystems 339ff., 347
Logarithmen 158ff.
—, Begriff 158
—, Briggssche 162
—, dekadische 162
—, Gesetze 162ff.
—, natürliche 182ff.
—, Rechenschemata 172ff.
Logarithmensystem 159
Logarithmentafel 167ff.
Logarithmische Gleichung 407ff.
— Kurve 161, 183
— Skale 186ff.
Logarithmische Spirale 268, 275
Logarithmischer Rechenstab 187ff.
Logarithmisches Koordinatensystem 200ff.

Logarithmus 158
— complementi 179
Logik 13ff.

Mantisse 168
Mehrdeutigkeit von Wurzeln 100ff.
Mengenlehre 13ff., 26ff.
Minuend 45
Mischungsaufgaben 295ff.
Mittel, arithmetisches 43, 210
—, geometrisches 112, 216, 328
Mittlere Proportionale 216, 328
Modul des dekadischen Logarithmensystems 182
— einer komplexen Zahl 135
Moivrescher Lehrsatz 145ff.
Monotone Funktionen 411
Multiplikation 55
—, assoziatives Gesetz 55
—, kommutatives Gesetz 55
— von Brüchen 71
— von imaginären Zahlen 130ff.
— von komplexen Zahlen 139ff., 143ff., 152
— von Potenzen 78ff.
— von Summen 57ff.
— von Wurzeln 110ff., 120
—, Vorzeichenregeln 56

$n!$ (n-Fakultät) 237
Näherungsverfahren zur Lösung von Gleichungen 292, 344, 373, 438ff., 444ff.
Näherungswert 246, 249
Natürliche Logarithmen 182ff.
Negative Zahl 50
Nenner 69
—, Rationalmachen 115
Newtonsches Interpolationsverfahren 424ff.
$\binom{n}{k}$ (n über k) 236

Nomogramm 205ff.
Nomographie 205
Normalform einer Gleichung 365
Normalparabel 265
Normzahlen 202ff.
Nullstellen einer Funktion 279, 363ff., 428 435

Formelsammlung

Beilage zu

Lehr- und Übungsbuch Mathematik

Band I: Arithmetik, Algebra und elementare Funktionenlehre

Arithmetik

Rechnen mit rationalen Zahlen

Gesetze der Arithmetik:	Kommutatives Gesetz (Vertauschungsgesetz): $a + b = b + a \qquad a \cdot b = b \cdot a$	Seite 45; 55
	Assoziatives Gesetz (Verbindungsgesetz): $(a + b) + c = a + (b + c) \qquad (ab) \cdot c = a \cdot (bc)$	Seite 46; 55
Vorzeichen-regeln:	Ausklammern: $ac + bc = c(a + b)$ $ac - bc = c(a - b) = -c(b - a)$ $-ac - bc = -c(a + b)$	(7), Seite 58
	Klammernauflösen: $a + (b + c - d) = a + b + c - d$ $a - (b + c - d) = a - b - c + d$	Seite 48
	Multiplikation: $\qquad\qquad$ Division: $(+a)\cdot(+b) = +ab \qquad (+a):(+b) = +\dfrac{a}{b}$ $(-a)\cdot(-b) = +ab \qquad (-a):(-b) = +\dfrac{a}{b}$ $(+a)\cdot(-b) = -ab \qquad (-a):(+b) = -\dfrac{a}{b}$ $(-a)\cdot(+b) = -ab \qquad (+a):(-b) = -\dfrac{a}{b}$	(5), S. 56 | (11), S. 63
Produkte von algebraischen Summen:	$(a + b)\cdot(c + d) = ac + ad + bc + bd$ $(a \pm b)^2 = a^2 \pm 2ab + b^2$ $(a + b)\cdot(a - b) = a^2 - b^2$ $\Big\}$ binomische Formeln $(a \pm b)^3 = a^3 \pm 3a^2b + 3ab^2 \pm b^3$ $(a + b + c)^2 = a^2 + b^2 + c^2 + 2ab + 2ac + 2bc$	Seite 59 (8); (9), S. 60 (10), S. 61 (23), S. 91 Seite 61
Rechenregeln für Brüche:	$\dfrac{a}{b} = \dfrac{an}{bn}; \qquad \dfrac{a}{b} = \dfrac{a:n}{b:n}; \qquad \dfrac{a}{c} \pm \dfrac{b}{c} = \dfrac{a \pm b}{c};$	Seite 69; 70
	$\dfrac{a}{b} \pm \dfrac{c}{d} = \dfrac{ad \pm bc}{bd} \qquad \dfrac{a}{c} - \dfrac{b+d}{c} = \dfrac{a-b-d}{c}$	Seite 70
	$\dfrac{a}{b} \cdot m = \dfrac{a \cdot m}{b} \qquad \dfrac{a}{b} \cdot \dfrac{c}{d} = \dfrac{ac}{bd}$	(12), S. 71
	$\dfrac{a}{b} : c = \dfrac{a}{b \cdot c} \qquad a : \dfrac{b}{c} = \dfrac{a \cdot c}{b} \qquad \dfrac{a}{b} : \dfrac{c}{d} = \dfrac{a}{b} \cdot \dfrac{d}{c} = \dfrac{ad}{bc}$	(13), S. 72

Rechnen mit rationalen Zahlen

Rechnen mit Null:	$a \cdot 0 = 0 \quad 0 : a = 0 \quad 0 : 0$ ist unbestimmt! Teile nie durch Null!		Seite 55; 63	
Wichtige Mittelwerte:	Arithmetisches Mittel: $\dfrac{a+b}{2}$; $\dfrac{a+b+c}{3}$ usw.		Seite 43	
	Geometrisches Mittel: $\sqrt{a \cdot b}$; $\sqrt[3]{a \cdot b \cdot c}$		Seite 114; 328	
	Harmonisches Mittel: $\dfrac{2ab}{a+b}$			

Potenzen und Wurzeln

	$0^n = 0$, wenn $n \neq 0$ $\quad a^0 = 1$, wenn $a \neq 0$ $(\pm a)^{2n} = a^{2n}$ $\quad (\pm a)^{2n-1} = \pm a^{2n-1}$		(22), S. 87 Seite 77	
	Die folgenden Formeln sind auch von rechts nach links zu lesen.		(14), S. 78	(24), S. 100
	$a^n \cdot a^m = a^{n+m}$	$\left(\sqrt[n]{a}\right)^n = a$		
	$\dfrac{a^m}{a^n} = a^{m-n}$ für $m > n$	$\sqrt[n]{a} \cdot \sqrt[n]{b} = \sqrt[n]{a \cdot b}$	(16), S. 81	(26a), S. 110
	$\dfrac{a^m}{a^n} = \dfrac{1}{a^{n-m}}$ für $m < n$	$\dfrac{\sqrt[n]{a}}{\sqrt[n]{b}} = \sqrt[n]{\dfrac{a}{b}}$	(17), S. 81	(27a), S. 114
	$a^n \cdot b^n = (ab)^n$	$\sqrt[n]{a^m} = \left(\sqrt[n]{a}\right)^m$	(15), S. 80	(28), S. 119
	$\dfrac{a^n}{b^n} = \left(\dfrac{a}{b}\right)^n$	$\sqrt[np]{a^{mp}} = \sqrt[n]{a^m}$	(18), S. 83	(29), S. 119
	$(a^m)^n = a^{mn}$	$\sqrt[m]{\sqrt[n]{a}} = \sqrt[mn]{a}$	(19), S. 85	(30a), S. 121
	$a^{-n} = \dfrac{1}{a^n}$; $\left(\dfrac{a}{b}\right)^{-n} = \left(\dfrac{b}{a}\right)^n$ wenn $a \neq b$ und $b \neq 0$	$\sqrt[n]{a^m} = a^{\frac{m}{n}}$	(20), (21), S. 86	(25), S. 108
	$a^{\frac{1}{n}} = \sqrt[n]{a}$		Seite 108	

Logarithmen

$x = \log_a b$, wenn $a^x = b$; Basis $a > 0$ ($\neq 1$); Numerus $b > 0$	(61), S. 159
Briggsscher Logarithmus $x = \lg b$, wenn $10^x = b$; Basis $a = 10$	(66), S. 162
Natürlicher Logarithmus $x = \ln b$, wenn $e^x = b$; Basis $a = e$	Seite 186 (62)...(65),
$a^{\log_a b} = b \quad \log_a a = 1 \quad \log_a 1 = 0 \quad \log_a(a^n) = n$ $10^{\lg b} = b \quad \lg 10 = 1 \quad \lg 1 = 0 \quad \lg(10^n) = n$ $e^{\ln b} = b \quad \ln e = 1 \quad \ln 1 = 0 \quad \ln(e^n) = n$	Seite 159, 160 (66), S. 162 Seite 186
Logarithmengesetze: $\lg u \cdot v = \lg u + \lg v \qquad \lg \frac{u}{v} = \lg u - \lg v$ $\lg \frac{u}{v} = -\lg \frac{v}{u}$ $\lg u^n = n \cdot \lg u \qquad \lg \sqrt[n]{u} = \frac{1}{n} \lg u$	(67); (68); Seite 163 (70), S. 164 (71); (72), Seite 164
Umrechnen von Logarithmen: $\lg x = M_{10} \cdot \ln x \qquad$ oder $\quad \lg x \approx 0{,}43429 \cdot \ln x$ $\ln x = \frac{1}{M_{10}} \cdot \lg x \qquad$ oder $\quad \ln x \approx 2{,}30259 \cdot \lg x$ Modul $M_{10} = \lg e = \frac{1}{\ln 10}$	(76), S. 184 (77), S. 184 (78), S. 184

Komplexe Zahlen

$\sqrt{-1} = i \qquad i^2 = -1$	(32); (31), Seite 130
$i^{4n} = +1 \quad i^{4n+1} = +i \quad i^{4n+2} = -1 \quad i^{4n+3} = -i$ $(n = 0, \pm 1, \pm 2, \ldots)$	(33), S. 131
$i^{-n} = (-i)^n \qquad (-i)^{-n} = i^n$	(34); (35), Seite 131; 132
$(a + bi) + (c + di) - (e + fi) = (a + c - e) +$ $\qquad + (b + d - f)i$ $(a + bi) + (a - bi) = 2a \quad (a + bi) - (a - bi) = 2bi$	(37), S. 138 (38); (39), Seite 138
$(a + bi) \cdot (c + di) = ac - bd + (ad + bc)i$ $(a + bi) \cdot (a - bi) = a^2 + b^2$	(40); (41), Seite 139
$(a + bi) : c = \frac{a}{c} + \frac{b}{c} i \quad (a + bi) : ci = \frac{b}{c} - \frac{a}{c} i$	(42), S. 139 (43), S. 140

Komplexe Zahlen

$\dfrac{a+bi}{c+di} = \dfrac{ac+bd-(ad-bc)i}{c^2+d^2}$	(44), S. 140
$\dfrac{a+bi}{a-bi} = \dfrac{a^2-b^2}{a^2+b^2} + \dfrac{2ab}{a^2+b^2} i$	(45), S. 140
$\dfrac{1}{a+bi} = \dfrac{a-bi}{a^2+b^2}$	(46), S. 140
$z = a + bi = r(\cos\varphi + i\sin\varphi)$	(36), S. 135
$r = \sqrt{a^2+b^2};\quad a = r\cos\varphi;\quad b = r\cdot\sin\varphi;\quad \tan\varphi = \dfrac{b}{a}$	Seite 135
$z_3 = z_1 \cdot z_2 = r_1 r_2 [\cos(\varphi_1+\varphi_2) + i\sin(\varphi_1+\varphi_2)]$	(47), S. 143
$z_3 = \dfrac{z_1}{z_2} = \dfrac{r_1}{r_2} [\cos(\varphi_1-\varphi_2) + i\sin(\varphi_1-\varphi_2)]$	(48), S. 144
$z^n = r^n(\cos n\varphi + i\sin n\varphi)$	(49), S. 146
$(\cos\varphi + i\sin\varphi)^n = \cos n\varphi + i\sin n\varphi$ \quad (MOIVRE)	(50), S. 146
$\sqrt[n]{\cos\varphi + i\sin\varphi} = \cos\dfrac{\varphi}{n} + i\sin\dfrac{\varphi}{n}$	(51), S. 147
$\sqrt[n]{a+bi} = \sqrt[n]{r}\left[\cos\left(\dfrac{\varphi}{n} + \dfrac{k\cdot 360°}{n}\right) + i\sin\left(\dfrac{\varphi}{n} + \dfrac{k\cdot 360°}{n}\right)\right]$ $[k = 0, 1, 2, \ldots, (n-1)]$	(53), S. 148
$\sqrt[n]{a+bi} = \sqrt[n]{r}\left(\cos\dfrac{\varphi}{n} + i\sin\dfrac{\varphi}{n}\right)$ \quad (Hauptwert)	(54), S. 148
$e^{i\varphi} = \cos\varphi + i\sin\varphi$	(55a), S. 151
$e^{-i\varphi} = \cos\varphi - i\sin\varphi$	(55b), S. 151
$z = r \cdot e^{i\varphi}$	(56), S. 151

Folgen und Reihen

	$s_n = a_1 + (a_1+d) + (a_1+2d) + \cdots + a_n$	Seite 211
	Differenz: $d = a_{k+1} - a_k$	(84), S. 209
	k-tes Glied: $a_k = a_1 + (k-1)\cdot d$	(85), S. 209
	Endglied: $a_n = a_1 + (n-1)\cdot d$	(86), S. 210
	$a_k = \dfrac{a_{k-1} + a_{k+1}}{2}$	(87), S. 210
	Summe: $s = \dfrac{n}{2}(a_1 + a_n) = \dfrac{n}{2}[2a_1 + (n-1)d]$	(88); (89), Seite 210
Arithmetische Reihe:	Natürliche Zahlen: $\displaystyle\sum_{v=1}^{v=n} v = 1 + 2 + 3 + \ldots + n = \dfrac{n}{2}(n+1)$	Seite 212

Folgen und Reihen

	Gerade Zahlen: $\sum_{\nu=1}^{\nu=n} 2\nu = 2 + 4 + 6 + \cdots + 2n = n(n+1)$	Seite 212
	Ungerade Zahlen: $\sum_{\nu=1}^{\nu=n} (2\nu - 1) = 1 + 3 + 5 + \cdots + (2n - 1) = n^2$	Seite 214
	Quadratzahlen: $\sum_{\nu=1}^{\nu=n} \nu^2 = 1^2 + 2^2 + 3^2 + \cdots + n^2 = \dfrac{n(n+1)(2n+1)}{6}$	(91a), S. 213
	Kubikzahlen: $\sum_{\nu=1}^{\nu=n} \nu^3 = 1^3 + 2^3 + 3^3 + \cdots + n^3 = \left[\dfrac{n(n+1)}{2}\right]^2 = \left[\sum_{\nu=1}^{\nu=n} \nu\right]^2$	(91b), S. 213
Geometrische Reihe:	$s = a_1 + a_1 q + a_1 q^2 + \cdots + a_n$	Seite 217
	Quotient: $q = \dfrac{a_{k+1}}{a_k}$	(92), S. 215
	k-tes Glied: $a^k = a_1 \cdot q^{k-1}$	(93a), S. 216
	Endglied: $a_n = a_1 \cdot q^{n-1}$	(93b), S. 216
	Summe: $s = \dfrac{a_1(1-q^n)}{1-q} = \dfrac{a_1(q^n-1)}{q-1} \quad q \lessgtr 1$	(95), S. 216
	$s = \dfrac{a_1 - a_n q}{1 - q} = \dfrac{a_n q - a_1}{q - 1} \quad q \lessgtr 1$	(96), S. 216
	Unendliche geometrische Reihe: $n \to \infty$; $|q| < 1$ $s = \lim_{n \to \infty} s_n = \dfrac{a}{1-q}$	(98), S. 221
	Interpolation von m Gliedern bei der arithmetischen Folge: $d_i = \dfrac{b-a}{m+1}$	(90), S. 212
	geometrischen Folge: $q_i = \sqrt[m+1]{\dfrac{b}{a}}$	(97), S. 219

Zinseszins- und Rentenrechnung

	b Anfangsbetrag; p Zinssatz; n Anzahl der Jahre	Seite 225
	Zinsfaktor: $q = 1 + \dfrac{p}{100}$	Seite 225
	Einfache Zinsen: $z = \dfrac{b \cdot p \cdot n}{100}$	
Zinseszins-formeln:	Endbetrag: $b_n = b \cdot q^n$ Anfangsbetrag: $b = \dfrac{b_n}{q^n}$	(99), S. 225
	Zinssatz p aus $q = \sqrt[n]{\dfrac{b_n}{b}}$ Jahre $n = \dfrac{\lg b_n - \lg b}{\lg q}$	Seite 226
	Regelmäßige Zuzahlungen (r) Endbetrag: $b_n = b \cdot q^n + \dfrac{r \cdot (q^n - 1)}{q - 1}$	(100a), S. 227
	Regelmäßige Auszahlungen (r) Endbetrag: $b_n = b \cdot q^n - \dfrac{r \cdot (q^n - 1)}{q - 1}$	(100b), S. 227
	Tilgung: $b \cdot q^n - \dfrac{r \cdot (q^n - 1)}{q - 1} = 0$	(101a), S. 229
	Rentenformel: $R = \dfrac{r}{q^n} \cdot \dfrac{q^n - 1}{q - 1}$	(102), S. 230
	r Rente; R Barwert der Rente ein Jahr vor der 1. Zahlung	

Binomischer Satz und binomische Reihe

Der binomische Lehrsatz ($n > 0$ und ganzzahlig): $(a + b)^n = a^n + \binom{n}{1} a^{n-1} b + \binom{n}{2} a^{n-2} b^2 + \ldots +$ $+ \binom{n}{n-2} a^2 b^{n-2} + \binom{n}{n-1} a b^{n-1} + b^n$	(105), S. 237
Binomialkoeffizienten: $\binom{n}{k} = \dfrac{n(n-1)(n-2)\ldots(n-k+1)}{1 \cdot 2 \cdot 3 \cdots k}$; $\binom{n}{0} = 1 = \binom{n}{n}$ n Fakultät: $n! = 1 \cdot 2 \cdot 3 \cdots (n-1) \cdot n$	Seite 236 Seite 237
Die binomische Reihe ($\|x\| < 1$): $(1 + x)^n = 1 + \binom{n}{1} x + \binom{n}{2} x^2 + \binom{n}{3} x^3 + \ldots$	(108), S. 239
Die Zahl $e = 1 + \dfrac{1}{1!} + \dfrac{1}{2!} + \dfrac{1}{3!} + \ldots$	(113), S. 244

Fehlerrechnung

Absoluter Fehler: $f = \Delta W$ = Näherungswert − exakter Wert $= \Delta S$ = Istwert − Sollwert	Seite 248 Seite 248
Relativer Fehler: $\delta = \dfrac{\Delta W}{W} = \dfrac{\Delta S}{W}$; prozentualer Fehler $= \delta \cdot 100\%$	Seite 248
Fehler einer algebraischen Summe: $\lvert \Delta s \rvert = \lvert \Delta a \rvert + \lvert \Delta b \rvert + \lvert \Delta c \rvert + \cdots$	(115), S. 250
Relativer Fehler einer algebraischen Summe: $\delta = \dfrac{\Delta s}{s} = \dfrac{\Delta a + \Delta b + \Delta c}{a+b-c}$	(114), S. 250
Relativer Fehler eines Produktes: $\delta = \dfrac{\Delta P}{P} = \dfrac{\Delta a}{a} + \dfrac{\Delta b}{b}$	(116), S. 251
Maximaler relativer Fehler eines Produktes: $\delta = \left\lvert \dfrac{\Delta P}{P} \right\rvert = \left\lvert \dfrac{\Delta a}{a} \right\rvert + \left\lvert \dfrac{\Delta b}{b} \right\rvert + \left\lvert \dfrac{\Delta c}{c} \right\rvert + \cdots$	(118), S. 252
Relativer Fehler eines Quotienten: $\delta = \dfrac{\Delta Q}{Q} = \dfrac{\Delta a}{a} - \dfrac{\Delta b}{b}$	(119), S. 253
Maximaler relativer Fehler eines Quotienten: $\delta = \left\lvert \dfrac{\Delta Q}{Q} \right\rvert = \left\lvert \dfrac{\Delta a}{a} \right\rvert + \left\lvert \dfrac{\Delta b}{b} \right\rvert$	(120), S. 253

Algebra und elementare Funktionenlehre

Funktion und graphische Darstellung

Koordinatensysteme.:	Festlegung eines Punktes der Ebene a) im Cartesischen Koordinatensystem durch seine Koordinaten x; y; b) im Polarkoordinatensystem durch seine Polarkoordinaten φ; r. Zusammenhang zwischen den Koordinaten eines Punktes in beiden Systemen: $x = r \cos \varphi$; $y = r \sin \varphi$ $\tan \varphi = \dfrac{y}{x}$; $r = \sqrt{x^2 + y^2}$	(122), S. 264 (121), S. 264
Funktionsgleichung der ganzen rationalen Funktion 1. Grades:	$y = mx + b$. Die Kurve dieser Funktion ist eine Gerade. Bedeutung der Konstanten: m = Anstieg = $\tan \alpha$ (α ist der Winkel der Geraden gegen die positive Richtung der x-Achse) b = Abschnitt auf der y-Achse.	(124), S. 276
Funktionsgleichung der ganzen rationalen Funktion n-ten Grades:	$y(x) = A_n x^n + A_{n-1} x^{n-1} + \cdots + A_1 x + A_0$ ($A_n \neq 0$)	(134), S. 418
HORNER-Schema:	Funktionswert einer ganzen rat. Funktion n-ten Grades an der Stelle x_1: $y(x_1) = \{[(A_n x_1 + A_{n-1}) x_1 + A_{n-2}] x_1 + \cdots + A_1\} x_1 + A_0$	Seite 418
Interpolationsverfahren nach NEWTON:	Ganze rationale Funktion niedrigsten Grades, die an den Stellen $x_1, x_2, \ldots, x_n$ beziehentlich die Werte $y_1, y_2, \ldots, y_n$ annimmt: $y(x) = y_1 + c_1 (x - x_1) + c_2 (x - x_1)(x - x_2) +$ $\quad + c_3 (x - x_1)(x - x_2)(x - x_3) + \cdots +$ $\quad + c_{n-1} (x - x_1)(x - x_2)(x - x_3) \cdots (x - x_{n-1})$	(136), S. 425

Algebraische Gleichungen mit einer Unbekannten

Algebraische Gleichungen 1. Grades:	Allgemeine Form: $Ax + B = 0$	S. 282; 292
Algebraische Gleichungen 2. Grades:	Allgemeine Form: $Ax^2 + Bx + C = 0 \quad (A \neq 0)$	(129), S. 365
	Normalform: $x^2 + px + q = 0$	(130), S. 365
	Lösungsformel: $x_{1,2} = -\dfrac{p}{2} \pm \sqrt{\left(\dfrac{p}{2}\right)^2 - q}$	(131), S. 370
	Diskussion: Wenn Diskriminante $\left(\dfrac{p}{2}\right)^2 - q > 0$, gibt es 2 versch. reelle Lösungen; $= 0$, gibt es 2 gleiche reelle Lösungen; < 0, gibt es 2 komplexe Lösungen.	Seite 374
	Wurzelsatz von VIETA: $x_1 + x_2 = -p; \; x_1 x_2 = q$	(132), S. 375
	Produktform: $(x - x_1)(x - x_2) = 0$	(133), S. 378
Algebraische Gleichungen 3. Grades:	Allgemeine Form $A_3 x^3 + A_2 x^2 + A_1 x + A_0 = 0$ $(A_3 \neq 0)$	(137), S. 428
	Normalform: $x^3 + a_1 x^2 + a_2 x + a_3 = 0$	(138), S. 428
	Produktform: $(x - x_1)(x - x_2)(x - x_3) = 0$	(139), S. 432
	Wurzelsatz von VIETA: $x_1 + x_2 + x_3 = -a_1$ $\qquad x_1 x_2 + x_1 x_3 + x_2 x_3 = a_2$ $\qquad\qquad x_1 x_2 x_3 = -a_3$	(140), S. 433
Algebraische Gleichungen n-ten Grades:	Allgemeine Form: $A_n x^n + A_{n-1} x^{n-1} + \cdots + A_1 x +$ $\qquad + A_0 = 0 \quad (A_n \neq 0)$	(141), S. 434
	Normalform: $x^n + a_1 x^{n-1} + \cdots + a_{n-1} x + a_n = 0$	(142), S. 435
	Produktform: $(x - x_1)(x - x_2) \cdots (x - x_n) = 0$	(143), S. 437
	Wurzelsatz von VIETA: $x_1 + x_2 + \cdots + x_n = -a_1$ $\quad x_1 x_2 + x_1 x_3 + \cdots + x_{n-1} x_n = a_2$ $\quad x_1 x_2 x_3 + x_1 x_2 x_4 + \cdots$ $\qquad + x_{n-2} x_{n-1} x_n = -a_3$ $\qquad \cdots\cdots\cdots\cdots\cdots\cdots$ $\qquad\qquad x_1 x_2 \cdots x_n = (-1)^n a_n$	(144), S. 438

Numerische Berechnung der Quadratwurzel 103ff.
— Lösung von Gleichungen mit Hilfe von Näherungsverfahren 440ff.
Numerus 159

Ordinate 262

Parabel 265
Parameterdarstellung 270
Partialdivision 67ff., 82
Pascalsches Dreieck 92
Periodische Dezimalbrüche 98
Polarkoordinaten 263
Positive Zahl 50
Potenz 77ff.
—, Addition 78
—, Basis 77
—, Begriff 77
— eines Binoms 91ff.
—, Division 81ff.
—, Exponent 77
—, ganzer negativer Exponent 86ff.
—, ganzer positiver Exponent 77
—, gebrochener Exponent 107ff.
—, Grundzahl 77
—, Hochzahl 77
— von i 131
—, Multiplikation 78ff.
—, Potenzieren 85
Potenz, Radizieren 118ff.
—, Subtraktion 78
—, Vorzeichen in Abhängigkeit von Basis und Exponent 77
Potenzieren von Brüchen 86
Potenzieren von komplexen Zahlen 145ff., 152
— von Potenzen 85
Potenzfunktion, Darstellung auf logarithmischem Papier 203ff.
Potenzreihe 239ff.
Produkt 55
Produktform einer Gleichung 377ff., 432, 437
Produktgleichung 321ff.
Proportion 320ff.
—, Begriff 320

Proportion, fortlaufende 329ff.
—, Produktgleichung 321ff.
—, Rechengesetze 321ff.
—, stetige 328
Proportionale, mittlere 216, 328
—, vierte 317ff.
Proportionalität, direkte 330ff.
—, umgekehrte 332ff.
Proportionalitätsfaktor 331f.
Proportionaltafel 171
Prozentualer Fehler 248

Quadratische Ergänzung 62, 369
— Funktion 361ff.
— Gleichung mit einer Unbek. 365ff.
— —, Diskriminante 374
— —, Diskussion 373
— —, Lösungsformel 369ff.
— —, Produktform 377ff.
— —, Wurzelsatz von VIETA 374ff.
Quadratwurzel 99ff., 103ff.
Quotient 62

Radikand 99
Radizieren 99
— von Brüchen 114
— von komplexen Zahlen 147ff., 152
— von Potenzen 118ff.
— von Wurzeln 121ff.
Rationale Funktion 416
Rationalmachen des Nenners 115
Rationalzahl 97
Rechenschema, logarithmisches 172ff.
Rechenstab 187ff.
Rechenzeichen 50
Regula falsi 440ff.
Reihe 209
—, alternierende 216
—, arithmetische 209
—, binomische 239ff.
—, geometrische 215
Reinperiodische Dezimalbrüche 98
Reinquadratische Gleichung 366
Relativer Fehler 248
Rente 229
—, Barwert 229
—, Begriff 229
—, Leibrente 229

Rente, Zeitrente 229
Rentenformel 230
Rentenrechnung 226 ff.
Runden von Zahlenwerten 247

Sarrussche Regel 455
Schachbrettregel 456, 467
Schnittgeschwindigkeit 205 ff.
Schräger Wurf 276
Senkrechter Wurf 272 ff.
Setzen von Klammern 46 ff., 58
Skalen, logarithmische 186 ff.
Spiegelung 415
Spirale, Archimedische 266
—, logarithmische 268, 275
Stetige Proportion 328
Stufung, arithmetische 222
—, geometrische 222
Summand 44
Summe 44
—, algebraische 46
— der arithmetischen Reihe 210
— der geometrischen Reihe 217
— der n Kubikzahlen 213
— der n Quadratzahlen 213
Summenzeichen 212
Subtrahend 45
Subtraktion 45
—, korrespondierende 324 ff.
— von Brüchen 70
— von imaginären Zahlen 130
— von komplexen Zahlen 138, 142
— von Potenzen 78
— von Wurzeln 109

Taschenrechner 208
Transzendente Funktion 417
— Zahl 152

Umgekehrte Proportionalität 332 ff.
Umkehrfunktion 412 ff.
Umstellen von Formeln 293
Unendliche geometrische Reihe 220 ff.
Unregelm. Ausdehnung des Wassers 272

Variable 259 ff.
Vektor 135
Veränderliche 259 ff.
Verhältnis 320

Verhältnisgleichung 320 ff.
—, Begriff 320
—, Produktgleichung 321 ff.
—, Rechengesetze 321 ff.
Verteilungsaufgaben 294 ff., 334
Verzinsung 225 ff.
Vorzeichen 50
Vorzeichenregeln für Multiplikation 56
— für Division 63
Vorzugszahlen 222 ff.

Wachstum 233
Waagerechter Wurf 270 ff.
Wurf, schräger 276 ff.
—, senkrechter 274 ff.
—, waagerechter 270 ff.
Wurzel 99 ff.
—, Addition 109
—, Begriff 99
—, Division 113 ff.
—, Mehrdeutigkeit 100 ff.
—, Multiplikation 110 ff., 120
—, Quadratwurzelberechnung 103 ff.
—, Radizieren 121 ff.
—, Rationalmachen des Nenners 115
—, Subtraktion 109
—, Vorzeichen 100 ff.
Wurzelexponent 99
Wurzelgleichung 393 ff.
Wurzelsatz von VIETA 374, 433, 437

Zahl, allgemeine 41
—, imaginäre 129 ff.
—, irrationale 102 ff.
—, komplexe 129 ff.
—, negative 50
—, positive 50
—, rationale 97
—, transzendente 152
Zahlengerade 50
Zahlenstrahl 44
Zahlenwertgleichung 206
Zähler 69
Zeiger 155
Zinseszinsrechnung 225 ff.
Zugeschnittene Größengleichung 205
Zuordnung 259, 274

Algebraische Gleichungen mit einer Unbekannten

Näherungsweise Lösung beliebiger Bestimmungsgleichungen (Regula falsi):	Näherungswert $x_0 = \dfrac{x_1\|y(x_2)\| + x_2\|y(x_1)\|}{\|y(x_1)\| + \|y(x_2)\|}$	(145), S. 441

Determinanten

Zweireihige Determinanten:	$D = \begin{vmatrix} a_{11} & a_{12} \\ a_{21} & a_{22} \end{vmatrix} = a_{11}\,a_{22} - a_{21}\,a_{12}$	(147), S. 450
	Cramersche Regel: $x_1 = \dfrac{D_{x_1}}{D}$; $\quad x_2 = \dfrac{D_{x_2}}{D}$	(148), S. 451
Dreireihige Determinanten:	$D = \begin{vmatrix} a_{11} & a_{12} & a_{13} \\ a_{21} & a_{22} & a_{23} \\ a_{31} & a_{32} & a_{33} \end{vmatrix}$	(150), S. 454
	Entwicklung a) nach der Regel von SARRUS: (s. Bild 121 Seite 455) b) Entwicklung nach Elementen einer Zeile $$D = a_{i1}\alpha_{i1} + a_{i2}\alpha_{i2} + a_{i3}\alpha_{i3}$$ bzw. nach Elementen einer Spalte $$D = a_{1k}\alpha_{1k} + a_{2k}\alpha_{2k} + a_{3k}\alpha_{3k}$$ Das Vorzeichen der Unterdeterminanten wird nach der Schachbrettregel bestimmt (s. Bild 122 Seite 456)	
	Cramersche Regel $x_1 = \dfrac{D_{x_1}}{D}$; $\quad x_2 = \dfrac{D_{x_2}}{D}$; $\quad x_3 = \dfrac{D_{x_3}}{D}$	(153a, b, c), Seite 458
n-reihige Determinanten:	$D = \begin{vmatrix} a_{11} & a_{12} & \ldots & a_{1n} \\ a_{21} & a_{22} & \ldots & a_{2n} \\ \ldots & \ldots & \ldots & \ldots \\ a_{n1} & a_{n2} & \ldots & a_{nn} \end{vmatrix}$	(155), S. 466
	Entwicklung $\quad$nach Elementen einer Zeile $$D = a_{i1}\alpha_{i1} + a_{i2}\alpha_{i2} + \cdots + a_{in}\alpha_{in}$$ bzw. nach Elementen einer Spalte $$D = a_{1k}\alpha_{1k} + a_{2k}\alpha_{2k} + \cdots + a_{nk}\alpha_{nk}$$ Das Vorzeichen der Unterdeterminanten wird nach der Schachbrettregel bestimmt (s. Bild 123 Seite 467)	

Determinanten

	Cramersche Regel: $x_1 = \dfrac{D_{x_1}}{D}$; $x_2 = \dfrac{D_{x_2}}{D}$; ...; $x_n = \dfrac{D_{x_n}}{D}$	(156), S. 467
Kriterium:	Ist die Determinante eines Systems von n linearen Gleichungen mit n Unbekannten von Null verschieden, so hat das System eine, aber auch nur eine Lösung; ist die Determinante gleich Null, so sind die Gleichungen des Systems entweder voneinander abhängig oder sie stehen zueinander in Widerspruch.	